Hans Hellmann:
Einführung in die Quantenchemie

Dirk Andrae
Herausgeber

Hans Hellmann: Einführung in die Quantenchemie

Mit biografischen Notizen von Hans Hellmann jr.

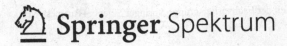 Springer Spektrum

Herausgeber

Privatdozent Dr. Dirk Andrae
Physikalische und Theoretische Chemie Institut
für Chemie und Biochemie
Freie Universität Berlin
Berlin, Deutschland

ISBN 978-3-662-45966-9   ISBN 978-3-662-45967-6 (eBook)
DOI 10.1007/978-3-662-45967-6

Die Deutsche Nationalbibliothek verzeichnet diese Publikation in der Deutschen Nationalbibliografie; detaillierte bibliografische Daten sind im Internet über http://dnb.d-nb.de abrufbar.

Springer Spektrum
Originaltext ursprünglich erschienen bei Franz Deuticke, 1937.
© Springer-Verlag Berlin Heidelberg 2015

Planung: Rainer Münz

Gedruckt auf säurefreiem und chlorfrei gebleichtem Papier.

Springer-Verlag GmbH Berlin Heidelberg ist Teil der Fachverlagsgruppe Springer Science+Business Media
(www.springer.com)

Vorwort

Im Jahr 1937 erschienen die ersten Lehrbücher des damals noch sehr jungen Fachgebiets der Quantenchemie, zunächst eines in Russisch und danach eines in Deutsch, beide geschrieben von Hans Hellmann (1903–1938). Im Gegensatz zu anderen frühen Lehrbüchern zu diesem und nah verwandten Fachgebieten, wie jenen von Pauling & Wilson (Introduction to Quantum Mechanics with Applications to Chemistry, McGraw-Hill, 1935) oder von Eyring, Walter & Kimball (Quantum Chemistry, Wiley, 1944), wurden Hellmanns Lehrbücher später weder nachgedruckt noch neu aufgelegt. Beachtet man seine bedeutenden wissenschaftlichen Leistungen – erwähnt seien hier die Aufklärung der Natur der kovalenten chemischen Bindung (1933), das molekulare Virialtheorem (1933), welches man auch Hellmann-Slater-Theorem nennen könnte, das quantenmechanische Krafttheorem (1933, 1936/1937), welches heute als Hellmann-Feynman-Theorem bekannt ist, die Pseudopotentialmethode (1934) und die später von Born und Huang erneut und weiter bearbeitete Theorie der diabatischen und adiabatischen Elementarreaktionen (1935) – so kann dieser Sachverhalt nur unzureichend durch Hellmanns tragisches Schicksal erklärt werden.

Eine Neuauflage der deutschen Fassung von Hellmanns Lehrbuch ist daher mehr als wünschenswert. Die hier vorgelegte Neuauflage ist weder ein fotomechanischer Nachdruck noch eine eingescannte Kopie der Erstauflage von 1937. Es handelt sich vielmehr um eine mit Computersatz sorgfältig neu erstellte und korrigierte Auflage. Vielleicht kann Hellmanns Werk, nun auf der Grundlage eines elektronischen Dokuments, längerfristig erhalten werden (die Erstauflage verschwindet leider zunehmend aus den Bibliotheken, selbst aus Universitätsbibliotheken). Das Erscheinungsbild der Erstauflage wurde, trotz Verwendung einer etwas anderen Schriftart, so weit wie möglich beibehalten. Unterschiede im Zeilen- und Seitenumbruch gegenüber der Erstauflage sind so gering, dass der Seitenumfang aller Abschnitte, aller Kapitel und schließlich des ganzen Buches unverändert blieb.

Mein herzlicher Dank geht an Herrn Dipl.-Ing. Hans Hellmann jr. für seinen biografischen Beitrag zu dieser Neuauflage. Dem Springer-Verlag, besonders Herrn Dr. Rainer Münz und Frau Barbara Lühker, danke ich sehr für die freundliche und stets hilfsbereite Betreuung dieses Projekts.

Oktober 2014   Dirk Andrae

Inhaltsverzeichnis

Teil I
Biografische Notizen

Lebenslauf von Hans Hellmann

Hans Hellmann

1.1 Vom Kaiserreich zur nationalsozialistischen Diktatur

Mein Vater Hans Gustav Adolf Hellmann wurde am 14. Oktober 1903 in Wilhelmshaven geboren. Sein Vater Gustav Hellmann, Oberdeckoffizier der Kaiserlichen Marine, stammte aus einer Bauernfamilie. Diese hatte vier Söhne und eine Tochter. Meine Urgroßeltern besaßen ein kleines Haus in einem Dorf unweit von Iserlohn. Dort lebten sie vom Anbau und von der Verarbeitung von Flachs. Vaters Mutter, Hermine Hasse, stammte aus Friesland und war Hausfrau. Außer dem Sohn Hans, meinem Vater, hatten meine Großeltern noch eine zwei Jahre jüngere Tochter Greta (Abb. 1.1 bis 1.3). Im Jahr 1912 verunglückte mein Großvater bei einem Verkehrsunfall tödlich. Meine Großmutter blieb mit den beiden Kindern allein. Um ihre Witwenpension aufzubessern und ihren Kindern den weiteren Schulbesuch zu ermöglichen, musste sie nun Geld hinzuverdienen. Dazu eröffnete und betrieb sie mit viel persönlichem Einsatz eine kleine Mittagskantine. So konnte mein Vater dank seiner Mutter das Gymnasium absolvieren. Die Lehrer am Gymnasium schätzten seine Begabungen hoch ein, und lobten ihn für seinen Arbeitseifer und seine Wissbegierde. Als er im Jahr 1918 einen längeren Krankenhausaufenthalt hatte, schickt ihm sogar der Direktor des Gymnasiums eine Postkarte mit Genesungswünschen (Abb. 1.4). Mein Vater liebte seine Mutter sehr und war ihr lebenslang dankbar. Sie hatte es mit den zwei Kindern nicht leicht gehabt. Viel später, im Jahr 1937, als seine beiden Lehrbücher der Quanten-

Abb. 1.1 Familie Gustav Hellmann
[Bildquelle: H. Hellmann jr.]

© Springer-Verlag Berlin Heidelberg 2015
D. Andrae (Hrsg.), *Hans Hellmann: Einführung in die Quantenchemie*,
DOI 10.1007/978-3-662-45967-6_1

Abb. 1.2 Hans und Greta
Hellmann (1911)
[Bildquelle: H. Hellmann jr.]

Abb. 1.3 Greta und Hans
Hellmann
[Bildquelle: H. Hellmann jr.]

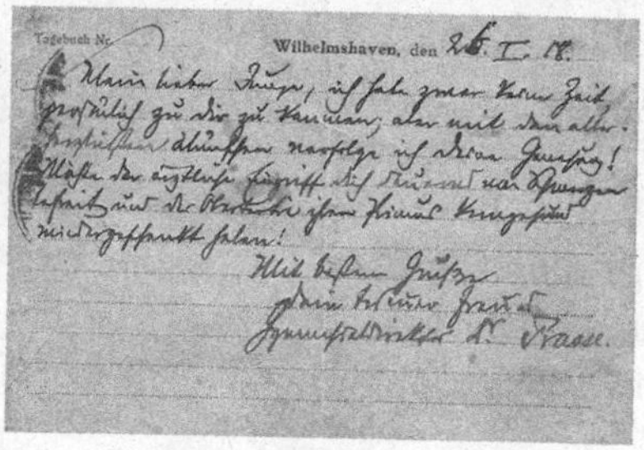

Wilhelmshaven, den 26.I.18

Mein lieber Junge, ich habe zwar keine Zeit, persönlich zu dir
zu kommen; aber mit den allerherzlichsten Wünschen verfolge
ich deine Genesung! Möchte der ärztliche Eingriff dich dauernd von Schmerzen befreit und der Obertertia ihren Primus
kerngesund wiedergeschenkt haben!

Mit besten Grüßen
dein treuer Freund
Gymnasialdirektor Dr. Prasse

Abb. 1.4 Postkarte an Hans Hellmann während eines Krankenhausaufenthalts (1918)
[Bildquelle: H. Hellmann jr.]

chemie erschienen, waren diese mit der Widmung „Meiner lieben Mutter" versehen. Mein
Vater fand auch noch Zeit, sich etwas Taschengeld zu verdienen: Er führte Reisende durch
die malerischen Orte des Sauerlands. Außerdem spielte er gerne Schach, trieb Sport (Ski-
fahren) und fuhr später begeistert Motorrad. Eine kleine Narbe auf der Wange war ihm als
Erinnerung an einen Motorradunfall geblieben.

Abb. 1.5 Hans Hellmann als
Student
[Bildquelle: H. Hellmann jr.]

Im Frühsommer 1922 legte mein Vater die Abiturprüfungen mit sehr gutem Ergebnis ab. Zum Wintersemester 1922/1923 wurde er dann Student (Abb. 1.5). an der Technischen Hochschule Stuttgart im Fach Elektrotechnik. Doch schon im nächsten Frühjahr, zum Sommersemester 1923, wechselte er zur Fachrichtung Technische Physik. Zwei Jahre später, im Sommersemester 1925, hörte er an der Universität Kiel in Vorlesungen von Professor Walther Kossel wohl erstmals von der Theorie der chemischen Valenz. Der eigentliche Zweck seines Aufenthalts in Kiel war aber die Mitarbeit als Hilfskraft im Labor des Experimentalphysikers Professor Hermann Zahn. Im Auftrag der Reichsmarine und mit finanzieller Unterstützung der „Notgemeinschaft der Deutschen Wissenschaft" wurden frequenzabhängige Messungen der Dielektrizitätskonstanten verdünnter wässriger Salzlösungen durchgeführt. Bei diesen und allen späteren experimentellen Forschungen arbeitete mein Vater äußerst sorgfältig. Dadurch erhielt er nicht nur Messwerte vorzüglicher Qualität, sondern leistete auch wesentliche Beiträge zur Weiterentwicklung der Messtechnik. Die nächsten dreieinhalb Jahre studierte mein Vater dann wieder in Stuttgart. Zu seinen Professoren dort zählten Paul Peter Ewald, Erwin Fues und Erich Regener. In ihren Vorlesungen wurden auch die letzten Neuigkeiten und Erfolge der noch jungen Quantenmechanik behandelt. Diese Erfahrungen haben vermutlich später den jungen Wissenschaftler Hans Hellmann bei der Wahl seines Forschungsgebietes sehr beeinflusst. Doch zunächst legte mein Vater im Frühjahr 1927, nach einem kurzen Lehrgang bei den Professoren Otto Hahn und Lise Meitner in Berlin, die Physik-Diplomprüfung mit Auszeichnung ab. Dazu hatte er eine experimentelle Arbeit „Über die Darstellung radioaktiver Präparate für physikalische Untersuchungen" angefertigt. Anschließend wurde er Assistent bei Professor Erich Regener, einem hervorragenden Experimentator. Im Jahr 1929

Abb. 1.6 Viktoria Hellmann
mit Sohn Hans jr. (1930)
[Bildquelle: H. Hellmann jr.]

schloss mein Vater seine Dissertation „Über das Auftreten von Ionen beim Zerfall von Ozon und die Ionisation der Stratosphäre" ab und wurde promoviert. Auch diese Arbeit zeichnete sich wieder durch besondere Sorgfalt bei der Durchführung und Auswertung der Laborexperimente aus.

Im Haus der Familie Regener hat mein Vater auch Viktoria Bernstein, seine spätere Ehefrau und meine Mutter, kennengelernt. Sie war eine Nichte von Frau Regener (geborene Mintschina) und im Jahr 1922 als Waise zu ihrer Tante nach Stuttgart gekommen. Beide Frauen stammten aus einer jüdischen Familie aus der ukrainischen Stadt Jelisawetgrad (heute Kirowograd). Viktoria Bernstein war als Erzieherin ausgebildet und arbeitete in einem Kindergarten.

Meine Eltern heirateten Anfang 1929, kurz vor Vaters Promotion. Die tragischen Folgen dieser Eheschließung konnte man damals nicht vorhersehen.

Professor Erwin Fues, der inzwischen an die Technische Hochschule Hannover berufen worden war, bot meinem Vater eine Stelle als Assistent an. Eine solche Stelle eröffnete meinem Vater viele Möglichkeiten, seinem Interesse für die Anwendung der Quantenmechanik auf Probleme der Chemie nachzugehen. Also zogen meine Eltern von Stuttgart nach Hannover um, wo ich am 14. Oktober 1929 geboren wurde (Abb. 1.6). Der heute für Vaters neues Arbeitsgebiet weitverbreitete Begriff „Quantenchemie" wurde wohl erstmals 1929 von dem in Wien lehrenden Physiker Arthur Haas verwendet, war aber sonst nicht allgemein gebräuchlich. Doch zunächst bearbeitete mein Vater zusammen mit Professor Fues das Problem der Anzahl der Freiheitsgrade freier Elektronen im Raum oder, anders formuliert, die Frage nach der Existenz polarisierter Elektronenwellen. Diese Aufgabe wurde mit der Bestätigung der Existenz solcher Elektronenwellen und mit der Angabe möglicher Verfahren zu ihrer Erzeugung erfolgreich gelöst. In den darauffolgenden Jahren, bis 1933, publizierte mein Vater keine eigenen quantenchemischen Arbeiten, er hielt diese für „noch nicht reif". Die Entwicklung des jungen Fachgebiets Quantenchemie, wie sie insbesondere durch Wissenschaftler in Europa und Amerika vorangetrieben wurde, verfolgte er aber sehr genau. Zum 1. November 1931, mit 28 Jahren, erhielt mein Vater eine Stelle als Physik-Dozent an der Tierärztlichen Hochschule Hannover, obwohl seine Habilitation noch nicht abgeschlossen war. Sein Mentor, Professor Fues, hatte jedoch versichert, dass damit bald zu rechnen sei. Im März und im Juli des Jahres 1933 erschienen dann zwei wichtige Arbeiten meines Vaters in der *Zeitschrift für Physik*. In der ersten Arbeit stellte er eine Methode vor, mit welcher er quantitative Aussagen zur Energie mehratomiger Moleküle auf der Grundlage spektroskopischer Daten ihrer zweiatomigen Fragmente machen konnte. Die andere Arbeit beleuchtete die Rolle der kinetischen Energie der Elektronen bei der kovalenten Bindung und enthielt das Virialtheorem sowie das Theorem, das heute als Hellmann-Feynman-Theorem bekannt ist. Beide Arbeiten bildeten die Grundlage für Vaters Habilitationsschrift.

Doch die Habilitation wurde meinem Vater verwehrt. Nach der Ernennung von Adolf Hitler zum Reichskanzler am 30. Januar 1933 wurden neue Gesetze erlassen, die gegen politische Gegner und insbesondere gegen Juden gerichtet waren. Die ersten Gesetze, darunter das „Gesetz zur Wiederherstellung des Berufsbeamtentums" vom 7. April 1933, trafen zunächst hauptsächlich jüdische Beamte. Der Pflicht, nun ihre „arische Abstammung" nachzuweisen, konnten sie nicht genügen und verloren daraufhin ihre Stellen. Nur wenig später, mit dem Reichsbeamtengesetz vom 30. Juni 1933, waren dann aber auch sogenannte „Mischehen" betroffen. Für meine Eltern kamen schwere Zeiten. Mit dem Habilitationsantrag sollte mein Vater auch über die „rassische Herkunft" seiner Frau Auskunft geben, doch er verweigerte die geforderten Angaben. Mein Vater war nie Mitglied einer politischen Partei, aber er hat seine politischen Überzeugungen und seine ablehnende Haltung gegenüber dem Nationalsozialismus auch nicht verheimlicht. Dagegen begrüßten die meisten Studenten an der Tierärztlichen Hochschule die „neue Ordnung" mit Begeisterung. Sie empfingen meinen Vater zu seinen Vorlesungen mit einem störenden und feindseligen Brummen und Summen. Meine Eltern hatten in ihrer Bibliothek auch einige damals verbotene Bücher und Zeitschriften: Werke von Heine, Zweig und Fallada sowie Zeitschriften mit Artikeln fortschrittlicher Autoren. Da dies gefährlich war, mussten sie diese vernichten. Wie mir meine Mutter erzählte, berichtete ich einmal im Kindergarten begeistert: „Meine Eltern haben gestern ganz viele rote Bücher verbrannt!" (dabei handelte es sich um „Die Weltbühne"). Die Erzieherin erschrak und führte mich nach Hause. Dort bekam ich den ersten, aber leider nicht den letzten, politischen Unterricht in meinem Leben. Im Herbst 1933 untersagte dann das Preußische Kultusministerium der Tierärztlichen Hochschule die Habilitierung meines Vaters. Am 24. Dezember 1933 wurde ihm mitgeteilt, dass seine Dozentenstelle mit Wirkung zum 31. März 1934 gekündigt sei, da „wegen der nichtarischen Abstammung" seiner Frau mit der Habilitation nicht mehr zu rechnen sei (sein Doktorvater Erich Regener wurde „erst" 1938 von den Nazis entlassen).

Abb. 1.7 Greta und Hans Hellmann im nachdenklichen Gespräch (um 1930) [Bildquelle: H. Hellmann jr.]

Die Fortsetzung der wissenschaftlichen Zusammenarbeit mit Kollegen an der Technischen Hochschule Hannover wurde damit auch unmöglich. Dort hatte mein Vater mit Wilhelm Jost, Privatdozent für Physikalische Chemie, sehr intensiv das „Problem der Natur der chemischen Kräfte" diskutiert. Das dabei auf der Grundlage der Quantenmechanik erarbeitete anschauliche Verständnis konnten sie zwar noch in zwei Arbeiten in der *Zeitschrift für Elektrochemie* (1934/1935) veröffentlichen, die zweite Arbeit nennt aber nur noch Wilhelm Jost als Autor. Später bildeten diese beiden Arbeiten die Grundlage für das jeweils erste Kapitel in Vaters beiden Lehrbüchern der Quantenchemie.

Wie viele andere Wissenschaftler, insbesondere auch aus Göttingen, einem Zentrum der Entwicklung der Quantenmechanik, musste mein Vater mit seiner Familie emigrieren. Doch wohin? Es wurde die fatale Entscheidung getroffen, in die Sowjetunion zu gehen. Warum? Entscheidend waren wahrscheinlich zwei Gründe. Erstens hatte mein Vater eine gewisse Sympathie für die sozialistischen Ideen, und zweitens stammte meine Mutter von dort (sie war nicht ausgebürgert) und hatte dort auch Verwandte. Später erfuhr ich von ihr, dass mein Vater auch andere Einladungen hatte, auch aus Amerika. Bereits seit etwa 1930 hatte er sich nach einer Stelle in der Sowjetunion umgesehen. Vielleicht hat er darüber zu jener Zeit auch schon mit seiner Schwester gesprochen (Abb. 1.7). Durch Vermittlung von Victor Weisskopf, der damals noch in Göttingen war, bekam er zwei Einladungen. Die erste vom ukrainischen Physikalisch-Technischen Institut in Charkow (heute Charkiw), wo damals mehrere bekannte Physiker arbeiteten (unter anderem Alexander Weissberg und Lew Schubnikow, wenige Jahre später auch Lew Landau), und die zweite vom Physikalischen Institut der Universität Dnjepropetrowsk, wo sich Boris Finkelstein sehr für Fragen der Quantenchemie interessierte. Aber beidesmal verweigerten die sowjetischen Behörden die notwendigen Einreisedokumente. Dann kam 1932, wiederum mit Hilfe von Göttinger Kollegen, ein Kontakt zum Moskauer Karpow-Institut zustande, einem damals führenden Zentrum physikalisch-chemischer Forschung in der Sowjetunion. Nach einem Treffen in Berlin mit Akademiemitglied Alexander Frumkin, dem stellvertretenden Direktor des Karpow-Instituts, erhielt mein Vater eine offizielle Einladung nach Moskau und ein attraktives Stellenangebot. Im März 1934 bekamen wir dann die notwendigen Ein- und Ausreisepapiere. Wir nahmen Abschied von lieben Verwandten (Abb. 1.8) und ver-

Abb. 1.8 Hans Hellmann mit
Mutter und Schwester kurz
vor der Ausreise nach Moskau
(1934)
[Bildquelle: H. Hellmann jr.]

ließen Deutschland. Mit dem Zug ging es über Berlin nach Moskau, wo wir am 31. April 1934 ankamen. Eine Tante meiner Mutter, Maria Mintschina, holte uns am Weissrussisch-Baltischen Bahnhof ab. Ihre ersten Worte waren: „Wie könnt ihr hierher kommen! Ihr seid verrückt!"

1.2 Glück und Unglück in der sowjetischen Diktatur

Das Karpow-Institut in Moskau wurde damals vom Staat sehr gut finanziert. Die dort durchgeführten Forschungsarbeiten waren wichtig sowohl für die Wirtschaft wie auch für militärische Zwecke. Die Direktoren des Instituts waren die beiden Akademiemitglieder Alexej Bach, Biochemiker, und Alexander Frumkin, Physiker. In der „Abteilung für Struktur der Materie" unter der Leitung von Jakow Syrkin wurde mein Vater als „Leiter der Theoriegruppe" angestellt. Er wurde im Institut freundlich aufgenommen und konnte nun, was für ihn besonders wichtig war, seine Kenntnisse und seine Arbeitskraft ganz der Wissenschaft widmen. Ausländische Wissenschaftler hatten damals in der Sowjetunion einige Privilegien. Selbstverständlich wurde dafür im Gegenzug vollkommene Loyalität verlangt. So war mein Vater berechtigt, seinen Arbeitstag selbst zu planen, und er konnte auch viel zu Hause arbeiten. In den Briefen an seine inzwischen in Hamburg lebende Mutter beschreibt er die Verhältnisse am Institut und die dortigen Arbeitsbedingungen begeistert positiv. Kein Wort von der kleinen Zwei-Zimmer-Wohnung oder vom Mangel an manchen Lebensmitteln. Er berichtet über seine Arbeit und über seine Kontakte zu ausländischen Kollegen, zum Beispiel bei einer internationalen Tagung in Charkow im Jahr 1934 (Abb. 1.9). Nach den zahlreichen Beleidigungen und Erniedrigungen in Hannover während des ersten Jahres der nationalsozialistischen Herrschaft war er mit seinem neuen Leben in Moskau ganz zufrieden, und also war es die ganze Familie meistens auch (Abb. 1.10 und 1.11). Im Sommer 1935 besuchte meine Großmutter uns in der Sowjetuni-

Internationale Physikerkonferenz im Jahre 1934 im physikalisch-technischen Institut in Charkow; v.r.n.l.: Tamm, Fock, Gordon, Williams, Waller, Frankel, Plesset, Landau, Krauzer, Bohr, Gelman, Rumer, Rosenfield, Tissat, Iwanenko

Abb. 1.9 Hans Hellmann, links hinter Niels Bohr, bei einer internationalen Konferenz in Charkow (1934; durch Rückübertragung vom Russischen ins Deutsche wurden einige Namen verfälscht, so steht Gelman statt Hellmann) [Bildquelle: A. Liwanowa, *Lew Landau*, Mir, Moskau, und Teubner, Leipzig, 1982]

on, zum ersten und einzigen Mal. Mit ihrem Sohn verbrachte sie während dieses Besuches einen kurzen Urlaub auf der Krim (Abb. 1.12).

Anfang 1935 war meinem Vater der Doktortitel verliehen worden, der in Russland der Habilitation entspricht. Er veröffentlichte ungefähr alle zwei Monate eine wissenschaftliche Arbeit. Bei einer Tagung in Dnjepropetrowsk wurde er in das Organisationskomitee einer Quantenchemie-Tagung für 1936 gewählt. Mehrfach wurde er für seine Forschungsarbeiten und die dabei erhaltenen Ergebnisse mit Geldprämien ausgezeichnet. Im Juni 1936 nahm mein Vater die sowjetische Staatsbürgerschaft an, im November wurde sein Anfangsgehalt von 700 Rubel auf 1200 Rubel erhöht, und im Dezember wurde er zu einem Vortrag an die Akademie der Wissenschaften eingeladen. Kurz darauf, am 1. Januar 1937, wurde er zum „Wirklichen Mitglied des Karpow-Instituts" ernannt (dieser Titel entspricht dem eines Professors an einer Universität), und im Herbst 1937 dann zum „Leitenden Wissenschaftler". In den zu diesem Zeitpunkt etwa dreieinhalb Jahren seines Wirkens in Moskau hatte mein Vater bereits eine ganze Reihe junger Doktoranden bzw. Habilitanden betreut und gefördert: W. Kassatotschkin, K. Majewski, M. Mamotenko, S. Pscheschetzkij, N. Sokolow und M. Kowner.

Spätestens seit 1933 hatte mein Vater beabsichtigt, eine Monografie über sein Fachgebiet, die Quantenchemie, zu schreiben. Die oben erwähnten, mit Wilhelm Jost in Hannover gemeinsam durchgeführten Arbeiten sollten einen Teil dieser Monografie bilden. Die erste Fassung eines Buchmanuskripts war vor der Emigration fertig geworden, verblieb

Abb. 1.10 Vater und Sohn
(1935)
[Bildquelle: H. Hellmann jr.]

Abb. 1.11 Mutter und Sohn
[Bildquelle: H. Hellmann jr.]

aber bei Jost, der sich vergeblich bemühte, einen Verleger in Deutschland zu finden. Auf der Grundlage des inzwischen ins Russische übersetzten Manuskripts hielt mein Vater 1935/1936 einen Vorlesungskurs am Karpow-Institut ab, der auch von jungen Mitarbeitern anderer Moskauer Institute besucht wurde. Da mein Vater nicht perfekt Russisch konnte, mussten ihm seine Doktoranden manchmal helfen, um passende Begriffe für Ausdrücke zu finden, die auch in der deutschen Sprache neu waren. Die sehr interessierten russi-

Abb. 1.12 Hans Hellmann mit
seiner Mutter auf der Krim
(links die Russalka von Mis-
chor, Sommer 1935)
[Bildquelle: H. Hellmann jr.]

schen Hörer äußerten sich auch mit Kritik und Korrekturvorschlägen, wofür sich mein
Vater im Vorwort der dann Anfang 1937 erschienenen „Quantenchemie" („Kwantowaja
Chimija", Band 1 in der Reihe „Physik in Monographien", ONTI, Moskau und Lenin-
grad, 546 S.) ausdrücklich bedankt. Ganz speziell schließt dieser Dank seinen Freund und
Kollegen Jurij Rumer ein. Bereits vor Abschluss der Arbeiten an der russischen Fassung
hatte mein Vater mit der Überarbeitung und Straffung des Manuskripts für die deutsche
Fassung begonnen. Diese trug den Titel „Einführung in die Quantenchemie" (Deuticke,
Leipzig und Wien, 350 S.) und erschien Ende 1937. Während die russische Fassung einen
weitgehend unvorbereiteten Leser ansprechen soll, setzt die kürzere deutsche Fassung, bei
etwa gleichem Inhalt, deutlich höhere Ansprüche an dessen Vorkenntnisse. Aber während
sich das russische Buch gut verkaufte und bald vergriffen war, fand das deutsche Buch
weit weniger Käufer. Als Gründe kann man einerseits die zeitgeschichtlichen Umstände
und andererseits die nach Erscheinen der Bücher eingetretenen Ereignisse ansehen (s. unten).

Im Jahr 1937 begannen in der Sowjetunion massenhafte Verhaftungen der sogenannten
„Feinde des Volkes". Unter den Verhafteten waren unter anderem Deutsche und Rus-
sen, Schriftsteller und Bauern, Ingenieure und Künstler, Offiziere und Soldaten. Niemand
konnte mehr ruhig schlafen. Die Gesamtzahl der unschuldigen Opfer in diesen Jahren beträgt mehr als zwanzig Millionen. In den Briefen an seine Mutter aus dem Dezember 1937
schrieb mein Vater, dass „die gegenwärtige internationale Lage kompliziert geworden sei"
und dass er sich scheue häufiger zu schreiben. In der Nacht vom 9. zum 10. März 1938
wurde auch mein Vater verhaftet. Ich war damals achteinhalb Jahre alt und kann mich
noch gut an dieses Ereignis erinnern. Man weckte mich und suchte in meinem Bett nach
antisowjetischen Schriften und nach Beweisen einer Spionagetätigkeit.

Vaters Doktorand M. Kowner, der uns zu Hause oft besuchte, kam einige Tage darauf
aus Woronesch nach Moskau. Er wollte uns besuchen, doch ein Nachbar warnte ihn und
erzählte von Vaters Verhaftung. Daraufhin musste er sofort verschwinden. Später hat M.
Kowner zwei Publikationen über seinen lieben Lehrer veröffentlicht.

Nach Vaters Verhaftung versuchte meine Mutter mehrmals, beim Volkskommissari-
at für innere Angelegenheiten (NKWD), dem Vorgänger des KGB, Auskunft über sein
Schicksal zu bekommen, aber vergeblich. Sie wurde durch Drohungen der dortigen Be-
amten gezwungen, ihre Anfragen dort zu beenden. Wir mussten Moskau verlassen. Meine
Mutter fand an einer Mittelschule in einem Dorf 120 km westlich von Moskau (unweit

von Wolokolamsk) eine Stelle als Lehrerin der deutschen Sprache. Über Vaters Schicksal wussten wir nichts. Ehemalige Freunde verschwanden ebenfalls oder zogen sich zurück. Nur wenige hielten weiter freundlichen Kontakt zu uns: Dies waren die Familie Liwschitz (Verwandte meiner Mutter) und die Übersetzerin Nadeschda Wolpina.

1.3 Epilog

Mehrere Monate nach Beginn des Russlandfeldzugs der deutschen Wehrmacht, am 9. September 1941, als sich deutsche Truppen schon auf dem Vormarsch nach Moskau befanden, wurde auch meine Mutter verhaftet. Wir fanden erst nach Kriegsende wieder zueinander. Ihr war „antisowjetische Propaganda" vorgeworfen worden, und es war behauptet worden, sie, eine Jüdin, die aus Nazideutschland geflohen war, habe auf die deutschen Truppen gewartet, um für diese als Übersetzerin tätig zu werden. Nach einigen Monaten Haft in Moskau war sie in das Gebiet Semipalatinsk in Kasachstan verbannt worden.

Erst nach Stalins Tod, als in der Politik das sogenannte „Tauwetter" einsetzte, wurde meine Mutter „vollständig rehabilitiert". Sie beantragte daraufhin, Informationen über ihren Mann zu bekommen. Zuerst erhielt sie eine Bescheinigung (die sich später als falsch herausstellte), dass er im Gefängnis an einer Krankheit (Peritonitis) gestorben sei. Anschließend beantragte meine Mutter eine Rehabilitationsbescheinigung für meinen Vater. Diese hat sie 1957 auch erhalten. Damit war nun auch mein Vater „vollständig rehabilitiert". Traurigerweise geschah dies erst nach seinem Tod. Erst im Jahr 1989, während der „Perestrojka", erhielten wir die echte Sterbeurkunde. Die Dokumente belegten, dass mein Vater wegen „Hochverrats" und wegen „Spionage zu Gunsten Deutschlands" nach § 58 des Strafgesetzes verurteilt und am 29. Mai 1938 erschossen worden war.

Bereits im Mai 1937, kurz nach Beginn der Massenverhaftungen, hatte sich Albert Einstein mit einem Brief an Stalin gewandt, um ihm seine große Sorge um das Schicksal zahlreicher bekannter Wissenschaftler mitzuteilen. Einen ähnlichen Brief schickten die drei Nobelpreisträger Irène Joliot-Curie, Frédéric Joliot-Curie und Jean-Baptiste Perrin im Juni 1937 an Stalin. Aber diese Stimmen wurden nicht gehört. Als Wilhelm Jost im Jahr 1938 bemerkte, dass der Name „Hellmann" gar nicht mehr unter den Autoren in der Zeitschrift *Acta Physicochimica URSS* erschien (dort hatte mein Vater bis Oktober 1937 regelmäßig Arbeiten veröffentlicht), bat er seinen britischen Kollegen John Lennard-Jones um Hilfe. Dieser sandte eine Bitte um Sonderdrucke an Vaters Adresse am Karpow-Institut, doch es kam keine Antwort mehr.

Wegen der geschichtlich-politischen Umstände und des durch diese wesentlich mitbedingten tragischen Schicksals verschwand Vaters Name für Jahrzehnte nahezu vollständig aus der Wissenschaft. Zwar erschien sein Buch „Einführung in die Quantenchemie" im Jahr 1944 in den USA als Kriegsbeutenachdruck, doch insgesamt fanden seine Bücher kaum die größere Verbreitung, die sie wohl verdient hätten. Der Name „Hellmann" blieb hauptsächlich durch den Begriff „Hellmann-Feynman-Theorem" in Erinnerung. Wie bereits erwähnt, hatte mein Vater dieses Theorem schon im Jahr 1933 hergeleitet.

Abb. 1.13 Portrait von Hans
Hellmann im Karpow-Institut
für Physikalische Chemie,
Moskau (geschaffen von Tatja-
na Liwschitz, Moskau, 1999)
[Bildquelle: Fotografie von
W. H. E. Schwarz, Siegen; mit
freundlicher Genehmigung von
W. H. E. Schwarz]

Der Slawistin und Journalistin Sabine Arnold gelang es in den frühen 1990er Jahren, während eines Forschungsaufenthaltes in Moskau, in der Zentrale des ehemaligen
KGB Kopien der NKWD-Akten meiner Eltern anzufertigen. Erst durch diese Dokumente
wurden viele Informationen über meinen Vater, die zuvor nur Vermutungen waren, sicher belegbar. Eine gewisse Wende brachte schließlich das Jahr 1999. In den zwei ersten
Nummern des ersten Jahrgangs des Bunsen-Magazins erschien eine ausführliche Biografie meines Vaters[1], in welcher seine wegweisenden wissenschaftlichen Arbeiten erstmals
umfassend dargestellt und gewürdigt wurden.

Am 29. November 1999 fand am Karpow-Institut in Moskau ein gemeinsames Festkolloquium deutscher und russischer Wissenschaftler zum Gedenken an den 95. Jahrestag
von Vaters Geburtstag statt. Dabei wurde dem Karpow-Institut ein Portrait meines Vaters
übergeben, welches meine Kusine, die Kunstmalerin Tatjana Liwschitz, nach einer Fotografie von 1933 angefertigt hat (Abb. 1.13). Die fotografische Vorlage zeigt meinen Vater
während einer Vorlesung in Hannover. Tatjana Liwschitz hat als junges Mädchen meinen
Vater in Moskau kennengelernt. Für die Finanzierung der Arbeit an dem Portrait gilt mein
Dank der Deutschen Bunsen-Gesellschaft für Physikalische Chemie.

Ebenfalls seit 1999 verleiht die Arbeitsgemeinschaft Theoretische Chemie den „Hans
G. A. Hellmann-Preis" an jüngere Nachwuchswissenschaftler ihres Fachgebiets, und an
der Tierärztlichen Hochschule Hannover wird der „Hans Hellmann-Gedächtnispreis" für
eine grundlagenorientierte experimentelle Dissertation vergeben.

Im Jahr 2000 veröffentlichte Professor M. Kowner einen Artikel über seine Erinnerun-
gen an meinen Vater in der russischen Zeitschrift *Chemie und Leben* („Chimija i Schisn").
Aus Anlass des 100. Jahrestages von Vaters Geburtstag fanden im Jahr 2003 mehrere
wissenschaftliche Tagungen statt. Darunter ein Symposium am 26. Juli in Bonn und ein

---

[1] W. H. E. Schwarz et al., *Bunsen-Magazin* **1** (1999) (1) 10–21, (2) 60–70.

Festkolloquium am 17. Oktober in Hannover. Zum Symposium in Bonn erschien der Text der ausführlichen Biografie von 1999 auch in Englisch (an der Übersetzung war Mark Smith, B. Sc., ein Enkel von Vaters Schwester Greta, beteiligt).

Eine Neuauflage der russischen „Quantenchemie" erschien im Jahr 2012, herausgegeben von Professor Andrej Tchougréeff (Moskau, Aachen). Nun liegt hier auch die „Einführung in die Quantenchemie" in einer Neuauflage vor. Mein besonderer Dank gilt dem Herausgeber, Herrn Privatdozent Dr. Dirk Andrae (Berlin), für die sorgfältige Vorbereitung und für die wissenschaftliche Beratung bei meiner Arbeit an diesem Bericht über das Leben meines Vaters. Nach nun fast 80 Jahren wird sein Werk wieder verfügbar, von dem es in der Biografie von 1999 hieß: „Es nimmt daher nicht Wunder, wenn man auch heute noch zuweilen in diesem vor über 60 Jahren geschriebenen Werk erstaunliche Entdeckungen machen kann."

Teil II

Die „Einführung in die Quantenchemie"

EINFÜHRUNG IN DIE
QUANTENCHEMIE

VON

DR. HANS HELLMANN
PROFESSOR AM KARPOW-INSTITUT FÜR PHYSIKALISCHE CHEMIE, MOSKAU

MIT 43 ABBILDUNGEN UND 35 TABELLEN IM TEXT

LEIPZIG UND WIEN
FRANZ DEUTICKE
1937

(Titel der 1. Auflage)

© Springer-Verlag Berlin Heidelberg 2015
D. Andrae (Hrsg.), *Hans Hellmann: Einführung in die Quantenchemie*,
DOI 10.1007/978-3-662-45967-6_2

19

Meiner lieben Mutter gewidmet.

Vorwort.

Das vorliegende Buch versucht, eine wirkliche Lücke in der Literatur auszufüllen. Dadurch ergibt sich zugleich eine Beschränkung. So wurden viele Gebiete nur gestreift oder ganz gestrichen, die im weiteren Sinne zur Quantenchemie gehören, wie z. B. die Theorie der Molekülspektren und anderer physikalischen Methoden zur Erforschung der Moleküle, die Theorie der Metalle, die Kernchemie. Andere Teilgebiete, die auch im engeren Sinne zur Quantenchemie gehören, wie die Theorie der Ionenbindung oder die Theorie des Ortho-Parawasserstoffs sowie des schweren Wassers haben ebenfalls schon ausführliche zusammenfassende Darstellungen in der Literatur gefunden und wurden deshalb nur soweit berührt, als nötig war, um sie in den Zusammenhang der Quantenchemie einzuordnen.

Die Quantenchemie ist eine junge Wissenschaft, die erst ein Jahrzehnt existiert. Dennoch ist das bei der genannten Begrenzung übrig bleibende Material immer noch so groß, daß im Stoff eine gewisse Beschränkung notwendig war, um den Umfang des Buches nicht zu sehr anwachsen zu lassen. Es wurde eine in sich möglichst abgeschlossene, lehrbuchartige Darstellung angestrebt, bei der alles was über eine allgemeine Kenntnis der Differentialrechnung hinausgeht, im Buche selbst gegeben wird. Das Buch dürfte deshalb schon dem chemischen Studenten mittlerer Semester, erst recht dem jungen Physiker keine grundsätzlichen Schwierigkeiten bieten. Aus diesem Bestreben heraus ist mit Formeln und Zwischenrechnungen nicht gespart worden; zugunsten einer größeren Ausführlichkeit der Zwischenrechnungen mag der Text an manchen Stellen etwas gedrängt erscheinen. Auf mathematische Eleganz, selbst auf formale mathematische Vollständigkeit wurde stets da kein Wert gelegt, wo diese auf Kosten der elementaren Zugänglichkeit gegangen wäre. Die anschauliche physikalische Vorstellung steht überall bewußt im Vordergrund.

Der behandelte Stoff reicht bis in die Front der gegenwärtigen Forschung. Denjenigen, der selbst auf dem Gebiet der Quantenchemie arbeitet, soll der Formelanhang und besonders das ausführliche Literaturverzeichnis mit stichwortartigen Inhaltsangaben am Schluss der Kapitel über den Rahmen des Buches hinausführen. Dagegen will dies Verzeichnis, genau wie das ganze Buch, keine lückenlose historische Würdigung der Beiträge der verschiedenen Forscher geben. Es sind gelegentlich ältere Arbeiten fortgelassen, wenn sie durch neuere fortgesetzt und überholt sind. Der Text selbst konnte nicht frei bleiben von subjektiven Urteilen, nirgends ist ohne Stellungnahme einfach referiert über widersprechende Ansätze und Methoden. Die Einheitlichkeit der Darstellung erforderte oft eine völlige Umarbeitung der in den Originalarbeiten gegebenen Formulierungen.

Durch viele Verweise auf vorhergehende und nachfolgende Paragraphen sowie das Sachregister soll die Benutzung des Buches auch für den erleichtert werden, der es als Nachschlagebuch zur Orientierung über die eine oder die andere Frage zuziehen will.

Das vorliegende Buch stellt eine verkürzte und dabei teils umgearbeitete Ausgabe meiner in russischer Sprache erschienenen „Kwantowaja chimija" (ONTI, Moskau 1937) dar.

Sein Inhalt wurde 1935/1936 als Vorlesung am hiesigen Karpow-Institut für physikalische Chemie vorgetragen. Ich möchte bei dieser Gelegenheit allen Kollegen herzlich danken, die mir im Verlaufe der Vorlesung und außerhalb derselben durch Kritik und Ratschläge geholfen haben.

Einige Formulierungen in den ersten Kapiteln wurden seinerzeit (1933) gemeinsam mit Professor Dr. W. J o s t (Hannover) ausgearbeitet. Ich bin Herrn J o s t sehr zu Dank verpflichtet für seine Einwilligung, Teile der gemeinsamen Ausarbeitung unverändert benutzen zu dürfen.

Dem Verlag Franz Deuticke gebührt mein aufrichtiger Dank für sein bereitwilliges Eingehen auf alle meine Wünsche.

Moskau, März 1937.

H . H e l l m a n n

Inhaltsverzeichnis.

Inhaltsverzeichnis.

Kapitel I.

Die statistische Theorie.

§ 1. Orientierendes über die Natur der chemischen Kräfte.

Wir wissen, daß die Atome aus elektrisch geladenen Bausteinen, den positiv geladenen Kernen und negativen Elektronen aufgebaut sind. Jede Theorie der Wechselwirkung zwischen Atomen, insbesondere also eine Theorie der chemischen Valenz, wird darum die elektrischen Kräfte zwischen Atomen heranziehen müssen. Mit Erfolg war dies schon seit langem möglich bei der sogenannten Ionenbindung oder heteropolaren Bindung (s. § 27); man konnte z. B. die Bildungswärme rein heteropolarer Verbindungen oder die Gitterenergie von Ionengittern richtig angeben, lediglich unter Berücksichtigung elektrostatischer Kräfte, allerdings nur, sofern man noch ein der klassischen Theorie fremdes Element als empirisch gegeben mit hinzu nahm, nämlich entweder ein festes Ionenvolumen, oder für feinere Rechnungen, ein Abstoßungsgesetz, das umgekehrt proportional mit einer höheren Potenz des Abstandes ging. Außerdem gehen bekanntlich Ionisierungsarbeit und Elektronenaffinität als empirische Atomkonstanten in die Theorie ein, welche nicht rein elektrostatisch verstanden werden können. Wo diese einfachsten Ansätze nicht mehr ausreichten, ließ sich vielfach noch Übereinstimmung mit der Erfahrung erzielen, wenn man die Polarisierbarkeit der Ionen berücksichtigte. (Vergl. § 38.)

Aber abgesehen davon, daß die Reichweite dieser Überlegungen vielfach überschätzt wurde, ist es prinzipiell unmöglich, die Wechselwirkung bei homöopolarer Bindung ausschließlich durch elektrostatische Kräfte zu deuten, ebenso wenig, wie man allein auf dem Boden der klassischen Elektrostatik den Aufbau des einzelnen Atoms aus Kern und Elektronen verstehen konnte. Es ist bekannt, daß uns erst die Quantenmechanik oder Wellenmechanik das geeignete Rüstzeug zur Behandlung dieser „nichtklassischen" Wechselwirkungen liefert.

Ehe wir aber auf die Methoden der Wellenmechanik eingehen, wollen wir versuchen, eine Antwort zu geben auf die durchaus berechtigte Frage: Worauf beruhen die neuartigen Kraftwirkungen, die infolge der Quantentheorie ins Spiel kommen? Wir werden sehen, daß sich nicht nur diese Frage weitgehend ohne Bezugnahme auf die SCHRÖDINGERsche Theorie beantworten läßt, sondern daß wir so auch schon ein qualitatives Verständnis der chemischen Wechselwirkungen, in manchen Fällen sogar auch quantitative Aussagen gewinnen können. Unter Vorwegnahme der Resultate dieses Kapitels kann man sagen: alles „nichtklassische" folgt letzten Endes aus dem Pauliprinzip (§ 2, § 6, § 8) und der Existenz

2   Kapitel I.

einer kinetischen Nullpunktsenergie der Elektronen. Diese kinetische
Nullpunktsenergie, die, wie wir sehen werden, stets Werte von derselben
Größenordnung wie die potentielle Energie annimmt, verhindert beim
Atom die Elektronen am Hineinstürzen in den Kern, sie verhindert Edelgase, sich zu Klumpen von Atomen mit ungeheuerer Bindungsenergie
ohne Absättigung zu vereinigen. Sie ist der Anlaß zu den Abstoßungskräften zwischen Ionenrümpfen, aber auch zu den Anziehungskräften
zwischen 2 H-Atomen. Allgemein: Während sich die klassischen elektrostatischen Kräfte, etwa zwischen zwei Ionen, darstellen lassen als Ab-
leitungen eines Potentials $-\dfrac{\partial \overline{U}}{\partial R}$, wo $\overline{U}$ die über alle Elektronenlagen
gemittelte potentielle Energie der Ionen gegeneinander, R den Kernab-
stand bedeuten soll, kommt jetzt ein völlig unklassisches, aber statistisch
verständliches Glied hinzu, nämlich Kräfte $-\dfrac{\partial \overline{T}}{\partial R}$, wo $\overline{T}$ die mittlere innere kinetische Energie der Ionen oder Atome, also die kinetische Ener-
gie ihrer Elektronen darstellt. Daß das Auftreten dieser Kräfte früher
nie berücksichtigt wurde, bedeutet auch schon im Rahmen der älteren
Quantentheorie eine Inkonsequenz. Denn beim Aufbau der A t o m e
mußte man der kinetischen Energie eine wesentliche Rolle zugestehen,
z. B. indem man im BOHRschen Modell die Zentrifugalkraft der elektrischen Anziehungskraft entgegensetzte, aber beim Zusammenschluß
von Atomen zu Molekülen wurden Änderungen der kinetischen Energie prinzipiell außer Acht gelassen, indem man sich auf Betrachtung der
elektrostatischen Kräfte zwischen den Atomen beschränkte.

In diesem Paragraphen wollen wir versuchen von Grund aus darüber
Klarheit zu gewinnen, wieweit uns die Tatsache der Existenz thermodynamisch stabiler Atome und Moleküle, die aus elektrisch geladenen Massenpunkten bestehen, schon zwangsläufig zur Abänderung der klassisch-
atomistischen Vorstellungen im Sinne der Quantentheorie führt. Wir
fragen zunächst: unter welchen Bedingungen kann zwischen Massenpunkten, die nur unter dem Einfluß ihrer gegenseitigen Wechselwirkung
stehen, überhaupt ein Gleichgewicht möglich sein? Den Schwerpunkt
des ganzen Systems betrachten wir als ruhend. Wir setzen nur voraus,
daß die Ausdehnung des ganzen Systems dauernd auf denselben, endlichen Raum um den Schwerpunkt herum beschränkt bleibt.

Unter dieser Voraussetzung läßt sich eine Beziehung zwischen mittlerer kinetischer und mittlerer potentieller Energie des Gesamtsystems
ableiten, die als V i r i a l s a t z aus der klassischen Theorie bekannt ist.
Man gewinnt ihn leicht aus den Grundgleichungen der Mechanik.

Irgendeine kartesische Koordinate eines beliebigen Partikels sei q_i,
der zugehörige Impuls:

$$m_i \frac{\mathrm{d}q_i}{\mathrm{d}t} = m_i \, \dot{q}_i = p_i \tag{1,1}$$

Die gesamte kinetische Energie des Systems wird dann

$$T = \sum_i \frac{1}{2} \, m_i \, \dot{q}_i{}^2 = \sum_i \frac{1}{2} \, \frac{p_i{}^2}{m_i} \tag{1,2}$$

Die potentielle Energie sei $U(q_i)$. Sie hängt von sämtlichen Koordinaten

§ 1. Orientierendes über die Natur der chemischen Kräfte. 3

ab. Das Newtonsche Grundgesetz für eine Koordinatenrichtung irgend eines der Massenpunkte lautet dann:

$$K_i = m_i \ddot{q}_i = \dot{p}_i = -\frac{\partial U}{\partial q_i} \qquad (1,3)$$

Die Gesamtenergie H läßt sich also schreiben:

$$H(p,q) = U(..q_i..) + T(..p_i..) \qquad (1,4)$$

Aus (1,2) sieht man sofort, daß gilt:

$$\dot{q}_i = \frac{\partial T}{\partial p_i} = \frac{\partial H}{\partial p_i} \qquad (1,5)$$

In (1,3) bis (1,5) haben wir die sogenannten kanonischen Gleichungen der Mechanik in der Form

$$\dot{p}_i = -\frac{\partial H}{\partial q_i}, \qquad \dot{q}_i = \frac{\partial H}{\partial p_i} \qquad (1,6)$$

vor uns, die viel allgemeiner gelten, als es hier nach ihrer elementaren Begründung für spezielle Koordinaten und ein spezielles H erscheint. Wir merken sie für später an. Man nennt die Gesamtenergie H als Funktion der p_i und q_i die Hamiltonfunktion des Systems und jedes Paar von Variablen, für welche die symmetrischen Gleichungen (1,6) gelten, „kanonische Variable".

Für ein abgeschlossenes, sich selbst überlassenes System im stationären Zustand ist der Mittelwert jeder beliebigen Systemgröße zeitlich konstant. Dabei ist es ganz gleichgültig, ob das System eine statistische Gesamtheit im thermodynamischen Sinne darstellt oder, wie z. B. ein Planetensystem, eine rein mechanisch beschreibbare Anordnung. Zur Bildung der Mittelwerte wäre im ersten Falle die Kenntnis der „Verteilungsfunktion" notwendig, welche angibt, mit welcher Häufigkeit die verschiedenen Zahlenwerte der zu mittelnden Größen angenommen werden (s. dazu § 2). Im zweiten Falle ist die Mittelung einfach als zeitliche Mittelwertbildung über die bekannten Bahnen der beteiligten Körper vorzunehmen.

Wir betrachten nunmehr den speziellen Mittelwert: $\overline{p_i\,q_i}$. Seine zeitliche Konstanz bedeutet:

$$\overline{\dot{p}_i\,q_i} + \overline{p_i\,\dot{q}_i} = 0 \qquad (1,7)$$

Mit (1,1) bis (1,3) wird daraus:

$$-\overline{q_i\frac{\partial U}{\partial q_i}} + \overline{\frac{p_i^2}{m_i}} = 0 \qquad (1,8)$$

Jetzt summieren wir über alle i und erhalten damit den Virialsatz in seiner allgemeinen Form:

$$\sum_i \overline{q_i\frac{\partial U}{\partial q_i}} = \sum_i \overline{\frac{p_i^2}{m_i}} = 2\overline{T} \qquad (1,9)$$

Wenn U eine h o m o g e n e Funktion der q ist, kann man ihn noch weiter umformen. Nach dem „Eulerschen Satz" der Mathematik gilt nämlich, wenn U eine homogene Funktion n-ten Grades aller Koordinaten q_i ist:

4   Kapitel I.

$$\sum_i q_i \frac{\partial U}{\partial q_i} = n\,U \tag{1,10}$$

Im vorliegenden Fall ist U infolge des Coulombschen Gesetzes eine Funktion (-1)-ten Grades, nämlich:

$$U = \sum_{i<k} \frac{Z_i Z_k}{\sqrt{(x_i - x_k)^2 + (y_i - y_k)^2 + (z_i - z_k)^2}} \tag{1,11}$$

Durch Ausführung der Summe (1,10) über die 6 Koordinaten eines Summanden von (1,11) verifiziert man leicht (1,10) mit $n = -1$.
Damit wird aus (1,9) endgültig:

$$-\overline{U} = 2\,\overline{T} \tag{1,12}$$

Da außerdem definitionsgemäß $\overline{H} = \overline{U} + \overline{T}$ gilt, können wir auch schreiben:

$$\overline{T} = -\overline{H}, \qquad \overline{U} = 2\overline{H} \tag{1,13}$$

wodurch die mittlere kinetische und potentielle Energie einzeln durch die Gesamtenergie ausgedrückt sind.*)

Die Gleichungen (1,12–13) zeigen uns, daß ein Gleichgewicht mit negativer Gesamtenergie zwischen Coulombschen Ladungen nur möglich ist, wenn die Partikel eine kinetische Energie besitzen. In einfachen Spezialfällen sieht man sofort den Sinn dieser Aussage ein. Z. B. bei einem Elektron, das im Abstand a um einen Kern kreist, herrscht Kräftegleichgewicht, wenn zwischen der Zentrifugalkraft $\frac{m\,v^2}{a}$ und der Coulombkraft $\frac{e^2}{a^2}$ die Gleichung besteht:

$$\frac{e^2}{a^2} = m\,\frac{v^2}{a} \tag{1,14}$$

Nach Forthebung eines a steht links die negative potentielle, rechts die doppelte kinetische Energie, also ist (1,14) nichts anderes als der Virialsatz.

Durch Erfüllung des Virialsatzes ist es also wohl möglich, stationäre Zustände eines mechanischen Systems aus Punktladungen zu erhalten — analog einem Planetensystem —, aber diese Z u s t ä n d e s i n d t h e r m o d y n a m i s c h n i c h t s t a b i l. Das hängt damit zusammen, daß in ihnen die Gesamtenergie kein Minimum ist. Aus (1,13) liest man ab, daß $\overline{H}$ sein Minimum erreicht, wenn $\overline{U}$ ein Minimum ist, d. h. trotz der unendlich werdenden kinetischen Energie erst, wenn die entgegengesetzten Ladungen zusammenstürzen.

Wir haben bisher die kinetische Energie als frei verfügbar betrachtet, so daß wir für jedes System — gekennzeichnet entweder durch die

---

*) Wir merken schon hier an, daß der Virialsatz (1,9), (1,12), (1,13) in derselben Form auch in der Quantenmechanik gilt. Die Mittelwerte sind dann als Integrale im Sinne der wellenmechanischen Mittelwertbildung mit Hilfe der Funktion ψ zu verstehen (s. Kap. II). Unsere Ableitung läßt sich wörtlich in die Quantentheorie übertragen, da alle benutzten Gleichungen auch für die quantenmechanischen „Operatoren" T, U, p, q (s. Kap. II) bzw. die Mittelwerte derselben $\overline{T}$, $\overline{U}$, $\overline{p}$, $\overline{q}$ gelten. Von einer Vertauschung der Reihenfolge p und q, die in der Quantenmechanik n i c h t mehr gilt, haben wir nirgends Gebrauch gemacht. $U(q)$ und q, sowie $T(p)$ und p dürfen stets vertauscht werden.

§ 1. Orientierendes über die Natur der chemischen Kräfte.   5

klassischen Bahnen aller Teilchen oder durch die Wahrscheinlichkeitsfunktion ihrer Koordinaten — die mittlere kinetische Energie gemäß dem Virialsatz zur potentiellen Energie passend wählen konnten, um einen stationären Zustand zu bekommen. Im einfachen Spezialfall (1,14) hieß das, daß durch $U(r) = -e^2/r$ die kinetische Energie $T(r) = e^2/2r$ der mechanischen Gleichgewichtszustände festgelegt ist. Ein solches System müßte beim absoluten Nullpunkt im thermodynamischen Gleichgewicht mit seiner Umgebung allmählich in seinen tiefsten Zustand, der hier einer unendlichen negativen Energie entspricht, übergehen.

Wollen wir thermodynamische Stabilität erreichen, dann müssen wir notwendigerweise fordern, daß die Gesamtenergie $\overline{H}$ als Funktion der Bahnformen ein Minimum hat, d. h. daß die Variation:

$$\delta \overline{H} = \delta \overline{T} + \delta \overline{U} = 0 \qquad (1,15)$$

ist gegenüber jeder möglichen kleinen Abänderung der Bahnen, bezw. der Wahrscheinlichkeitsverteilung. Die Forderung (1,15) stellt ein fundamentales Novum gegenüber der klassischen Mechanik dar und besagt, daß nunmehr, genau wie $\overline{U}$, auch $\overline{T}$ als Funktion der Gesamtkonfiguration des Systems, d. h. der Bahnabläufe, bezw. der Verteilungsfunktion v o r g e g e b e n sein soll. Hierin liegt ein völliger Bruch mit klassischen Vorstellungen. Wir haben diesen Weg der Einführung eines neuen Grundprinzips gewählt, weil es uns darauf ankam, möglichst allgemein zu zeigen, daß allein die Existenz von Atomen und Molekülen schon zur Einführung einer von der Konfiguration abhängigen Nullpunktsenergie und damit von unklassischen Kräften $\dfrac{\partial \overline{T}}{\partial R}$ (R: z. B. Kernabstand) führt.

Aus (1,15) im Zusammenhang mit dem Virialsatz folgt sofort, daß es in der Umgebung des thermodynamisch stabilen Zustandes jetzt auch keine mechanisch stabilen, d. h. dem Virialsatz gehorchenden Systemkonfigurationen mehr geben kann. Denn wenn in der Gleichgewichtslage gilt $2\overline{T}_0 = -\overline{U}_0$, dann müßte für einen stabilen Zustand wenig außerhalb derselben gelten $2\overline{T}_0 + 2\delta\overline{T}_0 = -\overline{U}_0 - \delta\overline{U}_0$, d. h. $2\delta\overline{T}_0 = -\delta\overline{U}_0$, was mit der Gleichgewichtsforderung $\delta\overline{T}_0 = -\delta\overline{U}_0$ im Widerspruch steht.

Da jetzt die kinetische Energie als Funktion der Konfiguration allein, unabhängig von der potentiellen Energie vorgegeben ist, können wir den Virialsatz durch geeignete Wahl dieser Funktion höchstens noch in der Gleichgewichtskonfiguration selbst erfüllen. Dies ist aber notwendig, denn das Aufgeben des Virialsatzes würde bedeuten, daß sogar auf eine mittlere Gültigkeit der klassischen Mechanik verzichtet würde. Dagegen spricht aber ihre Gültigkeit für Systeme, die aus vielen Elementarteilkeln zusammengesetzt sind.

Am einfachen Beispiel eines wasserstoffähnlichen Atoms im Grundzustand lassen sich die Verhältnisse genauer überblicken und sogar quantitative Aussagen gewinnen. Die potentielle Energie werde, unserem Programm gemäß, zunächst noch ganz klassisch behandelt. Bei einer Kreisbahn ist die Konfiguration des Systems durch den Radius eindeutig gekennzeichnet. Aus bekanntem $\overline{H}(a) = \overline{T}(a) + \overline{U}(a)$ folgt durch Differentiation die Minimum-Energie $\overline{H}(a_0)$ und der Gleichgewichtsabstand a_0. $\overline{U}(a)$ ist bekannt, nämlich $\overline{U}(a) = -e^2 Z/a$, wenn e die Elektro-

6   Kapitel I.

nenladung, Z die Ordnungszahl (Kernladung) bedeutet. $\overline{T}(a)$ ist noch
unbekannt. Wir benutzen zu seiner Bestimmung die Forderung, daß für
$a = a_0$, also im Gleichgewicht, der Virialsatz erfüllt sein soll. Für das
Minimum müssen also zwei Beziehungen gelten:

$$1. -\overline{U}(a_0) = 2\overline{T}(a_0) \qquad 2. \left(\frac{\partial \overline{U}}{\partial a}\right)_0 = -\left(\frac{\partial \overline{T}}{\partial a}\right)_0 \qquad (1,16)$$

$$\text{oder} \quad \frac{Z\,e^2}{a_0} = 2\overline{T}(a_0) \qquad \text{oder} \quad \frac{Z\,e^2}{a_0^2} = -\frac{d\overline{T}}{da_0}$$

Wir schreiben beide Gleichungen in der Form:

$$\frac{Z\,e^2}{a_0} = 2\overline{T}(a_0) = -a_0 \frac{d\overline{T}}{da_0} \qquad (1,17)$$

Damit ist zunächst $\overline{T}(a_0)$ noch keineswegs bestimmt, denn von der
unbekannten Funktion ist ja nur ihr Wert und ihre Ableitung in einem
bestimmten Punkt a_0 festgelegt. Jetzt erinnern wir uns aber, daß wir
$\overline{T}(a)$ als Funktion der Konfiguration allein voraussetzen wollten, d. h.
als eine universelle Funktion, die von der potentiellen Energie, d. h. hier
vom Parameter Z, unabhängig ist. Nur indirekt hängt die im G l e i c h -
g e w i c h t vorhandene kinetische Energie natürlich von Z ab, da a_0
von Z abhängt. In (1,17) soll $\overline{T}$ also eine universelle Funktion bedeuten,
(1,17) soll für jedes a_0 gelten, das bei Abänderung von Z als Gleichgewichtsabstand auftreten kann. Deshalb dürfen wir die Gleichung (1,17)
einfach integrieren, um $\overline{T}(a)$ zu erhalten. So kommt: $\overline{T} = C/a^2$, worin
nur C als verfügbare Konstante übrig geblieben ist. Diese ist mit a_0
verbunden durch: $Z\,e^2 = 2C/a_0$. Die Konstante C bleibt als einzige
Willkür. Das war auch zu erwarten, denn wir sind ja durch Einführung
von $\overline{T}(a)$ von der klassischen zur quantenmechanischen Theorie übergegangen und dabei muß in irgend einer Form eine neue Konstante auftreten, die das Plancksche Wirkungsquantum enthält. Wir können C
so bestimmen, daß die Energie des H-Atoms im Grundzustand richtig
herauskommt, dann wird a_0 der Bohrsche Radius $a_0 = 0,529$ Å. C wird
also $^1/_2\,e^2\,a_0$ und unser — von Z unabhängiger — Ausdruck $\overline{T}(a)$ ist
damit gefunden zu:

$$\overline{T}(a) = \frac{e^2\,a_0}{2} \frac{1}{a^2} \qquad (1,18)$$

Die gesamte Energie-Funktion bei beliebiger Ladung Z wird also

$$\overline{H}(a) = -\frac{Z\,e^2}{a} + \frac{e^2\,a_0}{2} \frac{1}{a^2} \qquad (1,19)$$

Als Minimum findet man sofort $a_{min} = a_0/Z$, und als Energie:

$$\overline{H}_{min} = E = -\frac{1}{2} \frac{Z^2\,e^2}{a_0} \qquad (1,20)$$

Die Abnahme des Bahnradius mit Z und die Zunahme der Energie
mit Z^2 sind genau in Übereinstimmung mit der Bohrschen Theorie und
mit der Wellenmechanik. In dieser tritt a allerdings nicht als Bahnradius einer Punktladung, sondern als derjenige Abstand a auf, in dem die
kontinuierlich gedachte radiale Ladungsdichte $4\pi r^2 \varrho$ (ϱ: Ladungsdichte, $4\pi r^2 \varrho\,dr$: El.-Menge in einer Kugelschale zwischen r und $r + dr$)
ihr Maximum hat. Die Werte für potentielle und kinetische Energie als

Funktion dieses a sind aber auch in der Wellenmechanik gerade die Ausdrücke, zu denen wir oben durch die Forderung eines stabilen Gleichgewichts unter Gültigkeit des Coulombschen Gesetzes und des Virialsatzes geführt wurden. (Vergl. Gl. 10,18.)

§ 2. Die Grundgleichungen der statistischen Theorie.

Es waren mehr spekulative Überlegungen, die uns im vorigen Paragraphen zur Forderung der Existenz einer Nullpunktsenergie führten. In diesem Paragraphen soll durch konsequente Anwendung statistischer Methoden nach FERMI[5] und DIRAC[6] ein allgemeiner Ausdruck für die Nullpunktsenergie eines Elektronengases als Funktion seiner Dichte gefunden werden. Ähnlich wie in der klassischen statistischen Mechanik verzichten wir dabei von vornherein auf detaillierte Aussagen über das einzelne Elektron. Es ist aus der klassischen Statistik bekannt, daß es für alle praktisch wichtigen Fragen genügt, Wahrscheinlichkeitsbetrachtungen über Lage- und Geschwindigkeitsverteilung der Teilchen anzustellen; damit kann man dann die makroskopisch beobachtbaren Größen berechnen. Was interessiert, ist dabei nicht die Lage und Geschwindigkeit des einzelnen Partikels, sondern lediglich eine Angabe darüber, wieviele Moleküle sich in jedem Volumenelement $\Delta\tau = \Delta x \Delta y \Delta z$, etwa zwischen x und $x+\Delta x$, y und $y+\Delta y$ und z und $z+\Delta z$ befinden, weiterhin aber auch noch eine Angabe über die Geschwindigkeit der Teilchen, etwa derart, daß wir sagen können, wieviele der herausgegriffenen Teilchen Geschwindigkeiten zwischen v_x und $v_x + \Delta v_x$, v_y und $v_y + \Delta v_y$, v_z und $v_z + \Delta v_z$ haben (wenn v_x, v_y, v_z rechtwinklige Komponenten der Geschwindigkeit bedeuten); dafür können wir auch sagen, wir wollen wissen, wieviele der herausgegriffenen Teilchen im Volumenelement $\Delta v_x \Delta v_y \Delta v_z$ des „Geschwindigkeitsraums" der v_x, v_y, v_z liegen. Nur, weil es für die Rechnung bequemer ist, führt man statt der Geschwindigkeiten die Impulse $p_x = mv_x$; $p_y = mv_y$; $p_z = mv_z$ ein. Äquivalent mit dem Vorangehenden ist dann die Forderung: Wir wollen wissen, wieviel der heraus gegriffenen Teilchen im Volumenelement $\Delta\tau' = \Delta p_x \Delta p_y \Delta p_z$ des „Impulsraums" liegen. Diese Angaben werden uns geliefert werden von einer sogenannten V e r t e i l u n g s f u n k t i o n, die von den sechs Variablen x, y, z, p_x, p_y, p_z abhängt. Es ist dann bequem, zu sagen, diese Funktion im „6-dimensionalen Phasenraum" der x, y, z, p_x, p_y, p_z gibt uns an, wieviele Teilchen in einem Volumenelement $\Delta\tau'' = \Delta x \Delta y \Delta z \Delta p_x \Delta p_y \Delta p_z$ dieses Phasenraumes liegen, wo also $\Delta\tau''$ das Produkt $\Delta\tau'$ und $\Delta\tau$ bedeutet.

Man geht in der statistischen Theorie folgendermaßen vor: Man teilt den Phasenraum in lauter gleichgroße Zellen $\Delta\tau'' = h^3$ ein, wo h eine kleine, aber wie sich nachher zeigt, endliche Größe darstellt. Es sei vorweggenommen, daß man h gleich dem PLANCKschen Wirkungsquantum $h = 6,55 \cdot 10^{-27}$ erg $\cdot$ sec setzen muß, damit die Folgerungen der Theorie mit der Erfahrung in Übereinstimmung sind.

Für Elektronen tritt nun noch eine weitere, ganz wesentliche Forderung hinzu, das P A U L I p r i n z i p[4], das wir für unsere Zwecke so formulieren dürfen: jede Zelle im Phasenraum darf höchstens von zwei Elektronen besetzt werden. Man war bekanntlich gezwungen, dem Elektron außer Ladung und Masse auch noch einen „Spin" zuzuschreiben, d. h. es als einen kleinen Magneten zu behandeln, der bei gegebener

8   Kapitel I.

äußerer Vorzugsrichtung (z. B. in einem Magnetfeld) noch einer zweifa-
chen Einstellung fähig ist, nämlich parallel oder antiparallel zum Feld.
Nach dem Pauliprinzip haben nun in einer Zelle des Phasenraums gerade zwei Elektronen mit entgegengesetzt gerichtetem Spin Platz. Die
Zelleneinteilung des Phasenraums — in der klassischen Theorie nur ein
Rechenkunstgriff — wird damit zu einem Faktor von größter physikalischer Bedeutung. Da wegen des Pauliprinzips die Besetzung der Zellen
im Phasenraum von der Anwesenheit anderer Elektronen abhängt, die
Elektronen also nicht mehr als unabhängig von einander betrachtet werden dürfen, wird man sich nicht wundern, wenn infolge dieser Forderung
des Pauliprinzips auch ganz neuartige Wechselwirkungen in Systemen
mit Elektronen auftreten, darunter gerade auch solche, die uns als chemische Kräfte bekannt sind. Dem Elektron kommt gewissermaßen eine
endliche Ausdehnung im Phasenraum zu; ist eine Zelle der Größe h^3 mit
zwei Elektronen besetzt, so ist ihr Volumen vollständig ausgefüllt, es
paßt kein weiteres Elektron hinein. In Kapitel II und III werden wir von
einem anderen Standpunkte aus noch zu einem vertieften Verständnis
dieser Aussage gelangen.

Wir fassen zusammen: Bei Prozessen, an denen Elektronen
beteiligt sind mit Lagekoordinaten x, y, z und Geschwindigkeiten v_x, v_y, v_z, bzw. p_x/m, p_y/m, p_z/m, hat man den Phasenraum der 6 Koordinaten x, y, z, p_x, p_y, p_z zu betrachten,
ihn in Zellen zu teilen derart, daß deren Volumen $\Delta x \Delta y$
$\Delta z \Delta p_x \Delta p_y \Delta p_z$ den endlichen Wert h^3 besitzt, und darf jede dieser Zellen mit höchstens zwei Elektronen besetzen.

Diese Aussage läßt sich in keiner Weise durch die klassische Mechanik
begründen. Man muß sie als Axiom hinnehmen, dessen Berechtigung
sich dadurch ergibt, daß die mit seiner Hilfe abgeleiteten Resultate von
der Erfahrung bestätigt werden.

Um diese Sätze auf ein Gas von Elektronen anwenden zu können,
denken wir uns etwa eine Anzahl von Elektronen auf passende Weise
zusammengehalten, z. B. zwischen undurchdringlichen Wänden eingeschlossen. Greifen wir ein Volumenelement τ heraus, so werden auch
beim absoluten Nullpunkt die darin enthaltenen Elektronen noch eine
gewisse kinetische Energie, die Nullpunktsenergie besitzen. Diese Aussage, die im Widerspruch steht mit der klassischen, daß die Teilchen sich
beim Nullpunkt in den Lagen minimaler potentieller Energie in Ruhe
befinden, folgt leicht auf folgendem Wege aus dem Pauliprinzip. Seien
in τ etwa n Elektronen enthalten, so müssen sie im Phasenraum ein
Volumen ausfüllen:

$$\tau'' = \tau' \tau = \frac{n}{2} h^3 \tag{2,1}$$

da in jeder Zelle der Größe h^3 nur zwei Elektronen mit entgegengesetzt
gerichtetem Spin Platz haben. Wir behaupten nun: im Gleichgewicht
ist das Volumen im Impulsraum τ' eine Kugel um den Anfangspunkt
mit dem Radius P, wo P der maximale Impuls ist, der vorkommt. Man
sieht dies leicht ein; die Elektronen werden bestrebt sein, sich in der
Nähe des Nullpunkts des Impulsraums aufzuhalten, soweit das mit dem
Pauliprinzip verträglich ist, da sie dann die geringste kinetische Energie
besitzen. Da für die Größe der kinetischen Energie nur der Absolut-

§ 2. Die Grundgleichungen der statistischen Theorie. 9

betrag des Impulses, unabhängig von der Richtung maßgebend ist, so werden sie eine Kugel um den Nullpunkt ausfüllen, deren Radius gleich dem größten vorkommenden Impuls ist. Also wird

$$\tau' = \frac{4\pi}{3} P^3 \qquad (2,2)$$

und damit durch Einsetzen in (2,1)

$$\frac{n}{2} h^3 = \tau \frac{4\pi}{3} P^3 \qquad (2,3)$$

Führen wir ein: $\varrho = n/\tau$, d. h. die Zahl der Elektronen pro cm^3, so wird diese Dichte nach (2,3):

$$\varrho = \frac{8\pi}{3} \frac{P^3}{h^3} \qquad (2,4)$$

Durch Differentiation findet man daraus den Dichtebeitrag der Elektronen mit einem Impuls zwischen p und $p + dp$ zu

$$d\varrho = \frac{8\pi p^2}{h^3} dp \qquad (2,5)$$

Aus dieser Beziehung folgt die gesamte kinetische Energie T der Elektronen pro cm^3 zu

$$T = \int_0^P \frac{p^2}{2m} d\varrho = \frac{8\pi}{h^3 2m} \int_0^P p^4 dp = \frac{4\pi P^5}{5 m h^3} \qquad (2,6)$$

Es empfiehlt sich, P mittels (2,4) zu eliminieren, man kommt so zu der direkten Beziehung zwischen kinetischer Nullpunktsenergie und Elektronendichte

$$T = \frac{3 h^2}{40 m} \left(\frac{3}{\pi}\right)^{2/3} \varrho^{5/3} \qquad (2,7)$$

aus der man unmittelbar ersieht, wie mit steigender Dichte die kinetische Energie stärker als proportional anwächst.

Wie in der klassischen Gastheorie läßt sich auch noch eine Beziehung ableiten für den Druck des Elektronengases. Denken wir uns dazu das Elektronengas in ein Gefäß vom Volumen V mit beweglichem Stempel eingeschlossen. Die gesamte Energie wird $\overline{H} = \overline{T} + \overline{U} = T V + \overline{U}$, wenn $\overline{U}$ die potentielle Energie des Gases bedeutet.

Aus $d\overline{H} = -p\,dV$ für adiabatische Volumenänderungen ergibt sich der Druck zu:

$$p = -\frac{\partial \overline{H}}{\partial V} = -\frac{\partial}{\partial V} \left(\frac{3 h^2}{40 m} \left(\frac{3}{\pi}\right)^{2/3} n^{5/3} V^{-2/3} \right) - \frac{\partial \overline{U}}{\partial V}$$

$$= \frac{3 h^2}{40 m} \left(\frac{3}{\pi}\right)^{2/3} n^{5/3} \frac{2}{3} V^{-5/3} - \frac{\partial \overline{U}}{\partial V} = \frac{2}{3} T - \frac{\partial \overline{U}}{\partial V} \qquad (2,8)$$

Die Formel (2,8) besagt, daß zu dem Druck $-\dfrac{\partial \overline{U}}{\partial V}$, der durch die elektrostatische Abstoßung hervorgerufen wird, ein weiterer Anteil $p' = \dfrac{2}{3} T$ hinzukommt, der von der kinetischen Nullpunktsenergie der Elektronen herrührt.

Wir können ein anschauliches Bild dieser Kräfte gewinnen, wenn wir unser Elektronengas beim absoluten Nullpunkt mit einem klassischen

10   Kapitel I.

idealen Gas bei bestimmter Temperatur vergleichen. Auch hier gilt bekanntlich für die kinetische Energie pro Volumeneinheit allgemein die Beziehung $T = \dfrac{3}{2}\,p$. Für eine adiabatische Volumenänderung gilt weiterhin $p \cdot V^{5/3} = \text{const}$. Aus beiden Gleichungen folgt $T \sim V^{-5/3}$, also dieselbe Volumenabhängigkeit der kinetischen Energie, wie beim Elektronengas. Die bei Änderung von Elektronendichten auftretenden Kräfte entsprechen also genau den Druckkräften auf den Stempel eines Kolbens bei adiabatischen Volumenänderungen des eingeschlossenen idealen Gases. Hierin ist jedoch nicht mehr als eine Analogie zu sehen. Die Konstante im klassischen Fall ist keineswegs universell. Sie ändert sofort ihren Wert, wenn man nicht-adiabatische Prozesse zuläßt, z. B. indem man bei konstantem Volumen Wärme zuführt. Die Analogie muß ja versagen bei solchen klassischen Prozessen, in denen sich die Entropie ändert.

Dieser Nullpunktsdruck ist von fundamentaler Bedeutung für das Verständnis aller „chemischen Kräfte". Es ergibt sich — auch solange wir, wie oben, die rein Coulombschen Wechselwirkungen zwischen den Elektronen vernachlässigen — eine gewisse „Undurchdringbarkeit" eines Elektronenhaufens. Denn da die kinetische Energie proportional zu $\varrho^{5/3}$ ist, und da die Dichte ϱ wächst, wenn wir ein weiteres Elektron hinzufügen, so muß dies — gewissermaßen durch den Nullpunktsdruck der übrigen Elektronen — abgestoßen werden. Die rein elektrostatische Wechselwirkung kommt natürlich immer noch außerdem dazu. Wir sehen so schon aus diesem Beispiel, daß die Nullpunktsenergie der Elektronen zu ganz neuartigen Kraftwirkungen führt, die der klassischen Mechanik fremd sind.

§ 3. Das Atom nach Thomas[7] und Fermi[8].

Die im vorigen Paragraphen entwickelte statistische Theorie ermöglicht es uns nun, den Gedankengang von § 1 wieder aufzunehmen, nach welchem die Stabilität der aus elektrischen Punktladungen bestehenden Atome darauf zurückzuführen ist, daß den Ladungsträgern im Gleichgewicht eine kinetische Energie zukommt, die durch die Bahnform, bezw. die Verteilungsfunktion dieses Systems von Massenpunkten zwangsläufig bestimmt ist. Die Entwicklungen in § 2 zeigen uns, daß für ein System aus vielen Elektronen in erster Näherung nicht einmal die Verteilungsfunktion notwendig ist, sondern schon Kenntnis der resultierenden Teilchendichte ausreicht, um die zugehörige kinetische Energie pro Volumeneinheit angeben zu können.

Wenn wir so nach (2,7) den Beitrag jedes Volumenelementes zur kinetischen Energie kennen und die mittlere potentielle Energie des Systems aus der Elektrostatik entnehmen, dann ist damit auch die Energie des ganzen Systems als Funktion der Dichteverteilung $\varrho(x, y, z)$ gegeben und es bleibt nur noch diejenige Gleichgewichtsverteilung ϱ aufzusuchen, welche die Gesamtenergie minimisiert.

Damit allerdings die folgenden Überlegungen exakt gültig sind, wäre eigentlich zu verlangen, daß in einem Raumelement praktisch konstanten Potentials schon soviele Elektronen vorhanden sind, daß man die Ladungen als annähernd kontinuierlich verteilt betrachten, also eine Elektronendichte ϱ annehmen und diese statistisch behandeln kann. Die-

§ 3. Das Atom nach Thomas und Fermi. 11

se Voraussetzung ist selbst bei schweren Atomen kaum näherungsweise erfüllt. Besonders in großen Kernabständen wird die statistisch errechnete Elektronendichte eine sehr schlechte Annäherung an die Wirklichkeit darstellen (s. Fig. 1). Es zeigt sich aber, daß sogar bei Atomen mit verhältnismäßig wenig Elektronen dieses Modell in kleinen und mittleren Kernabständen, die ja auch zur Energie das meiste beitragen, noch eine bessere Näherung ist, als man nach den zu seiner Ableitung notwendigen Annahmen erwarten sollte (s. Tab. 3). Dies dürfte auf den Umstand zurückzuführen sein, daß der aus der Fermi-Statistik folgende Zusammenhang zwischen kinetischer Energie und Dichte auch für das einzelne Elektron noch einen Sinn hat. Eine genauere Diskussion dieser Verhältnisse wird erst im II. Kapitel auf Grund der Wellenmechanik möglich sein (s. Gl. 10,24).

Nehmen wir also die Voraussetzungen einer statistischen Behandlung als gegeben an, dann erhalten wir zunächst nach (2,7) die gesamte kinetische Energie zu:

$$\overline{T} = \int T(\varrho)\,d\tau = \int \frac{3\,h^2}{40\,m}\left(\frac{3}{\pi}\right)^{2/3}\varrho^{5/3}\,d\tau \qquad (3,1)$$

Bezeichnen wir das vom Atomkern erzeugte Potentialfeld mit V' (es gilt div grad $V' = \Delta V' = 0$), dann wird die potentielle Energie der Elektronenwolke im Kernfeld:

$$\overline{U}' = -\int e\,V'\varrho\,d\tau \qquad (3,2)$$

Schließlich ist jedes einzelne Ladungselement $-e\varrho\,d\tau$ nicht nur dem Felde des Kerns, sondern auch dem von der Ladungsverteilung ϱ selbst erzeugten Feldanteil V'' ausgesetzt, der mit der Ladungsverteilung durch die Poissonsche Gleichung

$$\text{div grad } V'' = \Delta V'' = \left(\frac{\partial^2}{\partial x^2} + \frac{\partial^2}{\partial y^2} + \frac{\partial^2}{\partial z^2}\right)V'' = 4\pi e\varrho \qquad (3,3)$$

zusammenhängt. Diese „Selbstenergie" der Elektronenwolke ist[*]):

$$\overline{U}'' = \frac{1}{2}\iint \frac{e^2}{r_{12}}\varrho_1\varrho_2\,d\tau_1\,d\tau_2 = -\frac{e}{2}\int V''\varrho\,d\tau \qquad (3,4)$$

Der Faktor 1/2 tritt auf, weil sonst die Wechselwirkungsenergie zwischen je zwei Ladungselementen $e\varrho_1\,d\tau_1$ und $e\varrho_2\,d\tau_2$ doppelt gezählt würde. Für die praktische Rechnung ist meist die zweite Schreibweise bequemer, da sie nur die Integration über e i n e n Raum erfordert. An Stelle der zweiten Integration ist bei dieser Schreibweise die Lösung der Poisson-Gleichung (3,3) auszuführen. Die Gesamtenergie des Atoms läßt sich hiernach schreiben:

$$\overline{H} = \overline{T} + \overline{U} = \overline{T} + \overline{U}' + \overline{U}'' = \int\left[\frac{3\,h^2}{40\,m}\left(\frac{3}{\pi}\right)^{2/3}\varrho^{5/3} - e\left(V' + \frac{1}{2}V''\right)\varrho\right]d\tau \qquad (3,5)$$

Ähnlich wie wir in § 1 die stationäre Bahn des H-Atoms fanden, indem wir das Minimum der Gesamtenergie $\overline{H}$ als Funktion des Bahnradius bestimmten, so werden wir hier diejenige Dichteverteilung $\varrho(x,y,z)$ aufsuchen, welche das Integral $\overline{H}$ gegenüber allen anderen Funktionen ϱ, die der Normierungsbedingung

[*]) Über eine Korrektion vergleiche § 4.

12   Kapitel I.

$$\int \varrho \, d\tau = N \qquad (N = \text{Elektronenzahl}) \tag{3,6}$$

genügen, zu einem Minimum macht.**) Es muß also $\delta \overline{H}$ verschwinden, wenn wir eine beliebige infinitesimale Funktion $\delta \varrho$ mit der Eigenschaft $\int \delta \varrho \, d\tau = 0$ zu der minimisierenden Dichteverteilung ϱ hinzufügen. Man erhält leicht die einzelnen Anteile von $\delta \overline{H}$:

$$\delta \overline{T} = \int \frac{\partial T}{\partial \varrho} \, \delta \varrho \, d\tau = \frac{3 \, h^2}{40 \, m} \left(\frac{3}{\pi} \right)^{2/3} \int \frac{5}{3} \, \varrho^{2/3} \, \delta \varrho \, d\tau$$

$$\delta \overline{U}' = -e \int V' \, \delta \varrho \, d\tau$$

$$\delta \overline{U}'' = \frac{e^2}{2} \left[\iint \frac{\varrho_1 \, \delta \varrho_2}{r_{12}} \, d\tau_1 \, d\tau_2 + \iint \frac{\varrho_2 \, \delta \varrho_1}{r_{12}} \, d\tau_1 \, d\tau_2 \right]$$

$$= e^2 \iint \frac{\varrho_1 \, \delta \varrho_2}{r_{12}} \, d\tau_1 \, d\tau_2 = -e \int V'' \, \delta \varrho \, d\tau \tag{3,7}$$

und kann danach schreiben:

$$\delta \overline{H} = \int \left(\frac{\partial T}{\partial \varrho} - e \, V \right) \delta \varrho \, d\tau = 0 \quad \text{mit} \quad V = V' + V'' \tag{3,8}$$

Dies soll gelten für beliebige infinitesimale Änderungen der Dichte $\delta \varrho$ an jedem Punkt des Integrationsgebiets, wenn nur die Nebenbedingung $\int \delta \varrho \, d\tau = 0$ erfüllt ist. Das ist offenbar nur möglich, wenn $\frac{\partial T}{\partial \varrho} - e \, V$ gleich einer Konstanten ist. Dann wird nämlich

$$\int \left(\frac{\partial T}{\partial \varrho} - e \, V \right) \delta \varrho \, d\tau = \text{const.} \int \delta \varrho \, d\tau = 0 \tag{3,9}$$

für beliebige infinitesimale Funktionen $\delta \varrho$, welche der Nebenbedingung gehorchen. Die Konstante nennen wir $- e \, V_0$ und haben damit als ganz allgemeine Gleichgewichtsbedingung für ein Elektronengas in einem gegebenen äußeren Feld und unter dem Einfluß der Wechselwirkung der Elektronen miteinander:

$$\frac{\partial T}{\partial \varrho} - e \, (V - V_0) = 0 \tag{3,10}$$

Dazu kommt die Poissonsche Gleichung der Elektrostatik, welche V und ϱ miteinander verknüpft:

$$\Delta V'' = 4 \, \pi \, e \, \varrho \qquad \text{oder} \qquad \Delta (V - V_0) = 4 \, \pi \, e \, \varrho \tag{3,11}$$

da V_0 eine Konstante ist und auch $\Delta V'$ verschwindet. Setzen wir noch $\partial T / \partial \varrho$ nach (3,7) ein, dann folgt schließlich aus (3,10) und (3,11):

$$\Delta (V - V_0) = \frac{32 \, \pi^2 \, e}{3 \, h^3} \left(2 \, m \, e \, (V - V_0) \right)^{3/2} \tag{3,12}$$

Diese grundlegende Differentialgleichung wurde zuerst von THOMAS[7] abgeleitet, allerdings ohne die Konstante V_0, welche für neutrale Atome, wie wir nachher sehen werden, gleich 0 zu setzen ist. THOMAS begründete (3,12) für das neutrale Atom durch die Forderung, daß an jedem Punkt die maximal auftretende kinetische Energie gleich dem Negativen der dort herrschenden potentiellen Energie sein solle, also:

**) Dies Variationsprinzip der statistischen Theorie geht auf J. FRENKEL[9] zurück und wurde von LENZ[18] wieder aufgenommen.

§ 3. Das Atom nach Thomas und Fermi.   13

$$\frac{1}{2\,m}\,P^2 = -\,e\,V \tag{3,13}$$

Drückt man hierin P nach (2,4) in ϱ und dann ϱ nach (3,11) in V aus, dann entsteht (3,12) mit $V_0 = 0$. Die THOMASsche Überlegung zeigt uns unmittelbar, daß die Ionisierungsenergie und die Elektronenaffinität für jedes neutrale Gebilde in dieser statistischen Näherung 0 sein muß, da die maximal vorkommende kinetische Energie gerade gleich der potentiellen an jedem Punkt der Dichteverteilung sein muß. Dies besagt, daß die außerordentlich großen elektrostatischen Anziehungskräfte, die innerhalb eines neutralen Atoms auf eine hinzugefügte kleine Ladung wirken, durch die aus dem Nullpunktsdruck herrührenden Kräfte gerade kompensiert werden. In Wirklichkeit findet meist keine vollständige Kompensation statt und es bleibt einem Ausbau der Theorie — auf den wir nachher zu sprechen kommen — vorbehalten, solche individuellen Feinheiten zu erfassen.

Da wir die Elektronenverteilung im Atom als kugelsymmetrisch um den Kern anzunehmen haben, empfiehlt es sich zur Lösung der Differentialgleichung (3,12) Polarkoordinaten r, ϑ, φ einzuführen (s. Anhang); wegen der Kugelsymmetrie kann $V - V_0$ von ϑ und φ nicht abhängen, darum ergibt sich für das Potential die Differentialgleichung

$$\frac{\mathrm{d}^2}{\mathrm{d}r^2}\,r\,(V - V_0) = \frac{32\,e\,\pi^2}{3\,h^3}\,(2\,m\,e)^{3/2}\,r^{-1/2}\left[r\,(V - V_0)\right]^{3/2} \tag{3,14}$$

In unmittelbarer Nähe des Kerns darf das Potential nur durch die Kernladung $+\,Z\,e$ bestimmt sein, es muß sich dort also wie $Z\,e/r$ verhalten, d. h. es muß $\lim r\,(V - V_0) = Z\,e$ sein. Das veranlaßt uns zu setzen:

$$r\,(V - V_0) = \varphi(r)\,Z\,e \quad \text{mit} \quad \varphi(0) = 1 \tag{3,15}$$

Setzt man noch zur Vereinfachung

$$r = x\,\frac{h^2}{16\,m\,e^2\,\pi}\left(\frac{9}{2\,\pi\,Z}\right)^{1/3} = x\,\lambda \tag{3,16}$$

so erhält man als universelle, für alle Atome oder Ionen gültige Gleichung:

$$\frac{\mathrm{d}^2\varphi}{\mathrm{d}x^2} = \frac{\varphi^{3/2}}{x^{1/2}} \tag{3,17}$$

Aus (3,11), (3,15), (3,17) gewinnt man

$$\varrho = \frac{Z}{4\,\pi}\,\frac{1}{\lambda^3}\left(\frac{\varphi}{x}\right)^{3/2} \tag{3,18}$$

Die Dichte wird also am Nullpunkt wie $r^{-3/2}$ unendlich. Wichtig ist, daß $\int \varrho\,\mathrm{d}\tau$ endlich bleibt. Für extrem kleine r ist wegen $\mathrm{d}\tau = 4\,\pi\,r^2\,\mathrm{d}r$ der Integrand proportional $r^2\,r^{-3/2}$, also auch am Nullpunkt endlich.

Außer der Randbedingung im Nullpunkt wird noch dadurch eine Bedingung auferlegt, daß die Gesamtzahl der Elektronen gleich N sein muß. Diese Bedingung lautet nach (3,18) und (3,17):

$$N = \int \varrho\,\mathrm{d}\tau = \int\limits_0^\infty \varrho\,4\,\pi\,\lambda^3 x^2 \mathrm{d}x = Z\int\limits_0^\infty \varphi^{3/2} x^{1/2} \mathrm{d}x = Z\int\limits_0^\infty \frac{\mathrm{d}^2\varphi}{\mathrm{d}x^2}\,x\,\mathrm{d}x \tag{3,19}$$

(3,15) und (3,19) stellen die Randbedingungen für die Diff.-Gl. (3,17) dar. Denn gleichbedeutend mit der Forderung (3,19) ist eine Forderung

14   Kapitel I.

Tab. 1. Die Lösung der Thomas-Fermischen Differentialgleichung.

x	$\varphi(x)$	x	$\varphi(x)$	x	$\varphi(x)$
0	1	1,6	0,297	26	0,0031
0,01	0,985	1,8	0,268	28	0,0026
0,02	0,972	2,0	0,244	30	0,0022
0,03	0,959	2,5	0,194	32	0,0019
0,04	0,947	3,0	0,157	34	0,0017
0,05	0,935	3,5	0,130	36	0,0015
0,10	0,882	4,0	0,108	38	0,0013
0,15	0,836	4,5	0,093	40	0,0011
0,20	0,793	5,0	0,079	45	0,00079
0,25	0,758	6,0	0,059	50	0,00061
0,30	0,721	7,0	0,046	55	0,00049
0,35	0,691	8,0	0,037	60	0,00039
0,40	0,660	9,0	0,029	65	0,00031
0,50	0,607	10	0,024	70	0,00026
0,60	0,562	12	0,017	75	0,00022
0,70	0,521	14	0,012	80	0,00018
0,80	0,485	16	0,0093	85	0,00015
0,90	0,453	18	0,0072	90	0,00012
1,0	0,425	20	0,0056	95	0,00011
1,2	0,375	22	0,0045	100	0,00010
1,4	0,333	24	0,0037		

über das Verhalten von φ am äußeren Rande des Integrationsgebietes. Die Gesamtladung ist ja eindeutig festgelegt, wenn wir die Form des Potentialverlaufs in sehr großen Abständen vorgeben.

Betrachten wir unsere Differentialgleichung (3,17) zunächst für das neutrale Atom. Hier müssen V und ϱ für große Abstände r sehr schnell verschwinden. Beides ist der Fall, wenn wir $V_0 = 0$ setzen. Die so entstehende — universelle — Gleichung (3,17) für das neutrale Atom mit den Nebenbedingungen (3,15) und (3,19) bei $Z = N$ ist von FERMI[8] numerisch integriert worden. Der Verlauf $\varphi(x)$ ist in Tab. 1 wiedergegeben. Indem man für φ und x die angegebenen Werte einsetzt, erhält man Potentialverlauf, und nach (3,18) Dichteverteilung für jedes Atom. Von der Güte der erzielten Näherung vermittelt Fig. 1 einen Eindruck, die die Dichtefunktion $4\pi r^2 \varrho\, \lambda/Z = \varphi\sqrt{\varphi x}$ als Funktion von x zugleich mit einer entsprechenden, nach exakten wellenmechanischen Methoden erhaltenen Dichtekurve wiedergibt. Zum Vergleich wurde das Hg benutzt, als Atom hoher Ordnungszahl, bei dem Lösungen nach HARTREE (s. § 18) vorliegen. Man sieht zunächst, daß feinere Einzelheiten, wie der Schalenaufbau der Atome, die in der wellenmechanischen Dichteverteilung deutlich zum Ausdruck kommen, bei Thomas-Fermi nicht herauskommen. Besonders schlecht ist auch der Dichteverlauf in großen Abständen, der viel zu langsam (wie $1/r^6$, anstatt exponentiell) gegen 0 geht.

Die gewonnene Dichteverteilung ist aber ganz brauchbar um Eigenschaften des Atoms auszurechnen, an denen besonders die inneren Elektronen stark beteiligt sind. Eine solche Eigenschaft ist z. B. das Streu-

§ 3. Das Atom nach Thomas und Fermi.   15

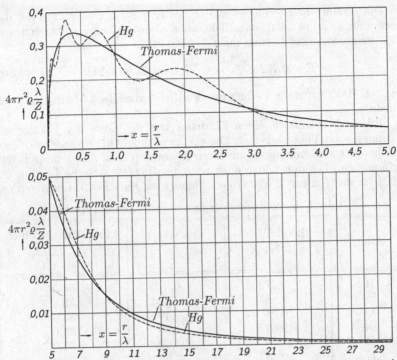

Fig. 1. Die universelle Dichtekurve nach THOMAS-FERMI, verglichen mit der HARTREEschen Dichteverteilung des Hg (s. § 18).

vermögen für Röntgenstrahlen. Atomsuszeptibilitäten, die proportional $\int r^2 \varrho \, d\tau$ sind, werden mit der Thomas-Fermischen Dichteverteilung sehr schlecht wiedergegeben, weil hier infolge des Faktors r^2 auch das äußere Dichtegebiet einen beträchtlichen Einfluß hat. In Tab. 2 sind u. a. die von SOMMERFELD[16] nach Thomas-Fermi berechneten Suszeptibilitäten den experimentellen Werten sowie den Resultaten der unten besprochenen korrigierten Ansätze gegenübergestellt.

Erst recht für solche Atomeigenschaften, die, wie die chemischen, im wesentlichen von den äußeren Elektronen abhängen, stellt das statistische Modell eine schlechte Näherung dar, aber wie wir später sehen werden, kann es immerhin als Grundlage für verbesserte Näherungsansätze dienen.

Tab. 2. Die Suszeptibilitäten der Edelgase nach Thomas-Fermi. (in 10^{-6} cm^3)

	X	Kr	Ar	Ne
nach SOMMERFELD[16]	117	102	81	67
„ JENSEN[57]	48,5	36,5	22,0	13,7
„ GOMBAS[26]	51	34	25	20
experimentell	42,2	28,0	19,5	6,8

16 Kapitel I.

Die gesamte Ionisierungsenergie eines Atoms, d. h. die Energie, die notwendig ist, um sämtliche Elektronen abzutrennen, ergibt sich aus FERMIs numerischer Lösung mit Gl. (3,5) zu:

$$- E = 0{,}772\, Z^{7/3}\, \frac{e^2}{a_0} \qquad \left(\frac{e^2}{a_0} = 27{,}08\ e\text{-Volt} \right) \tag{3,20}$$

was von BAKER[13] unter Benutzung des Virialsatzes (s. § 5) ausgerechnet wurde.

Tabelle 3 vermittelt einen Eindruck von der Güte der Energieberechnung nach Thomas-Fermi. Die als „experimentell" angegebene Vergleichswerte sind nur für die niederen Atome wirklich aus den Spektren entnommen. Bei den höheren ist teils die HYLLERAASsche Lösung (s. § 22) für das Ion mit 2 Elektronen zugezogen, teils FOCK-Lösungen (s.

Tab. 3. Ionisierungsenergien nach Thomas-Fermi.

Atom	theor. Wert $I_1 = 0{,}772\, Z^{7/3}$	exp. Wert I_2	prozentualer Fehler $100 \cdot \dfrac{I_1 - I_2}{I_1}$
H	0,772	0,5	54,4
He	3,883	2,904	33,7
Li	10,01	7,49	33,6
Be	19,60	14,68	33,6
B	33,00	24,62	34,0
C	50,48	37,86	33,3
N	72,5	54,58	32,8
O	98,9	75,07	31,7
F	130,1	100,4	29,6
Ne	166,3	129,5	28,4
Na	207,7	162,0	28,2
Mg	254,5	200,1	27,2
Fe	1549	1249	24,0

§ 21), wie bei Na, teils Näherungslösungen nach MORSE, YOUNG und HAURWITZ (s. § 21), die — mit einer kleinen halbempirischen Korrektion — etwa die Genauigkeit der FOCK-Lösungen erreichen. So liegen Vergleichsdaten bis zum Mg vor. Diese Vergleichsdaten wurden mit den nach dem einfachen und allgemeinen Rezept von SLATER (s. Gl. 17,4) berechneten Energien verglichen. Der Fehler des SLATERschen Rezeptes erwies sich dabei kleiner als 1 %, man kann deshalb für höhere Atome als Mg mit einigem Vertrauen das SLATERsche Rezept zur Gewinnung von Vergleichsdaten heranziehen.

In der letzten Spalte sind die hiernach berechneten Fehler der THOMAS-FERMI-Energie angegeben. Höchst überraschend ist es, daß diese nur einen kleinen Gang mit der Ordnungszahl aufweisen. Gemäß der Ableitung der Thomas-Fermi-Gleichungen sollte man eigentlich erwarten, daß der Fehler bei leichten Atomen ganz stark ansteigt und die Resultate schließlich für He, oder gar H, wo das Pauliprinzip gar keine Rolle spielt, völlig unsinnig werden. Das ist aber keineswegs der Fall, die Brauchbarkeit der statistischen Ansätze geht zu kleinen Elektronendichten hin viel weiter, als man eigentlich erwartet. Ein gewisses Verständnis dafür

§ 3. Das Atom nach Thomas und Fermi.   17

vermitteln uns schon die Überlegungen des § 1, in denen ja auch die Nullpunktsenergie eine entscheidende Rolle spielte, obgleich vom Pauliprinzip und Vielelektronenproblem garnicht die Rede war. Ein besseres Verständnis hierfür werden wir in § 10 gewinnen.

Der systematische Fehler, der für die Energie schwerer Atome noch auftritt, hat andere Ursachen, die in § 7 besprochen werden. Als einfache empirische Interpolationsformel, welche den experimentellen Daten bis Mg angepaßt ist, und dann bei höheren Atomen von selbst gut mit dem SLATERschen Rezept übereinstimmt, läßt sich statt (3,20) schreiben:

$$- E = 0{,}546\, Z^{19/8}\, \frac{e^2}{a_0} \tag{3,21}$$

Die statistische Methode läßt sich mit Erfolg auch für ein positives Ion ohne Valenzelektronen anwenden. Wir brauchen dazu wieder Gleichung (3,15) bis (3,19). Die Randbedingung im Unendlichen lautet aber anders als beim neutralen Atom. Die Dichte muß im Unendlichen rascher als r^{-2} verschwinden, aber das Potential V verläuft nur wie r^{-1}. Eine Dichte 0 und ein Potential r^{-1} sind aber mit der Beziehung (3,17) bis (3,18) nur verträglich, wenn wir die Ladungsverteilung bei einem bestimmten Abstand, sagen wir r_0, bezw. x_0 abbrechen lassen. Das Außengebiet trägt zum Variationsproblem (3,8) wegen $\varrho = 0$ dann nichts bei. Sein Potential ist nach den Gesetzen der Elektrostatik: $V_a = \dfrac{e\,\sigma}{r}$, wenn σ die Anzahl der fehlenden Elektronen bedeutet. Im Innengebiet ist (3,18) zu lösen. Das Problem unterscheidet sich vom neutralen Atom durch die Randbedingungen bei $r = r_0$, welche besagen, daß Potential und Feldstärke hier stetig verlaufen sollen. Unmittelbar außerhalb von r_0 haben diese den Wert

$$V_a(r_0) = \frac{e\,\sigma}{r_0}, \qquad \left(\frac{\partial V_a}{\partial r}\right)_{r_0} = -\frac{e\,\sigma}{r_0{}^2} \tag{3,22}$$

Identifizieren wir die in Gleichung (3,15) noch verfügbare Konstante V_0 mit $e\,\sigma/r_0$, dann bedeutet die erste Randbedingung einfach das Verschwinden von φ und damit ϱ an der Stelle r_0. Das Verschwinden der Randdichte $\varrho(r_0)$ läßt sich auch aus dem Minimumsprinzip begründen. (Vergl. § 4.)

Das Ionenproblem unterscheidet sich somit vom Atomproblem nur dadurch, daß an Stelle der Forderung $\varphi(\infty) = 0$ die Forderungen treten:

$$\varphi(x_0) = 0, \quad -\frac{Z\,e\,\varphi}{r_0{}^2} + \frac{Z\,e}{r_0}\left(\frac{\mathrm{d}\varphi}{\mathrm{d}r}\right)_0 = -\frac{e\,\sigma}{r_0{}^2} \;\; \text{oder} \;\; x_0\left(\frac{\mathrm{d}\varphi}{\mathrm{d}x}\right)_0 = -\frac{\sigma}{Z} \tag{3,23}$$

worin σ/Z den Ionisationsgrad bedeutet. Während beim neutralen Atom sich φ bei $r \to \infty$ asymptotisch der 0 näherte, wird hier φ bei einem bestimmten endlichen Abstand zu 0 und schneidet die Achse unter dem durch (3,23) gegebenen Winkel. Ein φ, das der Randbedingung im Nullpunkt $\varphi(0) = 1$ genügt, kann den beiden weiteren Bedingungen (3,23) nur in einem speziellen Punkt r_0, bezw. x_0 genügen. Der „Ionenradius" ist also durch das Problem selbst eindeutig bestimmt.

Die Lösung des Ionenproblems in der statistischen Theorie wurde zuerst von GUTH und PEIERLS[15] gegeben. Sie wurde später von SOMMERFELD[16] ergänzt und auf eine Reihe von Fragen quantitativ angewandt.

18   Kapitel I.

Wir notieren von seinen Resultaten nur einen Näherungsausdruck für
den Ionenradius eines σ-wertigen Ions:

$$r_0 = \frac{4,6}{\sigma^{1/3}} \, \text{Å} \tag{3,24}$$

Wie stets in der statistischen Methode, werden individuelle Eigenschaften verwischt, deshalb hängt r_0 in erster Näherung nur von der
Wertigkeit des Ions ab. Der hier durch vollständiges Verschwinden der
Ladung definierte „Ionenradius" muß natürlich beträchtlich größer ausfallen als die etwa aus dem Abstoßungsgesetz bei der Ionenbindung ermittelten Radien.

Wir merken noch an, daß es für Gebilde mit einem negativen Ladungsüberschuß keine strengen Lösungen des THOMAS-FERMI-Problems
gibt. Mit den in § 5 besprochenen Näherungsmethoden wird dieser Fall
formal der Behandlung zugänglich werden. Ein Versuch zur wirklichen
Überwindung dieser Unzulänglichkeit der Theorie wird in § 4 besprochen.

§ 4. Verbesserte Ansätze für die potentielle Energie im Thomas-Fermi-Atom.

Unsere bisherige Rechenweise für die potentielle Energie der Elektronen stellt noch keineswegs eine konsequente Anwendung der Statistik dar. Auch in der thermodynamischen Statistik ist für Partikel, die
miteinander in Wechselwirkung stehen, die Kenntnis der gesamten Verteilungsfunktion notwendig, um die mittlere potentielle Energie richtig
auszurechnen. Ein Teil dieser feineren Wechselwirkungen läßt sich allerdings auf die Dichtefunktion zurückführen und damit schon innerhalb
der vereinfachten statistischen Theorie berücksichtigen. Die Begründung
kann allerdings größtenteils erst unter Benutzung der Verteilungsfunktion der Wellenmechanik in den folgenden Kapiteln gegeben werden.

Zunächst eine elementare Korrektion. Wir haben bisher angenommen, daß auf jedes einzelne Elektron das mittlere, von der gesamten
Elektronenwolke erzeugte elektrische Feld wirkt. Wenn aber die Anzahl
Elektronen sehr klein ist, also bei leichten Atomen, sowie bei allen Atomen in den äußeren Randgebieten der Ladungsverteilung, dann ist der
Beitrag des betrachteten Elektrons selbst zu dem mittleren Feld, das
in diesem Gebiet herrscht, keineswegs mehr geringfügig. Das einzelne
Elektron hat in Wirklichkeit mit seinem eigenen Potentialfeld aber keine Wechselwirkung, der Anteil des herausgegriffenen Elektrons zu dem
mittleren Potential V'' ist deshalb abzuziehen. Diese Korrektion ist für
den Dichteverlauf in großen Abständen vom Atom entscheidend, denn
ohne diese geht z. B. im neutralen Atom das Feld außen exponentiell gegen 0, bei Anbringung dieser Korrektion bleibt aber ein Feld e/r, welches
auf ein weit außen befindliches Elektron wirkt. Das ist das Coulombfeld des positiv geladenen Atomrestes, der nach Abzug des betrachteten
Elektrons übrig bleibt.

Man wird die Verhältnisse näherungsweise erfassen, wenn man auf
jedes herausgegriffene Elektron dasselbe korrigierte Feld wirken läßt,
indem man den mittleren Feldbeitrag der einzelnen Elektronen von V''
in (3,4) abzieht. Das bedeutet einfach, daß V'' in allen Integralen (3,4),

§ 4. Verbesserte Ansätze für die pot. Energie im Thomas-Fermi-Atom. 19

(3,5), (3,7) u. s. w. durch $(1 - 1/N)\,V''$ zu ersetzen ist, worin N die Anzahl der Elektronen des Atoms bedeutet.

Diese Korrektion wurde zuerst von AMALDI und FERMI[36] vorgenommen. Die Minimumsforderung führt wieder zu der Differentialgleichung (3,17), nur mit dem Unterschied, daß jetzt λ in (3,16) noch den Faktor $\left(\dfrac{N}{N-1}\right)^{2/3}$ bekommt.

Ganz ähnlich wie bei den früheren Ionenlösungen (s. Gl. (3,23)) wird man jetzt beim neutralen Atom zu einem endlichen Radius geführt. Das neutrale Atom verhält sich hinsichtlich des Dichteverlaufs jetzt ähnlich wie früher das positive Ion, analog verhalten sich negative Ionen in der korrigierten Theorie ähnlich wie früher neutrale Atome. Negative Ionen werden also existenzfähig.

Die beschriebene Methode von AMALDI und FERMI zur Eliminierung der Selbstenergie der Elektronen ist nur in engen Grenzen willkürfrei anwendbar. Bei dem wichtigen Problem der Wechselwirkung mehrerer Atome z. B. ist N garnicht bestimmt, denn für große Abstände der Atome darf man diese zweifellos unabhängig voneinander behandeln, dann ist N für jedes Atom einzeln gleich seiner Elektronenzahl zu setzen. Je mehr sie aber zu einem Gesamtsystem verschmelzen, um so mehr gewinnt man das Recht, für N die Gesamtzahl der Elektronen des ganzen Systems einzusetzen. Es ist aber ganz unbestimmt, wie man diesen Übergang von den Teilsystemen zum Gesamtsystem zu vollziehen hat.

Eine viel weitgehendere, absolute Bedeutung kommt der sogenannten „Austauschkorrektion" zu, die wir jetzt besprechen wollen. Sie bedeutet ebenfalls eine feinere Berechnung des Mittelwerts der gegenseitigen Coulombschen Wechselwirkung der Elektronen und hat ihr Analogon in der klassischen Statistik. In der Theorie der elektrolytischen Lösungen z. B. nimmt man in erster Näherung an, daß auf das einzelne Ion die „verschmierte Ladung" aller übrigen in der Lösung befindlichen Ionen wirkt. Diese ist hier null, wegen der großen Teilchenzahl des Systems spielt die oben besprochene Korrektion hinsichtlich der Selbstwechselwirkung gar keine Rolle. Dies entspricht genau der Näherung von THOMAS und FERMI, nur daß dort das Potential der „verschmierten Ladung" nicht den Wert 0 hat.

Bekanntlich liefert die Theorie der Elektrolyte von DEBYE und HÜCKEL in nächster Näherung eine Erniedrigung der mittleren potentiellen Energie unter 0, dadurch, daß sich um jedes Ion herum ein Hof von entgegengesetzt geladenen Ionen ausbildet. Die Ionen bevorzugen statistisch gegenseitige Orientierungen erniedrigter Energie, soweit die kinetische Energie der Temperaturbewegung dies zuläßt. Ganz analog verhält sich ein Elektronengas. Auch hier erfolgt noch eine Erniedrigung der mittleren Energie dadurch, daß sich der verschmierten Ladung um jedes herausgegriffene Elektron ein Hof positiver Ladung (d. h. Verarmung an negativer Ladung) überlagert. Die Bewegung der einzelnen Elektronen erfolgt nicht unabhängig voneinander, sondern sie bevorzugen gegenseitige Orientierungen mit verminderter potentieller Energie, wobei ihre Nullpunktsenergie die Rolle der Temperaturenergie im klassischen Fall übernimmt.

In § 19 und § 20 werden wir sehen, wie dieses gegenseitige Ausweichen der Elektronen in einer durch „Antisymmetrisierung" entstandenen Verteilungsfunktion zum Ausdruck kommt. Allerdings ist dies nur ein Teil des gesuchten Effektes, da er sich auf diese Weise nur für Elektronen mit parallelen Spins ergibt. Eine Schätzung dieses „Ausweichens" zwischen Elektronen mit antiparallelem Spin (nach WIGNER) ist am Schluß von § 20 angegeben und wird ebenfalls schon in diesem Kapitel (§ 9) zugezogen werden. Die Rechnung wurde in beiden Fällen für ein Elektronengas in einem konstanten Potentialfeld angestellt, die Voraussetzungen sind also dieselben wie für die kinetische Energie nach Thomas-Fermi. Streng gültig werden auch diese Energieanteile nur, wenn in einem Teilgebiet des Atoms von nahezu konstantem Potential schon sehr viele Elektronen enthalten sind.

Die folgende Darstellung schließt im wesentlichen an Arbeiten von JENSEN[29,57] an. Wir berücksichtigen hier zunächst nur den „Ausweicheffekt" zwischen Elektronen mit parallelen Spins. Dieser liefert nach (20,15) für die Energiedichte den Beitrag der sogenannten „Austauschenergie", der pro Volumeneinheit beträgt:

$$B = -e^2 \frac{3}{4} \left(\frac{3}{\pi}\right)^{1/3} \varrho^{4/3} \qquad (4,1)$$

Fügen wir den negativen Energiebeitrag $\overline{B} = \int B \, d\tau$ zu $\overline{T}$ und $\overline{U}$ in (3,5) hinzu, dann ist damit zugleich die Selbstwechselwirkung des Elektrons korrigiert, denn (4,1) enthält einen Anteil, den man als „Selbstaustausch" bezeichnen könnte. Er entsteht dadurch, daß die Integrationen (20,11) und (20,13) über a l l e Impulszellen erstreckt werden. Dieser „Selbstaustausch" ist identisch mit der Coulombschen „Selbstwechselwirkung" (s. die Diskussion zu Gl. (21,4)). Die beiden Fehler kompensieren sich wegen der entgegengesetzten Vorzeichen der Coulombschen und der Austausch-Wechselwirkung genau, allerdings nur, soweit überhaupt die Voraussetzungen dieser Annäherung, insbesondere genügend große Elektronendichte, vorliegen.

Das Variationsprinzip lautet jetzt

$$\delta \overline{H} = 0 \quad \text{mit} \quad \overline{H} = \int [T + B + U] \, d\tau$$

$$= \int \left[\frac{3h^2}{40m} \left(\frac{3}{\pi}\right)^{2/3} \varrho^{5/3} - \frac{3}{4} e^2 \left(\frac{3}{\pi}\right)^{1/3} \varrho^{4/3} - e \left(V' + \frac{1}{2} V''\right) \varrho \right] d\tau \quad (4,2)$$

und führt auf dieselbe Weise wie früher zu einer Minimumsbedingung für ϱ:

$$\frac{h^2}{8m} \left(\frac{3\varrho}{\pi}\right)^{2/3} - e^2 \left(\frac{3\varrho}{\pi}\right)^{1/3} = e(V - V_0) \quad \text{mit} \quad V = V' + V'' \qquad (4,3)$$

welche nach $\varrho^{1/3}$ aufgelöst, die Form hat:

$$\left(\frac{3\varrho}{\pi}\right)^{1/3} = \frac{4me^2}{h^2} + \sqrt{\frac{8me}{h^2} \left(\frac{2me^3}{h^2} + V - V_0\right)} \qquad (4,4)$$

Man sieht sofort, daß die Normierungsbedingung (3,6) nicht erfüllbar ist, wenn die Dichteverteilung ϱ bis zu unendlich großen Abständen reicht, denn auch im Unendlichen bliebe auf jeden Fall das konstante Glied $4me^2/h^2$ und würde eine Konvergenz der Integrale verhindern.

Es brauchen deshalb von vornherein nur solche Dichteverteilungen ϱ zugelassen werden, die bei einem bestimmten Radius r_0 verschwinden.

§ 4. Verbesserte Ansätze für die pot. Energie im Thomas-Fermi-Atom. 21

Die Lage dieses Radius r_0 ist selbst eines der zu variierenden Bestimmungsstücke der gesuchten Funktion ϱ, das man unabhängig von allen weiteren Bestimmungsstücken (d. h. von dem ganzen Verlauf von ϱ zwischen 0 und r_0) variieren kann. Dabei ist nur die Nebenbedingung (3,6) zu beachten.

Die Ableitung des Integrals (4,2) nach der oberen Grenze r_0 bei festgehaltener Funktion ϱ ergibt:

$$\frac{\partial \overline{H}}{\partial r_0} = \left[\frac{3\,h^2}{40\,m} \left(\frac{3}{\pi} \right)^{2/3} \varrho^{5/3} - e^2 \frac{3}{4} \left(\frac{3}{\pi} \right)^{1/3} \varrho^{4/3} - e \left(V' + \frac{1}{2} V'' \right) \varrho \right]_{r_0} 4\,\pi\,r_0{}^2$$

$$- \frac{e}{2} \int_0^{r_0} \frac{\partial V''}{\partial r_0} \varrho\,\mathrm{d}\tau \tag{4,5}$$

Man darf darin das letzte Integral nicht vergessen, welches dadurch auftritt, daß V'' sich ändert, wenn bei gegebenem ϱ die Grenze r_0 des Integrationsbereichs verschoben wird. $\partial V''$ ist die Änderung des Potentials im Inneren der Kugel, wenn eine Kugelschale von der Ladung $4\,\pi\,r_0{}^2\,e\,\varrho(r_0)\,\partial r_0$ hinzugefügt wird. Das Potential dieser Kugelschale ist nach den Gesetzen der Elektrostatik im ganzen Kugelinneren konstant, und wird erhalten, indem man die Ladung der Kugelschale durch den Radius dividiert, also:

$$\partial V'' = 4\,\pi\,r_0\,e\,\varrho(r_0)\,\partial r_0 \tag{4,6}$$

und damit

$$\frac{e}{2} \int_0^{r_0} \frac{\partial V''}{\partial r_0} \varrho\,\mathrm{d}\tau = \frac{e^2}{2} 4\,\pi\,r_0\,\varrho(r_0) \int_0^{r_0} \varrho\,\mathrm{d}\tau = \frac{e^2}{2} 4\,\pi\,r_0\,\varrho(r_0)\,\frac{N}{r_0}$$

$$= \left[\frac{e}{2} V'' \varrho\,4\,\pi\,r^2 \right]_{r_0} \tag{4,7}$$

worin von der Normierung (3,6) Gebrauch gemacht und schließlich $V''(r_0)$ für $e\,N/r_0$ geschrieben ist. Das Integral in (4,5) beseitigt also gerade den Faktor $1/2$ vor V'' in der vorhergehenden Klammer. Für $V'+V''$ schreiben wir, wie früher, V. In Anbetracht der Nebenbedingung (3,6) lautet die Minimumsbedingung hinsichtlich des Parameters r_0 genau wie gegenüber jeder anderen Variation von ϱ, nämlich

$$\frac{\partial \overline{H}}{\partial r_0} = \mathrm{const} = -\,e\,V_0 \tag{4,8}$$

worin wir für die Konstante die durch (4,3) schon festgelegte Bezeichnung $-e\,V_0$ eingesetzt haben.

So lautet nach (4,5), (4,7) und (4,8) die Bestimmungsgleichung für r_0 schließlich:

$$\left[\frac{3\,h^2}{40\,m} \left(\frac{3}{\pi} \right)^{2/3} \varrho^{2/3} - e^2 \frac{3}{4} \left(\frac{3}{\pi} \right)^{1/3} \varrho^{1/3} - e\,(V - V_0) \right]_{r_0} \varrho(r_0)\,4\,\pi\,r_0{}^2 = 0 \tag{4,9}$$

Andererseits lieferte die Variation von ϱ bei festgehaltenem r_0 die Gl. (4,3), die auch noch bei $r = r_0$, innerhalb des Randes gelten muß. (4,4) zeigte uns außerdem, daß $\varrho(r_0)$ auf der Innenseite des Randes nicht verschwindet, deshalb muß die eckige Klammer in (4,9) verschwinden. Subtraktion der so entstehenden Gleichung von der Gl. (4,3) liefert:

$$\left[\frac{h^2}{20\,m} \left(\frac{3}{\pi} \right)^{2/3} \varrho^{2/3} - \frac{e^2}{4} \left(\frac{3}{\pi} \right)^{1/3} \varrho^{1/3} \right]_{r_0} = 0, \quad \varrho(r_0) = \frac{\pi}{3} \left(\frac{5\,m\,e^2}{h^2} \right)^3 \tag{4,10}$$

22   Kapitel I.

Dies Resultat besagt, daß für ein beliebiges Atom oder Ion die Dichte
bei einem endlichen r_0 plötzlich abbricht. Diese Randdichte $\varrho(r_0)$ ist für
alle Atome und Ionen dieselbe.*)

Durch Kombination von (4,4) mit der Poisson-Gleichung ergibt sich
die Diff.-Gl. für $V - V_0$:

$$\frac{1}{r}\frac{\mathrm{d}^2}{\mathrm{d}r^2}\, r\,(V - V_0) = \frac{4\,\pi^2\,e}{3}\left(\frac{4\,m\,e^2}{h^2} + \sqrt{\frac{8\,m\,e}{h^2}\left[\frac{2\,m\,e^3}{h^2} + V - V_0\right]}\right)^3 \quad (4,11)$$

zu der die Randbedingungen treten

$$(r\,V)_{r=0} = Z\,e\,, \qquad V(r_0) = \frac{(Z-N)\,e}{r_0}\,, \qquad \left(\frac{\mathrm{d}V}{\mathrm{d}r}\right)_{r_0} = -\frac{(Z-N)\,e}{r_0{}^2}\,,$$

$$\left[\frac{1}{r}\frac{\mathrm{d}^2 r\,V}{\mathrm{d}r^2}\right]_{r_0} = \frac{4\,\pi^2\,e}{3}\left(\frac{5\,m\,e^2}{h^2}\right)^3 \quad (4,12)$$

Zur Befriedigung dieser 4 Bedingungen stehen zur Verfügung: V_0, r_0
sowie Anfangswert und Anfangstangente der Funktion $r V$ bei $r = 0$.
Numerische Bestimmungen von r_0 liegen vor[49,57] für Kr und X sowie die
entsprechenden Ionen. Wenn mehr die Energie als die genaue Kenntnis
der Dichteverteilung interessiert, dann benutzt man viel einfacher direkte Variationsansätze, wie in § 5 gezeigt werden soll. Es stellt sich dann
heraus, daß die Austauschkorrektion an der Energie bei schweren Atomen weniger als 1 % und selbst bei leichten Atomen wie Ne, nur etwa
3 % beträgt. Wichtig ist aber die Dichtekorrektion, da durch das Abbrechen bei endlichem Radius die Unzulänglichkeiten vermieden werden,
die sonst durch den viel zu langsamen Dichteabfall in großen Abständen
entstehen.

Allerdings ist die Korrektion der Selbstwechselwirkung der Elektronen am Atomrand immer noch schlecht, weil hier die Voraussetzungen
der statistischen Rechnung nicht genügend erfüllt sind. So bekommt
man nach (4,11–12) stabile negative Ionen, die bei einer wirklichen Kompensation der Selbstwechselwirkung der Elektronen eigentlich zu erwarten wären, nur bis zu einem fiktiven Ladungsüberschuß von $-0,3\,e$ anstatt mindestens $-e$. JENSEN[57,58] ging deshalb so vor, daß er zwar die
Randbedingung (4,10) beibehielt, sonst aber an Stelle der Austauschkorrektion die am Anfang dieses Paragraphen besprochene Korrektion der
Selbstwechselwirkung benutzte. Auf diese Weise ergaben sich Dichteverteilung und Suszeptibilitäten für Edelgase und edelgasähnliche Ionen
so gut, wie man es überhaupt von einer statistischen Theorie erwarten
kann. Die Tabelle 2 gibt einen Eindruck hiervon. In § 5 werden wir allerdings sehen, daß man durch mehr oder weniger willkürliche Verfügungen
über den Dichteverlauf in großen Abständen stets gute Daten für die Suszeptibilität und andere stark vom Atomrand abhängende Eigenschaften
erreichen kann, ohne daß sich dabei die Energie des THOMAS-FERMI-
Atoms merklich ändert. Die Daten der Zeile 3 von Tabelle 2 sind in
dieser Weise mit den Methoden von § 5 gewonnen. Alle so erzielten
Übereinstimmungen sind deshalb vorsichtig zu beurteilen.

---

*) Von BRILLOUIN wurde die Randdichte durch Nullsetzen der Wurzel in (4,4)
bestimmt. Die so bestimmte Dichte ist im Verhältnis $(4/5)^3 = 0,512$-mal kleiner als
die Randdichte nach JENSEN.

§ 5. Das Ritzsche Verfahren zur Lösung des Variationsproblems.   23

§ 5. Das Ritzsche Verfahren zur Lösung des Variationsproblems

Aus dem Minimumsprinzip für die Gesamtenergie eines atomistischen Systems haben wir im vorigen Abschnitt eine Differentialgleichung abgeleitet, deren Lösungen diese Minimumsforderung befriedigen, die also mit dem Variationsprinzip äquivalent ist. In den meisten Fällen ist es aber zweckmäßiger, am Variationsprinzip festzuhalten, anstatt die Differentialgleichung zu lösen. Eine in der Quantenchemie sehr häufig angewändte Näherungsmethode zur Energieberechnung ist das von RITZ in die Mathematik eingeführte und nach ihm benannte Verfahren. Es besteht darin, die unbekannte Funktion in irgend einer Näherungsform anzusetzen und durch eine Reihe von zunächst unbestimmten Parametern zu charakterisieren. Dann werden die Integrale $\overline{T}$ und $\overline{U}$ gewöhnliche Funktionen der gewählten Parameter und diese selbst — wir nennen sie α_i — bestimmt durch die Forderung

$$\frac{\partial \overline{H}}{\partial \alpha_i} = \frac{\partial \overline{T}}{\partial \alpha_i} + \frac{\partial \overline{U}}{\partial \alpha_i} = 0 \quad \text{für jedes } \alpha_i \qquad (5,1)$$

Damit ist das ursprüngliche Problem des Aufsuchens einer unbekannten Funktion zurückgeführt auf ein gewöhnliches Minimumproblem für die α_i. Um streng die gesuchte Funktion ϱ, bezw. V auffinden zu können, wäre es allerdings notwendig, eine unendlich große Zahl von Parametern einzuführen, z. B. indem man die gesuchte Funktion als Reihenentwicklung mit unbekannten Koeffizienten ansetzt. Praktisch geht man aber meist so vor, daß man eine Funktion ansetzt, die der gesuchten schon ziemlich nahe kommt und die nur noch wenige Parameter enthält. Die Wahl der Funktion ist keineswegs zwangsläufig und es gehört eine gewisse Kunst dazu, im Einzelproblem solche Funktionen zu finden, die einerseits zu einfach ausführbaren Integralen führen, und außerdem mit möglichst wenigen Parametern schon gute Näherungslösungen darstellen.

Darüber hinaus kann aber durch Verzicht auf strenge Lösungen häufig nicht nur eine Vereinfachung sondern sogar eine Verbesserung der Lösungen erreicht werden. Das hängt damit zusammen, daß alle benutzten statistischen Formeln ja nur Näherungsausdrücke sind, die unter Voraussetzungen gelten, welche im praktischen Problem nicht gegeben sind. Da aber gewisse allgemeine Züge der Dichteverteilung, bezw. des Potentials V, häufig entweder aus der Erfahrung oder durch vorliegende wellenmechanische Lösungen bekannt sind, kann man diese durch geeignete Wahl des Funktionstypus von ϱ und V auch für die Lösungen des statistischen Variationsproblems erzwingen und damit eine Verbesserung gegenüber den mathematisch strengen Lösungen erreichen. Wir erlegen damit dem Variationsproblem gewissermaßen außer den üblichen Randbedingungen weitere Nebenbedingungen auf, indem wir nur eine beschränktere Zahl von Funktionen ϱ und V als vorher zur Konkurrenz zulassen. Die hiermit gefundene Energie wird natürlich stets höher als die mit strengen Lösungen der Thomas-Fermi-Gleichung berechnete.

Als Beispiel einer Anwendung des Ritzschen Verfahrens betrachten wir wieder das kugelsymmetrische Atom oder Ion, das von JENSEN[19] in dieser Weise gelöst worden ist. JENSEN macht folgenden Ansatz für das Potential:

$$\Delta V = 4\pi e\varrho = \frac{N}{4\pi\lambda^3 C}\,\frac{\mathrm{e}^{-x}}{x^3}\left(\sum_{\nu=0}^{n} c_\nu x^\nu\right)^3 \quad \text{mit} \quad x = \sqrt{\frac{r}{\lambda}} \qquad (5,2)$$

Durch den Ansatz x^{-3} ist erreicht, daß sich die Dichte beim Nullpunkt wie die Thomas-Fermi-Dichte verhält, nämlich wie $r^{-3/2}$ unendlich wird (vergl. Gl. 3,18). Die e-Funktion sorgt im unendlichen für genügend rasches Verschwinden, wodurch eine bessere Übereinstimmung mit dem wirklichen Dichteverlauf in Atomen erzielt wird, als bei der Thomas-Fermi-Lösung. λ und die Koeffizienten c_ν sind die verfügbaren Parameter. Daß die Summe in der 3. Potenz angesetzt wird, geschieht deshalb, damit auch das Integral über $\varrho^{5/3}$ leicht auszuführen ist. N ist die Gesamtzahl der Elektronen und C ein Normierungsfaktor, der durch die Forderung $\int \Delta V\,\mathrm{d}\tau = 4\pi e N$ festgelegt ist. Das Potential V ergibt sich aus dem obigen Ausdruck elementar durch zweifache Integration. Auch alle Integrale lassen sich elementar ausführen. Man erhält so $\overline{H}$ als Funktion $\overline{H}(\lambda, c_1\, c_2\,\ldots)$ und bestimmt die Konstanten durch die Gleichungen:

$$\frac{\partial\overline{H}}{\partial\lambda} = 0,\quad \frac{\partial\overline{H}}{\partial c_1} = 0,\quad \ldots,\quad \frac{\partial\overline{H}}{\partial c_n} = 0 \qquad (5,3)$$

Wir wollen die elementare, aber etwas umständliche Rechnung hier nicht wiedergeben. JENSEN fand, daß schon mit zwei Parametern λ und c_1 eine gute Approximation erreicht wird (c_0 ist durch die Normierung bestimmt und kann einfach gleich 1 gesetzt werden).

Dieses von LENZ[18] und JENSEN[19] eingeführte Verfahren läßt sich gleich gut auf neutrale Atome wie auf positive und negative Ionen anwenden, im Gegensatz zur strengen Thomas-Fermi-Lösung, die für negative Ionen überhaupt nicht existiert. Wir notieren die JENSENschen Lösungen (für c_1 schreiben wir jetzt c):

$$C = 4\,(1 + 9\,c + 36\,c^2 + 60\,c^3) \qquad (5,4)$$

und $V = V' + V'' = \dfrac{e}{r}\,[\,(Z-N) + N\,g(x)\,]$ mit

$$g(x) = \mathrm{e}^{-x}\left(1 + x + c\,\frac{(27c^2 + 15c + 3)\,x^2 + (7c^2 + 3c)\,x^3 + c^2 x^4}{1 + 9c + 36c^2 + 60c^3}\right) \qquad (5,5)$$

Für neutrale Atome ist c universell, nämlich $c = 0{,}265$, und λ nur eine Funktion von Z, nämlich $\lambda = \dfrac{a_0}{3{,}31}\,\dfrac{1}{Z^{1/3}}$ mit $a_0 = 0{,}529$ Å. Hier wird

$$\varrho = \frac{N\,\mathrm{e}^{-x}}{4\pi\lambda^3 \cdot 28{,}12}\left(\frac{1}{x} + 0{,}265\right)^3 ;$$

$$g = \mathrm{e}^{-x}\,(1 + x + 0{,}334\,x^2 + 0{,}0485\,x^3 + 0{,}00265\,x^4) \qquad (5,6)$$

Für positive und negative Ionen gibt Tabelle 4 die von JENSEN gefundenen Werte für c und λ. Die angegebenen Zahlen von c und λ, als Funktion des Ionisationsgrades lassen sich leicht für andere Ionisationsgrade interpolieren, so daß hiermit ein universelles Verzeichnis für Dichteverteilung und Potential aller Atome und Ionen in der Näherung der statistischen Theorie vorliegt. Anwendbar ist es in brauchbarer Näherung besonders für edelgasähnliche Gebilde. Die Energie des neutralen

§ 5. Das Ritzsche Verfahren zur Lösung des Variationsproblems.   25

Tab. 4. Die Konstanten der JENSENschen Näherungslösung der
Thomas-Fermi-Gleichung.

Atom	Z	N	$\dfrac{Z-N}{Z}$	c	$\dfrac{a_0}{\lambda Z^{1/3}}$
Na$^+$	11	10	0,09091	0,298	12,87
K$^+$	19	18	0,05263	0,285	12,04
Rb$^+$	37	36	0,02703	0,275	11,47
Kr	36	36	0	0,265	10,91
Br$^-$	35	36	$-0,02857$	0,254	10,33
Cl$^-$	17	18	$-0,05883$	0,243	9,76

Atoms ergibt sich zu $-E = 0,768\,Z^{7/3}\,e^2/a_0$, also nur unwesentlich kleiner als bei der strengen Lösung Gl. (3,20). Hätte man die Konstante c garnicht eingeführt (also in Gl. (5,2) alle c außer c_0 gleich 0 gesetzt) und nur λ variiert, dann wäre die Konstante in der Energieformel zu 0,756 herausgekommen, was auch noch keine beträchtliche Abweichung vom Extremwert bedeutet. Die zugehörige Dichte zeigt aber schon einen wesentlich abweichenden Verlauf, besonders in kernferneren Gebieten. Diese Verhältnisse, daß das Integral viel schneller sein Extremum annimmt, als sich die unbekannte Funktion ihrer wahren Form nähert ist charakteristisch für das Variationsverfahren. Man darf deshalb den auf diese Weise gewonnenen Funktionen und mit ihrer Hilfe gewonnenen Aussagen keine so große Bedeutung beilegen, auch wenn die damit berechneten Gesamtenergien schon sehr gut sind. Man kann sogar mit stark abweichender Dichteverteilung im Außengebiet, nämlich mit Potenzen von e^{-x} statt Potenzen von x in der Summe von (5,2), dieselbe Energie erzielen[57]. Es ist daher auch als zufällige Übereinstimmung anzusehen, wenn GOMBAS[26] mit der Lösung (5,6) die Suszeptibilitäten gut heraus bekam (s. Tab. 2).

Die Austauschkorrektion in (4,2) läßt sich im Rahmen des Ritzschen Verfahrens leicht berücksichtigen. JENSEN[29] schätzte in dieser Weise die in § 4 schon angegebenen Energieerniedrigungen von weniger als 1 % bei schweren, bis 3 % bei leichten Atomen infolge der Austauschkorrektion.

Eine interessante Anwendung findet die Methode der Variationsparameter zum Beweise des Virialsatzes für das Thomas-Fermi-Atom (nach FOCK[17]). Wir erinnern uns, daß dieser sich in § 1 einstellte, wenn wir die Größe der Elektronenbahn a variierten und das zugehörige Energieminimum aufsuchten. Die eigentliche Ursache der Erfüllung des Virialsatzes lag dann darin, daß die potentielle Energie eine Funktion (-1)-ten Grades, die kinetische eine Funktion (-2)-ten Grades von a war.

Ganz analoge Verhältnisse finden wir hier wieder. Zum Beweise des Virialsatzes genügt es, von den unendlich vielen Variationen, denen gegenüber die im Gleichgewicht vorliegende Dichteverteilung das Minimum liefert, eine Variation herauszugreifen, nämlich die Proportionalvergrößerung sämtlicher Koordinaten $x' = \lambda x$ u. s. w. Diese Variation entspricht dem Faktor λ in (5,2).

Wenn die minimisierende Funktion $\varrho(x,y,z)$ war, dann ist eine in dieser Weise variierte Dichte, die der Normierungsbedingung gehorcht:

$$\varrho'(x,y,z) = \lambda^3\,\varrho(\lambda x, \lambda y, \lambda z) = \lambda^3\,\varrho(x',y',z') \qquad (5,7)$$

26   Kapitel I.

Der Faktor λ^3 sorgt für Erhaltung der Normierung bei der Variation denn es gilt:

$$\iiint \varrho'(x,y,z)\,\mathrm{d}x\,\mathrm{d}y\,\mathrm{d}z = \iiint \varrho(x',y',z')\,\mathrm{d}x'\mathrm{d}y'\mathrm{d}z' = \iiint \varrho(x,y,z)\,\mathrm{d}x\,\mathrm{d}y\,\mathrm{d}z$$

(5,8)

da die Grenzen für die Integrationsvariablen x, y, z und x', y', z' dieselben bleiben. Es ist also $\varrho\,\mathrm{d}\tau$ invariant.

Betrachten wir nun die Änderung irgend eines Mittelwertes $\overline{L}$, den wir in der Form schreiben wollen:

$$\overline{L} = \int l\,\varrho\,\mathrm{d}\tau$$

(5,9)

bei dem Übergang von ϱ zu ϱ'. Es wird nach (5,8):

$$\overline{L}' = \iiint l(x,y,z)\,\varrho(x',y',z')\,\mathrm{d}x'\,\mathrm{d}y'\,\mathrm{d}z'$$

(5,10)

Wir setzen voraus, daß l eine homogene Funktion $(-n)$-ten Grades der Koordinaten ist. Wenn wir auch in $l(x,y,z)$ die Integrationsvariablen x, y, z durch x', y', z' ersetzen wollen, dann müssen wir vor das Integral den Faktor λ^n schreiben, also:

$$\overline{L}' = \lambda^n \iiint l(x',y',z')\,\varrho(x',y',z')\,\mathrm{d}x'\,\mathrm{d}y'\,\mathrm{d}z' = \lambda^n\,\overline{L}$$

(5,11)

Es multipliziert sich demnach jeder Mittelwert bei einer solchen Koordinatendehnung mit λ^n, wenn l in (5,9) eine homogene Funktion $(-n)$-ten Grades der Koordinaten ist.

Betrachten wir die Mittelwerte (3,1), (3,2), (3,4) der ursprünglichen Thomas-Fermi-Gleichung, dann sehen wir, daß in U entweder neben $\varrho\,\mathrm{d}\tau$ die Funktion $V' = Z/r$, oder neben $\varrho_1\,\mathrm{d}\tau_1 \cdot \varrho_2\,\mathrm{d}\tau_2$ die Funktion $1/r_{12}$ steht, also in beiden Fällen neben invarianten Ausdrücken eine homogene Funktion (-1)-ten Grades der Koordinaten. Für die potentielle Energie gilt es also:

$$\overline{U}' = \lambda\,\overline{U}$$

(5,12)

In der kinetischen Energie steht $\varrho^{2/3}$ neben $\varrho\,\mathrm{d}\tau$. Da die Dichte vom (-3)-ten Grade in den Koordinaten ist, wird $\varrho^{2/3}$ vom (-2)-ten Grade, also

$$\overline{T}' = \lambda^2\,\overline{T}$$

(5,13)

Wenn die ursprüngliche Funktion ϱ die Gleichgewichtsverteilung darstellte, dann muß $\overline{H}' = \overline{T}' + \overline{U}'$ für $\lambda = 1$ sein Minimum annehmen, also gelten

$$\frac{\partial \overline{H}'}{\partial \lambda} = 0 \quad \text{für} \quad \lambda = 1, \quad \text{also} \quad -\overline{U} = 2\overline{T}$$

(5,14)

Das ist der Virialsatz (vergl. Gl. 1,12 und 1,13), der hiermit für ein beliebiges Atom oder Ion bewiesen ist.

Mit Hilfe des Virialsatzes erkennen wir auch unmittelbar, daß die Austauschkorrektion (4,1), bei der $l = \varrho^{1/3}$ ist, eine potentielle Energie darstellt, denn $\varrho^{1/3}$ ist homogen, vom (-1)-ten Grade. Die Austauschenergie ist also einfach zu $\overline{U}$ in (5,14) hinzuzufügen.

Als heuristisches Prinzip bei Anbringung weiterer Verbesserungen an der statistischen Theorie wird der Virialsatz später nützlich sein (s. § 7).

Wir haben ihn bisher allerdings nur für den Fall des Atoms oder Ions bewiesen. In einem System von Atomen, wo mehrere Kerne zugegen sind, die an bestimmten Punkten durch äußere Kräfte festgehalten werden, liegt kein abgeschlossenes System vor, es müssen vielmehr die äußeren Kräfte, welche die Kerne fixieren, berücksichtigt werden. Für ein Molekül im Gleichgewicht verschwinden diese Kräfte, in diesem Fall können wir sämtliche Kernkoordinaten in die potentielle Energie einbeziehen. Die gesamte potentielle Energie der Moleküle ist so wiederum eine homogene Funktion (-1)-ten Grades. Zur kinetischen Energie liefern nur die Elektronen ihren Beitrag wie oben, diese bleibt also vom (-2)-ten Grade. Es gilt daher für das Molekül im Gleichgewicht Gl. (5,14), wobei $\overline{U}$ die gesamte potentielle Energie des Systems bedeutet.

Bezüglich des Falles festgehaltener Kerne außerhalb des Gleichgewichts sei auf die Literatur[24, 25] verwiesen. Dort[24] ist auch eine kleine Korrektion für den Gleichgewichtsfall besprochen, die darin besteht, daß die Kerne infolge ihrer Nullpunktsenergie (s. Kap. VIII) auch einen geringfügigen Beitrag zur kinetischen Energie $\overline{T}$ des Systems liefern.

§ 6. Störungsrechnung.

Bisher haben wir das statistische Variationsproblem nur für den kugelsymmetrischen Fall gelöst, streng durch die Lösungen der Thomas-Fermischen Differentialgleichung, näherungsweise mit Hilfe des Ritzschen Verfahrens. Die meisten chemischen Probleme sind aber der Art, daß uns gerade die Energieänderungen interessieren, die durch eine Störung dieser Kugelsymmetrie entstehen, etwa wenn wir das Grundproblem der chemischen Bindung betrachten: zwei einzeln kugelsymmetrische Atome unter dem Einfluß ihrer Wechselwirkung. Ähnlich wie es sich später beim entsprechenden wellenmechanischen Problem herausstellen wird, besitzen wir für das Molekül keine strengen Lösungen des Variationsproblems. Das allgemeine Näherungsverfahren für solche Probleme ist die Störungsrechnung.

Jede Störungsrechnung benutzt die Extremumseigenschaft der Energie im Gleichgewichtszustand, das ist die Tatsache, daß die Energie in erster Näherung ungeändert bleibt, wenn man an Stelle der „richtigen" Verteilungsfunktion ϱ des Problems eine „etwas falsche" ϱ_0 zur Ausrechnung des Integrals $\overline{H}$ benutzt. Denn, wenn ϱ etwa durch eine Reihe von Parametern α_i gekennzeichnet wird, gilt für die Gleichgewichtsenergie:

$$\frac{\partial \overline{H}}{\partial \alpha_i} = \frac{\partial \overline{T}}{\partial \alpha_i} + \frac{\partial \overline{U}}{\partial \alpha_i} = 0 \quad \text{für alle } \alpha_i \tag{6,1}$$

d. h. $\overline{H}$ bleibt in erster Ordnung ungeändert, wenn wir statt der Minimumswerte $\alpha_i{}'$ etwas veränderte Werte, $\alpha_i{}^0$ einsetzen. Dann läßt es sich entwickeln:

$$\varrho' = \varrho + \sum_i \frac{\partial \varrho}{\partial \alpha_i} (\alpha_i{}^0 - \alpha_i{}') + \cdots \tag{6,2}$$

$$\text{und}: \overline{H}' = \overline{H} + \sum_i \frac{\partial \overline{H}}{\partial \alpha_i} (\alpha_i{}^0 - \alpha_i{}') + \cdots \tag{6,3}$$

Wegen $\partial \overline{H}/\partial \alpha_i = 0$ sind in der Entwicklung von $\overline{H}$ aber erst die Glieder 2. Ordnung von 0 verschieden, während in der Entwicklung von ϱ schon die Glieder mit $\alpha_i{}^0 - \alpha_i{}'$ stehen bleiben. Wir bekommen daher $\overline{H}$ in erster Ordnung genau, wenn wir ϱ nur in „nullter Näherung" genau kennen.

Voraussetzung jeder Störungsrechnung ist also, daß der berechnete Zustand sich wenig unterscheidet von einem anderen, dessen Dichte-Funktion ϱ_0 bekannt ist. Dann brauchen wir nur die Integrale über die „gestörte Energiedichte" $H(\varrho) = U(\varrho) + T(\varrho)$ mit der ungestörten Dichtefunktion ϱ_0 zu bilden, um die Energie des gestörten Systems in erster Näherung richtig zu bekommen. Nach dem oben Ausgeführten heißt das aber keineswegs, daß die benutzte Funktion ϱ_0 selbst für die Dichte des gestörten Systems die Bedeutung einer ersten Näherung hat.

Die Voraussetzung, daß 2 Systeme „wenig verschieden" sind, liegt immer dann vor, wenn sich die Störungsenergie $\overline{H} - \overline{H}_0$ als klein gegen die ursprüngliche Energie $\overline{H}_0$, zu der ϱ_0 gehört, erweist. Bei jedem Bindungsproblem werden wir naheliegenderweise die Dichteverteilungen der freien Atome als nullte Näherungen des Molekülproblems heranziehen.

Wir können die zusätzliche potentielle Energie, die bei der Annäherung zweier Atome a und b auftritt, folgendermaßen schreiben:

$$\overline{U} - \overline{U}_0 = V_{ab}\, e\, Z_b - \int V_a\, e\, \varrho_b\, \mathrm{d}\tau_b \qquad (6,4)$$

Man sieht leicht die anschauliche Bedeutung von (6,4) und die Beziehung zu den früheren Ausdrücken. Der erste Term gibt einfach die Wechselwirkung zwischen Kern b (mit der Kernladung $+ e\, Z_b$) und dem Atom a an; denn dazu braucht man nur das von Atom a herrührende Potential V_{ab} (in dem auch der Beitrag des Kerns a enthalten ist) am Orte des Kernes b zu kennen. Der zweite Term gibt die potentielle Energie der Elektronen von b im Felde des Atoms a an; denn ist in einem Raumelement $\mathrm{d}\tau_b$ die Ladung $- e\, \varrho_b\, \mathrm{d}\tau_b$ vorhanden, und ist das an dieser Stelle herrschende, vom Atom a herrührende Potential V_a, so ist die potentielle Energie dieses Elementes $- V_a e\, \varrho_b\, \mathrm{d}\tau_b$; die Gesamtenergie ergibt sich durch Integration über den ganzen Raum. Es gilt immer $\Delta V_a = 4\pi\, e\, \varrho_a$ und entsprechend für b. In (6,4) haben wir a als felderzeugend angenommen und b in dieses Feld hineingebracht. Man kann es natürlich auch umgekehrt machen.

Das Vorzeichen von $\overline{U} - \overline{U}_0$ läßt sich leicht angeben. Denken wir uns nach Fig. 2 die Ladungswolke schematisch begrenzt durch einen „Atomradius" — was näherungsweise stets erlaubt ist —, dann ist das Feld außerhalb des Atoms null (denn eine kugelsymmetrische Ladungsverteilung wirkt nach außen, als wäre sie im Zentrum konzentriert, dort wird sie aber von der Kernladung genau kompensiert), innerhalb von a

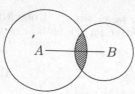

Fig. 2.
Die Ladungswolken
zweier Atome.

positiv, denn dort muß das Kernpotential überwiegen. Beim Eindringen von Atom b in a würde man auf diese Weise also eine wachsende Anziehung erhalten (weil der erste Term in (6,4) verschwindet, so lange Kern b außerhalb von Atom a liegt), bis der Kern b in die Elektronenhülle von a eintaucht. Beim Eindringen des Kernes b in das Atom a setzen dann wachsende Abstoßungskräfte ein, bis schließlich eine

§ 6. Störungsrechnung.   29

Gleichgewichtslage erzielt wird. Der Gleichgewichtsabstand müßte danach kleiner sein als der größere der beiden Atomradien, was durchaus im Gegensatz steht zur Erfahrung.

Man kann die elektrostatische Wechselwirkung zweier starr gedachter Atome leicht näher ausrechnen. Bei Berücksichtigung dieser elektrostatischen Energie allein würden sich ganz ungeheure Bindungsenergien ergeben, und zudem viel zu kleine Kernabstände für die Gleichgewichtslagen. Diese Wechselwirkungsenergien würden näherungsweise proportional dem Produkt der Ordnungszahlen beider Atome sein und genau so zwischen Edelgasen wie zwischen beliebigen anderen Atomen auftreten.

Der Grund für diese Diskrepanz ist leicht anzugeben: wir haben bisher das Pauliprinzip und die dadurch bedingten Änderungen der kinetischen Elektronenenergie noch unberücksichtigt gelassen. Durchdringen sich die Ladungswolken zweier Atome (oder Ionen), so wird ja in dem Überdeckungsgebiet die Elektronendichte vergrößert, und entsprechend muß die kinetische Elektronenenergie anwachsen um:

$$\overline{T} - \overline{T}_0 = \frac{3\,h^2}{40\,m} \left(\frac{3}{\pi}\right)^{2/3} \int \left[(\varrho_a + \varrho_b)^{5/3} - \varrho_a^{\,5/3} - \varrho_b^{\,5/3} \right] d\tau \qquad (6,5)$$

Dieser Ausdruck folgt aus (3,1), wenn man bedenkt, daß für getrennte Atome die Elektronendichten ϱ_a und ϱ_b sind, während sich beim Zusammenschieben der beiden Atome die Dichten überlagern.

Der Beitrag der kinetischen Elektronenenergie überwiegt die oben betrachtete potentielle Energie und bewirkt dadurch die Abstoßung zwischen Edelgasen und ebenso die ziemlich plötzlich bei kurzen Abständen einsetzenden Abstoßungskräfte zwischen edelgasähnlichen Ionen.

Ganz analog wie die Änderung der kinetischen Energie kann man auch die Änderung der Austauschenergie nach Gl. (4,1) berechnen. Mit allen drei Anteilen zusammen wird die gesamte Störungsenergie:

$$\overline{H} - \overline{H}_0 = \frac{3\,h^2}{40\,m} \left(\frac{3}{\pi}\right)^{2/3} \int \left[(\varrho_a + \varrho_b)^{5/3} - \varrho_a^{\,5/3} - \varrho_b^{\,5/3} \right] d\tau \qquad (6,6)$$

$$+\, e\, V_{ab}\, Z_b - e \int V_a\, \varrho_b\, d\tau_b - \frac{3}{4}\, e^2 \left(\frac{3}{\pi}\right)^{1/3} \int \left[(\varrho_a + \varrho_b)^{4/3} - \varrho_a^{\,4/3} - \varrho_b^{\,4/3} \right] d\tau$$

Die geschilderte Rechenmethode ist von LENZ[18] in die statistische Theorie eingeführt worden. Sie wurde unter Vernachlässigung des Austauschgliedes in (6,6) von JENSEN[19] auf die Berechnung der Gitterenergie des RbBr angewandt, wobei die genäherten Dichteverteilungen (5,2) mit 2 Parametern λ und c zugrundegelegt wurden.

JENSEN unternahm später[58] eine genauere Berechnung der Alkalihalogenidgitter mit Austausch nach (6,6), unter Benutzung der am Schluß von § 4 beschriebenen, verbesserten Dichteverteilungen mit endlichem Rand r_0 der Ionen. Die Energie im Gitter läßt sich dann in guter Näherung additiv aus Anteilen (6,6) pro Ionenpaar zusammensetzen.

Um einen Begriff zu geben von der Genauigkeit, die sich so in einer rein theoretischen Gittertheorie ohne Willkür erreichen läßt, geben wir in Tab. 5 die prozentualen Fehler der von JENSEN berechneten Gitterkonstanten für die Alkalihalogenide wieder.

Die theoretischen Gitterkonstanten sind alle zu groß. Die eingeklammerten Differenzen ergaben sich, wenn die Dispersionskräfte in der von MAYER benutzten Näherung (s. § 38) berücksichtigt wurden.

Tab. 5. Fehler der theoretisch berechneten Gitterkonstanten
der Alkalihalogenide (nach JENSEN[58]).

	Jodid		Bromid		Chlorid		Fluorid	
Cäsium	6,5%	(2,5%)	9,5%	(4%)	11%	(6,5%)	19%	(16%)
Rubidium	8%	(3,5%)	11%	(8%)	13%	(10%)	24%	(22%)
Kalium	9%		11,5%		13,5%		26%	
Natrium	15,5%		19,5%		23%		43%	

Der Hauptanteil an der Gitterenergie ist, wie in der BORNschen Gittertheorie, die Coulombsche Anziehung der Ionen. Die Abstoßungsenergie, die hier auf (6,5) zurückgeht, ergibt sich durchschnittlich zu etwa
10 % der Coulombschen Anziehung, was auch ziemlich genau den halbempirischen Ansätzen der BORNschen Gittertheorie entspricht. Infolge
der zu großen Gleichgewichtslage bleibt aber die theoretische Gitterenergie ziemlich weit hinter der wirklichen Gitterenergie zurück. Zweifellos
liefert aber die Theorie von LENZ und JENSEN die quantenmechanische
Erklärung der Abstoßungskräfte in der BORNschen Theorie, die hiernach keineswegs rein elektrostatischen Ursprungs sind, sondern auf das
Anwachsen der kinetischen Energie nach Gl. (6,5) zurückgehen. Ganz
anschaulich kann man auch sagen, es ist der Nullpunktsdruck der die
Kerne umgebenden Elektronenwolken, welcher zwei Edelgasatome auseinander treibt.

Trotz des heuristischen Wertes dieses anschaulichen Bildes kann dieser Aussage über die Aufteilung der Energiestörung in kinetische und potentielle Energie keine absolute Bedeutung zugeschrieben werden[24,31,59].
Gl. (6,1) zeigt uns ja, daß nur $\overline{H}$, keineswegs aber $\overline{T}$ und $\overline{U}$ einzeln, in erster Näherung bekannt sind, wenn wir die Dichteverteilung nullter Näherung zugrundelegen. Die Benutzung verbesserter ϱ kann zu einer völligen
Änderung der Energie a u f t e i l u n g auf $\overline{T}$ und $\overline{U}$ führen, welche nur
mit einer geringfügigen Änderung der Summe $\overline{H} = \overline{T} + \overline{U}$ verbunden
ist. In der Tat zeigt die Anwendung des Virialsatzes (5,14), bezw. (1,12)
und (1,13), einmal auf die völlig getrennten Atome, einmal auf das fertige Molekül im Gleichgewicht, daß bei einer beliebigen Bindung stets
die kinetische Energie um genau halb so viel ansteigt, als die potentielle
Energie absinkt. Da die gesamte Bindungsenergie gleich der Summe der
Änderungen der potentiellen und kinetischen Energie ist, steigt also die
kinetische Energie stets um genau so viel an, als die G e s a m t energie
abfällt. Das stimmt keineswegs mit den oben gefundenen Energieaufteilungen überein. Trotzdem wird man die Einbeziehung der kinetischen
Energie in die anschaulichen Vorstellungen zur Deutung der chemischen
Kräfte ebensowenig zurückweisen, wie die früher üblichen rein elektrostatischen Bilder. Man erhält die G e s a m t energie auf Grund solcher
Vorstellungen in erster Näherung richtig, obgleich die vorausgesetzte
Energie a u f t e i l u n g in höheren Näherungen nicht erhalten bleibt.

In Anbetracht der starken Unsicherheit in der statistischen Ladungsverteilung liegt es nahe, zwar die Energieformel (6,6) der statistischen
Theorie zu benutzen, aber verbesserte, z. B. wellenmechanisch berechnete Dichteverteilungen ϱ_a und ϱ_b zugrunde zu legen. HELLMANN[24] zeigte,

§ 7. Korrektionen a. d. kinet. Energie d. Thomas-Fermischen Theorie. 31

daß man so sogar die Wechselwirkung zweier He-Atome ganz gut heraus-
bekommt. Fuchs[41,54] ging in derselben Weise vor, um den Anteil der
Rumpf-Rumpf-Wechselwirkung zur metallischen Bindung abzuschätzen.

Alle obigen Überlegungen entsprechen einer ersten Näherung. In
nächster Näherung ist die Deformation der ursprünglichen Ladungsverteilungen zu berücksichtigen, was allgemein durch Einführung einer
modifizierten Dichteverteilung mit geeigneten Variationsparametern geschieht. Setzt man speziell die modifizierte Dichteverteilung in der Form
$\varrho = \varrho_0 (1 + v)$ an, worin v die zu bestimmende Funktion darstellt, für
die aus Normierungsgründen $\int \varrho_0 \, v \, d\tau$ verschwindet und die im übrigen nur überall als klein gegen 1 vorausgesetzt wird, dann läßt sich
durch Entwicklung von $(1 + v)^{5/3}$ und $(1 + v)^{4/3}$ nach Potenzen von v
ein vereinfachtes Variationsproblem für die Energie mit der verfügbaren
Funktion v gewinnen. Natürlich enthält jetzt auch V'' in (3,4) einen
von v herrührenden additiven Anteil, der in dieser Näherung nicht vernachlässigt werden darf. Prinzipiell bietet ein solcher Variationsansatz
nichts Neues, interessant ist vielleicht die Analogie zur wellenmechanischen Störungsrechnung (s. § 14).

§ 7. Korrektionen an der kinetischen Energie der Thomas-Fermischen Theorie.

In § 4 untersuchten wir die Korrektionen, die an der potentiellen
Energie des Thomas-Fermi-Gases bei genauerer Betrachtung der Verteilungsfunktion anzubringen sind. Dabei konnten wir uns zum Teil durch
Analogien zur Statistik der klassischen Thermodynamik leiten lassen,
wenngleich die quantitative Formulierung nur unter Zuziehung wellenmechanischer Resultate möglich war. Hätten wir schon in § 4 den Virialsatz zugezogen, dann hätten wir aber schon ohne Zuhilfenahme der
Wellenmechanik sagen können, daß die Austauschkorrektion, sofern sie
von der Dichte allein abhängt, proportional $\varrho^{4/3}$ sein muß.

Bei Berechnung der kinetischen Energie fehlt jede Analogie zu klassischen Vorstellungen. Dennoch läßt sich schon allein auf Grund des Virialsatzes erraten, welches Aussehen eine Korrektion an der kinetischen
Energie Gl. (2,7) der bisher entwickelten Theorie haben kann. Wahrung
des Virialsatzes sichert stets die mittlere Gültigkeit der klassischen Mechanik und stellt deshalb eine vernünftige Forderung dar, die man nicht
ohne zwingende Gründe aufgeben wird.

Aus dem Virialsatz folgt sofort, daß die einzige Abhängigkeit von ϱ
allein, welche für die kinetische Energie in Frage kommt, die Proportio-
nalität zu $\varrho^{5/3}$ ist. Der Proportionalitätsfaktor wird vom Virialsatz zwar
völlig offen gelassen, er ist aber durch den Grenzfall hoher Elektronendichten im feldfreien Raum, bei welchem die statistischen Überlegungen
in § 2 streng gültig sind, eindeutig festgelegt.

Wollen wir unter Wahrung des Virialsatzes Korrektionsglieder zur kinetischen Energie hinzufügen, dann müssen diese notwendigerweise auch
von den Koordinaten abhängen. Da keinerlei Symmetrie vorausgesetzt
wird, darf auch kein spezielles Koordinatensystem ausgezeichnet werden.
Fernerhin ist es vernünftig, zu fordern, daß die mittlere kinetische Energiedichte in einem bestimmten Raumgebiet durch den Dichteverlauf in
diesem Gebiet selbst, und nicht etwa durch den Dichteverlauf in entfern-

32   Kapitel I.

ten Raumgebieten bestimmt ist. Dadurch werden Ansätze ausgeschlossen, die man etwa in Analogie zu Gl. (3,4) bilden könnte, indem man dort $1/r_{12}$ durch $1/r_{12}{}^2$ ersetzt. So bleibt schließlich nur die Möglichkeit einer Funktion, welche ϱ und die Ableitungen von ϱ enthält, wodurch gleichzeitig erreicht wird, daß die Korrektion in dem oben erwähnten Grenzfall konstanter Dichten, für welchen die statistische Überlegung streng gültig ist, verschwindet.

Die einfachsten in den Koordinaten symmetrischen Differentialausdrücke, welche sich bei Koordinatendehnung wie x^{-5}, also, mit $d\tau$ zusammen, wie x^{-2} transformieren, sind:

$$1.)\ \varrho^{-1}(\nabla\varrho)^2 = \varrho^{-1}\left[\left(\frac{\partial\varrho}{\partial x}\right)^2 + \left(\frac{\partial\varrho}{\partial y}\right)^2 + \left(\frac{\partial\varrho}{\partial z}\right)^2\right] = \varrho\,(\nabla\ln\varrho)^2$$

$$2.)\ (\nabla\varrho^n)(\nabla\varrho^{1-n}) = \frac{\partial\varrho^n}{\partial x}\frac{\partial\varrho^{1-n}}{\partial x} + \frac{\partial\varrho^n}{\partial y}\frac{\partial\varrho^{1-n}}{\partial y} + \frac{\partial\varrho^n}{\partial z}\frac{\partial\varrho^{1-n}}{\partial z}$$

$$\hspace{9cm}(7,1)$$

$$3.)\ \varrho^n\Delta\varrho^{1-n} = \varrho^n\left(\frac{\partial^2\varrho^{1-n}}{\partial x^2} + \frac{\partial^2\varrho^{1-n}}{\partial y^2} + \frac{\partial^2\varrho^{1-n}}{\partial z^2}\right)$$

$$4.)\ \Delta\varrho = \frac{\partial^2\varrho}{\partial x^2} + \frac{\partial^2\varrho}{\partial y^2} + \frac{\partial^2\varrho}{\partial z^2}$$

Man überzeugt sich, daß 1. und 2. — bis auf einen Faktor — identisch sind, indem man die Differentiatonen in 2. ausführt. Fernerhin folgt durch partielle Integration unter Beachtung des Verschwindens von ϱ am Rande des Integrationsgebietes:

$$\int(\nabla\varrho^n)(\nabla\varrho^{1-n})\,d\tau = -\int\varrho^n\Delta\varrho^{1-n}\,d\tau \qquad (7,2)$$

Also auch 3. ist mit 1. und 2. gleichwertig. 4. hat keine Bedeutung, weil das ganze Integral $\int\Delta\varrho\,d\tau$ verschwindet, wegen des Verschwindens von $\nabla\varrho$ am Rande des Integrationsgebietes. Solange wir also, in konsequenter Annäherung vom Grenzfall konstanter Dichten her, auf höhere als die ersten und zweiten Ableitungen verzichten, bleibt nur ein unabhängiger Differentialausdruck für die Inhomogenitätskorrektion der kinetischen Energie, welcher mit dem Virialsatz im Einklang ist.

Es mag etwa die Form 1. gewählt werden. Die Funktionsform ist so durch den Virialsatz zwangsläufig festgelegt, der Proportionalitätsfaktor bleibt jedoch völlig offen. Er wurde von WEIZSÄCKER[48], der dieses Korrektionsglied in die Thomas-Fermische Theorie einführte, wellenmechanisch abgeleitet (s. dazu auch HELLMANN[52]). Wir deuten den Grundgedanken der Ableitung nur an:

Man rechnet mit den Methoden der Wellenmechanik die mittlere kinetische Energie eines Elektronengases aus, welches in einen Kasten eingeschlossen ist, in dem ein schwaches homogenes Feld herrscht. Indem man dann den wellenmechanischen Mittelwert („Erwartungswert", s. § 11) des gesamten Dichtegradienten dieses Vielelektronensystems dem Gradienten $\nabla\varrho$ der Teilchendichte in der statistischen Theorie gleichsetzt, erhält man für die gesamte Dichte der kinetischen Energie:

$$T = \frac{3\,h^2}{40\,m}\left(\frac{3}{\pi}\right)^{2/3}\varrho^{5/3} + \frac{h^2}{32\,\pi^2\,m}\,\varrho^{-1}(\nabla\varrho)^2 \qquad (7,3)$$

§ 7. Korrektionen a. d. kinet. Energie d. Thomas-Fermischen Theorie. 33

Außer dem ersten, uns schon bekannten Anteil ist also gerade ein Korrektionsglied von der gewünschten Form 1. nach Gl. (7,1) aufgetreten, dessen Faktor nunmehr bestimmt ist.

Damit lautet der bisher vollständigste Ansatz für die Gesamtenergie eines Vielelektronensystems in statistischer Näherung:

$$\overline{H} = \int \left[\frac{3\,h^2}{40\,m} \left(\frac{3}{\pi} \right)^{2/3} \varrho^{5/3} + \frac{h^2}{32\,\pi^2\,m} \varrho^{-1} (\nabla\varrho)^2 - e^2\,\frac{3}{4} \left(\frac{3}{\pi} \right)^{1/3} \varrho^{4/3} \right.$$

$$\left. - e \left(V' + \frac{1}{2} V'' \right) \varrho \right] d\tau \tag{7,4}$$

Die Inhomogenitäts-Korrektion der kinetischen Energie wurde von Weizsäcker ursprünglich für Atomkernprobleme ausgedacht und hat sich dort ganz gut bewährt. Daß sie die Energie auch bei Atomen im richtigen Sinne beeinflußt, sieht man aus Tab. 3, nach der die unkorrigierte statistische Theorie dieselbe stets zu niedrig liefert. Würde man in Tab. 3 noch die Austauschkorrektion einführen oder die Selbstwechselwirkung der Elektronen in Abzug bringen, dann würde die Energie noch tiefer absinken und die Diskrepanz gegenüber den wirklichen Werten noch stärker werden. Nur die WEIZSÄCKERsche Korrektion gibt einen starken positiven Energiebeitrag.

Nach den bisher vorliegenden Resultaten scheint er aber zu groß zu sein. So erhielt SOKOLOW[61] mit guten Variationsansätzen aus (7,4) für Rb$^+$ die Energie rund 20 % höher*) als die wirkliche. Das Minimum dürfte kaum mehr als einige Prozent unterhalb des erreichten Wertes liegen, also noch bedeutend höher als der experimentelle Wert. Immerhin ist die Differenz gegen den experimentellen Wert etwas kleiner als die Differenz (mit umgekehrtem Vorzeichen) der unkorrigierten Theorie. Daß die WEIZSÄCKERsche Korrektion zu stark ist, sieht man auch aus dem Grenzfall des He, bei dem sich aus Gl. (7,3) der exakte wellenmechanische Ausdruck für die kinetische Energiedichte ergibt (s. § 10), wenn man den Anteil mit $\varrho^{5/3}$ völlig wegstreicht.

Als weitere Verbesserung bewirkt die Inhomogenitäts-Korrektion einen vernünftigen Dichteverlauf beim Nullpunkt. Sie sorgt nämlich dafür, daß ϱ endlich bleibt, oder höchstens schwächer als r^{-1} unendlich wird, was ganz den Verhältnissen der strengen wellenmechanischen Theorie entspricht. In der Tat ist ja die früher benutzte Voraussetzung eines konstanten Potentials am Nullpunkt nicht einmal in der bescheidensten Annäherung erfüllt und es ist bis zu einem gewissen Grade zufällig, daß die formale Anwendung der ursprünglichen Ansätze von THOMAS und FERMI bis in den Nullpunkt hinein überhaupt möglich war.

Um die Variationsaufgabe von Gl. (7,4) streng zu lösen, geht man genau wie früher (§ 3) vor. Es ist bequem, anstatt von ϱ die Größe $\varrho^{1/2} = \psi$ als zu variierende Funktion einzuführen. Es wird dann:

$$\delta \int \frac{h^2}{32\pi^2 m} \varrho^{-1} (\nabla\varrho)^2 \, d\tau = \frac{h^2}{8\pi^2 m} \int 2\,(\nabla\psi)\,(\nabla\delta\psi)\,d\tau = -\frac{h^2}{4\pi^2 m} \int \delta\psi\,\Delta\psi\,d\tau \tag{7,5}$$

Die übrigen Variationen erfolgen wie früher. Unter Beachtung der Nebenbedingung $\int \psi^2 \, d\tau = N$ entsteht die Differentialgleichung für ψ:

---

*) D. h. der Betrag der Energie kleiner.

34   Kapitel I.

$$\frac{h^2}{8m}\left(\frac{3}{\pi}\right)^{2/3}\psi^{7/3} - e^2\left(\frac{3}{\pi}\right)^{1/3}\psi^{5/3} - \frac{h^2}{8\pi^2 m}\Delta\psi - e\,(V'+V'')\psi = \text{const}\cdot\psi^*$$

(7,6)

die, zusammen mit der Poisson-Gleichung für V'' oder für $V = V' + V''$

$$\Delta V = 4\pi\,e\,\psi^2$$

(7,7)

und mit den Randbedingungen, die Funktion ψ sowie die Konstante in (7,6) bestimmt.

Numerische Lösungen des reichlich komplizierten Gleichungssystems (7,6–7) liegen bisher nicht vor, so daß man sich mit den oben genannten Näherungen nach der Ritz-Methode begnügen muß.

Bisher haben wir ausdrücklich darauf verzichtet, ein bestimmtes Koordinatensystem von vornherein auszuzeichnen, Es liegt aber beim Atom sehr nahe, von vornherein die Kugelsymmetrie in die Ansätze hineinzustecken. In diesem Fall sind auch solche Ansätze für die kinetische Energie zulässig, die von ϱ und r abhängen, und bieten damit neue Möglichkeiten, dem Virialsatz Genüge zu tun. Zur Illustration dieser Sachlage sei ein von HELLMANN[52] für den kugelsymmetrischen Fall abgeleiteter Energieausdruck angeführt:

$$\overline{H} = \sum_l \int\!\!\int\left[\frac{h^2\pi^2}{6m(2l+1)^2}\,r^4\varrho_l{}^3 + \frac{h^2}{8\pi^2 m}\frac{l(l+1)}{r^2}\,\varrho_l - e\left(V' + \frac{1}{2}V''\right)\varrho_l\right]d\tau$$

(7,8)

in welchem die einzelnen Funktionen ϱ_l unter den Nebenbedingungen:

$$\int \varrho_l\,d\tau = N_l$$

(7,9)

unabhängig zu variieren sind. ϱ_l bedeutet die Dichte der Elektronen mit der Drehimpuls-Quantenzahl l (s. § 16). Man sieht, daß die ersten beiden Glieder die kinetische Energie darstellen, da $r^4\varrho_l{}^2$ und r^{-2} sich bei Koordinatendehnung wie x^{-2} transformieren. Der Vorzug von (7,8) liegt darin, daß die Normierung der ϱ_l einzeln, ganzzahlig vorgegeben werden kann. Die verschiedenen ϱ_l sind nur mehr elektrostatisch, aber nicht durch das Pauliprinzip miteinander verkoppelt. Direkte quantitative Anwendungen hat Gl. (7,8) bisher nicht gefunden, sie wird uns aber unten zum Verständnis verfeinerter Ansätze des „kombinierten" Näherungsverfahrens (§ 8, § 23) nützlich sein.

§ 8. Die Valenzelektronen in der statistischen Theorie.

Die statistische Theorie kennt eigentlich nur edelgasähnliche Gebilde. Das kommt daher, weil wegen der vorausgesetzten ungeheuer großen Elektronenzahl über alle feineren Einzelheiten, die auf ein oder einige wenige Valenzelektronen zurückgehen, einfach weggemittelt wird. Das ist für viele Eigenschaften des Atoms berechtigt. So ist für die Gesamtenergie der Elektronenwolke oder ihr Streuvermögen für Röntgenstrahlen in der Tat der Einfluß der Valenzelektronen normalerweise verschwindend gering. Das gilt aber nicht mehr, wenn uns chemische Fragen interessieren.

---

*) Die Konstante bedeutet hier nicht die Energie, wie später (§ 10) in der Schrödingergleichung.

§ 8. Die Valenzelektronen in der statistischen Theorie.   35

Obgleich die statistische Theorie niemals Einzelheiten über die Valenzelektronen als Resultat liefern kann, so erlaubt sie doch, ihre Sonderstellung zu Verstehen und läßt ohne Widersprüche Modifikationen zu, durch die es möglich wird, in den Gleichungen der statistischen Theorie den Valenzelektronen Rechnung zu tragen.

Unter „Valenzelektronen" wollen wir vorläufig nur Elektronen mit nicht abgesättigtem Spin verstehen. Die Ursache der Absättigung aller Spins in der statistischen Theorie ist die Annahme, daß die Energie aller leer gebliebenen Quantenzellen höher angenommen wird, als die Energie der schon besetzten Zellen (s. § 2). Bei Betrachtung der Impulskugel, Fig. 3, die der Einfachheit halber zweidimensional gezeichnet ist, sieht man aber schon, daß am Rande der Kugel eine ganze Reihe von Zellen mit exakt oder nahezu gleichem Abstand vom Mittelpunkt, d. h. mit gleichem Impulsbetrag und gleicher kinetischer Energie vorhanden sind. Wenn z. B. n Zellen gleicher Energie noch nicht ausgefüllt sind und wir fügen dem System n Elektronen hinzu, dann können diese sich mit parallelen Spins auf verschiedene Zellen, oder mit antiparallelen Spins paarweise auf gleiche oder auf verschiedene Zellen verteilen ohne daß sich in ihrer kinetischen Energie ein Unterschied ergibt. Bei gleicher Gesamtdichte bleibt auch der klassische Anteil $\overline{U}' + \overline{U}''$ nach Gl. (3,2) und (3,4) unverändert. Die Austauschenergie (4,1) dagegen wird um so größer, je mehr Elektronen parallelen Spin haben. Aus der Ableitung in § 20 folgt z. B., daß die Austauschenergie, wenn sie bei Parallelstellung der Spins $\varrho^{4/3}$ beträgt, bei Antiparallelstellung der Spins nur $(\varrho/2)^{4/3} + (\varrho/2)^{4/3} = 2^{-1/3}\varrho^{4/3}$ beträgt, denn es weisen nur Elektronen mit gleichem Spin untereinander den Austauscheffekt auf. Es ergibt sich so das wichtige Resultat: Wenn mehrere unbesetzte Quantenzellen gleicher Energie vorhanden sind, dann bevorzugen die zuletzt hinzugefügten (am lockersten gebundenen) Elektronen Einfachbesetzung dieser Zellen unter Parallelstellung ihrer Spins.

Fig. 3.
Die „Impuls-kugel".

Edelgasähnliche Gebilde haben keine freien Quantenzellen mehr. Valenzelektronen dagegen sitzen in unvollständig ausgefüllten Zellen gleicher Energie. In der Wellenmechanik spricht man bei völliger Ausfüllung einer Reihe von Quantenzuständen (Phasenzellen) gleicher Energie von „abgeschlossenen Schalen". Die Valenzelektronen sitzen also in unabgeschlossenen Schalen.

Steckt man diese Tatsache eines Überschusses von Elektronen der einen Spinstellung in die Ansätze der statistischen Theorie hinein, dann lassen sich in groben Zügen die Bindungs-Erscheinungen der Valenzelektronen schon verstehen. Teilen wir die kinetische Energie (2,7) in die beiden Anteile, die von der Dichte $\varrho/2$ der Elektronen mit „aufwärts" gerichtetem Spin und der — zunächst gleichen — Dichte der Elektronen mit „abwärts" gerichtetem Spin herrühren:

$$T = \frac{3\,h^2}{40\,m} \left(\frac{6}{\pi}\right)^{2/3} \left[\left(\frac{\varrho}{2}\right)^{5/3} + \left(\frac{\varrho}{2}\right)^{5/3}\right] \tag{8,1}$$

Nennen wir jetzt die Dichte der einen Elektronensorte ϱ_+, und die der anderen Elektronensorte ϱ_-, dann lautet (8,1), verallgemeinert für verschiedenes ϱ_+ und ϱ_-:

36   Kapitel I.

$$T = \frac{3\,h^2}{40\,m} \left(\frac{6}{\pi}\right)^{2/3} \left[\,\varrho_+^{\,5/3} + \varrho_-^{\,5/3}\right], \qquad \varrho = \varrho_+ + \varrho_- \qquad (8,2)$$

was man nach § 2 direkt aus den Grundpostulaten ableiten kann, wenn man nur auf die früheren Voraussetzungen verzichtet, daß alle Zellen doppelt besetzt sind. Nehmen wir als Beispiel das Phosphor-Atom (s. Tab. 10), so liegen dort 9 Elektronen der einen Spinstellung und 6 Elektronen der anderen Spinstellung vor. Es ist also ϱ_+ auf 9, ϱ_- auf 6 normiert (oder umgekehrt).

Diese Aufteilung ermöglicht ein Verständnis der homöopolaren Bindung. An der Berechnung der elektrostatischen Wechselwirkung zweier Atome nach Gl. (6,4) wird nichts geändert. Für die Änderung der kinetischen Energie $\overline{T} - \overline{T}_0$ gibt es aber jetzt 2 Möglichkeiten, nämlich

$$\overline{T} - \overline{T}_0 = \frac{3\,h^2}{40\,m} \left(\frac{6}{\pi}\right)^{2/3} \int \Big[\left(\varrho_{a+} + \varrho_{b+}\right)^{5/3} + \left(\varrho_{a-} + \varrho_{b-}\right)^{5/3}$$
$$- \varrho_{a+}^{\,5/3} - \varrho_{b+}^{\,5/3} - \varrho_{a-}^{\,5/3} - \varrho_{b-}^{\,5/3} \Big]\, \mathrm{d}\tau \qquad (8,3)$$

bei Parallelstellung der resultierenden Spins beider Atome, und

$$\overline{T} - \overline{T}_0 = \frac{3\,h^2}{40\,m} \left(\frac{6}{\pi}\right)^{2/3} \int \Big[\left(\varrho_{a+} + \varrho_{b-}\right)^{5/3} + \left(\varrho_{a-} + \varrho_{b+}\right)^{5/3}$$
$$- \varrho_{a+}^{\,5/3} - \varrho_{b+}^{\,5/3} - \varrho_{a-}^{\,5/3} - \varrho_{b-}^{\,5/3} \Big]\, \mathrm{d}\tau \qquad (8,4)$$

bei Antiparallelstellung der resultierenden Spins beider Atome.

Vergleichen wir die ersten beiden Klammern. Da sie in der 5/3-ten Potenz stehen, ist ihr Beitrag in (8,3), wo die großen Dichten ϱ_{a+} und ϱ_{b+} zusammen in derselben Klammer stehen, größer als in (3,4), wo das große ϱ_{a+} mit dem kleinen ϱ_{b-} in einer Klammer steht, und umgekehrt. $\overline{T} - \overline{T}_0$ wird also kleiner bei Antiparallelstellung der Spins der Valenzelektronen beider Atome. Im Grundzustand des Moleküls sind deshalb alle Spins abgesättigt. Der frühere Fall des edelgasähnlichen Verhaltens geht aus (8,3) und (8,4) hervor, wenn man $\varrho_+ = \varrho_-$ setzt, also jede Dichte auf 15/2 normiert. Die zugehörige Änderung der kinetischen Energie $\overline{T} - \overline{T}_0$ würde dann zwischen (8,3) und (8,4) liegen.

Die Abstoßung infolge des Nullpunktsdruckes ist also nach (8,4) bei Vorhandensein von Valenzelektronen, die ihre Spins im Molekül antiparallel stellen, kleiner als bei Edelgasen mit gleicher Dichteverteilung. Die Coulombsche Anziehung (6,4) wird infolgedessen durch den Nullpunktsdruck weniger behindert. So ist eine Erklärung der homöopolaren Bindung gewonnen. Zur quantitativen Behandlung der Valenzelektronen empfiehlt sich aber eine radikalere Abänderung der bisherigen Theorie, zu der wir jetzt übergehen. (HELLMANN[47].)

Das ganze System von Elektronen in den vorgegebenen Kernfeldern werde dazu in zwei Teile geteilt. Der eine Teil, der aus einer relativ großen Zahl von Elektronen besteht, soll ein im Sinne der Statistik völlig abgeschlossenes Gebilde darstellen, also ein edelgasähnlicher Atomrumpf sein, oder eine Summe solcher Rümpfe, die sich gegenseitig praktisch nicht beeinflussen. Der Beitrag dieses Teils zur Gesamtdichteverteilung soll nahezu unabhängig davon sein, ob die übrigen, die „Valenzelektronen" vorhanden sind oder nicht. Von den Valenzelektronen, zu denen wir im allgemeinen die Ladungen in nicht ausgefüllten Schalen rechnen,

§ 8. Die Valenzelektronen in der statistischen Theorie.   37

setzen wir nur voraus, daß ihre Zahl klein ist gegen die Zahl der Rumpfelektronen.

Das Rumpfproblem sei für sich gelöst. Es liegen also die Dichteverteilung ϱ_0, sowie $U(\varrho_0)$ und $T(\varrho_0)$ vor, die das Integral $\overline{H}_0 = \int [U(\varrho) + T(\varrho)]\, d\tau$ unter der Nebenbedingung $\int \varrho\, d\tau = N$ zu einem
Minimum machen. Jetzt fügen wir zu diesem System die relativ kleine
Ladung $\Delta \varrho^*$) der Valenzelektronen hinzu, die auf $\int \Delta \varrho\, d\tau = n$ normiert
ist, und fragen nach der Energie- und Dichteänderung des gesamten Systems. Die ursprüngliche Dichteverteilung ändert sich dann in zweierlei
Weise. Einerseits dadurch, daß die Dichteverteilung ϱ_0 der Rümpfe unter Festhaltung der Normierung etwas modifiziert wird. Wir nennen
diesen Anteil $\delta \varrho$, für ihn gilt $\int \delta \varrho\, d\tau = 0$. Dieser modifizierten Dichteverteilung der Rümpfe überlagert sich nun aber die zusätzliche Dichte
$\Delta \varrho$ der Valenzelektronen mit $\int \Delta \varrho\, d\tau = n$.

Indem wir ϱ nach Taylor entwickeln und von der Kleinheit der gesamten Dichteänderung $\delta \varrho + \Delta \varrho$ Gebrauch machen, erhalten wir für die
Energie des Systems mit Valenzelektronen:

$$\overline{H} = \int \left[U(\varrho_0) + T(\varrho_0) + \left(\frac{\partial U}{\partial \varrho_0} \right)(\delta \varrho + \Delta \varrho) + \left(\frac{\partial T}{\partial \varrho_0} \right)(\delta \varrho + \Delta \varrho) \right] d\tau \quad (8,5)$$

Hierin ist das Integral über $U(\varrho_0)$ und $T(\varrho_0)$ einfach die Energie $\overline{H}_0$ der
Rümpfe allein. Das Integral $\int \left[\left(\frac{\partial U}{\partial \varrho} \right)_0 + \left(\frac{\partial T}{\partial \varrho} \right)_0 \right] \delta \varrho\, d\tau$ verschwindet;

denn so ist ja ϱ_0 gewählt, daß dieses Verschwinden für jede erlaubte, das
heißt mit den Rand- und Nebenbedingungen verträgliche kleine Änderung $\delta \varrho$ eintritt. Das Verschwinden des Integranden folgt hieraus
aber, wie in § 3 dargelegt, nur für das neutrale Atom, und auch da nur,
wenn wir hinsichtlich Austausch und Selbstwechselwirkung (s. § 4) nicht
korrigierte Lösungen ϱ_0 benutzen.

Zur Lösung des Minimumsproblems für das Gesamtsystem bei gegebenem ϱ_0 bleibt jetzt nur noch die Minimumsforderung für den von den
Valenzelektronen herrührenden Anteil der Gesamtenergie:

$$\overline{H} - \overline{H}_0 = \int \left[\left(\frac{\partial U}{\partial \varrho} \right)_0 + \left(\frac{\partial T}{\partial \varrho} \right)_0 \right] \Delta \varrho\, d\tau \quad (8,6)$$

oder nach (3,7):

$$\overline{H} - \overline{H}_0 = \int \left[- e\, V_0 + \left(\frac{\partial T}{\partial \varrho} \right)_0 \right] \Delta \varrho\, d\tau \quad (8,7)$$

worin V_0 das gesamte elektrostatische Potentialfeld der Rümpfe bedeutet.

Hätten wir ohne Berücksichtigung des Pauliprinzips, bezw. der Fermistatistik für das Gesamtsystem, die Valenzelektronen zu den Rümpfen hinzugefügt, dann wäre nur das Glied mit $- e\, V_0$ unter dem Integral
aufgetreten. Dann hätte sich ergeben, daß unter dem Einfluß des hohen
positiven Potentials im Rumpf die Valenzelektronen tief in den Rumpf
hineingestürzt wären. Daß sie nicht ganz in den Kern stürzen würden,
daran hätte sie nur — ähnlich wie beim Valenzelektron des H-Atoms
— der Umstand gehindert, daß sie selbst einen endlichen Raumbedarf
im Impulsraum und damit eine Nullpunktsenergie besitzen, auch wenn

---

*) Eine Verwechslung des hier benutzten Δ-Symbols mit dem Laplaceschen Operator ist wohl nicht zu befürchten.

gar keine weiteren Elektronen vorhanden sind. Dieser von der endlichen Impulsbreite jedes Valenzelektrons herrührende Anteil an kinetischer Energie tritt in der Formel (8,7) gar nicht auf. Er ist von höherer Ordnung in $\Delta\varrho$, nämlich proportional $(\Delta\varrho)^{5/3}$. Ein Glied mit $(\Delta\varrho)^{5/3}$ wäre nur dann schon in erster Näherung von Bedeutung, wenn nicht in (8,7) die viel größere kinetische Energie $\left(\dfrac{\partial T}{\partial\varrho}\right)_0 \Delta\varrho$ stände. $\dfrac{\partial T}{\partial\varrho_0}$ bedeutet nach den Ausführungen von § 2 die maximale kinetische Energie für ein Elektron, die an dem betrachteten Punkt des Raumes vorkommt, und (8,7) besagt, daß die hinzugefügten Valenzelektronen gerade diese maximale kinetische Energie annehmen müssen, wenn sie sich innerhalb der schon vorliegenden Dichteverteilung ϱ_0 aufhalten wollen. Der Zusatzterm $-\dfrac{1}{e}\left(\dfrac{\partial T}{\partial\varrho}\right)_0$ zum Potential V ist also eine direkte Folgerung des Pauliprinzips. Unsere Ableitung von (8,7) zeigt, daß die vom Pauliprinzip, bezw. vom Nullpunktsdruck der Rumpf-Elektronenwolke herrührenden Kräfte näherungsweise in Form eines zusätzlichen Potentials zum elektrostatischen Potentialfeld, in dem sich die Valenzelektronen befinden, berücksichtigt werden können.

In (8,7) ist noch vernachläßigt: 1. die endliche Impulsbreite der Valenzelektronen selbst, denn wir haben ihnen einfach exakt den Maximumimpuls P erteilt $\left(P=\sqrt{2\,m\,\dfrac{\partial T}{\partial\varrho}}\,\right)$. 2. die elektrostatische Wechselwirkung der Valenzelektronen untereinander, die ebenfalls von höherer Ordnung in $\Delta\varrho$ ist $\left(\dfrac{e}{2}\iint\dfrac{\Delta\varrho(1)\,\Delta\varrho(2)}{r_{12}}\,d\tau_1\,d\tau_2\right)$. 3. Das Pauliprinzip für die Valenzelektronen untereinander.

Alle diese Glieder lassen sich statistisch nur sehr schlecht annähern, da für sie die Ganzzahligkeit von e wichtig ist und wir bei einzelnen Elektronen eigentlich gar nicht mehr von einer Elektronendichte $\Delta\varrho$ im Sinne der thermodynamischen Statistik reden können. Wir werden diese drei Anteile zur Energie später wellenmechanisch formulieren, halten aber fest, daß die gesamte Wechselwirkung der Valenzelektronen mit den Rümpfen durch die Potentialfunktion $-eV_0+\dfrac{\partial T}{\partial\varrho_0}$ näherungsweise beschrieben werden kann.

Auch wenn wir an der Formel (8,7) und unserer bisherigen Auffassung des Elektrons festhalten, lassen sich aus ihr schon Aussagen gewinnen, die über die Aussagen der Thomas-Fermischen statistischen Theorie für ein Atom mit Valenzelektronen hinausgehen. Wenden wir (8,7) etwa auf das Valenzelektron eines Alkali-Atoms an. Nach Gl. (3,22–24) ist das gesamte Rumpffeld, in das das Valenzelektron hineinkommt, von folgender Beschaffenheit.

Außen, bis in einem Radius r_0, der für einwertige Ionen etwa 4,6 Å ist (s. Gl. 3,24), herrscht das Coulombfeld e/r. Von $r=r_0$ an bleibt das gesamte Feld $-V_0+\dfrac{1}{e}\dfrac{\partial T}{\partial\varrho_0}$ konstant, und zwar gleich dem Potential e/r_0 am Rand des Ions. Fig. 4 zeigt den Feldverlauf. In (8,7) bekommen wir offenbar minimale Energie, wenn wir die Ladung $e\int\Delta\varrho\,d\tau=e$ des Valenzelektrons (statistisch) gleichmäßig in dem Potentialkasten der Fig. 4 verteilen. Wir sehen auch — über die Näherung von (8,7) hinausgehend — daß die Impulsbreite des Valenzelektrons sehr klein sein wird, da der

§ 8. Die Valenzelektronen in der statistischen Theorie. 39

zur Verfügung stehende Raum sehr groß ist, daß also die Vernachlässigung der endlichen Impulsbreite des Valenzelektrons selbst berechtigt war. Desgleichen war die Streichung der Coulombschen Selbstenergie der Ladung $\Delta\varrho$ nicht nur berechtigt, sondern sogar notwendig, da das einzelne Elektron mit sich selbst keine Wechselwirkung hat. Dieser Fehler der Thomas-Fermischen Theorie (s. § 4) wird hier also automatisch vermieden. Die Ionisierungsenergie des Valenzelektrons ergibt sich mit unserer Näherung zu e/r_0, das sind — allerdings universell für alle Alkali-Atome — 3,1 e-Volt. Bei Cäsium, wo die Voraussetzungen für die Anwendung der Thomas-Fermischen Gleichung auf den Rumpf, also für das Potentialfeld Fig. 4 am ehesten vorliegen, ist die wirkliche Ionisierungsen-

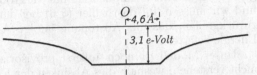

Fig. 4. Das effektive Potential der kombinierten Näherungsmethode.

ergie 3,7 e-Volt, also immerhin in leidlicher Übereinstimmung. Bei Benutzung der Ionenlösung mit Austausch nach § 4 wird r_0 kleiner und die Mulde tiefer, die Ionisierungsenergie also noch größer als 3,1 e-Volt.

Die hier vollzogene Abtrennung der Valenzelektronen vom Thomas-Fermiproblem gibt uns die Möglichkeit, auch den Bindungsfall durch homöopolare Valenzen besser zu verstehen. Über die statistische Theorie des Vielelektronenproblems hinaus müssen wir von dem Umstand Gebrauch machen, daß auch das einzelne Elektron schon eine Impulszelle endlicher Größe beansprucht, so daß zwischen der Breite seiner Impulswerte und der Größe des eingenommenen Raumvolumens $\Delta\tau$ die Beziehung besteht: $\Delta\tau \cdot \Delta p_x \Delta p_y \Delta p_z = h^3$. Da die mittlere kinetische Energie des Elektrons mit $\Delta p_x \Delta p_y \Delta p_z$ anwächst, können wir auch für das einzelne Elektron die Regel aufstellen, daß seine kinetische Nullpunktsenergie um so stärker anwächst, je kleiner der Raum wird, den es erfüllt.

Betrachten wir jetzt ein homöopolar einwertiges Atom, dem ein zweites Atom angenähert wird. Das Potentialfeld für die beiden Valenzelektronen besteht dann aus zwei „Potentialkästen" nach Fig. 4. Bei unendlichem Abstand beider Atome erfüllt jedes der beiden Valenzelektronen seinen Kasten und besitzt — außer der potentiellen Energie $- e^2/r_0$ — eine bestimmte kinetische Energie. Betrachten wir nun das fertige Molekül. Die elektrostatische Wechselwirkung jedes Valenzelektrons mit dem gesamten Feld des anderen Atoms ergibt Anziehung. Der Abstand der Atome sei so groß, daß die Abstoßung der edelgasähnlichen Rümpfe untereinander noch keine merkliche Rolle spielt. Aber die Potentialmulde, die jedem Valenzelektron zur Verfügung steht, ist im Molekül gegenüber dem Atom etwa auf das doppelte vergrößert worden, da sich jedes Valenzelektron ja nun in beiden Mulden aufhalten kann. Deshalb sinkt die Nullpunktsenergie jedes Elektrons ab, a l l e r d i n g s n u r   u n t e r   e i n e r   V o r a u s s e t z u n g, nämlich, daß beide Elektronen ihre Spins antiparallel stellen. Denn nur unter dieser Bedingung dürfen b e i d e Elektronen dieselbe Phasenzelle besetzen, damit denselben Impulsbereich und dieselbe — gegenüber dem Atom verkleinerte — Nullpunktsenergie annehmen. Wenn jedes Atom mehrere Elektronen

40   Kapitel I.

mit ungepaartem Spin, d. h. Valenzelektronen, mitbringt, gilt die Überlegung für jedes Paar, das seine Spins antiparallel stellt. Wir begegnen
hier wiederum dem LEWISschen Bild der Spinpaarung bei Betätigung
einer homöopolaren Valenz und deuten die Bindungsenergie, bezw. den
Anteil derselben, der nicht schon durch elektrostatische Anziehung bewirkt wird, als Absinken der kinetischen Energie der Valenzelektronen.

Wenn die ursprünglichen Atome keine Valenzelektronen mitbringen,
besteht diese Möglichkeit, daß die äußeren Elektronen b e i d e r Atome
gleichzeitig die neue Impulszelle mit vergrößertem $\Delta\tau'$ besetzen, nicht
und wir müssen auf das früher (§ 6) bei den Edelgasen benutzte Bild
zurückgreifen, das uns Abstoßung infolge Anwachsens der kinetischen
Energie lieferte.

Unser Modell ist noch äußerst provisorisch. So läßt es z. B. noch
nicht verstehen, weshalb dies Absinken der Energie bei Annäherung der
beiden Atome ganz allmählich, adiabatisch vor sich geht. Hierüber wird
uns erst die wellenmechanische Behandlung in Kapitel IV Auskunft geben. Überhaupt wird die wellenmechanische Theorie noch viele Feinheiten liefern, die wir ohne Benutzung der Wellennatur der Elektronen gar
nicht verstehen können. Aber auch dort können wir die hier gewonnene
Grundvorstellung eines Absinkens der kinetischen Energie beibehalten,
obgleich diese anschauliche Deutung hier derselben Kritik unterliegt,
die am Schluß von § 6 schon besprochen wurde. Bezüglich einer ein-
gehenderen Diskussion sei auf die Originalarbeiten (HELLMANN[31, 47, 52])
verwiesen.

Auf das in diesem Paragraphen geschilderte „kombinierte Näherungsverfahren" werden wir bei wellenmechanischen Rechnungen noch öfters
zurückgreifen. Im folgenden Paragraphen wird — unter Vorwegnahme
einiger wellenmechanischen Ergebnisse — die metallische Bindung nach
diesem Näherungsverfahren behandelt werden.

§ 9. Die Theorie der metallischen Bindung.

Das kombinierte Näherungsverfahren bedarf einer Ergänzung hinsichtlich der Impulsbreite des Valenzelektrons selbst, die für das einzelne
Elektron in dem Potentialfeld $V - 1/e\,(\partial T/\partial\varrho)_0$ nach Fig. 4 nur wellenmechanisch gegeben werden kann. Fügen wir aber eine Menge derartiger
Potentialmulden aneinander und schütten in die so entstehende Riesenmulde alle Valenzelektronen hinein, dann kann diese Gesamtheit von
Valenzelektronen in dem vorgegebenen Potentialfeld wieder statistisch
behandelt werden. So ergibt sich ein einfacher Weg zur Behandlung der
metallischen Bindung.

Wir wiesen schon oben darauf hin, daß die Potentialmulde Fig. 4
in mancher Hinsicht verbesserungsbedürftig ist. Berücksichtigung des
Austausches würde sie vertiefen und verkleinern, Berücksichtigung der
WEIZSÄCKERschen Korrektion würde sie u. a. abrunden. Wir wollen für
das Folgende nur ihren allgemeinen Charakter voraussetzen, nämlich das
Coulombfeld e/r in großen Abständen, zu dem ein „Zusatzfeld" hinzukommt, wenn man in das Gebiet des Atomrumpfes eindringt. Dieses
Zusatzfeld besteht aus Anwachsen des elektrostatischen Feldes infolge
unvollständiger Kernabschirmung durch die Rumpfladung und zusätz-
licher Abstoßung des Valenzelektrons durch den Nullpunktsdruck der
Rumpfelektronen. Beide Einflüsse zusammen bewirken, daß im Gebiet

§ 9. Die Theorie der metallischen Bindung.   41

der Atomrümpfe das Potential e/r annähernd in ein konstantes effektives Potential übergeht.

Sehen wir von einer Überdeckung der Atomrümpfe im Metallgitter ab, was z. B. in den lockeren Alkalimetallgittern völlig gerechtfertigt ist, dann liefert die Aneinanderfügung der Potentialmulden des kombinierten Näherungsverfahrens in erster Näherung eine Riesenpotentialmulde, die durch den Rand des Kristalls selbst begrenzt wird. In dieser Riesenmulde befindet sich das Thomas-Fermi-Gas sämtlicher Valenzelektronen. Dies so begründete einfachste Metallmodell liegt der SOMMERFELDschen Theorie der Metalle[2] zugrunde und wird als einfachste Annäherung häufig benutzt.

Um das Grundproblem der metallischen Bindung zu verstehen, lassen sich die Ansätze aber ohne Schwierigkeiten etwas genauer präzisieren. Die Wechselwirkung eines Elektrons mit einem Atomrumpf zerlegen wir für alle r in den Anteil $-e^2/r$ und ein „Zusatzpotential"*). das nur im Rumpfinneren wirkt und dort den ersten Anteil zum größten Teil kompensiert. Zu dieser Wechselwirkung zwischen Valenzelektronen (Leitungselektronen) und Rümpfen kommt noch die COULOMBsche Wechselwirkung aller Valenzelektronen untereinander sowie die Abstoßung der Rümpfe untereinander hinzu. Da sich die Rümpfe gegenseitig nicht überdecken, stellt die letztere einfach die Coulombsche Energie eines Systems von positiven Elementarladungen, die in den Gitterpunkten sitzen, dar.

Die oben angestellten orientierenden Überlegungen berechtigen zu dem Ansatz einer gleichförmigen Dichteverteilung der Valenzelektronen im Gitter. Es stört dabei nur wenig, daß das angesetzte Potentialfeld in Wirklichkeit nicht konstant ist. Solange das Feld des kombinierten Näherungsverfahrens nicht allzusehr von einem konstanten Potential abweicht, ist es nur konsequente Störungsrechnung 1. Näherung, die dem konstanten Potential entsprechende Dichteverteilung in dem abgeänderten Potentialfeld beizubehalten.

Ohne das Zusatzfeld*) besteht somit die Aufgabe in Bestimmung der elektrostatischen Energie eines Systems von positiven Punktladungen, die in den Gitterpunkten angeordnet sind und zwischen denen sich eine konstante negative Raumladung befindet, so daß das ganze nach außen neutral ist. Dazu kommt dann vom Zusatzpotential*) her ein Energieanteil pro Atom, der gleich der Elektronendichte ist, multipliziert mit dem über den ganzen Raum gemitteltem Zusatzpotential eines Atoms. Dieses mittlere Zusatzpotential bleibt als einzige unbekannte Konstante in der Theorie. Denn als weitere Energieanteile treten zunächst nur noch die kinetische Nullpunktsenergie nach Gl. (2,7) und die Austauschenergie nach Gl. (4,1) auf. Es wird sich allerdings unten als notwendig erweisen, auch den Ausweicheffekt zwischen Elektronen mit antiparallelem Spin zu berücksichtigen, der aber ebenfalls rein theoretisch gegeben ist.

Der erste, rein elektrostatische Anteil der Energie als Funktion des Gitterabstandes läßt sich in guter Näherung auf folgende Weise elementar berechnen. Wenn das Volumen pro Atom im Kristall v ist, dann definiert man einen Radius r pro Atom durch:

---

*) Unter „Zusatzfeld" und „Zusatzpotential" verstehen wir jetzt den gesamten Rumpfbeitrag zum effektiven Potential, also sowohl den elektrostatischen Anteil der zu $1/r$ hinzukommt, als die Wirkung des Nullpunktsdruckes der Rumpfelektronen.

42   Kapitel I.

$$v = \frac{4\pi}{3} r^3 \tag{9,1}$$

Nimmt man an Stelle der wirklichen negativen Ladungsverteilung an, daß um jede positive Punktladung e die negative Ladung $-e$ konstanter Dichte innerhalb einer Kugel vom Radius r verteilt ist, dann ist erreicht, daß diese neutralen kugelsymmetrischen Gebilde nach außen keine elektrische Wirkung ausüben. Die Energie pro Atom besteht dann nur aus zwei Anteilen, der Energie der positiven Punktladung im Zentrum der homogenen negativen Ladungsvolke und der Selbstenergie der negativen Ladung. Beide folgen elementar aus der Elektrostatik und ergeben:

$$\varepsilon_1' = -\frac{3}{2}\frac{e^2}{r} + \frac{3}{5}\frac{e^2}{r} = -0{,}9\frac{e^2}{r} \tag{9,2}$$

Die exakte Rechnung mit den Methoden der Gittertheorie (nach EWALD, MADELUNG) ist für das raumzentrierte Gitter von WIGNER und SEITZ[34], für das raumzentrierte und flächenzentrierte Gitter von FUCHS[41] durchgeführt worden. Für beide Gittertypen ergibt sich:

$$\varepsilon_1 = -0{,}8959\frac{e^2}{r} \tag{9,3}$$

Der Unterschied beider Gittertypen beträgt nach Fuchs nur 7 Einheiten der 5 Dezimale, bei der angegebenen Stellenzahl fallen beide noch zusammen. Man sieht außerdem, daß der Fehler von (9,2) weniger als 1 % beträgt; wir werden den folgenden Rechnungen jedoch (9,3) zugrunde legen.

Die vom Zusatzpotential herrührende Energie ist proportional der Dichte der Valenzelektronen, also proportional r^{-3}. Für die entsprechende Energie pro Gitteratom schreiben wir deshalb:

$$\varepsilon_2 = e^2 a_0^2 \delta \frac{1}{r^3} \tag{9,4}$$

worin δ eine Konstante bedeutet. a_0 ist der Radius des H-Atoms (s. § 1) und, genau wie e^2, nur hinzugefügt, um eine bequeme Schreibweise der Schlußformeln zu erzielen.

Die mittlere Nullpunktsenergie des Elektronengases pro Atom erhält man aus Gl. (2,7), indem man T mit dem „Atomvolumen" v nach Gl. (9,1) multipliziert. Wegen $\varrho = v^{-1}$ und nach Ausrechnung der Zahlenfaktoren findet man für die Nullpunktsenergie:

$$\varepsilon_3 = 1{,}105 \cdot e^2 a_0 \frac{1}{r^2} \tag{9,5}$$

Ganz entsprechend erhält man nach (4,1) die mittlere Austauschenergie pro Atom

$$\varepsilon_4 = -0{,}4582\frac{e^2}{r} \tag{9,6}$$

Es sei vorweggenommen, daß die feinere Wechselwirkung der Elektronen infolge ihres gegenseitigen Ausweichens, die bei den Atomen in erster Näherung ganz gestrichen werden konnte, hier wegen der geringen Dichten und demzufolge geringen Nullpunktsenergien eine entscheidende Rolle spielt. Schon bei Vernachlässigung der Austauschenergie erhält man für die Alkalimetalle anstatt metallischer Bindung beträchtliche Abstoßung. Mit Austausch, aber ohne Berücksichtigung des statistischen Ausweichens von Elektronen mit antiparallelem Spin (s. § 4 und

§ 9. Die Theorie der metallischen Bindung.   43

§ 20) erhält man zwar schon Bindung, aber die Sublimationsenergie noch viel zu klein (s. Tab. 6). Wir wollen deshalb von vornherein die WIGNERsche „correlation energy" nach Gl. (20,17) und Fig. 5 ebenfalls in Rechnung setzen. Für die Alkalimetalle können wir in dem in Frage kommenden Dichtegebiet die Kurve Fig. 5 durch ihre Tangente ersetzen. Man erhält dann für die „correlation energy" pro Gitteratom:

$$\varepsilon_5 = -0{,}012\,\frac{e^2}{a_0} - 0{,}0630\,\frac{e^2}{r} \tag{9,7}$$

Schreiben wir jetzt mit der Abkürzung $x = a_0/r$ die Gesamtenergie:

$$\varepsilon = \varepsilon_1 + \varepsilon_2 + \varepsilon_3 + \varepsilon_4 + \varepsilon_5 = (-\alpha - \beta\,x + \gamma\,x^2 + \delta\,x^3)\,\frac{e^2}{a_0} \tag{9,8}$$

dann sind alle Konstanten bis auf δ bestimmt. Zur Bestimmung von δ benutzen wir den empirisch bekannten Gitterabstand $r_0 = a_0/x_0$ für den (9,8) sein Minimum annimmt. Durch Differentiation nach x und Nullsetzen findet man

$$\delta\,x_0{}^3 = \frac{1}{3}\,\beta\,x_0 - \frac{2}{3}\,\gamma\,x_0{}^2 \tag{9,9}$$

und damit

$$\varepsilon_{\min} = \left(-\alpha - \frac{2}{3}\,\beta\,x_0 + \frac{1}{3}\,\gamma\,x_0{}^2\right)\frac{e^2}{a_0} \tag{9,10}$$

α, β, γ sind nach (9,3–7) bekannt, x_0 wird aus der Erfahrung entnommen. e^2/a_0 beträgt 27,08 e-Volt. $\varepsilon_{\min}$ bedeutet die Energie, die nötig ist, um das Gitter vollständig in positive Ionen und Valenzelektronen zu zerlegen. Die Sublimationswärme erhält man durch Subtraktion der Ionisierungsenergie des freien Atoms von $-\varepsilon_{\min}$.

Tab. 6 gibt die hiernach berechneten Daten. r_0 und die Ionisierungsenergie sind als experimentelle Daten hineingesteckt. Man sieht, daß die Sublimationswärme recht gut herauskommt, besonders wenn man bedenkt, daß diese als Differenz der beiden nicht sehr verschiedenen Größen $-\varepsilon_{\min}$ und der Ionisierungsenergie des Atoms erhalten wird. Zum Teil daher rührt auch die große Empfindlichkeit gegen kleine Korrektionen wie Austausch und „correlation energy". Der Vergleich von Spalte 3 und 4 zeigt, daß die ganze Sublimationswärme von der Größenordnung der „correlation energy" werden kann. Etwas ähnliches wird uns später (§ 26) bei locker homöopolar gebundenen zweiatomigen Molekülen wieder begegnen.

Tab. 6. Berechnung von Metalldaten aus der Gitterkonstanten.

Atom	r in Å	Subl.-Wärme in e-Volt			$10^{-33}\,\dfrac{\partial^2\varepsilon}{\partial v_0{}^2}$ in erg . cm^{-6}		
		ohne corr.-en.	mit corr.-en.	exper.	theor.	exper.	n. RICE[22]
Li	1,70	1,26	1,96	1,66	7,4	5,8	14,8
Na	2,08	0,44	1,08	1,15	1,9	1,9	4,7
K	2,58	0,26	0,85	0,98	0,45	0,53	1,3
Rb	2,77	0,15	0,72	0,86	0,28	0,17	0,89
Cs	2,98	0,14	0,70	0,83	0,187	0,065	0,58

44   Kapitel I.

Eine weitere Prüfung unserer Ansätze ergibt sich durch Zuziehung der experimentellen Daten über die Kompressibilität. Diese hängt mit dem zweiten Differentialquotienten der Energie nach dem Volumen bekanntlich zusammen durch die Gleichung:

$$\text{Kompressibilität} = \left(v\, \frac{\partial^2 \varepsilon}{\partial v^2} \right)^{-1} \tag{9,11}$$

Hierin ist für v das Atomvolumen einzusetzen, wenn man unter ε die Energie pro Atom versteht.

Aus (9,8) unter Berücksichtigung von (9,1) und (9,9) folgt andererseits:

$$\frac{\partial^2 \varepsilon}{\partial v^2} \text{ (in erg . cm}^{-6}) = \frac{1}{8\,\pi^2}\, \frac{e^2}{r_0{}^7} \left(\beta - \gamma\, \frac{a_0}{r_0} \right) \tag{9,12}$$

Die hiernach berechneten $\partial^2 \varepsilon/\partial v^2$ finden sich ebenfalls in Tab. 6 und sind den nach (9,11) aus dem Experiment gewonnenen Werten (berechnet von RICE[22] nach Messungen von BRIDGMAN) gegenübergestellt. Die durchschnittliche Übereinstimmung ist so gut, wie man es von einer so empfindlichen Größe wie dem zweiten Differentialquotienten überhaupt erwarten kann, und bedeutend besser als nach älteren Ansätzen von RICE[22] (letzte Spalte), der die Atomrümpfe als völlig undurchdringlich für die Valenzelektronen betrachtete und ihren „Radius" aus dem empirischen Gitterabstand bestimmte.

Bisher haben auch wir die Gitterkonstante selbst herangezogen, um das Zusatzpotential des kombinierten Näherungsverfahrens zu bestimmen. Unter Zuhilfenahme der wellenmechanischen Theorie des einzelnen Elektrons muß es aber auch möglich sein, aus spektroskopischen Daten des freien Atoms das gesuchte Potentialfeld zu bestimmen, in welchem sich das Valenzelektron befindet.

Dies wurde für die Alkalimetalle mit einfachen Näherungsansätzen von HELLMANN und KASSATOTSCHKIN[60] durchgeführt. Die Methode ist in § 23 beschrieben. Mit dem dort benutzten Potentialansatz (23,6) ergibt sich für die Konstante δ in Gl. (9,4):

$$\delta = \frac{3}{4}\, \frac{A}{\kappa^2} \tag{9,13}$$

worin A und κ aus dem Spektrum des freien Atoms bestimmt sind. Damit sind alle Gittereigenschaften auf spektroskopische Daten über die freien Atome zurückgeführt. Tab. 7 gibt die so berechneten Daten,

Tab. 7. Berechnung von Metalldaten aus dem Spektrum der freien Atome.[60]

Atom	r_0 in Å		Subl.-Wärme in e-Volt		corr.-energy	Zusatz-Energie	$10^{-33}\, \frac{\partial^2 \varepsilon}{\partial v^2}$ in erg . cm^{-6}	
	theor.	exper.	theor.	exper.			theor.	exper.
Na	2,14	2,08	0,91	1,15	0,75	−1,94	1,59	1,9
K	2,56	2,58	0,85	0,98	0,68	−1,79	0,47	0,53
Rb	2,84	2,77	0,60	0,86	0,64	−1,70	0,24	0,17
Cs	3,03	2,98	0,60	0,83	0,62	−1,63	0,15	0,065

Literatur zu Kapitel I.   45

zusammen mit den benutzten A- und κ-Werten. Die Übereinstimmung mit den Erfahrungsdaten ist nicht viel schlechter als in Tab. 6.

Es ließen sich so auch die Austrittsarbeiten der Elektronen berechnen. Weiterhin gab die Anwendung der Theorie auf die zweiwertigen Metalle Mg und Ca zufriedenstellende Resultate[60].

Es muß nachdrücklich betont werden, daß für die ganze Theorie entscheidend ist die Trennung der Statistik der Rumpfelektronen und der Statistik der Valenzelektronen, wie sie im kombinierten Näherungsverfahren vorgenommen wird. Die Berechtigung zu dieser Trennung liegt letzten Endes darin, daß wir es bei beiden mit völlig verschiedenen Elektronendichten zu tun haben und daß die Rümpfe sehr fest abgeschlossene, edelgasähnliche Gebilde darstellen, deren Struktur von den Valenzelektronen kaum beeinflußt wird. Für alle solchen individuellen Feinheiten läßt die statistische Theorie keinen Platz, wenn man sie formal auf das Gesamtsystem von Elektronen im Kristall einschließlich der Rumpfelektronen anwendet. SLATER und KRUTTER[42] sowie FEINBERG[43] konnten zeigen, daß die formale Anwendung der statistischen Theorie auch unter Berücksichtigung des Austausches keine metallische Bindung, sondern Abstoßung liefert. Gerade das mußte man erwarten, da die ursprüngliche Theorie von THOMAS und FERMI keine Valenzelektronen kennt und alle Atome wie Edelgase behandelt. Zwischen Edelgasen ist aber metallische Bindung nicht möglich.

Literatur zu Kapitel I.

Zusammenfassende Darstellungen.

1. L. BRILLOUIN, Die Quantenstatistik und ihre Anwendung auf die Elektronentheorie der Metalle (aus d. Französischen übersetzt) Berlin 1931.
2. A. SOMMERFELD und H. BETHE, Elektronentheorie der Metalle. Handbuch der Physik **24**, 2. Teil S. 333. Berlin 1933.
3. L. BRILLOUIN, L'Atome de Thomas-Fermi. Actualités scientifiques et industrielles No. 160. Paris 1934.

Originalarbeiten.

1925

4. W. PAULI, Zs. f. Phys. **31** S. 765 (Ausschließungsprinzip).

1926

5. E. FERMI, Zs. f. Phys. **36** S. 902 (Neue Statistik).
6. P. A. M. DIRAC, Proc. R. Soc. **112** S. 661 (Neue Statistik).

1927

7. L. H. THOMAS, Proc. Cambr. Phil. Soc. **23** S. 542 (Statistische Behandlung des einzelnen Atoms).

1928

8. E. FERMI, Zs. f. Phys. **48** S. 73 und „Leipziger Vorträge 1928" S. 95, Hirzel, Leipzig. (Statistische Behandlung des Atoms. Numerische Lösungen. Theorie des periodischen Systems).
9. J. FRENKEL, Zs. f. Phys. **49** S. 31 (Thomas-Fermi-Gas in Metallen. Minimumprinzip für die Energie).
10. J. FRENKEL, Zs. f. Phys. **51** S. 232 (Metalloberfläche, Austrittsarbeit).

1929

11. F. BLOCH, Zs. f. Phys. **57** S. 545 (Austauschenergie pro Volumeneinheit eines Elektronengases).

46   Kapitel I.

1930

12. P. A. M. DIRAC, Proc. Cambr. Phil. Soc. **26** S. 376 (Ableitung der Thomas-Fermi-Gleichungen m. Austausch. Bez. Rechenfehler in Schlußformel s. z. B. [29]).
13. E. B. BAKER, Phys. Rev. **36** S. 630 (Formel für vollständige Ionisierungsenergie der Atome. Unvollst. Ansätze für das positive Ion).

1931

14. V. BUSH, S. CALDWELL, Phys. Rev. **38** S. 1898 (Numer. Lösung der Thomas-Fermi-Gleichung).
15. E. GUTH, R. PEIERLS, Phys. Rev. **37** S. 217 (Positive Ionen in der Thomas-Fermischen Theorie).

1932

16. A. SOMMERFELD, Zs. f. Phys. **78** S. 283 (Positive Ionen nach Thomas-Fermi, asymptotische Integration der Diff.-Gl. Berichtigung und Fortsetzung der Arbeit: Zs. f. Phys. **80** S. 415, 1933).
17. V. FOCK, Phys. Zs. d. Sowjetunion **1** S. 747 (Virialsatz in der statist. Theorie).
18. W. LENZ, Zs. f. Phys. **77** S. 713 (Störungsrechnung für 2 Atome in der Thomas-Fermi-Theorie).
19. H. JENSEN, Zs. f. Phys. **77** S. 722 (Ritzsches Verfahren und Störungsrechnung 1. Näherung für RbBr in der statist. Theorie).
20. J. TAMM, D. BLOCHINZEW, Zs. f. Phys. **77** S. 774 (Austrittsarbeit der Elektronen aus Metallen).

1933

21. J. TAMM, D. BLOCHINZEW, Phys. Zs. d. Sowjetunion **3** S. 170 (Austrittsarbeit der Elektronen aus Metallen).
22. O. K. RICE, J. Chem. Phys. **1** S. 649 (Statistische Berechnung der Bindungsenergie einfacher Metallgitter).
23. H. JENSEN, Zs. f. Phys. **81** S. 611 (Ergänzung zur Arbeit von Fock[17]).
24. H. HELLMANN, Zs. f. Phys. **85** S. 180 (Ergänzung zu den Arbeiten von Lenz[18] und Jensen[19]. Virialsatz bei festen Kernen. Deutung der homöopolaren chemischen Kräfte).
25. J. C. SLATER, J. Chem. Phys. **1** S. 687 (Virialsatz bei festen Kernen).
26. P. GOMBAS, Zs. f. Phys. **87** S. 57 (Diamagnetische Suszeptibilität von Atomen aus der Dichteverteilung von Jensen[19]).
27. E. WIGNER, F. SEITZ, Phys. Rev. **43** S. 804 (Theorie d. metall. Bindung).

1934

28. P. GOMBAS, TH. NEUGEBAUER, Zs. f. Phys. **89** S. 480 (KCl-Gitter nach Lenz[18] und Jensen[19] mit Schätzung der zweiten Näherung).
29. H. JENSEN, Zs. f. Phys. **89** S. 713 (Einfache Ableitung der Thomas-Fermi-Gleichung mit Austausch. Ergänzung hierzu: Zs. f. Phys. **93** S. 232, 1935).
30. P. GOMBAS, Zs. f. Phys. **92** S. 796 (LiBr-Gitter nach Lenz[18] und Jensen[19] mit Schätzung der zweiten Näherung).
31. H. HELLMANN, Acta Physicochim. URSS **1** S. 333 (Anschauliche Deutung der chemischen Kräfte).
32. H. HELLMANN, W. JOST, Zs. f. Elektroch. **40** S. 806 (Elementare Darstellung der anschaulichen Deutung der chemischen Wechselwirkungen).
33. P. GOMBAS, Zs. f. Phys. **93** S. 378 (Zur Ausrechnung der Störungsenergien in der Methode von Lenz[18] und Jensen[19]).
34. E. WIGNER, F. SEITZ, Phys. Rev. **46** S. 509 (Fortsetzung der Arbeit [27]).
35. E. WIGNER, Phys. Rev. **46** S. 1002 (Berechnung der „correlation energy" für ebene Wellen).
36. E. AMALDI, E. FERMI, Mem. R. Accad. Ital., Cl. Sci. Fis. Mat. Nat. **6** S. 119 (Angenäherte Elimination der Selbstwechselwirkung der Elektronen in der statist. Theorie).
37. J. C. SLATER, Rev. Mod. Phys. **6** S. 209 (Bericht über Theorie der Metalle).
38. F. MOTT, C. ZENER, Proc. Cambr. Phil. Soc. **30** S. 249 (Die Valenzelektronen der Alkalimetalle nach Wigner-Seitz[34]).

§ 10. Aufstellung der Schrödingergleichung.   47

1935

39. F. SEITZ, Phys. Rev. **47** S. 400 (Berechnung des Li nach Wigner-Seitz[34]).

40. E. WIGNER, J. BARDEEN, Phys. Rev. **48** S. 84 (Austrittsarbeit von Elektronen aus Metallen nach Wigner-Seitz[34]).

41. K. FUCHS, Proc. R. Soc. **151** S. 585 (Cu-Cristall nach Wigner-Seitz[34], unter Berücksichtigung der Rumpf-Rumpf-Wechselwirkung).

42. J. C. SLATER, H. M. KRUTTER, Phys. Rev. **47** S. 559 (Nachweis, daß formale Anwendung der Thomas-Fermi-Ansätze die metallische Bindung nicht erklärt).

43. E. L. FEINBERG, Phys. Zs. d. Sowjetunion **8** S. 416 (Ergänzung zu [42]).

44. H. M. KRUTTER, Phys. Rev. **48** S. 664 (Energiebänder in Cu nach Wigner-Seitz[34]).

45. G. E. KIMBALL, J. Chem. Phys. **3** S. 560 (Diamant nach Wigner-Seitz[34]) .

46. J. MILLMAN, Phys. Rev. **47** S. 286 (Li nach Wigner-Seitz[34]).

47. H. HELLMANN, J. Chem. Phys. **3** S. 61 und Acta Physicoch. URSS **1** S. 913 (Kombiniertes Störungsverfahren).

48. C. F. v. WEIZSÄCKER, Zs. f. Phys. **96** S. 431 (Verbesserung der kinet. Energie von Thomas-Fermi und Anwendung auf den Kernaufbau).

49. L. HULTHÉN, Zs. f. Phys. **95** S. 789 (Ionisierungsspannungen nach Thomas-Fermi, mit Austausch).

50. P. GOMBAS, Zs. f. Phys. **94** S. 473 und **95** S. 687 (Bindung der Alkalimetalle).

51. A. EDDINGTON, Proc. R. Soc. **152** S. 253 (Relativistische statist. Theorie).

1936

52. H. HELLMANN, Acta Physicochim. URSS **4** S. 225 (Ausbau von [47], Thomas-Fermi-Gleichungen bei vorgegebener Impulsquantenzahl, Ergänzung zu [48]).

53. E. GORIN, Phys. Zs. d. Sowjetunion **9** S. 328 (K nach Wigner-Seitz[34]).

54. K. FUCHS, Proc. R. Soc. **153** S. 622 (Theorie der elastischen Konstanten einwertiger Metalle. Berichtig. und Forts. s. [62]).

55. J. BARDEEN, Phys. Rev. **49** S. 653 (Berechn. des Potentialsprungs an der Metalloberfläche).

56. P. GOMBAS, Zs. f. Phys. **99** S. 729, **100** S. 599, **104** S. 81 (Fortsetzung von [50]).

57. H. JENSEN, Zs. f. Phys. **101** S. 141 (Negative Ionen mit Austausch und Korrektion der Selbstwechselwirkung).

58. H. JENSEN, Zs. f. Phys. **101** S. 164 (Alkalihalogenidgitter mit verbesserter Dichte nach [57] und mit Austausch).

59. H. HELLMANN, Phys. Zs. d. Sowjetunion **9** S. 522 (Kritische Besprechung der Aussagen des Virialsatzes).

60. H. HELLMANN, W. KASSATOTSCHKIN, J. Chem. Phys. **4** S. 324 und Acta Physicochim. URSS **5** S. 23 (Metallische Bindung nach dem kombinierten Näherungsverfahren [47]).

61. N. SOKOLOW, Arbeit erscheint in Phys. Zs. d. Sowjetunion (Anwendung der Weizsäckerschen Korrektur [48] auf Atome).*)

62. K. FUCHS, H. H. WILLS, Proc. R. Soc. **157** S. 444 (Forts. von [54]. Elast. Konst. und spezif. Wärmen der Alkalimetalle).

Kapitel II.

Der mathematische Apparat der Quantenmechanik.

§ 10. Aufstellung der Schrödingergleichung.

Wir sind im vorigen Kapitel an die Grenze dessen gelangt, was sich erreichen läßt, wenn man ein atomistisches System durch die Dichteverteilung der Elektronen schon völlig bestimmt ansieht. Die Analogie zur klassischen Statistik, die uns bisher geleitet hat, legt uns nun auch nahe, in welcher Richtung ein weiterer Ausbau der bisherigen Ansätze vorzunehmen ist. Auch in der klassischen Statistik ist ja ein System aus vielen Teilchen nur im einfachsten Grenzfall durch die Teilchen-

---

*) Anm. d. Hrsg.: Erschienen im Zh. Eksp. Teor. Fiz. **8** (1938) 365.

48   Kapitel II.

dichte schon genügend gekennzeichnet, für jede feinere Untersuchung benötigt man die Kenntnis einer Verteilungsfunktion $\varrho(1, 2 \ldots)^*)$, die von sämtlichen Koordinaten sämtlicher Teilchen abhängt und welche z. B. für ein System aus n Massenpunkten die Wahrscheinlichkeit dafür angibt, die durch sämtliche $3n$ Koordinaten gekennzeichnete Konfiguration anzutreffen. Die Kenntnis einer solchen Verteilungsfunktion schließt natürlich die Kenntnis der Dichteverteilung ein, z. B. folgt nach bekannten Gesetzen der Wahrscheinlichkeitsrechnung für die Dichteverteilung des ersten Teilchens:

$$\varrho_1(1) = \iint \ldots \varrho(1, 2, 3 \ldots) \, \mathrm{d}\tau_2 \, \mathrm{d}\tau_3 \ldots \qquad (10,1)$$

worin die Integration über alle Koordinaten außer denen des ersten Teilchens läuft. Durch Addition der so gebildeten ϱ_i für die einzelnen Partikel folgt auch die Gesamtdichte.

Führen wir die Verteilungsfunktion ϱ anstelle der früheren Dichte ein, dann macht uns die Aufstellung der potentiellen Energie keinerlei Schwierigkeit. Nennen wir die Funktion, welche uns die potentielle Energie des Systems als Funktion sämtlicher Koordinaten angibt, $U(1, 2, 3 \ldots)$, dann ist die mittlere potentielle Energie des Systems:

$$\overline{U} = \int U(1, 2, 3 \ldots) \, \varrho(1, 2, 3 \ldots) \, \mathrm{d}\tau$$

worin U und ϱ jetzt von sämtlichen Koordinaten abhängen und $\mathrm{d}\tau$ zur Abkürzung geschrieben ist für das Produkt aller Volumenelemente.

Wir behalten natürlich auch hier den im vorigen Kapitel entwickelten Grundgedanken der Quantenmechanik bei, daß die kinetische Energie des Systems durch seine Verteilungsfunktion schon völlig festgelegt ist. Desgleichen wollen wir die Forderung der Gültigkeit des Virialsatzes als Ausdruck einer mittleren Gültigkeit der klassischen Mechanik aufrecht erhalten. Unser Integral $\overline{U}$ transformiert sich bei einer Dehnung aller Koordinaten wie x^{-1}, denn $\varrho \, \mathrm{d}\tau$ bleibt wegen Erhaltung der Normierungsforderung $\int \varrho \, \mathrm{d}\tau = 1$ bei der Koordinatendehnung konstant und $\overline{U}$ ist infolge des Coulombschen Gesetzes eine homogene Funktion (-1)-ten Grades der Koordinaten. Das Integral für die kinetische Energie $\overline{T}$ muß sich deshalb transformieren wie x^{-2}, muß also die Form haben:

$$\overline{T} = \int f \, \varrho \, \mathrm{d}\tau \qquad (10,2)$$

wo f sich bei Koordinatendehnung wie x^{-2} transformiert. (Vergl. § 5)

In Analogie zu dem Thomas-Fermi-Ausdruck wäre man zunächst geneigt, für f eine geeignete Potenz von ϱ zu setzen. Die zu wählende Potenz hinge aber jetzt von der Anzahl N der Teilchen im System ab, denn ϱ transformiert sich wie x^{-3N} und f müßte deshalb proportional $\varrho^{2/3N}$ sein. Eine solche Abhängigkeit der Funktion f von der Teilchenzahl des Systems führt aber zu Unsinnigkeiten, da es uns freisteht, mehrere genügend weit von einander entfernte Systeme als mehrere getrennte Systeme oder nur als ein System aufzufassen. Bei beiden Auffassungen wäre aber N und damit f verschieden. Deshalb muß f in Bezug auf ϱ

---

*) Wir schreiben künftig 1, 2 … u. s. w. als Abkürzung für das Koordinatentripel des 1., 2. … u. s. w. Elektrons, also für $x_1 \, y_1 \, z_1$; $x_2 \, y_2 \, z_2$; u. s. w. Ferner wird abgekürzt: $\mathrm{d}x_i \, \mathrm{d}y_i \, \mathrm{d}z_i = \mathrm{d}\tau_i$ und $\mathrm{d}\tau_1 \, \mathrm{d}\tau_2 \, \mathrm{d}\tau_3 \ldots = \mathrm{d}\tau$.

§ 10. Aufstellung der Schrödingergleichung.

49

vom nullten Grade sein, wegen des Virialsatzes in Bezug auf die Koordinaten aber vom (-2)-ten Grade. Eine Funktion, die dieses leistet, ohne dabei ein spezielles Koordinatensystem auszuzeichnen, haben wir in § 7 des vorigen Kapitels schon kennen gelernt, es ist die Funktion $\left(\dfrac{\nabla \varrho}{\varrho}\right)^2$; nur müssen wir hier, wo ϱ nicht von 3, sondern von $3n$ Koordinaten abhängt, schon aus Symmetriegründen unter $(\nabla \varrho)^2$ verstehen:

$$(\nabla \varrho)^2 = \left(\frac{\partial \varrho}{\partial x_1}\right)^2 + \left(\frac{\partial \varrho}{\partial y_1}\right)^2 + \left(\frac{\partial \varrho}{\partial z_1}\right)^2 + \left(\frac{\partial \varrho}{\partial x_2}\right)^2 + \left(\frac{\partial \varrho}{\partial y_2}\right)^2 + \left(\frac{\partial \varrho}{\partial z_2}\right)^2 + \cdots \quad (10,3)$$

So wird uns also der Ansatz nahegelegt:

$$\overline{T} = C \int \frac{(\nabla \varrho)^2}{\varrho}\, d\tau \quad (10,4)$$

worin $(\nabla \varrho)^2$ die durch Gl. (10,3) definierte verallgemeinerte Bedeutung hat und C eine Konstante bedeutet, die nur aus der Erfahrung bestimmt werden kann. (10,4) läßt sich noch etwas umschreiben:

$$\overline{T} = 4\, C \int (\nabla \sqrt{\varrho})^2\, d\tau \quad (10,5)$$

und schließlich, wenn wir eine partielle Integration nach allen Koordinaten ausführen und berücksichtigen, daß ϱ am Rand des Integrationsbereiches verschwindet:

$$\overline{T} = -4\, C \sum_i \int \varrho^{1/2}\, \Delta_i \varrho^{1/2}\, d\tau \quad \text{mit} \quad \Delta_i = \frac{\partial^2}{\partial x_i{}^2} + \frac{\partial^2}{\partial y_i{}^2} + \frac{\partial^2}{\partial z_i{}^2} \quad (10,6)$$

Genau wie früher müssen wir an einer Stelle die Erfahrung heranziehen, denn die durch die Plancksche Konstante und die Nullpunktsenergie gekennzeichnete neue Eigenschaft der Materie läßt sich auf keine Weise aus klassischen Vorstellungen ableiten, auch unsere hier angestellten Überlegungen sind ja nur Plausibilitätsbetrachtungen. Wir geben schon hier den Wert der Konstanten an und verifizieren ihn erst später. Wenn wir noch für $\varrho^{1/2}$ die gebräuchliche Abkürzung ψ schreiben, dann wird so schließlich die Gesamtenergie:

$$\overline{H} = \overline{T} + \overline{U} = -\frac{h^2}{8\pi^2 m} \int \psi \sum_i \Delta_i \psi\, d\tau + \int \psi^2\, U\, d\tau \quad (10,7)$$

Dieses ist durch Wahl der Funktion ψ unter der Nebenbedingung $\int \psi^2\, d\tau = 1$ zu minimisieren. ψ^2 ist die Verteilungsfunktion; mit jeder Funktion ψ, welche $\overline{H}$ zu einem Extremum macht, ist der Virialsatz $2\overline{T} = -\overline{U}$ erfüllt, da unter allen denkbaren Variationen auch die Variation $\psi(x) \longrightarrow \lambda^{3/2}\, \psi(\lambda\, x)$ enthalten ist. $\left(\dfrac{\partial \overline{H}}{\partial \lambda}\right)_{\lambda=1} = 0$ gibt den Virialsatz.

Wir wollen zur Abkürzung schreiben:

$$T = -\frac{h^2}{8\pi^2 m} \sum_i \Delta_i \qquad T + U = H \quad (10,8)$$

und haben dann das Variationsproblem:

$$\delta \overline{H} = 0 \quad \text{mit} \quad \overline{H} = \frac{\int \psi\, [\, T + U\,]\, \psi\, d\tau}{\int \psi^2\, d\tau} = \frac{\int \psi H \psi\, d\tau}{\int \psi^2\, d\tau} \quad (10,9)$$

50   Kapitel II.

Um den Nenner rechts los zu werden, multiplizieren wir mit diesem durch und variieren die so entstehende Gleichung:

$$\delta \overline{H} \int \psi^2 \, d\tau + \overline{H} \int 2\psi \, \delta\psi \, d\tau = \int \psi \, H \, \delta\psi \, d\tau + \int \delta\psi \, H \, \psi \, d\tau \qquad (10{,}10)$$

Im Minimum ist per definitionem $\delta \overline{H} = 0$, den zugehörigen Minimalwert von $\overline{H}_{\min}$ nennen wir, wie früher, E. So bekommen wir zur Bestimmung der minimisierenden Funktion ψ aus (10,10)*):

$$2E \int \psi \, \delta\psi \, d\tau = 2 \int U \, \psi \, \delta\psi \, d\tau + \int \psi \, T \, \delta\psi \, d\tau + \int \delta\psi \, T \, \psi \, d\tau \qquad (10{,}11)$$

Durch zweimalige partielle Integration unter Beachtung des Verschwindens von ψ am Rand findet man:

$$\int \psi \, \frac{\partial^2}{\partial x^2} \, \delta\psi \, d\tau = - \int \frac{\partial \psi}{\partial x} \, \frac{\partial \delta\psi}{\partial x} \, d\tau = \int \delta\psi \, \frac{\partial^2 \psi}{\partial x^2} \, d\tau \, , \quad \text{also auch}$$

$$\int \psi \, T \, \delta\psi \, d\tau = \int \delta\psi \, T \, \psi \, d\tau \qquad (10{,}12)$$

und es wird schließlich aus (10,11):

$$2 \int \delta\psi \, [\, U + T - E\,] \, \psi \, d\tau = 0 \qquad (10{,}13)$$

Dies Integral kann für jede beliebige Variation $\delta\psi$ nur dann verschwinden, wenn der Faktor von $\delta\psi$ unter dem Integral verschwindet, wenn also gilt:

$$[\, T + U\,] \, \psi = H \, \psi = E \, \psi \qquad (10{,}14)$$

Das ist eine homogene lineare Differentialgleichung zweiter Ordnung für die gesuchte Funktion ψ. Wir haben in Gl. (10,14) die Schrödingergleichung[14] des Vielelektronenproblems für ein abgeschlossenes System mit der konstanten Energie E vor uns. Wir werden unten sehen, daß eine solche Differentialgleichung nicht für beliebige, sondern nur für ganz bestimmte Werte von E Lösungen besitzt, die den Randbedingungen genügen, d. h. für welche die über den ganzen Raum erstreckten Integrale $\int \psi \, H \, \psi \, d\tau$ und $\int \psi^2 \, d\tau$ konvergieren.

Mit der geschilderten Einführung der Verteilungsfunktion ψ^2 hat nun gleichzeitig auch das Problem des einzelnen Elektrons, das in der Thomas-Fermischen Theorie offen blieb, seine Beantwortung gefunden. Wir sehen jedenfalls, daß es für die allgemeine Struktur der Differentialgleichung ganz gleichgültig ist, mit wieviel Elektronen wir es zu tun haben.

Um die in Kap. I offen gebliebene Frage nach dem Sinn der Nullpunktsenergie und der statistischen Auffassung für das einzelne Elektron zu verstehen, betrachten wir ein Wasserstoff-Atom im Grundzustand. Wenn wir uns von vornherein auf eine kugelsymmetrische Lösung für ψ beschränken, läßt sich die Diff.-Gl. (10,14) schreiben:

$$-\frac{h^2}{8\pi^2 m} \left(\frac{\partial^2}{\partial r^2} + \frac{2}{r} \, \frac{\partial}{\partial r} \right) \psi - \frac{e^2}{r} \, \psi = E\psi \qquad (10{,}15)$$

Man bestätigt leicht durch Einsetzen, daß die Funktion $\psi = \mathrm{e}^{-r/a_0}$ eine Lösung darstellt, die zu dem Eigenwert

---

*) Der Minimalwert von $\overline{H}$, E spielt die Rolle eines Lagrangeschen Parameters für die Nebenbedingung $\int \psi^2 \, d\tau = 1$.

§ 10. Aufstellung der Schrödingergleichung.   51

$$E = -\frac{1}{2}\frac{e^2}{a_0} \qquad (10,16)$$

gehört, wobei wir a_0 als Abkürzung für

$$a_0 = \frac{h^2}{4\pi^2 m e^2} = 0{,}5285 \text{ Å} \qquad (10,17)$$

geschrieben haben. Die Bedeutung von a_0 erkennen wir, wenn wir das Maximum der radialen Dichteverteilung $4\pi r^2 \psi^2 = 4\pi r^2 e^{-2r/a_0}$ aufsuchen. Wir finden durch Differenzieren dieses Ausdrucks nach r und Nullsetzen: $r_{max} = a_0$, d. h., a_0 stellt den Abstand r_{max} dar, in welchem das Elektron sich mit der größten Wahrscheinlichkeit aufhält. Man nennt deshalb a_0 kurz den Wasserstoffradius; er ist identisch mit dem Bahnradius in der alten BOHRschen Theorie.

Wir hätten auch direkt vom Minimumsprinzip ausgehen können, etwa indem wir mit $\psi = e^{-r/a}$ in unsere Integrale für $\overline{T}$ und $\overline{U}$ eingehen und a aus der Minimumsforderung bestimmen. Man bekommt so für das H-Atom:

$$\left.\begin{array}{l} \overline{T} = \dfrac{-\dfrac{h^2}{8\pi^2 m}\displaystyle\int \psi\left(\dfrac{\partial^2\psi}{\partial r^2} + \dfrac{2}{r}\dfrac{\partial\psi}{\partial r}\right)4\pi r^2\,dr}{\displaystyle\int \psi^2\,4\pi r^2\,dr} = \dfrac{h^2}{8\pi^2 m}\dfrac{1}{a^2} \\[3em] \overline{U} = \dfrac{-\displaystyle\int \dfrac{e^2}{r}\,\psi^2\,4\pi r^2\,dr}{\displaystyle\int \psi^2\,4\pi r^2\,dr} = -\dfrac{e^2}{a} \\[3em] \overline{H}(a) = \overline{T}(a) + \overline{U}(a) = \dfrac{h^2}{8\pi^2 m}\dfrac{1}{a^2} - \dfrac{e^2}{a} \end{array}\right\} \qquad (10,18)$$

Die Forderung $\dfrac{\partial\overline{H}}{\partial a} = 0$ führt dann zu (10,17), also dem oben aus der Differentialgleichung bestimmten Wert des Wasserstoff-Radius. Diese Rechnung vom Minimumprinzip aus ist deshalb interessant, weil sie ein Licht wirft, auf die spekulativen Überlegungen, die wir am Anfang des I. Kapitels (§ 1) am Beispiel des H-Atoms anstellen, und zeigt, daß die Größe a, die wir dort als exakt bestimmten Bahnradius des Elektrons ansahen, nur die Rolle des wahrscheinlichsten Radius spielt, während in Wirklichkeit das Elektron gemäß der Funktion $e^{-2r/a}$ über alle Abstände r von 0 bis ∞ „verschmiert" ist. Wie (10,18) zeigt, berechnet sich jedoch die potentielle Energie gerade so, als ob die ganze Ladung im Abstand $r = a$ säße, entsprechend wird die mittlere kinetische Energie eine quadratische Funktion des wahrscheinlichsten Abstandes a.

Obgleich wir uns bisher von Analogien mit der klassischen Statistik leiten ließen, so zeigt uns eine nähere Betrachtung der Aussagen der Theorie, daß die Einführung der von der Konfiguration abhängigen Nullpunktsenergie doch einen ganz entscheidenden Bruch mit allen klassischen Modellvorstellungen nach sich gezogen hat und daß die Analogie zur klassischen Statistik nur formaler Natur ist, die einer konsequenten Prüfung nicht standhält.

Gemäß der Verteilungsfunktion e^{-2r/a_0}, bezw. $4\pi r^2 e^{-2r/a_0}$, wenn wir nicht auf die Volumeneinheit, sondern auf die Kugelschale von der Dicke 1 beziehen, ist die Wahrscheinlichkeit, das Elektron in sehr großem Abstand vom Kern anzutreffen, zwar sehr gering, aber nicht exakt $= 0$. Die potentielle Energie geht in genügend großem Abstand beliebig nahe gegen 0, die kinetische Energie kann nur positiv oder 0 sein. Die tiefstmögliche Energie, die das Elektron in sehr großem Abstand besitzen kann, ist deshalb 0. Andererseits wurde oben abgeleitet, daß die Gesamtenergie des Systems negativ ist, nämlich $-\frac{1}{2}\frac{e^2}{a_0}$. Wenn wir aber ein abgeschlossenes System, bestehend aus einem Teilchen mit der konstanten Gesamtenergie $-\frac{1}{2}\frac{e^2}{a_0}$ vor uns haben, dann müßten wir klassisch erwarten, daß die Verteilungsfunktion außerhalb $r = 2\,a_0$ überall exakt gleich Null ist, da ein Überschreiten dieser Grenze nur unter Verletzung des Energiesatzes oder unter Zulassung einer negativen kinetischen Energie möglich wäre.

Widerspricht es deshalb dem Energiesatz, daß wir eine endliche Wahrscheinlichkeit haben, das Elektron außerhalb von $r = 2\,a_0$ vorzufinden? Der mathematische Apparat der Quantenmechanik antwortet hierauf „nein". Denn unsere Verteilungsfunktion für das Elektron sieht gewissermaßen schon die unvermeidlichen Eingriffe voraus, die wir bei einer Messung an dem System vornehmen müssen. Bei jeder Ortsbestimmung des Elektrons, die wir uns ausdenken können, ändert der Meßeingriff selbst die Energie des Elektrons in unkontrollierbarer Weise, so daß die fehlende Energie, die nötig war, um das Elektron über $r = 2\,a_0$ hinauszuheben, durch den Meßeingriff selbst geliefert sein kann.

Die Schwierigkeit der anschaulichen Deutung der quantenmechanischen Resultate würde verschwinden, wenn wir das Elektron als teilbar annähmen. Wenn wir im H-Atom nicht ein Partikel, sondern eine ungeheuer große Zahl von Partikeln ohne gegenseitige Wechselwirkung, der Gesamtmasse m und der Gesamtladung e vor uns hätten, dann stände einer wörtlichen Auffassung des statistischen Bildes nichts im Wege. In einem solchen abgeschlossenen System kann ohne weiteres ein Teil der Massen auf Kosten der Energie des zurückbleibenden Teils Zustände beliebig hoher Energie annehmen. Einem solchen Bild steht aber die experimentell vielfach bestätigte Unteilbarkeit der Elektronenladung e entgegen. Trotzdem ist das statistische Bild für das Elektron wegen der weitgehenden Analogie zur klassischen Thermodynamik gerade in der Quantenchemie sehr nützlich und wir werden es noch häufig heranziehen. Wir werden außer dem bisher benutzten Partikelbild und dem statistischen Bild gleich noch ein drittes, das Wellenbild kennenlernen. Keines dieser drei Modelle des Elektrons entspricht aber in allen Stücken der Wirklichkeit, ein Modell des Elektrons, dessen sämtliche anschaulich gegebenen Stücke durch die Theorie bestimmt sind, liegt nicht vor. Die Theorie sorgt nur dafür, daß sich durch Experimente zwischen den genannten Modellvorstellungen nicht zugunsten der einen oder der anderen Vorstellung entscheiden läßt. Man begnügt sich deshalb mit einem Nebeneinander, einer „Doppelnatur" des Elektrons und rückt je nach Bequemlichkeit einmal die eine, einmal die andere Modellvorstellung in den Vordergrund. Desungeachtet ist aber der mathematische Apparat der Quantenmechanik absolut eindeutig.

Die eben erwähnte Wellennatur des Elektrons wird uns an einem einfachen Spezialfall der Schrödingergleichung sofort klar. Betrachten wir ein Elektron in einem konstanten Potentialfeld $U =$ konst. Die Schrödingergleichung lautet dann:

$$-\frac{h^2}{8\,\pi^2 m}\left(\frac{\partial^2}{\partial x^2} + \frac{\partial^2}{\partial y^2} + \frac{\partial^2}{\partial z^2}\right)\psi + U\,\psi = E\,\psi \qquad (10{,}19)$$

§ 10. Aufstellung der Schrödingergleichung.   53

Eine Lösung dieser Gleichung ist z. B.:

$$\psi = \sin\frac{2\pi}{h}px \cdot \sin\frac{2\pi}{h}qy \cdot \sin\frac{2\pi}{h}sz \quad \text{mit} \quad \frac{p^2+q^2+s^2}{2\,m} = E - U \quad (10,20)$$

$E - U$ bedeutet die kinetische Energie des Elektrons, p, q und s stellen also die Beträge der 3 Impuls-Komponenten des Elektrons dar. ψ hat in diesem Falle die Form einer stehenden Welle. Wenn wir jetzt das Elektron in einen Kasten einschließen wollen, um seinen Ort zu fixieren, dann müssen wir darauf achten, daß ψ an den Wänden des Kastens verschwindet. Diese Voraussetzung mußten wir ja an die Spitze aller unserer Überlegungen über das Variationsprinzip für $\overline{H}$ stellen.*) Der kleinste Kasten, für welchen ψ von Gl. (10,20) diese Forderung befriedigt, ist offenbar ein Quader mit drei Seiten bei $x = 0$, $y = 0$, $z = 0$ und den drei gegenüberliegenden Seiten bei

$$x = \frac{h}{2p}, \quad y = \frac{h}{2q}, \quad z = \frac{h}{2s} \qquad (10,21)$$

Da wir über das Vorzeichen der Impulse p, q, s nichts wissen, müssen wir offenbar $2p$, $2q$ und $2s$ als die Impulsunbestimmtheiten in den 3 Richtungen ansehen. Nennen wir sie Δp, Δq und Δs, dann lauten die Beziehungen (10,21):

$$\Delta p\,\Delta x = h\,, \quad \Delta q\,\Delta y = h\,, \quad \Delta s\,\Delta z = h \qquad (10,22)$$

worin Δx, Δy, Δz für die Ortsunbestimmtheit 0 bis x, 0 bis y, 0 bis z geschrieben ist.

In (10,22) haben wir gerade die uns schon aus Kap. I bekannte Relation für die Größe des einzelnen Elektrons im Phasenraum vor uns, die in der hier gegebenen Form der HEISENBERGschen[4] „Unbestimmtheitsrelation" als ein Fundamentalgesetz der ganzen Quantentheorie anzusehen sind. Auf dem Wege über Nullpunktsenergie, Variationsprinzip und Schrödingergleichung erscheint die Relation hier auf die Wellennatur der Materie zurückgeführt.

Gl. (10,20) bis (10,21) erlauben uns auch, die Nullpunktsenergie des einzelnen Elektrons als Funktion des Volumens auszudrücken, in welches es eingeschlossen ist. Nehmen wir der Einfachheit halber $\Delta x = \Delta y = \Delta z$ an, dann wird nach (10,21) $p = q = s = \dfrac{h}{2\,\Delta x}$ und damit die kinetische Energie des Elektrons nach (10,20):

$$\overline{T} = E - U = \frac{3}{2\,m}\frac{h^2}{4\,(\Delta x)^2} \qquad (10,23)$$

Führen wir schließlich die mittlere Elektronendichte $\varrho' = 1/(\Delta x)^3$ ein, dann wird die mittlere kinetische Energie pro Volumeneinheit:

$$T' = \overline{T}/(\Delta x)^3 = \frac{3\,h^2}{8\,m\,(\Delta x)^5} = \frac{3\,h^2}{8\,m}\,\varrho'^{\,5/3} \qquad (10,24)$$

Diese Beziehung zwischen den „mittleren" Größen pro Volumeneinheit ähnelt sehr der Thomas-Fermischen Beziehung, nur ist hier der Zahlenfaktor etwa 5mal so groß als vorher (Vergl. Gl. 2,7). Immerhin zeigt uns (10,24), weshalb die Anwendung der Thomas-Fermischen Beziehung auf Systeme mit sehr wenigen Elektronen keineswegs unsinnige Resulta-

---

*) Diese Randbedingung folgt durch einen Grenzübergang aus der Schrödingergleichung, wenn man den Potentialsprung am Rand zunächst durch einen stetigen Potentialverlauf ersetzt.

te liefert, was man nach der statistischen Ableitung auf Grund des Pauliprinzips in § 2 eigentlich erwarten sollte.

Die Länge der stehenden Wellen in unserem Kasten ist Δx, bezw. Δy, Δz. Die Länge der zugehörigen laufenden Welle ist doppelt so groß. Nennen wir diese λ dann können wir aus Gl. (10,21) eine berühmte, nach ihrem Entdecker DE BROGLIE[12] genannte Relation zwischen Wellenlänge und zugehörigem Impuls entnehmen:

$$\lambda = h/p \tag{10,25}$$

Historisch stand diese Beziehung am Anfang der ganzen Wellenmechanik, sie gab SCHRÖDINGER den Anstoß, nach einer Wellengleichung zu suchen. Im folgenden Paragraphen werden wir diese Wellen-Analogie noch etwas weiter ausbauen.

§ 11. Die allgemeine Schrödingergleichung. Erwartungswerte. Eigenwerte.

Gemäß unserer Ausgangs-Fragestellung haben wir bisher nur abgeschlossene Systeme im Gleichgewicht betrachtet. Die so gefundene „Wellengleichung" (10,14) legt es nahe, jetzt auch die Erweiterung auf nichtstationäre Zustände der Elektronen zu versuchen. Denn von einem wirklichen Wellenvorgang können wir doch nur reden, wenn auch eine Zeitabhängigkeit des Schwingungsprozesses vorhanden ist.

Für den zeitunabhängigen Teil des Schwingungsvorganges erhält man bei allen Wellenvorgängen der Physik im stationären Fall, d. h. bei zeitlich rein periodischen Schwingungen die Differentialgleichung:

$$\Delta\psi + \left(\frac{2\pi}{\lambda}\right)^2 \psi = 0 \tag{11,1}$$

worin λ die — eventuell ortsabhängige — Wellenlänge bedeutet. Nach (10,14) kann man die Schrödingergleichung des Einelektronenproblems in dieselbe Form umschreiben, wenn man λ gleich der de Broglie-Wellenlänge setzt

$$\lambda = \frac{h}{p} = \frac{h}{\sqrt{2\,m\,(E-U)}} \tag{11,2}$$

die im allgemeinen Fall infolge $U(x,y,z)$ auch ortsabhängig ist.

Es liegt nun nahe, für den Übergang zur allgemeinen Wellengleichung mit beliebiger Zeitabhängigkeit die geläufigen Vorstellungen über Wellenvorgänge heranzuziehen. Z. B. bekommt man in der Optik im stationären Fall den gesamten raumzeitabhängigen stehenden Schwingungsvorgang, wenn man den von den Koordinaten abhängigen Teil mit $\sin(\omega t - \varphi)$ multipliziert, worin ω die Frequenz, t die Zeit und φ eine Phasenkonstante bedeuten. Können wir dieses Vorgehen hier einfach übertragen, bekommen wir so eine vernünftige Lösung für die Energie $\overline{H}$ in Gl. (10,9)? — Offenbar nicht, denn in diesem Fall würde die Gesamtenergie $\overline{H}$ unseres abgeschlossenen Systems mit $\sin^2(\omega t - \varphi)$ von der Zeit abhängen, was Aufgabe des Energiesatzes bedeuten würde. Die Gesamtenergie des Systems würde periodisch verschwinden und neu entstehen. Es scheint also zunächst, als zwinge uns der Energiesatz, überhaupt auf jede Zeitabhängigkeit unseres „Schwingungsvorganges" zu verzichten.

§ 11. Die allg. Schrödingergleichung. Erwartungswerte. Eigenwerte. 55

Hier setzt nun wieder ein formal geringfügiges, aber inhaltlich entscheidendes Abrücken von allen klassischen Vorstellungen ein. Es gibt eine formale Möglichkeit, eine periodische Zeitabhängigkeit von ψ zu erzielen und trotzdem $\overline{H}$ zeitunabhängig zu lassen. Diese besteht darin, daß man an Stelle des $\sin \omega t$ oder $\cos \omega t$ die Exponentialfunktion $e^{i\omega t}$ benutzt und an Stelle von Gl. (10,10) definiert

$$\overline{H} = \frac{\int \psi^* H \psi \, d\tau}{\int \psi^* \psi \, d\tau} = \frac{\int \psi H \psi^* \, d\tau}{\int \psi \psi^* \, d\tau} \tag{11,3}$$

worin ψ^* die zu ψ konjugiertkomplexe Funktion bedeutet.[*]) Als formaler mathematischer Kunstgriff ist ein solcher Ansatz in der physikalischen Schwingungslehre sehr gebräuchlich, man meint dort stets den Realteil der Wellenfunktionen, wenn man sie in komplexer Form schreibt. Auch das Produkt einer Schwingungsfunktion mit ihrer konjugiert komplexen hat im stationären Fall eine einfache Bedeutung, es stellt — bis auf einen Zahlenfaktor — den zeitlichen Mittelwert des Quadrates der Schwingungsfunktion dar. In der Quantenmechanik ist es anders, die weiteren Ausführungen werden uns zeigen, daß die Benutzung komplexer ψ hier unentbehrlich und tief im Wesen des ganzen Apparates verankert ist. ψ selbst verliert damit seine unmittelbare experimentelle Bedeutung, denn als Meßresultate können nur reelle Zahlen auftreten, die Verteilungsfunktion $\psi^* \psi$ sowie alle mit ihr gebildeten Mittelwerte physikalischer Größen, wie z. B. $\overline{H}$ in Gl. (11,3) stellen sich in der Tat als reell heraus (s. u.).

Wir müssen nun die Schrödingergleichung (10,14) so erweitern, daß sich die bisherige Theorie als Spezialfall für rein periodische Zeitabhängigkeit ergibt. In der allgemeinen Gleichung für nichtstationäre Vorgänge darf die Konstante E nicht mehr vorkommen, statt dessen ist ein Differentialoperator nach der Zeit einzuführen. Der Differentialoperator muß so beschaffen sein, daß im stationären Fall die Funktion $e^{i\omega t}$ Eigenfunktion des Operators ist, nicht aber $\sin \omega t$ oder $\cos \omega t$. In der üblichen Schwingungsgleichung hat der Differentialoperator nach der Zeit die Form $\frac{\partial^2}{\partial t^2}$, und $\sin \omega t$ oder $\cos \omega t$ sind Eigenfunktionen dieses Operators, denn er reproduziert die Funktionen, bis auf einen Zahlenfaktor. Außerdem ist hier auch $e^{i\omega t}$ eine Eigenfunktion. Wenn wir aber erreichen wollen, daß n u r $e^{i\omega t}$ eine Eigenfunktion ist, dann müssen wir als Operator die erste Ableitung nach der Zeit wählen, denn es gilt

$$\frac{\partial}{\partial t} e^{i\omega t} = \text{const} \, e^{i\omega t} \; ; \quad \text{const} = i\omega \tag{11,4}$$

Dagegen werden $\sin \omega t$ und $\cos \omega t$ durch Anwendung von $\frac{\partial}{\partial t}$ nicht reproduziert, sie sind keine Eigenfunktionen und können deshalb nicht als Lösungen im stationären Fall auftreten.

Auf Grund dieser Plausibilitätsbetrachtungen geben wir jetzt der Schrödingergleichung des Einelektronenproblems die folgende Form:

$$H \psi \, e^{-\frac{2\pi i}{h} E t} = -\frac{h}{2\pi i} \frac{\partial}{\partial t} \psi \, e^{-\frac{2\pi i}{h} E t} \tag{11,5}$$

---

[*]) Wir werden unten zeigen, daß (11,3) auch für beliebige komplexe ψ gilt, nicht nur für $\psi \, e^{-i\omega t}$ und $\psi \, e^{i\omega t}$ mit reellem ψ.

Wir haben dabei über den Faktor vor $\frac{\partial}{\partial t}$ und über die Frequenz ω so verfügt, daß (11,5) mit (10,14) identisch wird. Aus (11,5) folgt nun sofort die gesuchte Verallgemeinerung. Wenn z. B. die potentielle Energie U zeitabhängige Anteile enthält, versagt der Ansatz $\psi\, \mathrm{e}^{-\frac{2\pi\mathrm{i}}{h}Et}$, wir bekommen eine kompliziertere Zeitabhängigkeit von ψ. Die allgemeine Differentialgleichung, welche nun natürlich E nicht mehr enthält, lautet dann:

$$H\left(x,y,z,\frac{\partial^2}{\partial x^2},\frac{\partial^2}{\partial y^2},\frac{\partial^2}{\partial z^2},t\right)\psi = -\frac{h}{2\pi\mathrm{i}}\frac{\partial\psi}{\partial t} \tag{11,6}$$

Gehen wir noch vom Einelektronenproblem zum Problem vieler Elektronen zurück, dann brauchen wir in (11,6) nur für T und U die entsprechenden Ausdrücke des Vielelektronenproblems zu schreiben und ψ als Funktion s ä m t l i c h e r Koordinaten sowie der Zeit aufzufassen, um die Schrödingergleichung in allgemeinster Form vor uns zu haben. Die Energie $\overline{H}$ nach (11,3) wird jetzt selbst eine Funktion der Zeit. Daß $\overline{H}$ auch bei beliebig komplexem ψ stets reell ist, folgt aus der schon oben (Gl. 10,12) benutzten Beziehung

$$\int \psi\,\frac{\partial^2}{\partial x^2}\,\varphi\,\mathrm{d}\tau = \int \varphi\,\frac{\partial^2}{\partial x^2}\,\psi\,\mathrm{d}\tau \tag{11,7}$$

gültig für beliebige Funktionen ψ und φ, die die Randbedingungen befriedigen. Man gewinnt (11,7) leicht durch 2-malige partielle Integration. (11,7) gilt natürlich auch speziell für $\varphi = \psi^*$ und führt dann auf Gl. (11,3). Da hiernach $\overline{H}$ mit seinem konjugiert Komplexen identisch ist, muß es reell sein.

Die zeitabhängige Schrödingergleichung (11,6) erlaubt uns zunächst, unsere ursprüngliche Deutung von $\psi^*\psi$ zu kontrollieren und gleichzeitig zu vertiefen. Um aus ihr die sogenannte „Kontinuitätsgleichung" abzuleiten, schreiben wir diejenige Gleichung hin, die entsteht, wenn wir alle Größen durch ihre konjugiert Komplexen ersetzen. Das ist bekanntlich bei jeder komplexen Gleichung möglich, da eine solche mit 2 reellen Gleichungen äquivalent ist. Da in unserem Falle $-\frac{h^2}{8\pi^2 m}\Delta$ und U reell sind, ändert sich nur das Vorzeichen der rechten Seite und ψ geht über in die konjugiert komplexe Funktion ψ^*. Jetzt multiplizieren wir die erste Gleichung mit ψ^*, die zweite mit ψ und subtrahieren die beiden Gleichungen:

$$\psi^*\left(-\frac{h^2}{8\pi^2 m}\Delta + U\right)\psi = -\frac{h}{2\pi\mathrm{i}}\psi^*\frac{\partial\psi}{\partial t}$$
$$\psi\left(-\frac{h^2}{8\pi^2 m}\Delta + U\right)\psi^* = +\frac{h}{2\pi\mathrm{i}}\psi\frac{\partial\psi^*}{\partial t} \tag{11,8}$$

So entsteht

$$\frac{h}{4\pi\mathrm{i}m}\left(\psi^*\Delta\psi - \psi\Delta\psi^*\right) = -\psi^*\frac{\partial\psi}{\partial t} - \psi\frac{\partial\psi^*}{\partial t} \tag{11,9}$$

Die Klammer links läßt sich schreiben:

$$\frac{\partial}{\partial x}\left(\psi^*\frac{\partial\psi}{\partial x}-\psi\frac{\partial\psi^*}{\partial x}\right)+\frac{\partial}{\partial y}\left(\psi^*\frac{\partial\psi}{\partial y}-\psi\frac{\partial\psi^*}{\partial y}\right)+\frac{\partial}{\partial z}\left(\psi^*\frac{\partial\psi}{\partial z}-\psi\frac{\partial\psi^*}{\partial z}\right)$$

Auf der rechten Seite schreiben wir $\frac{\partial}{\partial t}\psi^*\psi$ und erhalten so schließlich:

§ 11. Die allg. Schrödingergleichung. Erwartungswerte. Eigenwerte.   57

$$\frac{\partial j_x}{\partial x} + \frac{\partial j_y}{\partial y} + \frac{\partial j_z}{\partial z} = -\frac{\partial \varrho}{\partial t} \quad \text{oder} \quad \operatorname{div} \mathrm{j} = -\frac{\partial \varrho}{\partial t} \tag{11,10}$$

worin wir die Abkürzungen benutzt haben:

$$j_x = \frac{h}{4\pi \mathrm{i} m} \left(\psi^* \frac{\partial \psi}{\partial x} - \psi \frac{\partial \psi^*}{\partial x} \right) \quad \text{etc.} \tag{11,11}$$

(11,10) stellt eine Kontinuitätsgleichung dar, wie man sie aus der Hydrodynamik für eine strömende Flüssigkeit, sowie aus der Maxwellschen Theorie für ein System von bewegten elektrischen Ladungen kennt. Wenn wir noch $j_x = \varrho v_x, j_y = \varrho v_y, j_z = \varrho v_z$ setzen, dann ist dadurch eine Strömungsgeschwindigkeit v_x, v_y, v_z als Funktion des Ortes definiert. Gl. (11,10) besagt dann, daß die zeitliche Dichteänderung an einem bestimmten Punkt des Raumes nur durch Zufluß oder Abfluß des mit der Geschwindigkeit v strömenden Mediums erfolgen kann, daß also keine Dichte ϱ aus dem Nichts entstehen oder verschwinden kann. Durch die Gültigkeit einer Kontinuitätsgleichung für ϱ ist gezeigt, daß unsere Deutung von ϱ als Dichtefunktion auch mit den Grundsätzen der Maxwellschen Theorie im Einklang ist und daß wir ϱ nicht nur als Teilchendichte, sondern auch $-e\varrho$ unmittelbar als elektrische Ladungsdichte interpretieren können. Das Kontinuumsbild für die elektrische Elementarladung, das so entsteht, unterliegt aber den oben diskutierten Einschränkungen, nach denen die Dichteverteilung ϱ zu einer Wahrscheinlichkeitsfunktion für den Ort des Punktelektrons degradiert.

Genau auf dieselbe Weise wie für ein Elektron läßt sich auch für ein System aus beliebig vielen Partikeln eine verallgemeinerte Kontinuitätsgleichung gewinnen, welche Gl. (11,11) entspricht und die Form hat:

$$\sum_i \operatorname{div} \mathrm{j}_i = -\frac{\partial \varrho(1, 2 \ldots i \ldots)}{\partial t} \tag{11,12}$$

worin der Index i die verschiedenen Partikel charakterisiert und die 3 Komponenten jedes Vektors j_i wie in (11,11) definiert sind. ϱ ist die Verteilungsfunktion für sämtliche Partikel. Aus dieser vieldimensionalen Kontinuitätsgleichung folgt sofort diejenige für die Dichte jedes einzelnen Partikels, indem man (11,12) außer den betreffenden drei integriert. In der Summe links verschwinden durch die Integration — wegen des Verschwindens von j am Rand — alle Summanden außer dem einen, rechts geht die Verteilungsfunktion ϱ in die Dichteverteilung des herausgegriffenen Teilchens über. Es wird z. B. für das erste Teilchen:

$$\operatorname{div} \mathrm{j}_1 = -\frac{\partial}{\partial t} \iint \ldots \varrho(1, 2, 3 \ldots) \, \mathrm{d}\tau_2 \, \mathrm{d}\tau_3 \ldots \tag{11,13}$$

Damit ist die Kontinuitätsgleichung für jedes Partikel einzeln bewiesen und außerdem bestätigt, daß die von uns im vorigen Paragraphen durch Berufung auf die Wahrscheinlichkeitsgesetze der Statistik gegebene Vorschrift zur Ableitung der einzelnen Dichte und der Gesamtdichte aus der Verteilungsfunktion richtig war.

Gl. (11,12) liefert uns aber nun auch eine neue Größe des Systems, nämlich die Dichte des Wahrscheinlichkeitsstromes für jedes Teilchen in jeder Richtung. Die Kenntnis von j_{x1} erlaubt uns nun auch, die mittlere Geschwindigkeit des ersten Teilchens in der x-Richtung auszurechnen:

Kapitel II.

$$\overline{v_{x1}} = \int j_{x1}\, \mathrm{d}\tau = \frac{h}{4\pi\mathrm{i}m} \left[\int \psi^* \frac{\partial \psi}{\partial x_1}\, \mathrm{d}\tau - \int \psi \frac{\partial \psi^*}{\partial x_1}\, \mathrm{d}\tau \right] \qquad (11,14)$$

Durch eine partielle Integration wird das zweite Integral — bei gleichzeitiger Vorzeichenumkehr — in das erste übergeführt, und wir erhalten für den mittleren Impuls des ersten Teilchens in der x-Richtung:

$$m\overline{v_{x1}} = \int \psi^* \frac{h}{2\pi\mathrm{i}} \frac{\partial}{\partial x_1} \psi\, \mathrm{d}\tau = - \int \psi \frac{h}{2\pi\mathrm{i}} \frac{\partial}{\partial x_1} \psi^*\, \mathrm{d}\tau \qquad (11,15)$$

Das Integral ist, wie alle quantenmechanischen Mittelwerte reell, denn eine partielle Integration hat es in sein konjugiert komplexes übergeführt. Wir sehen, wie wichtiges ist, daß hier bei der ersten Ableitung die imaginäre Einheit als Faktor steht.

Wenn unter dem Integral an Stelle des Operators der Impuls als Funktion des Ortes stände, dann hätten wir die übliche Mittelwertsbildung mit Hilfe einer — normierten — Gewichtsfunktion $\psi^* \psi$ vor uns. Der Operator vertritt offenbar die Rolle des Impulses des ersten Teilchens in der x-Richtung. Die Betrachtung des Energieoperators T (Gl. 10,9) zeigt uns, daß er ganz analog aus dem klassischen Ausdruck für die kinetische Energie als Funktion der kartesischen Impulskomponenten hervorgeht. Dem Quadrat der Impulskomponente entspricht die zweimalige Anwendung des Operators $\frac{h}{2\pi\mathrm{i}} \frac{\partial}{\partial x}$, also $-\frac{h^2}{4\pi^2} \frac{\partial^2}{\partial x^2}$. Entsprechend erhält man die Schrödingergleichung, wenn man in der klassischen Hamiltonfunktion jeden Impuls durch die mit $\frac{h}{2\pi\mathrm{i}}$ multiplizierte Ableitung nach der entsprechenden Koordinate ersetzt und den so entstehenden Operator auf die Funktion ψ anwendet. Im nichtstationären Fall ist analog der Energiewert E durch den Operator $-\frac{h}{2\pi\mathrm{i}} \frac{\partial}{\partial t}$ zu ersetzen.

Auch anderen klassischen Größen, wie z. B. dem Drehimpuls wird in dieser Weise ein Operator zugeordnet. Die Zuordnung ist nicht immer ohne weiteres eindeutig, so entsprechen z. B. den 3 Impuls-Quadraten p_r^2, p_ϑ^2, p_φ^2 in Kugelkoordinaten (s. Anhang) die Operatoren

$$\left.\begin{aligned}
p_r^2 &\longrightarrow -\frac{h^2}{4\pi^2} \frac{1}{r^2} \frac{\partial}{\partial r} r^2 \frac{\partial}{\partial r} \\[2mm]
p_\vartheta^2 &\longrightarrow -\frac{h^2}{4\pi^2} \frac{1}{\sin\vartheta} \frac{\partial}{\partial \vartheta} \sin\vartheta \frac{\partial}{\partial \vartheta} \\[2mm]
p_\varphi^2 &\longrightarrow -\frac{h^2}{4\pi^2} \frac{\partial^2}{\partial \varphi^2}
\end{aligned}\right\} \qquad (11,16)$$

also der Hamiltonfunktion

$$H = \frac{1}{2m} \left[p_r^2 + \frac{1}{r^2} \left(p_\vartheta^2 + \frac{1}{\sin^2\vartheta} p_\varphi^2 \right) \right]$$

der Operator

$$H \to -\frac{h^2}{8\pi^2 m} \left[\frac{1}{r^2} \frac{\partial}{\partial r} r^2 \frac{\partial}{\partial r} + \frac{1}{r^2 \sin\vartheta} \frac{\partial}{\partial \vartheta} \sin\vartheta \frac{\partial}{\partial \vartheta} + \frac{1}{r^2 \sin^2\vartheta} \frac{\partial^2}{\partial \varphi^2} \right] \quad (11,17)$$

Daß hier links und rechts der Ableitungen noch Faktoren auftreten, die sich wegheben, wenn wir an Stelle des Operators eine gewöhnliche Zahl setzen, liegt in unserem einfachen Rezept der Ersetzung jedes Impulses

§ 11. Die allg. Schrödingergleichung. Erwartungswerte. Eigenwerte. 59

durch die Ableitung nach der kanonisch konjugierten Koordinate nicht ohne weiteres eingeschlossen. Der einfachste Weg, diese Unbestimmtheit zu vermeiden, ist der, die Ersetzung stets an den rechtwinkligen Impulskoordinaten auszuführen und erst an dem entstandenen Differentialoperator die Transformation auf andere Koordinaten auszuführen. Die Transformation des Differentialoperators ist natürlich eindeutig. Der Vergleich des transformierten Operators mit der transformierten klassischen Funktion der Impulse zeigt dann die Zuordnung. So bekommt man den Operator (11,17), indem man nach bekannten mathematischen Formeln (Vergl. Anhang) den Δ-Operator von rechtwinkligen Koordinaten auf Kugelkoordinaten transformiert.

Wir haben damit gesehen, wie bei gegebenem ψ zu jeder Größe der klassischen Mechanik, die als Funktion von Koordinaten und Impulsen gegeben ist, ihr quantenmechanischer Mittelwert gebildet wird. Nennen wir den zugeordneten Operator L, dann ist der Mittelwert

$$\overline{L} = \frac{\int \psi^* L \psi \, d\tau}{\int \psi^* \psi \, d\tau} \tag{11,18}$$

Meistens setzt man normierte Funktionen voraus, dann ist der Nenner in (11,18) gleich 1. Man pflegt diese wellenmechanischen Mittelwerte als „Erwartungswerte" zu bezeichnen. Im allgemeinen haben in der Quantentheorie die Größen der klassischen Mechanik keine bestimmten, sondern nur mittlere Werte. Nur in dem Fall, wo für den Operator einer Größe die Beziehung gilt:

$$L \psi = L' \psi \tag{11,19}$$

worin L' eine gewöhnliche Zahl ist, dann wird

$$\overline{L} = \frac{\int \psi^* L \psi \, d\tau}{\int \psi^* \psi \, d\tau} = L' \tag{11,20}$$

dann fällt also der Mittelwert mit L' zusammen. L' nennt man den Eigenwert, die durch (11,19) bestimmte Funktion die Eigenfunktion dieses Operators. In dem durch die Eigenfunktion beschriebenen Zustand des Systems hat die klassische Größe, welche L entspricht, den scharf bestimmten Zahlenwert L', andere Werte als L' können überhaupt nicht auftreten, deshalb wird auch der Mittelwert $\overline{L}$ mit dem Eigenwert L' identisch. So war der Ausgangspunkt unserer bisherigen Betrachtungen die Auffindung der Eigenfunktion des Energieoperators H, also eines Zustandes, in welchem die Gesamtenergie einen scharf bestimmten Wert hat.

Wir wollen die zuletzt gebildeten Begriffe am einfachsten Beispiel der eindimensionalen kräftefreien Bewegung etwas näher erläutern. Die Schrödingergleichung für die Eigenfunktion der Gesamtenergie lautet in diesem Fall:

$$\left[-\frac{h^2}{8\pi^2 m} \frac{\partial^2}{\partial x^2} + U \right] \psi = E \psi \tag{11,21}$$

worin U eine Konstante darstellt. Eine allgemeine Lösung ist:

$$\psi = A \, e^{\frac{2\pi i}{h} p x} + B \, e^{-\frac{2\pi i}{h} p x} \quad \text{mit} \quad p = \sqrt{2 m (E - U)} \tag{11,22}$$

Dieses ψ ist für beliebiges A und B Eigenfunktion der Gesamtenergie.

60   Kapitel II.

Um weiter die Eigenfunktion der kinetischen Energie zu finden, müssen wir lösen:

$$-\frac{h^2}{8\pi^2 m}\frac{\partial^2}{\partial x^2}\psi = T'\psi \qquad (11,23)$$

Wir sehen, daß unser oben gefundenes ψ auch Eigenfunktion dieser Gleichung ist, der Eigenwert T' ist gleich $E-U$. Dies ist in diesem Spezialfall deshalb möglich, weil U einfach eine Zahlenkonstante ist. In jedem anderen Fall bleibt unser ψ aus Gl. (11,22) wohl Eigenfunktion der kinetischen Energie, aber nicht Eigenfunktion der Gesamtenergie. Schließlich ist in unserem Falle: $U = $ const, jede Funktion Eigenfunktion von U, da die Funktion U (der „Operator") hier mit dem Eigenwert identisch ist. In dem durch ψ beschriebenen Zustand haben also auf jeden Fall Gesamtenergie, kinetische Energie und potentielle Energie einzeln scharf bestimmte Werte, dasselbe ψ ist Eigenfunktion aller drei Größen. Ist nun auch der Impuls bestimmt? Die Eigenwertgleichung des Impulses lautet:

$$\frac{h}{2\pi i}\frac{\partial \varphi}{\partial x} = p'\varphi \qquad (11,24)$$

Sie hat nur die Lösung

$$\varphi = e^{\frac{2\pi i}{h}p'x} \qquad (11,25)$$

Die Lösung ψ ist daher nur in dem Fall auch Eigenfunktion des Impulses, wenn A oder B gleich 0 ist. In einem Fall ist der Eigenwert des Impulses gleich $-p$, im anderen gleich $+p$. Keineswegs ist jede Eigenfunktion der Energie auch Eigenfunktion des Impulses. Für $B = -A$ wird aus (11,22) die sin-Funktion. Mit $\psi = \sin\frac{2\pi}{h}px$ hat der Impuls keinen scharfen Wert, der Mittelwert

$$\bar{p} = \frac{\frac{h}{2\pi i}\int \sin\frac{2\pi}{h}px\,\frac{\partial}{\partial x}\sin\frac{2\pi}{h}px\,dx}{\int \sin^2\frac{2\pi}{h}px\,dx} = 0 \qquad (11,26)$$

verschwindet, da das Integral wegen der Randbedingungen mindestens über eine halbe Periode von $\sin\frac{2\pi}{h}px$ zu erstrecken ist. Das mittlere Impuls q u a d r a t, d. h. die kinetische Energie verschwindet aber keineswegs, sondern hat sogar einen scharfen Wert. Das bedeutet, dass wir nur das Vorzeichen des Impulses nicht kennen, das Elektron läuft mit der gleichen Häufigkeit in positiver, wie in negativer x-Richtung, daher die Impulsunsicherheit $2p$, die wir oben (Gl. 10,22) schon diskutiert haben.

Nehmen wir aber z. B. $B = 0$ dann ist unser ψ gleichzeitig Eigenfunktion von Energie und Impuls. Dieses ψ ist notwendig komplex. Die Richtung sowie die Größe des Impulses sind in diesem Fall völlig bestimmt, eine Impulsunsicherheit liegt nicht mehr vor. Die Unbestimmtheitsrelation

$$\Delta p\,\Delta x = h$$

wird dadurch gerettet, das Δx hier unendlich wird, denn $\psi^*\psi$ ist in diesem Fall im ganzen Raum konstant. Die völlige Bestimmtheit des Impulses ist also durch völlige Unbestimmtheit des Ortes erkauft. Die Betrachtung sogenannter „Wellenpakete", die durch Überlagerung eines

§ 11. Die allg. Schrödingergleichung. Erwartungswerte. Eigenwerte.   61

Kontinuums von Wellenzügen mit etwas verschiedenen Frequenzen entstehen[4,16,17], würde zeigen, daß der Grenzwert von $\Delta p \, \Delta x$, wenn Δp gegen 0 und Δx gegen Unendlich geht, tatsächlich wieder von der Größe h ist. Wir können hier auf den Aufbau solcher Wellenpakete im einzelnen nicht weiter eingehen.

Allein die Tatsache der Existenz dieser „Wellenpakete" als Lösungen der Schrödingergleichung erlaubt einen einfachen Beweis für die mittlere Gültigkeit der klassischen Mechanik für ein beliebig bewegtes Elektron, das keineswegs eine Gleichgewichtsverteilung einzunehmen braucht. Mit Benutzung von zeitabhängigen Funktionen ψ, die Lösungen der Schrödingergleichung für das frei bewegte Elektron sind und dennoch im Unendlichen genügend stark verschwinden, ergibt sich folgendermaßen ein zuerst von EHRENFEST[18] abgeleiteter Mittelwertssatz: Wir differenzieren (11,15) nach der Zeit:

$$\frac{\mathrm{d}\overline{p}}{\mathrm{d}t} = \frac{\mathrm{d}}{\mathrm{d}t} \int \psi^* \frac{h}{2\pi \mathrm{i}} \frac{\partial}{\partial x} \psi \, \mathrm{d}\tau = \int \frac{\partial \psi^*}{\partial t} \frac{h}{2\pi \mathrm{i}} \frac{\partial}{\partial x} \psi \, \mathrm{d}\tau + \int \psi^* \frac{h}{2\pi \mathrm{i}} \frac{\partial}{\partial x} \frac{\partial \psi}{\partial t} \, \mathrm{d}\tau$$
$$(11,27)$$

Jetzt benutzen wir die Schrödingergleichungen

$$\frac{\partial \psi}{\partial t} = -\frac{2\pi \mathrm{i}}{h} (T + U)\,\psi\,, \qquad \frac{\partial \psi^*}{\partial t} = \frac{2\pi \mathrm{i}}{h} (T + U)\,\psi^* \qquad (11,28)$$

und erhalten

$$\frac{\mathrm{d}\overline{p}}{\mathrm{d}t} = \int U \psi^* \frac{\partial \psi}{\partial x} \, \mathrm{d}\tau - \int \psi^* \frac{\partial}{\partial x} (U\psi) \, \mathrm{d}\tau$$
$$+ \int (T\psi^*) \frac{\partial}{\partial x} \psi \, \mathrm{d}\tau - \int \psi^* \frac{\partial}{\partial x} (T\psi) \, \mathrm{d}\tau \qquad (11,29)$$

Die Integrale mit T gehen durch zweimalige partielle Integration des ersten über in

$$\int \psi^* \left(T \frac{\partial}{\partial x} - \frac{\partial}{\partial x} T \right) \psi \, \mathrm{d}\tau = 0 \,.$$

Es bleiben nur die Integrale mit U, welche nach Ausführung der Differentiation zu der Gleichung führen

$$\frac{\mathrm{d}\overline{p}}{\mathrm{d}t} = -\int \psi^* \frac{\partial U}{\partial x} \psi \, \mathrm{d}\tau = -\overline{\frac{\partial U}{\partial x}} \qquad (11,30)$$

Links steht: Masse × mittlere Beschleunigung des untersuchten Teilchens in x-Richtung, rechts die mittlere Kraft in x-Richtung, also im ganzen haben wir in (11,30) das über die ganze statistische Verteilung gemittelte Newtonsche Bewegungsgesetz vor uns. Damit ist gesagt, daß wir auch mit der zeitabhängigen Schrödingergleichung noch im Einklang sind mit der Forderung einer mittleren Gültigkeit der klassischen Mechanik, die wir ja stets an den Anfang aller spekulativen Überlegungen stellten.

Interessant an den besprochenen Beispielen ist der Umstand, daß uns das Aufsuchen der Eigenfunktionen zwangsläufig zu komplexen Funktionen ψ führte, auch wenn wir von der Zeitabhängigkeit völlig absehen. Wir müssen daher ganz allgemein mit komplexen ψ rechnen und wollen deshalb zum Schluß dieses Paragraphen das Variationsprinzip im statischen Fall noch einmal unter diesem Gesichtspunkt betrachten.

62   Kapitel II.

An Stelle von Gl. (10,11) müssen wir jetzt schreiben:

$$\int \delta\psi^* \, [H - E] \, \psi \, d\tau + \int \psi^* \, [H - E] \, \delta\psi \, d\tau = 0 \qquad (11,31)$$

Durch Umstellung, bezw. 2malige partielle Integration des zweiten Integrals wird daraus

$$\int \delta\psi^* \, [H - E] \, \psi \, d\tau + \int \delta\psi \, [H - E] \, \psi^* \, d\tau = 0 \qquad (11,32)$$

Die beliebige komplexe Variation $\delta\psi$ schreiben wir $\xi + i\,\zeta$, bezw. $\delta\psi^* = \xi - i\,\zeta$, mit den reellen, infinitesimalen Funktionen ξ und ζ, die bis auf das Verschwinden am Rande beliebig sind. So wird weiter:

$$\int \xi \, [H - E] \, (\psi + \psi^*) \, d\tau - i \int \zeta \, [H - E] \, (\psi - \psi^*) \, d\tau = 0 \qquad (11,33)$$

Da ξ und ζ unabhängig und ganz beliebig sind, folgt das Verschwinden beider Ausdrücke: $[H - E] \, (\psi \pm \psi^*) = 0$, und damit dann auch $(H - E)\psi = 0$ und $(H - E)\psi^* = 0$. Die beiden Gleichungen hätten wir direkt bekommen, wenn wir ψ und ψ^* in (11,31) wie unabhängige Funktionen behandelt hätten. Wie die Zerlegung in ξ und ζ zeigt, entspricht eine komplexe Variation $\delta\psi$ ja auch 2 unabhängigen reellen Variationen. Wir können im Variationsprinzip (11,31) also künftig ψ und ψ^* als unabhängig zu variierende Funktionen behandeln. Da die so gewonnenen Differentialgleichungen stets konjugiert-komplex sind, genügt es zu ihrer Ableitung nur eine der beiden Variationen, z. B. ψ^* vorzunehmen.

Für die numerische Anwendung des Variationsprinzips ist es manchmal bequem, die kinetische Energie in Gl. (11,3) für H umzuschreiben in die Form von Gl. (10,5). Der Ausdruck für die kinetische Energie läßt sich partiell integrieren, was zu dem Ausdruck führt:

$$\overline{H} = \frac{\displaystyle\int U \, \psi^* \, \psi \, d\tau + \frac{h^2}{8\,\pi^2\,m} \sum_i \int \left(\frac{\partial \psi}{\partial x_i}\right) \left(\frac{\partial \psi^*}{\partial x_i}\right) d\tau}{\displaystyle\int \psi^* \, \psi \, d\tau} \qquad (11,34)$$

Der so gewonnene Ausdruck enthält nur die erste Ableitung von ψ, was manchmal Rechenarbeit erspart.

Damit liegen nun die Grundgleichungen der Quantenmechanik fertig vor uns und wir können dazu übergehen, ihre allgemeinen Eigenschaften zu untersuchen. Als wichtiges Moment fehlt allerdings zu allen Überlegungen dieses Kapitels das Pauliprinzip, das wir erst in den folgenden Kapiteln im Laufe der Anwendungen vollständig herausarbeiten werden. Die allgemeinen Gesetze dieses Kapitels bleiben dabei vollständig erhalten, das Pauliprinzip wird uns nur bei der Auswahl der verschiedenen möglichen Lösungen im Vielelektronenproblem eine Beschränkung auferlegen.

§ 12. Orthogonalsysteme von Eigenfunktionen.

Wir werden die Schrödingergleichung künftig abkürzen

$$H\,\psi = E\,\psi \qquad (12,1)$$

Wenn wir noch im nichtstationären Fall $E = -\dfrac{h}{2\,\pi\,i} \dfrac{\partial}{\partial t}$ setzen, dann stellt (12,1) die allgemeinste Schrödingergleichung des Vielkörperproblems dar. Wir betrachten jetzt die Lösungen im stationären Fall näher.

§ 12. Orthogonalsysteme von Eigenfunktionen.   63

Bisher interessierte uns gemäß dem Minimumsprinzip, von dem wir ausgingen, nur eine Lösung der Differentialgleichung (12,1), welche die Energie minimisiert. Nun zeigt sich aber, daß die Schrödingergleichung nicht
nur e i n e n Eigenwert E und zugehörige Eigenfunktion besitzt, sondern sogar unendlich viele verschiedene. Gemäß der Ableitung der Diff.-
Gl. muß jede Eigenfunktion, die wir als Lösung finden, die Eigenschaft
haben, die Energie zu einem Extremum zu machen, von allen diesen
Extrema E_n ist eines E_0 das absolut tiefste. Aber auch alle übrigen
Eigenwerte E_n werden für uns im folgenden eine wichtige Rolle spielen.
Wir werden später an vielen Beispielen solche Systeme von Eigenwerten und Eigenfunktionen kennen lernen, hier sollen uns nur allgemei-
ne Eigenschaften dieser Systeme interessieren, die unmittelbar aus dem
Charakter der Diff.-Gl. folgen.

ψ_m und ψ_n seien zwei spezielle Lösungen der Gleichung (12,1), die
zugehörigen Eigenwerte seien E_m und E_n; es gilt dann (da für das konjugiert komplexe ψ dieselbe Gleichung gültig ist):

$$\begin{array}{c|c} \psi_m{}^* & [H - E_n]\,\psi_n = 0 \\ \psi_n & [H - E_m]\,\psi_m{}^* = 0 \end{array} \qquad (12{,}2)$$

Multiplizieren wir die erste Gleichung mit $\psi_m{}^*$, die zweite mit ψ_n, subtrahieren die zweite von der ersten und integrieren über den ganzen
Raum, so bleibt:

$$\int \psi_m{}^* H \psi_n \, \mathrm{d}\tau - \int \psi_n H \psi_m{}^* \, \mathrm{d}\tau = (E_n - E_m) \int \psi_m{}^* \psi_n \, \mathrm{d}\tau \qquad (12{,}3)$$

Dieser Ausdruck ist gleich 0, da (wegen 11,7) die beiden Integrale auf
der linken Seite einander gleich sind. Falls E_m von E_n verschieden ist,
so folgt daraus:

$$\int \psi_m{}^* \psi_n \, \mathrm{d}\tau = 0 \qquad (12{,}4)$$

Man sagt, die Eigenfunktionen sind o r t h o g o n a l aufeinander, wenn
(12,4) erfüllt ist: Bei miteinander entarteten Eigenfunktionen, wenn also $E_m = E_n$ ist, b r a u c h e n die Funktionen nicht mehr orthogonal
zu sein; man kann sie aber stets orthogonalisieren, d. h. unabhängige
Linearkombinationen der ursprünglich nicht orthogonalen Funktionen
einführen, für die dann die Orthogonalitätsbedingung erfüllt ist.

Wir nehmen daher von nun ab an — sofern nicht ausdrücklich anders
bemerkt wird —, daß unser Funktionensystem orthogonal und normiert
ist, d. h. daß:

$$\int \psi_m{}^* \psi_n \, \mathrm{d}\tau = \delta_{mn}\,, \qquad \delta_{mn} = \begin{cases} 1 & \text{für } m = n \\ 0 & \text{für } m \neq n \end{cases} \qquad (12{,}5)$$

Wir haben uns allerdings bisher nur um die diskreten Eigenwerte
gekümmert. Wir werden noch Beispiele kennen lernen, in denen sich
an dieses diskrete Spektrum ein kontinuierliches anschließt, bei dem E
a l l e r positiven Werte fähig ist und das zugehörige ψ sich mit E kontinuierlich verändert. Denken wir z. B. an die ebene Welle, Gl. (11,22)
mit $B = 0$. Hier erhielten wir zu beliebigen positiven Eigenwerten E
Lösungen, die im Unendlichen zwar endlich blieben, aber keineswegs
verschwanden, wie wir es hier für die Ableitung der Orthogonalitätsre-
lation (12,4) voraussetzen mußten. Entsprechend liegen die Verhältnisse
bei dem kontinuierlichen Spektrum des H-Atoms und in anderen Fällen.
Wir können die Orthogonalitäts- und die Normierungsrelation daher für
das Kontinuum nicht ohne weiteres übernehmen.

64   Kapitel II.

Alle Schwierigkeiten werden behoben, wenn wir das Kontinuum der Eigenwerte E in lauter diskrete Stücke von der Größe ΔE einteilen und als Eigenfunktionen einführen:

$$\psi_n(x) = \frac{1}{\sqrt{\Delta E}} \int\limits_{E_n - \frac{\Delta E}{2}}^{E_n + \frac{\Delta E}{2}} \psi(x, E)\, \mathrm{d}E \qquad (12,6)$$

worin n jetzt die Nummer des betrachtbaren Intervalles ΔE bedeutet. Jede einzelne solche Eigenfunktion stellt ein sogenanntes Wellenpaket dar, das durch Überlagerung von Wellen etwas verschiedener Wellenlänge entsteht. Jetzt löschen sich durch Interferenz die Wellen im Unendlichen aus, die so definierten $\psi_n(x)$ verschwinden im Unendlichen, was durch eine kleine Unschärfe ΔE in der Energie E erkauft wurde. Dafür lassen sich diese ψ_n jetzt genau so behandeln wie unsere diskreten Eigenfunktionen. Sie haben alle Eigenschaften derselben, es können die für das diskrete Spektrum abgeleiteten Beziehungen auf sie einfach übertragen werden. Da wir bei chemischen Problemen nie explizit mit solchen Wellenpaketen zu tun haben, wollen wir nicht näher auf diese Eigenfunktionen eingehen. Wir halten nur fest, daß unsere Orthogonalsysteme stets so gemeint sind, daß das Kontinuum in der dargelegten Weise einbegriffen ist.

Eine physikalische Funktion f, die von denselben Koordinaten (oder weniger) wie unser Funktionensystem abhängt, kann nach einem solchen System von Eigenfunktionen e n t w i c k e l t werden, d. h. die Funktion läßt sich darstellen in der Form:

$$f = \sum_{i=0}^{\infty} c_i\, \psi_i \qquad (12,7)$$

Um die Koeffizienten zu bestimmen, multiplizieren wir (12,7) mit ψ_k^* und integrieren über den ganzen Raum; da nach (12,5) alle Integrale mit $i \neq k$ verschwinden, und für $i = k$ das Integral 1 wird, so folgt:

$$c_k = \int \psi_k^*\, f\, \mathrm{d}\tau \qquad (12,8)$$

Die Integration erstreckt sich dabei über alle Variabeln.

Die Funktion f wird in den Anwendungen, mit denen wir es zu tun bekommen werden, häufig von der Form sein $f = L\,\psi_j$ wo L irgend eine Funktion der Variabeln oder auch ein Differentialoperator oder schließlich ein aus beiden zusammengesetzter Ausdruck sein kann. Setzt man diesen Ausdruck in (12,7) ein, so erhält man:

$$L\,\psi_j = \sum_i c_i\, \psi_i = \sum_i L_{ij}\, \psi_i \qquad (12,9)$$

wobei nach (12,8) die Koeffizienten $c_i = L_{ij}$ gegeben sind durch:

$$L_{ij} = \int \psi_i^*\, L\,\psi_j\, \mathrm{d}\tau \qquad (12,10)$$

Man nennt das System von Entwicklungskoeffizienten L_{ij} für alle Indizes i und j eine Matrix, die einzelnen L_{ij} Matrixelemente. Man ordnet alle Elemente einer Matrix zweckmäßig an in dem Schema:

§ 12. Orthogonalsysteme von Eigenfunktionen. 65

$$
\begin{array}{llll}
L_{11} & L_{12} & L_{13} & \cdot \cdot \cdot \\
L_{21} & L_{22} & L_{23} & \cdot \cdot \cdot \\
L_{31} & L_{32} & L_{33} & \cdot \cdot \cdot \\
\cdot & \cdot & & \\
\cdot & \cdot & & \\
\cdot & \cdot & &
\end{array}
\tag{12,11}
$$

Falls L eine Funktion der Koordinaten ist, sieht man ohne weiteres, daß $L_{ik}{}^* = L_{ki}$ ist. Die zur Diagonale symmetrischen Elemente sind also konjugiert-komplex zueinander. Man nennt eine solche Matrix „hermitesch". Für $L = -\dfrac{h^2}{4\pi^2}\dfrac{\partial^2}{\partial x^2}$ und $L = \dfrac{h}{2\pi \mathrm{i}}\dfrac{\partial}{\partial x}$ folgt die Hermitezität durch partielle Integrationen nach (11,7), bezw. (11,15). Mit anderen Typen von L als den erwähnten, werden wir es nie zu tun haben, wir merken aber an, daß stets in der Quantenmechanik nur hermitesche Matrizen vorkommen. Wir notieren uns also ganz allgemein:

$$
L_{ik} = L_{ki}{}^* \tag{12,12}
$$

gültig für beliebige Operatoren L, die physikalischen Größen entsprechen.

So läßt sich jedem Operator eine Matrix zuordnen. In Form von Matrixgleichungen wurde von HEISENBERG[10] (s. auch Lit.[11,13]) der erste Grundstein zur modernen Quantenmechanik gelegt.

Wir leiten einige einfache, für Matrizen geltende Rechenregeln, die wir später nötig haben, hier ab.

Eine Funktion $B\psi_k$ liege entwickelt vor.

$$
B\psi_k = \sum_l \psi_l B_{lk} \quad \text{mit} \quad B_{lk} = \int \psi_l{}^* B\psi_k \, d\tau \tag{12,13}
$$

Darauf wenden wir einen Operator A an, bezw. wir multiplizieren mit A, falls A eine Funktion der Koordinaten ist; das gibt:

$$
AB\psi_k = \sum_l A\psi_l B_{lk} \tag{12,14}
$$

Da nach Gleichung (12,13)

$$
A\psi_l = \sum_m \psi_m A_{ml}
$$

ist, so wird aus (12,14)

$$
AB\psi_k = \sum_l \left(\sum_m \psi_m A_{ml} \right) B_{lk} = \sum_{l,m} \psi_m A_{ml} B_{lk} \tag{12,15}
$$

Wir können aber auch von vornherein AB als e i n e n Operator auffassen und entwickeln:

$$
(AB)\psi_k = \sum_m \psi_m (AB)_{mk} \tag{12,16}
$$

Aus (12,16) und (12,15) folgt durch Vergleich:

$$
(AB)_{mk} = \sum_l A_{ml} B_{lk} \tag{12,17}
$$

bezw.

$$
\int \psi_m{}^* AB\psi_k \, d\tau = \sum_l \int \psi_m{}^* A\psi_l \, d\tau \cdot \int \psi_l{}^* B\psi_k \, d\tau \tag{12,18}
$$

In der Störungsrechnung § 14 werden wir von dieser Formel Gebrauch machen für den speziellen Fall $A = B$ und $m = k$; wir notieren die dafür erhaltene Formel:

$$(A^2)_{mm} = \sum_l A_{ml} A_{lm} \qquad (12,19)$$

§ 13. Störungsrechnung 1. Näherung.

Strenge Lösungen der Schrödingergleichung besitzt man eigentlich nur für ein einziges chemisches System, nämlich das H-Atom, bezw. wasserstoffähnliche Ionen. Man ist daher bei allen Anwendungen der Quantenmechanik auf Näherungsmethoden angewiesen. Wir werden noch eine große Fülle der verschiedenen Näherungsansätze kennen lernen; in diesem Kapitel sollen nur die allgemeinsten Grundlagen der Störungsrechnung zusammengestellt werden.

Störungsrechnung können wir in all den Fällen treiben, wo uns die Lösungen eines ungestörten Problems bekannt sind und Näherungslösungen für ein System mit etwas von dem ungestörten System abweichenden Hamilton-Operator gesucht werden. Wir schreiben die gesuchte Energie in diesem Fall:

$$\overline{H} = \frac{\int (\psi_0^* + \zeta^*)(H_0 + u)(\psi_0 + \zeta)\,d\tau}{\int (\psi_0^* + \zeta^*)(\psi_0 + \zeta)\,d\tau} \qquad (13,1)$$

Das ungestörte System ist durch den Index 0 gekennzeichnet und es soll gelten: $H_0\psi_0 = E_0\psi_0$. u stellt die Störungsfunktion dar, ζ die Störung der Eigenfunktion ψ_0. u und ζ werden als klein vorausgesetzt. Wir multiplizieren oben und unten aus und machen Gebrauch von den Beziehungen:

$$\int \zeta^* H_0 \psi_0 d\tau = E_0 \int \zeta^* \psi_0 d\tau, \quad \int \psi_0^* H_0 \zeta d\tau = \int \zeta H_0 \psi_0^* d\tau = E_0 \int \zeta \psi_0^* d\tau$$

So wird:

$$\left.\begin{array}{l} \overline{H} = \dfrac{E_0(1 + \int \zeta^* \psi_0\,d\tau + \int \psi_0 \zeta^*\,d\tau) + \int \psi_0^* u \psi_0\,d\tau}{(1 + \int \zeta^* \psi_0\,d\tau + \int \psi_0 \zeta^*\,d\tau) + \int \zeta^* \zeta\,d\tau} \\[2ex] \qquad + \dfrac{\int \psi_0^* u \zeta\,d\tau + \int \zeta^* u \psi_0\,d\tau + \int \zeta^*(H_0 + u)\zeta\,d\tau}{(1 + \int \zeta^* \psi_0\,d\tau + \int \psi_0 \zeta^*\,d\tau) + \int \zeta^* \zeta\,d\tau} \end{array}\right\} \qquad (13,2)$$

Die erste Näherung besteht nun darin, daß wir nur Glieder von erster Ordnung in u und ζ berücksichtigen, dagegen alle Glieder mit ζ^2, $u\zeta$ u. s. w. vernachlässigen. Dann fällt die zweite Zeile fort. Dividieren wir die erste Zeile noch durch $(1 + \int \zeta^* \psi_0\,d\tau + \int \psi_0 \zeta^*\,d\tau)$ und entwickeln dann bis zu Gliedern erster Ordnung, dann bleibt nur:

$$\overline{H} = E_0 + \int \psi_0^* u \psi_0\,d\tau \qquad (13,3)$$

Die Störung der Eigenfunktion, ζ kommt hierin garnicht mehr vor, wir bekommen also die Energie $\overline{H}$ schon in 1. Näherung, wenn uns für die Eigenfunktion nur die nullte Näherung ψ_0 bekannt ist; und zwar ist die Energiestörung einfach gleich dem mit $\psi_0^* \psi_0$ gebildeten Mittelwert über die Störungsfunktion. Die tiefere Ursache für dies einfache Resultat ist das Minimumsprinzip, demzufolge man nur einen Fehler von 2. Ordnung in der Energie begeht, wenn sich die Eigenfunktion schon in 1. Ordnung von der streng minimisierenden Funktion unterscheidet (vergl. § 6). Dies

§ 13. Störungsrechnung 1. Näherung.   67

gilt aber nur für den Operator H, die Erwartungswerte anderer Operatoren, z. B. von T und U einzeln, bekommt man nur in nullter Näherung, wenn man für ψ eine nullte Näherung benutzt: Es ist deshalb falsch, wie es gelegentlich versucht wurde, mit ψ_0 nur $\overline{U}$ oder $\overline{T}$ auszurechnen und dann mit Hilfe des Virialsatzes die Gesamtenergie $\overline{H} = -\overline{T}$ oder $= \frac{1}{2}\overline{U}$ zu bestimmen. Das so gefundene $\overline{H}$ stellt nur eine n u l l t e Näherung dar.

Man hat es sehr häufig mit solchen Fällen zu tun, wo zum Eigenwert E_0 des ungestörten Problems nicht nur e i n e Eigenfunktion, sondern eine ganze Reihe von miteinander entarteten Eigenfunktionen gehört. Im ungestörten Problem ist es dann ganz gleichgültig, ob man mit der einen oder anderen dieser Eigenfunktionen oder auch mit einer beliebigen Linearkombination von ihnen die Energie ausrechnet. Das ist aber im allgemeinen im gestörten Problem nicht mehr der Fall, vielmehr verhilft uns hier das Variationsproblem dazu, die „richtige Linearkombination" aufzusuchen, für welche die Störungsenergie ihren tiefsten Wert annimmt. Daß aber die Störung ζ der Eigenfunktion in erster Näherung keine Rolle spielt, können wir aus dem vorigen Resultat übernehmen. Wir setzen deshalb an:

$$\overline{H} = \frac{\int (\sum c_n^* \psi_n^*)(H_0 + u)(\sum c_m \psi_m)\,\mathrm{d}\tau}{\int (\sum c_n^* \psi_n^*)(\sum c_m \psi_m)\,\mathrm{d}\tau} \tag{13,4}$$

Die Summen gehen jedesmal über alle zum Eigenwert E_0 gehörigen Funktionen. Die Konstanten c_n^* und c_m stellen Parameter dar, die nach dem Variationsprinzip für $\overline{H}$ so zu wählen sind, daß $\overline{H}$ ein Extremum wird.*) Nach dem Beweis am Ende von § 11 können wir die gesternten und die ungesternten Größen unabhängig variieren. Es gilt fernerhin

$$H_0\,\psi_n = E_0\,\psi_n\,, \quad H_0\,\psi_n^* = E_0\,\psi_n^* \quad \text{für jedes } n. \tag{13,5}$$

Wir multiplizieren Gl. (13,4) mit dem Nenner und differenzieren die entstehende Gleichung nach einem der c_n^*, z. B. c_l^*. Dabei ist zu beachten, daß $\frac{\partial \overline{H}}{\partial c_l^*} = 0$ ist und daß $\overline{H}_{min} = E$ gesetzt wird. So entsteht:

$$\int \psi_l^* \left[H_0 + u - E \right] \sum c_n \psi_n\, \mathrm{d}\tau = 0 \tag{13,6}$$

Dies gilt für jedes l. Hätten wir nach den ungesternten Koeffizienten differenziert, so wäre einfach das konjugiert komplexe Gleichungssystem hervorgegangen. Wir merken uns für die spätere Anwendung das einfache Rezept, das in Gl. (13,6) ausgesprochen ist: man setze als Lösung des gestörten Problems eine Linearkombination der ungestörten Funktionen ein und multipliziere die entstehende Gleichung von links der Reihe nach mit allen Eigenfunktionen, die rechts mit unabhängigen Koeffizienten auftreten, und integriere über den ganzen Raum. So entsteht ein lineares homogenes Gleichungssystem für die Unbekannten c_n. Machen wir noch von (13,5) Gebrauch, und schreiben für die Eigenwertsstörung $E - E_0 = \varepsilon$, dann lautet (13,6)

$$\sum_n c_n \int \psi_l^* (u - \varepsilon)\, \psi_n\, \mathrm{d}\tau = 0 \quad \text{für jedes } l. \tag{13,7}$$

---

*) Das ist eine Anwendung der Ritzschen Methode (vergl. § 5).

68   Kapitel II.

Mit den Abkürzungen

$$\int \psi_l^* u\, \psi_n \,\mathrm{d}\tau = u_{ln} = u_{nl}^*, \quad \int \psi_l^* \psi_n \,\mathrm{d}\tau = \begin{cases} 1 & \text{für} \quad l = n \\ s_{ln} & \quad,, \quad l \neq n \end{cases} \qquad (13,8)$$

lautet die Lösungsbedingung dieses Gleichungssystems:

$$\begin{vmatrix} u_{11} - \varepsilon & u_{12} - \varepsilon s_{12} & u_{13} - \varepsilon s_{13} & \cdot & \cdot & \cdot & \cdot \\ u_{21} - \varepsilon s_{21} & u_{22} - \varepsilon & u_{23} - \varepsilon s_{23} & \cdot & \cdot & \cdot & \cdot \\ u_{31} - \varepsilon s_{31} & u_{32} - \varepsilon s_{32} & u_{33} - \varepsilon & & \cdot & \cdot & \cdot \\ \cdot & & & & & & \\ \cdot & & & & & & \\ \cdot & & & & & & \end{vmatrix} = 0 \qquad (13,9)$$

Wie wir im Anschluß an (12,11) zeigten, sind unsere Matrizen stets hermitesch, also $u_{ik} = u_{ki}^*$ und $s_{ik} = s_{ki}^*$, wobei noch gilt: $|s_{ik}|^2 < 1$. Nach einem Satz der Algebra sind die Wurzeln einer solchen Determinante sämtlich reell.

Wenn im ganzen r miteinander entartete Eigenfunktionen vorlagen, ist die Determinante vom r-ten Grade und ergibt eine Gleichung r-ten Grades für die Unbekannte ε. Zu jeder Lösung ε gehört eine andere „richtige Linearkombination". Falls alle Eigenwerte ε voneinander verschieden sind, sagt man „die Entartung ist völlig aufgehoben", falls mehrere Wurzeln ε zusammenfallen, bleiben die zu gleichen Wurzeln gehörigen unabhängigen Linearkombinationen miteinander entartet. Die zu verschiedenen ε gehörigen Linearkombinationen sind orthogonal aufeinander. Man sieht das leicht folgendermaßen: es sei φ_1 eine richtige Linearkombination $(= \sum_n c_n' \psi_n)$, die zu ε_1 gehört, φ_2 eine solche $(= \sum_n c_n'' \psi_n)$, die zu ε_2 gehört. Dann gilt nach (13,6)

$$\int \varphi_1^* (u - \varepsilon_2)\, \varphi_2 \,\mathrm{d}\tau = 0$$
$$\int \varphi_2 (u - \varepsilon_1)\, \varphi_1^* \,\mathrm{d}\tau = 0 \qquad (13,10)$$

Denn setzen wir hier für das linksstehende φ_1^*, bezw. φ_2 die Linearkombination ein, dann verschwindet nach Gl. (13,7) jedes Glied der Summe einzeln, es verschwinden also die Integrale (13,10), ganz unabhängig von den Koeffizienten der links stehenden Linearkombinationen φ_1^*, bezw. φ_2. Subtraktion der Gleichungen (13,10) führt zu:

$$(\varepsilon_1 - \varepsilon_2) \int \varphi_1^* \varphi_2 \,\mathrm{d}\tau = 0\,,$$

also zur Orthogonalität von φ_1 und φ_2, wenn ε_1 und ε_2 voneinander verschieden sind.

Häufig haben wir es schon in dem anfänglichen Satz der ψ_n mit orthogonalen Eigenfunktionen zu tun. In diesem Fall sind alle $s_{ln} = 0$ und es bleibt ε nur in der Diagonale stehen. Wenn man jetzt die Determinante ausmultipliziert, sieht man leicht, daß die Bestimmungsgleichung für ε folgendermaßen beginnt:

$$\varepsilon^r - \varepsilon^{r-1}(u_{11} + u_{22} + u_{33} + \ldots) + \varepsilon^{r-2}\ldots + \ldots = 0$$

§ 13. Störungsrechnung 1. Näherung.   69

Denn die beiden höchsten Potenzen von ε können nur in dem Produkt sämtlicher Diagonalglieder auftreten, und diesem Produkt sieht man die Koeffizienten von ε^r und ε^{r-1} sofort an. Die Summe aller Wurzeln $\varepsilon_1 + \varepsilon_2 + \varepsilon_3 + \ldots$ muß aber gleich dem Faktor von $-\varepsilon^{r-1}$ sein, es gilt also

$$\varepsilon_1 + \varepsilon_2 + \varepsilon_3 + \ldots = u_{11} + u_{22} + u_{33} + \ldots \qquad (13,11)$$

Von diesem Satz werden wir später (§ 49) Gebrauch machen. Es ist häufig sehr bequem, die Summe der gestörten Terme zu kennen, ohne daß man die Matrixelemente außerhalb der Diagonale überhaupt ausrechnen und das Säkularproblem zu lösen braucht.

Es ist für die spätere Anwendung interessant, die Beziehungen zwischen den Koeffizienten zu notieren, die bei Bildung von neuen orthogonalen und normierten Eigenfunktionen aus einem Satz von „orthonormierten" Eigenfunktionen gelten. Betrachten wir die Transformation:

$$\varphi_i = \sum_k a_{ik}\,\psi_k \qquad (13,12)$$

Die Forderung der Orthogonalität und Normiertheit der verschiedenen φ_i können wir schreiben:

$$\int \varphi_j^* \, \varphi_i \, \mathrm{d}\tau = \delta_{ij} \quad \text{wo} \quad \delta_{ij} = \begin{cases} 1 & \text{für} \quad i = j \\ 0 & \text{für} \quad i \neq j \end{cases} \qquad (13,13)$$

Bildet man dieses Integral und achtet darauf, daß auch die ψ_k orthonormiert sind, dann führt (13,13) zu:

$$\sum_k a_{jk}^* \, a_{ik} = \delta_{ij} \qquad (13,14)$$

Jetzt betrachten wir die reziproke Transformation

$$\psi_k = \sum_j b_{kj}\,\varphi_j \qquad (13,15)$$

Setzen wir dies in Gl. (13,12) ein, dann kommt:

$$\varphi_i = \sum_{k,j} a_{ik}\,b_{kj}\,\varphi_j \qquad (13,16)$$

eine Beziehung, die identisch in den φ_j erfüllt sein muß. Daraus folgt:

$$\sum_k a_{ik}\,b_{kj} = \delta_{ij} \qquad (13,17)$$

Durch Vergleich von (13,17) mit (13,14) folgt, daß

$$b_{kj} = a_{jk}^* \qquad (13,18)$$

sein muß. Die reziproke Transformation wird also durch eine Matrix geleistet, die entsteht, wenn man in den ursprünglichen Zeilen und Spalten vertauscht und außerdem zum konjugiert Komplexen übergeht. Man nennt eine solche Transformation eine „unitäre" Transformation.

Da die Beziehung (13,14) auch in den b_{ik} gelten muß, folgt

$$\sum_k b_{jk}^* \, b_{kj} = \delta_{ij} = \sum_k a_{kj}\,a_{ki}^* \qquad (13,19)$$

Für $i = j$ folgen aus (13,14) und (13,19) die beiden Relationen

$$\sum_k |a_{ik}|^2 = \sum_i |a_{ki}|^2 = 1 \tag{13,20}$$

d. h. sowohl die Summe der Koeffizientenquadrate einer Zeile, wie die einer Spalte sind gleich 1. Aus (13,14) folgt auch noch:

$$\sum_i |\varphi_i|^2 = \sum_k |\psi_k|^2 \tag{13,21}$$

Wenn jede der Eigenfunktionen von je einem Elektron besetzt ist, dann besagt (13,21), daß bei einer unitären Transformation die elektrische Ladungsverteilung erhalten bleibt. (13,20) bedeutet in diesem Fall, daß die G e s a m t wahrscheinlichkeit, ein Elektron in einer der Eigenfunktionen anzutreffen, stets gleich 1 ist. Trotz dieser Erhaltung der Dichteverteilung sowie der statistischen Besetzung der einzelnen Eigenfunktionen bei einer unitären Transformation ändert sich aber im allgemeinen die Energie des Systems, wie wir oben abgeleitet haben. Das Auffinden der „richtigen Linearkombination" ist eine der Fundamentalaufgaben in jedem quantenchemischen Problem.

§ 14. Störungsrechnung höherer Näherung.

Um die Annäherung in der Störungsrechnung weiter zu treiben, brauchen wir nur auf Gl. (13,1) zurückzugreifen und die Glieder höherer Ordnung zu berücksichtigen. Wir wollen dabei annehmen, daß eine Entartung des Ausgangszustandes ψ_0 nicht vorliegt. Fernerhin denken wir uns die Funktion ζ entwickelt nach dem System der ungestörten Eigenfunktionen ψ_n:

$$\zeta = \sum_{n=1}^{\infty} c_n \psi_n \tag{14,1}$$

ψ_0 kommt in dieser Reihe nicht vor, ζ ist also orthogonal auf ψ_0. Wir haben unendlich viele Parameter c_n, die so zu bestimmen sind, daß die Energie ein Minimum wird. Im Gegensatz zum vorigen Paragraphen können wir aber hier alle Koeffizienten c_n als klein gegen 1, den Koeffizienten von ψ_0 betrachten.

Mit diesem Ansatz wird aus Gl. (13,2)

$$\overline{H} = \frac{E_0 + \int \psi_0^* u \psi_0 + \sum_{n,m} c_n^* c_m \int \psi_n^* (H_0 + u)\psi_m \, d\tau}{1 + \sum_n c_n^* c_n}$$
$$+ \frac{\sum_n \left(c_n \int \psi_0^* u \psi_n \, d\tau + c_n^* \int \psi_n^* u \psi_0 \, d\tau \right)}{1 + \sum_n c_n^* c_n} \tag{14,2}$$

Wir haben dabei von der Orthogonalität der ψ_n untereinander und auf ψ_0 schon Gebrauch gemacht. Benutzen wir weiter die Gleichung $H_0 \psi_m = E_m \psi_m$ und kürzen ab: $u_{nm} = \int \psi_n^* u \psi_m \, d\tau$, dann wird:

§ 14. Störungsrechnung höherer Näherung.   71

$$\overline{H}\left(1 + \sum_n c_n{}^* c_n\right) = E_0 + u_{00} + \sum_n c_n{}^* c_n E_n + \sum_n \left(c_n u_{0n} + c_n{}^* u_{n0}\right)$$

$$+ \sum_{n,m} c_n{}^* c_m u_{nm} \tag{14,3}$$

Indem wir Gleichung (14,3) nach $c_l{}^*$ differenzieren, $\dfrac{\partial \overline{H}}{\partial c_l{}^*} = 0$ und $\overline{H}_{\min}$
$= E$ setzen, kommt:

$$c_l\left(E_l - E\right) + u_{l0} + \sum_m c_m u_{lm} = 0 \tag{14,4}$$

Die Summe ist hierin von höherer Ordnung klein als die ersten beiden
Glieder. Wir begehen daher keinen zu großen Fehler, wenn wir an Stelle
der streng minimisierenden c_l die angenäherte Wahl treffen

$$c_l = \frac{u_{l0}}{E - E_l}, \quad \text{also} \quad \zeta = \sum_{n=1}^{\infty} \frac{u_{n0}\psi_n}{E - E_n} \tag{14,5}$$

Gehen wir hiermit in (14,2) ein und berücksichtigen alle Glieder, dann
können wir sicher sein, eine obere Grenze für die Energie zu erhalten,
denn bei besserer Wahl der c_l durch genauere Erfüllung der Minimumsforderung (14,4) kann $\overline{H}$ nur absinken. Indem wir die c_l nach (14,5) in
(14,3) einsetzen, ist gleichzeitig E für $\overline{H}$ zu schreiben und es wird

$$E - E_0 = u_{00} + \sum_{l=1}^{\infty} \frac{u_{0l}u_{l0}}{E - E_l} + \sum_{n,m=1}^{\infty} \frac{u_{0n}u_{nm}u_{m0}}{(E - E_n)(E - E_m)} \tag{14,6}$$

In (14,6) haben wir eine komplizierte Gleichung für den gesuchten Eigenwert E vor uns, der nicht nur links, sondern auch im Nenner der unendlichen Summen auf der rechten Seite vorkommt. Da aber nach Voraussetzung der Abstand $E - E_n$ groß gegen die Störungsenergie $E - E_0$
ist, begehen wir keinen großen Fehler, wenn wir rechts $E_0 - E_l$ oder,
etwas besser, $E_0 + u_{00} - E_l$ an Stelle von $E - E_l$ schreiben. So gewinnt
man eine Näherung für E, mit der man dann die Rechnung wiederholen
kann. Das einfache Rekursionsverfahren wird im allgemeinen in wenigen Schritten zum Ziel führen, der große Vorteil von Gl. (14,6) liegt
darin, daß wir sicher sind, eine obere Grenze für E zu erhalten. Diese
Sicherheit verschwindet, wenn wir jetzt zu der üblichen Näherung der
Schrödingerschen Störungsrechnung übergehen, indem wir rechts $E - E_l$
durch $E_0 - E_l$ ersetzen und die letzte Doppelsumme als klein von höherer
Ordnung ganz streichen. Dann entsteht:

$$E - E_0 = u_{00} + \sum_{l=1}^{\infty} \frac{u_{0l}u_{l0}}{E_0 - E_l} \tag{14,7}$$

Es gibt Fälle, in denen das Näherungsverfahren nach SCHRÖDINGER
garnicht konvergiert, Formel (14,6) dagegen vernünftig bleibt. Hierauf hat E. WIGNER[21] hingewiesen, von dem auch die Fortsetzung der
mit Gl. (14,6) begonnenen Entwicklung[20] nach Potenzen des Bruches
$$\frac{\text{Matrixelement der Störungsenergie}}{\text{Termdifferenz}}$$ angegeben wurde. Wir werden aber

gleich noch einfachere Methoden zur Berechnung der Störungsenergie zweiter Ordnung kennen lernen.

Die Berechnung sämtlicher angeregten Eigenfunktionen und sämtlicher Matrixelemente u_{nm} bereitet meist beträchtliche Schwierigkeiten, die oft in keinem Verhältnis zu der erzielten Genauigkeit stehen. Für eine wesentliche Vereinfachung der Ansätze weist uns aber Gl. (14,5) selbst den Weg[19]. Wenn wir in Gl. (14,5) einen irgendwie geschätzten Mittelwert $\overline{E}$ der Resonanznenner vor die Summe ziehen, können wir für den Störungsanteil ζ der Eigenfunktion schreiben:

$$\zeta = \frac{1}{\overline{E}} \left[\sum_{n=0}^{\infty} u_{n0}\psi_n - u_{00}\psi_0 \right] \qquad (14,8)$$

Darin haben wir, um die Summen über alle n vollständig zu machen, das in (14,5) fehlende Glied u_{00} unter der Summe hinzugefügt und wieder subtrahiert. Die Summe stellt jetzt nichts anderes dar als die Entwicklung des Ausdruckes $u\psi_0$ nach dem Orthogonalsystem der ψ_n (Vergl. Gl. 12,13). Wir bekommen deshalb:

$$\zeta = \frac{1}{\overline{E}} \left(u - u_{00} \right) \psi_0$$

also die gestörte Eigenfunktion:

$$\psi = \psi_0 + \zeta = \left[1 + \frac{u - u_{00}}{\overline{E}} \right] \psi_0 \qquad (14,9)$$

Dies ist eine außerordentliche Vereinfachung, da die sämtlichen angeregten Eigenfunktionen nunmehr verschwunden sind, allerdings tritt dafür die recht bedenkliche Mittelwertschätzung $\overline{E}$ auf. Wenn wir von einem Normierungsfaktor absehen, hat das gestörte ψ also die Form:

$$\psi = [1 + \lambda u]\psi_0 \qquad (14,10)$$

worin λ eine Konstante darstellt, für deren willkürfreie Bestimmung wir unten ein Verfahren angeben.

Vorher notieren wir aber noch die Näherung für (14,7), die sich ergibt, wenn wir wieder den Mittelwert $1/\overline{E}$ vor die Summe ziehen und die bleibende Summe unter Benutzung von Gl. (12,19) aufsummieren:

$$E - E_0 = u_{00} + \frac{(u^2)_{00} - u_{00}{}^2}{\overline{E}} \qquad (14,11)$$

Auch hier bleibt die Unsicherheit in $\overline{E}$. Diese werden wir jetzt beseitigen, indem wir unmittelbar mit einem Näherungsansatz von der Form (14,10) anstatt der Reihenentwicklung in das allgemeine Variationsprinzip eingehen. Wir wollen uns sogar eine noch größere Allgemeinheit vorbehalten, indem wir die zunächst ganz beliebige Funktion v an Stelle von λu in (14,10) schreiben. Die Rechnung läßt sich ohne spezielle Annahmen über v bis zu einer bequemen Schlußformel für die Störungsenergie allgemein durchführen. v ist ganz beliebig, nur müssen wir, wie stets, das Fehlen von Singularitäten in $\psi = (1 + v)\psi_0$ sowie das Verschwinden im Unendlichen verlangen. Wir setzen v außerdem der Einfachheit halber als reell voraus. Die zu minimierende Funktion lautet somit:

$$\overline{H} = \frac{\int \psi_0{}^* \, (1 + v) \, H \, (1 + v) \, \psi_0 \, d\tau}{\int \psi_0{}^* \, (1 + v)^2 \, \psi_0 \, d\tau} \qquad (14,12)$$

§ 14. Störungsrechnung höherer Näherung. ·   73

Hierin läßt sich der Zähler durch partielle Integration in eine bequeme Form bringen. Der Anteil U von H $(= T + U)$ ist mit $(1 + v)$ vertauschbar. $T = -\dfrac{h^2}{8\pi^2 m} \sum\limits_i \dfrac{\partial^2}{\partial x_i^2}$ (i läuft über alle $3N$ Koordinaten der N Partikel) wirkt natürlich auf v und ψ_0. Wir betrachten den Beitrag eines Gliedes dieser Summe in dem Zähler von (14,12):

$$S = \int \psi_0^{*} (1 + v) \frac{\partial^2}{\partial x^2} (1 + v) \psi_0 \, d\tau \qquad (14,13)$$

Aus (14,13) wird durch Ausführung der Differentiation zunächst:

$$S = \int \psi_0^{*} (1 + v)^2 \frac{\partial^2 \psi_0}{\partial x^2} \, d\tau + 2 \int \psi_0^{*} (1 + v) \frac{\partial v}{\partial x} \frac{\partial \psi_0}{\partial x} \, d\tau$$

$$+ \int \psi_0^{*} (1 + v) \frac{\partial^2 v}{\partial x^2} \psi_0 \, d\tau$$

Wegen der Reellität von S läßt sich dies auch symmetrisch in ψ^* und ψ schreiben:

$$S = \frac{1}{2} \int \psi_0^{*} (1 + v)^2 \frac{\partial^2 \psi_0}{\partial x^2} \, d\tau + \frac{1}{2} \int \psi_0 (1 + v)^2 \frac{\partial^2 \psi_0^{*}}{\partial x^2} \, d\tau \qquad (14,14)$$

$$+ \int \left(\psi_0^{*} \frac{\partial \psi_0}{\partial x} + \psi_0 \frac{\partial \psi_0^{*}}{\partial x} \right) (1 + v) \frac{\partial v}{\partial x} \, d\tau + \int \psi_0^{*} \psi_0 (1 + v) \frac{\partial^2 v}{\partial x^2} \, d\tau$$

Die beiden letzten Glieder lassen sich durch partielle Integration in eine bequeme Form bringen. Wir betrachten dazu die Identität:

$$\frac{\partial}{\partial x} \psi_0^{*} \psi_0 (1 + v) \frac{\partial v}{\partial x} = \left(\psi_0^{*} \frac{\partial \psi_0}{\partial x} + \psi_0 \frac{\partial \psi_0^{*}}{\partial x} \right) (1 + v) \frac{\partial v}{\partial x}$$

$$+ \psi_0^{*} \psi_0 (1 + v) \frac{\partial^2 v}{\partial x^2} + \psi_0^{*} \psi_0 \left(\frac{\partial v}{\partial x} \right)^2 \qquad (14,15)$$

Durch die Integration von (14,15) über den ganzen Raum verschwindet die linke Seite. Die rechte Seite liefert die Beziehung:

$$\int \left(\psi_0^{*} \frac{\partial \psi_0}{\partial x} + \psi_0 \frac{\partial \psi_0^{*}}{\partial x} \right) (1 + v) \frac{\partial v}{\partial x} \, d\tau + \int \psi_0^{*} \psi_0 (1 + v) \frac{\partial^2 v}{\partial x^2} \, d\tau$$

$$= - \int \psi_0^{*} \psi_0 \left(\frac{\partial v}{\partial x} \right)^2 d\tau \qquad (14,16)$$

In (14,14) eingesetzt ergibt das:

$$S = \frac{1}{2} \int \psi_0^{*} (1 + v)^2 \frac{\partial^2 \psi_0}{\partial x^2} \, d\tau + \frac{1}{2} \int \psi_0 (1 + v)^2 \frac{\partial^2 \psi_0^{*}}{\partial x^2} \, d\tau$$

$$- \int \psi_0^{*} \psi_0 \left(\frac{\partial v}{\partial x} \right)^2 d\tau \qquad (14,17)$$

Diese Umrechnung gilt für jede Koordinate x_i, also auch für den ganzen Operator T der kinetischen Energie. Summation von (14,17) über alle Koordinaten und Multiplikation mit $-h^2/8\pi^2 m$ gibt:

$$\overline{T} = \frac{1}{2} \int \psi_0^{*} (1 + v)^2 \, T \, \psi_0 \, d\tau + \frac{1}{2} \int \psi_0 (1 + v)^2 \, T \, \psi_0^{*} \, d\tau$$

$$+ \frac{h^2}{8\pi^2 m} \sum_i \int \psi_0^{*} \psi_0 \left(\frac{\partial v}{\partial x_i} \right)^2 d\tau \qquad (14,18)$$

74   Kapitel II.

Nach Hinzufügung von $\overline{U}$ im Zähler sowie Berücksichtigung des Normierungsnenners wird hiermit aus (14,12):

$$\overline{H} = \frac{\frac{1}{2}\int \psi_0^* \,(1+v)^2\, H\,\psi_0\,d\tau + \frac{1}{2}\int \psi_0\,(1+v)^2\, H\,\psi_0^*\,d\tau}{\int (1+v)^2\,\psi_0^*\,\psi_0\,d\tau}$$

$$+ \frac{\displaystyle\sum_i \frac{h^2}{8\pi^2 m}\int \psi_0^*\,\psi_0\left(\frac{\partial v}{\partial x_i}\right)^2 d\tau}{\int (1+v)^2\,\psi_0^*\,\psi_0\,d\tau} \tag{14,19}$$

Gl. (14,19) gilt noch ganz allgemein, es steht uns sogar noch offen, beliebige Funktionen ψ_0 und v auszuprobieren, mit denen $\overline{H}$ ein Minimum wird.

Jetzt wollen wir aber unserem Programm gemäß voraussetzen, daß H sich in der Form $H_0 + u$ schreiben läßt, worin u die Störungsenergie bedeuten soll. Ferner sei die Gleichung $H_0\,\psi_0 = E_0\,\psi_0$ gelöst, E_0 der Eigenwert des ungestörten Systems. So wird aus (14,19):

$$\overline{H} = E_0 + \overline{H}_1 \quad \text{mit}$$

$$\overline{H}_1 = \frac{u_{00} + 2\,(u\,v)_{00} + (u\,v^2)_{00} + \displaystyle\sum_{i=1}^{3N} \frac{h^2}{8\pi^2 m}\left[\left(\frac{\partial v}{\partial x_i}\right)^2\right]_{00}}{1 + 2\,v_{00} + (v^2)_{00}} \tag{14,20}$$

Der Bruch stellt die Störungsenergie als Funktion der Variations-Parameter dar und ist durch geeignete Wahl derselben zu minimisieren. Der ungestörte Zustand geht in $\overline{H}_1$ nur durch seine Verteilungsfunktion $|\psi_0|^2$ ein.

Wir nehmen an, daß keine Entartung des Ausgangszustandes vorliegt. Man kann Entartung zulassen, wenn man voraussetzt, daß die „richtige Linearkombination" $\psi_0 = \sum c_n \psi_n$ schon festliegt (z. B. aus der normalen Störungsrechnung 1. Ordnung) und die gestörte Funktion in genügender Annäherung in der Form $(1+v)\,\psi_0$ geschrieben werden kann. Wir können unser ψ_0 also auch in diesem etwas erweiterten Sinne auffassen.

Im Sinne der Störungsrechnung ist v als klein zu betrachten. Wir entwickeln deshalb (14,20) bis zu Gliedern mit v^2 und uv, dann wird:

$$\overline{H}_1 \cong u_{00} + 2\,(u\,v)_{00} - 2\,u_{00}\,v_{00} + \frac{h^2}{8\pi^2 m}\sum_i \left[\left(\frac{\partial v}{\partial x_i}\right)^2\right]_{00} \tag{14,21}$$

Im Sinne der SCHRÖDINGERschen Störungsrechnung 2. Ordnung wäre $v = \lambda u$ zu setzen, mit dem einzigen Variationsparameter λ. Es kommen aber häufig Störungsfunktionen u vor, die Singularitäten besitzen, so daß die Integrale mit $\psi_0\,(1+v)$ nicht mehr konvergieren. In solchen Fällen wird man v nicht einfach mit u identifizieren, sondern für v eine Form wählen, die mit u möglichst weitgehend übereinstimmt, aber in der Umgebung der Singularität von u endlich bleibt. Die Anfangsglieder einer Reihenentwicklung von u nach Multipolen geben meist schon brauchbare Ausdrücke für v. Um uns diese Möglichkeit offen zu halten, setzen wir in (14,21) $v = \lambda w$, worin w sich in der beschriebenen Weise

§ 15. Störungsrechnung mit zeitveränderlichen Amplituden. 75

von u unterscheiden kann. Bestimmt man noch λ aus $\frac{\partial \overline{H}_1}{\partial \lambda} = 0$ und setzt den gefundenen Wert ein, dann resultiert die allgemeine Formel für die Störungsenergie in 2. Näherung:

$$\varepsilon = \overline{H}_{1\min} = u_{00} - \frac{[(u\,w)_{00} - u_{00}\,w_{00}]^2}{\frac{h^2}{8\pi^2 m} \sum_i \left[\left(\frac{\partial w}{\partial x_i}\right)^2\right]_{00}} \qquad (14,22)$$

Wenn u keine Singularitäten hat, setzen wir in 1. Näherung $w = u$ und erhalten für (14,22):

$$\varepsilon = u_{00} - \frac{[(u^2)_{00} - u_{00}{}^2]^2}{\frac{h^2}{8\pi^2 m} \sum_i \left[\left(\frac{\partial u}{\partial x_i}\right)^2\right]_{00}} \qquad (14,23)$$

(14,20) bis (14,23) sind ganz allgemeine Formeln für die Eigenwertstörung 2. Näherung, in der die lästige Summe, die in Gl. (14,7) auftritt, vermieden ist, ohne daß dadurch eine Willkür entsteht. Gemäß seiner Ableitung aus dem Variationsprinzip stellt (14,20) eine obere Grenze für die Energie dar, was allerdings für (14,21–23) wegen der gemachten Vernachlässigungen nicht mehr gilt. Der in Gl. (14,11) offen gebliebene Mittelwert ist damit zu $\overline{E} = -\dfrac{h^2}{8\pi^2 m\,[(u^2)_{00} - u_{00}{}^2]} \sum_i \left[\left(\dfrac{\partial u}{\partial x_i}\right)^2\right]_{00}$

bestimmt. Es steht uns aber stets frei, auf die allgemeine Gl. (14,20) zurückzugreifen und ein v mit beliebig viel Parametern anzusetzen, die alle aus der Minimumsforderung an $\overline{H}_1$ bestimmt werden. Mit $v = \lambda\,w$, worin w noch beliebig viele weitere Parameter enthält, bekommt man analog zu (14,22) aus (14,20) ohne jede Vernachlässigung:

$$\varepsilon = u_{00} - \frac{[((u-\varepsilon)w)_{00}]^2}{((u-\varepsilon)w^2)_{00} + \frac{h^2}{8\pi^2 m} \sum_i \left[\left(\frac{\partial v}{\partial x_i}\right)^2\right]_{00}} \qquad (14,24)$$

Dies entspricht (14,6) und kann ähnlich wie (14,6) nach ε durch ein Iterationsverfahren aufgelöst werden. Für w gilt alles oben Gesagte. Dadurch läßt sich die Genauigkeit beliebig weit treiben, auch in solchen Fällen, wo u nicht mehr als klein gegen H_0 angesehen werden kann. Wir haben damit dann einen Spezialfall des allgemeinen Variationsverfahrens vor uns.

Wir werden bei den Anwendungen noch eine ganze Reihe von direkten Näherungsansätzen kennen lernen, die dem jeweiligen Problem besonders angepaßt sind. Gemeinsam haben sie alle das, daß man mit einer Näherungsfunktion, die von geeignet gewählten Parametern abhängt, in $\overline{H}$ eingeht, die Integrationen ausführt und dann die Parameter aus der Minimumsforderung der Energie bestimmt.

§ 15. Störungsrechnung mit zeitveränderlichen Amplituden[15].

Wir haben bisher in der Störungstheorie nur stationäre Zustände betrachtet. Sehr häufig interessiert uns aber in der Chemie gerade der Ablauf des Störungsprozesses, z. B. bei den chemischen Reaktionen. Um

76   Kapitel II.

diese verfolgen zu können, müssen wir auf die zeitabhängige Gleichung (11,6) zurückgreifen

$$H\psi = -\frac{h}{2\pi i}\frac{\partial\psi}{\partial t} \tag{15,1}$$

Wir schreiben darin $H = H_0 + u(x,t)$, wo u eine kleine Störung bedeuten soll, die außer von den Lagekoordinaten (angedeutet durch x) auch von der Zeit t abhängen möge. Da die Lösungen der „ungestörten" Gleichung

$$H_0\psi_i = E_i\psi_i \tag{15,2}$$

sind, suchen wir Gl. (15,1) durch den Ansatz zu befriedigen:

$$\psi = \sum_n c_n(t)\,\psi_n\,e^{-\frac{2\pi i}{h}E_n t} \tag{15,3}$$

Nach (15,2) haben wir dann:

$$H_0\psi = \sum_m c_m(t)\,E_m\psi_m\,e^{-\frac{2\pi i}{h}E_m t} \tag{15,4}$$

Wir können jedes $u\,\psi_m$ nach ungestörten Eigenfunktionen entwickeln, dann wird das ganze:

$$u\,\psi_m = \sum_{n,m} c_m(t)\,u_{nm}(t)\,\psi_n\,e^{-\frac{2\pi i}{h}E_m t} \tag{15,5}$$

Ferner wird

$$-\frac{h}{2\pi i}\frac{\partial\psi}{\partial t} = \sum_n\left(c_n E_n\psi_n - \frac{h}{2\pi i}\psi_n\frac{\partial c_n}{\partial t}\right)e^{-\frac{2\pi i}{h}E_n t} \tag{15,6}$$

Setzt man alles dies in (15,1) ein, so folgt schließlich:

$$-\frac{h}{2\pi i}\sum_n\frac{\partial c_n}{\partial t}\,\psi_n\,e^{-\frac{2\pi i}{h}E_n t} = \sum_{n,m} c_m\,u_{nm}\,\psi_n\,e^{-\frac{2\pi i}{h}E_m t} \tag{15,7}$$

Diese Gleichung kann nur erfüllt sein, wenn die Koeffizienten von ψ_n auf beiden Seiten gleich sind, d. h. wenn

$$-\frac{h}{2\pi i}\frac{\partial c_n}{\partial t} = \sum_m c_m(t)\,u_{nm}(t)\,e^{-\frac{2\pi i}{h}(E_m-E_n)t} \tag{15,8}$$

ist.

Wir betrachten einen ganz einfachen Fall: $u(t)$ sei unstetig, und zwar gleich 0 bis zum Zeitpunkt $t = 0$, dann nehme es einen konstanten endlichen Wert an. Bis zum Moment $t = 0$ sei:

$$\psi = c_0\,\psi_0\,e^{-\frac{2\pi i}{h}E_0 t} \tag{15,9}$$

Wegen $u = 0$ bleiben dann bis $t = 0$ alle übrigen $c_n = 0$. Im Moment $t = 0$ ist auf der rechten Seite von (15,8) nur c_0 vorhanden, also wird:

$$-\frac{h}{2\pi i}\frac{\partial c_n}{\partial t} = c_0\,u_{n0}\,e^{-\frac{2\pi i}{h}(E_0-E_n)t} \tag{15,10}$$

§ 15. Störungsrechnung mit zeitveränderlichen Amplituden.   77

Für kurze Zeiten, d. i. wenn t klein bleibt gegenüber $\dfrac{h}{2\pi(E_0 - E_n)}$, wird

$$c_n = -\frac{2\pi i}{h} u_{n0}\, e^{-\frac{2\pi i}{h}(E_0 - E_n)t} \cdot t \qquad (15,11)$$

Daher ist

$$c_n{}^* c_n = |c_n|^2 = |u_{n0}|^2 \cdot \frac{4\pi^2}{h^2} \cdot t^2 \qquad (15,12)$$

$|c_n|^2$ ist die Wahrscheinlichkeit im Zeitpunkte t den Zustand n vorzufinden, falls für $t = 0$ nur der Zustand 0 vorlag und bei $t = 0$ plötzlich die Störungsenergie u eingeschaltet wurde.

Dies Resultat deutet die Quadrate der Matrixelemente u_{nm} für $n \neq m$ als Übergangswahrscheinlichkeit. Aus (15,11) folgt allgemein: wenn u_{n0} verschwindet, dann finden keine Übergänge statt von dem Zustand 0 zum Zustande n; wir können durch ein solches u niemals den Zustand n vom Zustande 0 aus anregen („Übergangsverbote").

Wenn alle c_n außer dem anfangs angeregten dauernd klein bleiben, dann gilt Gl. (15,10) für alle Zeiten und für jedes c_n als Näherungsgleichung. Die den Randbedingungen genügenden Lösungen c_n von (15,10) sind

$$c_0 = e^{-\frac{2\pi i}{h} u_{00}t}, \qquad c_n = u_{n0}\,\frac{e^{-\frac{2\pi i}{h}(E_0 - E_n)t} - 1}{E_0 - E_n} \qquad (15,13)$$

Die Wahrscheinlichkeit, zur Zeit t den Zustand ψ_n anzutreffen ergibt sich nach (15,13)

$$|c_0|^2 = 1, \qquad |c_n|^2 = 4\,\frac{|u_{n0}|^2}{(E_0 - E_n)^2}\,\sin^2 \frac{\pi}{h}(E_0 - E_n)t \qquad (15,14)$$

Es tritt also wohl anfangs ein Anwachsen proportional t^2 ein, bei längerer Zeit wechselt aber die Anregung von ψ_n periodisch mit der Zeit, wobei die Frequenz durch die Energiedifferenz zwischen dem Grundzustand und dem angeregten Zustand festgelegt ist.

Im Grenzfall verschwindender Energiedifferenz zwischen Anfangs- und Endzustand ergibt sich aus (15,12) genau das quadratische Anwachsen mit der Zeit. Gemäß den benutzten Voraussetzungen gilt diese ganze Näherung natürlich nur so lange, als alle c_n klein gegen 1 bleiben. Diese Bedingung ist in vielen praktischen Fällen erfüllt. Es ist dann aber sehr überraschend, daß die auf die Zeiteinheit bezogene Wahrscheinlichkeit eines Quantensprunges, die durch $d|c_n|^2/dt$ gegeben wird, nicht unabhängig von der Zeit ist, die seit Einschaltung der Störungsenergie vergangen ist, sondern linear mit dieser anwächst. Man würde unter der genannten Voraussetzung einer sehr kleinen Übergangswahrscheinlichkeit, d. h. unter Vernachlässigung der Abnahme von $|c_0|^2$ infolge der Sprünge in den n-ten Zustand, sowie Vernachlässigung der rückwärts erfolgenden Quantensprünge von n nach 0 eher erwarten, daß $d|c_n|^2/dt$ eine Konstante ist. Bei einer Gesamtheit von vielen Systemen der betrachteten Art würde das bedeuten, daß nach Einschaltung der Störungsenergie die Zahl der pro Zeiteinheit vom Anfangs- in den Endzustand übergehenden Systeme konstant ist, solange die Zahl der Systeme im Ausgangszustand als konstant betrachtet werden kann. Diese Konstante muß sich proportional $|u_{n0}|^2$ herausstellen, wenn der Auffassung von $|u_{n0}|^2$ als Übergangswahrscheinlichkeit eine mehr als formale Bedeutung zukommen soll.

Diese Verhältnisse stellen sich nun in der Tat ein, wenn wir es nicht mit diskreten Zuständen, sondern mit einem Kontinuum von Energiezuständen zu tun haben. Nehmen wir einmal an, daß der Anfangszustand zwar scharf ist, daß aber als Endzustand nicht nur ein Zustand mit der scharfen Energie E_n ($\cong E_0$), sondern ein ganzes Kontinuum von Zuständen in der Umgebung von E_0 in Frage kommt. In einem solchen Fall interessiert uns garnicht die Übergangswahrscheinlichkeit zu einem bestimmten Niveau E_n innerhalb dieses Kontinuums, sondern nur die gesamte Übergangswahrscheinlichkeit zu einem der Zustände mit einem E_n in der Umgebung von E_0.

Um diese gesamte Übergangswahrscheinlichkeit zu finden, denken wir uns das Kontinuum ersetzt durch eine Folge von außerordentlich dicht liegenden diskreten Zuständen, deren Eigenfunktionen sich nur wenig unterscheiden. Die Anzahl der Zustände mit einer Energie zwischen E und $E + dE$ sei $N\,dE$, worin N eine Konstante bedeuten soll.*) In der Energieskala sollen unsere diskreten Ersatzzustände also äquidistant liegen. Sie mögen einen Bereich von $E_0 - \varepsilon_1$ bis $E_0 + \varepsilon_2$ erfüllen. Dann ist nach den Gesetzen der Wahrscheinlichkeitsrechnung die gesamte Wahrscheinlichkeit, im Zeitpunkt t nach dem Einschalten der Störungsenergie irgend einen dieser Zustände anzutreffen:

$$|C_n|^2 = \int\limits_{E_0-\varepsilon_1}^{E_0+\varepsilon_2} |c_E|^2 N\,dE = 4N \int\limits_{E_0-\varepsilon_1}^{E_0+\varepsilon_2} \frac{|u_0(E)|^2}{(E_0-E)^2}\,\sin^2\frac{\pi}{h}\,(E_0-E)\,t\,dE \quad (15,15)$$

(Wir haben bei c jetzt die Energie E als Index geschrieben).
Mit $E_0 - E = x$ wird daraus:

$$|C_n|^2 = 4N \int\limits_{-\varepsilon_1}^{+\varepsilon_2} |u_0(x)|^2 \,\frac{\sin^2\frac{\pi}{h}\,x\,t}{x^2}\,dx \quad (15,16)$$

Die Funktion $\sin^2\frac{\pi}{h}xt/x^2$ hat in dem Integrationsgebiet bei $x = 0$ ein steiles Maximum und fällt nach beiden Seiten außerordentlich schnell ab. Wir begehen deshalb keinen großen Fehler, wenn wir erstens die Integration von $-\infty$ bis $+\infty$ anstatt von $-\varepsilon_1$ bis $+\varepsilon_2$ erstrecken und zweitens für die Funktion $|u_0(x)|^2$ ihren Wert $|u_{0n}|^2$ an der Stelle $x = 0$ setzen. In dieser Annäherung wird aus (15,16):

$$|C_n|^2 = 4N\,|u_{0n}|^2 \int\limits_{-\infty}^{+\infty} \frac{\sin^2\frac{\pi}{h}\,x\,t}{x^2}\,dx = \frac{4N\pi^2}{h}\,|u_{0n}|^2 \cdot t \;^*) \quad (15,17)$$

Die Übergangswahrscheinlichkeit in das betrachtete Gebiet des Kontinuums wird also

$$\frac{d|C_n|^2}{dt} = \frac{4N\pi^2}{h}\,|u_{0n}|^2 \quad (15,18)$$

Jetzt ist die Wahrscheinlichkeitszunahme pro Zeiteinheit, das System im Endzustand anzutreffen, eine Konstante, und zwar proportional $|u_{0n}|^2$, ganz wie wir es oben verlangt hatten, wenn die Deutung von $|u_{0n}|^2$ als Übergangswahrscheinlichkeit wörtlich genommen werden

---

*) Die Konstante N ist gleich 1 zu setzen, wenn das Wellenpaket, welches den Endzustand mit seiner Energieunschärfe $\varepsilon_1 - \varepsilon_2$ darstellt, auf 1 normiert ist. Diese Festsetzung ist meist bequem.

§ 15. Störungsrechnung mit zeitveränderlichen Amplituden.   79

sollte. Wir haben damit auch gesehen, unter welchen Voraussetzungen und welchen Einschränkungen diese einfache Bedeutung von $|u_{0n}|^2$ zutrifft. In den meisten praktischen Fällen liegen die Voraussetzungen, die uns zu Gl. (15,18) führten, tatsächlich vor. An Stelle des Endzustandes können auch der Ausgangszustand oder alle beide Zustände im Kontinuum liegen, stets wird die praktisch meßbare Übergangswahrscheinlichkeit proportional t. Falls die Störungsenergie selbst, wie im Fall der Lichteinstrahlung, eine periodische Zeitabhängigkeit aufweist, tritt die entsprechende Energie $h\nu$ in Gl. (15,15) bis (15,18) zu den Energien E_0 und E_n. Hier erfordert die Unschärfe von ν, selbst bei scharfem E_0 und E_n, die Integration (15,15) und bewirkt damit die lineare Zeitabhängigkeit von $|c_n|^2$. Bei chemischen Reaktionen, auf die wir in Kap. VIII diese Störungsrechnung mit zeitveränderlichen Amplituden anwenden werden, haben wir es bei wellenmechanischer Behandlung der Kernbewegungen stets mit Übergängen zwischen Kontinuumszuständen zu tun und messen deshalb durch $|u_{n0}|^2$ in einfachen Fällen direkt die Reaktionswahrscheinlichkeit.

Eine Einschränkung ist aber sehr wesentlich und diese tritt häufig auch dann in Kraft, wenn wir es mit Kontinuumszuständen zu tun haben. Das ist die Voraussetzung einer so geringen Übergangswahrscheinlichkeit $|u_{n0}|^2$, daß erstens während der ganzen betrachteten Zeitdauer die Zahl der Systeme, die sich im Ausgangszustand befinden, praktisch unverändert bleibt, und daß zweitens die inversen Übergangsprozesse von n zu 0 keine merkliche Rolle spielen. Wir werden im Kapitel VIII sehen, daß die Frage nach der Gültigkeit dieser Voraussetzung für das Problem entscheidend werden kann.

Wenn wir die genannte Einschränkung $c_0 = \text{const}$ aufgeben wollen, dann müssen wir auf das simultane Gleichungssystem (15,8) zurückgreifen. Als Beispiel suchen wir die Lösung auf in dem einfachen Fall, wo von einem diskreten Grundzustand ψ_0 aus nur ein einziger, ebenfalls diskreter Zustand ψ_n merklich angeregt wird. Dann reduziert sich das Gleichungssystem (15,8) näherungsweise auf die beiden gekoppelten Differentialgleichungen:

$$\frac{h}{2\pi i}\frac{dc_n}{dt} + u_{nn}c_n + u_{n0}c_0\,e^{-\frac{2\pi i}{h}(E_0-E_n)t} = 0$$
$$\frac{h}{2\pi i}\frac{dc_0}{dt} + u_{00}c_0 + u_{0n}c_n\,e^{\frac{2\pi i}{h}(E_0-E_n)t} = 0 \tag{15,19}$$

Geht man mit dem Ansatz

$$c_0 = A_1\,e^{\frac{2\pi i}{h}\alpha_1 t} + A_2\,e^{\frac{2\pi i}{h}\alpha_2 t}$$
$$c_n = B_1\,e^{\frac{2\pi i}{h}\beta_1 t} + B_2\,e^{\frac{2\pi i}{h}\beta_2 t} \tag{15,20}$$

in diese ein, dann erhält man:

$$\beta_1 = \alpha_1 - E_0 + E_n \qquad\qquad \beta_2 = \alpha_2 - E_0 + E_n \tag{15,21}$$

$$B_1(\beta_1 + u_{nn}) + A_1 u_{n0} = 0 \qquad B_2(\beta_2 + u_{nn}) + A_2 u_{n0} = 0$$
$$B_1 u_{0n} \qquad\quad + A_1(\alpha_1 + u_{00}) = 0 \quad B_2 u_{0n} \qquad\quad + A_2(\alpha_2 + u_{00}) = 0 \tag{15,22}$$

Für $\alpha_{1,2}$ und $\beta_{1,2}$ ergeben sich aus der Forderung des Verschwindens der Determinanten von (15,22) sowie aus (15,21) die Gleichungen:

$$\alpha_{1,2} + u_{00} = \frac{E_0 + u_{00} - E_n - u_{nn}}{2} \pm \sqrt{\frac{1}{4}(E_0 + u_{00} - E_n - u_{nn})^2 + |u_{0n}|^2}$$

$$\beta_{1,2} + u_{nn} = -\frac{E_0 + u_{00} - E_n - u_{nn}}{2} \pm \sqrt{\frac{1}{4}(E_0 + u_{00} - E_n - u_{nn})^2 + |u_{0n}|^2}$$

und weiter: $\qquad\qquad\qquad\qquad\qquad\qquad\qquad\qquad\qquad$ (15,23)

$$B_1 = -\frac{\alpha_1 + u_{00}}{u_{0n}} A_1 \qquad\qquad B_2 = -\frac{\alpha_2 + u_{00}}{u_{0n}} A_2$$

Wenn die Störungsenergie im Zeitpunkt $t = 0$ plötzlich eingeschaltet wird, ist als Randbedingung zu fordern:

$$A_1 + A_2 = 1 \qquad\qquad B_1 + B_2 = 0 \qquad\qquad (15,24)$$

So erhält man schließlich aus (15,19) bis (15,24):

$$A_1 = \frac{\alpha_2 + u_{00}}{\alpha_2 - \alpha_1} \qquad\qquad A_2 = -\frac{\alpha_1 + u_{00}}{\alpha_2 - \alpha_1}$$

$$B_1 = \frac{u_{n0}}{\alpha_2 - \alpha_1} \qquad\qquad B_2 = -\frac{u_{n0}}{\alpha_2 - \alpha_1}$$

$\qquad\qquad\qquad\qquad\qquad\qquad\qquad\qquad\qquad\qquad\qquad$ (15,25)

Mit diesen Werten der Konstanten ergibt sich die uns interessierende Übergangswahrscheinlichkeit

$$|c_n|^2 = \frac{4\,|u_{0n}|^2}{(E_n + u_{nn} - E_0 - u_{00})^2 + 4\,|u_{0n}|^2}$$

$$\times \left[\sin t\,\frac{\pi}{h}\,\sqrt{(E_n + u_{nn} - E_0 - u_{00})^2 + 4\,|u_{0n}|^2}\right]^2 \quad (15,26)$$

was für extrem kleine t, sowie für große t, wenn $4\,|u_{0n}|^2$ klein gegen $(E_0 - E_n)^2$ ist, mit (15,14) zusammenfällt. Ein Verschwinden des Nenners sowie des Zählers tritt hier auch im Resonanzfall nicht mehr ein, was ja aus Normierungsgründen zu verlangen ist. Denn für sehr große Zeiten widerspricht sowohl ein quadratisches wie ein lineares Anwachsen von $|c_n|^2$ mit der Zeit der Erhaltung der Normierung. Jetzt finden wir dagegen aus (15,20) bis (15,25)

$$|c_0|^2 = \frac{(E_n + u_{nn} - E_0 - u_{00})^2}{(E_n + u_{nn} - E_0 - u_{00})^2 + 4\,|u_{0n}|^2}$$

$$+ \frac{4\,|u_{0n}|^2 \left[\cos t\,\frac{\pi}{h}\,\sqrt{(E_n + u_{nn} - E_0 - u_{00})^2 + 4\,|u_{0n}|^2}\right]^2}{(E_n + u_{nn} - E_0 - u_{00})^2 + 4\,|u_{0n}|^2} \quad (15,27)$$

also nach (15,26) und (15,27)

$$|c_0|^2 + |c_n|^2 = 1 \qquad\qquad\qquad\qquad (15,28)$$

für alle Zeiten t. Damit ist die Erhaltung der Normierung bewiesen.

Wir werden uns besonders in Kap. VIII auf die allgemeinen Überlegungen dieses Paragraphen beziehen.

Literatur zu Kapitel II.   81

Literatur zu Kapitel II.

Zusammenfassende Darstellungen.

1. L. DE BROGLIE, Einführung in die Wellenmechanik. Leipzig 1929.
2. M. BORN, P. JORDAN, Elementare Quantenmechanik. Berlin 1930.
3. P. A. M. DIRAC, The Principles of Quantum Mechanics. Second Ed. Oxford 1935.
4. W. HEISENBERG, Die physikalischen Prinzipien der Quantentheorie. Leipzig 1930.
5. J. NEUMANN, Mathematische Grundlagen der Quantenmechanik. Berlin 1932.
6. W. PAULI, Die allgemeinen Prinzipien der Wellenmechanik. Handbuch der Physik **24** 1. Teil S. 83. Berlin 1933.
7. J. FRENKEL, Wave Mechanics. Oxford 1933/34.
8. E. FUES, Beugungsversuche mit Materiewellen. Einführung in die Quantenmechanik. Handbuch der Experimentalphysik, Ergänzungswerk Bd. II. Leipzig 1935.
9. L. PAULING, E. B. WILSON, Introduction to Quantum Mechanics. (With Applications to Chemistry.) New York – London 1935.

Originalarbeiten.

Bezüglich der großen Zahl von Originalarbeiten zur allgemeinen Quantenmechanik muß auf die Lehrbuchliteratur verwiesen werden, von der ein Ausschnitt oben angeführt ist. Wir führen hier nur einige wenige Arbeiten an, auf die im Text unmittelbar Bezug genommen wurde.

1925

10. W. HEISENBERG, Zs. f. Phys. **33** S. 879 (Einführung der neuen Quantenmechanik).
11. M. BORN, P. JORDAN, Zs. f. Phys. **34** S. 858 (Matrizenmechanik).
12. L. DE BROGLIE, Ann. de Physique (10) **3** S. 22 (Die Wellennatur des Elektrons).

1926

13. M. BORN, W. HEISENBERG, P. JORDAN, Zs. f. Phys. **35** S. 557 (Ausbau der Matrizenmechanik).
14. E. SCHRÖDINGER, Ann. d. Phys. **79—81**. Gesammelt in: Abhandlungen zur Wellenmechanik. Leipzig 1927 (Begründung der Wellenmechanik).
15. P. A. M. DIRAC, Proc. R. Soc. **112** S. 661 (Störungsrechnung mit zeitveränderlichen Amplituden).

1927

16. C. G. DARWIN, Proc. R. Soc. **117** S. 258 (Wellenpakete).
17. E. H. KENNARD, Zs. f. Phys. **44** S. 326 (Wellenpakete).
18. P. EHRENFEST, Zs. f. Phys. **45** S. 455 (Mittlere Gültigkeit der klassischen Mechanik, Schwerpunktssätze).

1930

19. J. E. LENNARD-JONES, Proc. R. Soc. **129** S. 598 (Vereinfachte Störungsrechnung zweiter Näherung durch Aufsummation der Reihen).

1933

20. L. BRILLOUIN, J. de Physique, **4** S. 1 (Verbesserte Störungsrechnung zweiter Näherung mit Reihe).

1935

21. E. WIGNER, Math. und naturw. Anz. d. Ungar. Akad. d. Wissensch. **53** S. 477 (Systematische, verbesserte Störungsrechnung 2. Näherung mit Reihe).

82   Kapitel III.

Kapitel III.

Die freien Atome.

§ 16. Das wasserstoffähnliche Atom.

Das einzige chemische System, dessen quantenmechanische Lösung in aller Strenge und lückenlos bekannt ist, ist das Wasserstoffatom, An dieses schließen deshalb auch die meisten der unten besprochenen Näherungsmethoden der Quantenchemie in irgendeiner Weise an.

Die Schrödingersche Differentialgleichung lautet für das H-Atom:

$$\left[-\frac{h^2}{8\pi^2 m} \Delta - \frac{e^2}{r} \right] \psi = E\psi \tag{16,1}$$

Schreibt man Δ in Kugelkoordinaten (s. Gl. (11,17) sowie Anhang), dann lautet sie:

$$\left[\frac{-h^2}{8\pi^2 m} \left(\frac{1}{r^2} \frac{\partial}{\partial r} r^2 \frac{\partial}{\partial r} + \frac{1}{r^2 \sin\vartheta} \frac{\partial}{\partial\vartheta} \sin\vartheta \frac{\partial}{\partial\vartheta} + \frac{1}{r^2 \sin^2\vartheta} \frac{\partial^2}{\partial\varphi^2} \right) - \frac{e^2}{r} \right] \psi(r,\vartheta,\varphi)$$

$$= E\,\psi(r,\vartheta,\varphi) \tag{16,2}$$

Die von ϑ und φ abhängigen Anteile im Hamiltonoperator entsprechen, wie wir schon oben auseinandersetzten (Gl. 11,16), dem Quadrat des Drehimpulses. Der Eigenwert dieses Operators ist bekannt, es gilt nämlich die Gleichung:

$$-\frac{h^2}{8\pi^2 m} \left(\frac{1}{\sin\vartheta} \frac{\partial}{\partial\vartheta} \sin\vartheta \frac{\partial}{\partial\vartheta} + \frac{1}{\sin^2\vartheta} \frac{\partial^2}{\partial\varphi^2} \right) K_l^m(\vartheta,\varphi)$$

$$= \frac{h^2}{8\pi^2 m} l(l+1)\, K_l^m(\vartheta,\varphi) \tag{16,3}$$

(16,3) ist die Differentialgleichung der sogenannten „Kugelflächenfunktionen" $K_l^m(\vartheta,\varphi)$. Diese sind also Eigenfunktionen des Drehimpulsquadrates. Dieses selbst hat den Eigenwert $\frac{h^2}{4\pi^2} l(l+1)$, worin l eine positive ganze Zahl oder 0 sein muß. Wir können die φ-Abhängigkeit in (16,3) noch abseparieren, indem wir $K_l^m(\vartheta,\varphi) = e^{im\varphi} P_l^m(\vartheta)$ ansetzen, wobei für $P_l^m(\vartheta)$ die Diff.-Gl. übrig bleibt:

$$-\frac{h^2}{8\pi^2 m} \left(\frac{1}{\sin\vartheta} \frac{d}{d\vartheta} \sin\vartheta \frac{d}{d\vartheta} - \frac{m^2}{\sin^2\vartheta} \right) P_l^m(\vartheta) = \frac{h^2}{8\pi^2 m} l(l+1) P_l^m(\vartheta) \tag{16,4}$$

Die Impulskomponente um die z-Achse hat also den scharfen Wert $\frac{h}{2\pi} m$

Damit (16,4) Lösungen hat, darf m von $-l$ bis $+l$ gehen, dabei bleibt der Eigenwert von (16,4) stets derselbe, was wir ja durch Einsetzen des nur von l abhängigen Eigenwertes schon ausgedrückt haben. Die P_l^m schreibt man meist als Funktion von $\cos\vartheta$, sie heißen die „zugeordneten Kugelfunktionen" und werden definiert durch:

$$P_l^m(\cos\vartheta) = \sin^m\vartheta \, \frac{d^m P_n(\cos\vartheta)}{d(\cos\vartheta)^m} \tag{16,5}$$

Hierin schließlich stellt $P_n(\cos\vartheta)$ die gewöhnliche Kugelfunktion dar, am einfachsten definiert durch die Reihenentwicklung:

§ 16. Das wasserstoffähnliche Atom.   83

$$\frac{1}{\sqrt{1+r^2-2\,r\cos\vartheta}} = \begin{cases} \displaystyle\sum_{n=0}^{\infty} r^n P_n(\cos\vartheta) & \text{für } r < 1 \\[3mm] \displaystyle\sum_{n=0}^{\infty} \frac{1}{r^{n+1}} P_n(\cos\vartheta) & \text{für } r > 1 \end{cases} \tag{16,6}$$

In der älteren Bohrschen Theorie deutete man die Reihe ganzzahliger m als Einquantelung des Drehimpulses in die Richtung der z-Achse. Diese modellmäßige Deutung ist oft nützlich, es ist aber darauf zu achten, daß im Gegensatz zur elementaren Theorie der Betrag des Impulses nicht $\frac{h}{2\pi} l$ ist, sondern $\frac{h}{2\pi} \sqrt{l(l+1)}$.

Wir geben die tiefsten Lösungen für $K_l{}^m(\vartheta,\varphi)$ explizit an:

$$K_0{}^0 = \frac{1}{\sqrt{4\pi}} \qquad\qquad K_1{}^{\pm 1} = \sqrt{\frac{3}{8\pi}}\,\sin\vartheta\,e^{\pm i\varphi}$$

$$K_1{}^0 = \sqrt{\frac{3}{4\pi}}\,\cos\vartheta \qquad\qquad K_2{}^{\pm 1} = \sqrt{\frac{15}{8\pi}}\,\sin\vartheta\,\cos\vartheta\,e^{\pm i\varphi}$$

$$K_2{}^0 = \sqrt{\frac{5}{4\pi}}\left(\frac{3}{2}\cos^2\vartheta - \frac{1}{2}\right) \qquad K_2{}^{\pm 2} = \sqrt{\frac{15}{32\pi}}\,\sin^2\vartheta\,e^{\pm 2i\varphi} \tag{16,7}$$

Normierung: $\displaystyle\int_{\cos\vartheta=-1}^{+1}\int_{\varphi=0}^{2\pi} K_l{}^{m*}\cdot K_l{}^m\,d\cos\vartheta\,d\varphi = 1$

Bei unseren späteren Anwendungen werden wir nur die vier Funktionen $K_0{}^0$, $K_1{}^0$, $K_1{}^1$ und $K_1{}^{-1}$ gebrauchen. Für den praktischen Gebrauch ist es häufig bequem, an Stelle von $K_1{}^0$, $K_1{}^1$ und $K_1{}^{-1}$ die Linearkombinationen zu verwenden:

$$K_1{}^0, \quad \frac{1}{\sqrt{2}}\left(K_1{}^1 + i\,K_1{}^{-1}\right), \quad \frac{1}{i\sqrt{2}}\left(K_1{}^1 - i\,K_1{}^{-1}\right)$$

die ebenfalls eine Lösung der Differentialgleichung zum gleichen Eigenwert darstellen. Diese Ausdrücke werden besonders einfach, wenn wir wieder zu kartesischen Koordinaten x, y, z übergehen; die drei Funktionen sind dann:

$$K_1{}^0 = \sqrt{\frac{3}{4\pi}}\frac{z}{r}\,; \quad \frac{1}{\sqrt{2}}\left(K_1{}^1 + i\,K_1{}^{-1}\right) = \sqrt{\frac{3}{4\pi}}\frac{x}{r}\,; \quad \frac{1}{i\sqrt{2}}\left(K_1{}^1 - i\,K_1{}^{-1}\right) = \sqrt{\frac{3}{4\pi}}\frac{y}{r} \tag{16,8}$$

Wir werden diese Funktionen in Kap. IV und VII benutzen, um das Auftreten gerichteter Valenzen zu erklären.

Mit dem Ansatz $\psi(r,\vartheta,\varphi) = K_l{}^m(\vartheta,\varphi)\,\chi(r)$ wird aus (16,2) die Differentialgleichung für $\chi(r)$:

$$\left[-\frac{h^2}{8\pi^2 m}\left(\frac{d^2}{dr^2} + \frac{2}{r}\frac{d}{dr} - \frac{l(l+1)}{r^2}\right) - \frac{e^2}{r}\right]\chi(r) = E\,\chi(r) \tag{16,9}$$

Für den Spezialfall $l = 0$ wurde diese Gleichung in § 10 schon gelöst. (Gl. (10,15–17)). Wir wollen in (16,9) zunächst bequeme Einheiten einführen, indem wir den „Wasserstoffradius" $a_0 = \frac{h^2}{4\pi^2 m e^2}$ als Längeneinheit benutzen. Wenn man (16,9) noch mit a_0/e^2 multipliziert und

Kapitel III.

Tab. 8. Atomare Einheiten.

Physik. Größe	Atom. Einheit, ausgedrückt in gew. Einh.	Zahlenwert wichtiger Größen in at. Einh.
Ladung	$e = 4{,}770 \cdot 10^{-10}$ elektrost. Einh.	Elektronenladung: −1, Elektronenmasse: 1, Protonenmasse: 1838
Masse	$m = 9{,}035 \cdot 10^{-28}$ g	
Länge	$a_0 = \dfrac{h^2}{4\pi^2 m e^2} = 0{,}5285 \cdot 10^{-8}$ cm	Radius der innersten Bohrschen Bahn im H-Atom: 1
Energie	$\dfrac{e^2}{a_0} = \dfrac{4\pi^2 e^4 m}{h^2} = 27{,}08$ e-Volt $= 4{,}306 \cdot 10^{-11}$ erg	Ionisierungsenergie des H-Atoms: $\dfrac{1}{2}$
Drehimpuls	$\dfrac{h}{2\pi} = 1{,}0420 \cdot 10^{-27}$ g cm² sec⁻¹	Drehimpuls eines Elektrons um eine Achse: 1, 2, 3 …
Kraft	$\dfrac{e^2}{a_0^2} = \dfrac{(2\pi)^4 m^2 e^6}{h^4} = 8{,}15 \cdot 10^{-3}$ dyn	Kraft zwischen Kern und Elektron im Bohrschen Modell des H-Atoms im Grundzustand: 1
Geschwindigkeit	$\dfrac{2\pi e^2}{h} = \dfrac{c}{137{,}3} = 2{,}183 \cdot 10^8$ cm/sec	Lichtgeschwindigkeit: 137,3; Geschw. des Elektrons auf der Bohrschen Bahn im H-Atom: 1
Zeit	$\dfrac{a_0 h}{2\pi e^2} = \dfrac{h^3}{8\pi^3 m e^4} = 2{,}4188 \cdot 10^{-17}$ sec	Umlaufzeit auf der innersten Bohrschen Bahn: 2π
Frequenz	$\dfrac{2\pi e^2}{a_0 h} = 4{,}1342 \cdot 10^{15}$ sec⁻¹	Rydbergfrequenz: $1/4\pi$
Feldstärke	$\dfrac{e}{a_0^2} = 5{,}13 \cdot 10^9$ Volt/cm	Feld am Orte der tiefsten Elektronenbahn im Bohrschen Modell des H-Atoms: 1
Potential	$\dfrac{e}{a_0} = 27{,}08$ Volt	Potential am Orte der tiefsten Elektronenbahn im Bohrschen Modell des H-Atoms: 1

§ 16. Das wasserstoffähnliche Atom.
85

festsetzt, alle Längen stets in Vielfachen des Wasserstoffradius und die Energien in Vielfachen der potentiellen Energie des H-Atoms im Grundzustand ($= e^2/a_0 = 27{,}08$ e-Volt) zu messen, läßt sich (16,9) einfach schreiben

$$\left[-\frac{1}{2}\left(\frac{d^2}{dr^2} + \frac{2}{r}\frac{d}{dr} \right) + \frac{1}{2}\frac{l(l+1)}{r^2} - \frac{1}{r} \right]\chi = E\chi \qquad (16,10)$$

Offenbar ist in diesen Maßeinheiten die Elektronenladung gleich -1 zu setzen, denn die potentielle Energie hat die Form $-1/r$ bekommen. Wählt man die Elektronenmasse als Masseneinheit, dann wird die Plancksche Konstante $h = 2\pi$ und $h/2\pi$ die Einheit des Drehimpulses. Diese, zuerst von HARTREE[12] eingeführten, sogenannten „atomaren Einheiten" sind für alle Zahlenrechnungen außerordentlich bequem, wir werden sie von jetzt an bei allen numerischen Rechnungen zugrunde legen. Wir kürzen sie ab: at. E. Tabelle 8 zeigt die wichtigsten atomaren Einheiten, die sich ergeben, wenn man a_0, m und e als Grundeinheiten wählt. In Tabelle 9 sind außerdem noch die Umrechnungsfaktoren der in der Atomistik gebrauchten Energieeinheiten ineinander zusammengestellt.

Tab. 9. Umrechnung von Energieeinheiten.

	at. E.	erg	e-Volt	cm^{-1}	Grad abs.	kcal/Mol
1 at. E. =	1	$4{,}308 \cdot 10^{-11}$	27,08	$2{,}195 \cdot 10^5$	$3{,}144 \cdot 10^5$	624,3
1 erg =	$2{,}321 \cdot 10^{10}$	1	$6{,}285 \cdot 10^{11}$	$5{,}095 \cdot 10^{15}$	$7{,}294 \cdot 10^{15}$	$1{,}449 \cdot 10^{13}$
1 e-Volt =	0,03693	$1{,}591 \cdot 10^{-12}$	1	8106	$1{,}161 \cdot 10^4$	23,05
1 cm^{-1} =	$4{,}556 \cdot 10^{-6}$	$1{,}963 \cdot 10^{-16}$	$1{,}234 \cdot 10^{-4}$	1	1,4318	$2{,}844 \cdot 10^{-3}$
1 Grad abs. =	$3{,}181 \cdot 10^{-6}$	$1{,}371 \cdot 10^{-16}$	$8{,}616 \cdot 10^{-5}$	0,6984	1	$1{,}986 \cdot 10^{-3}$
1 kcal/Mol =	$1{,}602 \cdot 10^{-3}$	$6{,}901 \cdot 10^{-14}$	0,04338	351,6	503,4	1

Nun gehen wir zur allgemeinen Behandlung von (16,10) über. Wir können noch als etwas verallgemeinertes Potential ansetzen

$$U = \frac{C}{r^2} - \frac{Z}{r}$$

Für $C = 0$ und $Z = 1$ haben wir als Spezialfall wieder das H-Atom vor uns. Unsere Gleichung lautet also:

$$\left[-\frac{1}{2}\left(\frac{d^2}{dr^2} + \frac{2}{r}\frac{d}{dr} \right) + \frac{1}{2}\frac{l(l+1)+2C}{r^2} - \frac{Z}{r} \right]\chi = E\chi \qquad (16,11)$$

In der Nähe des Nullpunkts $r = 0$ können wir χ in eine Potenzreihe entwickeln. Das erste Glied läßt sich sofort angeben, wenn man fordert, das χ am Nullpunkt nicht unendlich wird. χ mag sich also am Nullpunkt wie $r^{l'}$ verhalten, wo l' eine positive Zahl oder 0 ist. Für l' bekommt man aus der Differentialgleichung, indem man das Verschwinden des Koeffizienten von $\frac{1}{r^2}$ verlangt:

$$l'(l'+1) = l(l+1) + 2C \qquad (16,12)$$

Man sieht, daß l' für $C = 0$ mit der Drehimpulsquantenzahl l identisch wird. Für $C \neq 0$ ist l' nicht mehr ganzzahlig. Das Vorhandensein des Potentialanteils C/r^2 äußert sich also in dem Auftreten eines scheinbaren Drehimpulses l'.

86   Kapitel III.

Die zweite Randbedingung für χ ist das Verschwinden im Unendlichen. Streichen wir, um das Verhalten von χ im Unendlichen abzuschätzen, in der Differentialgleichung alle Glieder mit $\frac{1}{r}$ und mit $\frac{1}{r^2}$, dann bleibt:

$$-\frac{1}{2}\frac{d^2}{dr^2}\chi = E\chi \quad \text{also} \quad \chi = e^{-\varepsilon r} \quad \text{mit} \quad E = -\frac{1}{2}\varepsilon^2 \qquad (16,13)$$

als Lösung, die den Randbedingungen gehorcht und für genügend große r näherungsweise den Verlauf der Funktion wiedergibt.

Durch diese Betrachtung der Randpunkte wird uns so für $\chi(r)$ der Ansatz nahegelegt:

$$\chi = r^{l'}\, e^{-\varepsilon r} \cdot g(r) \qquad (16,14)$$

worin $g(r)$ nur noch den Bedingungen gehorchen muß, im Nullpunkt in eine Konstante überzugehen — die wir $= 1$ setzen — und im Unendlichen nicht stärker als $e^{\varepsilon r}$ unendlich zu werden. Das Einsetzen von χ in die Diff.-Gl. (16,11) liefert für $g(r)$ schließlich die Gleichung:

$$-\frac{1}{2}\frac{d^2 g}{dr^2} + \left(\varepsilon - \frac{l'+1}{r}\right)\frac{dg}{dr} + \frac{\varepsilon(l'+1)-Z}{r}\, g = 0 \qquad (16,15)$$

Indem wir setzen

$$2\varepsilon r = x \qquad l'+1 - Z/\varepsilon = \alpha \qquad 2(l'+1) = \beta \qquad (16,16)$$

nimmt diese die Form an:

$$\frac{d^2 g}{dx^2} - \left(1 - \frac{\beta}{x}\right)\frac{dg}{dx} - \frac{\alpha}{x}\, g = 0 \qquad (16,17)$$

Diese Gleichung läßt sich leicht durch Reihenentwicklung von g nach steigenden Potenzen von x lösen, wobei das erste Glied gleich 1 zu setzen ist. Man bekommt:

$$g(x) = 1 + \frac{\alpha}{\beta}\, x + \frac{\alpha(\alpha+1)}{\beta(\beta+1)}\frac{x^2}{2!} + \frac{\alpha(\alpha+1)(\alpha+2)}{\beta(\beta+1)(\beta+2)}\frac{x^3}{3!} + \cdots \qquad (16,18)$$

Diese Funktion ist in der Mathematik als sogenannte „entartete hypergeometrische Reihe" bekannt (s. Lit. zum mathematischen Anhang). Für unseren Zweck können wir eine wichtige Eigenschaft, nämlich ihr Verhalten im Unendlichen sofort ablesen. Für große x und endliche α und β bleibt der Bruch bei hohen Potenzen von x schließlich konstant, da der bei jedem folgenden Glied $\frac{x^n}{n!}$ hinzutretende Faktor $\frac{\alpha+n}{\beta+n}$ für große n gegen 1 geht.

Die Reihe verläuft dann bei großen x schließlich wie die Reihe konst $\times \sum_n \frac{x^n}{n!}$, d. h. wie die Exponentialfunktion $e^{+x} = e^{+2\varepsilon r}$. Wenn also unsere Reihe g ins Unendliche geht, wird g wie $e^{+2\varepsilon r}$, somit χ wie $e^{\varepsilon r}$ unendlich. Eine solche Lösung hat physikalisch keinen Sinn.

Nur auf eine Weise kann unsere Randbedingung im Unendlichen gerettet werden, nämlich wenn die Reihe für g bei irgendeinem Gliede abbricht. Das ist aber dann der Fall, wenn $\alpha = -s$ ist, wobei s irgend eine positive ganze Zahl oder 0 bedeutet. Hierdurch ist wieder der Eigenwert festgelegt, aus (16,16) folgt ε zu:

$$\varepsilon = \frac{Z}{1+l'+s} \qquad \text{und} \qquad E = -\frac{1}{2}\varepsilon^2 = -\frac{1}{2}\frac{Z^2}{(1+l'+s)^2} \qquad (16,19)$$

§ 16. Das wasserstoffähnliche Atom.

87

Die obige Überlegung gilt für reelles ε, d. h. alle negativen Eigenwerte E. Für positive E wird ε rein imaginär und es tritt durch $e^{\varepsilon\,r}$ kein Unendlichwerden der Eigenfunktion im Unendlichen auf. In diesem Fall kann E beliebig, positiv vorgegeben werden, (16,18) ist dann eine konvergierende unendliche Reihe. Für Ionisations- und Streuprozesse sind solche Lösungen von Wichtigkeit. Wir haben also ein Kontinuum von positiven E mit laufenden Wellen als zugehörigen Eigenfunktionen und ein diskretes Spektrum von negativen E mit stehenden Schwingungen als Lösungen.

Setzen wir in (16,19) $1 + l' + s = n'$, dann haben wir die bekannte Termformel

$$E = -\frac{1}{2}\frac{Z^2}{n'^2} \tag{16,20}$$

der Spektroskopie vor uns, die für $Z = 1$ und $l' = l$ (das zugehörige n' nennen wir n) in die Balmersche Termformel des Wasserstoffspektrums übergeht. Man führt in der Spektroskopie n' statt n als empirische Korrektion ein, wobei diese „scheinbare Quantenzahl" nicht mehr ganzzahlig zu sein braucht. Unsere Ableitung hat gezeigt, daß dies der Einführung eines Potentials $\frac{C}{r^2}$ äquivalent ist, wobei die eigentlichen Quantenzahlen s und l nach wie vor ganzzahlig bleiben. Die anschauliche Bedeutung von l ist oben besprochen worden. Auch s hat einen unmittelbaren Sinn; diese positive ganze Zahl gibt nämlich die Anzahl der Nullstellen an, welche die Funktion $g(r)$ besitzt. s bedeutet ja die höchste Potenz von x bezw. r, die in g vorkommt und die Gleichung $g(x) = 0$ hat s Lösungen.

Wir sehen die Analogie zur schwingenden Saite, bei der auch der Ton um so höher wird, je mehr Knoten auf der Saite liegen. Entsprechend wächst hier die Energie mit der Knotenzahl. Für $C = 0$ also $l' = l$ bekommen wir außer der $2l + 1$-fachen Entartung, die in jedem kugelsymmetrischen Feld vorliegt, noch eine weitere n-fache Entartung, die für das Coulombfeld charakteristisch ist. Da zu jedem l im ganzen $2l + 1$ Werte von m bei gleicher Energie gehören, wird der gesamte Entartungsgrad

$$\sum_{l=0}^{l=n-1} (2l + 1) = 1 + 3 + 5 + \ldots + (2n - 1) = n^2\text{-fach} \tag{16,21}$$

D. h., im reinen Coulombfeld gehören zu jeder Hauptquantenzahl n, bezw. der Energie $-\frac{1}{2}\frac{Z^2}{n^2}$, im ganzen n^2 unabhängige Eigenfunktionen. Dieser Umstand ist für den Schalenaufbau der Atome im periodischen System wesentlich und wird im folgenden Abschnitt näher besprochen werden.

Jede Lösung $\chi(r)$ muß also 2 Quantenzahlen als Index tragen, erstens die Quantenzahl l des Impulsquadrats, zu dem sie gehört, zweitens die Radialquantenzahl s. Statt s gibt man meistens die sogenannte Hauptquantenzahl $n = 1 + l + s$ an, welche die gesamte Zahl der Nullstellen der Eigenfunktion bedeutet. Wenn C in der Potentialfunktion nicht null ist, stimmt diese aber mit n' in der Energieformel nicht überein, da ja auch l' an Stelle von l getreten ist. Die Hauptquantenzahl n kann also alle ganzzahligen Werte, angefangen von $n = 1$, annehmen. l geht dann von 0 bis $n - 1$, und m von $-l$ bis $+l$.

88   Kapitel III.

Zum Schluß merken wir noch die Eigenfunktionen $\chi_{nl}(r)$ für die tiefsten Zustände hier an. Es wird bei $C = 0$:

$$\chi_{10}(r) = 2\,e^{-r}$$

$$\chi_{20}(r) = \frac{1}{\sqrt{2}}\,e^{-r/2}\left(1 - \frac{r}{2}\right) \qquad \int \chi_{ik}^{2}(r)\,r^2\,\mathrm{d}r = 1 \qquad (16,22)$$

$$\chi_{21}(r) = \frac{1}{2\sqrt{6}}\,e^{-r/2}\,r$$

Der erste Index an χ gibt n, der zweite l an.

Wir können so die Wirkung des Kernfeldes und aller übrigen Ladungen auf ein Elektron irgend eines Atoms näherungsweise durch geeignete Wahl von Z und C in Gl. (16,11), bezw. Z und n' in (16,20) berücksichtigen. Die möglichen Quantenzustände des betrachteten Elektrons, das unter dem Einfluß des Potentialfeldes $-Z/r + C/r^2$ steht, sind dann die oben abgeleiteten.

Neu kommt aber im Problem vieler Elektronen zu unseren bisherigen wellenmechanischen Betrachtungen das Pauliprinzip hinzu. Würden wir uns formal an das Minimumsprinzip der Schrödingergleichung halten, dann wäre der einzige Einfluß, den die Elektronen aufeinander ausüben, ihre elektrostatische Wechselwirkung. Im Gleichgewicht würde jedes Elektron den tiefsten Quantenzustand in dem Feld einnehmen, das durch Atomkern und die statistische Ladung aller übrigen Elektronen gebildet wird. Das ist aber nicht der Fall. Wir sahen schon im ersten Kapitel, daß das Pauliprinzip höchstens 2 Elektronen mit antiparallelem Spin erlaubt dieselbe Zelle im Phasenraum einzunehmen. In der Wellenmechanik entspricht aber gerade eine Eigenfunktion einer solchen Zelle. Wenn wir ein Orthogonalsystem von Eigenfunktionen, also ein Lösungssystem der Schrödingergleichung für gegebenes Potential $U(r)$, vor uns haben, dann beansprucht jede einzelne dieser Eigenfunktionen im Durchschnitt gerade einen Orts-Impuls-Bereich $\Delta p\,\Delta q = h$. Wenn die Potentialkonstanten Z und C für jedes Elektron des Atoms denselben Wert hätten, gälte für sämtliche Elektronen dasselbe Orthogonalsystem und dem Pauliprinzip wäre schon Rechnung getragen, wenn wir, beginnend mit dem Grundzustand, jede durch die 3 Quantenzahlen: s ($=$ Knotenzahl von $g(r)$), l ($\sqrt{l\,(l+1)}$ $=$ Betrag des Drehimpulses) und m (Komponente des Drehimpulses in z-Richtung) gekennzeichnete Eigenfunktionen mit 2 Elektronen besetzten, deren Spins antiparallel stehen. Nun stehen aber die Elektronen im tiefsten Quantenzustand unter der Wirkung einer viel stärkeren Anziehung durch den Kern, als die äußersten, die Valenzelektronen. Wir haben daher verschiedene Potentialfelder und daher nicht mehr streng aufeinander orthogonale radiale Eigenfunktionensyteme χ für die verschiedenen Elektronen eines Atoms. Man pflegt in diesem Fall in erster roher Näherung als „verschiedene" Eigenfunktionen im Sinne des Pauliprinzips diese nicht ganz orthogonalen Funktionen beizubehalten, welche sich für zwei Elektronen mit gleichem l und m nur durch die Knotenzahl s der radialen Eigenfunktion unterscheiden. Wenn dagegen l und m verschieden sind, ist die Orthogonalität immer gesichert. Daß Nichtorthogonalität ein Verstoß gegen das Pauliprinzip bedeutet, sieht man folgendermaßen. ψ_{a0} sei eine schon von 2 Elektronen mit antiparallelem Spin besetzte Eigenfunktion, ψ_{b1} eine andere, einfach besetzte,

§ 17. Das periodische System.   89

die aber nicht orthogonal auf ψ_{a0} ist. Entwickelt man dann ψ_{b1} nach dem Orthogonalsystem der ψ_{an}:

$$\psi_{b1} = \sum_{n=0}^{\infty} c_n \psi_{an}, \qquad c_n = \int \psi_{an}^* \psi_{b1} \, d\tau \qquad (16,23)$$

dann ist c_0 nicht gleich 0, d. h. die Besetzung von ψ_{b1} mit 1 Elektron ist dasselbe wie eine „Verschmierung" dieses Elektrons auf alle Eigenfunktionen ψ_{an}, wobei aber — im Gegensatz zum Pauliprinzip — auch von dem schon voll besetzten ψ_{a0} noch einmal Gebrauch gemacht wird. $|c_0|^2$ gibt — bei Normiertheit von ψ_{b1} — gerade die Wahrscheinlichkeit an, das dritte Elektron in dem verbotenen Zustand anzutreffen. Je mehr $|c_0|^2$ sich 1 nähert, um so stärker ist der Verstoß gegen das Pauliprinzip.

§ 17. Das periodische System.

Wir geben hier einen kurzen Überblick über die elementare Theorie des periodischen Systems.

Wenn man in ganz grober Näherung jeweils den Elektronen mit gleicher Hauptquantenzahl n eine geeignete effektive Kernladung Z zuordnet, dagegen $C = 0$, also $n' = n$ setzt, dann liegt die volle $2n^2$-fache Entartung des Coulomb-Feldes vor und wir erhalten den Schalenaufbau:

$$\begin{array}{ccccc}
n = & 1 & 2 & 3 & 4 & \cdot \cdot \cdot \\
& K & L & M & N & \cdot \cdot \cdot \\
& 2 & 8 & 18 & 32 & \cdot \cdot \cdot
\end{array} \qquad (17,1)$$

Die Buchstaben geben den konventionellen Namen der Schale, die untere Zeile gibt die maximalen Besetzungszahlen $2n^2$.

Bei besserer Annäherung des Abschirmungsfeldes mit einer 2 Konstanten Z und C (bezw. n') enthaltenden Funktion nach (16,11) fallen die Terme für verschiedene Werte von l nicht mehr zusammen, es kann dann sogar vorkommen, daß ein Zustand mit kleinem n und großem l höhere Energie hat als ein solcher mit größerem n, aber kleinerem l. Daher kommt es bekanntlich, daß beim Aufbau des periodischen Systems wiederholt der Aufbau einer neuen Schale beginnt, ehe die vorangehende abgeschlossen ist. Die m-Entartung bleibt dagegen auch bei allgemeinem Zentralfeld noch erhalten. Zu jedem l gehören $2\,l+1$ Terme gleicher Energie, die mit $2\,(2\,l+1)$ Elektronen besetzt werden können.

Man bezeichnet — nach der Klassifikation der optischen Spektren — Elektronen mit

$$\begin{array}{cccccc}
l = & 0 & 1 & 2 & 3 & \cdot \cdot \cdot \cdot \cdot \\
\text{als} & s\text{-} & p\text{-} & d\text{-} & f\text{-} & \cdot \cdot \cdot \cdot \cdot \quad \text{Elektronen.}
\end{array} \qquad (17,2)$$

In dieser Näherung ist uns also ein Atom bekannt, wenn wir für jedes einzelne Elektron seine Eigenfunktion und seinen Beitrag zur Gesamtenergie kennen. Von SLATER[20] ist hierfür ein sehr einfaches halbempirisches Rezept gegeben worden, das man häufig benutzt, wenn es auf große Genauigkeit nicht ankommt.

SLATER setzt die Eigenfunktionen allgemein an in der Form:

$$\psi = r^{n'-1} e^{-\dfrac{Z-\sigma}{n'} r} \qquad (17,3)$$

worin die Parameter folgendermaßen definiert sind: n' ist die „effektive"
Quantenzahl, $Z - \sigma$ die effektive Kernladung, d. h. Z ist die wahre
Kernladung, σ eine „Abschirmungskonstante", die die Abschirmung des
Kernfeldes durch die inneren Elektronen berücksichtigt. Zur Bestim-
mung von n' und σ wird folgende Regel angegeben:

1. Den Werten der wahren Hauptquantenzahl n sind folgende Werte
von n' zuzuordnen:

$$
\begin{array}{ccccccc}
n & = & 1 & 2 & 3 & 4 & 5 & 6 \\
n' & = & 1 & 2 & 3 & 3.7 & 4.0 & 4.2
\end{array}
$$

2. Zur Bestimmung von n' werden die Elektronen in folgende Grup-
pen eingeteilt: $1s$; $2s, p$; $3s, p$; $3d$; $4s, p$; $4d$; $4f$; $5s, p$; $5d$; ......
d. h. die s- und die p-Elektronen zu jeder Hauptquantenzahl werden in
eine Gruppe zusammengefaßt, während die d-, f- u. s. w. Elektronen
eigene Gruppen bilden. Es wird angenommen, daß die Schalen in der
angegebenen Reihenfolge von innen nach außen aufeinander folgen. Die
Abschirmungskonstante für ein bestimmtes Elektron erhält dann die folgenden Beiträge:

a) 0 von allen Schalen außerhalb der betrachteten.

b) einen Betrag von 0.35 von jedem Elektron aus der gleichen Gruppe (mit Ausnahme der $1s$ Gruppe, wo statt dessen 0.30 zu nehmen ist).

c) Bei einer s, p-Gruppe einen Betrag von 0.85 von jedem Elektron
mit einer um 1 kleineren Hauptquantenzahl, einen Betrag von 1.00 von
jedem noch weiter innen befindlichen Elektron. Falls die betrachtete
Schale eine d- oder f- Schale ist, ist ein Betrag von 1.00 für jedes Elektron zu nehmen, das einer weiter innen befindlichen Gruppe angehört.

Die Regeln werden verständlich durch einige Beispiele.

Betrachten wir das C-Atom mit $Z = 6$; dann sind zwei $1s$-, und
vier $2s$-, p-Elektronen vorhanden; als effektive Kernladung der einzelnen Elektronen ergibt sich also für

$1s$: $6 - 0.30 = 5.70$
$2s, p$: $6 - 3 \times 0.35 - 2 \times 0.85 = 3.25$

Oder für das Eisenatom mit $Z = 26$, und zwei $1s$-, acht $2s$-, p-, acht $3s$,
p-, sechs $3d$- und zwei $4s$-Elektronen ergeben sich als effektive Kernla-
dungen:

$1s$: $26 - 0.30 = 25.70$
$2s, p$: $26 - 7 \times 0.35 - 2 \times 0.85 = 21.85$
$3s, p$: $26 - 7 \times 0.35 - 8 \times 0.85 - 2 \times 1.00 = 14.75$
$3d$: $26 - 5 \times 0.35 - 18 \times 1.00 = 6.25$
$4s$: $26 - 1 \times 0.35 - 14 \times 0.85 - 10 \times 1.00 = 3.75$

Die Energieberechnung ist hiermit nun außerordentlich einfach vorzunehmen. Die Gesamtenergie eines Atoms — d. i. das Negative der
Energie, die man aufwenden muß, um alle Elektronen ins Unendliche
zu transportieren — ergibt sich als Summe

$$
E = \frac{1}{2} \sum \left(\frac{Z - \sigma_i}{n_i'} \right)^2 \text{ at. E.} \tag{17,4}
$$

über sämtliche Elektronen. Man darf aber nun nicht ohne weiteres etwa
die Ionisierungsspannung für ein bestimmtes Elektron berechnen wollen,
indem man nur aus der obigen Summe denjenigen Summanden berücksichtigt, der sich auf dieses Elektron bezieht; man würde dann nämlich
den folgenden Fehler begehen: das abionisierte Elektron hat bei die-

§ 17. Das periodische System. 91

sem Rezept einen Einfluß auf die Eigenfunktionen und damit auch die Energie der übrigen Elektronen, da es ja die effektive Kernladung mitbestimmte; diesen Energieanteil würde man aber bei der angedeuteten Rechenweise außer Betracht lassen, Der korrekte Weg zur Berechnung der Ionisierungsspannung ist darum anders. Man rechnet zuerst, wie oben angegeben, die Gesamtenergie des Atoms aus; darauf wiederholt man dieselbe Rechnung für das Ion; die Differenz der Energien von Atom und Ion gibt dann die Ionisierungsenergie.

Man erhält für die Energie, die nötig ist, um alle Elektronen des C-Atoms zu entfernen:

$$\frac{1}{2}\left[2\,(5{,}70)^2 + 4\left(\frac{3{,}25}{2}\right)^2\right] = 37{,}77 \text{ at. E.} = 1021 \text{ Volt},$$

während man aus den Spektren 1025 Volt findet. Die Energie des Fe-Atoms ergibt sich zu:

$$\frac{1}{2}\left[2\,(25{,}7)^2 + 8\left(\frac{21{,}85}{2}\right)^2 + 8\left(\frac{14{,}75}{3}\right)^2 + 6\left(\frac{6{,}25}{3}\right)^2 + 2\left(\frac{3{,}75}{3{,}7}\right)^2\right]$$
$$= 1249{,}6 \text{ at. E.} = 33800 \text{ Volt}$$

Diesen Wert haben wir in Kapitel I, Tab. 3 benutzt.

Durch einfache Angabe der Quantenzahlen aller einzelnen Elektronen ist ein Atom nur in erster Näherung gekennzeichnet. Bei gleicher Verteilung auf die Hauptquantenzahlen und auf s, p, d-Zustände führt die feinere Wechselwirkung der Elektronen miteinander noch zu einer Energieaufspaltung. In § 49 werden wir uns mit der Theorie dieser Aufspaltung beschäftigen, aber schon hier seien ohne weiterer Begründung einige Grundzüge aus der Termordnung der Atome kurz zusammengestellt.

Die gesamten Impulsmomente der Elektronen setzen sich zu einem resultierenden Drehimpuls zusammen. In einer abgeschlossenen Schale kompensieren sich alle Drehimpulse der Elektronen gegenseitig, daher ist das gesamte Impulsmoment abgeschlossener Schalen immer 0. Auch von den Spins bleibt natürlich kein resultierendes Moment übrig, da sie sich paarweise kompensieren.

Ist bei unabgeschlossenen Schalen ein resultierender Drehimpuls vorhanden vom Betrage $\sqrt{L\,(L+1)}$ mit $L = 0, 1, 2, 3 \ldots \ldots$, so sagt man, das Atom befindet sich in einem S, P, D, F $\ldots \ldots$ -Zustand.

Die Spins setzen sich bei leichten Atomen in erster Näherung unabhängig von den Bahnmomenten zusammen.[*)] Da der Drehimpuls beim Spin $1/2$ ist — gegen 1 beim Bahndrehimpuls —, so ist in unabgeschlossenen Schalen, wenn j Elektronen mit gleichen Spin übrig sind, ein resultierendes Gesamtmoment von $1/2\,j$ vorhanden. Bei einem resultierenden Moment der Spins von $j/2$ sind bei gegebener Vorzugsrichtung, die etwa durch ein äußeres Magnetfeld, aber auch durch die Richtung des resultierenden Bahndrehimpulses gegeben sein kann, noch $j+1$ verschiedene Einstellungen möglich, bei denen sich die Komponenten des resultierenden Drehimpulses in der Vorzugsrichtung um 1 unterscheiden. Man nennt diese Zahl $j+1$ die Multiplizität dieses Terms und bringt sie

---

[*)] Man nennt diesen Fall „RUSSELL-SAUNDERS-Koppelung". Wir setzen sie bei den in diesem Buch behandelten Problemen stets voraus.

Tab. 10. Die Elektronenverteilung in den Atomen.

Ordnungszahl	Element	Ionisierungspotential (Volt)	K 1 — $0\,s$	L 2 — $0\,s$	$1\,p$	M 3 — $0\,s$	$1\,p$	$2\,d$	N 4 — $0\,s$	$1\,p$	$2\,d$	$3\,f$	O 5 — $0\,s$	$1\,p$	$2\,d$	P 6 — $0\,s$	$1\,p$	$2\,d$	Q 7 — $0\,s$	= n / = l
1	H	13,539	1																	^2S
2	He	24,46	2																	^1S
3	Li	5,37	2	1																^2S
4	Be	9,281	2	2																^1S
5	B	8,28	2	2	1															^2P
6	C	11,217	2	2	2															^3P
7	N	14,47	2	2	3															^4S
8	O	13,550	2	2	4															^3P
9	F	18,6	2	2	5															^2P
10	Ne	21,47	2	2	6															^1S
11	Na	5,12	2	2	6	1														^2S
12	Mg	7,61	2	2	6	2														^1S
13	Al	5,96	2	2	6	2	1													^2P
14	Si	8,12	2	2	6	2	2													^3P
15	P	10,3	2	2	6	2	3													^4S
16	S	10,31	2	2	6	2	4													^3P
17	Cl	12,96	2	2	6	2	5													^2P
18	Ar	15,69	2	2	6	2	6													^1S
19	K	4,32	2	2	6	2	6		1											^2S
20	Ca	6,09	2	2	6	2	6		2											^1S
21	Sc	6,57	2	2	6	2	6	1	2											^2D
22	Ti	6,80	2	2	6	2	6	2	2											^3F
23	V	6,76	2	2	6	2	6	3	2											^4F
24	Cr	6,74	2	2	6	2	6	5	1											^7S
25	Mn	7,40	2	2	6	2	6	5	2											^6S
26	Fe	7,83	2	2	6	2	6	6	2											^5D
27	Co	7,81	2	2	6	2	6	7	2											^4F
28	Ni	7,606	2	2	6	2	6	8	2											^3F
29	Cu	7,69	2	2	6	2	6	10	1											^2S
30	Zn	9,35	2	2	6	2	6	10	2											^1S
31	Ga	5,97	2	2	6	2	6	10	2	1										^2P
32	Ge	8,09	2	2	6	2	6	10	2	2										^3P
33	As	9,4	2	2	6	2	6	10	2	3										^4S
34	Se	9,5	2	2	6	2	6	10	2	4										^3P
35	Br	11,80	2	2	6	2	6	10	2	5										^2P
36	Kr	13,940	2	2	6	2	6	10	2	6										^1S
37	Rb	4,16	2	2	6	2	6	10	2	6			1							^2S
38	Sr	5,67	2	2	6	2	6	10	2	6			2							^1S
39	Y	6,5	2	2	6	2	6	10	2	6	1		2							^2D
40	Zr	6,92	2	2	6	2	6	10	2	6	2		2							^3F
41	Nb		2	2	6	2	6	10	2	6	4		1							^6D
42	Mo	7,35	2	2	6	2	6	10	2	6	5		1							^7S
43	Ma		2	2	6	2	6	10	2	6	6		1							^6D
44	Ru	7,7	2	2	6	2	6	10	2	6	7		1							^5F
45	Rh	7,7	2	2	6	2	6	10	2	6	8		1							^4F
46	Pd	8,3	2	2	6	2	6	10	2	6	10									^1S
47	Ag	7,54	2	2	6	2	6	10	2	6	10		1							^2S
48	Cd	8,96	2	2	6	2	6	10	2	6	10		2							^1S
49	In	5,76	2	2	6	2	6	10	2	6	10		2	1						^2P
50	Sn	7,30	2	2	6	2	6	10	2	6	10		2	2						^3P
51	Sb	8,5	2	2	6	2	6	10	2	6	10		2	3						^4S
52	Te		2	2	6	2	6	10	2	6	10		2	4						^3P
53	J	10	2	2	6	2	6	10	2	6	10		2	5						^2P
54	X	12,078	2	2	6	2	6	10	2	6	10		2	6						^1S

§ 17. Das periodische System.   93

Ordnungszahl	Element	Ionisierungspotential (Volt)	K 1	L 2		M 3			N 4				O 5			P 6			Q 7	= n
			0 s	0 s	1 p	0 s	1 p	2 d	0 s	1 p	2 d	3 f	0 s	1 p	2 d	0 s	1 p	2 d	0 s	= l
55	Cs	3,87	2	2	6	2	6	10	2	6	10		2	6		1				^2S
56	Ba	5,19	2	2	6	2	6	10	2	6	10		2	6		2				^1S
57	La		2	2	6	2	6	10	2	6	10		2	6	1	2				^2D
58 bis 71	seltene Erden		2	2	6	2	6	10	2	6	10	1 bis 14	2	6	1	2				
72	Hf		2	2	6	2	6	10	2	6	10	14	2	6	2	2				^3F
73	Ta		2	2	6	2	6	10	2	6	10	14	2	6	3	2				^4F
74	W		2	2	6	2	6	10	2	6	10	14	2	6	4	2				^5D
75	Re		2	2	6	2	6	10	2	6	10	14	2	6	5	2				^6S
76	Os		2	2	6	2	6	10	2	6	10	14	2	6	6	2				^5D
77	Ir		2	2	6	2	6	10	2	6	10	14	2	6	7	2				^4F
78	Pt	8,9	2	2	6	2	6	10	2	6	10	14	2	6	8	2				^3D
79	Au	8,9	2	2	6	2	6	10	2	6	10	14	2	6	10	1				^2S
80	Hg	10,39	2	2	6	2	6	10	2	6	10	14	2	6	10	2				^1S
81	Tl	6,08	2	2	6	2	6	10	2	6	10	14	2	6	10	2	1			^2P
82	Pb	7,39	2	2	6	2	6	10	2	6	10	14	2	6	10	2	2			^3P
83	Bi	8,0	2	2	6	2	6	10	2	6	10	14	2	6	10	2	3			^4S
84	Po		2	2	6	2	6	10	2	6	10	14	2	6	10	2	4			^3P
85	Am		2	2	6	2	6	10	2	6	10	14	2	6	10	2	5			^2P
86	Em	10,689	2	2	6	2	6	10	2	6	10	14	2	6	10	2	6			^1S
87	Vi		2	2	6	2	6	10	2	6	10	14	2	6	10	2	6		1	^2S
88	Ra		2	2	6	2	6	10	2	6	10	14	2	6	10	2	6		2	^1S
89	Ac		2	2	6	2	6	10	2	6	10	14	2	6	10	2	6	1	2	^2D
90	Th		2	2	6	2	6	10	2	6	10	14	2	6	10	2	6	2	2	^3F
91	Pa		2	2	6	2	6	10	2	6	10	14	2	6	10	2	6	3	2	^4F
92	U		2	2	6	2	6	10	2	6	10	14	2	6	10	2	6	5	1	^5D

in der Termbezeichnung zum Ausdruck, indem man die entsprechende Zahl links oben als Index anbringt. So schreibt man z. B. bei einem P-Term mit dem resultierenden Spin $1/2$: ^2P (Dublett P). Entsprechend sind die Termbezeichnungen zu verstehen: ^3S, ^5D (Triplett S, Quintett D). Man kann in der Termbezeichnung auch die Angaben über sämtliche Einzelelektronen aufführen, man schreibt dann z. B.

$$1s^2 \ 2s^2 \ 2p^6 \ 3s^2 \ 3p^6 \ 3d^{10} \ 4s^2 \ \text{ für Zn im Grundzustand.}$$

Die Exponenten geben an, wieviele Elektronen sich in dem entsprechenden Zustand befinden. Man fügt dann zu diesem Symbol, das sich auf die einzelnen Elektronen bezieht, noch die Angabe über resultierendes Bahn- und Spinmoment hinzu. Z. B. schreibt man für den Grundzustand des C-Atoms ausführlich: $1s^2 \ 2s^2 \ 2p^2 \ ^3P$.

Durch einen Index rechts unten (an P) unterscheidet man die verschiedenen Terme desselben Multipletts. Da diese Aufspaltung sehr klein ist, spielt sie für chemische Fragen kaum irgendwo eine Rolle. Wir werden die verschiedenen Terme desselben Multipletts stets als zusammenfallend betrachten.

In Tab. 10 ist eine Zusammenstellung der Elemente des periodischen Systems und ihrer Elektronenverteilung gegeben. Die letzte Spalte enthält das Symbol für den Grundterm des Atoms, Spalte 3, soweit sie bekannt ist, die Ionisierungsenergie, d. h. die Energie in e-Volt, die nötig ist, um das am lockersten gebundene Elektron abzutrennen.

94   Kapitel III.

§ 18. Die Hartree-Methode[12].

Die Betrachtungen des vorhergehenden Paragraphen zum Aufbau des periodischen Systems können leicht auf das Variationsprinzip zurückgeführt werden. Dazu macht man in dem allgemeinen Variationsprinzip des Vielelektronenproblems Gl. (11,3) für ψ den speziellen Ansatz

$$\psi = \psi_a(1) \ \psi_b(2) \ \psi_c(3) \ \ldots . \tag{18,1}$$

worin ψ_a, ψ_b, ψ_c ... die Eigenfunktionen der einzelnen Elektronen bedeuten. 1, 2, 3 ist geschrieben als Abkürzung für sämtliche Koordinaten des ersten, zweiten, dritten . . . . Elektrons. Dies ist bei weitem nicht der beste Ansatz, der überhaupt im Vielelektronenproblem möglich ist. Bildet man $|\psi|^2$, dann sieht man, daß die Wahrscheinlichkeit für eine bestimmte Konfiguration der Elektronen einfach als Produkt der Verteilungsfunktionen der einzelnen Elektronen angesetzt ist. Man setzt bei dieser Annäherung also voraus, daß die Bewegung der Elektronen unabhängig voneinander erfolgt, denn nur in diesem Fall ist die Gesamtwahrscheinlichkeit einer Konfiguration gleich dem Produkt der Wahrscheinlichkeiten, die einzelnen Elektronen an den durch 1, 2, 3 ... gekennzeichneten Punkten anzutreffen. Dies heißt allerdings nicht etwa, daß die Elektronen sich gegenseitig überhaupt nicht beeinflußen, wir werden vielmehr sehen, daß die gesamte „v e r s c h m i e r t e" Ladungsverteilung aller übrigen Elektronen die Verteilungsfunktion des einzelnen Elektrons wesentlich mitbestimmt.

Die einzelnen ψ_n in (18,1) sind als unabhängig zu variierende Funktionen zu betrachten. Außerdem haben wir früher gezeigt, daß die gesternte (konjugiert komplexe) und die ungesternte Funktion unabhängig variiert werden dürfen. Um z. B. die Schrödingergleichung des ersten Elektrons zu erhalten, variieren wir $\psi_a{}^*(1)$ und erhalten aus (11,3):

$$\int \delta\psi_a{}^*(1) \ \psi_b{}^*(2) \ \ldots . \ [H - E] \ \psi_a(1) \ \psi_b(2) \ \ldots . \ d\tau = 0 \quad (18,2)$$

$d\tau$ bedeutet hierin das Produkt der Volumenelemente sämtlicher Elektronen: $d\tau = d\tau_1 \, d\tau_2 \, d\tau_3 \ldots$ Gl. (18,2) kann bei beliebigem $\delta\phi_a{}^*$ nur erfüllt sein, wenn $\psi_a(1)$ der Differentialgleichung gehorcht:

$$\int \psi_b{}^*(2) \ \psi_c{}^*(3) \ldots . \ [H - E] \ \psi_b(2) \, \psi_c(3) \ldots d\tau_2 \, d\tau_3 \ldots \psi_a(1) = 0 \quad (18,3)$$

Der Differentialoperator $H - E$ ist demnach über alle übrigen Elektronen mit Hilfe ihrer Eigenfunktionen ψ_b, ψ_c . . . . zu mitteln, um den Differentialoperator für das erste Elektron zu erhalten.

Die Integration liefert zunächst eine ganze Reihe von Gliedern, die von den Koordinaten des ersten Elektrons garnicht abhängen, nämlich die kinetische Energie aller übrigen Elektronen und die potentielle Energie aller übrigen Elektronen im Kernfeld sowie untereinander.

Als Anteile, die von den Koordinaten des ersten Elektrons abhängen, bleiben übrig: der Operator der kinetischen Energie des ersten Elektrons, die Potentialfunktion des ersten Elektrons im Kernfeld und die Funktion, welche die Wechselwirkung des ersten Elektrons mit allen übrigen Ladungswolken in Abhängigkeit vom Ort des ersten Elektrons angibt. Man prüft dies leicht nach, indem man den Hamiltonoperator (in atomaren Einheiten)

$$H = \frac{1}{2} \sum_i \Delta_i - \sum_i \frac{Z}{r_i} + \sum_{i<k} \frac{1}{r_{ik}} \tag{18,4}$$

§ 18. Die Hartree-Methode.

95

in (18,3) einsetzt und die Integrationen ausführt. Die erste Summe gibt die kinetische Energie, die zweite die potentielle im Kernfeld, die dritte, als Doppelsumme, die potentielle Energie der Elektronen untereinander. Es ist bequem, alle von den Koordinaten des 1. Elektrons unabhängigen Anteile des Integrals in (18,3) in die Konstante E hineinzunehmen. Den so definierten Eigenwert nennen wir E_a und schreiben dann für (18,3):

$$\left[-\frac{1}{2}\Delta_1 - \frac{Z}{r_1} + \sum_{i \neq 1} \int \frac{\psi_i^*(2)\,\psi_i(2)}{r_{12}}\,d\tau_2 \right] \psi_a(1) = E_a\,\psi_a(1) \qquad (18,5)$$

Das Integral ist einfach das Potential des ersten Elektrons im Felde aller übrigen. Es hängt, wenn die gesamte Ladungsverteilung aller übrigen Elektronen kugelsymmetrisch ist, nur von r ab. Bezeichnen wir dies Integral zusammen mit dem vom Kern herrührenden Anteil $-Z/r$ als $U_a(r)$, dann wird unsere Differentialgleichung:

$$\left[-\frac{1}{2}\Delta_1 + U_a(r_1) \right] \psi_a(1) = E_a\,\psi_a(1) \qquad (18,6)$$

In der Näherung, in der man

$$U_a(r) = -\frac{Z}{r} + \sum_{i \neq 1} \int \frac{\psi_i^*(2)\,\psi_i(2)}{r_{12}}\,d\tau_2 \cong -\frac{Z_a}{r} + \frac{C_a}{r^2} \qquad (18,7)$$

setzen kann, wird hierdurch die Ordnung der Elektronen eines Atoms nach wasserstoffähnlichen Quantenzuständen mit der „effektiven Kernladung" Z_a und der „effektiven Quantenzahl" n_a' (s. Gl. 16,11) gerechtfertigt. Es bleibt aber für die Formulierung des Pauliprinzips das Bedenken, daß nur die zu verschiedenen Quantenzahlen l, m gehörigen Eigenfunktionen streng orthogonal sind. Diese Schwierigkeit bleibt auch bestehen, wenn man strenge Lösungen von (18,6) aufsucht. Allerdings stellt sich heraus, daß die Abweichungen von der Orthogonalität sehr klein sind. Schreibt man nämlich (18,6) für 2 Eigenfunktionen mit verschiedenen Quantenzahlen an, die außerdem verschiedenen Orthogonalsystemen angehören:

$$\begin{aligned} \psi_{bm}^* &\quad \left[-\frac{1}{2}\Delta + U_a \right] \psi_{an} = E_{an}\,\psi_{an} \\ \psi_{an} &\quad \left[-\frac{1}{2}\Delta + U_b \right] \psi_{bm}^* = E_{bm}\,\psi_{bm}^* \end{aligned} \qquad (18,8)$$

dann ergibt sich nach der in (18,8) angedeuteten Multiplikation, nach Integration und Subtraktion der Gleichungen:

$$\int \psi_{an}\,\psi_{bm}^*\,d\tau = \frac{\int \psi_{bm}^*\,(U_a - U_b)\,\psi_{an}\,d\tau}{E_{an} - E_{bm}} \qquad (18,9)$$

Dies ist streng 0, wenn ψ_{an} und ψ_{bm} verschiedene Drehimpulsquantenzahlen haben, aber auch sonst für genügend weit entfernte Terme E_{an}, E_{bm} sehr klein, da U_a und U_b wenig verschieden sind und ψ_{an} und ψ_{bm} ihr Maximum in ganz verschiedenen Gebieten haben.

Um strenge Lösungen von (18,6) zu erhalten geht HARTREE so vor, daß er mit groben Näherungen für die ψ_a die Potentiale U_a berechnet und dann die Gleichungen für ψ_a numerisch löst. Das Verfahren wird wiederholt, bis die Lösungen der Diff.-Gl. (18,6) mit den zur Berechnung von U benutzten ψ übereinstimmen.

E_a ist praktisch identisch mit der Ionisierungsenergie des a-ten Elektrons, allerdings nicht ganz streng, da nach Abtrennung dieses Elektrons eine geringfügige Änderung aller übrigen Eigenfunktionen auftritt. Diese zieht eine Energieänderung des Systems der zurückbleibenden Elektronen nach sich, die aber von höherer Ordnung klein ist.

Es ist darauf zu achten, daß die Ionisierungsenergie für mehrere Elektronen nicht gleich der Summe der E_a für die einzelnen Elektronen ist, da in dieser Summe die Coulombsche Wechselwirkung der betrachteten Elektronen doppelt enthalten ist, einmal als Feld von 1 auf 2 und einmal umgekehrt. Die Coulombsche Wechselwirkung, die die abionisierten Elektronen im Atom hatten, ist also von der Summe der entsprechenden E_a einmal abzuziehen, um ihre gesamte Ionisierungsenergie zu erhalten.

Die HARTREEsche[12] Methode hat von FOCK[21] eine wesentliche Verschärfung hinsichtlich des Pauliprinzips erfahren, die wir in den nächsten Paragraphen besprechen werden. Die bisher nach HARTREE-FOCK durchgerechneten Atome und Ionen findet man im Literaturverzeichnis am Schluß des Kapitels.

§ 19. Antisymmetrisierung von Eigenfunktionen.

Wir konnten bis jetzt dem Pauliprinzip nur provisorisch Rechnung tragen. Andererseits haben wir eine wichtige Eigenschaft unserer Schrödingergleichung bei den bisherigen Betrachtungen ganz außer Acht gelassen, nämlich ihre Invarianz gegenüber Vertauschung der verschiedenen Elektronen. Beide Fragen hängen eng zusammen. Wir haben bis jetzt als Näherungslösung für das Vielelektronenproblem angesetzt:

$$\psi = \psi_a(1)\ \psi_b(2)\ \dots \dots \tag{19,1}$$

Hierin ist die Zuordnung zwischen Quantenzellen (gekennzeichnet durch die Indizes a, b . . . . .) und Teilchen (unterschieden durch 1, 2, 3 . . .) ganz gleichgültig. Da der Hamiltonoperator, wie überhaupt jede physikalische Eigenschaft des Systems, unabhängig von einer Vertauschung der Elektronen ist, so ist auch jede Funktion ψ eine Lösung, die sich von (19,1) nur durch Permutation der Koordinaten 1, 2, 3 u. s. w. unterscheidet. Jede einzelne solche Funktion liefert dieselbe Energie. Nach dem Variationsprinzip müssen wir aber eine Linearkombination dieser Funktionen ansetzen und die Koeffizienten aus der Minimumsforderung bestimmen. Im allgemeinen bekommt man dabei als Lösungen der üblichen Störungsgleichungen (Gl. 13,6) so viele verschiedene Linearkombinationen, als es verschiedene Zuordnungen der Elektronen zu den Eigenfunktionen (Quantenzellen) gibt, das sind $N!$ bei einem System aus N Elektronen.

Hier setzt nun das Pauliprinzip ein. Betrachten wir als einfachsten Fall ein System aus N Elektronen, deren Spins sämtlich parallel sind, in dem also keine zwei Elektronen dieselbe Quantenzelle besitzen dürfen. Eine starke Einschränkung unserer $N!$ Lösungen ergibt sich schon, wenn wir fordern, daß die entstehende Verteilungsfunktion des Systems invariant ist gegen jede beliebige Vertauschung der Elektronen. Durch diese Forderung wird — im Einklang mit dem physikalischen Tatbestand —

§ 19. Antisymmetrisierung von Eigenfunktionen. 97

jede Unterscheidung der einzelnen Elektronen unmöglich, alle durch Permutation der Elektronen entstehenden Konfigurationen sind dann prinzipiell ununterscheidbar. Hierin drückt sich die Identität der Elektronen aus.

Mit dieser zusätzlichen Forderung bleiben aus sämtlichen $N!$ unabhängigen Linearkombinationen für ψ nur 2 übrig, nämlich diejenige, die bei einer beliebigen Permutation entweder das Vorzeichen umkehrt oder invariant ist. In beiden Fällen ist die Verteilungsfunktion $|\psi|^2$ invariant gegen alle Permutationen. Das Pauliprinzip entscheidet für die erste der beiden Möglichkeiten. Denn eine solche Linearkombination läßt sich in Form der folgenden Determinante schreiben:

$$\Psi = \begin{vmatrix} \psi_a(1) & \psi_a(2) & \cdots \\ \psi_b(1) & \psi_b(2) & \cdots \\ \psi_c(1) & \psi_c(2) & \cdots \\ \vdots & \vdots & \end{vmatrix} \qquad \text{abgekürzt} = |\psi_l(n)| \qquad (19,2)$$

Diese hat zunächst die Eigenschaft, bei Vertauschung von 2 Spalten (also 2 Elektronen) ihr Vorzeichen umzukehren. Eine beliebige Permutation, die sich aus einer geraden Zahl von Transpositionen zusammensetzt, reproduziert also Ψ, eine solche, die sich aus einer ungeraden Zahl von Transpositionen zusammensetzt, reproduziert Ψ unter Vorzeichenumkehr. $|\Psi|^2$ reproduziert sich also bei jeder Permutation der Teilchen. Außerdem erfüllt aber (19,2) automatisch das Pauliprinzip, denn es wird identisch null, wenn zwei der Eigenfunktionen, z. B. ψ_a und ψ_b, dieselben sind. In diesem Fall hat die Determinante 2 gleiche Zeilen und verschwindet deshalb. Diese zweite Eigenschaft, die als strenger mathematischer Ausdruck des Pauliprinzips aufzufassen ist, hätte eine symmetrische Linearkombination aller einzelnen Produkte nicht aufgewiesen.

Schon die Betrachtung der neuen Verteilungsfunktion $|\Psi|^2$ lehrt uns die wesentlichen Unterschiede gegen den einfachen Produktansatz (19,1). Zunächst kann man sich leicht überzeugen, daß die Frage „orthogonal oder nicht" für die einzelnen Funktionen ψ_a, ψ_b . . . . . jetzt gegenstandslos geworden ist, denn jede antisymmetrisierte Linearkombination mit beliebigen, nur voneinander verschiedenen ψ_a, ψ_b . . . . . u. s. w. ist mit einer antisymmetrischen Linearkombination aus orthogonalisierten Funktionen $\psi_a{}'$, $\psi_b{}'$ . . . . identisch. Bekanntlich läßt sich jedes System von unabhängigen Funktionen $\psi_l(n)$ durch Bildung von Linearkombinationen

$$\psi_k{}'(n) = \sum_l c_{kl}\,\psi_l(n) \qquad (19,3)$$

orthogonalisieren. Nach einem bekannten Satz der Determinantenlehre gilt aber:

$$|\psi_k{}'(n)| = \left| \sum_l c_{kl}\,\psi_l(n) \right| = |c_{kl}| \cdot |\psi_l(n)| \qquad (19,4)$$

d. h. die durch Antisymmetrisierung entstandene Determinante unterscheidet sich nur durch einen Zahlenfaktor $|c_{kl}|$ von der ursprünglichen. Dieser Zahlenfaktor geht aber in die Normierung ein, meist wählt man die Koeffizientendeterminante $|c_{kl}|$ von vornherein gleich 1. Es ist also für (19,2) ganz gleichgültig, ob unsere Funktionen orthogonal sind oder nicht. Es muß aber nachdrücklichst unterstrichen werden, daß bei Verzicht auf die Antisymmetrisierung die Verwendung o r t h o g o n a l e r Funktionen den mit antisymmetrisierten, strengen Lösungen erhaltenen Resultaten am nächsten kommt. Um den spezifischen Einfluß der Antisymmetrisierung zu untersuchen, wollen wir unsere $\psi_l(n)$ deshalb als orthogonal voraussetzen, das bedeutet für Ψ keinerlei Einschränkung.

Um bei der Bildung der Matrixelemente die Determinante (19,2) bequem als Summe ausschreiben zu können, führt man die Permutationsoperatoren Π ein, welche auf die hinter Π stehende Eigenfunktion anzuwenden sind. Man gibt ein spezielles Π z. B. in folgender Weise an:

$$\Pi = \begin{pmatrix} 1 & 2 & 3 & 4 \\ 2 & 4 & 3 & 1 \end{pmatrix} \tag{19,5}$$

das heißt, daß in der Eigenfunktion 1 durch 2, 2 durch 4, 4 durch 1 zu ersetzen ist, während 3 unverändert bleibt. Zum Beispiel:

$$\Pi \, \psi_a(1) \, \psi_b(2) \, \psi_c(3) \, \psi_d(4) = \psi_a(2) \, \psi_b(4) \, \psi_c(3) \, \psi_d(1) \tag{19,6}$$

Definiert man noch den Faktor δ_Π gleich $+1$ für „gerade" Permutationen, d. h. Vertauschungen, die sich aus einer geraden Zahl von Transpositionen zusammensetzen lassen, und $\delta_\Pi = -1$, wenn Π sich aus einer ungeraden Zahl von Transpositionen zusammensetzt, dann läßt sich (19,2) schreiben:

$$\Psi = \sum_\Pi \delta_\Pi \, \Pi \, \psi \qquad \text{mit} \qquad \psi = \psi_a(1) \, \psi_b(2) \, \psi_c(3) \dots \tag{19,7}$$

worin die Summe über alle $N!$ Permutationen Π, d. h. die ganze „Permutationsgruppe" läuft. Wir definieren noch, daß Π^{-1} die von unten nach oben gelesenen Permutationen Π (s. Gl. 19,5) bedeutet. Es ist also

$$\Pi \, \Pi^{-1} = \Pi^{-1} \Pi = 1$$

ein Operator, der die Funktion unverändert läßt. Das Produkt zweier Operatoren $\Gamma \cdot \Pi$ bedeutet, daß auf die rechts vom Operator folgende Funktion erst Π und auf die so entstandene Funktion Γ anzuwenden ist. Diese zweifache Anwendung einer Permutation ergibt im ganzen wieder eine Permutation aus der ganzen Gruppe, die wir etwa Λ nennen können:

$$\Lambda = \Pi \, \Gamma \, (\neq \Gamma \, \Pi) \tag{19,8}$$

Es ist zu beachten, daß $\Pi \, \Gamma$ nicht dasselbe ist wie $\Gamma \, \Pi$.

Wir wollen nun mit Hilfe unserer Funktion Ψ den Erwartungswert irgend einer physikalischen Größe L bilden, von der wir voraussetzen, daß sie in allen Elektronenkoordinaten symmetrisch ist. Diese Voraussetzung ist wegen der Identität der Elektronen bei allen physikalisch sinnvollen Operatoren stets erfüllt. Es ist also:

$$\overline{L} = \frac{\int \left(\sum_\Pi \delta_\Pi \, \Pi \, \psi^* \right) L \left(\sum_\Pi \delta_\Pi \, \Pi \, \psi \right) \mathrm{d}\tau}{\int \left(\sum_\Pi \delta_\Pi \, \Pi \, \psi^* \right) \left(\sum_\Pi \delta_\Pi \, \Pi \, \psi \right) \mathrm{d}\tau} \tag{19,9}$$

Der Zähler $\overline{L'}$ lautet nach Ausmultiplikation der Summen:

§ 19. Antisymmetrisierung von Eigenfunktionen.

99

$$\overline{L'} = \sum_{\Pi,\Gamma} \delta_\Pi \, \delta_\Gamma \int \Pi \, \psi^* \, L \, \Gamma \, \psi \, d\tau \tag{19,10}$$

Von den Integralen sind viele identisch. Wir greifen ein beliebiges heraus und wenden auf sämtliche Variablen die Permutation Π^{-1} an. Das Integral muß dabei erhalten bleiben, denn eine beliebige Permutation bedeutet nur eine Umbenennung der verschiedenen Integrationsvariablen. Die Permutation Π^{-1} führt $\Pi\,\psi^*$ in ψ^* und $\Gamma\,\psi$ in $\Pi^{-1}\Gamma\,\psi$ über, L bleibt ungeändert, da es voraussetzungsgemäß symmetrisch in allen Variablen ist. Aus (19,10) wird also:

$$\overline{L'} = \sum_{\Pi,\Gamma} \delta_\Pi \, \delta_\Gamma \int \psi^* \, L \, \Pi^{-1}\Gamma \, \psi \, d\tau \tag{19,11}$$

Wir können nun $\Pi^{-1}\Gamma = \Lambda$ als Summationsbuchstaben statt Γ einführen und erhalten mit $\Gamma = \Pi\,\Lambda$

$$\overline{L'} = \sum_{\Lambda,\Pi} \delta_\Pi \, \delta_{\Pi\Lambda} \int \psi^* \, L \, \Lambda \, \psi \, d\tau \tag{19,12}$$

denn Λ durchläuft bei festgehaltenem Π genau denselben Wertebereich wie Γ, nur in anderer Reihenfolge. Aus der Definition von $\delta_{\Pi\Lambda}$ folgt, daß $\delta_{\Pi\Lambda} = \delta_\Pi \, \delta_\Lambda$ und weiterhin $(\delta_\Pi)^2 = 1$ ist. Die Summation über Π in Gl. (19,12) gibt daher einfach einen Zahlenfaktor $N!$, der gleich der Anzahl der Elemente der Permutationsgruppe ist, und es wird schließlich:

$$\overline{L'} = N! \sum_\Lambda \delta_\Lambda \int \psi^* \, L \, \Lambda \, \psi \, d\tau \tag{19,13}$$

Jedes Integral kommt in der Doppelsumme (19,10) also $N!$-mal vor. (19,13) gilt natürlich auch für $L = 1$, wir bekommen deshalb statt (19,9) einfach

$$\overline{L} = \frac{\sum_\Lambda \delta_\Lambda \int \psi^* \, L \, \Lambda \, \psi \, d\tau}{\sum_\Lambda \delta_\Lambda \int \psi^* \, \Lambda \, \psi \, d\tau} = \frac{\sum_\Pi \delta_\Pi \int \psi^* \, L \, \Pi \, \psi \, d\tau}{\sum_\Pi \delta_\Pi \int \psi^* \, \Pi \, \psi \, d\tau} = \frac{\sum_\Pi \delta_\Pi \int (\Pi \psi^*) \, L \, \psi \, d\tau}{\sum_\Pi \delta_\Pi \int (\Pi \psi^*) \, \psi \, d\tau} \tag{19,14}$$

Wenn die einzelnen Faktoren von ψ; nämlich ψ_a, ψ_b u. s. w. orthonormiert sind, verschwinden im Nenner alle Summanden außer dem einen mit $\Pi = 1$. Wenn außerdem L aus einer Summe von Anteilen besteht, deren jeder höchstens von den Koordinaten zweier Elektronen gleichzeitig abhängt (z. B. $1/r_{12}$) — und dies ist bei unseren Anwendungen stets der Fall — dann wird aus (19,14):

$$\overline{L} = \int \psi^* \, L \, \psi \, d\tau - \sum_\Theta \int \psi^* L \, \Theta \, \psi \, d\tau \tag{19,15}$$

worin die zweite Summe nur noch über die Transpositionen Θ je zweier Elektronen geht. Alle Integrale mit höheren Permutationen verschwinden bei der vorausgesetzten Struktur von L wegen der Orthogonalität. Ohne Antisymmetrisierung wäre nur das erste Integral von (19,15) aufgetreten, die Summe über die „Austauschintegrale" tritt also infolge der Antisymmetrisierung additiv zu dem früheren Resultat hinzu. Das kommt, weil die Gesamt-Verteilungsfunktion jetzt nicht mehr einfach das Produkt der Verteilungsfunktion der einzelnen Elektronen ist. Die Bewegung der Elektronen erfolgt nicht unabhängig voneinander. Und zwar weichen die Elektronen statistisch einander aus, wie man aus (19,2) unmittelbar ablesen kann. Die Wahrscheinlichkeit $|\Psi|^2$, zwei Elektronen an demselben Ort anzutreffen, ist nämlich gleich 0, denn in diesem Fall werden 2 Koordinaten, also zwei Spalten in (19,2) gleich und die Determinante verschwindet. Ohne die Antisymmetrisierung dagegen würde sich das eine Elektron garnicht darum kümmern, wo sich im Moment seiner Ortsbestimmung gerade die andern Elektronen befinden. Die Verteilungsfunktion jedes einzelnen Elektrons bleibt jedoch dieselbe als wenn wir unsere aus orthonormierten Funktionen der einzelnen Elektronen bestehende Lösung garnicht antisymmetrisiert hätten, denn es ist z. B.

$$\varrho(1) = \sum_{\Pi} \int \psi^* \Pi \, \psi \, \mathrm{d}\tau' = \int \psi^* \psi \, \mathrm{d}\tau' = \psi_a{}^*(1) \, \psi_a(1) \qquad (19,16)$$

Der Strich an $\mathrm{d}\tau$ bedeutet, daß über die Koordinaten des ersten Elektrons nicht mit zu integrieren ist, wegen der Orthogonalität verschwinden alle Integrale außer dem mit $\Pi = 1$, und dies liefert wegen der Normiertheit der einzelnen Eigenfunktionen gerade $\psi_a{}^*\psi_a$, also die Verteilungsfunktion des einzelnen Elektrons, wie sie auch ohne Antisymmetrisierung aufgetreten wäre.

§ 20. Der Austausch bei ebenen Wellen[17].

Das gegenseitige Ausweichen der einzelnen Elektronen, das in der antisymmetrisierten Eigenfunktion zum Ausdruck kommt, bringt eine Erniedrigung der mittleren potentiellen Energie mit sich. Das wird schon deutlich, wenn wir als einen einfachsten Fall die Austauschenergie von zwei ebenen Wellen betrachten. Wir denken uns also zwei Elektronen, die in bestimmten Richtungen geradeaus fliegen, das eine habe die Eigenfunktion $e^{i\mathfrak{k}_1\mathfrak{r}_1}$, das andere $e^{i\mathfrak{k}_2\mathfrak{r}_2}$. Um die Normierung und Orthogonalisierung zu ermöglichen, nehmen wir an, daß die Funktionen außerhalb eines gewissen, sehr großen Volumens τ verschwinden. Die angegebenen Formen ψ_a und ψ_b seien aber in dem wichtigsten Teil des Integrationsgebietes gute Annäherungen an die wirklichen, den Randbedingungen genügenden Funktionen. Eine kleine Modifikation von ψ_a und ψ_b, nämlich die Integration über einen infinitesimalen Bereich von $\mathfrak{k}$ würde schon das Verschwinden im ∞ herbeiführen. Die Orthogonalität bedeutet, daß die Vektoren $\mathfrak{k}_1$ und $\mathfrak{k}_2$ verschiedenen Impulszellen im Phasenraum entsprechen müssen, was wir später berücksichtigen. Die normierten Eigenfunktionen seien also in genügender Annäherung gegeben durch:

$$\psi_a(1) = \tau^{-1/2} e^{i\mathfrak{k}_1\mathfrak{r}_1} \qquad\qquad \psi_b(2) = \tau^{-1/2} e^{i\mathfrak{k}_2\mathfrak{r}_2} \qquad (20,1)$$

Um die Wechselwirkung W der beiden Elektronen zu berechnen, ist in (19,15) nur $L = e^2/r_{12}$ zu setzen:

$$W = \iint \frac{e^2}{r_{12}} \, \psi_a{}^*(1) \, \psi_a(1) \, \psi_b{}^*(2) \, \psi_b(2) \, \mathrm{d}\tau_1 \, \mathrm{d}\tau_2$$

$$- \iint \frac{e^2}{r_{12}} \, \psi_a{}^*(1) \, \psi_b(1) \, \psi_a(2) \, \psi_b{}^*(2) \, \mathrm{d}\tau_1 \, \mathrm{d}\tau_2 \; = \; C_{12} - A_{12} \qquad (20,2)$$

§ 20. Der Austausch bei ebenen Wellen.   101

C'_{12} ist die Coulombsche Wechselwirkung der verschmierten Ladungen, A_{12} das sogenannte „Austauschintegral" welches uns hier speziell interessiert. Es wird:

$$A_{12} = \frac{1}{\tau^2} \iint \frac{e^2}{r_{12}} e^{i(\mathfrak{k}_1 - \mathfrak{k}_2)(\mathfrak{r}_1 - \mathfrak{r}_2)} d\tau_1 d\tau_2 \qquad (20,3)$$

Dies Integral bedeutet anschaulich die elektrostatische Wechselwirkung der beiden Ladungswolken $\varrho(1) = e^{i(\mathfrak{k}_1 - \mathfrak{k}_2)\mathfrak{r}_1}$ und $\varrho(2) = e^{-i(\mathfrak{k}_1 - \mathfrak{k}_2)\mathfrak{r}_2}$. Ein solches Integral läßt sich nach den Gesetzen der Elektrostatik auch schreiben

$$\iint \frac{e^2}{r_{12}} \varrho(1) \varrho(2) d\tau_1 d\tau_2 = -e \int V_2(1) \varrho(1) d\tau_1 = -e \int V_1(2) \varrho(2) d\tau_2 \qquad (20,4)$$

worin V_1 und V_2 mit der entsprechenden Ladungsverteilung durch die Poissonsche Gleichung zusammenhängen:

$$\Delta V_1 = 4\pi e \varrho(1) \qquad \Delta V_2 = 4\pi e \varrho(2) \qquad (20,5)$$

Hiernach läßt sich in unserem Falle V sehr leicht bestimmen,[*)] z. B.:

$$V_2 = \frac{-4\pi e}{|\mathfrak{k}_1 - \mathfrak{k}_2|^2} e^{-i(\mathfrak{k}_1 - \mathfrak{k}_2)\mathfrak{r}} \qquad (20,6)$$

und damit wird das Integral (20,3):

$$\frac{1}{\tau^2} \int \frac{4\pi e^2}{|\mathfrak{k}_1 - \mathfrak{k}_2|^2} e^{-i(\mathfrak{k}_1 - \mathfrak{k}_2)\mathfrak{r}_1} e^{i(\mathfrak{k}_1 - \mathfrak{k}_2)\mathfrak{r}_1} d\tau_1 = \frac{4\pi}{\tau} \frac{e^2}{|\mathfrak{k}_1 - \mathfrak{k}_2|^2} \qquad (20,7)$$

Indem wir die Impulsdifferenz $p = \frac{h}{2\pi} |\mathfrak{k}_1 - \mathfrak{k}_2|$ der beiden Elektronen einführen, erhalten wir schließlich für das gesuchte Austauschintegral:

$$A_{12} = \frac{h^2 e^2}{\pi p^2} \frac{1}{\tau} \qquad (20,8)$$

Wie (20,2) zeigt, tritt A_{12} mit negativem Vorzeichen zur übrigen Energie der Elektronen hinzu, bewirkt also eine Energieerniedrigung. Diese ist nach (20,8) umso stärker, je kleiner die kinetische Energie des einen Elektrons bezogen auf das Ruhsystem des anderen ist und je größer das Volumen τ ist, in welches beide Elektronen eingeschlossen sind. Beide Abhängigkeiten sind durchaus plausibel, wenn wir uns an die klassische Statistik erinnern. An Stelle von p^2 tritt in analogen Fällen dort die Temperaturenergie kT. Je größer τ ist, desto größer wird auch der mittlere Abstand der Elektronen und desto kleiner A_{12}. Außer dieser Austauschenergie $-A_{12}$ besteht natürlich stets die positive Coulombsche Energie C_{12} zwischen den starr gedachten konstanten Ladungsverteilungen.

Meistens haben wir es nicht mit zwei einzelnen Elektronen zu tun, sondern mit vielen Elektronen, die in das betrachtete Volumen τ eingeschlossen sind. Wir nehmen zunächst an, daß alle in τ befindlichen Elektronen parallelen Spin haben. Die unter Beachtung des Pauliprinzips vorliegende Verteilung der Elektronen auf die verschiedenen Impulse entnehmen wir aus der statistischen Theorie. Wenn das herausgegriffene Elektron den Impuls p_1 hat und ein anderes den Impuls p_2, dessen

---

[*)] Wir sehen dabei, wie bei dieser ganzen Überlegung, von der Untersuchung der Verhältnisse am Rande des Integrationsgebietes ab.

Richtung um den Winkel ϑ gegen p_1 geneigt ist, dann ist die Größe p^2 in Gl. (20,8):

$$p^2 = p_1{}^2 + p_2{}^2 - 2\,p_1\,p_2\,\cos\vartheta \qquad (20{,}9)$$

Die Zahl der Elektronen in τ mit einem Impuls zwischen p_2 und $p_2 + \mathrm{d}p_2$ in einem Bereich $\mathrm{d}\cos\vartheta$ ist nach der statistischen Theorie (s. § 2)*):

$$\mathrm{d}N = \frac{2\,\pi\,\tau}{h^3}\,p_2{}^2\,\mathrm{d}p_2\,\mathrm{d}\cos\vartheta \qquad (20{,}10)$$

So wird die Austausch-Wechselwirkung des herausgegriffenen Elektrons 1 mit allen übrigen Elektronen gleichen Spins:

$$A_1 = \int\limits_{p_2=0}^{p_2=P}\ \int\limits_{\cos\vartheta=-1}^{\cos\vartheta=+1} \frac{2\,e^2}{h}\,\frac{p_2{}^2\,\mathrm{d}p_2\,\mathrm{d}\cos\vartheta}{p_1{}^2 + p_2{}^2 - 2\,p_1\,p_2\,\cos\vartheta} \qquad (20{,}11)$$

Dies Integral tritt an Stelle der Summe in Gl. (19,15) über die Austauschintegrale des herausgegriffenen Elektrons mit allen übrigen**). Nach Integration über ϑ entsteht:

$$A_1 = \frac{2\,e^2}{h\,p_1}\int\limits_0^P p_2 \ln\frac{p_1+p_2}{|p_1-p_2|}\,\mathrm{d}p_2 = \frac{e^2}{h}\left[\frac{P^2-p_1{}^2}{p_1}\ln\frac{P+p_1}{P-p_1}+2\,P\right] \qquad (20{,}12)$$

A_1 ist also die gesamte Austauschenergie zwischen einem Elektron mit dem Impuls p_1 und einer im selben Volumen befindlichen Ladungswolke von Elektronen mit gleichem Spin, die je eine Impulszelle besetzen, so daß der maximal auftretende Impuls P ist. Um schließlich die gesamte Wechselwirkung aller Elektronen miteinander zu erhalten, ist (20,12) noch mit der Gewichtsfunktion $\dfrac{4\,\pi\,\tau}{h^3}\,p_1{}^2$ über alle p_1 von 0 bis P zu integrieren. Da auf diese Weise jedes Elektronenpaar doppelt gezählt wird, muß man den Faktor $1/2$ hinzufügen und erhält:

$$A = \frac{2\,\pi\,e^2\,\tau}{h^3}\int\limits_0^P A_1\,p_1{}^2\,\mathrm{d}p_1 = \frac{2\,\pi\,e^2\,\tau}{h^4}\left|\frac{1}{4}\,(x^2-P^2)^2\ln\frac{P-x}{P+x}+\frac{P^3x+P\,x^3}{2}\right|_{x=0}^{x=P}$$

$$= \frac{2\,\pi\,e^2\,\tau}{h^4}\,P^4 \qquad (20{,}13)$$

Dies ist die gesamte Austauschenergie der Elektronenwolke mit parallelem Spin im Volumen τ bei dichtester mit dem Pauliprinzip verträglicher Packung der Impulse. Das Pauliprinzip erlaubt es, dieselbe Zahl von Elektronen mit gleicher Impulsverteilung, aber entgegengesetztem Spin hinzuzufügen. Diesen kommt ebenfalls eine antisymmetrisierte Eigenfunktion zu und sie weisen daher untereinander ebenfalls die Austauschenergie (20,13) auf. Dagegen haben in dieser Näherung die Elektronen mit v e r s c h i e d e n e m Spin miteinander nur die gewöhnliche Coulombsche Wechselwirkung. Die gesamte Austauschwechselwirkung pro Volumeneinheit wird demnach schließlich:

---

*) Das Volumenelement im Impulsraum ist genau wie im gewöhnlichen Raum in Kugelkoordinaten zu schreiben, nur daß p an Stelle von r tritt.

**) Da wir auch über die Impulszelle des Elektrons 1 integrieren, enthält A_1 den „Selbstaustausch" des Elektrons 1 zu viel. Dieser kompensiert sich in der Gesamtenergie gerade gegen die Coulombsche „Selbstwechselwirkung" des Elektrons (s. § 21, vergl. auch § 4).

§ 20. Der Austausch bei ebenen Wellen. 103

$$-\frac{2A}{\tau} = 4\pi e^2 \frac{P^4}{h^4} \tag{20,14}$$

oder, wenn man P durch die Elektronendichte ϱ ausdrückt (Gl. 2,4):

$$B = -\frac{2A}{\tau} = -e^2 \frac{3}{4}\left(\frac{3}{\pi}\right)^{1/3} \varrho^{4/3} \tag{20,15}$$

Das ist die Dichte der Austauschenergie in der Thomas-Fermischen Theorie, die wir in Gl. (4,1) schon ohne Beweis einführten.

In dieser Näherung weichen sich Elektronen mit antiparallelem Spin nicht gegenseitig aus, die Verteilungsfunktionen der Elektronen mit „aufwärts" und mit „abwärts" gerichtetem Spin sind ganz unabhängig voneinander. Das ist in Wirklichkeit nur angenähert der Fall. Um die gegenseitige „Polarisation" der Elektronen mit verschiedenem Spin zu erhalten, muß man Störungsrechnung zweiter Näherung treiben. Diese schwierige Aufgabe ist für ebene Wellen von WIGNER[44] angenähert

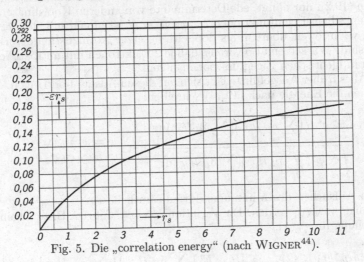

Fig. 5. Die „correlation energy" (nach WIGNER[44]).

gelöst worden. In Fig. 5 geben wir WIGNERs Resultat wieder. ε bedeutet die pro Elektron gerechnete Energie, die zur Coulombschen und Austausch-Energie noch zu addieren ist. r_s ist definiert durch

$$v_0 = \frac{4\pi}{3} r_s^3, \quad \text{wenn } v_0 \text{ das mittlere Volumen pro Elektron bedeutet.}$$

Es ist also:

$$\varrho = 1/v_0 = \frac{3}{4\pi r_s^3}, \qquad r_s = \sqrt[3]{\frac{3}{4\pi\varrho}} \tag{20,16}$$

Es ist $y = -\varepsilon r_s$ als Funktion von r_s (beide in atom. Einheiten) aufgetragen. Die Energiedichte ist

$$\varepsilon\varrho = -\frac{y}{r_s}\varrho = -y\cdot\frac{3}{4\pi r_s^4} = -y\sqrt[3]{\frac{4\pi}{3}}\varrho^{4/3} \tag{20,17}$$

Dieser Ausdruck $\varepsilon\varrho$ ist also zu (20,15) noch zu addieren, wenn man die gegenseitige Polarisation der Elektronen mit antiparallelem Spin berücksichtigen will. Wir haben in § 9 die Kurve Fig. 5 durch die Tangente bei $r_s = 3{,}5$ approximiert, was für den dortigen Zweck ausreichte. Die Horizontale bei $y = 0{,}292$ in der Figur ist eine Asymptote, der sich y für unendlich große r_s annähert. Die Genauigkeit der Kurve wird von WIGNER zu mindestens 20 % angegeben.

§ 21. Das Atomproblem mit Austausch.

Gehen wir zur Energieberechnung eines Atoms auf dieser Grundlage über, dann müssen wir ebenfalls berücksichtigen, daß nicht alle Elektronen parallelen Spin haben. Es entspricht dem Vorgehen des vorigen Paragraphen, wenn wir die Gesamteigenfunktion eines Atoms zusammensetzen aus einem Produkt von 2 Eigenfunktionen Ψ und Φ, von denen die erste antisymmetrisch ist in allen Elektronen, deren Spin „aufwärts" gerichtet ist, die andere ist antisymmetrisch in allen Elektronen mit „abwärts" gerichtetem Spin. Ψ und Φ sind also Determinanten von der Form (19,2), nur hängt jede Determinante von anderen Koordinaten ab. Die einzelnen Eigenfunktionen ψ_a, ψ_b u. s. w. stimmen mit den φ_a, φ_b u. s. w. insoweit überein, als doppelte besetzte Atomzustände vorhanden sind. Wir setzen also voraus, daß je 2 Elektronen mit antiparallelem Spin in identischen Eigenfunktionen sitzen.[*)]

Alles früher Ausgeführte läßt sich auf diesen Ansatz übertragen. Wir können die Energie nach (19,14) schreiben:

$$\overline{H} = \frac{\int \psi^* \, \varphi^* \, H \Big(\sum_{\Pi} \delta_\Pi \, \Pi \, \psi \Big) \Big(\sum_{\Pi} \delta_\Pi \, \Pi \, \varphi \Big) \mathrm{d}\tau}{\int \psi^* \, \varphi^* \Big(\sum_{\Pi} \delta_\Pi \, \Pi \, \psi \Big) \Big(\sum_{\Pi} \delta_\Pi \, \Pi \, \varphi \Big) \mathrm{d}\tau} \quad \text{mit} \quad \begin{array}{l} \psi = \psi_a \, \psi_b \, \psi_c \cdots \\ \varphi = \varphi_a \, \varphi_b \, \varphi_c \cdots \end{array} \quad (21,1)$$

Beim Aufsuchen des Minimums dürfen sämtliche ψ_a, φ_a, $\psi_a{}^*$, $\varphi_a{}^*$ unabhängig variiert werden. Die Variation von $\delta \psi_a{}^*$ führt z. B. zu folgender Gleichung für $\psi_a(1)$:

$$\int \delta \psi_a{}^*(1) \psi_b{}^*(2) \dots \varphi^* \, [H - E] \, \Big(\sum_{\Pi} \delta_\Pi \, \Pi \, \psi \Big) \Big(\sum_{\Pi} \delta_\Pi \, \Pi \, \varphi \Big) \mathrm{d}\tau = 0$$

$$(21,2)$$

Wir führen genau wie früher (vergl. Gl. 18,3–5) die Integration über alle Teile von H aus, die von den Koordinaten des ersten Teilchens nicht abhängen und nehmen diesen Teil des Integrals in die Konstante E hinein. Die so entstehende Konstante bezeichnen wir wieder mit E_a. Die Forderung des Verschwindens des Faktors von $\delta \psi_a{}^*(1)$ unter dem Integral führt dann zu der Gleichung:

$$\int \psi_b{}^*(2) \, \psi_c{}^*(3) \dots \varphi^* \Big[-\frac{1}{2} \Delta_1 - \frac{Z}{r_1} + \sum_{n \neq 1} \frac{1}{r_{1n}} - E_a \Big]$$

$$\times \Big(\sum \delta_\Pi \, \Pi \, \psi \Big) \Big(\sum \delta_\Pi \, \Pi \, \varphi \Big) \mathrm{d}\tau' = 0 \qquad (21,3)$$

Hierin bedeutet der Strich an $\mathrm{d}\tau$, daß über die Koordinaten des ersten Elektrons nicht mit zu integrieren ist. Der Operator enthält nun keinen

---

[*)] Den allgemeineren Fall werden wir in Kapitel VI ausführlich behandeln.

§ 21. Das Atomproblem mit Austausch.   105

Anteil mehr, der gleichzeitig von 2 in φ vorkommenden Koordinaten abhängt, deshalb verschwinden aus Orthogonalitätsgründen alle Integrale, in denen $P\varphi$ nicht $= \varphi$ ist, und wir können statt der Summe $(\sum \delta_\Pi \Pi \varphi)$ in (21,3) einfach φ schreiben. Von der Summe $\sum \delta_\Pi \Pi \psi$ bleiben nur die Transpositionen zwischen dem 1-ten und irgend einem anderen Elektron aus Ψ übrig. Und zwar steht bei der Transposition Θ_{1n} nur $1/r_{1n}$ als Operator, alles andere verschwindet wieder wegen der Orthogonalität der Eigenfunktionen. So entsteht schließlich — wenn man noch der Übersichtlichkeit halber die Integrationsvariable stets 2 nennt:

$$\left[-\frac{1}{2}\Delta_1 - \frac{Z}{r_1} \right] \psi_a(1) + \sum_{n \neq a}' \int \frac{\psi_n{}^*(2)\,\psi_n(2)}{r_{12}} \, d\tau_2 \, \psi_a(1)$$

$$+ \sum_m \int \frac{\varphi_m{}^*(2)\,\varphi_m(2)}{r_{12}} \, d\tau_2 \, \psi_a(1) - \sum_{n \neq a}' \int \frac{\psi_n{}^*(2)\,\psi_a(2)}{r_{12}} \, d\tau_2 \, \psi_n(1) = E_a \, \psi_a(1)$$

$$(21,4)$$

In dieser FOCKschen Differentialgleichung[25] tritt gegenüber der HARTREEschen Gleichung (18,5) neu auf die letzte Summe von Austauschintegralen zwischen Elektronen mit gleichem Spin (Wir brauchten in Gl. (18,5) zwischen ψ und φ nicht zu unterscheiden, jetzt ist das aber nötig, weil der Austausch nur zwischen Elektronen mit gleichem Spin auftritt.) (21,4) läßt sich noch etwas vereinfachen, wenn man das Verbot $n \neq a$ bei der ersten und letzten Summe fortläßt; die Glieder mit $n = a$ also der „Selbstaustausch" und die Coulombsche „Selbstwechselwirkung", sind nämlich in beiden Summen identisch und heben sich gegenseitig wieder fort. So haben wir schließlich:

$$\left[-\frac{1}{2}\Delta_1 + U(1) \right] \psi_a(1) = E_a \, \psi_a(1) + \sum_n \int \frac{\psi_n{}^*(2)\,\psi_a(2)}{r_{12}} \, d\tau_2 \, \psi_n(1) \quad (21,5)$$

Hierin ist $U(1)$ das gesamte elektrostatische Potential von Kern + Ladungswolke sämtlicher Elektronen, und zwar im Gegensatz zu (18,6) einschließlich des Anteils, der von $\psi_a{}^2(1)$ selbst herrührt. Der gesamte auf ein ψ_a wirkende Operator ist jetzt für alle Funktionen ψ_a, $\psi_b \cdot \cdot \cdot \cdot$ derselbe. Die Austauschsumme koppelt die Eigenfunktion ψ_a mit sämtlichen anderen Eigenfunktionen ψ_n, die gleichen Spin aufweisen. Die gesuchte Funktion kommt unter dem Integral vor. Gl. (21,5), angeschrieben für jedes ψ_n, stellt somit ein kompliziertes System von gekoppelten Integro-Differentialgleichungen für die Funktionen ψ_n und entsprechend für φ_n dar, das nur ziemlich mühsam numerisch zu lösen ist. Durch das Auftreten der Austauschintegrale ist die Orthogonalität der ψ_n wieder hergestellt, die bei HARTREE verloren ging, wenn man die Verschiedenheit des Potentialfeldes U für die verschiedenen Elektronen berücksichtigte*).

Außer diesen mühsamen numerischen Methoden von HARTREE und FOCK gibt es eine viel einfachere analytische Methode, um Resultate zu erhalten, die den HARTREE-FOCK-Lösungen nur wenig nachstehen. Die Methode besteht darin, einfache wasserstoffähnliche Eigenfunktionen anzusetzen, die aufeinander orthogonal sind und die Parameter dieser Funktionen aus dem Minimumsprinzip zu bestimmen. Wir erläutern

---

*) Man überzeugt sich davon leicht, analog wie in Gl. (12,2).

die Methode am Beispiel des Beryllium-Atoms, im engen Anschluß an
FOCK und PETRASHEN[48], die zuerst darauf hinwiesen, daß man so überraschend gute Annäherungen an die strengen Lösungen von HARTREE-
FOCK erhält. Für Be benutzen FOCK und PETRASHEN die beiden Lösungen:

$$1s: \quad \varphi_a = \psi_a = 2\,\alpha^{3/2}\,e^{-\alpha r} \qquad\qquad \int \psi_a^* \psi_b\, r^2\, dr = 0$$

$$2s: \quad \varphi_b = \psi_b = \sqrt{\frac{12\,\beta^5}{\alpha^2 + \beta^2 - \alpha\beta}}\left(1 - \frac{\alpha+\beta}{3}\,r\right) e^{-\beta r} \quad \begin{aligned} \int \psi_a^* \psi_a\, r^2\, dr = 1 \\[4pt] \int \psi_b^* \psi_b\, r^2\, dr = 1 \end{aligned}$$

$$(21,6)$$

für die beiden $1s$- und die beiden $2s$-Elektronen. ψ_a und ψ_b sind in
der angegebenen Weise orthogonal und normiert. Hiermit bildet man
nach Art von Gl. (19,14) $\overline{H}$. Die Integrale lassen sich alle explizit ausrechnen und man bekommt schließlich $\overline{H}$ als Funktion von α und β.
Dann löst man die Gleichungen $\partial \overline{H}/\partial\alpha = 0$ und $\partial \overline{H}/\partial\beta = 0$ oder sucht
durch direkte numerische Rechnung die minimisierenden Werte von α
und β auf. In der kleinen Tabelle 11 ist die so erhaltene Gesamtenergie

Tab. 11. Die Ionisierungsenergie des Be-Atoms nach verschiedenen
Näherungsmethoden.

Experimenteller Wert	14,66 at. E.
Strenge Lösung der FOCK-Gleichung	14,57 „ „
„ „ „ HARTREE-Gleichung	14,56 „ „
Analyt. Näherung nach FOCK und PETRASHEN	14,53 „ „
„ „ „ MORSE, YOUNG und HAURWITZ	14,55 „ „

der 4 Beryllium-Elektronen wiedergegeben. Zum Vergleich ist auch
das mit einem etwas abweichenden Ansatz für ψ_a und ψ_b von MORSE,
YOUNG und HAURWITZ[51] (Gl. 21,7) nach derselben Methode berechnete Resultat in die Tabelle aufgenommen. Man sieht nebenbei, daß trotz
der verschiedenen analytischen Form von ψ aus Gl. (21,6) und aus Gl.
(21,7) die Energiewerte nahezu zusammenfallen. An nächster Stelle in
Bezug auf Genauigkeit steht die HARTREE-Lösung, an höchster Stelle
naturgemäß die FOCKsche Lösung. Die Unterschiede der verschiedenen
Näherungen untereinander sind aber kleiner als ihr Abstand vom experimentellen Wert. Das zeigt, daß auch dem antisymmetrisierten Produkt
von Eigenfunktionen noch ein grundsätzlicher Mangel anhaftet, der auch
bei der sorgfältigsten Durchführung dieser Näherung nicht verschwindet.
In § 22 werden wir auf die letzte, hier noch fehlende Korrektur zurückkommen.

Wir geben in Fig. 6 und 7 zwei Kurven wieder, welche die Güte der
Approximation der FOCKschen Lösung durch analytische Eigenfunktionen demonstrieren. Der Vergleich zwischen Fig. 6 und Fig. 7 zeigt, daß
für die äußeren Elektronen die Annäherung etwas schlechter ist.

Die Valenzelektronen sind überhaupt viel empfindlicher gegen die
Wahl der Approximationsmethode. Für sie spielt auch der Austauscheffekt eine viel größere Rolle als für die Ionenelektronen. So bekommt

§ 21. Das Atomproblem mit Austausch.   107

man für die Energie des Valenzelektrons allein bei Li, resp. Na ohne
Austausch eine Differenz von 10, resp. 16 % gegen die experimentellen
Werte, während sie mit Aus-
tausch nur 2, resp. 1 % beträgt.
Für die Valenzelektronen bedeutet also der Übergang von der
HARTREE- zur FOCK-Methode eine ganz entscheidende Verbesserung. Der Austauscheffekt kommt
annähernd auf dasselbe hinaus
wie eine Polarisation des Atomrumpfes im elektrischen Feld der
äußeren Elektronen. In leidlicher
Annäherung läßt er sich auch hierdurch ersetzen[23].

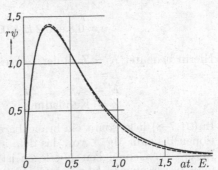

Fig. 6. Die radiale Eigenfunktion der
Rumpfelektronen des Be auf Grund
der FOCKschen Gleichungen. Die gestrichelte Kurve bedeutet die analytische Näherung nach Gl. (21,6). (Nach
FOCK und PETRASHEN[48].)

Das besprochene Prinzip zur
Aufstellung orthogonaler analytischer Eigenfunktionen für Atome
ist später von MORSE, YOUNG,
und HAURWITZ für das periodische System bis Ne (bezw. Na⁺,
Mg⁺⁺) durchgeführt worden: Statt (21,6) werden hier die noch etwas
erweiterten Ansätze benutzt.

$$1s \quad \psi_a = \sqrt{\frac{a^3 \mu^3}{\pi}}\, e^{-\mu a r}$$

$$2s \quad \psi_b = \sqrt{\frac{\mu^5}{3\pi N}} \left(r\, e^{-\mu r} - \frac{3A}{\mu}\, e^{-\mu b r} \right) \qquad A = \frac{(a+b)^3}{(1+a)^4}$$

$$N = 1 - \frac{48 A}{(1+b)^4} + 3\,\frac{A^2}{b^3}$$

$$2p \left\{ \begin{array}{l} \psi_c = \\ \psi_d = \\ \psi_e = \end{array} \sqrt{\frac{\mu^5 c^5}{2\pi}}\, r\, e^{-\mu c r} \left\{ \begin{array}{l} \sqrt{2}\,\cos\vartheta \\ \sin\vartheta\, e^{i\varphi} \\ \sin\vartheta\, e^{-i\varphi} \end{array} \right. \right. \qquad (21,7)$$

Es stehen also, nach
Orthonormierung der
Funktionen, 4 Variati-
onsparameter μ, a, b, c
zur Verfügung, die aus
der Minimumsforderung
bestimmt werden. Die
Fehler für die so erhalte-
nen Gesamtenergien sind
durchschnittlich von der
Größenordnung 1 %. Die
Energiedifferenz zwischen
Atom und Ion, also der
Termwert eines einzel-

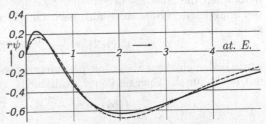

Fig. 7. Die radiale Eigenfunktion der Valenzelektronen des Be auf Grund der FOCKschen
Gleichungen. Die gestrichelte Kurve bedeutet die
analytische Näherung nach Gl. (21,6). (Nach
FOCK und PETRASHEN[48].)

nen Außenelektrons, weist natürlich eine geringere Genauigkeit auf, es
treten hier Fehler bis über 10 % auf.

Für die auftretenden Konstanten geben die Autoren eine bequeme
Interpolationsformel. Es ist näherungsweise:

$$a\,\mu = Z - 0{,}30\,(K-1) \tag{21,8}$$

$$a = 2 + \frac{K\,(L+1)+L'}{Z-(K-1)}, \qquad b = \frac{K+L}{2} + \frac{2+L+L'}{Z-(K-1)}$$

$$c = 0{,}8 + 0{,}2\,L + 0{,}05\,L\,\frac{1-L-2\,L'}{Z-K-L}$$

Hierin bedeutet $K = $ Zahl der $1s$-Elektronen

$$\begin{aligned} L &= \quad \text{„} \quad \text{„} \quad 2s \quad \text{„}\\ L' &= \quad \text{„} \quad \text{„} \quad 2p \quad \text{„}\\ Z &= \text{Kernladung.} \end{aligned}$$

In (21,7–8) liegt somit ein brauchbares Rezept für alle Atomeigenfunktionen bis zum Mg^{++} vor, das dem in § 17 besprochenen SLATERschen Rezept an Genauigkeit überlegen ist. Bei Energieberechnungen wird man besser nur a, b, c aus Gl. (21,8) benutzen und μ aus der Minimumsforderung selbst bestimmen, was besonders für μ sehr leicht ist, da es einfach eine Streckung aller Koordinaten bedeutet.

§ 22. Die Methode von Hylleraas[7].

Mit der FOCKschen Methode sind wir im vorigen Paragraphen an die Grenze der Genauigkeit gelangt, die man mit einem antisymmetrisierten Produkt von einzelnen Eigenfunktionen erreichen kann. Es ist nicht nur für das Atomproblem, sondern ganz allgemein von Interesse, zu sehen, auf welche Erscheinungen die letzte noch fehlende Differenz zwischen theoretischen und Erfahrungswerten der Atomenergien zurückzuführen ist. Diese Frage ist für das einfachste System, nämlich einen Kern der Ladung Z mit 2 Elektronen von HYLLERAAS[13, 15, 18] beantwortet worden. Wir wollen hier nicht die, teils langwierigen, numerischen Rechnungen im einzelnen wiedergeben, sondern nur den gedanklichen Inhalt. Die zur praktischen Durchrechnung nach HYLLERAAS notwendigen Formeln sind im Anhang gegeben.

Im Grundzustand haben beide Elektronen antiparallelen Spin, deshalb spielt die Austauscherscheinung keine Rolle. In der bisher benutzten analytischen Näherung, also nach Gl. (21,6) oder (21,7) ist anzusetzen:

$$\psi_0(1,2) = \frac{\alpha^3}{\pi}\,e^{-\alpha r_1}\,e^{-\alpha r_2} \tag{22,1}$$

worin α den einzigen Variationsparameter darstellt. Man bekommt hiermit leicht für die Energie (vergl. Anhang):

$$\overline{H}(\alpha) = \alpha^2 - 2\,Z\,\alpha + \frac{5}{8}\,\alpha \tag{22,2}$$

Hierin stellt der erste Summand die kinetische Energie der beiden Elektronen dar, der zweite ihre potentielle Energie im Kernfeld, der dritte ihre wechselseitige potentielle Energie. Das Minimum liegt bei $\alpha = Z - 5/16$ und beträgt:

$$E_0 = -(Z - 5/16)^2 \tag{22,3}$$

Für He ist $Z = 2$, also $E_0 = -2{,}848$ at. E. Die Energie von He^+ ist $2{,}00$, die Ionisierungsenergie also $0{,}848$ at. E. $= 22{,}95$ Volt, während der experimentelle Wert $24{,}47$ Volt beträgt. Das Maximum der radialen Dichteverteilung nach (22,1) liegt bei $r = \frac{16}{27} = 0{,}59$ atom. Einheiten.

§ 22. Die Methode von Hylleraas. 109

Dies wäre als „Bahnradius" der Elektronen im neutralen He-Atom anzusehen. Der Bahnradius des He^+ ist 0,5.

Für H^- erhält man nach (22,3) die Energie: $E_0 = -\left(\frac{11}{16}\right)^2$, was einer Elektronenaffinität von $(0,473 - 0,5) \times 27,08 = -0,73$ Volt entspräche. Dieser Wert ist noch sehr schlecht, sogar das Vorzeichen ist unrichtig.

Man kann aber im Problem von 2 Elektronen im Felde $-Z/r$ bei jedem Z durch Einführen geeigneter Parameter in die Gesamteigenfunktion die Näherung fast beliebig weit treiben. Als besonders geeignet erweist es sich, die Eigenfunktion außer von $r_1 + r_2$ auch von $r_1 - r_2$ und besonders von dem gegenseitigen Abstand der beiden Elektronen r_{12} abhängen zu lassen.

Zur Auffindung der zentralsymmetrischen Eigenfunktionen genügen diese drei Koordinaten als unabhängige Variable. Die ganze Variationsaufgabe läßt sich für den Grundzustand von 2 Elektronen im Feld einer beliebigen Punktladung in diesen 3 Variablen durchführen. In Bezug auf Einzelheiten der Rechnung sei auf die Literatur[7] und den mathematischen Anhang verwiesen. Wir wollen aber das Ergebnis diskutieren, da es uns sehr wichtige allgemeine Gesichtspunkte für Störungsrechnungen liefert. Man erhält schon mit einem weiteren Parameter, durch den der gegenseitige Abstand r_{12} der Elektronen in die Eigenfunktion eingeführt wird, $E = -2,8912$ für den Eigenwert des He-Atoms. Das entspricht einer Ionisierungsenergie von 24,14 Volt. Mit 3 Parametern resultiert als recht gute Näherung $E = -2,9024$, also eine Ionisierungsenergie von 0,9024 at. E. = 24,44 Volt. Mit 8 Parametern und mit Korrekturen infolge Mitbewegung des Kerns erreicht HYLLERAAS spektroskopische Genauigkeit.*) Wir betrachten als Beispiel die 3-parametrige Lösung, die zu dem Eigenwert $E = -2,9024$ gehört. Sie lautet (in at. E.):

$$\psi(12) = e^{-1,815\,(r_1+r_2)}\left[1 + 0,29\,r_{12} + 0,132\,(r_1 - r_2)^2\right] \qquad (22,4)$$

Wesentlich ist, daß die Lösung durch die Abhängigkeit von r_{12} und $(r_1 - r_2)$ nicht mehr die Produktform $\psi(12) = \psi(1) \cdot \psi(2)$ besitzt. Das heißt, daß die Wahrscheinlichkeit, ein Elektron im Punkt r_1 anzutreffen, davon abhängt, wo sich das zweite Elektron im Moment der Messung befindet. Betrachten wir zum Beispiel die Verteilung der Elektronen auf der Kugel vom Radius 0,59, einen Abstand, den man auch hier noch angenähert als „Bahnradius" betrachten kann. Dann ist:

$$|\psi(r_1 = r_2 = 0,59)|^2 = e^{-4,28}(1 + 0,29\,r_{12})^2 \qquad (22,5)$$

r_{12} kann noch zwischen 0 und $2 \times 0,59 = 1,18$ variieren. Im ersten Fall befinden sich die Elektronen am gleichen Punkt dieser Kugel, im zweiten an diametral gegenüber liegenden Punkten, Die Wahrscheinlichkeit der letzteren Konfiguration verhält sich zur ersteren wie $(1 + 0,342)^2 : 1 = 1,80$. Bei ihrem Umherwimmeln werden sich die Elektronen im Durchschnitt etwa doppelt so häufig an gegenüberliegenden Punkten als am selben Punkt der Kugelfläche vom Radius 0,59 aufhalten. Ähnlich für andere

---

*) Der gefundene Wert ist 0,012 % größer als der experimentelle. Der Unterschied ist nach BETHE[4] auf eine weitere Korrektion infolge Mitbewegung des Kerns und auf relativistische Effekte zurückzuführen.

Flächen, die weniger häufig aufgesucht werden. Das Glied mit $(r_1 - r_2)^2$ besagt noch, daß die Elektronen in jedem Moment lieber verschiedene, als dieselbe Kugelfläche einnehmen. Das wichtigste Glied ist aber das mit r_{12}, und dies läßt auch die unmittelbare Deutung zu als Abstoßungseffekt zwischen den Elektronen, dem nur ihre Nullpunktsenergie entgegenwirkt. (Diese steckt hier im Variationsparameter 0,29.) Wir haben hier also im Endeffekt dasselbe „sich Ausweichen" der Elektronen vor uns, das wir in § 20 beim Austausch, sowie — für Elektronen mit antiparallelem Spin — in den Resultaten Fig. 5 der WIGNERschen Rechnung schon kennengelernt haben und das uns später bei den „Dispersionskräften" (§ 35) wieder begegnen wird. Wir können dieses „im Takt Laufen" der Elektronen auch als gegenseitige Polarisation bezeichnen. Der Effekt spielt bei allen feineren quantitativen Rechnungen eine große Rolle, ist aber meist schwer rechnerisch zu erfassen, da er die Einführung von r_{12} in die Eigenfunktion erfordert. Analog zum He lassen sich noch die Probleme H^-, Li^+, Be^{++}, B^{+++}, C^{++++} u. s. w. erledigen. Besonders interessant ist das H^-, da die experimentellen Werte für die Elektronenaffinität des H-Atoms sehr unsicher sind. Die Störungsrechnung liefert für die Energie des zweiten Elektrons: $- 0,712$ Volt, also jetzt eine positive Elektronenaffinität.

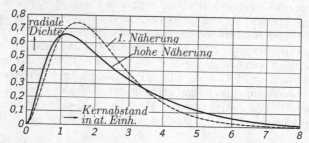

Fig. 8. Die radiale Dichteverteilung in H^- (nach BETHE[16]).

Wie die Fig. 8 zeigt, liegt das Maximum der gesamten Dichteverteilung des H^- bei 1,2 also beinahe da, wo es auch beim neutralen H-Atom liegt. Dagegen ist der Abfall der Dichte nach außen ganz bedeutend flacher. In der ersten Näherung der Ritzschen Methode lag das Maximum bei $r = {}^{16}\!/_{11}$ und die Dichte fiel stärker ab.

Die 3-parametrige Eigenfunktion ist

$$\psi = e^{-0,768(r_1 + r_2)} \left[1 + 0,307\, r_{12} + 0,0768\, (r_1 - r_2)^2\right] \qquad (22,6)$$

und hiernach das Verhältnis der Wahrscheinlichkeiten, die Elektronen auf der Kugelfläche $r = 1,2$ am gleichen Punkt oder an diametral gegenüber liegenden Punkten anzutreffen: $1,736^2 = 3,01$. Der Vergleich mit He (Gl. 22,5) zeigt, daß infolge der kleinen Gesamt-Nullpunktsenergie der beiden H^--Elektronen die Kopplung ihrer Bahnbewegungen durch das r_{12}-Glied in der Eigenfunktion größer geworden ist. Der Absolutwert der Energiekorrektionen in den verschiedenen Näherungsschritten ist nahezu derselbe wie beim He, die prozentualen Korrektionen sind daher beim H^- $5 \div 6$ mal so groß als beim He.

Die Verbesserung des Resultats durch Einführung von $(r_1 - r_2)^2$ und r_{12} in die Eigenfunktion ist beim H^- annähernd so groß, wie die Un-

§ 23. Das kombinierte Näherungsverfahren im Vielelektronenproblem. 111

sicherheit die vor der wellenmechanischen Theorie in der Bestimmung der Elektronenaffinität des H-Atoms vorlag. Diese konnte auf Grund der BORNschen Gittertheorie, nach sorgfältiger Neubestimmung experimenteller Daten der Alkalihydridkristalle, von KASARNOWSKY[10] nicht genauer als zu $0 \pm 0{,}7$ Volt berechnet werden. Der wellenmechanische Wert ist absolut sicher.

§ 23. Das kombinierte Näherungsverfahren im Vielelektronenproblem[53].

In § 18 und § 21 haben wir in der HARTREE-FOCKschen Methode ein Verfahren kennen gelernt, um in einem Problem von vielen Elektronen jedem Elektron eine Schrödingergleichung und eine Eigenfunktion zuzuordnen. Bei chemischen Anwendungen interessieren wir uns hauptsächlich für die Valenzelektronen und ihre Eigenfunktionen. Selbst, wenn wir uns auf die HARTREEsche Differentialgleichung des Valenzelektrons beschränken, in die alle übrigen Elektronen nur durch ihr Abschirmungsfeld eingehen, haben wir noch kein abgeschlossenes Einelektronenproblem vor uns. Denn während sich das Abschirmungsfeld meist mit genügender Näherung schätzen oder halbempirisch ermitteln läßt, erfordert das Pauliprinzip doch die Kenntnis aller Eigenfunktionen der übrigen Elektronen, d. h. eben Lösung des vollständigen Vielelektronenproblems. Die Kopplung der einzelnen Elektronen durch das Pauliprinzip, also im einfachsten Fall durch eine Besetzungsvorschrift, ist ebenso wichtig wie ihre elektrostatische Wechselwirkung. Noch schwieriger wird die Formulierung des Pauliprinzips durch eine Besetzungsvorschrift, wenn wir die Energie eines Systems aus m e h r e r e n Atomen berechnen wollen, indem wir etwa von bekannten Lösungen für die Valenzelektronen der beteiligten Atome ausgehen. Während jetzt die Besetzungsvorschrift wohl jedes Elektron daran hindert in den zu seiner Eigenfunktion gehörigen Atomrumpf einzudringen, verbietet, solange man die Rümpfe nur durch ihre elektrostatische Wirkung berücksichtigt, keine Vorschrift den Valenzelektronen das — partielle — Eindringen in die fremden Atomrümpfe, indem sich die Ladungswolke der Valenzeigenfunktion des einen Atoms ungestört, bezw. nur elektrostatisch gestört, bis in das Rumpfgebiet eines zweiten Atoms erstreckt. Eine Erfassung der vom Pauliprinzip herrührenden Abstoßungskräfte des Valenzelektrons eines Atoms mit fremden Atomrümpfen läßt sich in der üblichen Störungsrechnung nur erreichen, wenn man sämtliche Rumpfelektronen in die Eigenfunktion des Störungsproblems einbezieht. Die Methode werden wir in den folgenden Kapiteln ausführlich besprechen.

Hier wollen wir zunächst einen viel einfacheren, wenn auch roheren Ansatz besprechen, der uns gestattet, für die Valenzelektronen eines Atoms eine wirklich abgeschlossene und durch keine Zusatzvorschrift mehr eingeengte Schrödingergleichung zu gewinnen, die nicht nur die elektrostatische sondern auch die durch das Pauliprinzip bedingte Wirkung des Rumpfes auf sämtliche Valenzelektronen enthält. Wir brauchen uns dazu nur erinnern an die Thomas-Fermische Theorie und unsere in Kapitel I, § 8 vorgenommene Abtrennung der Valenzelektronen von der statistischen Lösung des Rumpfproblems.

112   Kapitel III.

Wir sahen, daß — solange der Dichtebeitrag der Valenzelektronen im Rumpfgebiet klein bleibt — die Valenzelektronen sich näherungsweise in einem Potentialfeld $V - \frac{1}{e} \frac{\partial T}{\partial \varrho}$ befinden, worin V das gesamte Potentialfeld des Rumpfes bedeutet und das zweite Glied durch das Pauliprinzip hinzukommt.

Die potentielle Energie eines Elektrons in diesem Fall ist

$$U' = -eV + \frac{\partial T}{\partial \varrho} \tag{23,1}$$

Wir gehen jetzt über die Th.-F.-Theorie hinaus, indem wir die zunächst weggelassenen Glieder höherer Ordnung, die von der Ladungsverteilung der Rümpfe nicht explizit abhängen, in der SCHRÖDINGERschen Form hinzufügen:

$$\overline{H} = \int \sum_i U_i' \, \psi^* \, \psi \, d\tau + \int U'' \, \psi^* \, \psi \, d\tau - \frac{h^2}{8\,\pi^2\,m} \sum_i \int \psi^* \, \Delta_i \, \psi \, d\tau \tag{23,2}$$

worin ψ von den Koordinaten sämtlicher Valenzelektronen abhängt, U'' ihre gegenseitige Wechselwirkung als Funktion der Konfiguration ist.[*]) Nennen wir die Summe im ersten Integral $\sum_i U_i' = U'$ dann können wir auch schreiben:

$$\overline{H} = \int \psi^* \left[T + U' + U'' \right] \psi \, d\tau \tag{23,3}$$

So haben wir schließlich ein Variationsproblem für die Valenzelektronen bekommen, das sich von dem üblichen nur dadurch unterscheidet, daß zu dem elektrostatischen Feld der Rumpfelektronen noch ein diesem entgegenwirkendes „Zusatzfeld" $-\frac{1}{e} \frac{\partial T}{\partial \varrho}$ hinzutritt, das nicht mehr elektrostatischen Ursprungs ist, aber auch durch die Elektronenanordnung im Rumpf allein schon festgelegt wird. Man kann $-\operatorname{grad}(\partial T/\partial \varrho)$ als die Kraft auffassen, die durch den Nullpunktsdruck der Rumpfelektronen auf ein Valenzelektron ausgeübt wird.

Unsere Schrödingergleichung für die Valenzelektronen hat somit ihre normale Form:

$$[T + U] \, \psi = E \, \psi, \qquad U = U' + U'' \tag{23,4}$$

nur mit dem Unterschied, daß U' das Zusatzpotential enthält. Machen wir ψ antisymmetrisch in den Koordinaten der Valenzelektronen (Gl. 19,2), dann ist dem Pauliprinzip derselben untereinander Rechnung getragen. Dagegen tritt eine zusätzliche Vorschrift bezüglich der Quantenzustände des Rumpfes überhaupt nicht auf! Wir haben die B e s e t z u n g s v o r s c h r i f t, welche sonst die Valenzelektronen auf äußere Bahnen zwingt, durch eine K r a f t ersetzt, welche die Elektronen nach außen drückt. Während die Besetzungsvorschrift — ohne „Antisymmetrisierung" der Gesamtfunktion, d. h. ohne Einbeziehung einzelner Eigenfunktionen der Rumpfelektronen in das Störungsproblem — normalerweise nur für die Quantenzustände eines Valenzelektrons gegenüber dem z u g e h ö r i g e n Rumpf, und auch da meist nur näherungsweise, formuliert wird, wirkt das Zusatzpotential (der Nullpunktsdruck) jedes Rumpfes automatisch auf sämtliche Valenzelektronen des ganzen

---

[*]) Hiermit ist auch die in der Th.-F.-Theorie falsche W.-W. der Elektronen mit sich selbst korrigiert.

§ 23. Das kombinierte Näherungsverfahren im Vielelektronenproblem. 113

Systems. Dieser Umstand ist, wie wir an den unten angeführten Beispielen sehen werden, außerordentlich wichtig und bewirkt entscheidende Verbesserungen gegenüber Behandlungen des Bindungsproblems, welche den Rumpf garnicht oder nur seine elektrostatische Wirkung berücksichtigen.

Ein lockeres Analogon zu dieser auf den ersten Blick recht überraschenden Ersetzung einer Quanten-Vorschrift durch Einführung einer Kraft mag man z. B. darin sehen, daß beim H-Atom die kinetische Energie, die von der Rotationsbewegung herrührt, genau wie eine zusätzliche potentielle Energie $\frac{1}{2}\frac{l(l+1)}{r^2}$ in die Differentialgleichung für den r-abhängigen Bestandteil der Eigenfunktion eingeht. Hier zwingt die Quantelung des Drehimpulses zu einem Anwachsen der kinetischen Energie, wenn sich das Elektron dem Kern nähert.

Wir haben in § 8 das Cs-Valenzelektron nach der modifizierten Th.-F.-Theorie halbklassisch betrachtet. Für die Energie ändert sich nur wenig, wenn wir jetzt die entsprechende Schrödingergleichung zu Fig. 4 lösen. Wir können ohne Rechnung voraussehen, daß in Anbetracht der Größe des Potentialkastens der Grundterm in diesem Feld nur sehr wenig über dem Boden dieses Kastens liegen wird. Wenn wir bedenken, daß das Valenzelektron ohne Zusatzpotential — und ohne Besetzungsvorschrift — in dem elektrostatischen Feld des Rumpfes nahezu in die K-Schale fallen und dabei eine Ionisierungsenergie von mehreren Tausend Volt annehmen würde, dann müssen wir eine Übereinstimmung mit der gemessenen Ionisierungsenergie bis auf etwa 1 Volt durchaus als befriedigenden Beweis für die grundsätzliche Berechtigung der Einführung unseres Zusatzpotentials ansehen. Für praktische Zwecke reicht diese Genauigkeit aber nicht aus und man muß weitere Verbesserungen anbringen, die sehr klein sind gegen den ganzen Effekt des Zusatzpotentials $-\frac{1}{e}\frac{\partial T}{\partial \varrho}$, wenn sie auch größenordnungsmäßig die mit diesen Atommodellen berechneten Bindungsenergien erreichen.

Bei HARTREE-FOCK sorgt die Besetzungsvorschrift dafür, daß in dem Integral $\int \psi^* H \psi \, d\tau$ für die Valenzelektronen das Gebiet stark negativer H in der Umgebung von $r = 0$ keinen merklichen Betrag zum Integral liefert, weil ψ hier klein ist. Bei uns wird aber das stark anziehende elektrostatische Potential in der Kernumgebung durch das Zusatzpotential größtenteils kompensiert und einzig durch das Potentialfeld selbst die Dichteverteilung der Valenzelektronen reguliert.

Dem aus der Thomas-Fermischen Theorie entnommenen Zusatzpotential haftet noch die Ungenauigkeit dieser statistischen Näherung an. Nachdem aber die prinzipielle Berechtigung eines „Zusatzpotentials" an Stelle der Besetzungsvorschrift erkannt ist, steht nichts im Wege, ein genaueres Zusatzpotential aus der spektroskopischen Erfahrung zu entnehmen und dann mit diesem Atommodell, das nur noch aus Valenzelektronen besteht, in die chemischen Probleme einzugehen. Dies stellt eine starke Vereinfachung dar, da es sonst sehr schwer ist, den Rumpfeinfluß eines Atoms auf die Valenzelektronen des Bindungspartners zu erfassen.

Allerdings wird man sich auch hier auf eine einfache analytische Näherung für das Gesamtpotential beschränken. Wenn wir für dieses die Form

114   Kapitel III.

$$U(r) = -\frac{Z - \sigma}{r} + \frac{1}{2}\frac{n'(n' - 1)}{r^2} \tag{23,5}$$

vorgeben, wo σ und n' geeignete Parameter sind, dann erhalten wir gerade die SLATERschen Eigenfunktionen (Gl. 17,3) als Lösungen, die ja die Grundfunktionen in diesem Feld darstellen. Wir sehen in diesem Beispiel auch, wie sich die Existenz eines Drehimpulses der Außenelektronen äußert, in diesem Fall gilt (23,5) für die r-abhängigen Teile der Eigenfunktion und der Anteil mit $1/r^2$ enthält unter anderem den durch die Quantelung des Drehimpulses bedingten Anteil. Wenn wir s- und p-Außenelektronen mit nahezu gleicher Energie haben, dann ist für den R a d i a l teil ihrer Eigenfunktion das Potential $U(r)$ nahezu dasselbe, für die G e s a m t eigenfunktion fehlt bei den p-Elektronen aber der erst durch die Quantelung des Impulses entstehende Anteil $\frac{1}{2}\frac{l(l + 1)}{r^2}$. Das bedeutet, daß für s, p, d ... u. s. w. -Elektronen das Zusatzfeld ein verschiedenes sein muß. Diesen Umstand kann man auch direkt aus der statistischen Theorie begründen[55], worauf wir aber hier nicht eingehen wollen. Als Resultat halten wir fest, daß wir näherungsweise das für die r a d i a l e Eigenfunktion der Valenzelektronen geltende Feld als Gesamtpotential benutzen müssen, wenn wir Atome mit p- oder d-Valenzelektronen vor uns haben.

Das zu den SLATERschen Funktionen gehörige Potential (23,5) ist jedoch für chemische Fragen nicht geeignet, da es in großen Abständen, also auch da, wo sich der Bindungspartner befindet, eine sehr schlechte Näherung darstellt. Bei einem Atom mit einem Valenzelektron muß $U(r)$ hier wie $-1/r$ verlaufen, was bei (23,5) nicht in genügender Näherung der Fall ist. Deshalb wurde für $U(r)$ der Ansatz:

$$U(r) = -\frac{1}{r} + \frac{A}{r}e^{-2\kappa r} \tag{23,6}$$

versucht, der diese Eigenschaft besitzt. Die Konstanten A und κ sind so zu wählen, daß die tiefsten Terme des Spektrums richtig wiedergegeben werden. Die Schwierigkeit bei allen Ansätzen, die das gewünschte Verhalten in großen Abständen aufweisen, ist aber, daß man keine strengen Lösungen der zugehörigen Schrödingergleichung kennt und auf Variationsverfahren zur Auffindung der Eigenwerte angewiesen ist. Wenn man A und κ in der Weise festlegt, daß die so gefundenen Eigenwerte mit den experimentellen Daten übereinstimmen, dann ergibt sich der gesamte Potentialverlauf etwas zu tief, denn er liefert ja schon mit genäherten Eigenfunktionen die richtige Energie. Dieser Fehler wird aber bei den chemischen Anwendungen wieder kompensiert, da wir auch dort stets nur mit angenäherten Eigenfunktionen rechnen. Wir können eine beliebige Zahl von Parametern einführen, A und κ sind stets so zu wählen, daß im Grenzfall unendlicher Entfernung die Terme der freien Atome richtig herauskommen.

Wir haben für die Alkalimetalle von dem Potentialfeld (23,6) in § 9 schon Gebrauch gemacht. Die Bestimmung von A und κ erfolgte aus den Spektren der freien Atome. Als — allerdings noch ziemlich grober — Variationsansatz für die beiden tiefsten s-Eigenfunktionen der Valenzelektronen wurde (21,6) benutzt, durch Variation von α und β die Energieminima im Felde (23,6) bestimmt und schließlich A und κ so gewählt, daß die Energieminima mit den spektroskopisch bekannten beiden tiefsten s-Termen und dem tiefsten p-Term des betreffenden Atoms möglichst gut zusammenfielen. Auf diese Weise sind die in Kapitel I, § 9 benutzten A und κ-Werte, bezw. die Größen A/κ^2 spektroskopisch ermittelt.

Eine gewisse Kontrolle der Ansätze des kombinierten Näherungsverfahrens ließ sich am Beispiel des Mg-Atoms durchführen[60]. Wenn hier A und κ aus spektroskopischen Daten des Mg^+ in der oben beschriebenen Näherung festgelegt wurde, ergab sich in demselben Feld die Energie der beiden Valenzelektronen des Mg befriedigend. Mit zwei Variationsparametern — wie Gl. (22,6) ohne das Glied mit $(r_1 - r_2)^2$ — ergab sich 22,21 e-Volt anstatt des experimentellen Wertes von 22,60 e-Volt. Der absolute Abstand von der wirklichen Energie ist fast so groß wie im Fall des He oder H^-, wo er in derselben Näherung 0,34, bezw. 0,48 e-Volt beträgt. Man sieht aus dem Beispiel, daß zum Vergleich der Energien des Systems mit einem Elektron und mit zwei Elektronen auch bei rohen Variationsansätzen und ziemlich grob bestimmtem Zusatzpotential die kombinierte Näherungsmethode brauchbar erscheint. Wir werden auf ihre Anwendung beim chemischen Bindungsproblem später zu sprechen kommen.

Literatur zu Kapitel III.

Zusammenfassende Darstellungen.

1. H. WEYL, Gruppentheorie und Quantenmechanik. 2. Aufl. Leipzig 1931.
2. E. WIGNER, Gruppentheorie. Sammlung „Die Wissenschaft" Bd. 85. Braunschweig 1931.
3. B. L. VAN DER WAERDEN, Die gruppentheoretische Methode in der Quantenmechanik. Berlin 1932.
4. H. BETHE, Quantenmechanik der Ein- und Zweielektronenprobleme, Handbuch der Physik **24**, 1. Teil S. 273, 1933.
5. F. HUND, Allgemeine Quantenmechanik des Atom- und Molekülbaues. Handbuch der Physik **24**, 1. Teil S. 561, 1933.
6. E. U. CONDON, G. H. SHORTLEY, The Theory of Atomic Spectra. Cambridge 1935.
7. E. A. HYLLERAAS, Grundlagen der Quantenmechanik. Oslo 1932.
8. E. RABINOWITSCH, E. THILO, Das periodische System. Stuttgart 1930.

Originalarbeiten.

1925

9. W. PAULI, Zs. f. Phys. **31** S. 765 (Aufstellung des Ausschließungsprinzips).

1926

10. J. A. KASARNOWSKY, Zs. f. Phys. **38** S. 12 (Schätzung der Elektronenaffinität des H-Atoms auf experimenteller Grundlage).

1927

11. G. W. KELLNER, Zs. f. Phys. **44** S. 91, 110. (Variationsmethode zur Berechnung von He und Li+).

1928

12. D. R. HARTREE, Proc. Cambr. Phil. Soc. **24** S. 89 und S. 111 (Einführung der Hartree-Methode. Anwendung auf He, Rb+, Rb, Na+, Cl^-).
13. E. A. HYLLERAAS, Zs. f. Phys. **48** S. 469 und **51** S. 150 (Ritz-Methode in hoher Näherung für einen Kern mit 2 Elektronen).

116   Kapitel III.

1929

14. J. HARGREAVES, Proc. Cambr. Phil. Soc. **25** S. 75 (Li nach Hartree).
15. E. A. HYLLERAAS, Zs. f. Phys. **54** S. 347 (Fortsetzung von [13]).
16. H. BETHE, Zs. f. Phys. **57** S. 815 (H^- nach Hylleraas[13]).
17. F. BLOCH, Zs. f. Phys. **57** S. 545 (Austauschenergie zwischen ebenen Wellen).

1930

18. E. A. HYLLERAAS, Zs. f. Phys. **65** S. 209 (Fortsetzung von [13] und [15]).
19. E. A. HYLLERAAS, Zs. f. Phys. **60** S. 624 und **63** S. 291 (Lösung H^-).
20. J. C. SLATER, Phys. Rev. **36** S. 57 (Rezept für Atomeigenfunktionen).
21. V. FOCK, Zs. f. Phys. **61** S. 126 und **62** S. 795 (Begründung der Hartree-Methode aus Variationsprinzip, Erweiterung durch Austausch).

1931

22. J. H. BARTLETT, Phys. Rev. **38** S. 1623 (Eigenfunktionen 0. Näherung für höhere Atome).

1932

23. J. McDOUGALL, Proc. R. Soc. **138** S. 550 (Hartree-Lösungen für Si++++ und Si+++. Einfluß von Austausch und Polarisation auf Leuchtelektron).
24. J. C. SLATER, Phys. Rev. **42** S. 33 (Analytische Näherungen für Hartree-Lösungen, insbesondere: Si++++, K+, Cu+, Rb+, Cs+).
25. V. FOCK, Zs. f. Phys. **75** S. 622 (Fortsetzung von [21]).
26. D. H. WEINSTEIN, Phys. Rev. **40** S. 797 und **41** S. 839 (Untere Grenze der Energie in der Variationsmethode).

1933

27. D. HARTREE, M. BLACK, Proc. R. Soc. **139** S. 311 (Hartree-Lösungen mit Austausch von: O+++, O++, O+, O).
28. D. HARTREE, Proc. R. Soc. **141** S. 282 (Hartree-Lösungen Cu+ und Cl^-).
29. F. W. BROWN, Phys. Rev. **44** S. 214 (Hartree-Lösungen F, F^-, Ne).
30. F. W. BROWN, J. H. BARTLETT, C. G. DUNN, Phys. Rev. **44** S. 296 (Hartree-Lösungen B, C, N).
31. D. HARTREE, Mem. and Proc. Manchester Lit. and Phil. Soc. **77** S. 91 (Methode zur numerischen Lösung von Differential-Gleichungen).
32. V. FOCK, Zs. f. Phys. **81** S. 195 (Fortsetzung von [21] und [25], insbesondere Diskussion des Austauscheffektes).
33. E. B. WILSON, J. Chem. Phys. **1** S. 210 (Einfache Variationslös. für Li).
34. J. K. L. MACDONALD, Phys. Rev. **43** S. 830 (Ergänzung zu [26]).
35. J. P. VINTI, P. H. MORSE, Phys. Rev. **43** S. 337 (Genäherte Atomeigenfunktionen mit variablem Abschirmungsparameter).

1934

36. D. HARTREE, Proc. R. Soc. **143** S. 506 (Hartree-Lösungen K+, Cs+, Cu+).
37. D. HARTREE, Phys. Rev. **46** S. 738 (Hartree-Lösungen Hg++, Hg).
38. C. C. TORRANCE, Phys. Rev. **46** S. 388 (Hartree-Lösung C).
39. E. H. KENNARD, E. RAMBERG, Phys. Rev. **46** S. 1034 (Hartree-Lösung Na, Röntgenterme mit Austausch).
40. V. FOCK, M. J. PETRASHEN, Phys. Zs. d. Sowjetunion **6** S. 368 (Lösung der Fock-Gleichung für Na. Analytische Näherung durch Variation mit Orthogonalitätsforderung).
41. C. MØLLER, M. S. PLESSET, Phys. Rev. **46** S. 618 (Nächste Näherung zu Hartree-Fock durch Störungsrechnung).
42. D. H. WEINSTEIN, Proc. Nat. Acad. Sci. **20** S. 529 (Modifizierte Variationsmethode).
43. J. K. L. MACDONALD, Phys. Rev. **46** S. 828 (Ergänzung zu [42]).
44. E. WIGNER, Phys. Rev. **46** S. 1002 („correlation energy" für ebene Wellen).

1935

45. D. R. HARTREE, W. HARTREE, Proc. R. Soc. **150** S. 9 (Fock-Lösung für Be im Grundzustand).
46. D. R. HARTREE, Proc. R. Soc. **151** S. 96 (Hartree-Fock-Lösungen für F^-, Al+++, Rb+).

47. W. S. WILSON, R. B. LINDSAY, Phys. Rev. **47** S. 681 (Angeregtes He nach Hartree).

48. V. FOCK, M. PETRASHEN, Phys. Zs. d. Sowjetunion **8** S. 359 (Analytische Lösungen für Be, Vergleich der versch. Methoden).

49. V. FOCK, M. PETRASHEN, Phys. Zs. d. Sowjetunion **8** S. 547 (Fock-Lösungen für Li).

50. B. SWIRLES, Proc. R. Soc. **152** S. 625 (Relativistische Hartree-Fock-Methode).

51. P. M. MORSE, L. A. YOUNG, E. S. HAURWITZ, Phys. Rev. **48** S. 948 (Eigenfunktionen und Energie für He bis Mg++ durch einfachen Variationsansatz mit Orthogonalitätsforderung).

52. W. ROMBERG, Phys. Zs. d. Sowjetunion **8** S. 516 (Schätzung einer unteren Grenze in der Ritzschen Methode).

53. H. HELLMANN, Acta Physicochim. URSS **1** S. 913 und J. Chem. Phys. **3** S. 61 (Kombiniertes Störungsverfahren).

54. J. H. BARTLETT, J. J. GIBBONS, C. G. DUNN, Phys. Rev. **47** S. 679 (Genauigkeitsschätzung bei der Variationsmethode).

1936

55. H. HELLMANN, Acta Physicochim. URSS **4** S. 225 (Kombiniertes Störungsverfahren bei p-, d- ... Valenzelektronen).

56. D. R. HARTREE, W. HARTREE, Proc. R. Soc. **154** S. 588 (Fock-Lösung für angeregte Zustände von Be).

57. D. R. HARTREE, W. HARTREE, Proc. R. Soc. **156** S. 45 (Hartree-Fock-Lösungen für Cl⁻).

58. A. S. COOLIDGE, H. M. JAMES, Phys. Rev. **49** S. 676 und S. 688 (Der $1s\,2s$-Zustand des He und der Grundzustand des Li nach Hylleraas in hoher Näherung).

59. A. SCHUCHOWITZKY, Acta Physicochim. URSS **4** S. 803 (Näherungsmethode zur Lösung von Variationsaufgaben durch Annäherung des Operators).

60. H. HELLMANN, W. KASSATOTSCHKIN, J. Chem. Phys. **4** S. 324 und Acta Physicochim. URSS **5** S. 23 (Alkaliatome nach komb. Näherungsverf.).

61. H. M. JAMES, Phys. Rev. **49** S. 874 (Kurze Mitteilung zur Ritz-Methode).

62. M. F. MANNING, J. MILLMAN, Phys. Rev. **49** S. 848 (Hartree-Fock-Lösungen für Wolfram).

63. D. R. HARTREE, W. HARTREE, Proc. R. Soc. **157** S. 490 (Hartree-Fock-Lösungen für Cu+).

64. H. L. DONLEY, Phys. Rev. **50** S. 1012 (Hartree-Lös. für Si++, Si+++).

Kapitel IV.

Das Valenzschema der Chemie.

§ 24. Das H₂⁺-Ion.

Das Ion H_2^+ stellt das einfachste Beispiel der homöopolaren Bindung dar. Bei strenger Behandlung wären, analog wie beim H-Atom, Lösungen einer Schrödinger-Gleichung $[H - E]\psi = 0$ für ein Elektron aufzusuchen. Wir haben es dabei mit einem Zweizentrenproblem zu tun, es besteht nur noch Rotationssymmetrie um die Kernverbindungslinie, nicht mehr Kugelsymmetrie um einen Kern. Als Parameter tritt der Kernabstand R auf, und für die chemische Bindung interessiert gerade $E(R)$, die Energie als Funktion dieses Parameters. Denn der Wert von R, für den E ein Minimum wird, muß uns den Gleichgewichtsabstand der Kerne angeben, während der Verlauf von E in der Umgebung des Gleichgewichtes für die Kenntnis des Schwingungsspektrums notwendig ist. Bedeuten r_a und r_b die Abstände des Elektrons von den Kernen a und b, so ist das Problem separierbar, wenn man $r_a + r_b$, $r_a - r_b$ und φ als Koordinaten einführt; φ ist der Drehungswinkel um die Kernverbindungslinie, $r_a + r_b = const.$, bezw. $r_a - r_b = const.$ stellen Scharen konfokaler Ellipsoide, bezw. Hyperboloide dar.

Wir wollen aber auf die strenge Behandlung verzichten, die zuerst von TELLER[21] gegeben wurde (s. auch[46,56]), und dafür den Weg der Näherungslösung nach den Methoden der Störungsrechnung einschlagen. Denn dieses Verfahren läßt sich auf beliebige Moleküle verallgemeinern und soll daher, bevor wir es bei komplizierteren Molekülen anwenden, an diesem einfachsten Beispiel erläutert werden.

Wir lassen die wechselseitige potentielle Energie der Kerne vorläufig weg und denken uns diese in einem bestimmten Abstand fixiert; die Energie der Kerne miteinander können wir dann ganz zum Schluß der erhaltenen Wechselwirkung der Atome hinzufügen. Es lautet dann die Schrödinger-Gleichung in atom. Einheiten:

$$\left[\frac{1}{2} \Delta + \frac{1}{r_a} + \frac{1}{r_b} + E \right] \psi = 0 \qquad (24,1)$$

Die Näherungsmethode wird natürlich am brauchbarsten sein bei großen Kernabständen. Wir denken uns etwa das Elektron beim Kerne a befindlich und der Kern b werde allmählich angenähert. Dann ist eine nullte Näherung die Wasserstoffgrundfunktion

$$\psi_a(r_a) = \frac{1}{\sqrt{\pi}} \, e^{-r_a} \qquad (24,2)$$

Bei schematischer Anwendung der Formeln der Störungstheorie haben wir für das Störungspotential zu setzen $\frac{-1}{r_b}$, das ist nämlich die Wechselwirkungsenergie des Elektrons mit dem entfernteren Kern; wir würden dann als Störungsenergie in erster Ordnung erwarten (s. Gl. 13,3) $u_{00} = \frac{1}{\pi} \int \frac{-1}{r_b} \, e^{-2r_a} \, d\tau$. Dies ist das Potential einer positiven Punktladung $+1$ im Felde der negativen Ladungswolke mit der Dichteverteilung $\varrho = \frac{1}{\pi} e^{-2r_a}$. Das Elektron des Atoms a wirkt also wie eine verschmierte Ladung (natürlich vom Gesamtbetrag -1). Dazu müssen wir jetzt noch die wechselseitige potentielle Energie der Kerne hinzufügen vom Betrag $+\frac{1}{R}$, was uns für die Bindungsenergie ε insgesamt ergäbe:

$$\varepsilon = \frac{1}{R} - \frac{1}{\pi} \int \frac{1}{r_b} \, e^{-2r_a} \, d\tau \qquad (24,3)$$

Der Wert des Integrals ist (s. Anhang)

$$u_{aa} = \frac{1}{R} \left(1 - e^{-2R} \left(1 + R \right) \right) \qquad (24,4)$$

und damit wird

$$\varepsilon = + \frac{1}{R} \, e^{-2R} \left(1 + R \right) \qquad (24,5)$$

also positiv; d. h. der herangeführte Kern b wird von dem Atom a abgestoßen. Man hätte dies anschaulich auch direkt sehen können. Das Potential in großem Abstande von einem neutralen Atom ist 0, da dann die Ladung der kugelsymmetrisch verteilten Elektronen wirkt, als wäre sie im Mittelpunkt vereinigt. Kommt man dem Atom näher, so wird die Kugel mit negativer Ladung zwischen Aufpunkt und Kern kleiner und kleiner, d. h. die Wirkung des Kerns überwiegt und ein herannahendes positives Teilchen muß abgestoßen werden. Wir können unter

§ 24. Das H_2^+-Ion.   119

Vermeidung der Integration in diesem Bild ε auch direkt bestätigen als Lösung der Gleichung $\Delta V = -4\pi\varrho$ mit dem Wert der Ladungsdichte $\varrho = -\frac{1}{\pi}\,e^{-2R}$. Das gibt:

$$\frac{d^2V}{dR^2} + \frac{2}{R}\frac{dV}{dR} = 4\,e^{-2R} \tag{24,6}$$

Man bestätigt leicht durch Einsetzen von ε aus (24,5) für V die Richtigkeit von (24,5).

Allerdings haben wir die polarisierende Wirkung des Kernfeldes weggelassen; diese spielt gerade hier eine beträchtliche Rolle, würde jedoch erst im zweiten Näherungsschritt der Störungsrechnung erfaßt werden. Dieser Anteil kann nur Anziehung liefern. Wir wollen von seiner Berechnung aber vorläufig absehen (s. dazu § 33), da der Einfluß der Polarisationskräfte hier nicht entscheidend ist.

Unser u_{00} entspricht also der Änderung der potentiellen Energie der starr gedachten Elektronenwolke des Atoms im Felde des Kerns. Nach den qualitativen Überlegungen von § 8 müßten wir aber ein Absinken der Energie erwarten, weil das Elektron auch die Potentialmulde um den herangeführten Kern b erfüllen kann, je mehr bei Annäherung von b der Potentialberg zwischen a und b erniedrigt wird. Das ist in der Tat der Fall und ergibt sich ganz automatisch, wenn wir nicht, wie eben, eine unvollständige Störungsrechnung treiben. Wir haben nämlich folgendes übersehen: In nullter Näherung kann das Elektron sowohl zum Kern a wie auch zum Kern b gehören, die beiden Eigenfunktionen $\psi_a = \frac{1}{\sqrt{\pi}}\,e^{-r_a}$ und $\psi_b = \frac{1}{\sqrt{\pi}}\,e^{-r_b}$ sind daher völlig gleichberechtigt und miteinander entartet. Wir müssen also nach § 13 in (24,1) als nullte Näherung für ψ setzen: $\psi = c_a\,\psi_a + c_b\,\psi_b$. Nach der in § 13 begründeten Vorschrift setzen wir dies in (24,1) ein, wobei wir beachten, daß

$$\left[\frac{1}{2}\Delta + \frac{1}{r_a} + E_0\right]\psi_a = 0 \quad \text{und} \quad \left[\frac{1}{2}\Delta + \frac{1}{r_b} + E_0\right]\psi_b = 0$$

Dann resultiert zunächst

$$c_a\left(E - E_0 + \frac{1}{r_b}\right)\psi_a + c_b\left(E - E_0 + \frac{1}{r_a}\right)\psi_b = 0 \tag{24,7}$$

eine Gleichung, die sicher nicht erfüllt ist. Wie jedoch Gl. (13,6) lehrte, erhalten wir E in erster Näherung, wenn wir mit ψ_a^* oder ψ_b^* multiplizieren und über den ganzen Raum integrieren. So ergeben sich die beiden Gleichungen

$$\begin{aligned} c_a\,(\varepsilon' - u_{aa}) + c_b\,(s\varepsilon' - u_{ab}) &= 0 \\ c_a\,(s\varepsilon' - u_{ba}) + c_b\,(\varepsilon' - u_{bb}) &= 0 \end{aligned} \tag{24,8}$$

wobei zur Abkürzung gesetzt ist:

$$E - E_0 = \varepsilon'$$

$$u_{aa} = \int \frac{-1}{r_b}\,\psi_a{}^2\,d\tau = u_{bb} = \int \frac{-1}{r_a}\,\psi_b{}^2\,d\tau$$

$$u_{ab} = \int \frac{-1}{r_b}\,\psi_a\,\psi_b\,d\tau = u_{ba} = \int \frac{-1}{r_a}\,\psi_b\,\psi_a\,d\tau \tag{24,9}$$

$$s = \int \psi_a\,\psi_b\,d\tau$$

Aus Symmetriegründen gilt $u_{aa} = u_{bb}$; $u_{ab} = u_{ba}$.

120   Kapitel IV.

Wir haben hier einen Fall vor uns, in dem sich nicht ein bestimmtes Potential als Störungspotential abtrennen läßt; u ist je nach der Wahl der Eigenfunktion nullter Näherung $-1/r_a$ oder $-1/r_b$. Ferner sind ψ_a und ψ_b nicht orthogonal, darum ist s nicht gleich 0. Man sieht, daß die beiden Gleichungen (24,8) für c_a und c_b nur lösbar sind, wenn

$$\varepsilon' - u_{aa} = \mp \left(s\varepsilon' - u_{ab} \right)$$

ist. Dazu gehören dann die beiden Lösungen $c_b = +c_a$ und $c_b = -c_a$. Es wird die gesamte Wechselwirkung einschließlich des von den beiden Kernen herrührenden Anteils:

$$\varepsilon = \varepsilon' + \frac{1}{R} = \frac{u_{aa} \pm u_{ab}}{1 \pm s} + \frac{1}{R} \qquad (24,10)$$

Da u_{aa} und u_{ab} negativ sind, so ist der niedrigere Eigenwert der mit dem oberen Vorzeichen, zu dem die in ψ_a und ψ_b symmetrische von den beiden Lösungen:

$$\psi_{1,2} = \frac{1}{\sqrt{2(1 \pm s)}} \left(\psi_a \pm \psi_b \right) \qquad (24,11)$$

gehört.

Daß u_{ab} nicht rein elektrostatisch verstanden werden kann, erhellt schon daraus, daß es mit zweierlei Vorzeichen auftreten kann. Wir werden aber an unser in § 8 besprochenes Bild des Absinkens der mittleren kinetischen Energie des Elektrons durch Erfüllung des Raums um den neuen Kern erinnert. In der Tat sinkt ε umso mehr ab, je größer u_{ab} wird, d. h. je größer die Übergangswahrscheinlichkeit (s. § 15) zum neuen Kern bei dessen Annäherung wird. Der Nenner $1 + s$ wirkt dem bei großer Annäherung durch Anwachsen von s entgegen; dies entspricht in unserem Bild der Verkleinerung des gesamten zur Verfügung stehenden Raumes. Es ist jedoch zu beachten, daß die endgültig, d. h. in höheren Näherungen unter geringer Änderung der Gesamtenergie sich einstellende Aufteilung der Energie auf kinetische und potentielle Energie ganz anders ist, als unser anschauliches Bild es nahe legt. Es hätte also gar keinen Zweck, falls man versuchen wollte, die mittlere kinetische und potentielle Energie

$$\overline{U} = \int \psi^* U \psi \, d\tau \quad \text{und} \quad \overline{T} = \int \psi^* \left(-\frac{1}{2m} \Delta \right) \psi \, d\tau$$

mit nullten Näherungen für ψ auszurechnen.

Die Integrale in (24,10) sind

$$u_{aa} = \frac{-1}{R} \left(1 - e^{-2R} \left(1 + R \right) \right) ; \quad u_{ab} = -e^{-R} \left(1 + R \right)$$

$$s = e^{-R} \left(1 + R + \frac{1}{3} R^2 \right) \qquad (24,12)$$

Da u_{aa} stets kleiner als $\frac{1}{R}$ ist, bleibt für die Anziehung einzig das nichtklassische Glied u_{ab} verantwortlich. Ein „Übergangsintegral" dieser Form ist die Ursache jeder homöopolaren Bindung. Setzen wir die Ausdrücke in (24,10) ein, so kommt

$$\varepsilon = \frac{1}{R} \frac{e^{-R} \left(1 - \frac{2}{3} R^2 \right) + e^{-2R} \left(1 + R \right)}{1 + e^{-R} \left(1 + R + \frac{1}{3} R^2 \right)} \qquad (24,13)$$

§ 24. Das H_2^+-Ion.   121

Man erkennt, daß für große Abstände die Anziehung durch das Glied $-\frac{2}{3} R^2 e^{-R}$ überwiegt. Bei kleineren Abständen äußert sich die klassische Abstoßung und die Nichtorthogonalität.

Man bekäme eine Gleichgewichtslage von 1,4 Å Kernabstand mit einer Gleichgewichtsenergie von $-1,8$ e-Volt. Die Werte sind noch recht schlecht gegen die richtigen von 1,07 Å und 2,78 Volt[57,61].*) Das liegt hauptsächlich an der Vernachlässigung der Polarisationskräfte, die gerade hier, wo nicht zwei neutrale Atome betrachtet werden, beträchtlich sind.

Wir betonen noch, daß der niedrigere Term zu der nullten Näherung $\frac{1}{\sqrt{2(1+s)}} (\psi_a + \psi_b)$ gehört. Die andere Eigenfunktion $\frac{1}{\sqrt{2(1-s)}} (\psi_a - \psi_b)$ zeigt in der Mittelebene zwischen beiden Atomen einen Knoten, d. h. es ist dort $\psi_a - \psi_b = 0$. Es ist in Übereinstimmung mit allgemeinen Sätzen der Eigenwerttheorie, daß zur Lösung mit weniger Nullstellen der tiefere Eigenwert gehört. Die zugehörigen Dichteverteilungen sind

$$\varrho_{1,2} = \frac{1}{2(1+s)} \left(\psi_a{}^2 + \psi_b{}^2 \pm 2 \psi_a \psi_b \right). \qquad (24,14)$$

Zu der einfachen Überlagerung der Atomdichten kommt also im Bindungsfall ein Zuwachs, im Abstoßungsfall eine Abnahme an Dichte in der Mitte zwischen den Atomen. In einem Fall fließen die Dichteverteilungen ineinander, im anderen schnüren sie sich gegeneinander ab (vergl. auch Fig. 10 in § 25).

Im Grenzfall sehr großer Entfernung beider Atome ist sowohl u_{ab} als das Integral s gleich 0 zu setzen. Damit wird auch ε gleich 0. Es bleibt aber nach Gl. (24,14) die Tatsache, daß die Elektronendichte ganz gleichmäßig auf beide Kerne verteilt ist, denn die gesamte Dichtefunktion ist ja jetzt $\varrho = \frac{1}{2} (\psi_a{}^2 + \psi_b{}^2)$. Dies scheint unserer Auffassung, daß die Möglichkeit des Aufenthaltes beim anderen Kern die Nullpunktsenergie des Elektrons absinken läßt, zu widersprechen. Offenbar ist die Höhe der Potentialschwelle überhaupt nicht von Einfluß auf die Tatsache, daß das Elektron beide Mulden in gleicher Weise besetzt. Wir wollen jetzt zeigen, daß für das Absinken der Nullpunktsenergie wesentlich ist, daß das Elektron g l e i c h z e i t i g beide Mulden erfüllen kann. Das heißt, je häufiger es pro Zeiteinheit von der einen Mulde in die andere übergehen kann, um somehr macht es „Gebrauch" — im Sinne unseres Modells — von dem Platz beider Mulden, um so tiefer sinkt sein „Nullpunktsdruck" (s. § 8). Wir haben ja hier einen stationären Zustand betrachtet und können aus den bisher betrachteten Lösungen garnichts aussagen über die Häufigkeit des Übergangs, d. h. auch über die Geschwindigkeit der Einstellung dieses Gleichgewichtszustandes. Daß wir die gleiche Wahrscheinlichkeit haben, das Elektron bei Kern a und bei Kern b vorzufinden, wenn wir nichts darüber wissen, wo es sich zu einem bestimmten Zeitpunkt $t = 0$ befand und wenn das System bei festem Abstand beider Kerne seit undenklichen Zeiten sich im Gleichgewicht befindet, ist nicht verwunderlich. Ähnliche, formal richtige, aber praktisch bedeutungslose

---

*) Infolge einer Nullpunktsenergie der Atomkerne in der Höhe von 0,14 e-Volt ist die Dissoziationsenergie des H_2^+-Moleküls um diesen Betrag kleiner als die angegebenen „Gleichgewichtsenergien" (Vergl. § 55).

Aussagen bekommt man leicht auch in der klassischen Thermodynamik, wenn man ein System von Stoffen als im Gleichgewicht befindlich behandelt, das vielleicht Billionen Jahre und mehr gebrauchen würde, um spontan diesen Gleichgewichtszustand zu erreichen.

Um die Einstellung des Gleichgewichts verfolgen zu können, benötigen wir eine Lösung ψ, welche die Eigenschaft hat, daß zur Zeit $t = 0$ das Elektron mit Sicherheit beim Kern a anzutreffen ist. Die Dichteverteilung selbst wird zeitabhängig, d. h. die gesuchte Funktion kann nicht mehr Eigenfunktion einer bestimmten Energie E sein. Durch die Lokalisierung eines Elektrons wird die Energie des ganzen Systems unbestimmt. Die gewünschte Lösung läßt sich leicht aus den beiden vorliegenden Näherungslösungen zusammensetzen, welche vollständig lauten (ohne Normierung, diese setzen wir noch passend fest):

$$\psi_1 = (\psi_a + \psi_b)\, e^{-i(E_0 + \varepsilon_1)t}$$
$$\psi_2 = (\psi_a - \psi_b)\, e^{-i(E_0 + \varepsilon_2)t} \qquad (24{,}15)$$

Durch Addition gewinnen wir aus (24,15) eine Lösung mit der gewünschten Eigenschaft, wobei wir aus Normierungsgründen noch mit $1/2$ multiplizieren:

$$\psi = \frac{1}{2}\left[\psi_a\left(e^{-i\varepsilon_1 t} + e^{-i\varepsilon_2 t}\right) + \psi_b\left(e^{-i\varepsilon_1 t} - e^{-i\varepsilon_2 t}\right)\right] e^{-iE_0 t} \qquad (24{,}16)$$

Für $t = 0$ wird $\psi = \psi_a$, wie gefordert wurde. Die zugehörige Dichte wird:

$$\psi^* \psi = \frac{1}{4}\left\{\psi_a{}^2\left[2 + 2\cos(\varepsilon_1 - \varepsilon_2)t\right] + \psi_b{}^2\left[2 - 2\cos(\varepsilon_1 - \varepsilon_2)t\right]\right\}$$
$$= \psi_a{}^2 \cos^2 \tfrac{1}{2}(\varepsilon_1 - \varepsilon_2)t + \psi_b{}^2 \sin^2 \tfrac{1}{2}(\varepsilon_1 - \varepsilon_2)t \qquad (24{,}17)$$

Die Dichteverteilung schwankt also periodisch hin und her, zwischen $\psi_a{}^2$ und $\psi_b{}^2$. Bei $t = 0$ war das Elektron bei a, bei $t_1 = \dfrac{\pi}{|\varepsilon_1 - \varepsilon_2|}$ ist es ganz bei b. Setzen wir für $\varepsilon_1 - \varepsilon_2$ seinen Wert nach Gl. (24,10):

$$\varepsilon_1 - \varepsilon_2 = \frac{u_{aa} + u_{ab}}{1 + s} - \frac{u_{aa} - u_{ab}}{1 - s} = \frac{2\,u_{ab} - 2\,s\,u_{aa}}{1 - s^2} \cong 2\,u_{ab} \qquad (24{,}18)$$

ein, dann sehen wir, daß für die Frequenz des Überganges im wesentlichen das Übergangsintegral u_{ab} maßgebend ist. u_{ab} geht ja mit e^{-R}, die Korrektionsglieder wegen s und u_{aa} würden mit e^{-3R} gehen und können für alle Abstände R, in denen es überhaupt noch einen Sinn hat, zu sagen, das Elektron befindet sich bei a oder bei b, vernachlässigt werden.

Die Zeitdauer eines vollständigen Überganges wird somit:

$$t = \frac{\pi}{2\,|u_{ab}|}\ \text{atom. Einh.} = \frac{3{,}8 \cdot 10^{-17}\, e^R}{1 + R}\ \text{sec} \qquad (24{,}19)$$

(Bez. der Umrechnung von atomaren Zeiteinheiten auf sec s. Tab. 8 in § 16). In dem oben berechneten Gleichgewichtsabstand von 2,65 atom. Einh. (= 1,4 Å) wird $t = 1{,}5 \cdot 10^{-16}$ sec. Im 10-fachen Gleichgewichtsabstand: $R = 26{,}5$ at. E. (= $1{,}4 \cdot 10^{-7}$ cm) ist $t = 4{,}5 \cdot 10^{-7}$ sec. Im 100-fachen Gleichgewichtsabstand von 265 at. E. (= $1{,}4 \cdot 10^{-6}$ cm), also immer noch mehr als eine Zehnerpotenz unterhalb der Grenze der

§ 24. Das H_2^+-Ion.

mikroskopischen Abstandsmessung, ergibt sich für t die unvorstellbare Zeit von $\cong 5,6 . 10^{88}$ Jahren. Schon für $R = 100$ a. E. ($= 5,3 . 10^{-7}$ cm) wird t rund $1/3$ Trillionen Jahre. Um — im Gedankenexperiment — für 2 H-Kerne in diesem Abstand die Aussagen der Wellenmechanik, daß sich das Elektron statistisch gleich häufig bei einem Kern wie bei dem anderen aufhält, nachprüfen zu können, müßten wir die Statistik der Ortsfeststellung des Elektrons über viele Trillionen Jahre erstrecken.

Mit diesen Zahlen erscheinen die formalen Aussagen der Wellenmechanik über stationäre Zustände im richtigen Licht. Auch für die „adiabatische Volumenvergrößerung" des Potentialkastens infolge Annäherung des zweiten Kerns nach § 8 haben wir so ein vertieftes Verständnis gewonnen. Offenbar kann man erst dann sagen, daß die Mulde beim zweiten Kern dem Elektron voll zur Verfügung steht, wenn die Zeitdauer eines Überganges etwa dieselbe Größenordnung erreicht wie die Zeit, die das gemäß seiner Nullpunktsenergie sich frei bewegende Elektron braucht, um den Weg von einem Atom zum anderen zurückzulegen.

Alle hier am Beispiel des H_2^+ angestellten Überlegungen lassen sich qualitativ auf jede andere homöopolare Bindung übertragen.

Ähnlich wie beim freien Atom läßt sich auch im 2-Zentrenproblem schon durch einen oder wenige Variationsparameter eine ganz wesentliche Verbesserung der Energiewerte erzielen. Für das H_2^+-Ion wurde dies zuerst von FINKELSTEIN und HOROWITZ[11] gezeigt, indem sie einfach einen Abschirmungsparameter α für die Kernladung einführten, also $e^{-\alpha r_a}$, bezw. $e^{-\alpha r_b}$ an Stelle der H-Grundfunktionen e^{-r_a}, bezw. e^{-r_b} benutzten. Die Eigenfunktion des Grundzustandes ist jetzt $e^{-\alpha r_a} + e^{-\alpha r_b}$ (ohne Normierung). Die Rechnung verläuft genau wie vorher. Zusätzlich tritt nur auf die Änderung des H-Grundterms durch Benutzung von $e^{-\alpha r_a}$, das ja nicht mehr Eigenfunktion des zugehörigen Operators $-\frac{1}{2}\Delta - \frac{1}{r_a}$ ist. Wir müssen deshalb die Gesamtenergie ausrechnen als:

$$\overline{H}(R, \alpha) = \frac{\int (e^{-\alpha r_a} + e^{-\alpha r_b}) \, H \, (e^{-\alpha r_a} + e^{-\alpha r_b}) \, d\tau}{\int (e^{-\alpha r_a} + e^{-\alpha r_b})^2 \, d\tau} \qquad (24,20)$$

Das Resultat ist[11]:

$$\overline{H}(R, \alpha) = A\alpha + B\alpha^2 \quad \text{mit} \quad A = \frac{1}{x} - \left(1 + \frac{1}{x}\right) \frac{1 - e^{-2x} + 2x \, e^{-x}}{1 + e^{-x}(1 + x + 1/3 \, x^2)}$$

$$x = \alpha R \qquad\qquad B = \frac{1 + (1 + x) \, e^{-x}}{1 + e^{-x}(1 + x + 1/3 \, x^2)} - \frac{1}{2}$$

$$(24,21)$$

Wenn wir uns nur für die Energie im Gleichgewichtsabstand interessieren, können wir in (24,21) gleich R und α als Variationsparameter behandeln und das absolute Minimum von $\overline{H}$ als Funktion zweier Variablen bestimmen. Statt R und α wählen wir schließlich lieber $\alpha R = x$ und α als unabhängige Variable. Die Differentiation nach α liefert sofort:

$$\overline{H}(x) = -\frac{A^2}{4B} \qquad (24,22)$$

Man hat nun nur noch das Minimum von $\overline{H}(x)$ zu bestimmen. Es liegt ungefähr bei $x = 2,46$ und beträgt $-0,583$. Der zugehörige

124   Kapitel IV.

Wert von α ist 1,228, also R etwa 2,0. Als Resultat ergibt sich also
der Gleichgewichtsabstand $R = 1,06$ Å und die Gleichgewichtsenergie:
$0,583 - 0,5 = 0,083$ at. E. $= 2,24$ e-Volt. Es ist damit gegenüber den
Werten nach Gl. (24,13) eine wesentliche Verbesserung in Richtung der
exakten Werte (1,07 Å, 2,78 e-Volt) erreicht.

Als weitere Fortführung dieses Annäherungsverfahrens setzte später
DICKINSON[35] an:

$$\psi = e^{-\alpha r_a} + c\,z_a\,e^{-\eta\alpha r_a} + e^{-\alpha r_b} + c\,z_b\,e^{-\eta\alpha r_b} \quad \begin{array}{c}\text{(beide }z\text{ nach}\\\text{innen positiv)}\end{array} \quad (24,23)$$

Die Glieder mit c bedeuten eine Deformation der einzelnen wasserstoffähnlichen Funktionen in Richtung der Molekülachse. Mit $\eta = 1$,
also nur 2 Parametern: α und c (außer dem Kernabstand R), wird die
Energie 2,70 e-Volt. Dabei ist $R = 1,06$ Å, $c = 0,16$, $\alpha = 1,254$. Der
Parameter η kompliziert die Rechnungen ziemlich, gibt aber nur die geringe Energieverbesserung auf 2,72 e-Volt. Das Glied mit c entspricht
anschaulich einer Polarisation des H-Atoms. Daß man mit einer klassischen Schätzung der Polarisation bei diesen Abständen völlig fehlgreift,
sehen wir an dem Ausdruck $-\frac{\omega}{2}F^2$ für die Polarisationsenergie, wenn
wir für F die Feldstärke am Ort des Kerns und für ω die Polarisierbarkeit
4,5 at. Einh. (s. § 33) einsetzen. Danach wäre die Polarisationsenergie
$-\frac{4,5}{2,4^2}$ at. E. $= -3,81$ Volt, also größer als die gesamte wirklich vorliegende Bindungsenergie. (S. hierzu § 33.)

Sehr einfach erhalten GUILLEMIN und ZENER[14] mit der 2-parame-
trigen Funktion

$$\psi = e^{-\alpha(r_a+r_b)}\left[e^{\beta(r_a-r_b)} + e^{\beta(r_b-r_a)}\right] \quad (24,24)$$

den sehr guten Wert 2,76 e-Volt, der mit dem exakten Wert von 2,78
e-Volt schon nahezu übereinstimmt. Die Gegenüberstellung der Ansätze
(24,23) und (24,24) zeigt, wie sehr es bei der Variationsmethode darauf
ankommt, dem vorliegenden Problem angepaßte Funktionstypen zu erraten. (24,24) hat den Vorzug, beide Grenzfälle, $R = \infty$ und $R = 0$
zu enthalten. Im ersten Fall ist $\alpha = \beta = 1/2$ zu setzen, im anderen
Fall, um die Eigenfunktion des He$^+$ zu erhalten: $\alpha = 1$. In diesem Fall
verschwindet $\beta(r_a - r_b)$, da r_a und r_b identisch werden.

§ 25. Das H$_2$-Molekül.

Im 2-Elektronenproblem des H$_2$-Moleküls können wir zunächst ganz
analog vorgehen, wie im vorigen Paragraphen bei H$_2^+$. Die Schrödingergleichung hat hier die Form (in atom. Einh.):

$$[H - E]\,\psi \hspace{8cm} (25,1)$$
$$= \left[-\frac{1}{2}(\Delta_1 + \Delta_2) + \frac{1}{R} + \frac{1}{r_{12}} - \frac{1}{r_{a1}} - \frac{1}{r_{a2}} - \frac{1}{r_{b1}} - \frac{1}{r_{b2}} - E\right]\psi = 0$$

Die Indizes 1 und 2 kennzeichnen die beiden Elektronen, die Indizes a
und b die Kerne. Fig. 9 erläutert im einzelnen die Bedeutung der Koordinaten. R ist der Abstand der beiden Kerne als gegebener Parameter. In
(25,1) haben wir die Coulombsche Abstoßung der Kerne in den Hamiltonoperator eingeschlossen; wir hätten sie genau so gut zum Schluß der

§ 25. Das H_2-Molekül.   125

ganzen Störungsrechnung der berechneten Energie hinzufügen können, es ist jedoch meist übersichtlicher, sie zu H zu rechnen.

Als Näherungslösungen, die für genügend großes R in die strengen Lösungen übergehen, haben wir, wie im vorigen Paragraphen, 2 Lösungen, nämlich $\psi_a(1)\,\psi_b(2)$ und $\psi_b(1)\,\psi_a(2)$, wobei ψ_a und ψ_b die ungestörten Eigenfunktionen des Atoms a, bezw. b bedeuten. Es muß aber nachdrücklich unterstrichen werden, daß die Ursache dieser Entartung hier eine andere ist als beim $H_2{}^+$. Dort wäre nämlich die Entartung

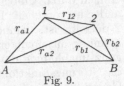

Fig. 9.
Die Koordinaten im
Zwei-Zentrenproblem.

schon aufgehoben, wenn an Stelle von 2 gleichen Atomen 2 verschiedene Atome vorlägen, denn ψ_a und ψ_b einzeln — die ja beim $H_2{}^+$ miteinander entartet waren — gehören dann zu verschiedenen Eigenwerten. Hier aber gehören zu den beiden Produktlösungen, die sich nur durch Vertauschung der beiden Elektronen unterscheiden, stets die Summe der Eigenwerte von ψ_a und ψ_b als Eigenwert des Gesamtsystems, und diese Summe bleibt bei jeder Elektronenvertauschung unverändert. Die hier bei H_2 untersuchte Entartung bleibt daher auch dann in aller Strenge bestehen, wenn wir es mit 2 ganz verschiedenen Atomen zu tun haben. Wir wollen deshalb die Störungsrechnung gleich so führen, daß wir unsere Formeln später unmittelbar auch auf den allgemeinen Fall übertragen können.

Das zu (25,1) gehörige Säkularproblem erhalten wir nach dem allgemeinen Rezept (13,6):

$$\int \psi_a{}^*(1)\,\psi_b{}^*(2)\,[H-E]\,\big(c_1\,\psi_a(1)\,\psi_b(2) + c_2\,\psi_b(1)\,\psi_a(2)\big)\,d\tau = 0$$
$$\int \psi_a{}^*(2)\,\psi_b{}^*(1)\,[H-E]\,\big(c_1\,\psi_a(1)\,\psi_b(2) + c_2\,\psi_b(1)\,\psi_a(2)\big)\,d\tau = 0 \tag{25,2}$$

Wieder gehören zu den beiden miteinander entarteten Lösungen verschiedene Störungsenergien, nämlich:

$$\text{zu } \psi_a(1)\,\psi_b(2): \quad u(12) = \frac{1}{R} + \frac{1}{r_{12}} - \frac{1}{r_{b1}} - \frac{1}{r_{a2}}$$
$$\text{zu } \psi_a(2)\,\psi_b(1): \quad u(21) = \frac{1}{R} + \frac{1}{r_{12}} - \frac{1}{r_{b2}} - \frac{1}{r_{a1}} \tag{25,3}$$

die wir in der angegebenen Weise durch die Reihenfolge der Argumente unterscheiden wollen. Nennen wir die Summe der Energien der ungestörten Atome E_0, die Störung des Energiewerts $E - E_0 = \varepsilon$, dann gilt:

$$[H-E]\,\psi_a(1)\,\psi_b(2) = [u(12) - \varepsilon]\,\psi_a(1)\,\psi_b(2)$$
$$[H-E]\,\psi_a(2)\,\psi_b(1) = [u(21) - \varepsilon]\,\psi_a(2)\,\psi_b(1) \tag{25,4}$$

und aus (25,2) wird:

$$c_1 \left(\iint \psi_a{}^*(1)\,\psi_a(1)\,\psi_b{}^*(2)\,\psi_b(2)\,u(12)\,d\tau_1\,d\tau_2 - \varepsilon \right)$$
$$+ c_2 \left(\iint \psi_a{}^*(1)\,\psi_b(1)\,\psi_a(2)\,\psi_b{}^*(2)\,[u(21) - \varepsilon]\,d\tau_1\,d\tau_2 \right) = 0$$
$$c_1 \left(\iint \psi_a(1)\,\psi_b{}^*(1)\,\psi_a{}^*(2)\,\psi_b(2)\,[u(12) - \varepsilon]\,d\tau_1\,d\tau_2 \right)$$
$$+ c_2 \left(\iint \psi_a{}^*(1)\,\psi_a(1)\,\psi_b{}^*(2)\,\psi_b(2)\,u(21)\,d\tau_1\,d\tau_2 - \varepsilon \right) = 0 \tag{25,5}$$

126   Kapitel IV.

Man sieht, daß die in der ersten Gleichung bei c_1, bezw. c_2 stehenden und die in der zweiten Gleichung bei c_2, bezw. c_1 stehenden Integrale einfach durch Umbenennung der Integrationsvariablen 1 und 2 ausein-ander hervorgehen. Da der Integrationsbereich für die Variablen 1 und 2 derselbe ist, nämlich der ganze Raum, sind die durch solche Umbe-nennung auseinander hervorgehenden Integrale miteinander identisch, ganz unabhängig davon, welche Bedeutung ψ_a und ψ_b haben und wie die Störungsfunktion des speziellen Problems aussieht. Der allgemeine Grund für die auftretende Symmetrie ist die Identität der verschiedenen Elektronen und die daraus folgende Invarianz der Hamiltonfunktion ge-genüber der Vertauschung der Elektronen. Gleichheit der Atome, die beim H_2 außerdem vorliegt, ist dazu garnicht erforderlich.

Für (25,5) können wir abgekürzt schreiben:

$$c_1\,(\,C-\varepsilon\,)+c_2\,(\,A-s^2\,\varepsilon\,)=0$$
$$c_1\,(\,A-s^2\,\varepsilon\,)+c_2\,(\,C-\varepsilon\,)=0 \qquad (25,6)$$

darin bedeuten die Abkürzungen :

$$C = \iint \psi_a{}^*(1)\,\psi_a(1)\,\psi_b{}^*(2)\,\psi_b(2)\,u(12)\,\mathrm{d}\tau_1\,\mathrm{d}\tau_2$$

$$A = \iint \psi_a{}^*(1)\,\psi_b(1)\,\psi_a(2)\,\psi_b{}^*(2)\,u(21)\,\mathrm{d}\tau_1\,\mathrm{d}\tau_2 \qquad (25,7)$$

$$s^2 = \left| \int \psi_a{}^*(1)\,\psi_b(1)\,\mathrm{d}\tau_1 \right|^2$$

Ehe wir die Bedeutung dieser Integrale diskutieren, schreiben wir noch die beiden Eigenwerte und zugehörigen Koeffizienten auf, die aus (25,6) folgen:

$$\varepsilon = \frac{C+A}{1+s^2}\ \ \text{mit}\ \ c_2=c_1 \qquad \varepsilon = \frac{C-A}{1-s^2}\ \ \text{mit}\ \ c_2=-c_1 \qquad (25,8)$$

Ganz ähnlich wie beim $H_2{}^+$ bekommen wir — negatives C und A und Überwiegen von A vorausgesetzt — Bindung für die Lösung

$$\psi = \frac{1}{\sqrt{2(1+s^2)}}\,\big(\psi_a(1)\,\psi_b(2)+\psi_b(1)\,\psi_a(2)\big) \qquad (25,9)$$

und Abstoßung für

$$\psi = \frac{1}{\sqrt{2(1-s^2)}}\,\big(\psi_a(1)\,\psi_b(2)-\psi_b(1)\,\psi_a(2)\big) \qquad (25,10)$$

Im Bindungsfall ist die Dichteverteilung z. B. des ersten Elektrons (bei reellen ψ_a, ψ_b):

$$\varrho(1) = \int \psi^*\,\psi\,\mathrm{d}\tau_2 = \frac{1}{2(1+s^2)}\,\big(\psi_a{}^2+\psi_b{}^2+2\,s\,\psi_a\,\psi_b\big) \qquad (25,11)$$

also eine Verteilung auf beide Atome unter Anwachsen der Dichte zwi-schen den Atomen. Im Abstoßungsfall resultiert derselbe Ausdruck mit negativen Vorzeichen vor s (und vor s^2), also mit einer Abschnürung der Dichten gegeneinander. Genau dasselbe gilt natürlich für das zweite Elektron. Die entsprechenden Dichteverteilungen sind in Fig. 10 (nach LONDON[10]) wiedergegeben.

Wir betrachten nun die Integrale (25,7). C stellt einfach die elek-trostatische Wechselwirkung der starr gedachten Ladungswolken (mit Kern) der neutralen Atome dar. Dies ist uns auch z. B. aus den Ent-

§ 25. Das H_2-Molekül.   127

wicklungen des Kap. I bekannt. Das Integral A bedeutet den Energieanteil, der durch Platzwechsel der beiden Elektronen zustande kommt.
Man nennt ein solches Integral „Austauschintegral". Es entspricht
ganz dem „Übergangsintegral" von § 24. In der Tat ergibt die Ausrechnung, daß die Glieder mit $1/r_{a2}$, $1/r_{b1}$, d. h. die Übergangswahr-

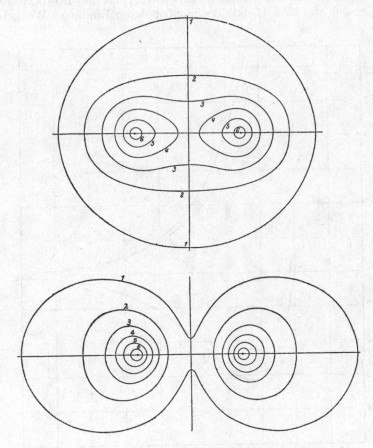

Fig. 10. Linien konstanter Dichte im H_2-Molekül. O b e n: Anziehungsfall, symmetrische Eigenfunktionen. U n t e n: Abstoßungsfall, antisymmetrische Eigenfunktionen. (Aus Leipziger
Vorträge 1928. LONDON, Quantentheorie der chemischen Bindung.)

scheinlichkeit jedes Elektrons zum anderen Kern unter dem Einfluß des
fremden Kernfeldes an Größe überwiegen und damit das Vorzeichen des
Austauschintegrals bestimmen. Neu gegenüber § 24 tritt hier in A das
Integral

$$J = \iint \psi_a{}^*(1)\, \psi_b(1)\, \psi_b{}^*(2)\, \psi_a(2)\, \frac{1}{r_{12}}\, d\tau_1\, d\tau_2 \qquad (25,12)$$

auf, das im untersten Energiezustand die Anziehung durch den fremden
Kern zum Teil kompensiert. Anschaulich bedeutet das Integral die Coulombsche Wechselwirkung der beiden ineinandergestellten el. Ladungs-

128   Kapitel IV.

verteilungen $\psi_a{}^*\,\psi_b$ und $\psi_b{}^*\,\psi_a$, d. h. im H_2-Falle, der ellipsoidischen

Ladungswolke $\dfrac{1}{\pi}\,e^{-(r_a+r_b)}$ mit sich selbst. In Bezug auf die Auswertung

dieses Integrals, die von SUGIURA[8] vorgenommen wurde, sei auf den mathematischen Anhang verwiesen.

Mit der geschilderten Rechung gaben HEITLER und LONDON[7] 1927 zum ersten Mal eine Theorie der homöopolaren Bindung. Wir geben

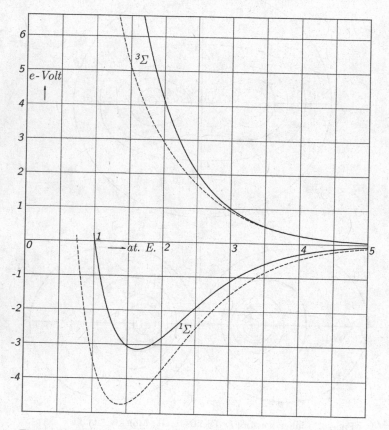

Fig. 11. Der Potentialverlauf im H_2 nach der Näherung von HEITLER-LONDON[7,8], verglichen mit dem wirklichen Verlauf. (Letzterer gestrichelt.)

das mit Hilfe der Formeln von SUGIURA[8] neu berechnete Resultat in Fig. 11 wieder. Die untere Kurve führt zur Bindung und gehört zur symmetrischen Lösung (25,9), die obere, Abstoßungskurve gehört zur antisymmetrischen Lösung (25,10). Zum Vergleich ist der wirkliche Verlauf der beiden Kurven gestrichelt eingezeichnet. Die gestrichelte Abstoßungskurve stützt sich auf eine genaue theoretische Bestimmung von JAMES, COOLIDGE, und PRESENT[59], die entsprechende Anziehungskurve hauptsächlich auf eine Auswertung des Molekülspektrums von H_2 durch RYDBERG[27]. In größeren Abständen ist in beiden Fällen der wirkliche

§ 25. Das H_2-Molekül.   129

Verlauf recht unsicher und in den gezeichneten Kurven nur eine grobe Schätzung zu sehen.

Gleichgewichtsabstand und Gleichgewichtsenergie sind in dieser primitiven Näherung noch ziemlich ungenau, nämlich 0,86 Å (exp. 0,74 Å) und 3,14 e-Volt (exp. 4,72 e-Volt). Um aus der Gleichgewichtsenergie, d. h. dem Minimum der Potentialkurven die wirkliche Dissoziationsenergie zu erhalten, ist noch die Nullpunktsenergie der Kerne abzuziehen (s. § 55), welche beim H_2 0,27 e-Volt beträgt. Diese bewirkt also, daß der Grundzustand des Moleküls um 0,27 e-Volt höher liegt, als das Minimum der Potentialkurve. Die wirkliche Dissoziationsenergie ist daher 4,45 e-Volt.

In § 19 — § 21 haben wir uns schon einmal mit der „Austauschentartung" beschäftigt und gesehen, das diese eng mit dem Pauliprinzip zusammenhängt. Dieses erlaubte uns nicht, von sämtlichen Linearkombinationen der miteinander entarteten Funktionen wirklich Gebrauch zu machen. Für Elektronen mit parallelem Spin ist nur die antisymmetrische Kombination zugelassen, welche verschwindet, wenn 2 Funktionen identisch werden. Eine solche Lösung haben wir auch hier erhalten, die Funktion Gl. (25,10) gehört offenbar zur Parallelstellung der Spins beider Valenzelektronen.

Die Lösung (25,9) ist uns aber neu. Wir haben den Fall symmetrischer Funktionen von 2 Elektronen im Kap. III nur in einer ganz speziellen Form kennen gelernt, nämlich als Produkt zweier identischer Eigenfunktionen. Dies lag ja vor, wenn wir dieselbe Funktion (Quantenzelle) durch 2 Elektronen mit antiparallelem Spin besetzen. Die Funktion (25,9) ist kein solches Produkt, sie setzt sich vielmehr aus verschiedenen Funktionen $\psi_a(1)\,\psi_b(2)$ und $\psi_b(1)\,\psi_a(2)$ zusammen, die erst durch Linearkombination zu einer Funktion von 1 und 2 gemacht wurde, welche symmetrisch gegenüber Vertauschung von 1 und 2 ist. Es wird uns dadurch die erweiterte Formulierung des Pauliprinzips für Elektronen mit antiparallelem Spin nahegelegt: 2 Elektronen, deren Gesamteigenfunktion symmetrisch gegenüber Vertauschung der Elektronen ist, müssen antiparallele Spinstellung aufweisen. Damit sind wir in der Formulierung des Pauliprinzips wieder einen Schritt über die Darlegungen des Kap. III hinaus gegangen, denn wir haben damit die Möglichkeit gewonnen, einzelne Elektronen in v e r s c h i e d e n e n Eigenfunktionen mit a n t i parallelem Spin zu behandeln. Erst in Kap. VI werden wir die ganz allgemeine Formulierung des Pauliprinzips kennen lernen, wir können aber schon mit den hier gewonnenen Vorstellungen die Grundzüge der chemischen Valenz verstehen, da sich näherungsweise jede einzelne Valenzbetätigung in einem komplizierten Molekül als Zweielektronenproblem aus dem Gesamtproblem herauslösen läßt.

Wir haben mit dieser aus dem Pauliprinzip folgenden Zuordnung der Spinstellungen der Elektronen zu den beiden gefundenen Energien den Anschluß an die alte LEWISsche[2] „Elektronenpaartheorie" gewonnen. Mit irgendwelchen magnetischen Spinwechselwirkungen hat diese Spinpaarung aber nichts zu tun, sondern nur mit dem Pauliprinzip. Das sehen wir noch deutlicher, wenn wir jetzt unseren Näherungsansatz erweitern.

Anstatt sofort das 2-Elektronenproblem zu lösen, hätten wir nach dem Vorgehen von HARTREE-FOCK ja auch zunächst das Problem eines

130   Kapitel IV.

Elektrons herauslösen können, indem wir die elektrostatische Wirkung
des anderen Elektrons nur durch seine verschmierte Ladung berücksichtigen. Dieses Einelektronenproblem hätte sich vom H_2^+ nur durch etwas
veränderte Werte der Matrixelemente in Gl. (24,10) unterschieden, aber
alle allgemeinen Formeln wären erhalten geblieben. Insbesondere hätten
wir auch wieder die beiden Näherungs-Lösungen (24,11) für die Eigenfunktionen des herausgegriffenen Elektrons erhalten. Aus ihnen können
wir die folgenden 4 Eigenfunktionen des gesamten 2-Elektronenproblems
zusammensetzen (unnormiert):

$$\Big[\psi_a(1) \pm \psi_b(1) \Big] \Big[\psi_a(2) \pm \psi_b(2) \Big]$$

$$= \begin{cases} \pm \Big(\psi_a(1)\,\psi_b(2) + \psi_b(1)\,\psi_a(2) \Big) + \psi_a(1)\,\psi_a(2) + \psi_b(1)\,\psi_b(2) \\[2mm] \pm \Big(\psi_a(1)\,\psi_b(2) - \psi_b(1)\,\psi_a(2) \Big) + \psi_a(1)\,\psi_a(2) - \psi_b(1)\,\psi_b(2) \end{cases} \tag{25,13}$$

Die 4 Zustände des Zweielektronenproblems entstehen dadurch, daß wir
jedes der beiden Elektronen entweder in den bindenden (knotenlosen, +
Zeichen) Zustand oder in den lockernden (Knoten, − Zeichen) Zustand
setzen können. Ganz neu gegenüber der HEITLER-LONDONschen Lösung
treten in (25,13) die „Ionenzustände" $\psi_a(1)\,\psi_a(2)$ und $\psi_b(1)\,\psi_b(2)$ auf,
die anschaulich bedeuten, daß sich beide Elektronen gleichzeitig bei demselben Atom befinden. Streichen wir diese Zustände in (25,13), dann fallen je zwei von den 4 Lösungen mit den HEITLER-LONDONschen Lösungen (25,9) und (25,10) zusammen. Und zwar sehen wir — in Übereinstimmung mit der oben gegebenen Formulierung des Pauliprinzips —,
daß aus den Zuständen, die Doppelbesetzung der „Molekülfunktion"
$\psi_a + \psi_b$ oder $\psi_a - \psi_b$ entsprechen, die symmetrische Linearkombination,
und aus den Zuständen, bei denen ein Elektron in $\psi_a + \psi_b$ und das andere
in $\psi_a - \psi_b$ sitzt, die antisymmetrische Linearkombination hervorgeht.

Der allgemeinste Ansatz, der alle bisher besprochenen Eigenfunktionen als Spezialfall enthält, entsteht durch Linearkombination aller 4
Funktionen, oder auch einfacher, der 4 linear unabhängigen Funktionen
$\psi_a(1)\,\psi_b(2)$, $\psi_b(1)\,\psi_a(2)$, $\psi_a(1)\,\psi_a(2)$, $\psi_b(1)\,\psi_b(2)$, aus denen sich ja die
4 unabhängigen Linearkombinationen (25,13) selbst erst zusammenset-
zen. Wir können gleich zerlegen in eine antisymmetrische Linearkombination:

$$\psi_{\text{antis}}: \quad \psi_a(1)\,\psi_b(2) - \psi_b(1)\,\psi_a(2) \tag{25,14}$$

und drei symmetrische Linearkombinationen:

$$\psi_{\text{sym}}: \quad \psi_a(1)\,\psi_b(2) + \psi_b(1)\,\psi_a(2)\,,\; \psi_a(1)\,\psi_a(2)\,,\; \psi_b(1)\,\psi_b(2) \tag{25,15}$$

Wir erhalten also einen Zustand mit parallelen Spins und 3 Zustände
mit antiparallelem Spin der Elektronen.*)

Solche symmetrischen und antisymmetrischen Zustände kombinieren nicht miteinander, weil alle Matrixelemente, die einem Übergang
zwischen diesen Zuständen entsprechen, verschwinden:

$$\int \psi_{\text{antis}}\, L\, \psi_{\text{sym}}\, d\tau = 0 \tag{25,16}$$

---

*) In einem Magnetfeld würde auch der Zustand mit parallelen Spins in drei Terme
aufspalten, entsprechend den Komponenten −1, 0, +1 des resultierenden Spinmoments in Feldrichtung.

§ 25. Das H_2-Molekül.

131

L sei nämlich ein beliebiger Operator, der nur die Eigenschaft haben soll, in den Elektronen symmetrisch zu sein. Wenn wir dann die Integrationsvariablen 1 (d. h. x_1, y_1, z_1) und 2 (d. h. x_2, y_2, z_2) vertauschen, muß das Integral unverändert bleiben, da diese Vertauschung nur eine Umbenennung der Integrationsvariablen bedeutet. Andererseits ändert durch ψ_{antis} das Integral dabei sein Vorzeichen. Sich selbst gleich bleiben und gleichzeitig ihr Vorzeichen ändern, kann eine Größe nur, wenn sie gleich 0 ist. Aus diesem Verschwinden der Übergangsmatrixelemente folgt sofort, daß in einer „richtigen Linearkombination" der 4 Funktionen (25,14), (25,15), die als Lösung des zugehörigen Säkularproblem 4. Grades auftritt, entweder nur symmetrische oder nur antisymmetrische Funktionen auftreten, wovon man sich auch durch Aufschreiben des linearen Gleichungssystems direkt überzeugen kann. Da nur 1 antisymmetrische Funktion existiert, ist (25,14) also schon eine richtige Lösung. Deshalb ändert sich an der Kurve des Tripletterms (Abstoßung) in Fig. 11 nichts durch Berücksichtigung der Ionenzustände.

Der Singletterm ist jetzt aber sogar nach Aufhebung der Austauschentartung noch 3-fach entartet. Wegen der Identität der beiden Kerne läßt sich jedoch das zugehörige Säkularproblem 3. Grades noch in eines 1. Grades und eines 2. Grades aufspalten. Zu dem 1. Grades gehört die aus (25,15) gebildete Kombination $\psi_a(1)\,\psi_a(2) - \psi_b(1)\,\psi_b(2)$, welche bei Vertauschung der K e r n e ihr Vorzeichen umkehrt („ungerade"), zu dem 2. Grades zwei Linearkombinationen:

$$\psi = c_1\Big(\psi_a(1)\,\psi_b(2) + \psi_b(1)\,\psi_a(2)\Big) + c_2\Big(\psi_a(1)\,\psi_a(2) + \psi_b(1)\,\psi_b(2)\Big)$$
$$(25,17)$$

welche gegenüber Vertauschung der Kerne invariant sind („gerade"). Wir wollen uns um den ungeraden Term nicht kümmern. An Stelle der unteren Kurve in Fig. 11 erhalten wir also jetzt zwei Kurven, die den beiden Lösungen des zu (25,17) gehörigen Säkularproblems entsprechen.

In (25,17) ist die Lösung, die dem Produktansatz der Molekülfunktion $\big(\psi_a(1) + \psi_b(1)\big)\big(\psi_a(2) + \psi_b(2)\big)$ entspricht, für $c_2 = c_1$, und die HEITLER-LONDONsche Lösung für $c_2 = 0$ enthalten. Gemäß dem Variationsprinzip liegt einer der beiden zu (25,17) gehörigen Eigenwerte aber tiefer als jede mit einer willkürlichen Festsetzung über $c_1 : c_2$ berechnete Energie. Das Säkularproblem lautet:

$$\int \psi_a{}^*(1)\,\psi_b(2)\,[H - E]\left[c_1\Big(\psi_a(1)\,\psi_b(2) + \psi_b(1)\,\psi_a(2)\Big)\right.$$
$$\left.+ c_2\Big(\psi_a(1)\,\psi_a(2) + \psi_b(1)\,\psi_b(2)\Big)\right]\mathrm{d}\tau = 0$$

$$\int \psi_a{}^*(1)\,\psi_a(2)\,[H - E]\left[c_1\Big(\psi_a(1)\,\psi_b(2) + \psi_b(1)\,\psi_a(2)\Big)\right. \qquad (25,18)$$
$$\left.+ c_2\Big(\psi_a(1)\,\psi_a(2) + \psi_b(1)\,\psi_b(2)\Big)\right]\mathrm{d}\tau = 0$$

Wegen der Symmetrie in den Elektronen und in den Kernen ist es nicht nötig, links mit den ganzen bei c_1 und c_2 stehenden Linearkombinationen zu multiplizieren. Die infolge der Ionenzustände in (25,18) neu auftretenden Integrale bieten keinerlei Schwierigkeiten, sie sind alle in den Formeln unseres mathematischen Anhangs erhalten. In Tabelle 12 ist u. a. das Resultat dieser Rechnung für Gleichgewichtsabstand und

132   Kapitel IV.

Energie angegeben. Man sieht, daß man dem mit optimalen $c_2 : c_1$ nach
(25,18) berechneten Wert der Energie mit $c_2 : c_1 = 0$ bedeutend näher
kommt als mit $c_2 : c_1 = 1$. Dies gilt nicht nur für das H_2-Molekül, sondern ganz allgemein und hat seine physikalische Ursache darin, daß mit
$c_2 : c_1 = 1$ dem gegenseitigen Ausweichen (gegenseitigen Polarisation)
der beiden Elektronen keine Rechnung getragen wird. Bei $c_2 : c_1 = 1$
ist die Gesamteigenfunktion ja einfach das Produkt von zwei identischen Zwei-Zentrenfunktionen $\psi_a(1) + \psi_b(1)$ und $\psi_a(2) + \psi_b(2)$. Die
Wahrscheinlichkeit, ein Elektron an irgend einem Punkt seiner „Bahn"
anzutreffen, ist, wie wir schon früher (§ 18) auseinandersetzten, bei einem Produktansatz völlig unabhängig davon, wo sich gerade das andere
Elektron befindet. Setzen wir aber $c_2 = 0$, dann sind in der Vertei-
lungsfunktion $|\psi_a(1)\,\psi_b(2) + \psi_b(1)\,\psi_a(2)|^2$ keine Zustände beteiligt, bei
denen beide Elektronen dieselbe Atomfunktion einnehmen. Sie machen
zwar beide von jeder Eigenfunktion Gebrauch, aber sie laufen „im Takt",
stets wenn das eine Elektron von a nach b springt, geht gleichzeitig das
andere von b nach a. Bei dem wahren Wert von c_2, der nach (25,18)
nicht verschwindet, wird dieses „im Takt Laufen" ein wenig geändert,
wodurch die Energie etwas absinkt.

Wenn man die Annäherung weiter treiben will, wird man in nächster
Näherung genau wie beim He (§ 22) und beim $H_2{}^+$ (§ 24) die Abschirmung berücksichtigen, indem man eine „effektive Kernladung" α in die
Eigenfunktion einführt. Schließlich wird man wie beim $H_2{}^+$ von der Kugelsymmetrie der einzelnen Atomfunktionen ψ_a und ψ_b abgehen, indem
man mit σ als einem neuen Variationsparameter $\psi_a = (1 + \sigma z_a)\,\mathrm{e}^{-\alpha r_a}$
an Stelle von $\mathrm{e}^{-\alpha r_a}$ schreibt. Die gesamte Eigenfunktion wird somit
schließlich (unnormiert):

$$
\begin{aligned}
\psi \;=\;& \mathrm{e}^{-\alpha(r_{a1}+r_{b2})} + \mathrm{e}^{-\alpha(r_{a2}+r_{b1})} \\
&+ \sigma\left((z_{a1} + z_{b2})\,\mathrm{e}^{-\alpha(r_{a1}+r_{b2})} + (z_{a2} + z_{b1})\,\mathrm{e}^{-\alpha(r_{a2}+r_{b1})}\right) \\
&+ \sigma^2\left(z_{a1}\,z_{b2}\,\mathrm{e}^{-\alpha(r_{a1}+r_{b2})} + z_{a2}\,z_{b1}\,\mathrm{e}^{-\alpha(r_{a2}+r_{b1})}\right) \\
&+ c\left(\mathrm{e}^{-\alpha(r_{a1}+r_{a2})} + \mathrm{e}^{-\alpha(r_{b1}+r_{b2})}\right)
\end{aligned}
\tag{25,19}
$$

Hierin ist α ein Abschirmungsparameter, σ mißt die Deformation der
einzelnen H-Funktion in Richtung der Molekülachse. c mißt die Beteiligung von Ionenzuständen, in denen sich beide Elektronen am selben
Kern befinden. Für große Abstände der Atome ist es unerläßlich statt
σ^2 in (25,19) einen von σ unabhängigen Parameter einzuführen (s. dazu § 35). Es steht natürlich allgemein frei, in (25,19) für σ^2 etwa μ
zu schreiben und σ und μ unabhängig zu variieren. Weiterhin steht es
frei, in (25,19), den 4 Summanden, deren jeder die richtige Symmetrie
aufweist, auch 4 verschiedene Konstanten α zuzuschreiben. Im Gleichgewichtsabstand wird durch diese Erweiterungen von (25,19) jedoch nicht
viel gewonnen.

Zusammen mit dem Kernabstand R haben wir so in (25,19) die 4
Parameter R, α, σ, c. In Tab. 12 sind die von verschiedenen Autoren
erhaltenen Resultate für die Energie im Gleichgewichtsabstand R zusammengestellt. Beim Vergleich mit der experimentellen Dissoziations-

§ 25. Das H_2-Molekül. 133

Tab. 12. Energie des H_2-Moleküls mit verschiedenen Variationsansätzen.

R	α	σ	c	ε	Quelle der Daten
in atomaren Einheiten				in e-Volt	
1,64	1	0	0	3,14	Sugiura[8]
$\cong$ 1,6	1	0	1	$\cong$ 2,65	Überschlagsrechnung
1,40	1,17	0	0	3,76	Wang[12]
1,67	1	0,10	0	3,35	Rosen[24]
1,41	1,17	0,10	0	4,02	Rosen[24]
1,67	1	0	0,158	3,22	Weinbaum[37]
1,38	1,19	0	1	3,46	Bethe[6]
1,42	1,193	0	0,256	4,00	Weinbaum[37]
1,43	1,190	0,07	0,175	4,10	Weinbaum[37]
1,40	—	—	—	4,72	Experiment

energie ist wieder zu beachten, daß diese wegen der Nullpunktsenergie der Kerne um 0,27 e-Volt kleiner ist als das Energieminimum.

Man sieht, daß schon der einfache Abschirmungsparameter α eine wesentliche Verbesserung des von Sugiura nach Heitler-London mit einer nullten Näherung der Eigenfunktion berechneten Wertes ergibt. Interessant ist, daß der nächste Schritt entweder in einer Deformation („Polarisation"), gemessen durch σ, oder in einer Beteiligung von Ionenzuständen, gemessen durch c, bestehen kann. In beiden Fällen erhält man fast dieselbe Verbesserung gegenüber der Kernabschirmung allein. Variiert man schließlich α, σ und c gleichzeitig, dann ergibt sich nur noch eine geringfügige Verbesserung, keineswegs gehen die Energieerniedrigungen durch die verschiedenen Parameter additiv. Der Vergleich der ganz verschiedenen Eigenfunktionen und ihrer anschaulichen Bedeutung in den Fällen $c = 0$; $\sigma = 0{,}10$; $\alpha = 1{,}17$ und $\sigma = 0$, $c = 0{,}256$, $\alpha = 1{,}19$ bei annähernd gleicher Energie zeigt aufs neue, daß den aus dem Variationsprinzip gewonnenen Aussagen über die Eigenfunktionen nur beschränkte Bedeutung zukommt.

Schließlich sind die mit der willkürlichen Wahl $c = 1$ gewonnenen Energien interessant. Vergleicht man sie mit den analogen Werten für die Wahl $c = 0$, dann sieht man, daß 0-prozentige Beteiligung von Ionenzuständen stets besser ist als 50 %-Beteiligung.

Wir haben uns in der Tabelle auf den Gleichgewichtsabstand beschränkt. Es muß darauf hingewiesen werden, daß die Wirksamkeit der verschiedenen Parameter in anderen Abständen völlig anders sein kann. Während z. B. von den beiden Parametern α und σ der Einfluß des ersteren im Gleichgewichtsabstand stark überwiegt, ist schon im doppelten Gleichgewichtsabstand α praktisch 1 und eine Energieerniedrigung wird nur durch Variation von σ erzielt. In noch größeren Abständen ist μ statt σ^2 einzuführen und unabhängig von σ zu variieren. σ geht dann schließlich gegen 0 (die klassische Polarisation verschwindet) und es bleibt nur der Einfluß des Gliedes mit μ auf die Energie. Dieses mißt die sogenannten „Dispersionskräfte" (s. Kap. V, insbesondere § 35).

134   Kapitel IV.

Von WEINBAUM[37] wurde noch versucht, einen neuen Parameter einzuführen, dadurch daß er den Ionenzuständen eine andere Abschirmung
zuschrieb, als den Atomzuständen. Überraschenderweise ergab sich,
daß Gleichheit der Konstanten α im Gleichgewichtsabstand am günstigsten ist, hierdurch also keine weitere Verbesserung erzielt werden kann.
Offenbar ist man mit dem Wert 4,10 e-Volt nahe an die Grenze dessen gelangt, was mit wasserstoffähnlichen Funktionen erreicht werden
kann.

Die Erfahrungen beim 2-Elektronenproblem mit einem Kern lassen
vermuten, daß nur durch Einführung von r_{12} und $(r_1 - r_2)^2$ mit geeigneten Parametern, um die gegenseitige Polarisation der Elektronen richtig
zu erfassen, eine weitere Verbesserung möglich ist. Dies ist von JAMES
und COOLIDGE[38] für den Grundterm und später von JAMES, COOLIDGE,
und PRESENT[59] für den Tripletterm in ziemlich mühsamen numerischen
Rechnungen durchgeführt worden. JAMES und COOLIDGE erreichen mit
5 Parametern 4,51, mit 13 Parametern schließlich 4,72 e-Volt, d. h. völlige Übereinstimmung mit dem spektroskopischen Wert[61].

Nach dem H_2^+ und dem H_2, sowie dem HeH^+ das ebenfalls gerechnet wurde[60], ist als nächst schwieriges Problem das He_2^+ anzuschließen,
das experimentell nachgewiesen ist. Wir haben hier den interessanten
Fall einer Bindung durch 3 Elektronen. Die zum Absinken der Energie
führende Entartung besteht darin, daß entweder 2 Elektronen beim ersten Kern und eins beim zweiten sitzen können, oder umgekehrt (s. auch
§ 28).

Die Rechnung für He_2^+ und He_2^{++} wurde mit einem einfachen Variationsansatz von PAULING[33] durchgeführt und ergab eine Energie von
2,47 e-Volt bei einem Gleichgewichtsabstand von 1,085 Å, in vorzüglicher Übereinstimmung mit den experimentellen Werten 2,5 Volt und
1,090 Å. Eine Fortsetzung dieser Rechnung wurde von WEINBAUM[49]
gegeben.

Um die Bindungsenergie von Atomen mit mehreren Elektronen quantitativ und willkürfrei berechnen zu können, bedarf es grundsätzlicher
Vereinfachungen des Vielelektronenproblems. Eine solche wird im folgenden Paragraphen besprochen.

§ 26. Höhere zweiatomige Moleküle.

Bei allen aus höheren Atomen gebildeten Molekülen haben wir ein
Vielelektronenproblem vor uns, für dessen systematische Behandlung
wir erst im Kap. VI die strengen Methoden der Wellenmechanik kennen lernen werden. Zu einer qualitativen Orientierung genügt es häufig,
die Valenzelektronen allein zu betrachten, bei jedem quantitativen Problem ist aber die Berücksichtigung der Rumpfeinflüsse unerläßlich. Eine
besonders einfache Weise, diese zu erfassen, stellt das in § 23 besprochene und schon in § 9 auf Kristallprobleme angewandte kombinierte
Näherungsverfahren dar.

Wir wollen als einfachstes Beispiel für die quantitative Behandlung
von Molekülen auf Grund dieser Methode die Bindung zwischen 2 Alkaliatomen betrachten. Diese ist durch die kombinierte Näherungsmethode
auf das H_2-Problem zurückgeführt. Nur kommt zu der Coulombschen
Energie $-1/r_a$ jedes Elektrons mit einem Kern jetzt noch die „Zusatz-

§ 26. Höhere zweiatomige Moleküle.   135

energie", die beim Eintauchen des Elektrons in den Rumpf wirksam wird und die wir früher (§ 23) in der Form $A/r\,e^{-2\,\kappa\,r}$ ansetzten. Der Hamiltonoperator hat also die Form

$$H = -\frac{1}{2}\Delta_1 - \frac{1}{2}\Delta_2 + \frac{1}{R} + \frac{1}{r_{12}} - \frac{1}{r_{a1}}\Big(1 - A\,e^{-2\,\kappa\,r_{a1}}\Big)$$
$$- \frac{1}{r_{a2}}\Big(1 - A\,e^{-2\,\kappa\,r_{a2}}\Big) - \frac{1}{r_{b1}}\Big(1 - A\,e^{-2\,\kappa\,r_{b1}}\Big) - \frac{1}{r_{b2}}\Big(1 - A\,e^{-2\,\kappa\,r_{b2}}\Big)$$
$$(26,1)$$

Eine formale Modifikation der üblichen Störungsrechnung tritt hier dadurch auf, daß die Eigenfunktionen der ungestörten Atome nicht strenge, sondern selbst nur Näherungslösungen sind, die etwa nach dem Ritzschen Verfahren gewonnen wurden. Da dieser Fall, auch ohne Anwendung unseres kombinierten Näherungsverfahrens, praktisch stets vorliegt, und da die Modifikation der üblichen Störungsrechnung in diesem Fall in der Literatur vielfach nicht beachtet ist, wollen wir die Störungsformeln für die Bindung von 2 gleichen Atomen kurz notieren.

Wenn wir die Molekülfunktionen in einfacher Weise (ohne Ionenzustände) durch $\psi_a(1)\,\psi_b(2) + \psi_b(1)\,\psi_a(2)$ approximieren, worin ψ_a und ψ_b die normierten Funktionen der Valenzelektronen der beiden Atome sind, dann ist die Gesamtenergie in 1. Näherung (Die Eigenfunktionen seien reell):

$$\overline{H} = \frac{\int\Big[\psi_a(1)\psi_b(2)+\psi_b(1)\psi_a(2)\Big]H\Big[\psi_a(1)\psi_b(2)+\psi_b(1)\psi_a(2)\Big]\,d\tau}{\int\Big[\psi_a(1)\psi_b(2)+\psi_b(1)\psi_a(2)\Big]^2\,d\tau} \quad (26,2)$$

was wegen der Identität der Elektronen einfach geschrieben werden kann:

$$\overline{H} = \frac{\int\Big[\psi_a(1)\psi_b(2) + \psi_b(1)\psi_a(2)\Big]H\,\psi_a(1)\psi_b(2)\,d\tau}{\int\Big[\psi_a(1)\psi_b(2) + \psi_b(1)\psi_a(2)\Big]\,\psi_a(1)\psi_b(2)\,d\tau} \quad (26,3)$$

Jetzt zerlegen wir

$$H\,\psi_a(1)\psi_b(2) = \Big(2\,E' + v(1) + v(2) + u(12)\Big)\,\psi_a(1)\psi_b(2) \quad (26,4)$$

worin E' den Eigenwert bedeutet, der zu den Atomfunktionen ψ_a und ψ_b gehört. Dieser ist aber mit der Energie des ungestörten Atoms nicht identisch, vielmehr gilt für diese:

$$E_0 = E' + \int\psi_a^*\,v\,\psi_a\,d\tau = E' + \int\psi_b^*\,v\,\psi_b\,d\tau = E' + v_{aa} \quad (26,5)$$

Diese Energie $E' + v_{aa}$ hat jedes der freien Atome. v spielt die Rolle einer Störungsenergie der freien Atome gegenüber dem Potentialfeld, das streng zu ψ_a, bezw. ψ_b gehört. Wenn wir nun die beiden Atome nähern, dann tritt ihre Wechselwirkung $u(12)$ in Kraft und die Gesamtenergie des Systems ist durch (26,3) gegeben. Für die Störungsenergie ε kommt:

$$2\,E_0 + \varepsilon = \varepsilon + 2\,E' + 2\,v_{aa}$$
$$= \frac{\int\Big[\psi_a(1)\psi_b(2) + \psi_b(1)\psi_a(2)\Big]\Big(2E'+v(1)+v(2)+u(12)\Big)\psi_a(1)\psi_b(2)\,d\tau}{\int\Big[\psi_a(1)\psi_b(2) + \psi_b(1)\psi_a(2)\Big]\,\psi_a(1)\psi_b(2)\,d\tau}$$
$$(26,6)$$

136   Kapitel IV.

Indem wir noch abkürzen:

$$\int \psi_a(1)\psi_b(1)\,d\tau = s\,; \qquad \iint \psi_a{}^2(1)\psi_b{}^2(2)u(12)\,d\tau_1\,d\tau_2 = C\,;$$

$$\int v(1)\psi_a(1)\psi_b(1)\,d\tau = v_{ab}\,; \qquad \iint \psi_a(1)\psi_b(1)\psi_a(2)\psi_b(2)u(12)\,d\tau_1\,d\tau_2 = A$$

$$(26,7)$$

wird:

$$\varepsilon = \frac{C + A + 2\,s\,(v_{ab} - s\,v_{aa})}{1 + s^2} \tag{26,8}$$

Dies unterscheidet sich von der Formel (25,8), die wir für die homöopolare Bindung zwischen zwei identischen Atomen abgeleitet haben, durch das Glied $2\,s\,(v_{ab} - s\,v_{aa})$ im Zähler. Das Glied verschwindet nur, wenn die Atomeigenfunktionen ψ_a und ψ_b, von denen wir ausgehen, strenge Lösungen für die freien Atome sind, da dann E' mit E_0 identisch wird und v verschwindet. Praktisch muß man fast stets mit dem Auftreten dieser Differenz $2\,s\,(v_{ab} - s\,v_{aa})$ rechnen, da strenge Eigenfunktionen der Atome nicht bekannt sind oder, selbst wenn sie numerisch bekannt sind, für die Störungsrechnung durch einfache analytische Funktionen approximiert werden müssen. Analog wie hier im einfachsten Fall zweier identischer Atome greift man in komplizierteren Fällen auf das vollständige Variationsprinzip zurück, wobei durch Einführung von Variationsparametern die Genauigkeit noch beliebig verbessert werden kann.

Für komplizierte Atome liegen bisher nur einige mehr orientierende Ergebnisse vor[53]. So findet man für K_2 nach (26,1) und (26,8) mit einem geeignet aus den Spektren geschätzten Zusatzpotential und Eigenfunktionen eine Bindungsenergie, die weniger als 37 % der experimentell bekannten Energie (von 0,51 e-Volt) beträgt. Dies ist in grundsätzlicher Übereinstimmung mit den Resultaten, die wir in § 9 für das K-Gitter erhielten. Dort ergab sich, daß fast die ganze Sublimationswärme des metallischen K auf die gegenseitige Polarisation der Elektronen zurückgeht. Dasselbe ergibt sich für Li, Na und K nach der strengeren Methode von WIGNER und SEITZ[43] (s. § 29). Der entscheidende Einfluß der gegenseitigen Polarisation der Elektronen bei schwach homöopolar gebundenen Atomen wurde früher vielfach übersehen, weil gleichzeitig der lockernde Einfluß der Atomrümpfe stark unterschätzt wurde.

Eine konsequente Behandlung des K_2 unter Berücksichtigung des Einflusses aller Rumpfelektronen auf die Bindung ist praktisch kaum durchführbar. Das analoge Problem des Li_2 wurde von JAMES als 6-Elektronenproblem nach den in Kapitel VI dargestellten Methoden behandelt (s. § 43) und lieferte in Übereinstimmung mit den oben genannten Resultaten nur ein Bruchteil der wirklichen Bindungsenergie, solange Polarisationskräfte außer Acht gelassen wurden.

Eine weitere Kontrolle für die Richtigkeit der oben besprochenen Deutung der K_2-Bindung ergibt sich, wenn man dieselbe Näherungsrechnung auf das Molekül KH anwendet. Betrachtet man es als reine Ionenbindung $K^+ H^-$, dann hat man die Möglichkeit, den Energiebeitrag infolge gegenseitiger Polarisation der beiden Valenzelektronen aus der Theorie des H^- (s. § 22) zu entnehmen, indem man in der üblichen Weise die Differenz zwischen Ionisierungsenergie des K- und Elektronenaffinität des H-Atoms einführt. Es sei auch hier zur Illustration nur das

§ 26. Höhere zweiatomige Moleküle. 137

Resultat der Überschlagsrechnung[53] angegeben. Man erhält fur die Bindungsenergie 1,95 e-Volt statt des experimentellen Wertes 2,06 e-Volt. Der Gleichgewichtsabstand ist dabei allerdings etwas zu klein, nämlich 1,9 Å an Stelle von 2,2 Å experimentell. Hätte man die Rumpfelektronen des K mit seinem Kern vereinigt gedacht, also nur das Coulombfeld $1/r$ des K berücksichtigt, dann wäre die Bindungsenergie bei 1,9 Å noch um 1,6 e-Volt größer als 1,95, somit in krassem Widerspruch zum experimentellen Wert herausgekommen. In Wirklichkeit hätte sich aber der Gleichgewichtsabstand sogar weiter verkleinert und die Energie wäre noch viel stärker angewachsen. Man sieht daraus, daß das „Zusatzpotential" für den „Ionenradius" des K-Rumpfes verantwortlich ist. Im ganzen ist die Überschlagsrechnung noch ziemlich roh; der zu kleine Gleichgewichtsabstand zeigt, daß die vom Zusatzpotential herrührenden Abstoßungskräfte zu klein geschätzt wurden. Das mit Vergrößerung des Gleichgewichtsabstandes in einer genaueren Rechnung verbundene Absinken der Energie dürfte durch die bisher nicht berücksichtigte Polarisation der Ionen in den Coulombfeldern wieder ausgeglichen werden. Bis auf den Umstand, daß der „Ionenradius" nunmehr auf spektroskopische Daten des freien Atoms zurückgeführt ist, finden wir im Grenzfall der reinen Ionenbindung im wesentlichen die KOSSELsche Theorie[4] wieder.

Die Anwendung derselben Rechenmethode auf ein unsymmetrisches Molekül würde an Stelle der einfachen Kombination von Gl. (26,2) in nächster Näherung eine Linearkombination

$$\psi = c_1 \left(\psi_a(1)\, \psi_b(2) + \psi_b(1)\, \psi_a(2) \right) + c_2\, \psi_a(1)\, \psi_a(2) \qquad (26,9)$$

erfordern. Hier ist für $c_2 = 0$ die rein homöopolare, für $c_1 = 0$ die rein heteropolare Bindung als Spezialfall enthalten. Homöopolare Anteile von der Form $\psi_a(1)\, \psi_a(2) + \psi_b(1)\, \psi_b(2)$ sind darin noch fortgelassen, da sie keine entscheidende Rolle spielen, worauf wir in § 25 beim H_2-Molekül schon hinwiesen.

Wenn wir es mit ausgesprochenen Ionenbindungen wie NaCl zu tun haben, oder mit Bindungen, die starken Ionencharakter besitzen, wie HCl, dann hat der negative der beiden Bindungspartner meist nicht nur ein oder wenige Außenelektronen, sondern eine nahezu abgeschlossene Edelgasschale. Es fragt sich, wie das kombinierte Näherungsverfahren hier anzuwenden ist, das doch eigentlich ursprünglich für Atome mit wenig Valenzelektronen außerhalb abgeschlossener Rümpfe berechnet ist.

Dennoch läßt sich ein Molekül, wie z. B. das HCl im wesentlichen als Zweielektronenproblem behandeln. Zunächst steht nichts im Wege, z. B. die fünf p-Elektronen des Cl als „Valenzelektronen" im Sinne der kombinierten Näherungsmethode aufzufassen. Als „Rumpf-Feld" ist dann die gesamte Potentialfunktion — einschließlich dem von Quantelung des Drehimpulses herrührenden Anteil — in der Schrödingergleichung ihrer radialen Eigenfunktion zu benutzen (s. § 23) und für sie wie oben ein halbempirischer Ansatz zu machen. Programmgemäß wird dem Pauliprinzip der Valenzelektronen untereinander in der üblichen Weise, also in erster Näherung durch die Orthogonalitätsforderung an die benutzten Eigenfunktionen, Rechnung getragen. Dies ist aber für fünf p-Elektronen automatisch erfüllt, da die 3 Eigenfunktionen in ei-

138   Kapitel IV.

nem beliebigen zentralsymmetrischen Feld infolge ihrer verschiedenen
Winkelabhängigkeit schon aufeinander orthogonal sind. Solange wir
nur Funktionen mit der richtigen Winkelabhängigkeit benutzen — und
das ist stets der Fall — brauchen wir uns um das Pauliprinzip dieser „Valenzelektronen" untereinander garnicht mehr zu kümmern, es
bleibt nur ihre gegenseitige Coulombsche Wechselwirkung. Wir werden
nachher genauer sehen, daß von den 5 Elektronen des Cl nur das eine
mit unabgesättigtem Spin für die Bindung in Frage kommt. Und zwar
befindet sich dieses in einer Eigenfunktion von der Fonn $zf(r)$, wo z
die rechtwinklige Koordinate in Richtung der Kernverbindungslinie und
$f(r)$ eine kugelsymmetrische Funktion bedeutet. Die anderen 4 Elektronen sitzen in 2 Eigenfunktionen von der Form $xf(r)$ und $yf(r)$, mit
x und y als kartesischen Koordinaten senkrecht zur Kernverbindungslinie. Diese beiden Funktionen sind nicht nur auf $zf(r)$, sondern auch
auf der Eigenfunktion des H-Atoms orthogonal, da diese, wie $zf(r)$,
Zylindersymmetrie um die Kernverbindungslinie aufweisen, $xf(r)$ und
$yf(r)$ aber nicht. Die 4 innerhalb des Cl-Atoms gepaarten p-Elektronen
wirken also sowohl auf das ungepaarte Elektron (das Valenzelektron)
des Cl-Atoms als auf das Valenzelektron des H-Atoms nur elektrostatisch ein. Dieses Feld hat Zylindersymmetrie um die Kernverbindungslinie. So ist schließlich gezeigt, daß das gesamte Feld, welches auf die
beiden Valenzelektronen von Cl und von H wirkt, dasselbe ist. Wir
haben wieder ein abgeschlossenes 2-Elektronenproblem in gegebenem
Feld vor uns, mit der einzigen Einschränkung, daß die Winkelabhängigkeit der Eigenfunktion des Cl-Valenzelektrons durch Vorschrift festgelegt ist. Wir analysieren dies Zweielektronenproblem nachher noch genauer, hier sollte nur gezeigt werden, daß wir auch bei Atomen mit p-
Valenzelektronen das Recht haben, die Valenzelektronen völlig aus dem
Gesamtproblem herauszulösen, ohne dabei gegen das Pauliprinzip zu
verstoßen.

Wenn allerdings beide Atome p-Elektronen mit abgesättigtem Spin
mitbringen, wie im Cl_2, dann spielt das Pauliprinzip auch zwischen
gleichwertigen Paaren in p-Zuständen eine Rolle. Wir werden in Kap.
VI systematische Methoden kennen lernen, um den allgemeinen Fall
quantitativ zu erfassen, dabei werden uns aber die in diesem Kapitel
angestellten qualitatiwen Gesichtspunkte stets als Ausgang dienen.

§ 27. Die Valenzbetätigung zwischen zwei Atomen als Einelektronenproblem.

Die bisherigen Beispiele haben gezeigt, wie man das Problem der
einwertigen Bindung zwischen 2 Atomen auf ein abgeschlossenes Zweielektronenproblem zurückführt. Um ein allgemeines, qualitatives Valenzschema der Chemie zu erhalten, ist es zweckmäßig, in noch weiterer Vereinfachung das Zweielektronenproblem auf das Einelektronenproblem zurückzuführen. In § 25 sahen wir am Beispiel des H_2, daß
dies in qualitativer Näherung möglich ist, wenn auch quantitativ die
Überschätzung der Ionenzustände, oder mit anderen Worten, die Un-
terschätzung des „im Takt Laufens" (der gegenseitigen Polarisation) der
beiden Elektronen dabei stört. Wenn man dem allgemeinen Schema aber
nur eine orientierende Bedeutung zumißt und sich Verbesserungen bei

§ 27. Valenzbetätigung zw. zwei Atomen als Einelektronenproblem. 139

der quantitativen Berechnung — z. B. durch nachträgliche Streichung der Ionenzustände in der Gesamteigenfunktion — vorbehält, dann kann man es unbedenklich benutzen.

Beim beliebigen zweiatomigen Molekül setzt man also in dieser Näherung die Eigenfunktion eines Valenzelektrons in der Form an:

$$\psi(1) = c_a\,\psi_a(1) + c_b\,\psi_b(1) \tag{27,1}$$

und schreibt die Gesamtfunktion des Moleküls später als Produkt solcher Einelektronenfunktionen, die gemäß dem Pauliprinzip besetzt sind. An dem Produkt kann man dann bei quantitativen Rechnungen noch Verbesserungen der Koeffizienten anbringen, wenn sich dadurch eine Erniedrigung der Gesamtenergie erzielen läßt.

Anschaulich läßt sich dieses Vorgehen folgendermaßen beschreiben. Wir denken uns von den beiden Atomen, deren gegenseitige Valenzbetätigung interessiert, zunächst alle Valenzelektronen, welche die betrachtete Bindung besorgen sollen, abgetrennt. In das durch die Rümpfe gebildete Feld — einschließlich Zusatzpotential — werden dann der Reihe nach die einzelnen Elektronen hineingeworfen. Das erste nimmt den absolut tiefsten Zustand in diesem Feld ein. Auf das zweite wirkt außer dem Rumpffeld auch das Feld des ersten Elektrons, es darf aber im Einklang mit dem Pauliprinzip auch noch den tiefsten Zustand in diesem etwas modifizierten Potential einnehmen. Das nächste Elektron kommt in das von den Rümpfen und den beiden ersten Elektronen gebildete Feld und muß wegen des Pauliprinzips schon den ersten angeregten Term besetzen. Das nächste besetzt denselben Term in dem Feld der Rümpfe und der 3 vorhergehenden Elektronen, erst das fünfte Elektron muß wieder einen durch die nächste Quantenzahl gekennzeichneten neuen Term besetzen.

Dies Aufbauprinzip ist ähnlich dem von HARTREE für Atome benutzten, wo ja auch die im Sinne des Pauliprinzips „verschiedenen" Eigenfunktionen nur durch ihre Knotenzahlen (Quantenzahlen) gekennzeichnet sind. Eine weitere Vereinfachung liegt aber bei uns darin, daß wir die Elektronen sukzessive einführen. Das bedeutet, daß die ersten durch die späteren nicht beeinflußt werden, wohl aber die späteren durch die vorhergehenden. Das ist deshalb besonders bequem, weil sich so die Gesamtenergie einfach als Summe der Terme der einzelnen Elektronen ergibt, die sonst auftretende doppelte Zählung der Wechselwirkung der Elektronen untereinander ist von vornherein vermieden.

Die Aufgabe besteht jetzt im Auffinden von Näherungslösungen für die Eigenfunktion und die Energie des einzelnen Elektrons in dem für jedes Elektron vorgegebenen Feld des Moleküls.

Bei Betrachtung von zwei ganz beliebigen Atomen gehören ψ_a und ψ_b in Gl. (27,1) zu verschiedenen Hamiltonoperatoren und im allgemeinen auch verschiedenen Eigenwerten. Wir drücken dies aus durch die beiden Gleichungen:

$$\left[\,H_a - E_a\,\right]\psi_a = 0 \qquad \left[\,H_b - E_b\,\right]\psi_b = 0 \tag{27,2}$$

Der Einfachheit halber mögen ψ_a und ψ_b als orthogonal betrachtet werden. Die Nichtorthogonalität wäre genau wie in § 25 leicht zu berücksichtigen, wodurch jedoch qualitativ an den folgenden Überlegungen nichts geändert würde.

140   Kapitel IV.

Unter dieser Voraussetzung läßt sich das zu der Linearkombination (27,1) gehörige Störungsproblem schreiben:

$$c_a \left(u_{aa} - \varepsilon\right) + c_b \, u_{ab} = 0$$
$$c_a \, u_{ba} + c_b \left(u_{ab} - \varepsilon\right) = 0 \tag{27,3}$$

mit den Abkürzungen

$$u_{aa} = \int \psi_a{}^* (H - H_a) \, \psi_a \, \mathrm{d}\tau \qquad u_{bb} = \int \psi_b{}^* (H - H_b) \, \psi_b \, \mathrm{d}\tau + E_b - E_a$$

$$u_{ab} = \int \psi_a{}^* (H - H_b) \, \psi_b \, \mathrm{d}\tau \quad \cdot \quad u_{ba} = \int \psi_b{}^* (H - H_a) \, \psi_a \, \mathrm{d}\tau \tag{27,4}$$

$$\varepsilon = E - E_a$$

u_{ab} und u_{ba} sind bei Orthogonalität von ψ_a und ψ_b konjugiert komplex zueinander. Setzt man nämlich für H_a und H_b unter dem Integral ihre Eigenwerte ein (nach 27,2), dann verschwindet der entsprechende Anteil des Integrals u_{ab}, bezw. u_{ba}. Den übrig bleibenden Integralen sieht man aber unmittelbar an, daß sie konjugiert komplex zueinander sind. $|u_{ab}|^2$ ist die Übergangswahrscheinlichkeit (vergl. § 15) des Elektrons von einem Atom zum anderen unter dem Einfluß ihrer Wechselwirkung. u_{aa} ist die Störungsenergie des bei a gedachten Elektrons durch b, u_{bb} ist die gesamte Energieänderung, die eintritt, wenn das Elektron vom Atom a zum Atom b übergeführt wird. Zur Abtrennung von a wird die Energie $-E_a$ benötigt, bei Anlagerung an b wird erstens E_b, zweitens die Coulombsche Wechselwirkung des so entstandenen Atoms b mit dem Rest a gewonnen. Natürlich ist jetzt u_{aa} im allgemeinen verschieden von u_{bb}. Das Gleichungssystem (27,3) gibt als Lösungen für ε

$$\varepsilon = \frac{1}{2} \left(u_{aa} + u_{bb} \mp \sqrt{(u_{aa} - u_{bb})^2 + 4 \, u_{ab} \, u_{ba}} \right) \tag{27,5}$$

und für die Koeffizienten:

$$\frac{c_b}{c_a} = \frac{1}{2 \, u_{ab}} \left(u_{bb} - u_{aa} \mp \sqrt{(u_{aa} - u_{bb})^2 + 4 \, u_{ab} \, u_{ba}} \right) \tag{27,6}$$

Das obere Vorzeichen entspricht dem Bindungsfall. Rein homöopolare Bindung liegt vor, wenn $u_{aa} = u_{bb}$ ist. Wir wollen die positive z-Achse für jedes Atom zum Kern des anderen Atoms gerichtet denken; weiter wollen wir über den willkürlichen Faktor vom Betrage 1 bei ψ_a und ψ_b so verfügen, daß u_{ab} negativ wird; d. h. ψ_a und ψ_b sollen zwischen den Atomen gleiches Vorzeichen haben. Also u_{aa} sowie u_{bb}, bezw. u_{ba} und u_{ab} werden wie beim H_2 alle negativ angenommen. Im Bindungsfall ist dann wieder $c_b : c_a$ positiv, aber nicht gleich $+1$.

Wir betrachten auch den anderen Grenzfall, in dem c_a und c_b sehr verschieden sind; das bedeutet, daß sich das betrachtete Elektron vorwiegend bei einem Atom aufhält. Dies ist z. B. der Fall, wenn $-u_{aa}$ klein ist gegen $-u_{bb}$ und möglichst noch der Betrag von u_{bb} groß ist gegen den von u_{ab}. Das betrachtete Elektron hält sich nach (27,6) jetzt überwiegend beim Kern b auf, hauptsächlich aus dem Grunde, weil seine Störungsenergie u_{bb} hier einen besonders großen negativen Wert hat; denn ε wird nahezu gleich u_{bb}. Wichtig für die Einstellung einer reinen Ionenbindung ist aber außerdem die Kleinheit der Übergangswahrscheinlichkeit $|u_{ab}|^2$.

Im Grenzfall der reinen Ionenbindung, wo wir die Elektronen des einen Atoms stets bei ihrem Atom belassen können, setzt sich die Ener-

§ 27. Valenzbetätigung zw. zwei Atomen als Einelektronenproblem. 141

gie u_{bb}, genau wie in der KOSSELschen Theorie[4], zusammen aus der Differenz von Ionisierungsenergie des einen und Elektronenaffinität des anderen Atoms plus elektrostatischer Wechselwirkung des so entstandenen negativen Ions mit dem positiven Atomrest. Eine Verbesserung gibt die wellenmechanische Rechnung auch in diesem Grenzfall insofern, als sie die beiden Ionen nicht einfach als Punktladungen betrachtet, sondern die Abstoßungskräfte infolge der endlichen Ausdehnung der Ladungswolken der Elektronen sowie der Wirkung der Rümpfe in Rechnung setzt. (Vergl. § 26.) Die wellenmechanische Theorie geht aber auch darin über die rein elektrostatische Theorie hinaus, daß sie erlaubt, die allmähliche Bildung der Ionenbindung bei der Annäherung beider Atome zu verfolgen. Bei der reinen Ionenbindung spielen die Übergangsintegrale u_{ab} und u_{ba} gar keine Rolle mehr, deshalb war es möglich, die Ionenbindung lange vor der modernen Quantenmechanik elektrostatisch zu verstehen. In Form der Ionisierungsarbeit und der Elektronenaffinität steckte man allerdings Elemente hinein, die rein elektrostatisch und ohne Pauliprinzip nicht verständlich waren. Ebenso mußte die klassische elektrostatische Theorie die Ionenradien, bezw. Abstoßungsfunktionen als empirisch gegeben hinnehmen, für die wir in § 6 sowie § 26 eine anschauliche Begründung und einen Weg zur Berechnung kennen gelernt haben[*]). Wir wollen auf die heteropolare Bindung hier nicht weiter eingehen, zumal gründliche zusammenfassende Darstellungen in der Literatur vorliegen[3,4]. Festzustellen ist aber, daß die heteropolare Bindung durchaus nicht so weitreichend ist, wie man vor der modernen Quantenmechanik gerne annehmen wollte.

Wenn wir uns jetzt auf die überwiegend homöopolare Bindung spezialisieren, können wir annehmen, daß c_a und c_b von gleicher Größenordnung und im Bindungsfalle beide positiv sind. Wir bezeichnen diese bindende Molekülfunktion mit $\psi_a : \psi_b$; das ist also bei symmetrischen Molekülen $\frac{1}{\sqrt{2}} (\psi_a + \psi_b)$. Im allgemeinen ist c_a nicht exakt gleich c_b, d. h. das betrachtete Valenzelektron hält sich bevorzugt bei einem der beiden Atome auf. Damit werden dann mehr oder weniger stark Ionenkräfte an der Bindung beteiligt; es kann so auch ein beträchtliches Dipolmoment entstehen und trotzdem der homöopolare Charakter der Bindung überwiegen. Dies scheint z. B. bei dem HCl-Molekül der Fall zu sein.

Den lockernden Molekülzustand wollen wir kurz durch $\dot{\psi}_a \, \psi_b$ bezeichnen. Er entspricht dem unteren Vorzeichen der Wurzel in (27,5) und (27,6). Die zugehörige Linearkombination der Atomfunktionen weist zwischen den Atomen einen Knoten auf, denn c_a und c_b haben entgegengesetztes Vorzeichen. Wenn ψ_a und ψ_b zwischen den Atomen gleiches Vorzeichen haben, gibt es in diesem Fall eine Fläche zwischen den Atomen, in welcher die Linearkombination verschwindet.

Zur Gewinnung eines Schemas der homöopolaren Bindungen bewährt sich die Annahme, daß sich der Bindungsbeitrag von zwei Elektronen, von denen eines in einer „bindenden" und eines in der aus denselben Atomfunktionen gebildeten „lockernden" Molekülfunktion sitzt, gegenseitig aufheben. Diese Annahme ist zuerst von HERZBERG[15] eingeführt und später von HUND[26] ausgebaut worden. Wenn wir allerdings Ortho-

---

*) Die rein elektrostatische Deutung der Ionenradien von UNSÖLD[9] und BRÜCK[13] ist nicht zutreffend.

142   Kapitel IV.

gonalität der benutzten Atomeigenfunktionen und Gleichheit des wirksamen Potentialfeldes für das lockernde und das bindende Elektron annehmen, dann ergibt sich nach (27,5) nur Kompensation des Austauschanteils der Energiebeiträge. Es bleibt aber die Summe der Coulombschen Anziehungen $u_{aa} + u_{bb}$, die keineswegs immer klein ist. Das Verhalten der Edelgase, bei denen je zwei Elektronen in dem bindenden und zwei in dem zugehörigen lockernden Molekülzustand untergebracht sind, zeigt, daß nicht nur keine Coulombsche Anziehung übrig bleibt, sondern sogar eine beträchtliche Abstoßung resultiert. Diese Tatsache kann man vom Näherungsstandpunkt des Einelektronenproblems aus nur dann erfassen, wenn man erstens die Nichtorthogonalität der Eigenfunktionen ψ_a und ψ_b in Rechnung setzt und zweitens berücksichtigt, daß sich bei konsequenter Durchführung des oben beschriebenen sukzessiven Aufbaus des Moleküls die lockernden und bindenden Elektronen in verschiedenen Potentialfeldern befinden. Für das in diesem Kapitel zu besprechende qualitative Schema genügt es aber, einfache Kompensation der Wirkung von „lockernden" und „bindenden" Elektronen anzunehmen.

Damit überhaupt eine Linearkombination von ψ_a und ψ_b und auftritt, und damit Atombindung, müssen die Übergangsintegrale u_{ab} und u_{ba} möglichst groß sein. Zwei Funktionen, für die $u_{ab} = 0$ ist, „kombinieren" nicht miteinander. Sie tragen nach Gl. (27,5) zur Bindung nur die klassische elektrostatische Wechselwirkung bei. Wenn die Möglichkeit solcher Linearkombinationen besteht, daß außerdem Austauschintegrale für die Anziehung wirksam werden, dann werden sich stets diese einstellen. Für Aufstellung des Valenzschemas kann man deshalb u_{aa} und u_{bb} als unwesentlich neben u_{ab} betrachten.

§ 28. Valenzschema für homöopolar gebundene zweiatomige Moleküle[26].

In der für zweiatomige Moleküle geltenden Schrödingergleichung hängt die potentielle Energie U nicht ab vom Drehwinkel um die Kernverbindungslinie. Führen wir diesen Winkel φ als eine Koordinate ein (als andere beide Koordinaten können wir etwa die Kugelkoordinaten r und ϑ, von irgendeinem Punkt der Achse aus gerechnet, benutzen, oder auch Zylinderkoordinaten z und ϱ, oder schließlich elliptische Koordinaten $r_a + r_b$ und $r_a - r_b$, s. Anhang), dann können wir die φ-Abhängigkeit der Eigenfunktion abseparieren, wie wir das in § 16 beim kugelsymmetrischen Fall schon taten. Die Abhängigkeit von φ ist von der Form $e^{im\varphi}$, wo m wegen der Eindeutigkeitsforderung eine positive oder negative ganze Zahl sein muß. Durch Ausüben der Operation $-\dfrac{h^2}{4\pi^2}\dfrac{\partial^2}{\partial\varphi^2}$ kommt in der Schrödingergleichung für die übrigen zwei Koordinaten dann ein Glied mit m^2; der endgültige Eigenwert wird also noch von m^2 abhängen. Wir sehen aber, daß zu $+m$ und $-m$ derselbe Eigenwert gehören muß. Außer für $m = 0$ haben wir also stets zweifache Entartung vor uns mit den beiden unabhängigen Funktionen (z. B. in Kugelkoordinaten): $e^{+im\varphi} f(r,\vartheta)$ und $e^{-im\varphi} f(r,\vartheta)$, oder auch $\cos m\varphi\, f(r,\vartheta)$ und $\sin m\varphi\, f(r,\vartheta)$. Im anschaulichen Modell ist m die Quantenzahl für die Größe des Drehimpulses des Elektrons um die Kernverbindungslinie als

§ 28. Valenzschema für homöopolar gebundene zweiatomige Moleküle. 143

Achse; dieser Impuls ist wegen der Rotationssymmetrie eine Konstante. Nur durch Beseitigung der Rotationssymmetrie wird diese Entartung aufgehoben. Man bezeichnet Molekülterme mit $m = 0$ als σ-Terme, solche mit $m = \pm 1$ als π- und mit $m = \pm 2$ als δ-Terme in Analogie zu den s, p, d-Termen der Atome. Wenn die als Molekülfunktion nullter Näherung gewonnene Kombination von Atomeigenfunktionen: $c_a \psi_a + c_b \psi_b$ nicht von φ abhängt, nennt man die Bindung eine σ-Bindung, analog bedeutet die Abhängigkeit $e^{\pm i\varphi}$ eine π-Bindung. Diese beiden Typen spielen bei den Atomen nicht zu hoher Ordnungszahl allein eine Rolle.

Wir gehen die Bindungstypen zweiatomiger Moleküle der Reihe nach durch.

1. $s-s$-Bindung. Wenn ein Atom wie z. B. das H-Atom ein Valenzelektron im s-Zustand mitbringt, spricht man von s-Valenz. Zwei Atome mit s-Valenzen können nur eine σ-Bindung eingehen, da beide Atomfunktionen und damit auch ihre Linearkombination von φ unabhängig sind. Als Beispiel hierfür haben wir schon das Wasserstoffmolekül kennen gelernt; nach unserer oben gegebenen Schreibweise benutzen wir für den bindenden Zustand H : H, für den lockernden $\dot{\text{H}}\,\dot{\text{H}}$, bezw. $\psi_a : \psi_b$ und $\dot\psi_a\,\dot\psi_b$.

Hierher gehören auch die Moleküle der Alkalimetalle Li_2, Na_2, K_2, Rb_2, Cs_2. Bei ihren Hydriden LiH etc. spielen die Ionenzustände mit negativem H-Ion eine beträchtliche, wahrscheinlich sogar überwiegende Rolle beim Zustandekommen der Bindung.

Wenn eines der beiden Atome zwei s-Elektronen mitbringt, dann sind im ganzen 3 Elektronen in Molekülzuständen unterzubringen. Gemäß dem Pauliprinzip können nur zwei von ihnen den bindenden Zustand besetzen, das dritte muß von dem angeregten Term der Gl. (27,6) Gebrauch machen und kompensiert ein bindendes Elektron. Es bleibt so ein bindendes Elektron übrig. Man bezeichnet eine solche Bindung durch $s-s^2$. Am Schluß von § 25 haben wir als Vertreter dieses Typus das He_2^+ kennen gelernt. Auch die Hydride der zweiwertigen Metalle wie BeH, MgH u. s. w. kann man hierher einordnen, obgleich bei ihnen sicher auch die Dispersionskräfte eine bedeutende Rolle spielen (s. dazu Kap. V). Da man üblicherweise die normale homöopolare Bindung durch 2 bindende Elektronen verwirklicht denkt, müßte man hier eigentlich von einer halbwertigen homöopolaren Bindung sprechen. Eine solche liegt auch beim H_2^+ vor.

Bringt jedes der Atome zwei s-Valenzelektronen mit, dann werden 2 bindende Elektronen durch 2 lockernde Elektronen gerade kompensiert. Dieser Fall s^2-s^2 liegt beim He_2 vor und ergibt keine Bindung.

2. $s-p$-Bindung. Jetzt mag eines der Atome, etwa b, ein Valenzelektron mit einer p-Eigenfunktion mitbringen. Hier liegt dreifache Entartung vor, weil praktisch ohne Änderung der Energie diese Funktion $\xi_b = x_b f(r_b)$, $\eta_b = y_b f(r_b)$, $\zeta_b = z_b f(r_b)$ sein kann (s. Kap. II, § 16). x_b, y_b, z_b sind rechtwinklige Koordinaten, Atom a soll nach der oben getroffenen Festsetzung auf der $+z$-Achse liegen.

Wir müssen jetzt fragen, welche der drei Funktionen kombinieren mit der s-Funktion $\psi_a(r_a)$ des Atoms a? Bilden wir die Übergangsintegrale $\int \psi_a{}^* u \xi_b \, d\tau$ und $\int \psi_a{}^* u \eta_b \, d\tau$, so müssen diese aus folgendem Grunde verschwinden: Die Störungsenergie u hängt von φ nicht ab; bei der Integration nach φ tritt also nur von ξ_b und η_b her das Glied

144   Kapitel IV.

auf $\int_0^{2\pi} e^{\pm i\varphi} d\varphi$ (oder auch $\int_0^{2\pi} \left.\begin{matrix} \sin \\ \cos \end{matrix}\right\} \varphi\, d\varphi$), das den Faktor 0 ergibt.
Dagegen verschwindet $\int \psi_a{}^* u\, \zeta_b\, d\tau$ nicht, weil $\zeta_b = z_b f(r_b, \vartheta_b)$, bezw.
$z_b = r_b \cos \vartheta_b$ ebenfalls von φ unabhängig ist. Es ist in diesem Fall also
nur die σ-Bindung $\psi_a : \zeta_b$ möglich.

Durch solche aus Symmetriegründen folgenden Kombinationsverbote
erfährt unsere grobe Modellvorstellung von § 8 und § 24 zur homöopolaren Bindung eine wesentliche Verschärfung. Das Verschwinden der
Übergangswahrscheinlichkeit besagt eben, daß der Potentialberg zwischen den Atomen für Valenzelektronen in gewissen Zuständen bei jedem Abstand der Atome als unendlich hoch anzusehen ist. So erfolgt
kein Übergang, damit auch kein Absinken der Nullpunktsenergie.

Das einfachste Beispiel für diesen Typus stellt das spektroskopisch
beobachtete HB dar. Aber auch z. B. das HCl gehört hierher, wenn
man, wie üblich, überwiegend homöopolaren Charakter der Bindung
annimmt. Von den fünf p-Elektronen des Cl bleiben zwei Paare wir-
kungslos, da sich ganz analog wie bei den Edelgasen ihre Wirkung wech-
selseitig kompensiert. Nur das eine nicht schon gepaarte Elektron jedes
Atoms kommt für die Bindung in Frage und besetzt die hierfür günstigste Eigenfunktion ζ_b. Den entstehenden Molekülzustand können wir
durch $\psi_a : \zeta_b$ kennzeichnen. Dies Beispiel zeigt, daß die Valenzbetätigung eines Atoms, in dem eine gewisse Anzahl von Elektronen zum
Abschluß der Untergruppe fehlt, formal völlig analog ist dem Problem,
bei dem statt der „Löcher" Valenzelektronen da sind und alle gepaarten)Elektronen fehlen. Die homöopolare Valenz ist durch die Zahl der
„Löcher" gegeben. Wir sprechen beim Cl deshalb von einer einwertigen, homöopolaren p-Valenz. Der Bindungstyp s–p^5 ist mit s–p gleichwertig.

Wenn ein Atom mehrere unabgesättigte p-Elektronen mitbringt,
spricht man von p^2-, p^3-, etc. Valenz. Das N-Atom hat z. B. eine p^3-
Valenz. Es kann mit e i n e m H-Atom nur die σ-Bindung $\varphi_H : \zeta_N$
bilden; die beiden anderen Elektronen finden keine Molekülfunktion nie-
derer Energie und bleiben deshalb unabgesättigt.

3. p–p-B i n d u n g. Jetzt sollen beide Atome p-Valenzen mitbringen. Das ergibt einen σ-Molekülzustand $\zeta_a : \zeta_b$ und zwei miteinander
entartete π-Zustände: $\xi_a : \xi_b$ und $\eta_a : \eta_b$. Die Kombination $\xi_a : \eta_b$
kommt nicht vor, weil das Übergangsintegral $\int_0^{2\pi} \cos \varphi \sin \varphi\, d\varphi = 0$ ist;
entsprechendes gilt für $\xi_a : \zeta_b$ und $\eta_a : \zeta_b$.

Ein Beispiel für eine $\sigma\pi\pi$-Bindung ist das N : : : N-Molekül. Bei
Atomen mit mehreren Valenzelektronen sehen wir hier, wo es sich nur
um eine qualitative Klassifikation der möglichen Valenzbetätigungen eines Atoms handelt, von der Veränderung der inneratomaren Wechselwirkung der Valenzelektronen infolge der Valenzbetätigung ab. Wir werden
später (§ 49) sehen, daß oft eine Energie von derselben Größenordnung
wie die chemische Bindungsenergie nötig ist, um das Atom in seinen
„Valenzzustand" zu versetzen. Dazu gehört stets die Entkoppelung der
Spins im Atom, um sie mit den Spins der Valenzpartner koppeln zu
können. Häufig, wie z. B. beim 4-wertigen C-Atom, liegt in dem Atom,
das seine Valenzen abgesättigt hat, auch eine ganz andere Besetzung

§ 28. Valenzschema für homöopolar gebundene zweiatomige Moleküle. 145

der Atomeigenfunktionen vor als im freien Atom, und diese Umordnung der Valenzelektronen innerhalb des Atoms erfordert Energie. Bei den Betrachtungen dieses Kapitels rechnen wir alle Energien vom „Valenzzustand" des Atoms aus, lassen also zunächst die Anregungsenergie des „Valenzzustandes" außer Acht.

Beim O-Atom haben von den vier p-Außenelektronen zwei ihren Spin schon gegeneinander abgesättigt; es kommen also nur zwei für die Bindung in Frage. Im O_2 resultiert eine $\sigma\pi$-Bindung. Da der π-Zustand doppelt ist ($\xi_a : \xi_b$ und $\eta_a : \eta_b$), kann von den beiden Elektronen, die diesen Valenzstrich bilden, das eine in den Zustand $\xi_a : \xi_b$, das andere in $\eta_a : \eta_b$ gehen. ohne daß in der Näherung unserer augenblicklichen Betrachtungsweise eine Energieänderung eintritt. In diesem Falle hindert das Pauliprinzip die beiden Elektronen auch nicht mehr, ihre Spins parallel zu stellen. Wir sehen: Es kommt für die Bindung nur auf die Doppeltbesetzung eines tiefliegenden „bindenden" Molekülzustandes an und n i c h t primär auf die Spinabsättigung der Elektronen.

Daß die Elektronen die Parallelstellung der Spins bevorzugen, wenn 2 miteinander entartete Eigenfunktionen zur Verfügung stehen, folgt daraus, daß die Coulombsche Energie infolge der mit Parallelstellung der Spins verbundenen Antisymmetrisierung ihrer Eigenfunktionen etwas absinkt. (Vergl. § 20.) Genau dieselbe Erscheinung haben wir bei den Valenzelektronen der Atome vor uns, welche auch ihre Spins parallel stellen, soweit das Pauliprinzip dies zuläßt. Wenn aber, wie beim O_2, die Spins sich nicht absättigen, müssen die beiden Elektronen wegen dem Pauliprinzip notwendigerweise die beiden verschiedenen, miteinander entarteten Eigenfunktionen $\xi_a : \xi_b$ und $\eta_a : \eta_b$ besetzen. Im Vektormodell entspricht das der Antiparallelstellung der Drehimpulse der beiden Elektronen um die z-Achse, denn die Entartung des π-Zustandes besteht ja darin, daß die Winkelabhängigkeit durch $e^{im\varphi}$ mit $m = +1$ oder -1 gegeben ist. Die Werte von m geben direkt den Drehimpuls um die z-Achse; bei Besetzung beider Zustände mit je einem Elektron ist der resultierende Drehimpuls 0. Dies gilt natürlich auch noch wenn wir an Stelle der Funktionen $e^{\pm i\varphi}$ die Linearkombinationen $e^{+i\varphi} - e^{-i\varphi} = 2i \sin\varphi$ und $e^{+i\varphi} + e^{-i\varphi} = 2 \cos\varphi$ benutzen. Diese Antiparallelstellung der Bahndrehimpulse beider Valenzelektronen ist gewissermaßen der Ersatz für die Antiparallelstellung ihrer Spinmomente. Man spricht in solchen Fällen von der Absättigung einer „Bahnvalenz"[16,17] oder „orbitalen Valenz", wie man sonst von Absättigung der „Spinvalenzen" spricht. Wir hätten beim O_2 eigentlich sämtliche acht Außenelektronen (je 4 p-Elektronen von jedem Atom) in Molekülzustände setzen müssen. Das hätte drei bindende Zustände ergeben für sechs Elektronen: $\xi_a : \xi_b$, $\eta_a : \eta_b$, und $\zeta_a : \zeta_b$; zwei Elektronen wären dann auf lockernden Zuständen unterzubringen gewesen, und zwar eines in $\dot{\xi}_a \dot{\xi}_b$ und eines in $\dot{\eta}_a \dot{\eta}_b$, wodurch richtig ein resultierender Spin von zwei Einheiten erhalten werden kann. Durch die beiden lockernden Elektronen würde eine Bindung gerade aufgehoben und es bliebe genau wie vorher eine Doppelbindung bestehen (durch vier Elektronen).

Als letztes interessantes Beispiel wollen wir noch das CO-Molekül besprechen. Hier würde man zunächst an eine σ- und eine π-Bindung denken, entsprechend der homöopolaren 2-Wertigkeit der beiden Atome in unserem Schema. Dann bleiben 2 Außenelektronen des O-Atoms im

146   Kapitel IV.

O-Atom selbst gepaart. Wir haben aber dann noch einen unbesetzten
Molekülzustand, der einer π-Bindung entspräche.

Die Gesamtenergie sinkt sicher noch ab, wenn wir den beiden ursprünglich im O-Atom gepaarten Elektronen erlauben, diesen Molekülzustand zu besetzen, d. h. also, teilweise zum C-Atom überzugehen. Die
Bindung wäre dann C : : : O zu schreiben, wobei aber die Valenzelektronen nicht, wie üblich, zu gleichen Teilen von beiden Atomen geliefert
werden, sondern 2 vom C-Atom und 4 vom O-Atom stammen. Bei der
Konstanten-Wahl $c_a = c_b$ in allen 3 Molekülzuständen $c_a\,\psi_a + c_b\,\psi_b$
müßte so das C-Atom negativ und das O-Atom positiv geladen werden
und ein beträchtliches Dipolmoment sowie starke Ionenkräfte auftreten.
Das Experiment ergibt aber nur ein kleines Dipolmoment, nämlich $0{,}11 \cdot$
10^{-18} C.G.S.-Einh., während z. B. das HCl-Molekül, obgleich wir es als
überwiegend homöopolar auffassen, ein Dipolmoment von $1{,}034 \cdot 10^{-18}$
C.G.S.-Einh. besitzt. Die Schwierigkeit klärt sich sofort, wenn wir bedenken, daß ja in allen 3 Molekülfunktionen, die beim CO die 3-wertige
Bindung besorgen, der Koeffizient c_b, der die Beteiligung des O-Atoms
messen soll, größer sein kann als c_a, so daß im ganzen von allen 6 Elektronen sich doch nahezu der Bruchteil 4/6 der gesamten Ladungsdichte
beim O-Atom befindet. Wenn wir das CO-Molekül aus den homöopolar
3-wertigen Atomen C^- und O^+ aufbauen, dann bewirkt die stärkere Beteiligung der zu O gehörigen Funktion ψ_b an den Molekülzuständen, daß
das ursprünglich vorhandene Dipolmoment nahezu kompensiert wird,
ganz analog wie z. B. bei HCl aus ursprünglich neutralen Atomen ein
Dipolmolekül erzeugt wird. Wir werden unten sehen, daß bei einer
homöopolar z w e i wertigen CO-Bindung wegen $c_b > c_a$ in der Tat ein
beträchtliches Dipolmoment übrig bleibt.

Wenn diese Auffassung des CO-Moleküls als einer $\sigma\,\pi\,\pi$-Bindung
richtig ist, dann muß es dem N_2-Molekül in allen Eigenschaften, die
von dem äußeren Bau der Elektronenhülle abhängen und nicht zu tief in
dieselbe eingreifen, sehr ähnlich sein. Man nennt solche Moleküle, in denen die Zahl der Valenzelektronen dieselbe ist, „isostere" Moleküle. Hier
ist sogar darüber hinaus auch die gesamte Zahl sämtlicher Elektronen in
beiden Molekülen dieselbe. Die von GRIMM und WOLFF[3] entnommene
Tabelle 13 zeigt, daß zwischen N_2 und CO tatsächlich eine weitgehende

Tab. 13. Moleküleigenschaften von CO und N_2
(nach GRIMM und WOLFF[3] S. 977).

Eigenschaft	CO	N_2
Schmelztemperatur $\left.\vphantom{\begin{matrix}a\\b\\c\end{matrix}}\right\}$ in Grad abs.	66	63
Siedetemperatur	83	78
kritische Temperatur	133	127
kritischer Druck, in Atmosph.	35	33
Flüssigkeitsdichte	0,793	0,796
Löslichkeit in Wasser bei 0° C, in L Gas/L Flüssig.	0,035	0,024
Viskosität bei 0° C in cm^{-1} g sec^{-1}	$1{,}63 \cdot 10^{-4}$	$1{,}66 \cdot 10^{-4}$
Dipolmoment in cm$^{5/2}$ g$^{1/2}$ sec^{-1}	$0{,}10 \cdot 10^{-18}$	0,00
Kernabstand in Å	1,15	1,10
Dissoziationsenergie in kcal/Mol	238	208
Polarisierbarkeit in Richtung der Hauptachsen in (Å)^3 $\left.\vphantom{\begin{matrix}a\\b\end{matrix}}\right\}$	2,5	2,38
	1,7	1,45

§ 29. Mehratomige Moleküle. 147

Übereinstimmung in den meisten physikalischen Eigenschaften besteht. Diese äußert sich weiterhin auch bei der Streuung langsamer Elektronen an den Molekülen (RAMSAUER-Effekt).

Die Eigenschaften der C-O-Bindung werden völlig anders, wenn wir zum 4-wertigen C-Atom übergehen (q^4-Valenz, s. unten) und 2 Valenzen des C-Atoms anderweitig verbrauchen. Jetzt steht kein unbesetzter Valenzzustand für die 2 ursprünglich im O-Atom gepaarten Elektronen zur Verfügung und wir haben nur eine 2-wertige Bindung =C=O. In den Ketonen und Aldehyden, wo dieser Fall vorliegt, findet man in der Tat für alle Daten, die die Bindung charakterisieren, ganz andere Werte. Die Disoziationsenergie ist, wie zu erwarten, kleiner (s. § 32), das Dipolmoment ist bedeutend größer als beim CO-Molekül, nämlich etwa $2{,}7 \cdot 10^{-18}$ C.G.S.-Einh. Auch dieser Umstand, der zunächst überrascht, fügt sich nach dem, was oben über die Koeffizienten c_a und c_b gesagt wurde, den entwickelten Vorstellungen zwanglos ein.

4. q-Valenz. Es bleibt jetzt noch ein letzter Valenztyp zu besprechen übrig. Nach unserem bisherigen Valenzschema müßte z. B. das Beryllium und entsprechende Atome, die in der L-Schale nur zwei im Spin abgesättigte s-Elektronen aufweisen, edelgasartiges Verhalten zeigen, im Gegensatz zur Erfahrung.

Für das tatsächliche Verhalten ist folgendes zu bedenken. Wir haben bisher nur die drei p-Zustände als untereinander entartet betrachtet, was bei einem beliebigen Zentralfeld der Fall ist. In dem Maße aber, als man das Feld eines Atoms für ein Außenelektron in der Form Z'/r (Z' abgeschirmte Kernladung), also wasserstoffähnlich, annehmen kann, fallen auch s- und p-Terme noch zusammen. Wir werden also häufig s- und p-Elektronen als untereinander „fastentartet" betrachten können; dann sind als Valenzfunktionen die vier unabhängigen Eigenfunktionen: χ (s-Zustand), ξ, η, ζ (p-Zustand), bezw. irgendwelche vier unabhängige Linearkombinationen aus diesen verfügbar. In solchen Fällen spricht man von q-Valenz.

Gerade die Betätigung einer q-Valenz erfordert aber eine beträchtliche Umordnung innerhalb des Atoms. Wir werden deshalb oft damit rechnen müssen, daß der „Valenzzustand" ziemlich hoch über dem Grundzustand des freien Atoms liegt. Wenn er höher liegt, als die durch Betätigung der q-Valenz zu gewinnende Bindungsenergie beträgt, können wir nicht mehr von „Fastentartung" reden, d. h. dann liegt überhaupt keine q-Valenz vor. Mit der q-Valenz findet z. B. die homöopolar 2-wertige Valenzbetätigung der Elemente in der 2. Spalte des periodischen Systems ihre Erklärung.

Diese sogenannte q-Valenz hat ihre wichtigste Anwendung in der organischen Chemie; das wird unten (§ 30) ausführlich besprochen werden.

§ 29. Mehratomige Moleküle.

a) Absättigung der Valenzen. Zum Bilde der chemischen Valenz gehört wesentlich der Begriff der Absättigbarkeit. Diese Absättigung wird später viel deutlicher herauskommen, wenn wir eine für quantitative Zwecke geeignetere Methode anwenden werden; man kann hier aber (nach HUND[26]) immerhin schon einsehen, daß eine Absättigung der Valenzen möglich ist. Wir betrachten dazu etwa drei Wasserstoffatome in beliebiger Anordnung. Es gibt nur eine Valenz-

funktion: $c_a\,\psi_a + c_b\,\psi_b + c_c\,\psi_c$ (c_a, c_b, c_c positiv), die zwischen keinem
Atompaar neue Knoten (s. oben § 27) aufweist, also überall Anziehung
bedeutet. Die beiden weiteren Lösungen dieses dreifach entarteten Problems weisen mindestens zwischen zwei Atomen neue Knoten auf. Im
Bindungszustand können nur zwei Elektronen untergebracht werden, ein
Elektron muß sich wegen des Pauliprinzips in einem Zustand befinden,
bei dem mindestens ein neuer Knoten auftritt. Dieser führt zur Abschnürung eines der 3 Atome. Die konsequente Durchrechnung führt
tatsächlich zu diesem Resultat. Als wesentlich stellt sich dabei heraus,
daß jedes der 3 Elektronen sich gemäß dem sukzessiven Aufbauprinzip
(s. § 27) in einem etwas verschiedenen Feld befindet. Wäre das Feld
für alle 3 Elektronen dasselbe, dann würde trotz Pauliprinzip die Abstoßung des einen Atoms nicht herauskommen; es spielt also auch die
gegenseitige Wechselwirkung der Elektronen eine wichtige Rolle. Betrachtet man aber das erste Elektron als im reinen Kernfeld befindlich,
das zweite im Feld der Kerne und des „verschmierten" ersten Elektron,
und das dritte schließlich im Feld der Kerne und der beiden ersten Elektronen, dann ergibt sich tatsächlich eine Anziehung der 3 H-Atome, wenn
man unter Verletzung des Pauliprinzips auch das dritte Elektron in den
Grundzustand s e i n e s Feldes setzt, dagegen Abstoßung, wenn man
das Pauliprinzip näherungsweive dadurch befriedigt, daß man ihm die
erste angeregte Eigenfunktion (mit einem Knoten) in s e i n e m Feld zu-
weist. Die beschriebene Rechnung ist von MAMOTENKO[62] durchgeführt
worden.

b) G e r i c h t e t e V a l e n z e n.

Mit den bisher gewonnenen Valenzvorstellungen lassen sich fast ohne
Rechnung die Grundgesetze der Stereochemie gewinnen. Wir beginnen
mit einfachen Bindungspartnern, von denen der eine p-Valenzen, die anderen nur eine s-Valenz mitbringen sollen. Als einfaches Beispiel können
wir etwa das Wassermolekül betrachten, wo der Sauerstoff p-Valenzen,
der Wasserstoff eine s-Valenz hat. Nähern wir z. B. auf der x-Achse
einem Sauerstoffatom (mit den Eigenfunktionen ξ_0, η_0, ζ_0, s. o. § 28)
ein H-Atom (mit der Valenzfunktion ψ_a) an, dann kann sich nur die
σ-Bindung $\xi_0 : \psi_a$ ausbilden, da η_0 und ζ_0 nicht mit ψ_a kombinieren
(aus Symmetriegründen, s. § 28). Solange die Anwesenheit des ersten
H-Atoms die Rotationssymmetrie der Eigenfunktionen um eine zweite
Achse nicht wesentlich stört, kann ein zweites H-Atom (Eigenfunktion
ψ_b) auch noch eine σ-Bindung eingehen; und zwar stehen dazu die Eigenfunktionen η_0 in der y-Richtung oder ζ_0 in der z-Richtung zur Verfügung.
Wählen wir die y-Richtung für das zweite H-Atom, dann bleibt die Funktion ζ_0 übrig für die Unterbringung der beiden restlichen Elektronen des
Sauerstoffs, die zur Bindung nichts beitragen.

Wir prüfen nach, wie weit die Voraussetzung der Rotationssymmetrie um die beiden Kernverbindungslinien als erfüllt angesehen werden
kann. Ein Übergangsintegral $\int \psi_a{}^* u \, \xi_0 \, d\tau$ bekommt seine größten Beiträge aus dem mittleren Gebiet zwischen den Atomen, wo $\psi_a{}^*$ und ξ_0
merklich sind. Die Gebiete in Nähe der beiden Kerne, wo das Pro-
dukt aus $\psi_a{}^*$ und ξ_0 noch beträchtlich ist, sind sehr klein. Es wird also
genügen, wenn die Rotationssymmetrie erst in einem gewissen Abstand
vom Sauerstoffatom und hauptsächlich in der Umgebung der betreffenden Kernverbindungslinie praktisch erfüllt ist.

§ 29. Mehratomige Moleküle.   149

Wir hätten somit zwei lokalisierte σ-Bindungen, deren Richtungen senkrecht aufeinander stehen, ganz im Sinne der Stereochemie. Wenn in Wirklichkeit kleine Abweichungen hiervon auftreten, so braucht uns das nicht zu stören in Anbetracht des Näherungscharakters unserer Überlegungen. Will man solche Abweichungen quantitativ verstehen, dann erfordert jedes Einzelmolekül eine besondere Behandlung, für die wir später (§§ 51, 52) Beispiele kennen lernen werden. Uns kommt es hier ja zunächst darauf an, die allgemeinen Grundzüge der Stereochemie qualitativ einzusehen.

Immerhin kann allgemein gegen die eben gegebene Behandlungsweise der gerichteten Valenzen ein ernstes Bedenken vorgebracht werden, das wir seiner allgemeinen Bedeutung wegen am Beispiel des H_2O etwas ausführlicher diskutieren wollen. Wir sind nämlich eigentlich unserem Prinzip zur Behandlung des Vielelektronenproblems untreu geworden. Danach hätten wir ja für das ganze System, d. h. für die Lage aller drei Atomrümpfe und für die Dichteverteilungen sämtlicher Elektronen bis auf eines eine plausible Annahme machen müssen, und dann die Eigenfunktion des herausgegriffenen Elektrons in diesem Feld bestimmen müssen. So hätten wir der Reihe nach für jedes Elektron vorzugehen gehabt; wenn dann die damit gewonnene Dichteverteilung und die Gleichgewichtslagen der Kerne leidlich mit den anfangs angenommenen übereinstimmten, so wäre das Problem gelöst; anderenfalls müßte man mit den im ersten Schritt berechneten Daten für Dichte und Kernlagen dasselbe Verfahren von neuem ausführen. Wir bekommen schon ein von der oben gegebenen Behandlung völlig abweichendes Ergebnis, wenn wir nur die Gesamtsymmetrie des H_2O-Moleküls voraussetzen, z. B. ein Modell, das symmetrisch zu der in Fig. 12 gestrichelt gezeichneten Ebene ist. Nur zur Vereinfachung wollen wir den Valenzwinkel wieder als einen Rechten annehmen. Wir legen die x-Richtung und y-Richtung wieder durch die beiden Kernverbindungslinien O–H. Dann kommen aus Symmetriegründen als Eigenfunktionen für das herausgegriffene Elektron nur in Frage:

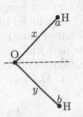

Fig. 12.
Schema
des
H_2O-Moleküls.

$$\psi_1 = (\xi + \eta) + c\,(\psi_a + \psi_b) \qquad {}^*)$$
$$\psi_2 = (\xi - \eta) + c\,(\psi_a - \psi_b)\,. \qquad\qquad (29,1)$$

Denn bei gleichzeitiger Vertauschung von x mit y und von a mit b (d. h. Spiegelung des H_2O-Moleküls an der Symmetrieebene) reproduzieren sich in beiden Fällen die Dichteverteilungen $\psi_1{}^*\psi_1$ und $\psi_2{}^*\psi_2$ sowie alle mit diesen gebildeten Erwartungswerte $\int \psi_i{}^* L\,\psi_i\,d\tau$, d. h. alle beobachtbaren Größen des Moleküls. Wir sehen, daß die Vorzeichenumkehr von ψ_2 bei Spiegelung nur mathematische Bedeutung hat, aber die physikalische Symmetrie des Moleküls nicht beeinflußt. c kann wieder zwei Werte annehmen, einen positiven und einen negativen, von denen der positive Bindung bedeutet. Hiermit haben wir also zwei Bindungsfunktionen ψ_1 und ψ_2, in denen 4 Elektronen untergebracht werden können; 2 Elektronen bleiben wie vorher in ζ und interessieren nicht. Unsere

---

*) Da es nur auf das Verhältnis der Koeffizienten ankommt, können wir einen derselben der Kürze halber gleich 1 setzen.

so gewonnenen Bindungsfunktionen setzen sich aber — im Gegensatz
zur vorherigen Behandlung — jede aus allen 4 Atomfunktionen zusammen. Damit ist die Lokalisierung der Valenzen, die ja Bildung der Molekülfunktionen aus je 2 Atomfunktionen bedeutet, verloren gegangen.
Das gilt für jedes mehratomige Molekül. Es scheint hiernach, als müßten
wir auf die Lokalisierung prinzipiell verzichten und müßten außerdem
für jedes spezielle Molekül ein kompliziertes Symmetrieproblem lösen
(man macht das mit den mathematischen Methoden der Gruppentheorie). Dies ist (besonders von MULLIKEN[28,36,48]) für eine größere Reihe
von Molekülen tatsächlich getan worden. Wir wollen jetzt aber zeigen,
daß unsere ursprüngliche Methode mit Lokalisierung der Valenz und
Verzicht auf Symmetrie für das Einzelelektron eine ebenso berechtigte,
wahrscheinlich sogar bessere Näherungsmethode darstellt.

Dazu müssen wir auf das Vielelektronenproblem eingehen, das syste-
matisch erst in Kapitel VI–VII behandelt wird. Wir haben soeben den
Fehler gemacht, nur das einzelne, herausgegriffene Elektron zu betrachten, was für optische Fragen berechtigt sein mag, soweit man sich nur für
die Vorgänge an einem einzelnen Leuchtelektron interessiert. Ein chemisches Bindungsproblem ist aber immer ein Mehrelektronenproblem,
von dem wir künstlich ein Einelektronenproblem herausgelöst haben.
Wenn wir Symmetrieforderungen stellen, so dürfen wir diese nur an das
Gesamtmolekül, bezw. an die Gesamteigenfunktion, die von den Koordinaten sämtlicher Valenzelektronen abhängt, stellen. Notieren wir in
beiden Fällen diese Gesamtfunktion, die ja das Produkt der einzelnen
Elektronenfunktionen ist. Die (n i c h t normierten) Funktionen sind:

1. Bei lokalisierten Valenzen

$$\psi_{\text{ges}} = \Big(\xi(1) + c_1\, \psi_a(1) \Big)\Big(\xi(2) + c_1\, \psi_a(2) \Big)$$
$$\times \Big(\eta(3) + c_1\, \psi_b(3) \Big)\Big(\eta(4) + c_1\, \psi_b(4) \Big) \qquad (29,2)$$

2. Bei nicht lokalisierten Valenzen, wenn die Symmetrie für die Einzelfunktion erfüllt ist nach (29,1):

$$\psi_{\text{ges}} = \Big[\xi(1) + \eta(1) + c_2\Big(\psi_a(1) + \psi_b(1) \Big) \Big]$$
$$\times \Big[\xi(2) + \eta(2) + c_2\Big(\psi_a(2) + \psi_b(2) \Big) \Big]$$
$$\times \Big[\xi(3) - \eta(3) + c_2\Big(\psi_a(3) - \psi_b(3) \Big) \Big]$$
$$\times \Big[\xi(4) - \eta(4) + c_2\Big(\psi_a(4) - \psi_b(4) \Big) \Big] \qquad (29,3)$$

Durch Ausmultiplizieren erkennt man, daß im ersten Fall — im Einklang
mit dem Pauliprinzip — höchstens doppelt besetzte Atomzustände vorkommen, wie z. B. $\xi(1)\,\xi(2)\,\eta(3)\,\eta(4)$, bei denen die Elektronen 1 und
2 in der ξ-Funktion des O-Atoms, 3 und 4 in der η-Funktion desselben
sitzen. Das Pauliprinzip ist erfüllt, obgleich — wie beim H_2 in § 25 schon
ausgeführt — die Beteiligung der Ionenzustände an der Bindung immer
noch zu hoch ist, besonders solcher, in denen sämtliche Valenzelektronen
am O-Atom sitzen. Wir werden deshalb später häufig die Ionenzustände
in der ausmultiplizierten Produktform für die erste Näherung ganz streichen.

§ 29. Mehratomige Moleküle. 151

Noch schlimmer wird das aber bei dem Ansatz (29,3), wo die scheinbar besonders folgerichtige Behandlung des Einelektronenproblems bewirkt hat, daß Zustände wie $\psi_a(1)\,\psi_a(2)\,\psi_a(3)\,\psi_a(4)$ mit beträchtlichen Koeffizienten beteiligt werden, obgleich diese nach dem Pauliprinzip verboten sind, da sie ja Ansammlung aller 4 Elektronen in der Wasserstoffgrundfunktion von a bedeuten. Der Verzicht auf Lokalisierung der Valenzen zugunsten der Symmetrie der Einzelfunktion hat also einen sehr bedenklichen Fehler in unsere Eigenfunktion nullter Näherung hineingetragen. Hierauf hat zuerst VAN VLECK[34] hingewiesen. Wir haben in § 19 schon besprochen und werden im VI. Kapitel genauer sehen, wie man aus den einfachen Produktfunktionen durch „Antisymmetrisierung" neue Linearkombinationen herstellt, die mit dem Pauliprinzip im Einklang sind. Hierbei würden im Falle (29,3) alle dem Pauliprinzip widersprechenden Glieder wegfallen, also solche Produkte wie $\psi_a(1)\,\psi_a(2)\,\psi_a(3)\,\psi_a(4)$, in denen dieselbe Eigenfunktion mehr als zweimal vorkommt. Daß diese Möglichkeit besteht, nachträglich aus unserer Näherungslösung eine korrekte Lösung herzustellen, beseitigt aber nicht die Bedenken gegen dieses Näherungsverfahren; denn durch Ansetzen dieser vollständigen Lösung wäre auch unsere ganze Störungsrechnung anders verlaufen.

Allerdings entspricht auch die erste Lösung mit lokalisierten Valenzen erst dann vollständig der Symmetrie des Problems bei gleichzeitiger Vertauschung von ξ mit η und a mit b, wenn wir aus ihr antisymmetrische Linearkombinationen mit permutierten Elektronenkoordinaten gebildet haben, was ebenfalls zu einer Ergänzung der Störungsrechnung führt. Wir werden deshalb auf diesen Fragenkomplex im VI. und VII. Kapitel zurückkommen. Die ganzen Überlegungen dieses Kapitels sind für die quantitative Behandlung spezieller Probleme aufzufassen als orientierende Überlegungen, die zur Gewinnung eines ersten Näherungsansatzes für die Methoden von Kapitel VI und VII wertvoll sind. Unabhängig von ihrem späteren quantitativen Ausbau geben sie aber schon qualitativ viele Erfahrungen der Stereochemie richtig wieder.

Die chemische Erfahrung sowie die spätere Weiterführung der Näherung zeigt, daß in den meisten Fällen für das fertige Molekül die Benutzung von Ausgangsfunktionen der Einzelelektronen mit lokalisierten Valenzen eine sehr gute Näherung ist; wir können es offen lassen, ob die Lokalisierung der Valenzen durch die Störungsrechnung des Vielelektronenproblems mehr oder weniger wieder verloren geht oder wenigstens näherungsweise erhalten werden kann. Einige interessante Fälle, wo auch die chemische Erfahrung keine lokalierten Valenzen liefert (Benzolring, Zwischenstadien einer Reaktion), erscheinen auch in der Theorie ohne weiteres als Spezialfälle, in denen eine Lokalisierung weder erwünscht noch möglich ist.

Einen anderen sehr wichtigen Fall nichtlokalisierter Valenzen haben wir in § 9 bei der metallischen Bindung schon kennen gelernt. Die dort benutzte Voraussetzung einer gleichmäßigen Dichteverteilung der Valenzelektronen mit ihrer kinetischen Energie, Austauschenergie und Korrelationsenergie entspricht dem Ansatz ebener Wellen im Metall. (Vergl. § 20.) Jede solche ebene Welle stellt eine angenäherte Eigenfunktion des Riesenmoleküls, d. h. des ganzen Kristalls dar. Von einer Lokalisierung ist keine Rede. Verbesserte Eigenfunktionen des Riesenmoleküls kann man nach WIGNER und SEITZ[43] gewinnen, indem man die

152   Kapitel IV.

ebenen Wellen mit einer Funktion ψ_0 multipliziert, die Kugelsymmetrie
um jedes Atom besitzt, dem Pauliprinzip gegenüber den Rumpfelektronen genügt, und zwischen den Atomen stetig verläuft. Das letztere
wird näherungsweise erreicht durch die Randbedingung einer horizontalen Tangente von ψ_0 an der Oberfläche einer Kugel, deren Volumen
dem Atomvolumen gleich ist. Diese Funktion ψ_0 ist nicht, wie wir es
vom Molekülproblem gewohnt sind, eine Linearkombination von Eigenfunktionen der freien Atome, sondern eine direkte Lösung für die tiefste
Eigenfunktion im Gitter. Die Gegenwart der anderen Atome beeinflußt
hier durch die Randbedingung das Aussehen der Eigenfunktion in der
Umgebung eines Atoms. Wir können auf die für die Theorie der metallischen Bindung grundlegenden Arbeiten, die sich größtenteils an die
Arbeit von WIGNER und SEITZ[43] anschließen, hier nicht weiter eingehen.

Schließlich sei noch darauf hingewiesen, daß die Frage „Lokalisierung
oder Symmetrisierung" für eine Abschätzung der Energien vom Einelektronenproblem aus häufig gleichgültig ist. Wenn z. B. zu den beiden
symmetrisierten Lösungen ψ_1 und ψ_2 in Gl. (29,1) dieselben Energien
gehören — was annähernd in vielen praktischen Fällen zutrifft — dann
gehören auch zu $\psi_1 + \psi_2$ und $\psi_1 - \psi_2$, d. h. den Eigenfunktionen mit
lokalisierten Valenzen, dieselben Energien.

Soweit geht die Symmetrie des Problems aber stets in unsere Überlegungen ein, daß gleichwertige Atome — wie H_a und H_b in H_2O —
völlig gleichwertig behandelt werden, d. h. analoge Bindungsfunktionen und gleiche Bindungsenergien bekommen. Unsere Produktfunktion
entspricht der Symmetrie des Problems, wenn man Funktionen mit verschiedener Numerierung der Koordinaten als gleichwertig ansieht.

Wir halten also für H_2O an der ersten Lösung mit den gerichteten, lokalisierten Valenzen $\xi : \psi_a$ und $\eta : \psi_b$ fest. Auf dieselbe Weise verstehen
wir dann ohne Mühe das NH_3. Hier wären drei rechtwinklige Valenzen,
$\xi : \psi_a, \eta : \psi_b, \zeta : \psi_c$, zu erwarten. Wenn die wirklichen Richtungen einen
größeren Winkel miteinander einschließen, dann ist besonders die Wechselwirkung der H-Atome untereinander dafür verantwortlich zu machen
(s. § 51). Zwingend für das Vorhandensein gerichteter Valenzen spricht
jedenfalls die Tatsache, daß keine ebene Anordnung der drei H-Atome
vorliegt.

Die somit am Beispiel des H_2O abgeleitete Methode zur Behandlung von Valenzfragen hat durch die Lokalisierung der Valenzen (nach
HUND) sehr an Übersichtlichkeit und Einfachheit gewonnen. Sie nähert
sich dadurch der SLATER-PAULINGschen Methode[22, 23] (Vergl. auch §§
51, 52) an, die sie als Spezialfall enthält, wenn wir in der resultierenden
Eigenfunktion des 2-Elektronenproblems für die beiden gepaarten Valenzelektronen die Beteiligung der Ionenzustände gleich 0 setzen. Viele
Einzelheiten, wie Eigenschaften der Doppelbindung, der nicht lokalisierten Valenz u. s. w. erhalten wir aber in dem HUNDschen Schema leichter.

Wir stellen die bisher gewonnenen allgemeinen Regeln zusammen
und fügen dabei gleich einige unmittelbar einzusehende Erweiterungen
hinzu: Atome mit einer s-Valenz können nur σ-Bindungen eingehen.
Von p-Valenzen können σ- oder π-Bindungen gebildet werden, aber nur
eine σ-Bindung in einer Richtung. Höchstens 2 σ-Valenzen können in einer Ebene liegen, da aus ξ, η, ζ höchstens 2 unabhängige Linearkombinationen gebildet werden können, deren Symmetrieachsen (Valenzrichtun-

§ 30. Das Valenzschema der organischen Chemie.   153

gen) in derselben Ebene liegen. Eine p-Valenz kann höchstens 3-wertig sein. Analog kann eine q-Valenz höchstens 2 σ-Bindungen in derselben Richtung, höchstens 3 σ-Bindungen in derselben Ebene, und nicht mehr als 4 σ-Bindungen im ganzen bilden (s. auch § 30).

§ 30. Das Valenzschema der organischen Chemie.

Das wichtigste Feld der Stereochemie ist die organische Chemie. Um die Vierwertigkeit des Kohlenstoffes zu verstehen, müssen wir das Vorliegen einer q-Valenz, d. h. der vier miteinander fast-entarteten Valenzeigenfunktionen χ, ξ, η, ζ, annehmen. Der einfachste Fall ist das CH_4-Molekül, bei dem wegen der s-Valenz der H-Atome vier gleichwertige σ-Bindungen zu erwarten sind, falls man die Valenzen wie beim H_2O und NH_3 lokalisiert. In der Tat lassen sich aus χ, ξ, η, ζ vier normierte und orthogonale Eigenfunktionen bilden, von denen jede Rotationsymmetrie um eine Achse aufweist. Da kein Grund zur Bevorzugung eines H-Atoms besteht, werden die vier Achsen die Verbindungslinien vom Mittelpunkt zu den vier Ecken eines Tetraeders bilden (s. Fig. 13). Die betreffenden Eigenfunktionen sind:

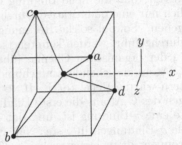

Fig. 13. Tetraedervalenzen.

$$\varphi_a = \frac{1}{2}\left(\xi + \eta + \zeta + \chi\right); \quad \varphi_b = \frac{1}{2}\left(-\xi - \eta + \zeta + \chi\right);$$

$$\varphi_c = \frac{1}{2}\left(-\xi + \eta - \zeta + \chi\right); \quad \varphi_d = \frac{1}{2}\left(\xi - \eta - \zeta + \chi\right) \qquad (30,1)$$

Die Richtungen sind die vier Diagonalen durch die Quadranten $+++$, $--+$, $-+-$, und $+--$ und des rechtwinkligen Koordinatensystems. Bei Drehung um die erste Achse bleibt der Ausdruck $x+y+z$ (die Projektion des Ortsvektors auf die Drehachse) und damit auch die Eigenfunktion $\xi+\eta+\zeta$ unverändert, entsprechend für die anderen Kombinationen. χ ist kugelsymmetrisch und gegen jede Drehung invariant. Unter Beachtung der Orthogonalität und Normiertheit von χ, ξ, η, ζ überzeugt man sich leicht, daß auch φ_a, φ_b, φ_c, φ_d wieder orthogonal und normiert sind.

Wie in Fig. 13 gezeigt ist, müssen also die 4 H-Atome in gleichen Abständen in den 4 Ecken eines Tetraeders sitzen. Ihre Eigenfunktionen sind: ψ_a, ψ_b, ψ_c und ψ_d. Die vier bindenden, lokalisierten Molekülfunktionen sind also $\varphi_a : \psi_a$, $\varphi_b : \psi_b$, $\varphi_c : \psi_c$, und $\varphi_d : \psi_d$, deren jede Rotationssymmetrie um die betreffende Kernverbindungslinie aufweist.

SLATER[22] und PAULING[23] kommen zur Tetraederstruktur der C-Valenzen dadurch, daß sie 4 Linearkombinationen von ξ, η, ζ, χ von der Eigenschaft suchen, daß jede derselben mit der zugehörigen Eigenfunktion des H-Atoms größtmögliche „Überlappung" aufweist. Denn je größer die Überlappung ist, das heißt je größer der Wert von $\psi_a \cdot \psi_b$ zwischen den Atomen ist, um so größer wird das Austauschintegral, um so stärker die Bindung. Sie finden auf diese Weise dieselben, oben notierten Linearkombinationen. Überall da, wo nach HUND aus Symmetriegründen Austauschintegrale verschwinden, da werden sie in der

154   Kapitel IV.

SLATER-PAULINGschen Betrachtungsweise wegen geringfügiger „Überlappung" der Eigenfunktionen sehr klein. Dies entspricht besonders
deutlich unserer anschaulichen Deutung der homöopolaren Bindung (§ 8)
als Ausbreitung der Dichteverteilung des einen Atoms zum Kern des
Bindungspartners.

In dem betrachteten Fall des CH_4 folgte die Tetraedersymmetrie
schon aus einfachen physikalischen Symmetriegründen. Wenn wir aber
eins der H-Atome durch ein anderes Atom, z. B. Cl, oder durch ein Radikal, z. B. CH_3, ersetzen, dann ist diese Symmetrie gestört. Wenn
der neue Bindungspartner p-Valenzen besitzt, ist sogar nicht einmal
gesagt, daß die neue Bindung eine σ-Bindung ist. Hier kann eigentlich nur eine quantitative Durchrechnung eine zwingende Entscheidung
geben. Sowohl solche Rechnungen, die in Einzelfällen näherungsweise
durchgeführt werden konnten (s. Kap. VII), wie die gesamte Erfahrung
in der organischen Chemie führt zu der allgemeinen Regel, daß vom
C-Atom ausgehende Einfachbindungen stets σ-Bindungen sind. Erweitern wir die Regel (nach HUND[26]) noch dahin, daß bei Doppelbindungen des C-Atoms die erste Bindung ebenfalls eine σ-Bindung, die zweite eine π-Bindung ist, und daß mehrere von einem C-Atom ausgehende σ-Bindungen in erster Näherung als gleichwertig betrachtet werden
können, dann lassen sich alle Grundzüge der Stereochemie ohne weitere Willkür ableiten. Wir können die aufgestellten Regeln auch als
Erfahrungsresultate betrachten, da ein Verstoß gegen dieselben zu klaren Widersprüchen gegen die Erfahrung führen würde, z. B. gegen die
experimentellen Tatsachen über freie Drehbarkeit ein- und zweiwertiger
C-C-Bindungen, die wir in § 31 dieses Kapitels diskutieren werden.

Aus den formulierten Regeln folgt, daß die Valenzrichtungen des C-
Atoms, von dem 4 einwertige Bindungen ausgehen, stets Tetraedersymmetrie besitzen, auch wenn die 4 Bindungspartner verschieden sind.

Etwas neues liefern die aufgestellten Regeln für die C-C-Doppelbin-
dung, wie sie z. B. im Äthylen C_2H_4 vorliegt. Wenn wir die z-Achse
wieder in die Kernverbindungslinie legen (s. Fig. 14), dann kann die π-
Bindung zwischen den
beiden C-Atomen durch
ξ oder η besorgt werden.
Benutzen wir etwa $\xi_a : \xi_b$
für die π-Bindung, dann
bleiben $\eta = yf(r)$, $\zeta =
zf(r)$ und $\chi(r)$ für die
drei σ-Bindungen, die
vom C-Atom ausgehen.
Sie müssen in einer Ebe-
ne liegen, und zwar
in einer solchen, die
die Kernverbindungsli-
nie enthält. Unsere oben
aufgestellte Forderung,
mehrere σ-Bindungen,
die vom C-Atom ausge-

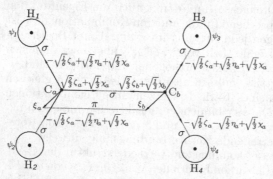

Fig. 14. Valenzschema des Äthylens. Die
Kreise bedeuten s-Valenzen (kugelsymmetrisch), die Pfeile q-Valenzen, die in Pfeilrichtung eine σ-Bindung eingehen können.*)

---

*) Das Vorzeichen von ξ_a, ξ_b ist willkürlich gezeichnet, diese können auch in entge-
gengesetzter Pfeilrichtung eine σ-Valenz bilden.

§ 30. Das Valenzschema der organischen Chemie.   155

hen, in erster Näherung als gleichwertig zu behandeln, führt uns zunächst zu den 3 symmetrischen Kombinationen ζ; $-\frac{1}{2}\zeta + \frac{\sqrt{3}}{2}\eta$; $-\frac{1}{2}\zeta - \frac{\sqrt{3}}{2}\eta$, die in der z-y-Ebene einen Winkel von 120° miteinander bilden und bei Drehung um 120° um die x-Achse ineinander übergehen. Diese drei Kombinationen sind aber noch nicht linear unabhängig; sie werden es erst, wenn wir das kugelsymmetrische χ mit geeignetem Koeffizienten c zu den drei Ausdrücken hinzufügen. Falls wir die Funktionen orthogonal aufeinander haben wollen, müssen wir $c = \frac{1}{\sqrt{2}}$ wählen; zur Normierung haben wir die gesamten Ausdrücke noch mit $\sqrt{\frac{2}{3}}$ zu multiplizieren (ζ, η, χ sind ja schon aufeinander orthogonal und normiert), so daß wir schließlich erhalten:

$$\varphi_1 = \sqrt{\frac{2}{3}}\zeta + \sqrt{\frac{1}{3}}\chi$$

$$\varphi_2 = -\sqrt{\frac{1}{6}}\zeta + \sqrt{\frac{1}{2}}\eta + \sqrt{\frac{1}{3}}\chi \qquad (30,2)$$

$$\varphi_3 = -\sqrt{\frac{1}{6}}\zeta - \sqrt{\frac{1}{2}}\eta + \sqrt{\frac{1}{3}}\chi$$

φ_1, φ_2, φ_3 sind jetzt orthogonal und normiert. Sie entsprechen 3 gerichteten s-Valenzen in derselben Ebene, von denen die erste Rotationssymmetrie um die Kernverbindungslinie besitzt, die beiden anderen um Achsen, die mit der Kernverbindungslinie und miteinander einen Winkel von 120° einschließen. Damit ist die sterische Struktur des C_2H_4 in erster Näherung festgelegt, wir erhalten ein ebenes Modell, in dem die drei Valenzrichtungen jedes C-Atoms ebene Dreieckssymmetrie besitzen. Die 2 H-Atome liegen also symmetrisch zur Richtung der Kernverbindungslinie und ihre Verbindungslinien mit dem zugehörigen C-Atom bilden miteinander den Winkel 120°. Wie stets in diesem Kapitel, haben wir die Wechselwirkung der nicht unmittelbar durch einen Valenzstrich miteinander verknüpften Atome noch vernachlässigt. In der Tat liefert auch eine quantitative Behandlung, die sich allerdings auch nur in grober Näherung durchführen läßt (s. § 52), annähernd dieses Modell.

Hätten wir die drei σ-Bindungen nicht als gleichwertig betrachtet, dann hätten wir irgend einen beliebigen Valenzwinkel zwischen den beiden H-Atomen erreichen können. Hätten wir schließlich die Doppelbindung als $\sigma\sigma$-Bindung angesetzt, dann wären wir zu folgender Anordnung geführt worden: jedes C-Atom ist der Nullpunkt eines rechtwinkligen Koordinatensystems, dessen drei positive Achsenrichtungen mit den Valenzrichtungen zusammen fallen. Die positive z-Achse beider C-Atome liegt in ihrer Kernverbindungslinie, die beiden H-Atome an jeder Seite liegen in der zur Achse des Moleküls (z-Richtung) senkrechten Ebene. Diese beiden C-H_2 Radikale können um die Achse des Moleküls noch beliebig gegeneinander verdreht werden. Für dieses Modell zeigt die quantitative Rechnung (s. § 52), daß es geringere Bindungsfestigkeit liefert, als das erste, nach unseren Regeln gebaute Modell. Außerdem würde — durch Annahme einer $\sigma\sigma$-Bindung für die Doppelbindung — freie Drehbarkeit um die Achse resultieren (s. § 31), was nicht mit der Erfahrung übereinstimmt.

156   Kapitel IV.

Ohne auf Einzelheiten einzugehen, merken wir an, daß vielleicht das
Hydrazin-Molekül N_2H_4, bei dem von jedem N-Atom mit seinen p^3-
Valenzen 3 σ-Bindungen ausgehen, einem solchen Modell nahe kommt.
PENNEY und SUTHERLAND (s. § 51) finden bei genauerer Rechnung die
NH_2-Ebene nicht senkrecht auf der N-N-Richtung, sondern etwas nach
außen abgebogen und außerdem den HNH-Winkel etwas größer als 90°.

Bei einer dreifachen Bindung, wie im Acetylen HC≡CH, liegt wahrscheinlich $\sigma\pi\pi$-Bindung vor. Benutzen wir ξ und η für die beiden
π-Bindungen, dann bleiben bei jedem C-Atom ζ und χ für zwei auf
derselben Geraden, nur in entgegengesetzten Richtungen liegende σ-
Bindungen übrig. Wenn wir diese beiden σ-Bindungen als gleichwertig
betrachten, können wir als unabhängige Valenzfunktionen wählen:

$$\varphi_1 = \frac{1}{\sqrt{2}}\left(\chi + \zeta\right) \qquad \varphi_2 = \frac{1}{\sqrt{2}}\left(\chi - \zeta\right) \qquad (30,3)$$

Sie sind orthogonal und normiert und gehen bei Vertauschung von z
mit $-z$ ineinander über, worin die Symmetrie zum Ausdruck kommt.

D e r B e n z o l r i n g. Stellen wir uns nun die Aufgabe, an ein C-
Atom ein H-Atom und zwei andere C-Atome zu binden, dann brauchen
wir sicher für das H-Atom eine σ-Bindung. Nach der oben genannten Regel ist aber auch für die Bindung von zwei C-Atomen die σ-Bindung die
stabilste. Wir müssen also zunächst drei σ-Bindungen von dem zentralen C-Atom ausgehen lassen, die wir in erster Näherung als gleichwertig
betrachten können, obgleich der Bindungspartner in einem Falle ein H-
Atom ist. Benutzen wir die Eigenfunktionen ζ, η und χ, dann lassen
sich aus ihnen wieder die drei Kombinationen (30,2) bilden, die in der
z-y-Ebene Winkel von 120° miteinander einschließen.

Wenn wir auf diese Weise auch die σ-Valenzen der angesetzten C-
Atome wieder mit H-Atomen und C-Atomen absättigen (s. Fig. 15),

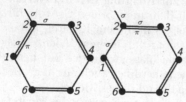

erhalten wir den Sechserring des Benzols, der somit durch den 120°-Winkel
zwischen den beiden σ-Valenzen, also letzten Endes durch die Symmetrie
der 3 σ-Bindungen seine Begründung
erfährt.

Fig. 15. Valenzbilder des
Benzolrings.

Bisher sind von jedem C-Atom nur
3 σ-Valenzen verbraucht. Nach unserer
Regel wird das letzte Valenzelektron
jedes C-Atoms bestrebt sein, mit einem
Nachbarn eine π-Valenz einzugehen. Das besorgt auch gerade unsere
bisher nicht benutzte Valenzfunktion ξ. (Eine π-Bindung entsteht ja
immer, wenn die zugehörige Symmetrieachse der zur Bindung benutzten
p-Valenz senkrecht steht zur Verbindungslinie der Atome.)

Wir können nun aber die drei noch möglichen π-Bindungen zwischen
den sechs C-Atomen nicht mehr lokalisieren. Wir können vielmehr die
Doppelbindungen auf zweierlei, aus Symmetriegründen völlig gleichberechtigte Weisen unterbringen.

Zur Bildung von „Valenzstrichen" stehen ja die 6 völlig gleichberechtigten Funktionen ξ_1 bis ξ_6 zur Verfügung, in denen der Index das
C-Atom angibt, zu dem die Funktion gehört. Numerieren wir auch
die Valenzelektronen von 1 bis 6, dann bekommen wir als genäherte
Moleküleigenfunktion für 2 gepaarte Elektronen z. B. $[\xi_1(1) + \xi_2(1)]$

§ 30. Das Valenzschema der organischen Chemie.   157

$\times [\xi_1(2) + \xi_2(2)]$, beziehungsweise ohne Ionenzustände $\xi_1(1)\,\xi_2(2) + \xi_2(1)\,\xi_1(2)$. Wir kürzen diesen Ausdruck mit ψ_{12} ab. Die gesamte Eigenfunktion ist dann

$$\psi = \psi_{12}\psi_{34}\psi_{56} + \psi_{23}\psi_{45}\psi_{61} \tag{30,4}$$

d. h. eine Überlagerung der zu den beiden möglichen und gleichberechtigten Valenzbildern (s. Fig. 15) gehörigen Eigenfunktionen dieses 6-Elektronensystems in dem Feld aller übrigen Elektronen und Kerne. Dieselbe Entartung bewirkt in der Störungsrechnung ein neues Aufspalten des Eigenwertes, den man ohne Berücksichtigung der Entartung, also mit unberechtigterweise lokalisierten Valenzen, erhalten würde: der eine der beiden neuen Terme liegt tiefer als der Ausgangsterm, bedeutet also Verfestigung der Bindung. Wir haben im fertigen Benzolring genau gleiche Chancen, das eine oder andere Valenzbild der beiden gleichberechtigten Lokalisierungen vorzufinden. Würden wir uns vorstellen, daß ein dauernder, sehr rascher Wechsel zwischen diesen beiden Bindungsformen stattfindet, dann wären wir in völliger Übereinstimmung mit dem bekannten KEKULÉschen Benzolmodell.

Ähnlich wie bei den Oszillationen eines Valenzelektrons zwischen zwei homöopolar gebundenen Atomen (s. § 24) können wir aber auch hier von einer Oszillation eigentlich nur dann reden, wenn wir uns denken, daß durch irgend eine Messung zur Zeit $t = 0$ der eine der beiden Valenzzustände festgelegt wurde. Dann befindet sich das betrachtete Molekül aber nicht in einem stationären Zustand, d. h. es hat gar keine definierte Energie, da die gesamte Zeitabhängigkeit der oszilierenden Eigenfunktionen nicht einfach durch einen Faktor $e^{-\frac{2\pi i E}{h} t}$ gegeben ist. Im stationären Zustand, der bei Berechnung der Bindungsenergie einzig interessiert und zu dem die oben angegebene Linearkombination beider Eigenfunktionen gehört, sind beide Valenzzustände in jedem Moment absolut gleich wahrscheinlich und es kann von Oszillationen keine Rede sein. Wir tun deshalb besser, uns — im Sinne der THIELEschen „Partialvalenzen-Hypothese" — die π-Valenz jedes C-Atoms in zwei halbe π-Valenzen aufgespalten zu denken, die zum linken und zum rechten Nachbaratom gehen. Daß 2 solche „halben Valenzen" fester binden als eine ganze, ist oben dargelegt und wird in § 32 noch an Hand des experimentellen Materials diskutiert werden.

Das was früher als merkwürdiger Ausnahmefall beim Benzol erschien, die Nichtlokalisierbarkeit von Valenzen, ist in der Quantentheorie eigentlich der Normalfall, nur entschlossen wir uns oben unter gewissen Verzichten, die Vorstellung lokalisierter Valenzen soweit wie möglich beizubehalten; im Falle des Benzols ist aber die Lokalisierung aus Symmetriegründen prinzipiell unmöglich. Für die quantitative Durchrechnung sind die Methoden dieses Kapitels nicht geeignet, dazu sei auf § 48 in Kapitel VII verwiesen.

Einen anderen, äußerst wichtigen Fall nicht lokalisierbarer Valenzen bilden Zwischenstadien von Reaktionen. Denn bei einer chemischen Umordnung zwischen Molekülen treten im allgemeinen Zwischenzustände auf, in denen die ursprüngliche Valenz noch nicht völlig gelöst und die neu entstandene Valenz noch nicht völlig gebildet ist. Auch für diese Fragen wird sich ein angemessenes Schema, das quantitative Fragen zu beantworten gestattet, erst im Kap. VI/VII ergeben.

158   Kapitel IV.

§ 31. Das Problem der freien Drehbarkeit.

Wir haben des öfteren von der Regel Gebrauch gemacht, daß beim C-Atom Einfachbindungen stets σ-Bindungen, Doppelbindungen $\sigma\pi$-Bindungen sind. Mit dieser, und nur mit dieser Voraussetzung können wir eine quantenmechanische Theorie der Existenz stabiler Cis-Trans-Isomeren geben.

Diese hängt eng zusammen mit dem in der organischen Chemie benutzten Begriff der „freien Drehbarkeit". Da er manchmal etwas unscharf gebraucht wird, wollen wir zunächst die physikalische Bedeutung der Begriffe festlegen. „Freie Drehbarkeit" bedeutet eigentlich, daß 2 Hälften eines Moleküls um die Valenzrichtung, welche sie verbindet, sich gegeneinander verdrehen können, ohne daß die Energie des ganzen Moleküls dadurch geändert wird. Als Beispiele betrachten wir das Äthan

oder eines seiner Derivate $\begin{smallmatrix}P\\Q\end{smallmatrix}{>}C{-}C{<}\begin{smallmatrix}P\\R\end{smallmatrix}$ und das Äthylen, bezw. ein Derivat desselben $\begin{smallmatrix}P\\Q\end{smallmatrix}{>}C{=}C{<}\begin{smallmatrix}P\\Q\end{smallmatrix}$. Die Drehachse ist in beiden Fällen die Kernverbindungslinie der C-Atome.

In der Näherung, die wir bisher bei Aufstellung des Valenzschemas benutzt haben, besitzt das Feld, in dem sich jedes Valenzelektron bewegt, Rotationssymmetrie um den zugehörigen Valenzstrich. In dieser Näherung läge deshalb stets freie Drehbarkeit vor. Wir sehen aber, daß die freie Drehbarkeit bei jedem nicht linearen Molekül aufgehoben wird, ganz gleichgültig, welcher Art die Bindung in der betrachteten Achse ist. Denn bei genauerer Betrachtung des Feldes, das von der gesamten Ladungsverteilung des Moleküls erzeugt wird, findet man stets die Rotationssymmetrie zerstört, da das Molekül selbst keine Rotationssymmetrie mehr besitzt. Schon die Wechselwirkung der H-Atome in den verschiedenen CH_2-Gruppen sorgt dafür, daß die Energie nicht unabhängig von ihrer gegenseitigen Verdrehung um die C-C-Verbindungslinie ist. Eine absolut freie Drehbarkeit kann es nie geben, diese ist stets mehr oder weniger stark behindert. Im allgemeinen wird eine Gleichgewichtslage existieren, in der die Energie ein Minimum ist. Jede Verdrehung aus dieser Winkellage heraus erfordert Energie. Je nach der Stärke der Behinderung der freien Drehbarkeit werden Temperaturschwingungen der Moleküle um diese Gleichgewichtslage stattfinden (s. hierzu Lit.[41,42]).

Ein chemisches Novum tritt erst dann auf, wenn nicht nur eine, sondern zwei verschiedene Gleichgewichtslagen existieren, die durch einen hohen Potentialberg getrennt sind. Das heißt, daß bei Verdrehung aus der ersten Gleichgewichtslage heraus die Energie zunächst ansteigt, ein Maximum erreicht und dann wieder abfällt, bis sie bei einer zweiten Winkelstellung, die normalerweise um 180° gegen die ursprüngliche verschoben ist, ein neues Minimum erreicht. Bei einem solchen Energieverlauf ergibt sich die Möglichkeit der Existenz und — bei genügender Höhe des „Aktivierungsberges" zwischen beiden Gleichgewichtslagen — Trennbarkeit von 2 Isomeren, die diesen beiden Winkelstellungen, der

§ 31. Das Problem der freien Drehbarkeit.   159

sogenannten Cis- und der Transstellung, entsprechen. Als einfaches Beispiel nennen wir das Dichloräthylen, das als Cis- und als Transisomeres
entsprechend den Formeln
$$\underset{H}{\overset{Cl}{\diagdown}}C=C\underset{H}{\overset{Cl}{\diagup}}\ ,\ bezw.\ \underset{H}{\overset{Cl}{\diagdown}}C=C\underset{Cl}{\overset{H}{\diagup}}\ vorkommt.$$

Daß die Existenz von mehreren gegeneinander verdrehten, ziemlich
stabilen Gleichgewichtslagen nicht auf die Wechselwirkung zwischen den
Atomen der Radikale zurückgeführt werden kann, folgt schon aus der
chemischen Erfahrungstatsache, daß die Existenz von Cis-Transisomeren
nur bei einer Doppelbindung zwischen den betreffenden C-Atomen, aber
nicht bei einer Einfachbindung vorkommt. Von Äthan z. B. existieren
keine Derivate mit Cis-Transisomerie.

Wir wollen jetzt zeigen, daß die Existenz zweier Gleichgewichtslagen ein quantenmechanischer Effekt ist, der an das Vorliegen einer π-
Bindung gebunden ist, also nach der oben formulierten Regel bei Einfachbindungen nicht vorkommen kann. Bei Doppelbindungen haben wir
gerade eine π-Bindung. Bei Dreifachbindung interessiert die Frage der
freien Drehbarkeit nicht, da hier die freie Valenzrichtung in Richtung der
Achse liegt, das ganze Molekül daher rotationssymmetrisch wird. Diese
wellenmechanische Deutung der Cis-Trans-Isomerie wurde zuerst von E.
HÜCKEL[20] gegeben.

Wir werden also die Molekülfunktion zwischen 2 C-Atomen betrachten und gehen dazu aus von der Näherung, in der die potentielle Energie für ein Valenzelektron noch Rotationssymmetrie um die Kernverbindungslinie aufweist. In dieser Näherung heißen die beiden mitein-
ander entarteten π-Eigenfunktionen $\psi(\varrho,z)\,e^{\pm i\varphi}$, worin φ, ϱ, z Zylinderkoordinaten bedeuten. (Die Bedeutung geht aus Fig. 16 hervor;
der Winkel φ wird um die z-Achse gerechnet.) Wir wollen zeigen,
daß nur durch die Winkelabhängigkeit $e^{\pm i\varphi}$ unserer Funktion, d. h.
beim Vorliegen einer π-Bindung, der Term durch eine von φ abhängige
Störung in der Weise aufspal-
tet, daß der tiefere Term zwei
stabile Gleichgewichtslagen liefert, die zwei um 180° um die
z-Achse verdrehten Lagen der
beiden Molekülhälften entsprechen. Voraussetzung für diesen
Tatbestand ist also erstens
Unsymmetrie der Potentialver-
teilung um die Verbindungslinie

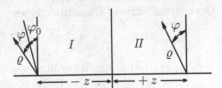

Fig. 16. Koordinaten zum Problem
der freien Drehbarkeit.

der C-Atome, außerdem aber das Vorliegen einer π-Bindung, und zwar
nur einer, da bei zweien die beiden Paare von Elektronen in Eigenfunktionen mit entgegengesetzter Winkelabhängigkeit sitzen, wodurch
die Winkelabhängigkeit der gesamten Doppelbindung verschwindet, das
resultierende Impulsmoment 0 wird.

Wenn wir jetzt durch eine Störungsrechnung die Termabänderung
infolge Hinzufügens einer unsymmetrischen Störungsfunktion $u(\varrho,z,\varphi)$
ausrechnen werden, benutzen wir zunächst die Symmetrie unserer Ausgangsfunktion

$$\psi(\varrho,z) = \psi(\varrho,-z)\,. \tag{31,1}$$

160   Kapitel IV.

Für eine bindende Eigenfunktion zwischen gleichen Atomen bekamen wir ja als nullte Näherung $\psi_a + \psi_b$. Die Vertauschung von z mit $-z$ in den hier benutzten Zylinderkoordinaten entspricht der Vertauschung von a und b in der bisher benutzten Näherung für die Molekülfunktion. Wir behalten diese Symmetrieeigenschaft — genau wie die Rotationssymmetrie — für die Eigenfunktionen nullter Näherung in dem vorliegenden Problem bei, können aber im übrigen $\psi(\varrho, z)$ schon als eine gegenüber $\psi_a + \psi_b$ verbesserte Lösung betrachten.

Um einfache und möglichst allgemein gültige Ergebnisse zu erhalten, benutzen wir eine stark schematisierte Störungsfunktion $u(\varrho, z, \varphi)$. Wir wollen nämlich voraussetzen:

$$u(\varrho, -z, \varphi) = u(\varrho, z, \varphi - \varphi_0) \tag{31,2}$$

worin φ_0 eine Konstante ist. Der Ansatz besagt, daß die Störungsfunktion in irgend einem Punkt identisch ist mit dem Wert der Störungsfunktion in dem Punkt, den man erhält, wenn man den ursprünglichen zuerst an der Mittelebene spiegelt und dann noch um den Winkel φ_0 um die Achse dreht. Die somit für u vorausgesetzte Symmetrie entspricht gerade der Symmetrie des mechanischen Molekülmodells. φ_0 ist der Parameter, der die Verdrehung der beiden Molekülhälften gegeneinander mißt. Für $z = 0$ folgt aus diesem Ansatz $u(\varrho, \varphi) = u(\varrho, \varphi - \varphi_0)$, also Rotationssymmetrie der Störungsenergie. Diese wird ja auch gerade in der Mittelebene in leidlicher Annäherung erfüllt sein. Wir können uns denken, daß u immer stärker von φ abhängig wird, je mehr wir aus der Mittelebene herausgehen. Kommen wir schließlich in das Gebiet, wo sich die nächsten Atome links und rechts der beiden C-Atome befinden, dann ist die Unsymmetrie des Potentials sicher sehr groß. Aber gerade hier wird auch unsere Symmetrieforderung sehr gut erfüllt sein, sie gilt z. B. streng für die Unendlichkeitsstellen des Potentials am Ort der Atomkerne. Im übrigen brauchen wir über u gar keine Annahmen zu machen, um unser Problem allgemein lösen zu können. Das Schema der Störungsrechnung lautet, wie stets bei zweifacher Entartung und Orthogonalität der Eigenfunktionen:

$$\begin{aligned} c_1\,(u_{++} - \varepsilon) + c_2\,u_{+-} &= 0 \\ c_1\,u_{-+} + c_2\,(u_{--} - \varepsilon) &= 0 \end{aligned} \tag{31,3}$$

wobei die Abkürzungen benutzt wurden:

$$\begin{aligned} u_{++} = u_{--} &= \int |\psi(\varrho, z)|^2\, u(\varrho, z, \varphi)\,\mathrm{d}\tau \\ u_{+-} = u^*{}_{-+} &= \int \mathrm{e}^{-2\,\mathrm{i}\,\varphi}\, |\psi(\varrho, z)|^2\, u(\varrho, z, \varphi)\,\mathrm{d}\tau \end{aligned} \tag{31,4}$$

Es bleibt jetzt noch die Auswertung der Integrale, soweit sie von φ abhängen. Wegen der Symmetrieeigenschaft von u und ψ ist es zweckmäßig, das Integral u_{+-} in zwei Teile zu spalten, nämlich in das Integral über den linken Halbraum I (Fig. 16) und das über den rechten Halbraum II. Also wird

$$u_{+-} = \int_{\mathrm{I}} \mathrm{e}^{-2\mathrm{i}\varphi}\, |\psi(\varrho, z)|^2\, u(\varrho, z, \varphi)\,\mathrm{d}\tau + \int_{\mathrm{II}} \mathrm{e}^{-2\mathrm{i}\varphi}\, |\psi(\varrho, z)|^2\, u(\varrho, z, \varphi)\,\mathrm{d}\tau$$

$$= \int_{\mathrm{I}} \mathrm{e}^{-2\mathrm{i}\varphi}\, |\psi(\varrho, z)|^2\, u(\varrho, z, \varphi)\,\mathrm{d}\tau + \int_{\mathrm{I}} \mathrm{e}^{-2\mathrm{i}\varphi}\, |\psi(\varrho, z)|^2\, u(\varrho, z, \varphi - \varphi_0)\,\mathrm{d}\tau$$

$$\tag{31,5}$$

§ 31. Das Problem der freien Drehbarkeit.   161

wobei von den oben angeschriebenen Beziehungen für u Gebrauch gemacht worden ist. Wir können in dem zweiten Integral den Anfangspunkt für φ um φ_0 verschoben denken, was auf den Wert des Integrals keinen Einfluß hat, da über einen vollen Umlauf von φ integriert wird. So erhalten wir schließlich:

$$u_{+-} = \int_I e^{-2i\varphi} \, |\psi(\varrho,z)|^2 \, u(\varrho,z,\varphi) \, d\tau + \int_I e^{-2i(\varphi+\varphi_0)} \, |\psi(\varrho,z)|^2 \, u(\varrho,z,\varphi) \, d\tau$$

$$(31,6)$$

oder wenn wir aus dem zweiten Integral den konstanten Faktor $e^{-2i\varphi_0}$ herausnehmen:

$$u_{+-} = \left(1 + e^{-2i\varphi_0}\right) \int_I e^{-2i\varphi} \, |\psi(\varrho,z)|^2 \, u(\varrho,z,\varphi) \, d\tau \qquad (31,7)$$

Geht man entsprechend bei den Integralen u_{++} und u_{--} vor, dann findet man, daß die Teilintegrale über den linken und den rechten Halbraum einfach identisch sind. Man sieht das unmittelbar ein, wenn man bedenkt, daß der Beitrag einer Scheibe von der Dicke dz von φ_0 unabhängig ist, denn $|\psi(\varrho,z)|^2$ ist von φ_0 unabhängig, die Integration über ϱ mittelt deshalb einfach $u(\varrho,z,\varphi)$ über den ganzen Umlauf von 0 bis 2π. Man sieht, daß in dieser Näherung eine Behinderung der freien Drehbarkeit durch Coulombsche Wechselwirkungen noch überhaupt nicht auftritt, denn u_{++} sowohl wie u_{--} sind von φ_0 unabhängig. Schreiben wir noch die Abkürzungen:

$$u^*_{-+} = u_{+-} = \left(1 + e^{-2i\varphi_0}\right) \frac{v}{2}, \quad u_{++} = u_{--} = w \qquad (31,8)$$

dann erhalten wir ε aus der Determinantengleichung:

$$\begin{vmatrix} w - \varepsilon & \left(1 + e^{-2i\varphi_0}\right) \dfrac{v}{2} \\[2ex] \left(1 + e^{2i\varphi_0}\right) \dfrac{v}{2} & w - \varepsilon \end{vmatrix} = 0 \qquad (31,9)$$

also

$$(\varepsilon - w)^2 = \frac{v^2}{4} \left(2 + 2\cos 2\varphi_0\right) \qquad \varepsilon = w \pm |v \cos \varphi_0| \qquad (31,10)$$

Zum tieferen Eigenwert gehört das untere Vorzeichen. Das Wesentliche ist folgendes: Bei Verdrehen der beiden Molekülhälften gegeneinander, also bei Änderung von φ_0, tritt ein Energieminimum $\varepsilon = w - |v|$ ein für zwei Winkel φ_0, nämlich für $\varphi_0 = 0°$ und für $\varphi_0 = 180°$. Diese Minima sind getrennt durch einen Berg der Höhe v (mit $\varepsilon = w$); und zwar gilt alles dies nahezu unabhängig von der speziellen Form der Störungsenergie $u(\varrho,z,\varphi)$. Ohne die Entartung der π-Zustände bliebe nur die klassische Wechselwirkung w übrig und ε zeigte in unserer Näherung keine Winkelabhängigkeit, obgleich die Störungsenergie selbst winkelabhängig ist. Das liegt an der angenommenen Symmetrie der Ladungsverteilung, die sich in diesem Störungsfeld befindet. Sobald wir die Wechselwirkung der entfernten, gegeneinander verdrehten Radikale selbst berücksichtigen, wird auch die Größe w winkelabhängig und die freie Drehbarkeit behindert. Erst in einer solchen, gegenüber unseren sehr rohen und sehr allgemeinen Annahmen verbesserten Störungsrechnung, ergäbe sich auch die Tatsache, daß der Wert von ε in den beiden Minimumslagen etwas

Kapitel IV.

verschieden ist. Diese Verfeinerungen sind aber alle nicht universeller Natur und erfordern speziellere Modellvorstellungen als wir sie unserem allgemeinen Beweis für den Zusammenhang zwischen Bindungstyp und Cis-Trans-Isomerie zugrunde legten.

Hätten wir von vornherein lokalisierte Valenzen vorausgesetzt, dann ständen zur Bildung des Molekülzustandes garnicht beliebige Linearkombinationen aus $e^{i\varphi}$ und $e^{-i\varphi}$ zur Verfügung, sondern nur die Funktionen ξ_a und ξ_b (Fig. 14) proportional $\cos\varphi$ bzw. $\cos(\varphi - \varphi_0)$. Die Aufhebung der freien Drehbarkeit folgt in diesem Falle einfach daraus, daß sich bei Verdrehung der Radikale gegeneinander der Betrag des Austauschintegrals der π-Bindung mit $|\cos\varphi_0|$ ändert.

§ 32. Resonanz von Valenzbildern.

Gemäß dem oben entwickelten Schema gehört zu jedem Valenzbild eine bestimmte Gesamteigenfunktion des Systems, die sich als Produkt der Einelektroneneigenfunktionen des 2-Zentrenproblems schreiben läßt. Man kann aber anstatt von Einelektronenfunktionen gleich von Zweielektronenfunktionen ausgehen, wodurch sich u. a. die Möglichkeit bietet, durch eine vernünftige Beteiligung der Ionenzustände die quantitativen Resultate sehr zu verbessern. Auch dieser Näherung entspricht noch ein sehr anschauliches Bild, nämlich für jeden Valenzstrich ein Paar von Elektronen mit antiparallelem Spin, welchen eine symmetrische Eigenfunktion im Feld der beiden zugehörigen Atomrümpfe zukommt. Die Gesamteigenfunktion des Moleküls ist in dieser Näherung dann das Produkt solcher Zweielektronen-Zweizentren-Funktionen. Die Energie erhält man hiernach näherungsweise als Summe der Energien pro Elektronenpaar, bezw. pro Valenzstrich, ganz wie man es in der organischen Chemie gewohnt ist. Die Betrachtungsweise dieses Kapitels bedarf allerdings, wie in Kap. VI/VII gezeigt wird, einer Ergänzung, durch die zunächst die Additivität der Bindungsenergien aufgehoben wird. Wir werden aber (in § 52) sehen, daß gerade das C-Atom eine Ausnahmestellung in dem Sinne einnimmt, daß die experimentell im Falle lokalisierter Bindungen erwiesene Additivität als Ausnahmeeigenschaft des C-Atoms verständlich wird.

Jedes bestimmte Valenzbild entspricht einer ganz bestimmten Eigenfunktion als nullter Näherung. Wenn in Wirklichkeit mehr als ein Valenzbild — wie im Falle des Benzols zwei völlig gleichberechtigte — an der Bindung beteiligt sind, müssen wir nach dem Variationsprinzip erwarten, daß die gesamte Bindungsenergie größer ist, als sie sich nach jedem Valenzbild einzeln ergeben würde. Klassisch würde man etwa den Mittelwert der zu beiden Bildern gehörenden Energie erwarten; die quantenmechanische Aussage ist jedoch eine ganz andere, wie wir in § 30 aus dem Minimumsprinzip begründet haben.

Wir können nach PAULING und SHERMAN[39] die theoretische Aussage an der Erfahrung kontrollieren, indem wir die in der organischen Chemie auftretenden Abweichungen von der Additivität studieren. Wenn wir die Energien pro Bindung aus einer Reihe von Verbindungen entnehmen, denen praktisch eindeutige Valenzbilder zukommen, dann müssen diese zunächst untereinander gleich sein. Bei allen anderen Molekülen kann die Bindung nur fester sein, als sich aus einem additiven Schema

§ 32. Resonanz von Valenzbildern.   163

ergibt, und jede Verfestigung deutet auf Beteiligung von mehr als einem Valenzbild an der Bindung hin. Wir charakterisieren jedes Valenzbild im Folgenden in der üblichen Weise nach LEWIS.

Für die folgende Diskussion schließen wir eng an PAULING und SHERMAN[39] an. Wir legen die von diesen aufgestellte Tabelle 14 der Bindungsenergien für lokalisierte Bindungen zu Grunde. Hierin ist für jede Bindung die „Resonanz"-Energie schon eingeschlossen, die dadurch ent-

Tab. 14. Bindungsenergien nach PAULING und SHERMAN[39].

Bindung	Energie in e-Volt	Herkunft der Daten
C—H	4,323	Methan
N—H	3,895	Ammoniak
O—H	4,747	Wasser
C—C	3,65	Paraffine
C=C	6,56	Olefine und zyklische Verbindungen
C≡C	8,61	Acetylene
N—N	1,44	Indirekt berechnet
C—O	3,47	Aliphatische primäre Alkohole
	3,59	Aliphatische Äther
C=O	7,20	Formaldehyd
	7,56	Andere Aldehyde
	7,71	Ketone
C—N	2,95	Amine
C=N	5,75	Geschätzter Wert
C≡N	8,75	Hydrogencyanid
	9,07	Aliphatische Cyanide
C—S	2,92	Merkaptane und Thioäther
C=S	5,60	Geschätzter Wert

steht daß man der Bindung zwischen diesen Atomen allein schon mehrere Valenzbilder zuordnen kann, wie z. B. der CO-Bindung in R_2CO die Strukturen : $C^+ : \ddot{O} :^-$ und : $C :: \ddot{O} :$ Für gewöhnliche aliphatische Verbindungen mit lokalisierbaren Valenzen erzielt man gute Übereinstimmung zwischen gefundener und mittels Tabelle 14 berechneter Bindungsenergie, worauf hier nicht näher eingegangen zu werden braucht.

Mit Hilfe von Tabelle 15 betrachten wir zunächst als typischen Fall mit nicht lokalisierbaren Valenzen das Benzol und einige seiner Deri-

Tab. 15. Resonanzenergie des Benzolrings.
(Nach PAULING und SHERMAN[39]).

Verbindung	Formel	Energie gem.	Energie ber.	Res.- Energie
Benzol	C_6H_6	58,20	56,58	1,62
Toluol	$C_6H_5CH_3$	70,58	68,88	1,70
Äthylbenzol	$C_6H_5C_2H_5$	82,90	81,18	1,72
Propylbenzol	$C_6H_5C_3H_7$	95,27	93,48	1,79

vate. Dort gibt Spalte 3 die experimentell gefundene Bindungsenergie, während Spalte 4 die mittels Tabelle 14 für lokalisierte Valenzen berechnete Bindungsenergie darstellt; die „Resonanz"-Energie ist die Differenz beider. Wir sehen, daß die Resonanz zwischen den zwei Valenzbildern des Benzols (während alle übrigen Valenzen lokalisiert bleiben) in den vier Beispielen annähernd denselben Extrabeitrag zur Bindungsenergie gegenüber dem additiven Schema liefert. Hängen wir mehrere Benzolringe aneinander (Tab. 16), dann wächst die von dem Zusammenwirken

Tab. 16. Resonanzenergie in kondensierten Ringsystemen.
(Nach PAULING und SHERMAN[39]).

Verbindung	Formel	Struktur	Energie gem.	Energie ber.	Res.-Energie
Naphthalin	$C_{10}H_8$		92,52	89,28	3,24
Anthracen	$C_{14}H_{10}$		126,54	122,00	4,54
Phenanthren	$C_{14}H_{10}$		126,78	122,00	4,78
Chrysen	$C_{18}H_{12}$		161,25	154,72	6,53

je zweier Valenzbilder für jeden Benzolring herrührende Resonanzenergie mit der Anzahl der Ringe an, allerdings etwas schwächer als proportional.

Eine weitere Bestätigung dieser Vorstellungen gewinnt man, wenn man einige heterozyklische Verbindungen betrachtet. In Tab. 17 ist besonders interessant das Piperidin, bei dem, ähnlich wie beim Benzol, ein Sechserring vorliegt, aber mit dem grundsätzlichen Unterschied, daß alle Bindungen einfach sind und das Valenzbild eindeutig ist. In der Tat tritt keine Resonanzenergie in Erscheinung. Die beiden heterozyklischen Verbindungen Pyridin und Chinolin dagegen entsprechen völlig dem Benzol und dem Naphthalin und weisen eine Resonanzenergie von der zu erwartenden Größe auf. Auf einige weitere Beispiele von heterozyklischen Verbindungen kommen wir gleich zu sprechen. Bei ihnen tritt eine neue Art von Resonanzenergie auf, die auf Beteiligung von Ionenzuständen beruht. Diese Erscheinung wollen wir aber zuerst an dem uns schon aus § 28 bekannten Beispiel der CO-Bindung diskutieren.

Vergleichen wir den für Ketone geltenden Wert: 7,71 e-Volt für die CO-Doppelbindung mit der Bindungsenergie des freien CO-Moleküls

§ 32. Resonanz von Valenzbildern.   165

Tab. 17. Resonanzenergie bei heterozyklischen Verbindungen.
(Nach PAULING und SHERMAN[39]).

Verbindung	Formel	Struktur	Energie gem.	Energie ber.	Res.-Energie
Piperidin	$C_5H_{11}N$	CH_2 NH	67,58	67,60	0
Pyridin	C_5H_5N	CH N	52,61	50,74	1,87
Chinolin	C_9H_7N	CH CH N	86,46	83,45	3,01

von 11,30 e-Volt, dann müßten wir 3,6 Volt als Resonanzenergie ansehen. Hier ist aber der Zustand : C^- : : : O^+ : für das freie CO-Molekül
so überwiegend (s. § 28), daß man besser nicht von Resonanzenergie
spricht, man hat eben den ganz anderen Bindungstyp einer homöopolaren 3-fach-Bindung vor sich, während in Ketonen, da 2-Valenzen des
C-Atoms anderweitig verbraucht sind, nur eine Doppelbindung möglich
ist. Bei Ketonen und Aldehyden ist mehr oder weniger stark neben
C : : $\ddot{O}$: der Typus C^+ : $\ddot{O}$:$^-$ beteiligt, die hierdurch hervorgerufene Resonanzenergie ist in die empirischen Daten der Tabelle 14 schon
eingeschlossen. Sie läßt sich schwer abtrennen, da der Bindungswert
der CO-Bindung ohne Beteiligung des Ionenzustandes nicht bekannt ist.
Die Energie der CO-Bindung aus Ketonen läßt sich aber mit der Energie des CO_2 vergleichen. Diese beträgt 16,79 e-Volt, übertrifft also die
gemäß O=C=O zu 2.7,71 = 15,42 e-Volt berechnete um 1,37 Volt. Diese
beträchtliche Resonanzenergie ist der Beteiligung von Ionenzuständen:
$O^+{\equiv}C$–O^- und $\dot{O}^-$–$C{\equiv}O^+$ zuzuschreiben.

Eine solche Resonanz mit Ionenzuständen spielt sehr häufig eine Rolle. Als Beispiel sind in Tab. 18 die Daten für 3 einander ähnliche heterozyklische Verbindungen angegeben, in denen das homöopolare Valenzbild eindeutig ist. Trotzdem tritt eine beträchtliche Resonanzenergie auf, die beim Thiophen beinahe die des Benzols erreicht. In allen 3

Tab. 18. Resonanz durch Beteiligung von Ionenzuständen
(nach PAULING und SHERMAN[39]).

Verbindung	Formel	Energie gem.	Energie ber.	Res.-Energie
Furan	C_4H_4O	42,18	41,25	0,93
Thiophen	C_4H_4S	41,21	39,86	1,35
Pyrrol	C_4H_4NH	44,84	43,86	0,98

166   Kapitel IV.

Fällen schreiben wir $\overset{\text{A} - \text{A}}{\underset{\text{A} \quad \text{A}}{}}$ für das normale Valenzbild, worin A die

$\underset{X}{}$

homöopolar 3-wertigen CH-Gebilde bedeutet und X für das 2-wertige O, bezw. S oder NH steht. Ein plausibles Valenzbild mit Ionenzuständen bekommt man, wenn X an einen der A-Komplexe ein Elektron abgibt. Das betreffende A wird dann homöopolar 2-wertig und X dreiwertig. Es kann auf diese Weise jedes der vier A im homöopolaren Valenzbild die Rolle des X spielen und X die Rolle eines A. Diese 4 Valenzbilder mit Beteiligung von Ionenzuständen sind untereinander und mit dem homöopolaren Ausgangszustand entartet und bewirken offenbar die Resonanzenergie.

Schließlich sei noch ein Typus von Resonanzenergie erwähnt, der dadurch zustande kommt, daß außer dem normalen Valenzbild mit Absättigung aller Valenzen ein zweites beteiligt wird, welches auch freie Valenzen enthält. So ist im Biphenyl $C_{12}H_{10}$ (s. Fig. 17, oben) die gesamte Resonanzenergie 3,77 Volt, also 0,35 Volt größer, als sie für 2 Benzol-

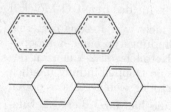

ringe beträgt. Diese zusätzliche Resonanzenergie kann man auf Beteiligung von Valenzzuständen der Art Fig. 17, unten, zurückführen, wobei an den äußeren Atomen je eine unabgesättigte Valenz bleibt. Obgleich die Energie dieses Zustandes allein sicher beträchtlich höher liegt als die zum normalen Valenzbild gehörige Energie, kann durch Mitbeteiligung dieses Zustandes die Gesamtbindungsenergie auf jeden Fall nur vergrößert werden. Diese Regel ist ja das wellenmechanische Kernstück dieser ganzen Überlegungen.

Fig. 17. Valenzbilder des Biphenyls $C_{12}H_{10}$. Die „halben Valenzen" des Benzolrings sind gestrichelt gezeichnet.

Bisher haben wir den Energiebeitrag jeder einzelnen Bindung, die zwischen zwei Atomen lokalisiert ist, fertig aus der Erfahrung entnommen, einschließlich der hier etwa vorliegenden Beteiligung verschiedener Bindungsfunktionen (wie z. B. $\psi_a(1)\psi_b(2) + \psi_b(1)\psi_a(2)$; $\psi_a(1)\psi_a(2)$; $\psi_b(1)\psi_b(2)$, wobei jede der letzteren allein reiner Ionenbindung entspricht). PAULING hat aber weiter gezeigt[32], daß man auch die einzelne Bindung auf ähnliche Weise wie oben das gesamte Valenzbild halbempirisch noch analysieren kann. Wie im Falle der organischen Chemie muß man auch hier eine Annahme über Additivität von Bindungsenergie hineinstecken, die vorläufig rein spekulativen Charakter trägt, und nur durch die Plausibilität der damit gewonnenen Aussagen im Vergleich mit Erfahrungsdaten nachträglich gerechtfertigt wird.

PAULING postuliert: Die Bindungsenergie jeder reinen Atombindung (Eigenfunktion $\psi_a(1)\psi_b(2) + \psi_b(1)\psi_a(2) + c[\psi_a(1)\psi_a(2) + \psi_b(1)\psi_b(2)]$) setzt sich additiv zusammen aus zwei für die beteiligten Atome charakteristischen Anteilen. Also gilt

$$(AB) = \tfrac{1}{2}(AA) + \tfrac{1}{2}(BB) \tag{32,1}$$

wenn die Klammerausdrücke Bindungsenergien zwischen den Atomen A und B darstellen. Eine Abweichung von der Additivität kann nur ein-

Literatur zu Kapitel IV.   167

treten im Sinne einer Verfestigung der Bindung, und deutet darauf hin, daß Ionenzustände an der Bindung mitbeteiligt sind. D. h. die oben angegebene Eigenfunktion ist noch entartet mit einer der Funktionen $\psi_a(1)\,\psi_a(2)$ oder $\psi_b(1)\,\psi_b(2)$ allein, so daß in der endgültigen Linearkombination die Doppeltbesetzungen beider Atome („Ionenzustände") nicht mehr gleichmäßig, sondern unter Bevorzugung eines Atoms vorkommen. Dadurch entsteht ein wirklicher Ionenanteil an der Bindung (übrigens auch ein resultierendes Dipolmoment).

Wir geben noch eine Tabelle von PAULING an, Tab. 19, in der die Bindungsenergien der Halogene und ihrer Wasserstoffverbindungen auf diese Weise behandelt sind. Aus der Tabelle geht hervor, daß Abwei-

Tab. 19. Ionencharakter und Resonanzenergie der Moleküle
aus Wasserstoff- und Halogenatomen.
Energien in e-Volt (nach PAULING[32]).

Zugrundegelegte Energie der rein homöopolaren Bindungen }	H : H	F : F	Cl : Cl	Br : Br	J : J
	4,44	2,80	2,468	1,962	1,535

Verbindung	HF	HCl	HBr	HJ
Additiv berechnete Energie	3,62	3,45	3,20	2,99
gemessene Energie	6,39	4,38	3,74	3,07
Differenz	2,77	0,93	0,54	0,08

Verbindung	ClF	ClBr	JBr	JCl
Additiv berechnete Energie	2,63	2,215	1,748	2,001
gemessene Energie	3,82	2,231	1,801	2,143
Differenz	1,19	0,016	0,053	0,142

chungen von der Additivität alle in dem Sinne liegen, daß die wirkliche Bindungsenergie größer ist, wie wir das ja auch erwarteten. Man sieht übrigens, daß die Reihenfolge der Größe der Abweichungen von der Additivität auch der Reihenfolge der Dipolmomente der Halogenwasserstoffe entspricht. Dagegen besteht kein direkter Zusammenhang mit der elektrolytischen Dissoziation der verschiedenen Moleküle. Z. B. ist HF in wässeriger Lösung unvollständig dissoziiert trotz starker Beteiligung der Ionenbindung.

Literatur zu Kapitel IV.

Zusammenfassende Darstellungen.

1. F. HUND, Allgemeine Quantenmechanik des Atom- und Molekülbaues. Handbuch der Physik **24**, 1. Teil S. 561. Berlin 1933.
2. G. N. LEWIS, Die Valenz und der Bau der Atome und Moleküle. Samml. „Die Wissenschaft" **77** Braunschweig 1927. Als Ergänzung s. auch J. Chem. Phys. **1** S. 17 1933.

168 Kapitel IV.

3. H. G. GRIMM, H. WOLFF, Atombau und Chemie. Handb. d. Physik **24**, 2. Teil S. 923. Berlin 1933.
4. A. E. VAN ARKEL, J. H. DE BOER, Chemische Bindung als elektrostatische Erscheinung. Leipzig 1931.
5. A. SOMMERFELD, H. BETHE, Elektronentheorie der Metalle. Handbuch der Physik **24**, 2. Teil S. 333. Berlin 1933.
6. H. BETHE, Quantenmechanik der Ein- und Zweielektronenprobleme. Handbuch der Physik **24**, 1. Teil S. 273. Berlin 1933.

Originalarbeiten.

1927

7. W. HEITLER, F. LONDON, Zs. f. Phys. **44** S. 455 (Theorie des H_2).
8. Y. SUGIURA, Zs. f. Phys. **45** S. 484 (Auswertung der Integrale zu [7]).
9. A. UNSÖLD, Zs. f. Phys. **43** S. 563 (Elektrostat. Deutung der Ionenradien).

1928

10. F. LONDON, Quantentheorie und chemische Bindung. „Leipziger Vorträge 1928" S. 59. Hirzel, Leipzig.
11. B. N. FINKELSTEIN, G. E. HOROWITZ, Zs. f. Phys. **48** S. 118 (H_2+ nach der Variationsmethode).
12. S. C. WANG, Phys. Rev. **31** S. 579 (H_2 mit einfachem Variationsansatz).
13. H. BRÜCK, Zs. f. Phys. **51** S. 707 (Elektrostat. Deutung der Ionenradien, Kritik s. z. B. [53]).

1929

14. V. GUILLEMIN, C. ZENER, Proc. Nat. Acad. Am. **15** S. 314 (Guter Variationsansatz für H_2+).
15. G. HERZBERG, Zs. f. Phys. **57** S. 601 (Molekülterme aus Atomtermen als Einelektronenproblem. S. auch „Leipziger Vorträge 1931" S. 167. Hirzel, Leipzig).
16. J. E. LENNARD-JONES, Trans. Far. Soc. **25** S. 668 (Termordnung zweiatomiger Moleküle. Bahnvalenz).
17. W. HEITLER, Naturwissensch. **17** S. 546 (Bahnvalenz).
18. C. ZENER, V. GUILLEMIN, Phys. Rev. **34** S. 999 (Angeregte Zustände des H_2).

1930

19. E. A. HYLLERAAS, Zs. f. Phys. **63** S. 771 (LiH-Gitter).
20. E. HÜCKEL, Zs. f. Phys. **60** S. 423 (C=C-Doppelbindung, freie Drehbarkeit).
21. E. TELLER, Zs. f. Phys. **61** S. 458 (Strenge Lösungen für H_2+).

1931

22. J. C. SLATER, Phys. Rev. **37** S. 481 (Gerichtete Valenzen als 2-Elektronen-Problem).
23. L. PAULING, J. Am. Chem. Soc. **53** S. 1367 (Gerichtete Valenzen als 2-Elektronen-Problem).
24. N. ROSEN, Phys. Rev. **38** S. 2099 (Variationsansätze H_2. Tabellen zur Auswertung verschiedener Austauschintegrale).
25. E. A. HYLLERAAS, Zs. f. Phys. **71** S. 739 (H_2+ in hoher Annäherung).
26. F. HUND, Zs. f. Phys. **73** S. 1 und S. 565 (Valenzschema als 1-Elektronen-Problem. Lokalisierung der Valenzen).
27. R. RYDBERG, Zs. f. Phys. **73** S. 376 (Experimentelle Potentialkurve H_2).

1932

28. R. S. MULLIKEN, Phys. Rev. **40** S. 55 und **41** S. 49 und 751 (Bindungsschema als 1-Elektronenproblem ohne Lokalisierung der Valenzen).
29. R. HULTGREN, Phys. Rev. **40** S. 891 (Gerichtete Valenzen nach Slater[22]-Pauling[23] bei s-p-d-Entartung).
30. L. PAULING, Proc. Nat. Ac. Am. **18** S. 293 und S. 498 (Atomradien und Energieresonanz).
31. L. PAULING, D. M. YOST, Proc. Nat. Acad. Am. **18** S. 414 (Homöopolare Bindung und Additivität der Energien) .
32. L. PAULING, J. Am. Chem. Soc. **54** S. 3570 (Energieresonanz mit Ionenzuständen).

Literatur zu Kapitel IV.   169

1933

33. L. PAULING, J. Chem. Phys. **1** S. 56 (He$_2$+ und He$_2$++ mit Variationsansatz).
34. J. H. VAN VLECK, J. Chem. Phys. **1** S. 177 und S. 219 (Kritischer Vergleich der versch. Näherungsansätze zur Theorie der homöopolaren Valenz).
35. B. N. DICKINSON, J. Chem. Phys. **1** S. 317 (H$_2$+ mit Variationsmethode).
36. R. S. MULLIKEN, Phys. Rev. **43** S. 279 und J. Chem. Phys. **1** S. 492 (Bindungsschema als 1-Elektronenproblem ohne Lokalisierung der Valenzen).
37. S. WEINBAUM, J. Chem. Phys. **1** S. 593 (H$_2$ Variationsansätze mit Polarisation, Abschirmung und Ionenzuständen).
38. H. M. JAMES, A. S. COOLIDGE, J. Chem. Phys. **1** S. 825 (Sehr genaue Lösung für H$_2$ durch Variationsansatz mit vielen Parametern. Berichtigung zur Rechnung s. J. Chem. Phys. **3** S. 129).
39. L. PAULING, J. SHERMAN, J. Chem. Phys. **1** S. 606 (Resonanzenergien als Abweichungen vom additiven Schema in der organischen Chemie).
40. L. PAULING, J. SHERMAN, J. Chem. Phys. **1** S. 679 (Resonanzenergie bei der konjugierten Doppelbindung).
41. E. TELLER, K. WEIGERT, Göttinger Nachr. 1933 S. 218 (Theorie zur Behinderung der freien Drehbarkeit bei C$_2$H$_6$).
42. A. EUCKEN, K. WEIGERT, Zs. f. phys. Chem. (B) **23** S. 265 (Experim. Bestätigung der Behinderung der freien Drehbarkeit des C$_2$H$_6$ aus der Rotationswärme).
43. E. WIGNER, F. SEITZ, Phys. Rev. **43** S. 804 (Die metallische Bindung).

Bezüglich anschließender Arbeiten zur metallischen Bindung s. die Literatur zu Kap. I. S. auch den Bericht [47].

1934

44. C. T. ZAHN, J. Chem. Phys. **2** S. 671 (Additivität in der organischen Chemie, kritische Gesichtspunkte zu [39]).
45. H. M. JAMES, J. Chem. Phys. **2** S. 794 (Li$_2$ mit systematischer Berücksichtigung des Einflusses der Atomrümpfe).
46. G. JAFFÉ, Zs. f. Phys. **87** S. 535 (H$_2$+ in hoher Annäherung).
47. J. C. SLATER, Rev. Mod. Phys. **6** S. 209 (Bericht über Theorie der Metalle).

1935

48. R. S. MULLIKEN, J. Chem. Phys. **3** S. 375, 506, 514, 517, 564, 573, 586, 635, 720 (Elektronenstruktur vielatomiger Moleküle als 1-Elektronenproblem ohne Lokalisierung der Valenzen).
49. S. WEINBAUM, J. Chem. Phys. **3** S. 547 (He$_2$+ mit gegenüber [33] verbessertem Variationsansatz).
50. H. M. JAMES, J. Chem. Phys. **3** S. 9 (Li$_2$+ mit systematischer Berücksichtigung der Atomrümpfe).
51. V. DEITZ, J. Chem. Phys. **3** S. 58 und S. 436 (Zur Additivität der Bindungsenergien in der org. Chemie. Kritische Gesichtspunkte zu [39]).
52. R. SERBER, J. Chem. Phys. **3** S. 81 (Energieschema der Kohlenwasserstoffe, Kritik zu [39]).
53. H. HELLMANN, J. Chem. Phys. **3** S. 61 und Acta Physicochim. URSS **1** S. 913 (KH und K$_2$ nach dem kombinierten Näherungsverfahren).
54. I. SANDEMANN, Proc. R. Soc. Edinburgh **55** S. 72 (H$_2$+ in hoher Näherung).
55. J. H. VAN VLECK, J. Chem. Phys. **3** S. 803 (Zusammenhang des Valenzschemas von Mulliken[48] und von Slater[22]).
56. W. G. BABER, H. R. HASSÉ, Proc. Cambr. Phil. Soc. **31** S. 564 (Lösung des 2-Zentrenproblems bei gleichen und bei ungleichen Zentren).
57. O. W. RICHARDSON, Proc. R. Soc. **152** S. 503 (Diskussion der experimentellen und theoretischen Dissoziationsenergie von H$_2$ und H$_2$+).

1936

58. J. HIRSCHFELDER, H. EYRING, N. ROSEN, J. Chem. Phys. **4** S. 121 und S. 130 (Systematische Störungsrechnung für H$_3$ und H$_3$+ bei symmetrischer linearer Anordnung der 3 Atome).
59. H. M. JAMES, A. S. COOLIDGE, R. D. PRESENT, J. Chem. Phys. **4** S. 187 ($^3\Sigma$-Zustand des H$_2$ nach Ritz in hoher Annäherung, s. dazu auch J. Chem. Phys. **4** S. 193).

170   Kapitel V.

60. J. Y. BEACH, J. Chem. Phys. **4** S. 353 (HeH+ nach Variationsmethode).
61. H. BEUTLER, H.-O. JÜNGER, Zs. f. Phys. **101** S. 304 (Diskussion der experimentellen und theoretischen Dissoziationsenergien von H_2 und H_2+).
62. M. F. MAMOTENKO, Jurnal eksperimentalnoj i teoretitjeskoj fisiki **6** S. 911 (Russisch, mit deutscher Zusammenfassung. Valenzabsättigung als Einelektronenproblem).
63. W. SHOCKLEY, Phys. Rev. **50** S. 754 (NaCl-Kristall nach Wigner–Seitz[43]).
64. D. H. EWING, F. SEITZ, Phys. Rev. **50** S. 760 (LiF- und LiH-Kristall nach Wigner–Seitz[43]).
65. R. S. MULLIKEN, Phys. Rev. **50** S. 1017, S. 1028 (Terme 2-atomiger heteropolarer Moleküle).

Kapitel V.

Die van der Waals'schen Kräfte.

§ 33. Die Polarisierbarkeit des H-Atoms.

Im vorigen Kapitel haben wir die chemischen Valenzkräfte untersucht. Neben diesen spielt in der Atomistik ein anderer Typus von Kräften eine wichtige Rolle, nämlich die sogenannten van der Waals'schen Kräfte. Man faßt unter dieser Bezeichnung die schwachen, aber ziemlich weitreichenden Anziehungskräfte zusammen, die zwischen elektrisch neutralen Atomen oder Molekülen wirken und deren Vorhandensein in der Form der VAN DER WAALSschen Zustandsgleichung (s. § 37) zum Ausdruck kommt. Diesen Kräften fehlt der Charakter der Absättigbarkeit, sie hängen eng mit den Konstanten zusammen, die das Verhalten eines Moleküls im äußeren elektrischen Feld kennzeichnen, nämlich mit Dipolmoment und Polarisierbarkeit. Wir untersuchen daher zunächst das Verhalten eines Moleküls im elektrischen Feld, und zwar in diesem Paragraphen als einfaches Beispiel das Wasserstoffatom.

Als Störungsenergie tritt im homogenen elektrischen Feld auf die Größe:

$$u = F z = F r \cos \vartheta \qquad (33,1)$$

worin F die in z-Richtung wirkende elektrische Feldstärke, z, bezw. r und ϑ in der üblichen Weise Koordinaten des Elektrons bedeuten. Wir benutzen wieder atomare Einheiten. Man sieht sofort, daß die Störungsenergie u_{00} nullter Näherung:

$$u_{00} = \bar{u} = \int F z \psi_0{}^2 \, d\tau \qquad *) \qquad (33,2)$$

wegen der Kugelsymmetrie von $\psi_0{}^2$ verschwindet, denn die Teilintegrale über den positiven und negativen Halbraum heben sich wegen der Vorzeichenumkehr von z gegeneinander auf. Um überhaupt eine Energiestörung zu bekommen, muß man daher die Deformation der Eigenfunktionen berücksichtigen, d. h. Störungsrechnung zweiter Näherung treiben. Als sehr bequem hierfür werden sich in diesem ganzen Kapitel

---

*) Wir benutzen hier den Querstrich für die Mittelwertsbildung mit der ungestörten Funktion ψ_0. Es bedeutet also für irgend einen Operator L:

$$\bar{L} = L_{00} = \frac{\int \psi_0{}^* L \psi_0 \, d\tau}{\int \psi_0{}^* \psi_0 \, d\tau}$$

§ 33. Die Polarisierbarkeit des H-Atoms.   171

die Formeln (14,19) bis (14,24) aus Kap. 11 erweisen. Die Aufgabe besteht also darin, bei gegebenem u (nach Gl. 33,1) ein solches v zu finden, welches H von (14,20) minimisiert. Wir werden v stets proportional z ansetzen, dann verschwinden v_{00} sowie $(uv^2)_{00}$ aus demselben Grunde wie u_{00}. So wird aus (14,20) (in atom. Einh.):

$$\overline{H_1} = \frac{2\,\overline{(uv)} + \frac{1}{2}\,\overline{(\mathrm{grad}\,v)^2}}{1 + \overline{v^2}} \qquad (33,3)$$

$\overline{v^2}$ ist normalerweise sehr klein, so daß man es in erster Näherung neben 1 vernachlässigen kann. Da u proportional z ist, wird man v in erster Näherung ansetzen:

$$v = \lambda z \qquad (33,4)$$

mit dem einzigen Variationsparameter λ. Die Integrale werden:

$$\frac{1}{2}\,\overline{(\mathrm{grad}\,v)^2} = \frac{1}{2}\,\overline{\left(\frac{\partial v}{\partial z}\right)^2} = \frac{1}{2}\,\lambda^2\,; \qquad \overline{uv} = \lambda\,F\,\overline{z^2} \qquad (33,5)$$

und damit

$$\overline{H_1}(\lambda) = 2\,\lambda\,F\,\overline{z^2} + \frac{1}{2}\,\lambda^2 \qquad (33,6)$$

Durch Differenzieren findet man:

$$\lambda = -\,2\,F\,\overline{z^2} \qquad (33,7)$$

und damit die Energie

$$\overline{H_{1\min}} = \varepsilon = -\,2\,F^2\,\left(\overline{z^2}\right)^2 \qquad (33,8)$$

Diese durch Deformation der ungestörten Ladungsverteilung entstandene Energie stellt die Polarisationsenergie des Atoms im elektrischen Feld F dar. Mit der Atompolarisierbarkeit α kann man dieselbe nach der klassischen Elektrostatik schreiben:

$$\varepsilon = -\,\frac{\alpha}{2}\,F^2 \qquad (33,9)$$

Der Vergleich mit (33,8) zeigt, daß die Polarisierbarkeit in dieser Näherung

$$\alpha = 4\,\left(\overline{z^2}\right)^2 \text{ at. E.} \qquad (33,10)$$

beträgt. Die spezielle Form der Eigenfunktion ψ_0 ist in (33,10) noch offen gelassen. Benutzt man die Grundfunktion des H-Atoms zur Bildung des Matrixelementes $\overline{z^2}$, dann findet man leicht, daß hier $\overline{z^2} = 1$ ist. In dieser Näherung wird also die Polarisierbarkeit des H-Atoms im Grundzustand $\alpha = 4$ at. E. $= 4\,a_0^3 = 0{,}59 \cdot 10^{-24}$ cm^3.

Wir werden die Annäherung noch verbessern, wollen aber zunächst untersuchen, wieweit es berechtigt ist, den Nenner in (33,3) gleich 1 zu setzen. Solange $\overline{v^2}$ einigermaßen klein gegen 1 bleibt, kann man (33,7) als Näherungswert für λ beibehalten, muß aber für Berechnung der Energie ε den strengen Ausdruck (33,3) zugrunde legen. Es ist nach (33,4) und (33,7):

$$\overline{v^2} = \lambda^2\,\overline{z^2} = 4\,F^2\,\left(\overline{z^2}\right)^3 \qquad (33,11)$$

und wenn man noch $\overline{z^2}$ mit Hilfe von (33,10) in der Polarisierbarkeit 1. Näherung α ausdrückt

$$\overline{v^2} = \frac{1}{2}\,\alpha^{3/2}\,F^2 \qquad (33,12)$$

172   Kapitel V.

An der Energie (33,8) ist also bei hohen Feldern eine Korrektion anzubringen, indem man sie durch $1 + \frac{1}{2}\,\alpha^{3/2}\,F^2$ dividiert. Wenn man ein
„α_w" auch jetzt noch durch (33,9) definiert, aber unter ε die so korrigierte Energie versteht, dann ergibt sich für diese wirksame Polarisierbarkeit
als Funktion der Feldstärke näherungsweise:

$$\alpha_w = \frac{\alpha}{1 + \frac{1}{2}\,\alpha^{3/2}\,F^2} \tag{33,13}$$

Wir haben bei der Ableitung von (33,13) absichtlich nirgends von den
speziellen Eigenfunktionen des H-Atoms im Grundzustand Gebrauch gemacht, um uns die Verallgemeinerung auf andere Fälle vorzubehalten.
(33,13) zeigt, daß in sehr hohen Feldern F eine Verminderung der Polarisierbarkeit auftritt, und zwar ist der Effekt um so stärker, je größer
die Polarisierbarkeit α im Grenzfalle $F = 0$ war. Ein solcher „Sättigungseffekt" ist in der Chemie bekannt in den Erscheinungen der „Ionenverfestigung". Diese besteht darin, daß die Polarisierbarkeit eines
aus Ionen gebildeten Moleküls kleiner ist als die Summe der Polarisierbarkeiten der einzelnen Ionen. Nach Gl. (33,13) wäre die Ursache darin
zu sehen, daß die Polarisierbarkeit in Richtung der Verbindungslinien
beider Ionen infolge des hohen inneren Feldes, das zwischen den Ionen
wirkt, schon stark vermindert ist. Setzen wir für F z. B. die Feldstärke,
die durch eine Elementarladung im Abstand von 2 at. Einh. (= 1,06 Å)
erzeugt wird, nämlich $F = 1/4$ at. E. und für α die Polarisierbarkeit
des H-Atoms, $\alpha = 4$ at. E., dann wird $\alpha_w = 4/5\,\alpha$. In makroskopischen Feldern spielt dieser „Sättigungseffekt" praktisch keine Rolle, die
oben angenommene Feldstärke $1/4$ at. E. bedeutet ja schon ein Feld von
$1/4 \cdot e/a_0^2 \cdot 300 = 1{,}3$ Milliarden Volt/cm. Für atomistische Felder gibt
Formel (33,13) jedoch nur eine qualitative und größenordnungsmäßige
Orientierung, denn sie ist ja eigentlich für ein homogenes Feld abgeleitet. Der Übergang auf die inhomogenen atomistischen Felder ist denselben Einschränkungen ausgesetzt, wie überhaupt die Verwendung der
in homogenen Feldern gemessenen makroskopischen Polarisierbarkeiten.
Diese Fragen werden unten ausführlich besprochen werden.

   Davon abgesehen besteht noch aus einem ganz anderen Grunde ein
Bedenken gegen die Verwendung der abgeleiteten Formeln in allzu hohen
Feldern. Es kann nämlich schließlich unter dem Einfluß des Feldes eine
Abionisation des Elektrons, also völlige Zerstörung des Atoms eintreten,
welche in den Näherungsansätzen unserer Rechnungen nicht enthalten
ist. Diese ist für angeregte Zustände des H-Atoms in der Tat schon bei
Feldern von einigen 100000 Volt/cm beobachtet worden (beim Stark-
Effekt). Die Abionisation des Elektrons bedeutet den Übergang zu der
felderzeugenden Ladung. Das ist im atomistischen Feld der uns schon
bekannte (s. § 25) Übergang des Valenzelektrons zum anderen Atom, wie
er z. B. bei der homöopolaren Bindung auftritt. Diesen Effekt wollen
wir jedoch hier beiseite lassen, wir haben in § 25 und § 26 Beispiele für
gleichzeitige Erfassung von Austausch und Polarisation schon kennen
gelernt.

   Da praktisch in makroskopischen Feldern die Sättigungs-Korrektion
(33,13) keine Rolle spielt, können wir $\overline{v^2}$ im Nenner von (33,3) streichen,
aber die Annäherung durch Aufsuchung eines günstigeren $v(r)$ noch wei-

§ 33. Die Polarisierbarkeit des H-Atoms.   173

ter treiben. Setzt man zunächst $v = \lambda w$ und minimisiert nur nach λ, dann kommt:

$$\overline{H_1} = -\frac{\overline{(uw)}^2}{1/2\,\overline{(\operatorname{grad} w)^2}} \tag{33,14}$$

was einen Spezialfall von Gl. (14,22) darstellt. Für $w = z = r \cos \vartheta$ resultiert wieder (33,8). Wir setzen jetzt allgemein

$$w = w_1(r)\,.\,\cos \vartheta \tag{33,15}$$

In den Koordinaten r und ϑ wird:

$$\overline{(\operatorname{grad} w)^2} = \overline{\left(\frac{\partial w}{\partial r}\right)^2} + \overline{\left(\frac{1}{r}\frac{\partial w}{\partial \vartheta}\right)^2} = \overline{\left(\frac{\partial w_1}{\partial r}\right)^2 \cos^2 \vartheta + \frac{w_1{}^2}{r^2}\sin^2 \vartheta}$$

$$= \frac{1}{3}\overline{\left(\frac{\partial w_1}{\partial r}\right)^2} + \frac{2}{3}\overline{\frac{w_1{}^2}{r^2}} \tag{33,16}$$

$$\overline{u w} = F\,\overline{w_1(r)\,r\,\cos^2 \vartheta} = \frac{1}{3}\,F\,\overline{r\,w_1(r)}$$

und damit

$$-\overline{H_1} = \frac{2\,F^2}{3}\,\frac{\overline{(r\,w_1(r))}^2}{\overline{\left(\frac{\partial w_1}{\partial r}\right)^2} + 2\,\overline{\frac{w_1{}^2}{r^2}}} \tag{33,17}$$

Dies ist durch Wahl der Funktion $w_1(r)$ zu minimisieren. Man erhält schon mit einem weiteren Parameter eine sehr gute Näherung, indem man setzt (nach HASSÉ[9])

$$w(r) = r + \sigma\,r^2 \tag{33,18}$$

Es sind nur Mittelwerte über Potenzen von r zu bilden. Wir notieren allgemein für das H-Atom im Grundzustand:

$$\overline{r^n} = 4 \int_0^\infty r^{n+2}\,\mathrm{e}^{-2\,r}\,\mathrm{d}r = \frac{(n+2)!}{2^{n+1}} \tag{33,19}$$

So wird

$$-\overline{H_1}(\sigma) = 2\,F^2\,\frac{\left(1 + \frac{5}{2}\,\sigma\right)^2}{1 + 4\,\sigma + 6\,\sigma^2} \tag{33,20}$$

Dies nimmt sein Minimum an für $\sigma = \frac{1}{2}$, und zwar wird:

$$-\overline{H_1}\left(\sigma = \tfrac{1}{2}\right) = \frac{9}{4}\,F^2\,; \qquad \alpha = 4,50 \tag{33,21}$$

während die frühere Näherung mit $\sigma = 0$ den Wert $\alpha = 4,00$ ergab. Die hiermit für α erreichte Näherung ist zufällig schon sehr gut. Weder durch Hinzufügung weiterer Potenzen von z oder durch einen Ansatz, $w = r + \sigma\,r^2 + \mu\,r^3$ mit den Parametern σ und μ, noch schließlich durch $r^n + \sigma\,r^{n+1}$ mit den Parametern σ und n läßt sich noch eine Verbesserung erzielen. In allen Fällen führt die Variation zurück auf den ersten Ansatz $w = r + 0,5\,r^2$. Der gefundene Wert $\alpha = 4,50$ at. E. $= 0,664 \cdot 10^{-24}$ cm^3 gibt daher die Polarisierbarkeit in schwachen Feldern mit höchster Genauigkeit.

Ähnlich wurde von HASSÉ[9] die Polarisierbarkeit von He und Li$^+$ berechnet.

Wir gehen nun zur Frage der Polarisationsenergie eines H-Atoms im inhomogenen Feld über[54]. Die Antworten, die wir an diesem Beispiel erhalten werden, tragen so allgemeinen Charakter, daß sie sich qualitativ auch auf andere Atome übertragen lassen und dadurch über die wichtige Frage der Polarisationsenergie bei der Ionenbindung einige Auskunft geben. Als speziellen Typ eines inhomogenen Feldes wählen wir das Coulombfeld einer Punktladung: $1/r$, betrachten also das System H_2^+. Die Austauschkräfte lassen wir jedoch außer acht, es kommt uns hier ja nicht auf eine neue Lösung des H_2^+-Problems an, sondern darauf, die Polarisationskräfte allein soweit wie möglich von anderen Wechselwirkungen abzutrennen, um dann diese Resultate verallgemeinern zu können. Praktisch mag das System Li^+H angenähert den Voraussetzungen unserer Rechnung entsprechen.

Wir schreiben für die gesamte Störungsenergie zweiter Ordnung nach Gl. (14,20):

$$\overline{H_1} - \overline{u} = \eta = \frac{2\,\overline{u\,v} - 2\,\overline{u}\,\overline{v} + 1/2\,\overline{(\operatorname{grad} v)^2} + \overline{u\,v^2} - \overline{u}\,\overline{v^2}}{1 + 2\,\overline{v} + \overline{v^2}} \tag{33,22}$$

$\overline{u}$ verschwindet jetzt nicht mehr, es stellt die positive Energie dar, die beim Eindringen des Protons in die Ladungswolke des Atoms entsteht. Sie wurde in Gl. (24,5) schon angegeben.

Es ist sehr zweckmäßig die Störungsenergie:

$$u = \frac{1}{R} - \frac{1}{r_b} \tag{33,23}$$

(r_b: Abstand des Elektrons vom „fremden" Proton, R: Kernabstand) nach Kugelfunktionen zu entwickeln:

$$u = \sum u_n(r)\, P_n(\cos\vartheta), \tag{33,24}$$

worin die Funktionen $u_n(r)$ folgendes Aussehen haben:

$$n = 0:\quad u_0 = 0 \text{ für } r \le R, \qquad u_0 = \frac{1}{R} - \frac{1}{r} \text{ für } r \ge R$$

$$n \ne 0:\quad u_n = -\frac{r^n}{R^{n+1}} \text{ für } r \le R,\quad u_n = -\frac{R^n}{r^{n+1}} \text{ für } r \ge R \tag{33,25}$$

Man sieht zunächst, daß es hier nicht mehr zulässig ist, in erster Näherung v proportional u anzusetzen. Denn nach (33,23) bekäme v, und damit die Eigenfunktion eine Singularität und die Störung der kinetischen Energie $1/2\,\overline{(\operatorname{grad} v)^2}$ würde unendlich. In der Reihenentwicklung (33,24) mit (33,25) äußert sich die verbotene Singularität der Eigenfunktion darin, daß bei $r = R$ eine sprunghafte Änderung der ersten Ableitung der Eigenfunktion, also eine Unstetigkeitsstelle von $\operatorname{grad} v$ auftritt, was ebenfalls verboten ist.*)

Es liegt nahe, für v ebenfalls eine Entwicklung nach Kugelfunktionen anzusetzen, wobei die Koeffizienten als Funktionen von r zunächst völlig

---

*) Es liegen in der Literatur eine Reihe von Rechnungen vor, in denen $v = u$ gesetzt wurde (s. Lit.[17,18,30–33,37,39]). Diese Anwendung von unzulässigen gestörten Eigenfunktionen wird dann durch mehr oder weniger willkürliche Annahmen über das Integral $\overline{(\operatorname{grad} v)^2}$ unschädlich gemacht. Besonders zu beanstanden ist der unten besprochene Ansatz Gl. (38,7).

§ 33. Die Polarisierbarkeit des H-Atoms.   175

offen bleiben sollen. Da im homogenen Feld v proportional $\cos \vartheta$, d. h. der Kugelfunktion 1. Ordnung $P_1(\cos \vartheta)$ war, werden wir hier in nächster Näherung noch ein Glied mit $P_2(\cos \vartheta) = \frac{1}{2}\left(3\cos^2 \vartheta - 1\right)$ hinzufügen, welches einem induzierten Quadrupol entspricht. Außerdem können wir uns vorbehalten, eine kugelsymmetrische Deformation des Atoms vorzunehmen, indem wir einen Summanden mit $P_0(\cos \vartheta) = 1$ zulassen. Der Ansatz lautet:

$$v = v_0(r)\,P_0 + v_1(r)\,P_1(\cos \vartheta) + v_2(r)\,P_2(\cos \vartheta) \qquad (33,26)$$

Man findet unter Berücksichtigung von:

$$\overline{P_0\,P_1} = \overline{P_0\,P_2} = \overline{P_1\,P_2} = 0; \quad \overline{P_0^{\,2}} = 1, \quad \overline{P_1^{\,2}} = 1/3, \quad \overline{P_2^{\,2}} = 1/5 \qquad (33,27)$$

die Integrale:

$$\overline{(\operatorname{grad} v)^2} = \overline{\left(\frac{\partial v_0}{\partial r}\right)^2} + \frac{1}{3}\overline{\left(\frac{\partial v_1}{\partial r}\right)^2} + \frac{2}{3}\overline{\frac{v_1^{\,2}}{r^2}} + \frac{1}{5}\overline{\left(\frac{\partial v_2}{\partial r}\right)^2} + \frac{6}{5}\overline{\frac{v_2^{\,2}}{r^2}}$$

$$\overline{u\,v} = \overline{u_0\,v_0} + \frac{1}{3}\overline{u_1\,v_1} + \frac{1}{5}\overline{u_2\,v_2}; \quad \overline{u}\;\overline{v} = \overline{u_0}\,\overline{v_0} \qquad (33,28)$$

In (33,22) sind die Glieder, die u und v zusammen in der dritten Potenz enthalten, erstens deshalb schon klein gegen die übrigen, zweitens verschwinden sie aber auch beim Übergang zum homogenen Feld aus Symmetriegründen. Wir begehen deshalb nur einen sehr kleinen Fehler, wenn wir $u\,v^2 - \overline{u}\;\overline{v^2}$ streichen. Desgleichen werden wir den Nenner in erster Näherung gleich 1 setzen, er bewirkt einen „Sättigungseffekt", den wir zum Schluß auf ähnliche Weise wie oben beim homogenen Feld abschätzen können. Mit diesen Vernachlässigungen und unter Benutzung von (33,28) wird aus (33,22):

$$\eta = 2\left(\overline{u_0\,v_0} - \overline{u_0}\;\overline{v_0}\right) + \frac{1}{2}\overline{\left(\frac{\partial v_0}{\partial r}\right)^2} + \frac{2}{3}\overline{u_1\,v_1} + \frac{1}{6}\overline{\left(\frac{\partial v_1}{\partial r}\right)^2} + \frac{1}{3}\overline{\frac{v_1^{\,2}}{r^2}}$$

$$+ \frac{2}{5}\overline{u_2\,v_2} + \frac{1}{10}\overline{\left(\frac{\partial v_2}{\partial r}\right)^2} + \frac{3}{5}\overline{\frac{v_2^{\,2}}{r^2}} \qquad (33,29)$$

Dies ist eine Summe von 3 Anteilen. In dem ersten ist v_0 zu variieren, in dem zweiten v_1, dem dritten v_2. Die einzelnen Variationsprobleme sind unabhängig voneinander. Die gesamte Polarisationsenergie η setzt sich in dieser Näherung additiv zusammen aus der „Pol-Energie", die wir η_0 nennen wollen, aus der „Dipolenergie" η_1 und der „Quadrupolenergie" η_2. Diese Additivität würde verloren gehen, wenn die Reihe (33,26) für v weitergeführt würde; sie ist allerdings in dem etwas allgemeinen Fall noch vorhanden, wo außer dem Anteil $v_0\,P_0$ eine beliebige Kugelfunktion ungerader Ordnung und eine Kugelfunktion gerader Ordnung vorkommt.

Indem man, wie früher, $v_n = \lambda_n\,w_n$ setzt und nach den λ_n variiert, erhält man:

$$\lambda_0 = -\frac{\overline{u_0\,w_0} - \overline{u_0}\;\overline{w_0}}{\frac{1}{2}\overline{\left(\frac{\partial w_0}{\partial r}\right)^2}}, \quad \lambda_1 = -\frac{\overline{u_1\,w_1}}{\frac{1}{2}\overline{\left(\frac{\partial w_1}{\partial r}\right)^2} + \overline{\frac{w_1^{\,2}}{r^2}}}, \quad \lambda_2 = -\frac{\overline{u_2\,w_2}}{\frac{1}{2}\overline{\left(\frac{\partial w_2}{\partial r}\right)^2} + 3\overline{\frac{w_2^{\,2}}{r^2}}}$$

$$(33,30)$$

und schließlich die Energie:

$\eta = \eta_0 + \eta_1 + \eta_2$ mit:

$$\eta_0 = -\frac{(\overline{u_0\,w_0} - \overline{u_0}\,\overline{w_0})^2}{\frac{1}{2}\,\overline{\left(\frac{\partial w_0}{\partial r}\right)^2}}, \qquad \eta_1 = -\frac{(\overline{u_1\,w_1})^2}{\frac{3}{2}\,\overline{\left(\frac{\partial w_1}{\partial r}\right)^2} + 3\,\overline{\frac{w_1^2}{r^2}}},$$

$$\eta_2 = -\frac{(\overline{u_2\,w_2})^2}{\frac{5}{2}\,\overline{\left(\frac{\partial w_2}{\partial r}\right)^2} + 15\,\overline{\frac{w_2^2}{r^2}}} \tag{33,31}$$

Die entscheidende Rolle spielt in allen vernünftigen Abständen der Dipolanteil η_1. Hier behalten wir deshalb noch einen Parameter in w_1 bei, indem wir den Ansatz (33,18) benutzen, der im Grenzfall zu der Polarisierbarkeit (33,21) führte. w_2 setzen wir, indem wir auf weitere Parameter verzichten, einfach gleich r^2, also wie u_2 für $r < R$. η_0 schließlich spielt nur in ganz kleinen Abständen eine Rolle, da u_0 nur für $r > R$ von 0 verschieden ist, also in einem Gebiet, wo die Ladungsdichte ψ_0^2 schon exponentiell klein ist. Zu dem Zähler von η_0 trägt daher nur das Gebiet $r > R$ bei. Da vom Standpunkt des Variationsprinzips aus der Nenner von η_0 so klein wie möglich zu wählen ist, wird man auch w_0 zwischen 0 und R gleich 0 setzen. Die Stetigkeit der Eigenfunktion erfordert auch Stetigkeit von w_0 sowie $\frac{\partial w_0}{\partial r}$. Diese Bedingungen sind erfüllt, wenn man w_0 außerhalb von R in der Form $w_0 = (r-R)^2$ ansetzt. η_0 ist der kleinste Anteil von η, wir verzichten deshalb auch hier auf weitere Parameter. Es seien noch einmal zusammengestellt:

$$w_0 = 0 \text{ für } r < R, \quad w_0 = (r-R)^2 \text{ für } r > R$$
$$w_1 = r + \sigma\,r^2 \text{ für alle } r \tag{33,32}$$
$$w_2 = r^2 \text{ für alle } r$$

Der einzige noch verbliebene Parameter σ bestimmt sich aus der linearen Gleichung $\frac{\partial \eta_1}{\partial \sigma} = 0$ für jeden Abstand R.

Die Integrale sind alle elementar auszuführen und ergeben:

$$\overline{u_0\,w_0} = 3\left(\frac{1}{R} + \frac{1}{2}\right)e^{-2R}, \quad \overline{u_0} = \left(1 + \frac{1}{R}\right)e^{-2R}, \quad \overline{w_0} = (3 + 3R + R^2)\,e^{-2R}$$

$$\overline{u_1\,w_1} = -\frac{1}{R^2}\left\{3 + 7{,}5\,\sigma - \left[3 + 6R + 6R^2 + 3R^3 + \sigma\,(7{,}5 + 15R\right.\right.$$
$$\left.\left. + 15R^2 + 9R^3 + 3R^4)\right]e^{-2R}\right\}$$

$$\overline{u_2\,w_2} = -\frac{1}{R^3}\left\{22{,}5 - \left[22{,}5 + 45R + 45R^2 + 30R^3 + 15R^4 + 5R^5\right]e^{-2R}\right\}$$

$$\frac{1}{2}\,\overline{\left(\frac{\partial w_0}{\partial r}\right)^2} = 2\,(3 + 3R + 3R^2)\,e^{-2R}$$

$$\frac{1}{2}\,\overline{\left(\frac{\partial w_1}{\partial r}\right)^2} + \overline{\frac{w_1^2}{r^2}} = 1{,}5 + 6\,\sigma + 9\,\sigma^2$$

$$\frac{1}{2}\,\overline{\left(\frac{\partial w_2}{\partial r}\right)^2} + 3\,\overline{\frac{w_2^2}{r^2}} = 15 \tag{33,33}$$

Zu η kommt additiv noch die Störungsenergie nullter Ordnung $\overline{u}$, wenn man sich für die gesamte Wechselwirkung interessiert. Zur Betrachtung

§ 33. Die Polarisierbarkeit des H-Atoms.   177

der Polarisationsenergie allein ist es sehr übersichtlich, eine „effektive"
Polarisierbarkeit α' einzuführen, die durch

$$\eta = -\frac{\alpha'}{2} F^2, \quad \text{also} \quad \alpha' = 2 R^4 \eta \qquad (33,34)$$

definiert ist. α' läßt sich dann weiter aus den 3 Anteilen α_0' (Pol), α_1'
(Dipol) und α_2' (Quadrupol) additiv zusammensetzen. Die Resultate
für das $H_2{}^+$-System
sind in Fig. 18 zu-
sammengestellt.

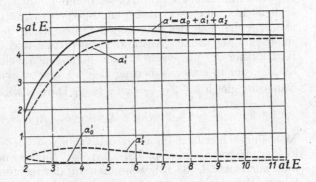

Die horizontale
Gerade bei $\alpha = 4,5$
stellt die Polarisier-
barkeit im homo-
genen Feld dar. Ge-
genüber dieser ist
α_1' stets vermin-
dert, und zwar in-
folge der exponen-
tiellen Glieder in
$u_1 w_1$. Wir wollen
diese Erscheinung
„Eintaucheffekt"
nennen, weil sie

Fig. 18. Die „Polarisierbarkeit" des H-Atoms im
Coulombfeld als Funktion des Abstandes R[54].

hervorgerufen ist durch das Eintauchen des felderzeugenden Kerns in
die polarisierte Ladungswolke. Es ist einleuchtend, daß die Teile der
induzierten Dipolladung, die sich außerhalb des felderzeugenden Kerns
befinden, die Polarisationsenergie η_1 und damit die effektive Polarisierbarkeit α_1' verkleinern. Zur Vergrößerung der Polarisationsenergie
tragen der Quadrupol-Effekt und der Poleffekt bei. Da α_2' zu großen
Abständen hin nur wie $1/R^2$ abfällt, überwiegt hier diese Qua-
drupolkorrektion alle anderen, exponentiell abfallenden Inhomo-
genitätskorrektionen. Bei mittleren Abständen macht sich aber der
Eintaucheffekt schon stark bemerkbar, übrigens besonders stark
bei α_2', und gleichzeitig setzt eine kleine Erniedrigung der Energie
infolge des Pol-
effekts ein.

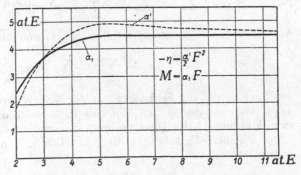

Die resultie-
rende „effektive Po-
larisierbarkeit"
$\alpha' = \alpha_1' + \alpha_2' + \alpha_3'$
ist in Fig. 19 noch
einmal aufgetragen.
Sie ist nicht iden-
tisch mit der durch
$M = \alpha_1 F$ definierten Polarisierbar-
keit, worin M das
resultierende Dipol-
moment bedeutet.
α_1 ergibt sich vielmehr aus

Fig. 19. „Polarisierbarkeiten" des H-Atoms im
Coulombfeld als Funktion des Abstandes R.

$$M = \int z\,\psi^2\,\mathrm{d}\tau = \int z\,(1 + 2\,v + v^2)\,\psi_0{}^2\,\mathrm{d}\tau \;\cong\; \tfrac{2}{3}\,\overline{r\,w_1} \qquad (33{,}35)$$

zu $\qquad \alpha_1 = -\frac{\lambda}{F}\,(2 + 5\,\sigma) = \sqrt{\frac{\alpha_1{}'}{1 + 4\,\sigma + 6\,\sigma^2}}\,(2 + 5\,\sigma) \qquad (33{,}36)$

und ist in Fig. 19 ebenfalls aufgetragen.

Zu der bisher betrachteten Erniedrigung der Polarisationsenergie infolge des Eintaucheffekts und der Erhöhung infolge der Multipole kommt
schließlich noch eine Erniedrigung infolge des „Sättigungseffektes", der
oben für den Fall des homogenen Feldes schon betrachtet wurde. Er
spielt nur bei kleinen Abständen eine Rolle und ist im inhomogenen
Feld kleiner als im gleich starken homogenen Feld. Der Nenner von
(33,22), der in erster Näherung gleich 1 gesetzt wurde, ist in nächster
Näherung gleich $1 + 2\,\overline{v} + \overline{v^2}$ zu setzen. Daraus wird hier:

$$1 + 2\,\overline{v} + \overline{v^2} = 1 + 2\,\lambda_0\,\overline{w_0} + \lambda_0{}^2\,\overline{w_0{}^2} + \tfrac{1}{3}\,\lambda_1\,\overline{w_1{}^2} + \tfrac{1}{5}\,\lambda_2\,\overline{w_2{}^2} \qquad (33{,}37)$$

Man findet hiernach für einen Abstand von 2; 3; 4 at. E. eine Verkleinerung von α' um resp. 6,8; 4,0; 1,9%. Annähernd diese Werte erhält
man auch aus Gl. (33,13), wenn man auf der rechten Seite für α die „effektive Polarisierbarkeit" α' nach Gl. (33,34) und Fig. 18 einsetzt. Da
die höheren Pole, sowie das Glied im Nenner des allgemeinen Energie-
ausdrucks (33,22) im Sinne einer Vergrößerung der Polarisationsenergie
wirken würden, scheint es für Berechnung der Absolutwerte der Energie konsequenter, auch auf die Verkleinerung durch den „Sättigungseffekt" zu verzichten, in der Annahme, daß sich die begangenen Fehler in vernünftigen Abständen einigermaßen kompensieren. Man kann
daher (33,31) als vernünftige Näherung für die Polarisationsenergie im
inhomogenen Feld ansehen.

§ 34. Die Polarisierbarkeit eines beliebigen Moleküls.

Befindet sich ein beliebiges Molekül im homogenen Feld F, dann
verschwindet die Eigenwert-Störung erster Ordnung im allgemeinen
nicht mehr. Die Störungsenergie wird hier:

$$u = F\left(\sum_i z_i - \sum_a N_a\,z_a\right) \qquad (N_a: \text{Kernladung}) \qquad (34{,}1)$$

worin i über alle Elektronen, a über alle Kerne läuft.

$$\overline{u} = F\left(\sum_i \overline{z_i} - \sum_a N_a\,z_a\right)$$

ist das Produkt der Feldstärke mit der Komponente des resultierenden
Dipolmoments des ganzen Moleküls in Feldrichtung. Bezeichnet man
den Absolutwert des Dipolmoments des Moleküls mit M und versteht
unter γ seinen Winkel gegen die Feldrichtung, dann läßt sich dies auch
schreiben:

$$\overline{u} = -F\,M\,\cos\gamma, \qquad (34{,}2)$$

eine bekannte elektrostatische Formel. Behandeln wir, wie bisher stets,
die Bewegung der Atomkerne klassisch, was bei Zimmertemperatur und
darüber für die Rotationsbewegung des Moleküls schon in guter

§ 34. Die Polarisierbarkeit eines beliebigen Moleküls.   179

Näherung erlaubt ist, dann finden wir die bekannten Resultate der klassischen Theorie für die Dipolenergie im elektrischen Feld wieder (s. § 37).

Die Polarisationsenergie ist nach (33,22) zu berechnen. Wir lassen von vornherein alle Glieder fort, die zu Sättigungseffekten der Polarisierbarkeit in sehr hohen Feldern Anlaß geben, das sind die Glieder $\overline{u\,v^2}$ und $\overline{u}\,\overline{v^2}$ im Zähler sowie $\overline{v}$ und $\overline{v^2}$ im Nenner. Man erhält in dieser Näherung die Polarisationsenergie

$$\eta = 2\left(\overline{u\,v} - \overline{u}\,\overline{v}\right) + \frac{1}{2}\sum_i \overline{\left(\frac{\partial v}{\partial z_i}\right)^2} \qquad (34,3)$$

u und v hängen jetzt von den Koordinaten sämtlicher Elektronen ab.

Um ein übersichtliches Resultat zu erhalten, teilen wir das ganze Molekül in Elektronenschalen ein, wobei in jeder Schale eine Reihe von Elektronen zusammengefaßt werden, die annähernd gleich stark gebunden sind. Das sind für die Rumpfelektronen die bekannten Atomschalen. Die Valenzelektronen einer homöopolaren Bindung faßt man am besten pro Bindung in eine „Schale" des Zweizentrenproblems zusammen. Die Gesamteigenfunktion des Moleküls setzen wir an als Produkt der Eigenfunktionen solcher „Schalen", jeder Faktor dieses Produktes enthält schon mehrere Elektronen. Durch diesen Produktansatz wird auf Austauscherscheinungen, die zwischen den verschiedenen Schalen unter dem Einfluß des Feldes auftreten, verzichtet, denn an Stelle des Produktes wäre eigentlich eine antisymmetrisierte Summe solcher Produkte zu setzen. Wir kommen auf die Frage der Antisymmetrisierung unten zurück.

Die von den Kernen abhängigen Anteile von u sind Konstante hinsichtlich der Mittelwertsbildung mit der Elektroneneigenfunktion, sie fallen in Gl. (34,3) also heraus. Wir brauchen unter u daher nur den von den Elektronenkoordinaten abhängigen Teil der Störungsfunktion zu verstehen. Wir können wegen dieser Invarianz von (34,3) gegenüber Hinzufügung beliebiger Konstanten zu u den Koordinatenanfang für jede „Schale" möglichst bequem legen, z. B. in den elektrischen Schwerpunkt der zugehörigen Ladungsverteilung; so daß $\overline{u}$ in (34,3) zu 0 wird.

So läßt sich also u schreiben:

$$u = F\sum_e Z_e \quad \text{mit} \quad Z_e = \sum_{i=1}^{n_e} z_i \qquad (34,4)$$

Z_e bedeutet hier die Summe der n_e Koordinaten z_i über alle n_e Elektronen der e-ten Schale, gerechnet vom Schwerpunkt der zugehörigen Ladungsverteilung aus, so daß $\overline{Z_e} = 0$ ist. Die entsprechende Eigenfunktion der Elektronen in der e-ten Schale heiße ψ_e und die Gesamteigenfunktion des Moleküls:

$$\psi = \psi_1 \cdot \psi_2 \ldots \ldots \psi_e \ldots \ldots \qquad (34,5)$$

Für v machen wir den Ansatz:

$$v = \sum_e \lambda_e Z_e \qquad (34,6)$$

180   Kapitel V.

worin die Z_e die Teilsummen nach (34,4) bedeuten. Damit wird:

$$\overline{uv} = \sum_{e,k} \lambda_e \overline{Z_e Z_k} = \sum_e \lambda_e \overline{Z_e^2}$$

$$\sum_i \overline{\left(\frac{\partial v}{\partial z_i}\right)^2} = \sum_e \lambda_e^2 n_e \tag{34,7}$$

$$\eta = F 2 \sum_e \lambda_e \overline{Z_e^2} + \frac{1}{2} \sum_e \lambda_e^2 n_e$$

und schließlich, wenn man nach den λ_e minimisiert:

$$-\eta = 2 F^2 \sum_e \frac{1}{n_e} (\overline{Z_e^2})^2 ; \quad \alpha = 4 \sum_e \frac{1}{n_e} (\overline{Z_e^2})^2 = \sum_e \alpha_e \tag{34,8}$$

Die Polarisierbarkeit des Moleküls setzt sich also additiv zusammen aus den Polarisierbarkeiten α_e der einzelnen „Schalen". Die entscheidende Näherungsannahme, die diesem einfachen Resultat zugrundeliegt, ist der Verzicht auf vollständige Antisymmetrisierung der Eigenfunktionen hinsichtlich der verschiedenen Schalen.

Man überblickt leicht qualitativ, in welchem Sinne diese Vernachlässigung das Resultat beeinflußt hat. Die Antisymmetrisierung bedeutet ja nichts anderes als die Berücksichtigung des Pauliprinzips zwischen den verschiedenen, unter dem Einfluß des Feldes deformierten Schalen. Dieses fordert in erster Näherung, daß auch die deformierten Eigenfunktionen orthogonal aufeinander bleiben. Bei einer solchen Orthogonalitätsforderung als Nebenbedingung ist die durch Parametervariation erreichbare Energieerniedrigung natürlich geringer, als wenn die Variationen ohne diese Nebenbedingung ausgeführt werden. Der Einfluß des Pauliprinzips geht also dahin, die Polarisationsenergie des Moleküls zu verringern gegenüber dem Wert, den sie ohne Berücksichtigung des Pauliprinzips haben würde. Die einzelnen Elektronen behindern sich gegenseitig bei der Deformation ihrer Bahnen, ganz grob kann man auch sagen, daß jede Bahn bei ihrer Deformation an fremde, schon besetzte Bahnen „anstößt". Man wird erwarten, daß dieser Effekt besonders groß ist zwischen zwei Elektronen, die in verschiedenen Eigenfunktionen derselben Schale sitzen. Gerade für diesen Fall läßt auch unsere Rechenweise die Möglichkeit offen, das Pauliprinzip zu berücksichtigen, indem wir für Bildung der einzelnen $\overline{Z_e^2}$ Eigenfunktionen benutzen, die in den zugehörigen Elektronen dieser Schale antisymmetrisiert sind.

Als Beispiel betrachten wir ein edelgasähnliches Ion. Der Einfluß der inneren Schalen in (34,8) ist von der vierten Potenz klein gegen den der Außenschale, man begeht daher nur einen kleinen Fehler, wenn man überhaupt die inneren Schalen fortläßt. Zu der äußeren Schale rechnen wir sechs p-Elektronen und zwei s-Elektronen. Den Schalenindex e lassen wir fort, da wir es nur mit einer einzigen Schale zu tun haben. Wir wollen jetzt abschätzen, um wieviel Prozent sich $\overline{Z^2}$ infolge des Pauliprinzips verringert. Wir können, gemäß dem Vorgehen in § 21 die 8 Elektronen von vornherein in 2 Gruppen einteilen, nämlich 4 Elektronen mit „aufwärts" gerichtetem und 4 mit „abwärts" gerichtetem Spin. Zwischen diesen beiden Gruppen spielt das Pauliprinzip keine Rolle,

§ 34. Die Polarisierbarkeit eines beliebigen Moleküls.   181

es genügt deshalb, das Problem von 4 Elektronen mit parallelen Spins allein zu betrachten. Das resultierende $\overline{Z^2}$ aller 8 Elektronen ist einfach doppelt so groß als das für 4 Elektronen einer Gruppe berechnete. Da $Z^2 = \sum_{i,\,k} z_i\,z_k$ aus einer Summe von Gliedern besteht, deren jedes höchstens von 2 Koordinaten abhängt, und unsere 4 Eigenfunktionen orthogonal sind, liegen die Voraussetzungen der Gleichung (19,15) vor und wir schreiben:

$$\frac{1}{2}\,\overline{Z^2} = \int \psi^* \left(\sum_{i,\,k=1}^{4} z_i\,z_k\right) \psi\,\mathrm{d}\tau - \sum_T \int \psi^* \left(\sum_{i,\,k=1}^{4} z_i\,z_k\right) T\,\psi\,\mathrm{d}\tau$$

$$\text{mit} \quad \psi = \xi(1)\,\eta(2)\,\zeta(3)\,\varphi(4) \tag{34,9}$$

$\xi,\,\eta,\,\zeta,\,\varphi$ sollen die folgende Form haben:

$$\xi(1) = N\,x_1\,f(r_1)\,; \quad \eta(2) = N\,y_2\,f(r_2)\,; \quad \zeta(3) = N\,z_3\,f(r_3)\,;$$
$$\varphi(4) = M\,g(r_4) \tag{34,10}$$
$$(N,\,M\colon \text{Normierungsfaktoren})$$

In dem ersten Integral von (34,9) verschwinden alle Summanden mit $i \neq k$, da der Mittelwert $\overline{z}$ mit jeder einzelnen der 4 Funktionen (34,10) verschwindet. In der zweiten Summe verschwinden wegen der Orthogonalität der Eigenfunktionen zunächst alle Glieder mit $i = k$, außerdem schrumpft die doppelte Summation über $i,\,k$ einerseits und über alle Transpositionen T andererseits in eine einfache Summation über $i,\,k$ zusammen, da für jeden Summanden $z_i\,z_k + z_k\,z_i = 2\,z_i\,z_k$ nur die Transposition T_{ik} ein nicht verschwindendes Integral geben kann. So läßt sich (34,9) schreiben:

$$\frac{1}{2}\,\overline{Z^2} = \sum_i \overline{z_i^2} - 2\sum_{i<k} \overline{z_i\,z_k\,T_{ik}} \tag{34,11}$$

Schließlich schrumpft noch aus Symmetriegründen die zweite Summe auf ein einziges Glied zusammen, da nur

$$\overline{z_3\,z_4\,T_{34}} = \iint \zeta(3)\,\varphi(4)\,z_3\,z_4\zeta(4)\,\varphi(3)\,\mathrm{d}\tau_3\,\mathrm{d}\tau_4 = \left(\int z\,\zeta\,\varphi\,\mathrm{d}\tau\right)^2 \tag{34,12}$$

nicht verschwindet. Durch eine Umbenennung der Integrationsvariablen läßt sich die erste Summe auch als ein einziges Integral mit der resultierenden Dichteverteilung von (34,10) schreiben und wir bekommen schließlich:

$$\frac{1}{2}\,\overline{Z^2} = \int z^2 \left(\xi^2 + \eta^2 + \zeta^2 + \varphi^2\right)\,\mathrm{d}\tau - 2\left(\int z\,\zeta\,\varphi\,\mathrm{d}\tau\right)^2 \tag{34,13}$$

Das zweite, negative Glied gibt direkt die Pauliprinzip-Korrektur für $\frac{1}{2}\,\overline{Z^2}$. Benutzt man in (34,10) die SLATERschen Näherungs-Eigenfunktionen nach Gl. (17,3) dann kann man den prozentualen Einfluß des Pauliprinzips als Funktion der Hauptquantenzahl n leicht explizit ausrechnen. Man findet:

$$\frac{2\left(\int z\,\zeta\,\varphi\,\mathrm{d}\tau\right)^2}{\int z^2 \left(\xi^2 + \eta^2 + \zeta^2 + \varphi^2\right)\,\mathrm{d}\tau} = \frac{1}{4}\,\frac{2n+1}{n+1} \tag{34,14}$$

Schon für $n = 2$ wird der Bruch $5/12$ und steigt schließlich für große n bis auf $1/2$ an. Das bedeutet, daß $\overline{Z^2}$ unter Berücksichtigung des Pauliprinzips halb so groß, die Polarisierbarkeit nach (34,8) also $1/4$ so groß ist wie ohne Berücksichtigung des Pauliprinzips. Die Schätzung (34,4) hat allerdings kaum mehr als qualitative Bedeutung; immerhin sei erwähnt, daß die Benutzung der viel besseren Eigenfunktionen von Gl. (21,7) zu demselben Resultat führt wie (34,14). Erst durch Einführung neuer Variationsparameter würde voraussichtlich der Einfluß des Pauliprinzips zurückgedrängt werden.

Dennoch hat auch schon die ganze qualitative Feststellung eines merklichen Einflußes des Pauliprinzips auf die Polarisierbarkeit praktische Bedeutung. Es sind nämlich oft Beziehungen zwischen Polarisierbarkeit und Suszeptibilität eines Atoms aufgestellt worden. Für die Suszeptibilität eines kugelsymmetrischen Atoms, das kein resultierendes magnetisches Moment besitzt, liefert nämlich die Theorie:

$$\chi_{\text{at}} = - \frac{e^2}{2\,m\,c^2} \sum_i \overline{z_i{}^2} \quad \text{cm}^3 \qquad (z \text{ in cm})$$

$$= - \frac{1}{2 \cdot 137{,}3^2} \sum_i \overline{z_i{}^2} \quad \text{at. E.} \qquad (z \text{ in at. E.}) \qquad (34{,}15)$$

was hier ohne Beweis notiert sei. Die Summe geht über sämtliche einzelnen Elektronen i des Atoms. Im Gegensatz zu (34,8) sieht man zunächst, daß der Beitrag der inneren Schalen nur quadratisch, und nicht von der 4. Potenz klein mit ihrem Bahnradius ist. Außerdem spielt das Pauliprinzip in (34,15) keine Rolle, es fehlen die Glieder mit $z_i z_k$, welche den Anlaß zu dem zweiten Integral in (34,13) gaben. Das kommt daher, weil hier die Störungsenergie selbst proportional $\sum z_i{}^2$ ist und (34,15) das Resultat einer Störungsrechnung erster Näherung darstellt. Eine Deformation der Eigenfunktionen spielt bei der Ableitung von (34,15) keine Rolle.

Für manche Zwecke ist es bequem, den Austauscheffekt näherungsweise dadurch zu ersetzen, daß man in (34,8) eine effektive Elektronenzahl n_{eff} einführt, indem man in (34,8) schreibt:

$$\alpha_e = \frac{4}{n_e} \left(\overline{Z_e{}^2} \right)^2 = 4 \frac{\left(\sum \overline{z_i{}^2} \right)^2}{n_{\text{eff}}} \qquad (34{,}16)$$

Bei komplizierteren Gebilden ist α aus einer Summe solcher Ausdrücke (34,16) zusammenzusetzen, von denen jeder sein eigenes n_{eff} besitzt. Nach (34,15) erhält man aus der empirischen Suszeptibilität χ_{mol} (pro Mol, gerechnet in cm^3) für eine diamagnetische Substanz:

$$\sum \overline{z_i{}^2} \text{ (in at. E.)} = - 0{,}421 \cdot 10^6 \, \chi_{\text{mol}} \text{ (in cm}^3) \qquad (34{,}17)$$

Benutzt man dies in (34,16), so ist n_{eff} mit Hilfe der empirischen Werte von χ und α definiert. Diese Definition ist vorläufig rein formal, sie erweist sich aber für weitere Berechnungen manchmal nützlich.

HELLMANN und PSCHEJEZKY[54] gingen in dieser Weise vor, um für edelgasähnliche Ionen die Polarisationsenergie im inhomogenen Feld abzuschätzen. Zur Berechnung von $\sum \overline{z_i{}^2}$ in (34,16) ist nur die Kenntnis der resultierenden, kugelsymmetrischen Dichteverteilung der äußeren Schale notwendig. Diese wurde in einfacher analytischer Form so angesetzt, daß sich die Suszeptibilität richtig ergab. Wo Hartree-Fock-Lösungen für das betrachtete Ion vorlagen, wurden diese zugezogen, um die Dichteverteilung festzulegen. Die ganze Aufgabe erscheint so auf das H_2^+-Problem zurückgeführt, nur mit dem Unterschied einer abweichenden Dichteverteilung ψ_0^2, die außerdem nicht auf 1 normiert ist, sondern auf irgend eine effektive Elektronenzahl. Diese wurde so gewählt, daß die Polarisierbarkeit im homogenen Feld richtig herauskommt. Man kann erwarten, daß die begangenen Fehler der teils etwas willkürlichen Näherungen sich einigermaßen kompensieren, da dies vereinfachte Modell hinsichtlich Dichteverteilung, Suszeptibilität und Polarisierbarkeit im homogenen Feld an die Erfahrung angeschlossen ist. Die Rechnung verläuft genau wie beim H_2^+, es bleiben die in § 34 besprochenen qualitativen Resultate erhalten. Interessant ist, daß sich auf diese Weise HCl, HBr und HJ als reine Ionenbindung verstehen lassen, ein Resultat, das schon früher von KIRKWOOD gewonnen wurde. Allerdings wurde von KIRKWOOD[18] der Quadrupoleffekt gar nicht berücksichtigt, dagegen der Dipoleffekt überschätzt, so daß die dort gewonnene Übereinstimmung mit den experimentellen Daten wohl zum Teil als zufällig anzusehen ist. HELLMANN und PSCHEJEZKY geben Kurven[54], die es näherungsweise gestatten, für eine Reihe von Anionen ihre effektive Polarisierbarkeit im Feld eines Kations (definiert durch Gl. 33,9) als Funktion des Abstandes zu finden.

§ 35. Die Dispersionskräfte zwischen zwei H-Atomen.

In § 25 sahen wir, daß die gesamte Störungsenergie 1. Näherung zwischen zwei H-Atomen bei großen Abständen der Atome exponentiell verschwindet. Wir wollen in diesem Paragraphen die Störungsenergie 2. Näherung für solche Abstände durchführen, in denen die Störungsenergie 1. Näherung schon keine Rolle mehr spielt. Alle Störungsenergien erster Ordnung hängen irgendwie mit der gegenseitigen Überdeckung der Dichteverteilungen der beiden Atome zusammen; sobald diese Überdeckung keine Rolle mehr spielt, liegen einfach 2 nach außen neutrale kugelsymmetrische Ladungswolken vor, deren Wechselwirkung verschwindet. Auch alle Austauscheffekte gehen mit dem Produkt $\psi_a \psi_b$ der beiden Eigenfunktionen und verschwinden deshalb exponentiell mit dem Abstand der Atome. Wir können daher bei der folgenden Näherungsrechnung von vornherein auf die Bildung der symmetrischen oder antisymmetrischen Linearkombination verzichten, also jedes Elektron bei seinem Atom lokalisieren. Die Eigenfunktion nullter Näherung dieses Systems aus 2 H-Atomen lautet dann

$$\psi_0(12) = \psi_a(1)\,\psi_b(2) \tag{35,1}$$

Die Störungsenergie läßt sich in den vorausgesetzten großen Abständen nach Multipolen entwickeln, wobei in erster Näherung nur das Dipolglied beibehalten werden kann:

$$u(12) = \frac{1}{R} + \frac{1}{r_{12}} - \frac{1}{r_{a2}} - \frac{1}{r_{b1}} = \frac{1}{R^3}(x_1 x_2 + y_1 y_2 + 2\,z_1 z_2) + \frac{1}{R^4}\cdots + \cdots \tag{35,2}$$

184   Kapitel V.

x, y, z bedeuten darin die kartesischen Koordinaten der beiden Elektronen, jeweils gerechnet von dem zugehörigen Atomkern. Die z-Koordinate ist für beide Atome nach innen, also in der Richtung zum anderen Atom hin, positiv gerechnet. (35,2) ist als Wechselwirkung zweier Dipole im Abstand R, als Funktion ihrer Stärke und gegenseitigen Orientierung (gemessen durch x_1, y_1, z_1; x_2, y_2, z_2) aus der Elektrostatik bekannt.

Zur Berechnung der Störungsenergie 2. Ordnung greift man wieder auf Gl. (14,20)–(14,24) zurück. Hier liegen die Voraussetzungen von (14,23) vor. Nimmt man noch dazu, daß $u_{00} = \overline{u}$ verschwindet, dann ergibt sich für die gesuchte Energiestörung 2. Ordnung:

$$\varepsilon = -\frac{1}{R^6} \frac{2\left(\overline{u^2}\right)^2}{\overline{\left(\frac{\partial u}{\partial x_1}\right)^2} + \overline{\left(\frac{\partial u}{\partial y_1}\right)^2} + \overline{\left(\frac{\partial u}{\partial z_1}\right)^2} + \overline{\left(\frac{\partial u}{\partial x_2}\right)^2} + \overline{\left(\frac{\partial u}{\partial y_2}\right)^2} + \overline{\left(\frac{\partial u}{\partial z_2}\right)^2}} \qquad (35,3)$$

Wenn man berücksichtigt:

$$\overline{x_1} = \overline{y_1} = \overline{z_1} = \overline{x_1\,y_1} = \overline{x_1\,z_1} = \overline{y_1\,z_1} = 0 \ \text{ und } \ \overline{x_1^2} = \overline{y_1^2} = \overline{z_1^2} \qquad (35,4)$$

entsprechend für x_2, y_2, z_2, dann wird aus (35,3) unmittelbar

$$\varepsilon = -\frac{1}{R^6} \frac{2\left(6\,\overline{z_1^2}\,\overline{z_2^2}\right)^2}{6\left(\overline{z_1^2} + \overline{z_2^2}\right)} \qquad (35,5)$$

Dies gilt noch für ein beliebiges Paar von Atomen mit je einem Valenzelektron, es wurde ja bisher nichts weiter als die Kugelsymmetrie der einzelnen Atome vorausgesetzt. Bei gleichen Atomen ist $\overline{z_1^2} = \overline{z_2^2}$, speziell beim H-Atom ist $\overline{z^2} = 1$. Man erhält so schließlich:

$$\varepsilon = -\frac{6}{R^6} \ \text{ at. E.} \qquad (35,6)$$

Um diese Kräfte anschaulich zu verstehen, notieren wir uns den Ausdruck für ψ in der ersten Näherung, der in diesem Falle lautet:

$$\psi = \psi_a(1)\,\psi_b(2)\left[1 + \lambda\left(x_1\,x_2 + y_1\,y_2 + 2\,z_1\,z_2\right)\right] \qquad (35,7)$$

Die zugehörige Verteilungsfunktion $w(1,2) = \psi^2$ ergibt sich bei Streichung von Ausdrücken, welche die kleine Konstante λ quadratisch enthalten, zu:

$$w(1,2) = \psi_a^{\,2}(1)\,\psi_b^{\,2}(2)\left[1 + 2\lambda\left(x_1\,x_2 + y_1\,y_2 + 2\,z_1\,z_2\right)\right] \qquad (35,8)$$

$w(1,2)$ bedeutet die Wahrscheinlichkeit, das Elektron 1 am Orte x_1, y_1, z_1 anzutreffen und gleichzeitig das Elektron 2 am Orte x_2, y_2, z_2.

Man sieht, daß $w(1,2)$ ohne die Störung einfach das Produkt der Einzelwahrscheinlichkeiten $\psi_a^{\,2}(1)$ und $\psi_b^{\,2}(2)$ sein würde, wie es nach den Gesetzen der Wahrscheinlichkeitsrechnung bei unabhängigen Wahrscheinlichkeiten zu erwarten ist. Durch die Störungsfunktion sind aber die Wahrscheinlichkeiten nicht mehr unabhängig voneinander, es werden vielmehr Lagen x_1, y_1, z_1; x_2, y_2, z_2 bevorzugt, bei denen die wechselseitige potentielle Energie möglichst tief liegt. Jede einzelne Ladungsverteilung bleibt aber in dieser Annäherung kugelsymmetrisch. Denn die Wahrscheinlichkeit, das Elektron 1 bei x_1, y_1, z_1 anzutreffen, unabhängig davon, wo sich Elektron 2 befindet, erhält man auf bekannte Weise, indem man $w(1,2)$ über alle Lagen von 2 integriert. Führt man diese Integration in (35,8) aus, dann verschwindet wegen der Kugelsym-

§ 35. Die Dispersionskräfte zwischen zwei H-Atomen.   185

metrie von $\psi_b{}^2$ der Anteil mit der Störungsfunktion und es bleibt nur
übrig:

$$\int w(1,2)\,\mathrm{d}\tau_2 = \psi_a{}^2(1) \qquad (35{,}9)$$

d. h. die Dichteverteilung jedes einzelnen Atoms bleibt in 1. Näherung unverändert kugelsymmetrisch. Wir haben also Polarisations-An-
ziehungskräfte zwischen den Atomen, ohne daß dabei eine Deformation der einzelnen Ladungswolken eintritt. Wir können diese Kräfte
nur statistisch deuten, wie es durch den Ausdruck für $w(1,2)$ nahegelegt wird. Die Elektronen führen ihre „Wimmelbewegung" mit der
kinetischen Nullpunktsenergie eben nicht unabhängig voneinander aus,
sondern sie bevorzugen, soweit ihre kinetische Nullpunktsenergie das
zuläßt, gegenseitige Lagen mit möglichst geringer potentieller Energie.
Sie „wimmeln" gewissermaßen im Takt, soweit ihre kinetische Energie
das nicht stört. Wir sehen hier wieder, wie das Vorhandensein der kinetischen Nullpunktsenergie zum Auftreten und zum Verständnis von
Kräften führt, die man mit klassisch-elektrostatischen Vorstellungen allein niemals verstehen könnte. Unter Heranziehung der thermodynamischen Analogie kann man auch sagen, die Dispersionskräfte stellen den
DEBYE-KEESOMschen Richteffekt für die aus Elektronen und Rümpfen
gebildeten Dipole dar, wobei die Nullpunktsenergie die Rolle der Temperaturenergie spielt. Allerdings ist hier nicht nur die Richtung, sondern
auch die Länge der Dipole variabel.

Im nächsten Paragraphen werden wir diese Überlegungen auf beliebige Atome oder Moleküle übertragen. Diese Dispersionskräfte spielen für
die van der Waals'schen Kräfte zwischen Molekülen eine entscheidende
Rolle. Das einfache Beispiel des H-Atoms erlaubt uns schon hier einige kritische Überlegungen über den Anwendungsbereich der benutzten
Näherungen anzustellen.

Zunächst läßt sich leicht sehen, von welchem Abstand ab die Voraussetzung erfüllt ist, daß der Austausch neben den Dispersionskräften keine Rolle mehr spielt. In einem Abstand von 10 at. E. (= 5,285 Å) erhält man nach HEITLER-LONDON (SUGIURA) eine Energie von etwa $6 \cdot$
10^{-7} at. E., während die Energie der Dispersionskräfte hier nach (35,6)
das 10-fache hiervon beträgt. Etwa diesen Abstand müßte man daher eigentlich als Gültigkeitsgrenze von (35,6) angeben. Denn es ist keineswegs gesagt, daß Austausch- und Dispersionsenergie additiv gehen. So-
bald man zur Eigenfunktion 0. Näherung $\frac{1}{\sqrt{2}}\big(\psi_a(1)\,\psi_b(2) + \psi_b(1)\,\psi_a(2)\big)$
übergeht, muß man diese auch in (35,3) zur Bildung der Mittelwer-
te benutzen und außerdem nach (14,22) berücksichtigen, daß $\overline{u}$ nicht
mehr verschwindet. Für die in (14,22) auftretenden Integrale von dem
Typus $\iint \psi_a(1)\,\psi_b(2)\,u\,w\,\psi_a(2)\,\psi_b(1)\,\mathrm{d}\tau_1\,\mathrm{d}\tau_2$ ist fernerhin die Reihenentwicklung von u nicht mehr zulässig. In welchem Sinne diese Kopplung
zwischen Austausch- und Dispersionskräften auf die resultierende Energie wirkt, läßt sich kaum allgemein vorhersagen.

Zu dieser Abweichung von der Additivität zwischen Austausch- und
Dispersionskräften kommt bei kleinen Abständen ein „Eintaucheffekt",
der ähnlich wie bei der Polarisation (s. § 33) darin besteht, daß die
Reihenentwicklung (35,2) von u in dem Gebiet, wo sich die Dichten
merklich überdecken, nicht mehr gültig ist. Es ist also im Zähler von

186   Kapitel V.

(35,3) $u\,w$ an Stelle u^2 und im Nenner w statt u zu schreiben, wobei
für u jetzt der strenge Ausdruck (35,2) zu benutzen ist, während man
für w als Variationsansatz die Form $x_1 x_2 + y_1 y_2 + 2\,z_1 z_2$ beibehalten
kann. Dieser „Eintaucheffekt" muß, ähnlich wie bei der Polarisierbarkeit
in § 33 eine Verringerung der Wechselwirkungsenergie veranlassen. Bei
noch kleineren Abständen kommt schließlich die klassische Polarisation der Elektronenwolken in den inhomogenen, exponentiell abfallenden
elektrischen Feldern zu dem Dispersionseffekt hinzu und vergrößert die
Anziehung zwischen den Atomen. Von einer Additivität kann jedoch in
diesen kleinen Abständen schon keine Rede mehr sein.

    Dies gilt alles analog für beliebige Moleküle. Die Abstände, für wel-
che man sich praktisch interessiert, sind stets so klein, daß alle genannten
Korrektionen schon eine wesentliche Rolle spielen. Denn man benutzt
das $1/R^6$-Gesetz stets bis zu solchen Abständen, wo infolge des Austausches, bezw. allgemein wegen Überdeckung der Ladungswolken, die
Kräfte kurzer Reichweite eine weitere Annäherung verhindern.

    Am Beispiel des H_2 wurden die allgemeinen Züge der Erscheinungen
in diesem Übergangsgebiet von HELLMANN und MAJÈWSKI[55] besprochen. Dazu wurden strenge Lösungen der Variationsaufgabe bestimmt,
indem die gestörte Eigenfunktion in der Form

$$\psi(12) = \psi_a(1)\,\psi_b(2)\,[1 + \lambda\,(z_{a1} + z_{b2}) + \mu\,z_{a1}\,z_{b2}] \qquad (35,10)$$

angesetzt wurde. Das Glied mit λ entspricht einer klassischen Polarisation in der z-Richtung (unter Beschränkung auf den Dipol), das Glied
mit μ der Dispersionswechselwirkung (ebenfalls unter Beschränkung auf
den Dipol in der z-Richtung). Diese Eigenfunktion konnte bei Verzicht
auf Austauschkräfte so direkt benutzt werden, die Rechnung wurde aber
auch für die symmetrisierte, sowie für die antisymmetrisierte Funktion
(35,10) durchgeführt. Infolge der Beschränkung auf die z-Koordinate
geht die Energie für große R in die Form $-4/R^6$ über, statt $-6/R^6$ nach
(35,6). Man kann aber annehmen, daß die prozentualen Korrektionen an
diesem asymptotischen Ausdruck, die sich in kleinen Abständen einstellen, in ihren allgemeinen Zügen dieselben bleiben, wenn man auch die
x- und y-Koordinate beim Ansatz der gestörten Eigenfunktion berücksichtigt. Diese spielen neben der z-Koordinate ja ohnehin eine unterge-
ordnete Rolle.

    Die allgemeinen Ergebnisse der genannten Untersuchung sind fol-
gende. Bei $R = 10$ werden schon die Austauschkräfte merklich. Bis
etwa $R = 7$ hinunter, wo die Austauschenergie schon dreimal so groß
ist, als die Energie der Dispersionskräfte, sind diese beiden Anteile jedoch noch völlig additiv. Auch spielt der „Eintaucheffekt" in diesen
Abständen noch keine Rolle.*) Bei $R = 5$ vermindert dieser die Anziehung schon beträchtlich, während gleichzeitig die Kopplung (Nicht-
additivität) zwischen Austausch- und Dispersionskräften die Anziehung
wieder verstärkt. Bei noch kleineren Abständen würde der „Eintaucheffekt" allein bewirken, daß man nur noch einen kleinen Bruchteil der
nach $4/R^6$ berechneten Dispersionsenergie erhält. Die Kopplung mit
dem Austausch sowie der stark anwachsende Einfluß der klassischen Po-

*) Dieser „Eintaucheffekt" der Dispersionskräfte ist natürlich nicht mit dem Ein-
taucheffekt erster Ordnung zu verwechseln, der bewirkt, daß $\bar{u}$ nicht mehr verschwindet.

§ 35. Die Dispersionskräfte zwischen zwei H-Atomen.   187

larisation bewirkt aber ein Absinken der Energie, welches den „Eintaucheffekt" mehr oder weniger kompensiert. Das gilt sowohl für den Anziehungsfall (symmetrische Eigenfunktion), als für den Abstoßungsfall (antisymmetrische Funktion). Im ersten Fall tritt der Einfluß der Dispersionskräfte bei $R = 3$ schon völlig gegen den der Polarisationskräfte zurück, im zweiten Fall überwiegen hier noch die Dispersionskräfte.

In Fig. 20 ist die gesamte Störungsenergie 2. Ordnung für den symmetrischen (Singlett-) und den antisymmetrischen (Triplett-)Fall aufgetragen und mit dem asymptotischen Gesetz $4/R^6$ verglichen. Man sieht, daß dieses die R-Abhängigkeit und annähernd sogar die Größe der gesamten Störungsenergie 2. Ordnung leidlich wiedergibt. Wenn man bedenkt, daß der Ansatz (35,10) nur die Dipoleffekte, aber nicht die höheren Pole erfaßt, dann liegt es nahe, das asymptotische Gesetz bis zu dem Abstand $R = 3$ hinunter als beste zur Zeit zur Verfügung stehende Annäherung für die gesamte Störungsenergie höherer Ordnung beizubehalten und diese Energie einfach additiv zur HEITLER-LONDON-Kurve hinzuzufügen. Besonders

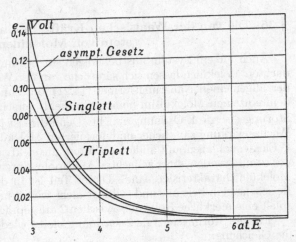

Fig. 20. Die Störungsenergien zweiter Ordnung beim H_2-Molekül.   (Nach HELLMANN und MAJEWSKI[55].)

wichtig ist, daß dies in leidlicher Näherung sowohl für den Fall der symmetrischen als den der antisymmetrischen Eigenfunktion gilt. Erst dadurch gewinnt man das Recht, die im Fall des H_2 nahegelegte Annäherung auch auf andere Atome und Moleküle zu übertragen, bei denen die Austauschwechselwirkung meist edelgasartig ist, d. h. zwischen den beiden Fällen der symmetrischen und der antisymmetrischen Eigenfunktion liegt. In Gl. (37,14) werden wir eine praktische Anwendung auf die Wechselwirkung zweier He-Atome kennen lernen.

An Stelle des asymptotischen Gesetzes $4/R^6$ wird man schließlich, um den Einfluß der x- und y-Koordinate zu berücksichtigen, das strenge asymptotische Gesetz $6/R^6$ oder sogar das durch weitere Variationsparameter noch verbesserte Gesetz $6,50/R^6$ nach Gl. (35,11) benutzen. Die obige Überlegung zeigt aber, daß die Hinzufügung höherer Multipole zu dem asymptotischen Gesetz von zweifelhaftem Wert ist, wenn man dieses bei den praktisch stets vorliegenden kleinen Abständen anwenden will. Je höher der Multipol ist, eine desto stärkere Rolle spielt der „Eintaucheffekt". Außerdem ist, wie Fig. 20 zeigt, ein mehr oder weniger beträchtlicher Teil des Einflusses höherer Pole in der Extrapolation der asymptotischen Dipolwechselwirkung auf kleine Abstände schon enthalten.

Eine formale Fortführung des asymptotischen Gesetzes durch Berücksichtigung höherer Pole, aber ohne Berücksichtigung des Eintaucheffektes sowie der Kopplung zwischen Austausch und Polarisation, wurde zuerst von MARGENAU[14], später von PAULING und BEACH[43] durchgeführt. Das Resultat der letztgenannten Autoren lautet:

$$\varepsilon = -\frac{6,49903}{R^6} - \frac{124,399}{R^8} - \frac{1135,21}{R^{10}} \tag{35,11}$$

§ 36. Die van der Waals'schen Kräfte in einem beliebigen System von Molekülen

Auch für ein System aus beliebigen, in bestimmter Lage fixiert gedachten Molekülen lassen sich sämtliche van der Waals'schen Kräfte aus der allgemeinen Näherungsformel (14,21) berechnen. Ähnlich wie bei dem einzelnen Molekül im homogenen Feld, verschwindet auch hier die Störungsenergie 1. Ordnung $\overline{u}$ nicht. Denn dies ist ja die elektrostatische Wechselwirkung sämtlicher undeformierten Moleküle, gemittelt über alle Elektronenlagen, mit anderen Worten, die elektrische Wechselwirkung der resultierenden, starr gedachten Multipole, durch welche die einzelnen Moleküle charakterisiert sind. Dieser Teil ist in der klassischen Theorie seit langem bekannt und soll hier nicht weiter untersucht werden. Er spielt eine merkliche Rolle nur zwischen 2 ausgeprägten Dipolmolekülen.

Für die Störungsenergie 2. Ordnung bleibt wieder, genau wie in § 34 die Gleichung:

$$\eta = 2\,\overline{u\,v} - 2\,\overline{u}\,\overline{v} + \frac{1}{2} \sum_i \overline{(\mathrm{grad}_i\, v)^2} \tag{36,1}$$

worin die Summe über alle Elektronen geht und u sowie v die Koordinaten sämtlicher Elektronen des Systems enthalten. Wie in § 34 fassen wir wieder die Elektronen des Systems in Schalen zusammen und wählen die Funktionen v so, daß $\overline{v}$ verschwindet. Das läßt sich bei dem vorliegenden Problem stets ohne wesentliche Einschränkung der Freiheit der Variationen von v erreichen. Mit der Abkürzung:

$$\overline{(\mathrm{Grad}_l\, v)^2} = \sum_{i=1}^{n_l} \overline{(\mathrm{grad}_i\, v)^2} \tag{36,2}$$

(n_l: Elektronenanzahl in der l-ten Schale) wird dann aus (36,1):

$$\eta = 2\,\overline{u\,v} + \frac{1}{2} \sum_l \overline{(\mathrm{Grad}_l\, v)^2} \tag{36,3}$$

u ist Störungsfunktion des ganzen Systems und setzt sich aus einer Summe von Gliedern $u(kl)$ zusammen. $u(kl)$ hängt von den Koordinaten der Elektronen der k-ten und der l-ten Schale gleichzeitig ab. Die Wechselwirkung zwischen 2 Schalen desselben Atoms tritt im allgemeinen nicht in der Störungsenergie auf, die betreffenden $u(kl)$ sind also gleich 0 zu setzen. Der allgemeinste Ansatz, den man unter Beachtung dieser Struktur von u für v machen kann, ist:

§ 36. Van der Waals'sche Kräfte in beliebigem System von Molekülen. 189

$$v = \sum_l \lambda_l\, w_l + \sum_{k<l} \lambda_{kl}\, w_{kl} \tag{36,4}$$

worin w_l nur von den Koordinaten der l-ten Schale, w_{kl} gleichzeitig von den Koordinaten der l-ten und der k-ten Schale abhängen sollen.

Hiermit wird aus (36,3): $\eta =$

$$2\sum_l \lambda_l\, \overline{w_l\, \overline{u}(l)} + 2\sum_{k<l}\lambda_{kl}\,\overline{w_{kl}\, u} + \frac{1}{2}\sum_l \lambda_l{}^2\,\overline{(\mathrm{Grad}_l\, w_l)^2} + \frac{1}{2}\sum_{k\neq l}\lambda_{kl}{}^2\,\overline{(\mathrm{Grad}_l\, w_{kl})^2}$$

$$+ \sum_{k\neq l}\lambda_l\lambda_{kl}\,\overline{\mathrm{Grad}_l\, w_{kl}\,\mathrm{Grad}_l\, w_l} + \sum_{k\neq m\neq l}\lambda_{ml}\lambda_{kl}\,\overline{\mathrm{Grad}_l\, w_{kl}\,\mathrm{Grad}_l\, w_{ml}} \tag{36,5}$$

Hierin ist $\overline{u}(l)$ als Abkürzung geschrieben für die potentielle Energie der Elektronen der l-ten Schale eines Moleküls im resultierenden Feld sämtlicher übrigen Moleküle.

Die letzte Zeile verschwindet, wenn man w_l proportional den kartesischen Koordinaten der l-ten Schale und w_{kl} proportional dem Produkt dieser Koordinaten für die l-te und k-te Schale ansetzt, wie wir das nachher tun werden. Es wird dann z. B. $\mathrm{Grad}_l\, w_{kl} \times \mathrm{Grad}_l\, w_{ml}$ proportional den kartesischen Koordinaten $\overline{X}_k \cdot \overline{X}_m$, und der Mittelwert der Koordinatensumme $\overline{X}$ soll ja für jede Schale verschwinden (vergl. § 34). Aus ähnlichen Gründen bleibt von $\overline{w_{kl}\, u}$ nur $\overline{w_{kl}\, u(kl)}$ übrig. Nach Streichung der zweiten Zeile bleibt in (36,5) eine Summe von 4 Gliedern, von denen 2 nur von den λ_l und 2 nur von den λ_{kl} abhängen. Dem entsprechen auch 2 getrennte Variationsprobleme und 2 voneinander unabhängige Beiträge zur Energie η, nämlich:

$$\eta = \eta' + \eta''$$

$$= -2\sum_l \frac{\left(\overline{w_l\, \overline{u}(l)}\right)^2}{\overline{(\mathrm{Grad}_l\, w_l)^2}} - 2\sum_{k<l}\frac{\left(\overline{w_{kl}\, u(kl)}\right)^2}{\overline{(\mathrm{Grad}_k\, w_{kl})^2} + \overline{(\mathrm{Grad}_l\, w_{kl})^2}} \tag{36,6}$$

Die erste Summe hat eine sehr einfache elektrostatische Bedeutung. Sie stellt nichts anderes dar, als den sogenannten „Induktionseffekt", d. h. die Energie infolge Polarisation jedes Moleküls (bezw. jeder Schale) in dem resultierenden Potentialfeld $\overline{u}(l)$ aller übrigen Moleküle. Betrachtet man das resultierende Kraftfeld näherungsweise als homogen, dann läßt sich der einzelne Summand aus der ersten Summe in der Form $\frac{\alpha_l}{2}\, F_l{}^2$ schreiben, worin α_l die Polarisierbarkeit der l-ten Schale und F_l die durch die Störungsenergie im Zentrum dieser Schale hervorgerufene Feldstärke bedeutet. Da sich die elektrische Feldstärke vektoriell aus den Beträgen aller Moleküle zusammensetzt, ist die Energie des Induktionseffektes nicht additiv in den Molekülpaaren.

Den Einfluß einer Bewegung der Moleküle auf diesen Energieanteil kann man normalerweise mit guter Näherung ebenfalls aus der klassischen Theorie übernehmen. Man setzt danach voraus, daß sich z. B. in einem Gas zu jeder gegenseitigen Molekülorientierung praktisch momentan die zugehörige Polarisationsdeformation der Elektronen einstellt. Das ist deshalb berechtigt, weil die Nullpunktsbewegung der Elektronen meist sehr schnell erfolgt im Vergleich zur Temperaturbewegung der ganzen Moleküle (s. § 37).

Der zweite Anteil η'' von (36,6) gibt die Energie der Dispersions-kräfte. Diese setzt sich demnach additiv aus den Beiträgen der ein-zelnen Paare von Schalen zusammen[35]. Die Wechselwirkung zwischen einem Paar solcher Schalen wird in dieser Näherung durch die Gegen-wart der übrigen Schalen gar nicht beeinflußt. Mit dieser Additivität pro Schalenpaar ist natürlich erst recht die Additivität pro Atompaar oder pro Molekülpaar bewiesen. Dies ist eine sehr wichtige Eigenschaft der Dispersionskräfte.

Den Hauptbeitrag zur Summe η'' in (36,6) liefern wieder die äuße-ren Schalen. Bei einfachen Molekülen wird es manchmal genügen, pro Molekül nur eine Schale zu rechnen, die etwa durch sämtliche Valenz-elektronen gebildet wird. Bei komplizierten, insbesondere organischen Molekülen zerlegt man das ganze Molekül nach seinen Atomen oder sei-nen Valenzen. Die gesamte Wechselwirkung zweier Moleküle setzt sich dann additiv aus den Wechselwirkungen jeder Schale des ersten Moleküls mit jeder Schale des zweiten zusammen.

Wir betrachten einen Summanden der Summe η'' von (36,6), z. B.

$$\eta''(kl) = -\frac{2\left(\overline{w_{kl}\,u(kl)}\right)^2}{(\operatorname{Grad}_k w_{kl})^2 + (\operatorname{Grad}_l w_{kl})^2} \tag{36,7}$$

Wie in § 35 entwickeln wir die gesamte Wechselwirkung zwischen den Elektronen der k-ten Schale und denen der l-ten Schale nach Multipolen und behalten nur die Dipolglieder bei: $u(kl)$ wird dann eine Summe von Ausdrücken der Form (35,2), worin für 1 der Reihe nach jedes Elektron der l-ten Schale, für 2 jedes Elektron der k-ten Schale einzusetzen ist. Diese Doppelsumme läßt sich auch schreiben :

$$u(kl) = \frac{1}{R^3}\,(X_k\,X_l + Y_k\,Y_l + 2\,Z_k\,Z_l) \tag{36,8}$$

worin X, Y, Z wie in § 34 für die Koordinatensummen stehen:

$$X_k = \sum_{i=1}^{\nu} x_i;\quad X_l = \sum_{i=\nu+1}^{\nu+\mu} x_i;\quad Z_k = \sum_{i=1}^{\nu} z_i \quad \text{u. s. w.} \tag{36,9}$$

Die k-te Schale enthält also ν, die l-te Schale μ Elektronen. In erster Näherung ist zu setzen:

$$w_{kl} = X_k\,X_l + Y_k\,Y_l + 2\,Z_k\,Z_l \tag{36,10}$$

und damit

$$(\operatorname{Grad}_k w_{kl})^2 + (\operatorname{Grad}_l w_{kl})^2 = \nu\,(X_l{}^2 + Y_l{}^2 + 4\,Z_l{}^2) + \mu\,(X_k{}^2 + Y_k{}^2 + 4\,Z_k{}^2) \tag{36,11}$$

Unter Benutzung von $\overline{X_l} = \overline{X_l Y_l} = \overline{X_k}$ u. s. w. $= 0$ wird aus (36,7):

$$\eta''(kl) = -\frac{2}{R^6}\,\frac{\left(\overline{X_k{}^2}\,\overline{X_l{}^2} + \overline{Y_k{}^2}\,\overline{Y_l{}^2} + \overline{Z_k{}^2}\,\overline{Z_l{}^2}\right)^2}{\nu\left(\overline{X_l{}^2} + \overline{Y_l{}^2} + 4\,\overline{Z_l{}^2}\right) + \mu\left(\overline{X_k{}^2} + \overline{Y_k{}^2} + 4\,\overline{Z_k{}^2}\right)} \tag{36,12}$$

Nach (34,8) lassen sich die el. Trägheitsmomente $\overline{X_k{}^2}$ u. s. w. in den Polarisierbarkeiten der zugehörigen Schalen für die betreffende Koordi-natenrichtung ausdrücken. Für die praktischen Anwendungen genügt es

§ 36. Van der Waals'sche Kräfte in beliebigem System von Molekülen. 191

meistens, über die Koordinatenrichtungen zu mitteln,*) also auch bei nicht genau kugelsymmetrischen Gebilden $\overline{X^2} = \overline{Y^2} = \overline{Z^2}$ zu setzen und darunter einen Mittelwert zu verstehen. Entsprechend bedeuten die Polarisierbarkeiten α_k und α_l die mittleren Polarisierbarkeiten der betreffenden Schale, also mit Gl. (34,8):

$$\overline{X_k{}^2} = \overline{Y_k{}^2} = \overline{Z_k{}^2} = \frac{1}{2}\sqrt{\nu\,\alpha_k}\,; \qquad \overline{X_l{}^2} = \overline{Y_l{}^2} = \overline{Z_l{}^2} = \frac{1}{2}\sqrt{\mu\,\alpha_l} \quad (36,13)$$

In (36,12) eingesetzt ergibt dies:

$$\eta''(kl) = -\frac{1}{R^6}\frac{3}{2}\frac{\alpha_l\ \alpha_k}{\sqrt{\dfrac{\alpha_l}{\mu}}+\sqrt{\dfrac{\alpha_k}{\nu}}} \qquad (36,14)$$

Hiernach sind die Dispersionskräfte zwischen einem beliebigen Paar von Schalen bekannt, wenn man die Polarisierbarkeiten dieser Schalen sowie ihre Elektronenanzahl kennt. Wenn es sich um 2 Atome oder einfache Moleküle handelt, fällt meist die Polarisierbarkeit der äußersten Schale praktisch zusammen mit der des ganzen Atoms, bezw. Moleküls, α_l und α_k bedeuten dann in (36,14) unmittelbare Erfahrungsdaten. Über die Zahl der Elektronen ν, bezw. μ, die zur äußersten Schale zu rechnen sind, kann in den meisten Fällen kaum ein Zweifel herrschen. In Zweifelsfällen schätzt man theoretisch ab, wie sich die gesamte Polarisierbarkeit jedes Atoms auf die beiden äußersten Schalen aufteilt und bekommt dann die gesamte Dispersionsenergie der beiden Atome als eine Summe von 4 Ausdrücken der Form (36,14). Bei komplizierteren Molekülen ist am besten pro Bindung eine „Schale" zu nehmen. Voraussetzung der ganzen Formeln bleibt stets genügender Abstand der beiden Schalen voneinander. Wie aber das im vorigen Paragraphen betrachtete Beispiel des H_2 zeigt, reicht die praktische Brauchbarkeit dieses Gesetzes wohl zu bedeutend kleineren Abständen als man rein theoretisch vermuten sollte.

Ähnlich wie bei Betrachtung der Polarisierbarkeit in § 34 ist auch hier der Austausch zwischen den Schalen oder wie in § 34 auseinandergesetzt wurde, die gegenseitige Behinderung der Deformation der verschiedenen Schalen infolge des Pauliprinzips vernachlässigt. Man sieht qualitativ, daß dieser Effekt den Einfluß innerer Schalen weiter zurückdrängt[35]. Es ist daher auf keinen Fall zulässig, in (36,14) für ν und μ die Gesamtzahl der Elektronen des ganzen Atoms, oder gar des ganzen Moleküls einzusetzen.**) Die Beziehung (36,14) wurde — mit einer geringfügigen Abweichung im Zahlenfaktor — zuerst von SLATER und KIRKWOOD angegeben[12] und hat sich für alle Fragen der van der Waals'schen Kräfte

---

*) Will man die Anisotropie berücksichtigen, dann sind auch für die drei Koordinatenrichtungen, die mit den Hauptachsen des Polarisationstensors zusammenfallen, unabhängige Variationsparameter zu benutzen. Falls eine der Hauptachsen mit der Verbindungslinie der Schwerpunkte beider Schalen zusammenfällt, erhält man statt (36,14) genauer:

$$\eta''(kl) = -\frac{1}{R^6}\frac{1}{4}\left(\frac{\alpha_{xl}\,\alpha_{xk}}{\sqrt{\dfrac{\alpha_{xl}}{\mu}}+\sqrt{\dfrac{\alpha_{xk}}{\nu}}}+\frac{\alpha_{yl}\,\alpha_{yk}}{\sqrt{\dfrac{\alpha_{yl}}{\mu}}+\sqrt{\dfrac{\alpha_{yk}}{\nu}}}+4\frac{\alpha_{zl}\,\alpha_{zk}}{\sqrt{\dfrac{\alpha_{zl}}{\mu}}+\sqrt{\dfrac{\alpha_{zk}}{\nu}}}\right)$$

Hierin bedeutet z. B. α_{xk} die Polarisierbarkeit der k-ten Schale in x-Richtung.
**) Eine solche Beziehung wurde von KIRKWOOD angegeben[17].

192   Kapitel V.

sehr bewährt. (36,14) gilt in atomaren Einheiten. Da α^2/R^6 dimensionslos ist, muß $\sqrt{\dfrac{\nu}{\alpha_k}}$ im Nenner, das mit I_k abgekürzt werde, von der Dimension einer Energie sein. Es seien die verschiedenen Umrechnungen notiert:

$$I = \sqrt{\frac{\nu}{\alpha\,(\text{at. E.})}}\ \text{at. E.} = 1{,}655 \cdot 10^{-11}\sqrt{\frac{\nu}{\alpha\,(\text{Å}^3)}}\ \text{erg}$$

$$= 240\sqrt{\frac{\nu}{\alpha\,(\text{Å}^3)}}\ \frac{\text{kcal}}{\text{Mol}} = 10{,}40\sqrt{\frac{\nu}{\alpha\,(\text{Å}^3)}}\ e\text{-Volt} \tag{36,15}$$

Die „Dispersionskräfte" wurden zuerst eingeführt von F. LONDON[5-7], von dem auch diese Bezeichnung stammt. Die Rechenweise, die LONDON[6,7], sowie LONDON und EISENSCHITZ[5] in ihren grundlegenden Arbeiten benutzten, ist eine ganz andere als die oben gegebene, weil sie nirgends von direkten Variationsansätzen ausgehen, sondern von der Störungsrechnung 2. Ordnung nach SCHRÖDINGER, welche in Gl. (14,7) formuliert ist. Um von der umständlichen Summation frei zu kommen, wurde ein „mittlerer Resonanznenner" $\overline{E}$ vor die Summe gezogen und als Annäherung Gl. (14,11) benutzt. Wendet man diese Näherung sowohl für die Polarisierbarkeit als für die Dispersionskräfte an, dann erhält man statt (36,14):

$$\eta''(kl) = \frac{1}{R^6}\frac{3}{2}\frac{\alpha_l\,\alpha_k}{1/\overline{E_l} + 1/\overline{E_k}} \tag{36,16}$$

Dies wird mit (36,14) identisch, wenn man die Mittelwerte $-\overline{E_l} = I_l$, $-\overline{E_k} = I_k$ nach (36,15) setzt. LONDON benutzt statt dessen eine andere Schätzung, indem er $-\overline{E_l}$ und $-\overline{E_k}$ näherungsweise mit den Ionisierungsenergien oder den Hauptfrequenzen der Dispersionsformel identifiziert. Die aus dem Variationsprinzip folgenden Werte scheinen uns konsequenter und haben außerdem den Vorteil, daß die Kenntnis der Ionisierungsenergie des Gebildes nicht erforderlich ist. Bei den Anwendungen zeigt sich außerdem, daß die Übereinstimmung bei $\overline{E} = -I$ besser ist. In Tab. 20 sind die Ionisierungsenergien und die I-Werte nach (36,15) für eine Reihe von Atomen und einfachen Molekülen zusammengestellt. Man sieht, daß die Dispersionskräfte bei konsequenter Rechnung meist größer werden als nach der ursprünglichen LONDONschen Schätzung. Ganz sinnlos wird die Benutzung der Ionisierungsenergie (Elektronenaffinität) bei negativen Ionen.

Verzichtet man auf die unsichere Mittelwertsschätzung, also damit auf die explizite Aufsummation der Reihe (14,7), dann hat man in der unendlichen Summe (14,7) eine ausgezeichnete Näherung vor sich, deren numerische Auswertung allerdings recht mühsam ist. LONDON[7] zeigte aber, daß sich diese unendliche Summe prinzipiell auf lauter experimentelle Daten über die Dispersionskurve der beiden in Wechselwirkung stehenden Gebilde zurückführen läßt. Wegen dieses engen Zusammenhanges führte LONDON die Bezeichnung „Dispersionskräfte" ein, die wir hier auch von Anfang an benutzt haben.

Da wir auf die optische Dispersionstheorie hier nicht eingehen können, sei das LONDONsche Resultat wenigstens ohne Beweis kurz notiert: Für

§ 36. Van der Waals'sche Kräfte in beliebigem System von Molekülen. 193

Tab. 20. Ionisierungsenergien und I-Werte nach Gl. (36,15).

Atom	He	Ne	Ar	Kr	X	F⁻	Cl⁻	Br⁻	J⁻	Li⁺	Na⁺	K⁺	Rb⁺	Cs⁺
Polarisierbarkeit in (Å)³	0,204	0,396	1,645	2,49	4,05	0,99	3,05	4,17	6,28	0,025	0,17	0,80	1,50	2,35
ν	2	8	8	8	8	8	8	8	8	2	8	8	8	8
I in kcal/Mol	753	1080	530	431	338	681	389	332	271	2145	1648	759	555	443
Ionisierungsenergie	564	494	362	321	279	95	87	82	74	1733	1085	731	630	540

Molekül	N_2	O_2	H_2	CO	CO_2	CH_4	NO	HCl	HBr	HJ	NH_3	H_2O
Polarisierbarkeit in (Å)³	1,74	1,57	0,81	1,99	2,65	2,58	1,76	2,63	3,58	5,40	2,21	1,48
ν	10	12	2	10	16	8	11	8	8	8	8	8
I in kcal/Mol	575	664	377	539	590	422	600	419	359	292	456	558
Ionisierungsenergie	391	299	354	329	394	334	235	315	306	292	370	415

zwei angenähert kugelsymmetrische Gebilde ergibt sich die Dispersionsenergie (in C-G-S-Einheiten):

$$\varepsilon = -\frac{1}{R^6} \frac{3}{2\,m^2} \left(\frac{e\,h}{2\,\pi}\right)^4 \sum_{k,l\neq0} \frac{f_{k0}\,f_{l0}'}{(E_k - E_0)(E_l' - E_0')(E_k + E_l' - E_0 - E_0')}$$

$$\text{mit} \quad f_{k0} = \frac{2\,m}{h^2}(E_k - E_0)\,|z_{k0}|^2; \quad f_{l0}' = \frac{2\,m}{h^2}(E_l' - E_0')\,|z_{l0}|^2 \quad (36,17)$$

Der Strich unterscheidet die beiden wechselwirkenden Atome. Der Index
0 kennzeichnet jeweils den Grundterm, die Indizes k und l die angeregten
Terme des ungestrichenen, bezw. des gestrichenen Atoms. Die Summe
geht über alle k und l — einschließlich des kontinuierlichen Spektrums
— außer $k = 0$ und $l = 0$. Die E stellen die Termwerte dar, z_{k0} bedeutet
das Übergangsmatrixelement der z-Koordinate von 0 zu k. Die f-Größen
stellen die „Oszillatorenstärken" der Dispersionstheorie dar und werden
dort bestimmt durch die Dispersionsformel:

$$\frac{n^2 - 1}{n^2 + 2} = \frac{1}{3\,\pi} \frac{e^2}{m} N \sum_k \frac{f_{k0}}{\nu_{k0}^2 - \nu^2} \quad \text{mit} \quad \nu_{k0} = \frac{E_k - E_0}{h}, \quad (36,18)$$

entsprechend für das andere Atom. ν bedeutet die Frequenz des Lich-
tes, n den zugehörigen Brechungsindex, N die Anzahl Moleküle pro cm³.
Wenn also das Termschema $E_0 \ldots E_k$ und $E_0' \ldots E_l'$ der beiden Atome
aus den Spektren bekannt ist, lassen sich aus der Dispersionskurve $n(\nu)$
die f-Werte für jedes der beiden Atome bestimmen. Damit ist dann
auch ε nach (36,17) gegeben, d. h. auf die Dispersionskurve der beiden
Atome zurückgeführt. Es liegen allerdings in den seltensten Fällen die
f-Werte genügend genau vor. Gelegentlich (s. dazu § 38) hat aber auch
diese Methode zur praktischen Berechnung der Dispersionskräfte Anwendung gefunden. Die Hauptschwierigkeit, nämlich die Unzulässigkeit
der benutzten Entwicklung der Störungsenergie in den praktisch stets
vorliegenden kleinen Abständen (vergl. § 34) bleibt aber auch hier bestehen. Wegen dieser Unsicherheit des ganzen $1/R^6$-Gesetzes dürfte die
Verfeinerung der Theorie in dieser Richtung sich meist kaum lohnen.

194   Kapitel V.

§ 37. Die van der Waals'schen Kräfte in Gasen und Flüssigkeiten.

Um aus den Formeln von § 36 die Wechselwirkung zweier Moleküle im Gaszustand zu erhalten, sind nur die beiden klassischen Anteile, nämlich der KEESOMsche Richteffekt und der DEBYE-FALKENHAGEN-sche Induktionseffekt noch über alle Orientierungen der beiden Moleküle statistisch zu mitteln. Für zwei gleiche Moleküle mit dem Dipolmoment M ergibt sich der mittlere Energiebeitrag des Richteffektes zu:

$$\varepsilon_1 = \frac{\displaystyle\int u\, e^{-\frac{u}{kT}} d\cos\vartheta_1\, d\varphi_1\, d\cos\vartheta_2\, d\varphi_2}{\displaystyle\int e^{-\frac{u}{kT}} d\cos\vartheta_1\, d\varphi_1\, d\cos\vartheta_2\, d\varphi_2}$$

$$\cong \frac{1}{(4\pi)^2} \int \left(u - \frac{u^2}{kT}\right) d\cos\vartheta_1\, d\varphi_1\, d\cos\vartheta_2\, d\varphi_2 \quad \text{mit} \qquad (37,1)$$

$$u = \frac{M^2}{R^3}\left[\sin\vartheta_1 \sin\vartheta_2(\cos\varphi_1 \cos\varphi_2 + \sin\varphi_1 \sin\varphi_2) + 2\cos\vartheta_1 \cos\vartheta_2\right],$$

worin für u von der Näherung (35,2) für die Wechselwirkung zweier Dipole Gebrauch gemacht wurde. Der Mittelwert von u sowie der doppelten Produkte in u^2 verschwindet. Es bleibt somit:

$$\varepsilon_1 = -\frac{M^4}{R^6 kT}\left[\left(\frac{1}{4\pi}\int \sin^2\vartheta \cos^2\varphi\, d\cos\vartheta\, d\varphi\right)^2 + \left(\frac{1}{4\pi}\int \sin^2\vartheta \sin^2\varphi\, d\cos\vartheta\, d\varphi\right)^2\right.$$

$$\left. + \left(\frac{1}{2\pi}\int \cos^2\vartheta\, d\cos\vartheta\, d\varphi\right)^2\right] = -\frac{1}{R^6}\frac{M^4}{kT}\left[\frac{1}{9} + \frac{1}{9} + \frac{4}{9}\right] = -\frac{1}{R^6}\frac{2M^4}{3kT}$$

$$\tag{37,2}$$

Für den DEBYE-FALKENHAGENschen Induktionseffekt zwischen zwei polarisierbaren Molekülen mit dem Dipolmoment M schreiben wir

$$\varepsilon_2 = -2\frac{\alpha}{2}\overline{F^2} \tag{37,3}$$

$\overline{F^2}$ ist hierin das gleichmäßig über alle Raumwinkel gemittelte Feldstärkenquadrat, das von einem Dipol M im Abstand R erzeugt wird:

$$\overline{F^2} = \overline{\left(\text{grad}\,\frac{\mu\cos\vartheta}{R^2}\right)^2} = \frac{M}{R^6}\left(4\overline{\cos^2\vartheta} + \overline{\sin^2\vartheta}\right) = 2\frac{M^2}{R^6} \tag{37,4}$$

So wird also

$$\varepsilon_2 = -\alpha\overline{F^2} = -2\frac{\alpha M^2}{R^6} \tag{37,5}$$

Im Falle einer Anisotropie der Polarisierbarkeit ist hier für α der Mittelwert einzusetzen.

Für die Dispersionskräfte begünstigt die Mittelung über alle Orientierungen die Annahme einer mittleren Polarisierbarkeit in Gl. (36,14). Nach (36,14) und (36,15) schreiben wir also diesen wichtigsten LONDONschen Anteil der van der Waals'schen Kräfte:

$$\varepsilon_3 = -\frac{1}{R^6}\frac{3}{2}\sum_{i,k}\frac{\alpha_i \alpha_k}{1/I_i + 1/I_k} \tag{37,6}$$

§ 37. Die van der Waals'schen Kräfte in Gasen und Flüssigkeiten. 195

was für gleiche Atome oder gleiche, einfache Moleküle übergeht in:

$$\varepsilon_3 = -\frac{\alpha^2}{R^6}\frac{3}{4}I \tag{37,7}$$

Die gesamte Energie der van der Waals'schen Kräfte zwischen Gasmolekülen wird so:

$$\varepsilon = \varepsilon_1 + \varepsilon_2 + \varepsilon_3 = -\frac{A}{R^6} \quad \text{mit} \quad A = \frac{2M^4}{3kT} + 2\alpha M^2 + \frac{3}{4}\alpha^2 I \tag{37,8}$$

ε ist damit auf experimentelle Daten über Dipolmoment und Polarisierbarkeit zurückgeführt. Eine kleine Unsicherheit bleibt in I nach (36,15) durch die Wahl von ν, der Zahl der „Außenelektronen". Diese Unsicherheit ist aber kleiner als die gesamte Unsicherheit des $1/R^6$-Gesetzes in den kleinen Abständen, für die man es praktisch stets beansprucht.

Wir betrachten jetzt die Zustandsgleichung der Gase. Die in diesem Kapitel untersuchten Kräfte haben ihren Namen von ihrem Auftreten in der VAN DER WAALSschen Zustandsgleichung:

$$\left(p + \frac{a}{v^2}\right)(v - b) = kLT, \tag{37,9}$$

wo sie für das Glied a/v^2 verantwortlich sind. Es bedeuten: p: Druck, v: Molvolumen, k: Boltzmannsche Konstante, T: abs. Temperatur, L: Anzahl Moleküle pro Mol, $L = 6,06 \cdot 10^{23}$. Bekanntlich ist b die Volumenkorrektur, welche gleich dem 4-fachen Volumen ist, das von sämtlichen L Molekülen eingenommen wird. Wenn d der „Moleküldurchmesser" ist, wird:

$$b = \frac{2\pi}{3}Ld^3 \tag{37,10}$$

Die Thermodynamik liefert für a:

$$\frac{a}{LkT} = \frac{L}{2}\int_d^\infty \left(1 - e^{-\varepsilon/kT}\right)d\tau \tag{37,11}$$

worin ε die Wechselwirkung zweier Moleküle als Funktion ihres Abstandes bedeutet. Für ε können wir nach (37,8) $-A/R^6$ setzen. Indem wir in (37,11) die e-Potenz bis zum ersten Glied entwickeln und ε nach (37,8) einsetzen, entsteht:

$$a = \frac{L^2}{2}\int_d^\infty \varepsilon(R)\,4\pi R^2\,dR = AL^2\frac{2\pi}{3d^3} \tag{37,12}$$

Schließlich läßt sich noch d nach (37,10) durch die b-Konstante ausdrücken und wir erhalten als Beziehung zwischen den beiden VAN DER WAALSschen Konstanten:

$$a = \frac{4\pi^2}{9}L^3\frac{A}{b} \tag{37,13}$$

A wird dann nach (37,8) und (36,15) aus Dipolmoment und Polarisierbarkeit der betreffenden Moleküle entnommen.

Tab. 21 gibt einen Vergleich der experimentellen Werte a für eine Reihe von Gasen mit den theoretisch berechneten. Gegenüber der ursprünglichen LONDONschen Rechnung[7] sind einerseits die benutzten b-Werte nach K. WOHL[15] verbessert worden, andererseits wurde für I an Stelle der Ionisierungsenergie der Wert nach Formeln (36,15), bezw. Tab. 20 benutzt. Die Übereinstimmung mit der Erfahrung wird hierdurch merklich verbessert.

196   Kapitel V.

Tab. 21. Die Konstanten der van der Waals'schen Zustandsgleichung.

Substanz	Ne	Ar	Kr	X	N_2	O_2	CH_4	CO	HBr	HCl
b in cm^3, exp.	22,7	43,1	53,1	68,6	52,8	42,5	57	51,5	58,9	53,5
a in 10^{10} erg . cm^3, exp.	21	135	240	410	135	136	224	144	442	366
a theor. mit I nach (36,15)	36	157	231	368	160	148	243	203	448	282
a theor. mit I = Ion.-En.	16,3	107	172	304	109	89	192	124	383	212

Besonders interessant sind die Edelgase, für welche die klassischen Anteile in A exakt verschwinden. Ihre Zustandsgleichung liefert also eine unmittelbare Bestätigung der quantenmechanischen Dispersionskräfte. Aber sogar bei ausgesprochenen Dipolmolekülen, wie HCl, überwiegen die Dispersionskräfte noch stark. Selbst bei den stärksten Dipolmolekülen dürfen sie in keinem Falle unterdrückt werden.

Ihr Verhältnis zu dem gleichfalls temperaturunabhängigen Induktionseffekt ergibt sich aus (37,8) und (36,15) zu $\dfrac{8}{3} \dfrac{M^2}{\sqrt{\alpha \nu}}$, oder wenn man

M und α in C-G-S-Einheiten rechnet, zu $\dfrac{8}{3 e^2 \sqrt{a_0}} \dfrac{M^2}{\sqrt{\alpha \nu}} = 0{,}162 \dfrac{(10^{18} M)^2}{\sqrt{10^{24} \alpha \nu}}$.

Tabelle 22 gibt dies Verhältnis für einige Dipolsubstanzen. Man sieht, daß selbst bei starken Dipolen wie H_2O der Induktionseffekt neben dem Dispersionseffekt noch klein ist.

Tab. 22. Induktionseffekt und Richteffekt im Verhältnis
zum Dispersionseffekt.

Molekül	HJ	HBr	HCl	NH_3	H_2O
Dipolmoment $\mu . 10^{18}$	0,38	0,78	1,03	1,5	1,84
$\dfrac{\text{Induktionseffekt}}{\text{Dispersionseffekt}}$	0,0035	0,018	0,037	0,085	0,158
$\left.\dfrac{\text{Richteffekt}}{\text{Dispersionseffekt}}\right\}$ bei Zimmertemp.	0,0007	0,028	0,13	0,72	3,0

Der DEBYE-KEESOMsche Richteffekt dagegen ist, wie aus Tab. 22 hervorgeht, bei ausgesprochenen Dipolmolekülen und bei mittleren Temperaturen von derselben Größenordnung wie der Dispersionseffekt.

Als sehr grobe Schätzung bleibt in der Theorie die Benutzung eines starren Molekülradius als Ersatz für die in geringen Abständen der Moleküle einsetzenden Abstoßungskräfte. In einem einfachen Fall, nämlich für He, schätzten SLATER und KIRKWOOD[12] den gesamten Potentialverlauf, einschließlich der Kräfte kurzer Reichweite, rein theoretisch, indem sie Austauschkräfte und Dispersionskräfte (unter Benutzung des für große Abstände gültigen Gesetzes) einfach additiv zusammenfügten. Am Schluß von § 35 haben wir eine Begründung für dieses Vorgehen kennengelernt. SLATER und KIRKWOOD fanden:

$$\varepsilon(R) = \left(485\, e^{-2,43\,R} - 42{,}7/R^6\right) e\text{-Volt} \qquad (37,14)$$

$(R$ in at. E.$)$

§ 38. Die van der Waals'sche Kräfte bei festen Körpern. 197

und erhielten, jetzt ohne irgendwelche empirischen Konstanten, die gesamte Zustandsgleichung des He in ganz vorzüglicher Übereinstimmung mit der Erfahrung.

Ähnlich wie für die innere Energie von Gasen spielen auch für den Zusammenhalt von Flüssigkeiten die Dispersionskräfte eine wichtige Rolle. Für dipollose Atome oder Moleküle bewirken hauptsächlich die Dispersionskräfte den Zusammenhalt der Flüssigkeit. Sobald Dipole auftreten, werden die Verhältnisse aber sehr viel komplizierter als bei den Gasen, da infolge des geringen Abstandes die Drehbarkeit der Dipole schon stark behindert ist, so daß die Analogie zum Kristall oft enger ist als die zum Gas. So konnte von BERNAL und FOWLER[29] für Wasser ein kristallähnliches Modell ausgearbeitet werden, dessen Energie im wesentlichen klassisch durch die Wechselwirkung der fest gegeneinander orientierenden Dipole gegeben wird.*)

Die Bedeutung der van der Waals'schen Kräfte für die Eigenschaften von Salzlösungen ist von KORTÜM[51] besprochen worden.

§ 38. Die van der Waals'schen Kräfte bei festen Körpern.

Für den Zusammenhalt von Molekülgittern liefern die klassischen Kräfte, nämlich Dipolorientierungseffekt und Dipolinduktionseffekt, im allgemeinen keine befriedigende Erklärung. Beispielsweise nimmt in der Reihe HCl, HBr, HJ das Dipolmoment M ab und die Molekülabstände im festen Zustand nehmen zu. Die Sublimationswärme, die ja ein Maß für den Zusammenhalt im Gitter ist, nimmt jedoch in der gleichen Reihenfolge zu, obgleich man nach den Dipolwechselwirkungen das umgekehrte erwarten müßte. Auch die Hinzunahme des Induktionseffektes kann nicht viel bessern. Zwar nimmt die Polarisierbarkeit α vom HCl nach dem HJ hin zu, doch nimmt das Produkt αM^2, dem ja die Energie eines polarisierbaren Moleküls im Felde eines Dipols proportional ist, immer noch stark ab, man kann auf diesem Wege also nicht einmal qualitativ den Gang der Sublimationswärmen verstehen. Zu alledem kommt noch die schon oben (§ 36) hervorgehobene Schwierigkeit, daß die klassischen Polarisationskräfte nicht additiv sind, und sich darum im Gitter überhaupt weitgehend gegenseitig aufheben.

Aller dieser Schwierigkeiten wird man mühelos Herr, wenn man die quantenmechanischen Dispersionskräfte in Rechnung stellt, wie wir das hier im Anschluß an LONDON[7] zeigen wollen.

Die Energie der nichtklassischen van der Waals'schen Kräfte zwischen zwei Molekülen ist ja von der Form: C/R^6 (Gl. 36,14). Sehen wir für die hier angestrebte Näherung von einer genaueren Berücksichtigung der Abstoßungskräfte ab und führen statt dessen einen starren Molekülradius ein, bis zu dem die Molekeln im Gleichgewicht einander nahekommen, so wird die Gitterenergie pro Mol ein Ausdruck von der Form

$$\Phi = -\frac{1}{2} L C \sum_i \frac{1}{R_i{}^6} = -\frac{C L}{2} \frac{1}{d^6} \sum_i \left(\frac{d}{R_i}\right)^6 \tag{38,1}$$

worin L die Loschmidtsche Zahl, d den Gitterabstand bedeutet.

---

*) S. hierzu auch Frenkel[45, 53].

198   Kapitel V.

Da die Reihe in (38,1) sehr gut konvergiert, läßt sie sich durch direkte Summation auswerten, man erhält nach LONDON[7] für das flächenzentrierte kubische Gitter:

$$\Phi = - \frac{59\,C\,L}{d^6} \qquad\qquad (38,2)$$

oder mit $C = 3/4\,\alpha^2\,I$

$$\Phi = - 44{,}25\,\frac{\alpha^2\,I\,L}{d^6} \qquad\qquad (38,3)$$

Schließlich, wenn man den Gitterabstand d durch die Dichte s und das Molekulargewicht m ausdrückt, zwischen denen beim flächenzentriert kubischen Gitter die Beziehung besteht:

$$s = \frac{4\,m}{d^3\,L} \qquad\qquad (38,4)$$

ergibt sich statt (38,3)

$$\Phi = - 1{,}102 \cdot 10^{48} \cdot \left(\frac{s\,\alpha}{m}\right)^2 \cdot I \qquad\qquad (38,5)$$

$$(s \text{ in g, } \alpha \text{ in cm}^3)$$

Für eine Reihe von Substanzen geben wir in Tab. 23 die nach LONDON errechneten Sublimationswärmen, zusammen mit den empirischen Daten wieder.

Zur Ausrechnung der theoretischen Werte der Tab. 23 wurden die Polarisierbarkeiten der Tabelle 20 zugrundegelegt. Die Werte in Zeile 3

Tab. 23. Sublimationswärme von Polarisationsgittern (in kcal).

Substanz	Ne	N₂	O₂	Ar	CO	CH₄	NO	HCl	HBr	HJ
experimentell	0,59	1,86	2,06	2,03	2,09	2,70	4,29	5,05	5,52	6,21
theor. mit I nach (36,15)	0,88	2,36	3,29	2,68	3,05	3,13	5,20	5,36	5,30	6,50
theor. mit I=Ion.-En.	0,40	1,61	1,48	1,83	1,86	2,47	2,04	4,04	4,53	6,50

wurden von LONDON entnommen. Ihnen liegen die Ionisierungsenergien nach Tabelle 20 zugrunde. Zeile 2 gibt die mit den I-Werten von Tabelle 20 umgerechneten Sublimationswärmen an.

Die Abstoßungskräfte sind überall vernachlässigt. Wir müssen aber erwarten, daß sie einen beträchtlichen positiven Beitrag zur Energie in der Gleichgewichtslage liefern. Setzen wir sie zur rohen Orientierung etwa in der Form B/R^n an, dann wird die ganze Energiefunktion $\varepsilon = - A/R^6 + B/R^n$. Die Minimumsbedingung $\partial\varepsilon/\partial R = 0$ erlaubt die Elimination von B und ergibt:

$$\varepsilon_0 = - \frac{A}{R^6}\left(1 - \frac{6}{n}\right) \qquad\qquad (38,6)$$

Also schon bei einem Abstoßungsexponenten $n = 12$ würde die Energie auf die Hälfte vermindert. Wir haben in der Tabelle gewissermaßen $n = \infty$ gesetzt. Ein Abstoßungsgesetz von der Form B/R^n, das sich bei Ionengittern, also neben einem Anziehungsglied von der Form $-1/R$ gut bewährt, stellt aber eine schlechte Näherung dar neben der ebenfalls stark vom Abstand abhängigen Dispersionsanziehung $-A/R^6$.

Man erhält merkwürdigerweise bei den meisten Anwendungen der Dispersionskräfte dann die richtigen, experimentellen Werte als Resul-

§ 38. Die van der Waals'sche Kräfte bei festen Körpern.   199

tat der Rechnung, wenn man die Abstoßungsenergien vernachlässigt. So wurde von A. MÜLLER[46] die Gitterenergie von Paraffinkristallen unter dieser Voraussetzung aus den Dispersionskräften in guter Übereinstimmung mit der Erfahrung gefunden, ähnlich von DE BOER[50] die Sublimationswärme des Benzols. Dies scheint darauf hinzuweisen, daß die gesamten Störungskräfte 2. Ordnung, einschließlich der klassischen Polarisation im exponentiellen Feld, bei kurzen Abständen noch stärker anwachsen als nach dem $1/R^6$-Gesetz und dadurch den größten Teil der Abstoßungsenergie kompensieren.

Die hier für den Zusammenhalt von Molekülgittern verantwortlich gemachten Kräfte sind durchaus auch für Ionengitter von Bedeutung. Trotz der beträchtlichen, durch die geladenen Gitterbausteine hervorgerufenen Coulombschen Felder spielen bekanntlich im ungestörten Gitter klassische Polarisationskräfte eine geringe Rolle, da sich infolge der Symmetrie die Polarisations-Wirkungen sämtlicher Nachbarn auf ein Ion in erster Näherung aufheben. Anders bei Dispersionskräften, die sich einfach additiv aus den Wechselwirkungsenergien der einzelnen Ionenpaare zusammensetzen. In einer Arbeit von BORN und MAYER[21] sowie Arbeiten von MAYER[26,27] wurde eine Neuberechnung einer Reihe von Gitterenergien unter Berücksichtigung der Dispersionskräfte vorgenommen. Unter Zugrundelegung der Elektronenaffinität für $\overline{E}$ in (36,16), was sicher eine viel zu niedrige Schätzung bedeutet, fanden BORN und MAYER die Beiträge der Dispersionsenergien zur Gitterenergie von $1/2\%$ bei LiF bis zu 5 % bei CsCl, CsBr, CsJ. Eine genauere Rechnung von MAYER[26] unter Benutzung von (36,17) zeigte später, daß alle Werte etwa zu verdoppeln sind. Dabei ergibt sich auch die Erklärung für das Umschlagen des Kristall-Typus beim CsCl. Gerade die hier sehr beträchtlichen Dispersionskräfte bewirken, daß für CsCl, CsBr, CsJ das kubische Gitter des CsCl-Typus, bei dem jedes Ion von 8 Ionen der anderen Sorte in den 8 Ecken eines Würfels umgeben ist, stabiler wird als der Steinsalz-Typus, bei welchem das im Zentrum eines Kubus sitzende Ion nur 6 nächste Nachbarn in den 6 Flächenmittelpunkten des Kubus hat. Die exakte Rechnung — unter Benutzung der Dispersionskurve des Kristalls nach (36,17) — wurde später von MAYER ausgedehnt[27] auf die Silber- und Thallium-Halogenide. In der kleinen Tabelle 24 sind die von ihm gefundenen Bindungsenergien selbst sowie die prozentuale Beteiligung der Dispersionsenergien an der Gesamtenergie wiedergegeben. Das Abstoßungspotential wurde von BORN und MAYER stets in der Form $B\,e^{-\beta r}$ angesetzt und B sowie β in der üblichen Weise aus Gleichgewichtsabstand und Kompressibilität bestimmt.

Tab. 24. Gitterenergie der Ag- und Tl-Halogenide (in kcal) und prozentualer Energiebeitrag der Dispersionskräfte (nach MAYER[27]).

	F	Cl	Br	J
Ag	219 10,8%	203 14,5%	197 14,0%	190 16,2%
Tl		167 16,5%	164 17,0%	159 19,0%

200   Kapitel V.

In den Arbeiten von BORN und MAYER diente also, wie auch in der älteren Gittertheorie, das Abstoßungspotential zur Anpassung an die Erfahrung. In dieser Hinsicht versuchen Arbeiten von NEUGEBAUER und GOMBAS[30,32,33] weiterzugehen, indem sie die Abstoßungskräfte nach den in Kap. I dargelegten statistischen Methoden rein theoretisch gewinnen. Bemerkenswert ist auch die hier versuchte Erfassung der klassischen Polarisation eines Ions in dem inhomogenen Feld, das durch die umgebenden Ionen erzeugt wird. NEUGEBAUER und GOMBAS finden so rein theoretisch die Gitterenergie des KCl zu 159,2 kcal, während der experimentelle Wert 166,5 kcal beträgt. Der Gleichgewichtsabstand ergibt sich 4,3 % zu groß. Die theoretische Energie setzt sich folgendermaßen aus den verschiedenen Anteilen zusammen: Coulombsche Energie der Punktladungen: − 175,6 kcal, Dispersionsenergie: − 17,8 kcal, klassische Polarisation: − 19,9 kcal, Abstoßung infolge Durchdringung der Ladungswolken (Pauliprinzip) : + 54,1 kcal. Die Dispersionskräfte machen also 11 %, die klassische Polarisation 12 % der gesamten Gitterenergie aus. Ähnlich findet GOMBAS[33] bei LiBr eine Beteiligung der Dispersionskräfte von 11,5 %, der klassischen Polarisation von 4,4 % an der gesamten Energie. Hier ergibt sich die Gitterkonstante auf 0,2 %, die Energie auf etwa 1,6 % richtig.

Die Übereinstimmung der Resultate dürfte aber zum großen Teil zufällig sein, denn die benutzte Methode zur Schätzung der Dispersions- und insbesondere der Polarisationskräfte ist äußerst willkürlich. Anstatt der konsequenten Durchführung der Variationsaufgabe wird stets von der Formel (14,11) für die Störungsenergien 2. Ordnung ausgegangen. Die Polarisierbarkeit des freien Ions wird hiernach angesetzt:

$$\alpha = 2 \frac{\sum \overline{z_i^2}}{-\overline{E}} \quad \text{also} \quad -\overline{E} = \frac{2}{\alpha} \sum_i \overline{z_i^2} \tag{38,7}$$

Der Einfluß der Innenschalen wird so stark überschätzt und das Pauliprinzip nicht berücksichtigt. Durch Einsetzen eines theoretischen $\sum \overline{z_i^2}$ für das ganze Atom und der experimentellen Polarisierbarkeit α wird $\overline{E}$ bestimmt und für alle weiteren Störungsrechnungen zweiter Ordnung beibehalten. So ergibt sich für Cl^- und Br^- die Energie der Dispersionskräfte nahezu doppelt so groß als nach Gl. (36,14). Ganz besonders bedenklich ist die Beibehaltung dieses $\overline{E}$ für die Polarisationsenergie im inhomogenen Feld. Unsere vom Variationsprinzip ausgehenden Rechnungen in § 34 zeigten uns ja, daß $\overline{E}$ durchaus nicht konstant, sondern selbst proportional $\frac{1}{\sum \overline{z_i^2}}$ wird, wobei das Pauliprinzip noch außer acht gelassen ist. Außerdem ist es keineswegs gestattet, dasselbe $\overline{E}$ für die Berechnung im inhomogenen Feld zu verwenden, wir sahen vielmehr in § 34, daß schon für den Quadrupol völlig neue und von dem Dipolglied unabhängige Werte der Variationsparameter oder, wenn man will, von $\overline{E}$ auftreten.

Die in Kap. I, § 6 besprochenen Arbeiten von JENSEN schätzen die Energien 2. Ordnung wohl zu klein, die ganze Berechnung ist aber vorsichtiger durchgeführt, insbesondere auch die Energiestörung erster Ordnung.

§ 38. Die van der Waals'sche Kräfte bei festen Körpern.   201

Eine besonders wichtige Rolle spielen die Dispersionskräfte bei der Erscheinung der Adsorption an Oberflächen. Gegenüber allen älteren, rein elektrostatischen Ansätzen haben sie den Vorzug der Additivität und der Universalität. Bei Kenntnis der I-Konstanten (Gl. 36,15) und der Polarisierbarkeiten des Adsorbenten und des adsorbierten Stoffes bleibt in jedem Falle nur die Aufgabe, die Wechselwirkung C/R^6 über alle Atome des festen Körpers aufzusummieren, um die Adsorptions-energie eines Moleküls zu erhalten. Man macht das am besten so, daß man über die unmittelbar benachbarten Moleküle die Summe ausführt und dann über den ganzen Rest des Kristalls integriert. So wurde von DE BOER und CUSTERS[34] bei Berechnung der Adsorption von H_2, N_2, Ar, CO, CH_4 und CO_2 an Kohle (Graphit) vorgegangen. Selbst unter Vernachlässigung der Abstoßungskräfte und bei Benutzung der I-Werte nach Tab. 20, die günstiger sind als die ursprüngliche LONDONsche Schätzung, ergibt sich hiernach durchschnittlich kaum die Hälfte der gemessenen Adsorptionsenergie.*) CUSTERS und DE BOER führten die fehlende Adsorptionsenergie auf eine Zerklüftung der Oberfläche zurück. Die Durchrechnung einfacher Muldenformen zeigte, daß in solchen die Energie leicht auf das dreifache ansteigen kann.

Man muß aber außerdem bedenken, daß beim C-Atom im Zusammenhang mit seiner Ausnahmestellung im periodischen System die nahwirkenden Abstoßungskräfte wahrscheinlich ganz besonders klein sind. Wenn aber bei anderen Atomen die Abstoßungsenergie ein Anwachsen der Störungsenergien 2. Ordnung über die LONDONsche Formel hinaus kompensiert, dann reicht diese beim C-Atom dazu nicht aus und es könnte eine gegenüber der LONDONschen Formel verstärkte Anziehung übrig bleiben (vergl. hierzu § 52).

Von LENEL[25] ist später die Adsorption an Ionengittern theoretisch und experimentell sorgfältig untersucht worden. Für Polarisierbarkeit und I-Konstanten der Ionen wurden dabei die gut begründeten Werte von MAYER (s. oben) zugrundegelegt. Außer den Dispersionskräften wurde die klassische Polarisationsenergie in den Feldern der Ionen unter Berücksichtigung der Inhomogenität dieser Felder so gut wie möglich berücksichtigt. Schließlich schätzte LENEL auch bei CO_2 den Beitrag der Dipolkräfte, indem er eine plausible Ladungsverteilung des CO_2-Moleküls im Einklang mit seinem Dipolmoment so wählte, daß zusammen mit Dispersions- und Induktionseffekt die gemessene Adsorptions-wärme am KCl richtig wiedergegeben wurde. Mit diesem CO_2-Modell ergab sich dann auch für die Adsorption an KJ gute Übereinstimmung. Tabelle 25 zeigt die von LENEL berechneten und gemessenen Adsorptionsenergien und ihre Zusammensetzung aus den verschiedenen Anteilen. Beim CsCl weisen die Resultate darauf hin, daß die Adsorption hauptsächlich an der 100-Kristallfläche erfolgt, die auch die Spaltfläche des Kristalls darstellt. Der eingeklammerte Wert für die Dipolenergie beim CO_2 ist dem Erfahrungswert angepaßt, der entsprechende Wert bei KJ gibt eine gewisse Stütze für die Richtigkeit dieser Energieaufteilung und des benutzten CO_2-Modells. Die Abstoßungsenergie ist wie bei LONDON und in den anderen oben genannten Arbeiten vernachlässigt.

---

*) In der grundlegenden Arbeit von LONDON werden unter anderen auch diese Adsorptionsenergien berechnet, aber durch einen Rechenfehler 10-mal zu groß angegeben.

202   Kapitel V.

Tab. 25. Adsorptionsenergie von Gasen (in kcal/Mol) an Ionenkristallen (nach LENEL[25]).

Adsorption	Disp.-En.	Ind.-En.	Dipol-En.	Gesamt-En.	exp. En.
Ar an KCl	1,50	0,37		1,87	2,08
„ „ KJ	1,42	0,68		2,10	2,52
„ „ LiF	1,23	0,54		1,77	1,77
„ „ CsCl 1,0,0-Ebene	2,40	1,10		3,50	} 3,56
„ „ „ 1,1,0-Ebene	1,70	0,80		2,50	
Kr an KCl	1,93	0,55		2,48	2,62
CO_2 „ „	2,90	0,74	(2,70)	6,34	6,35
„ „ KJ	3,30	1,14	3,25	7,69	7,45

Die in diesem Kapitel besprochenen Kräfte können auch bei der Bildung einzelner Moleküle, sogenannter van der Waals-Moleküle eine Rolle spielen. Hierher gehören z. B. Hg_2, Cd_2, HgKr, HgAr. Ferner sind die sogenannten „Nebenvalenzen" der organischen Chemie größtenteils auf van der Waals'sche Kräfte zurückzuführen (s. hierzu BRIEGLEB[40]).

Schließlich ist festzuhalten, daß in kleineren Abständen und bei stärkerer Wechselwirkung der Elektronen die „Dispersionskräfte" keineswegs verschwinden, sondern nur nicht mehr so einfach zu berechnen sind. In der Einführung des gegenseitigen Abstandes r_{12} der Elektronen in die Eigenfunktion, wie sie von HYLLERAAS für Atome (§ 22) sowie von JAMES und COOLIDGE für H_2 (§ 25) vorgenommen wurde, hat man eine Abart der Dispersionskräfte zu sehen. Das gleiche gilt für die feinere Wechselwirkung der Elektronen in ebenen Wellen nach WIGNER („correlation energy" § 20), die z. B. für die Sublimationswärme der Alkalimetalle ausschlaggebend ist (§ 9).

Literatur zu Kapitel V.

Zusammenfassende Darstellungen.

1. P. DEBYE, Polare Molekeln. Leipzig 1929.
2. J. H. VAN VLECK, The Theory of Electric and Magnetic Susceptibilities. Oxford 1932.
3. K. F. HERZFELD, Größe und Bau der Moleküle. Handbuch der Physik 24, 2. Teil S. 1. Berlin 1933.

Originalarbeiten.

1927

4. S. C. WANG, Phys. Zs. 28 S. 663 (Störungsrechnung 2. Ordnung für zwei H-Atome).

1930

5. R. EISENSCHITZ, F. LONDON, Zs. f. Phys. 60 S. 491 (Die Dispersionskräfte zwischen zwei H-Atomen durch systematische Störungsrechnung).
6. F. LONDON, Zs. f. Phys. 63 S. 245 (Systematik der Molekülkräfte großer Reichweite).
7. F. LONDON, Zs. f. phys. Chem. (B) 11 S. 222 (Natur der Dispersionskräfte, Zurückführung auf Molekülkonstanten, Anwendungen).
8. J. E. LENNARD-JONES, Proc. R. Soc. 129 S. 598 (Vereinfachte Störungsrechnung 2. Näherung, Anwendung auf Dispersionskräfte bei H_2).

Literatur zu Kapitel V.   203

9. H. R. Hassé, Proc. Cambr. Phil. Soc. **26** S. 542 (Die Polarisierbarkeit von H, He und Li$^+$ in hoher Näherung).

10. H. R. Hassé, Proc. Cambr. Phil. Soc. **27** S. 66 (Die Dispersionskräfte zwischen H–H und He–He in hoher Näherung).

11. H. Margenau, Zs. f. Phys. **64** S. 584 (Zur Quantentheorie des „Richteffektes").

1931

12. J. C. Slater, J. G. Kirkwood, Phys. Rev. **37** S. 682 (Dispersionskräfte aus Polarisierbarkeit und Elektronenzahl der Außenschalen).

13. J. G. Kirkwood, F. G. Keyes, Phys. Rev. **37** S. 832 (Zustandsgl. des He auf Grund der theoretischen Wechselw.-Funktion).

14. H. Margenau, Phys. Rev. **38** S. 747 (Beteiligung höherer Multipole an den Dispersionskräften bei He–He und H–H).

15. K. Wohl, Zs. f. phys. Chem. Bodenstein-Festband S. 807 (Dispersionskräfte und Zustandsgleichung. Korrektionen zu [7]).

1932

16. J. G. Kirkwood, Phys. Zs. **33** S. 39 (Virialkoeffizienten des He).

17. J. G. Kirkwood, Phys. Zs. **33** S. 57 (Polarisierbarkeit und Dispersionskräfte aus „Elektronenzahl", Kritik s. [35]).

18. J. G. Kirkwood, Phys. Zs. **33** S. 259 (Theorie des HCl als Ionenbindung).

19. J. P. Vinti, Phys. Rev. **41** S. 813 (Neuableitung der Slater-Kirkwoodschen Formel [12,17] für die Dispersionskräfte. Einfluß des Austausches).

20. W. G. Penney, Phys. Rev. **42** S. 585 (Notiz, Vergleich der theoret. He–He Wechselw. mit der Erfahrung).

21. M. Born, J. E. Mayer, Zs. f. Phys. **75** S. 1 (Dispersionskräfte für Alkalihalogenidgitter. Zu klein geschätzt, s. [26,35]).

22. J. E. Lennard-Jones, Trans. Far. Soc. **28** S. 333 (Aktivierte Adsorption).

1933

23. J. E. Mayer, M. G. Mayer, Phys. Rev. **43** S. 605 (Polarisierbarkeit positiver Ionen aus dem Spektrum der Atome).

24. G. Briegleb, Zs. f. phys. Chem. (B) **23** S. 105 (Restaffinitäten und van der Waals'sche Kräfte. Zustandsgleichung).

25. F. V. Lenel, Zs. f. phys. Chem. (B) **23** S. 379 (Adsorption an Ionenkristallen).

26. J. E. Mayer, J. Chem. Phys. **1** S. 270 (Neuberechnung der Dispersionskräfte für Alkalihalogenide).

27. J. E. Mayer, J. Chem. Phys. **1** S. 327 (Gitterenergie der Ag- und Tl-Halogenide mit Dispersionskräften).

28. J. G. Kirkwood, J. Chem. Phys. **1** S. 597 (Systematik der van der Waals'schen Kräfte, Quantenkorrektionen an den klassischen Anteilen).

29. J. D. Bernal, R. H. Fowler, J. Chem. Phys. **1** S. 515 (Rein elektrostatische Theorie des flüssigen H$_2$O und der Hydratationsenergie).

1934

30. Th. Neugebauer, P. Gombas, Zs. f. Phys. **89** S. 480 (KCl-Gitter nach Lenz-Jensen (s. Kap. I) mit Polarisations- und Dispersionskräften).

31. Th. Neugebauer, Zs. f. Phys. **90** S. 693 (Zur Berechnung der Polarisationsenergie im kubischen Gitter).

32. P. Gombas, Th. Neugebauer, Zs. f. Phys. **92** S. 375 (Polarisationsenergie im inhomogenen Feld. Ionenmodell HCl. Vergl. auch [17,35,54]).

33. P. Gombas, Zs. f. Phys. **92** S. 796 (LiBr nach Lenz-Jensen mit Polarisations- und Dispersionskräften).

34. J. H. de Boer, J. F. H. Custers, Zs. f. phys. Chem. (B) **25** S. 225 (Adsorptionsenergie an Kohle, Einfluß der Zerklüftung. Berichtigung zu [7]).

1935

35. H. Hellmann, Acta Physicochim. URSS **2** S. 273 (Allgemeine Formel für Dispersionskräfte zwischen komplizierten Molekülen. Kritik zu [17] und [30–33]).

36. R. Minkowski, Zs. f. Phys. **93** S. 731 (Druckverbreiterung von Spektrallinien als experimenteller Beweis des $1/R^6$-Gesetzes).

37. Th. Neugebauer, Zs. f. Phys. **94** S. 655 (Polarisationsenergie und Ionenverfestigung in Gittern).

38. G. Steensholt, Zs. f. Phys. **94** S. 770 (Polarisierbarkeit von H_2+).
39. Th. Neugebauer, Zs. f. Phys. **95** S. 717 (Polarisationsenergie in verschiedenen Gittern und Elektronenleitfähigkeit, Erg. s. [49]).
40. G. Briegleb, Zs. f. phys. Chem. (B) **31** S. 58 (Nebenvalenzkräfte aus Polarisierbarkeit der einzelnen Molekülbestandteile).
41. J. E. Lennard-Jones, C. Strachan, Proc. R. Soc. **150** S. 442 (Wechselwirkung von Atomen und Molekülen mit Oberflächen).
42. C. Strachan, Proc. R. Soc. **150** S. 456 (Wechselwirkung von Atomen und Molekülen mit Oberflächen).
43. L. Pauling, J. Y. Beach, Phys. Rev. **47** S. 686 (Dispersionskräfte bei H–H mit Multipolen, in hoher Genauigkeit).
44. J. O. Hirschfelder, J. Chem. Phys. **3** S. 555 (Polarisierbarkeit von H_2 und H_2+ mit verschiedenen Näherungsverfahren).
45. J. Frenkel, Acta Physicochim. URSS **3** S. 633 (Theorie der Flüssigkeiten durch Analogie zum festen Zustand).

1936
46. A. Müller, Proc. R. Soc. **154** S. 624 (Gitterenergien der Paraffinkristalle aus Dispersionskräften, Zuziehung der Suszeptibilität).
47. J. E. Lennard-Jones, A. F. Devonshire, Proc. R. Soc. **156** S. 6 und S. 29 (Wechselwirkung von Molekülen mit Oberflächen).
48. Th. Neugebauer, Zs. f. Phys. **99** S. 677 (Refraktionsverminderung von Elektrolytlösungen).
49. Th. Neugebauer, Zs. f. Phys. **100** S. 534 (Ergänzung zu [39]).
50. J. H. de Boer, Trans. Far. Soc. **32** S. 10 (Sublimationswärme von Benzol aus Dispersionskräften. Additivität für komplizierte Moleküle. Dispersionskräfte an der Oberfläche von Salzen).
51. G. Kortüm, Zs. f. Elektroch. und angew. phys. Chem. **42** S. 287 (Bedeutung der van der Waals'schen Kräfte für die Eigenschaften von Salzlösungen).
52. H. S. W. Massey, R. A. Buckingham, Nature **138** S. 77 (Dispersionskräfte zwischen Edelgasen und Alkaliatomen, Vergleich der Theorie mit experimentellen Daten).
53. J. Frenkel, Acta Physicochim. URSS **4** S. 567 (Fortsetzung von [45]).
54. H. Hellmann, S. J. Pschejetzky, Arbeit erscheint in Acta Physicochimica (Polarisierbarkeit edelgasähnlicher Ionen im Coulombfeld).*)
55. H. Hellmann, K. W. Majewsky, Arbeit erscheint in Acta Physicochimica (Die Dispersionskräfte zwischen 2 H-Atomen in kleinen Abständen).**)
56. Th. Neugebauer, Zs. f. Phys. **102** S. 305 (Polarisationsellipsoid HCl).

Kapitel VI.

Die Grundlagen der Störungstheorie von Systemen aus viel Elektronen.

§ 39. Spinfunktionen und Spinamplituden.

Schon bei allen bisher angestellten Überlegungen und Rechnungen spielte das Pauliprinzip eine entscheidende Rolle. Eine strenge mathematische Formulierung desselben für ein System aus Elektronen mit nur gleichgerichteten Spins lernten wir in § 19 kennen. Sie besteht in der Forderung der Antisymmetrie der Gesamteigenfunktion des Vielelektronensystems in den Koordinaten sämtlicher Elektronen. Falls d i e s e l b e n Quantenzustände von Elektronen mit entgegengesetztem Spin noch einmal besetzt werden, konnten wir die Gesamteigenfunktion des Systems schreiben als Produkt von 2 Funktionen, von denen die erste in allen Elektronen mit „Aufwärts-Spin", die zweite in denen mit „Abwärts-

---

*) Anm. d. Hrsg.: Erschienen in Acta Physicochim. URSS **7** (1937) 621.
) Anm. d. Hrsg.: Erschienen in Acta Physicochim. URSS **6 (1937) 939.

§ 39. Spinfunktionen und Spinamplituden.   205

Spin" antisymmetrisiert war. Dieser Fall liegt z. B. vor bei Atomen im Grundzustand, auch noch bei Molekülen, sofern man jedem Valenzstrich eine doppelt besetzte Zwei-Zentren-Eigenfunktion zuordnet und die Mitwirkung angeregter Zwei-Zentren-Zustände vernachläßigt.

In dem allgemeinsten Vielelektronensystem sitzen aber keineswegs die Elektronen mit antiparallelem Spin paarweise in identischen Eigenfunktionen. Wenn mehrere einfach besetzte Eigenfunktionen vorkommen, bleibt in der modellmäßigen Beschreibung die Vorschrift bestehen, daß 2 Elektronen ihre Spins entweder parallel oder antiparallel stellen müssen. Es gibt aber jetzt viele Einstellungen der Spins, welche mit dem Pauliprinzip im Einklang sind, und jeder derselben entspricht eine andere Linearkombination der Eigenfunktionen.

Um die Forderung des Pauliprinzips für diesen allgemeinsten Fall mathematisch formulieren zu können, ziehen wir das schon wiederholt benutzte Bild der Zelleneinteilung im Phasenraum heran. Jeder Zelle desselben von der Größe h^3 entspricht eine Eigenfunktion, die auf allen anderen orthogonal ist. Solange man nur Elektronen e i n e r Spinrichtung zuläßt, entspricht die Einfachbesetzung jeder Zelle der Antisymmetrisierung der entsprechenden Eigenfunktionen. Um diese Vorschrift auf ein System von Elektronen übertragen zu können, in welchem sowohl „aufwärts" wie „abwärts" gerichtete Spins vorkommen, liegt es nahe, jede Zelle des Phasenraums in 2 Unterzellen einzuteilen, welche den beiden entgegengesetzten Spinstellungen entsprechen. Für diese neuen Zellen, deren Anzahl gegenüber der früheren verdoppelt ist, gilt dann wieder die einfache Vorschrift, daß jede Zelle höchstens von einem Elektron besetzt werden darf.

Man darf erwarten, daß sich diesem System von je einfach besetzten Quantenzellen wieder ein System von Eigenfunktionen zuordnen läßt, dessen antisymmetrisiertes Produkt das Pauliprinzip befriedigt. Damit wäre dann für jedes beliebige System von Elektronen das Pauliprinzip auf eine Antisymmetrie-Forderung an die zugehörigen Eigenfunktionen zurückgeführt. Nur spaltet jede der bisherigen Eigenfunktionen in 2 Funktionen auf, welche den verschiedenen Spinstellungen entsprechen.

Diese beiden Eigenfunktionen müssen voneinander verschieden sein, weil sonst bei der Antisymmetrisierung die resultierende Eigenfunktion des Gesamtsystems identisch verschwindet. Da aber andererseits die bisher benutzten, nur von den Ortskoordinaten der Elektronen abhängigen Eigenfunktionen für ein Elektronenpaar derselben Zelle identisch sind, gelingt die Antisymmetrisierung nur, wenn man eine weitere Koordinate einführt, nämlich den Spin des Elektrons, und die Gesamteigenfunktion eines Elektrons als Produkt $\alpha \cdot \psi$ eines Ortsanteils $\psi(x, y, z)$ und eines Spinanteils $\alpha(\sigma)$ schreibt, worin σ die „Spinkoordinate" des Elektrons bedeutet. Zwei Elektronen mit identischer Ortsfunktion können sich dann immer noch durch ihre „Spinfunktion" $\alpha(\sigma)$ unterscheiden und die Antisymmetrisierung ist möglich.

Wenn man die Einführung des Spins als Koordinate einer „Spinfunktion" beibehalten will, dann muß man dieser Funktion einen etwas ungewöhnlichen Charakter geben[5,7], was hier ohne nähere Begründung angegeben sei. $\alpha(\sigma)$ ist nur für 2 Werte von σ definiert, nämlich für $\sigma = -1/2$ und $\sigma = +1/2$. An Stelle des Integrals $\int \alpha^* L \alpha \, d\sigma$ über irgend einem Operator L tritt die Summe über die Punkte, in denen σ überhaupt definiert ist, also: $\alpha^* L \alpha$ (an der Stelle $\sigma = -1/2$) $+ \alpha^* L \alpha$ (an der Stelle $\sigma = +1/2$).   Für zwei Elektronen mit beliebigem Spin, die in den Ortseigenfunktionen ψ_a und ψ_b sitzen, lautet nunmehr die antisymmetrisierte Eigenfunktion:

$$\psi(1,2,\sigma_1,\sigma_2) = \alpha(\sigma_1)\,\beta(\sigma_2)\,\psi_a(1)\,\psi_b(2) - \alpha(\sigma_2)\,\beta(\sigma_1)\,\psi_a(2)\,\psi_b(1)$$
$$(39,1)$$

Für $\psi_a \equiv \psi_b$ besorgen die Spineigenfunktionen α und β allein die Antisymmetrisierung. Analog, wie hier im einfachsten Spezialfall, ist im Problem vieler Elektronen die Antisymmetrisierung vorzunehmen.

Diese, zuerst von SLATER[10] im Vielelektronenproblem angewandte Rechenmethode unter Benutzung der Spineigenfunktionen bedeutet eine außerordentliche Vereinfachung gegenüber älteren, gruppentheoretischen Methoden[1] im Vielelektronenproblem. Eine gewisse Erschwerung der üblichen Störungsrechnung tritt allerdings dadurch auf, daß nunmehr sämtliche bei der Energieberechnung auftretenden Integrale auch über die Spinvariablen zu erstrecken sind, d. h. zu der Integration über die Ortskoordinaten tritt stets die Summation über alle Spinkoordinaten. Die Austauschentartung der Elektronen ist durch die Antisymmetrisierung zwar völlig aufgehoben, dafür tritt aber eine neue Entartung auf in den Spinfunktionen. Denn es gibt für jedes Elektron zwei linear unabhängige Spinfunktionen. Sowohl für α, als für β in Gl. (39,1) stehen uns also 2 verschiedene Funktionen zur Verfügung, d. h. wir bekommen schon im Fall zweier Elektronen 4 verschiedene antisymmetrisierte Eigenfunktionen, die miteinander entartet sind. Bei n Elektronen gibt es entsprechend 2^n solche miteinander entartete Eigenfunktionen, deren jede dem Pauliprinzip gehorcht. Bei einer Störungsrechnung ist eine Linearkombination dieser sämtlichen Funktionen anzusetzen und das entsprechende Säkularproblem vom Grade 2^n zu lösen. Wir werden aber unten sehen, wie sich das Säkularproblem weiter reduzieren läßt.

Solange die Spinkoordinaten in der Hamilton-Funktion nicht vorkommen — und das ist beim Fehlen magnetischer Felder und in unrelativistischer Näherung stets der Fall —, läßt sich die Einführung der vollständigen Spin f u n k t i o n vermeiden und dadurch eine ganz bedeutende Vereinfachung der Störungsrechnung erzielen. Wir werden diese vereinfachte Methode, die auf WEYL[16, 22] zurückgeht, im Folgenden stets benutzen. Sie läßt sich folgendermaßen elementar verstehen.

Der Zweck der Einführung der Spineigenfunktion ist ja einzig die Erfüllung des Pauliprinzips. Wenn unsere Funktion die Eigenschaft hat, identisch zu verschwinden bei jeder Besetzung der Quantenzellen (Eigenfunktionen), die dem Pauliprinzip widerspricht, dann ist sie als Lösung zugelassen. Diese Eigenschaft hat die Funktion (39,1) aber auch noch, wenn wir an Stelle der F u n k t i o n $\alpha(\sigma)$ und $\beta(\sigma)$ einfach die Z a h l e n w e r t e der Funktionen an einem beliebigen Punkt ihres Definitionsbereiches setzen. D i e s e Z a h l e n w e r t e d e r S p i n - f u n k t i o n e n s p i e l e n d a n n d i e R o l l e d e r v e r f ü g b a - r e n Z a h l e n k o e f f i z i e n t e n i n d e r a n g e s e t z t e n L i - n e a r k o m b i n a t i o n v o n O r t s f u n k t i o n e n. Denn die Festlegung der Zahlenwerte $\alpha\left(\sigma = +\frac{1}{2}\right)$ und $\alpha\left(\sigma = -\frac{1}{2}\right)$, gewissermaßen

§ 39. Spinfunktionen und Spinamplituden.   207

als verfügbarer Parameter der Funktion, steht völlig frei; sie bestimmen, wie unten in Gl. (39,6) ausgeführt ist, Richtung und Größe des magnetischen Momentes in dem zugehörigen Quantenzustand. Zur Unterscheidung von den S p i n e i g e n f u n k t i o n e n wollen wir diese Zahlenwerte der Spineigenfunktionen an ihren beiden Definitionsstellen als „S p i n a m p l i t u d e n" bezeichnen. Man sieht, daß man aus Gl. (39,1) sofort 4 mit dem Pauliprinzip verträgliche Ansätze bekommt, entsprechend den 4 möglichen Festsetzungen:

$$1.) \quad \sigma_1 = +\frac{1}{2}, \quad \sigma_2 = +\frac{1}{2} \qquad 2.) \quad \sigma_1 = +\frac{1}{2}, \quad \sigma_2 = -\frac{1}{2}$$

$$3.) \quad \sigma_1 = -\frac{1}{2}, \quad \sigma_2 = +\frac{1}{2} \qquad 4.) \quad \sigma_1 = -\frac{1}{2}, \quad \sigma_2 = -\frac{1}{2}$$

Der große Vorteil der Spinamplituden gegenüber den Spinfunktionen ist, daß nunmehr eine Einbeziehung der Spinkoordinate in die Störungsrechnung, also eine Integration über die Spinkoordinaten, gar nicht mehr nötig ist. Die ganze Störungsrechnung spielt sich allein in den Ortskoordinaten ab, die Spinamplituden übernehmen selbst die Rolle der Zahlenkoeffizienten in den angesetzten Linearkombinationen. An Stelle der Entartung der Spinfunktionen tritt hier die Freiheit der Wahl der einzelnen σ-Werte.

Bevor wir den durch diese Plausibilitätsbetrachtungen nahegelegten Weg praktisch durchführen, wollen wir noch eine Modifikation der bisher benutzten Methode der Antisymmetrisierung vornehmen, welche den Formalismus der Rechnung mit den Spinamplituden außerordentlich vereinfacht. Nach unserer bisherigen Methode der Antisymmetrisierung wäre anzusetzen (vergl. § 19):

$$\Psi = \sum_{\Pi} \delta_\Pi \left(\Pi \, \alpha(\sigma_1) \, \beta(\sigma_2) \, \gamma(\sigma_3) \, \ldots \right) \left(\Pi \, \psi_a(1) \, \psi_b(2) \, \psi_c(3) \, \ldots \right) \quad (39,2)$$

worin die Permutationsoperatoren Π an den Koordinaten σ_1, σ_2, σ_3 ..., bezw. 1, 2, 3 ... u. s. w. angreifen. Wir müßten diese Antisymmetrisierung erst durchführen, bevor wir für die σ_1, σ_2, σ_3 u. s. w. ihre Zahlenwerte $+1/2$ oder $-1/2$ einsetzen. Denn obwohl die möglichen beiden Zahlenwerte für alle σ dieselben sind, ist eine Unterscheidung der σ für die Antisymmetrisierung unerläßlich.

Es gibt jedoch noch eine andere Methode der Antisymmetrisierung, die darin besteht, daß man in einem Produktansatz $\psi = \psi_a(1) \, \psi_b(2) \ldots$ an Stelle der Koordinaten die Indizes der Eigenfunktionen permutiert, dagegen die Koordinaten an ihren Plätzen läßt. Anstatt die Elektronen bei fest bleibenden Quantenzellen zu permutieren, kann man also auch die Quantenzellen (Eigenfunktionen) bei fest bleibenden Elektronen permutieren. Bezeichnen wir die auf die Eigenfunktionen bei festgehaltenen Argumenten wirkenden Permutationsoperatoren mit großen lateinischen Buchstaben, dann läßt sich statt (39,2) auch schreiben:

$$\Psi = \sum_{P} \delta_P \left(P \, \alpha(\sigma_1) \, \beta(\sigma_2) \, \gamma(\sigma_3) \, \ldots \right) \left(P \, \psi_a(1) \, \psi_b(2) \, \psi_c(3) \, \ldots \right) \quad (39,3)$$

In der ersten Klammer bewirkt P eine Umstellung der α, β, $\gamma \ldots$ bei festgehaltenen σ_1, σ_2, σ_3 ..., in der zweiten eine Vertauschung der Indizes bei festgehaltener Reihenfolge 1, 2, 3 ... Der Gewinn dieser Rechenweise liegt darin, daß wir jetzt für σ_1, σ_2, σ_3 u. s. w. von vornherein ihre ein-

mal gewählten Zahlenwerte einsetzen dürfen, die sämtlichen Klammern
bleiben ja bei der Permutation einfach stehen.

Um den Übergang von den Operatoren Π zu P bei allen folgenden
Rechnungen eindeutig zu machen, legen wir ein für allemal fest, daß den
Zahlen in ihrer natürlichen Reihenfolge 1, 2, 3 ... die Buchstaben in
alphabetischer Reihenfolge a, b, c ... entsprechen sollen. Es entsprechen
so zum Beispiel:

$$\Pi = \begin{pmatrix} 1\,2\,3\,4 \\ 2\,4\,1\,3 \end{pmatrix} \qquad P = \begin{pmatrix} a\,b\,c\,d \\ b\,d\,a\,c \end{pmatrix} \tag{39,4}$$

Hieraus folgt sofort die wichtige Regel für die Umrechnung der Π-Opera-
toren in P-Operatorten

$$\Pi\,P\,\psi = P\,\Pi\,\psi = \psi, \qquad \text{also} \qquad P\,\psi = \Pi^{-1}\psi \tag{39,5}$$

denn $\Pi\,P$ bewirkt, auf $\psi = \psi_a(1)\,\psi_b(2)\,\psi_c(3)$ ... angewandt, im ganzen
nur eine Änderung der Reihenfolge der Faktoren $\psi_a(1)$, $\psi_b(2)$, $\psi_c(3)$,
u. s. w., läßt also ψ unverändert.

Während der Operator Π für jede beliebige Funktion $\psi(1,2,3\ldots)$
definiert ist, ist P zunächst nur definiert für eine Funktion ψ, die als
Produkt der Eigenfunktionen der einzelnen Elektronen geschrieben werden kann. Die Gl. (39,5) ermöglicht uns aber, die Definition für P zu
erweitern, da jede P-Operation hierdurch auf eine Π-Operation zurückgeführt wird. In diesem erweiterten Sinne ist P zu verstehen, wenn ψ
nicht in Produktform auftritt.

Von jetzt an werden wir $\alpha\left(\sigma = +\frac{1}{2}\right)$ mit a_+ und $\alpha\left(\sigma = -\frac{1}{2}\right)$ mit
a_- abkürzen, entsprechend β, γ u. s. w. Die physikalische Bedeutung
der a_+ und a_- besteht darin, daß durch sie die Größe und Richtung
des magnetischen Momentes festgelegt wird, das ein Elektron in dieser
Eigenfunktion aufweist. Die allgemeine Theorie (nach PAULI[5] und DI-
RAC[7]) besagt nämlich, was hier ohne Beweis angegeben sei, da wir auch
keinen Gebrauch davon machen werden, daß die resultierende Dichte des
magnetischen Moments ist:

$$\begin{aligned} M_x &= \left(a_+^{\,*}\,a_- + a_-^{\,*}\,a_+\right)\psi^*\,\psi \\ M_y &= \mathrm{i}\left(a_+^{\,*}\,a_- - a_-^{\,*}\,a_+\right)\psi^*\,\psi \\ M_z &= \left(a_+^{\,*}\,a_+ + a_-^{\,*}\,a_-\right)\psi^*\,\psi \end{aligned} \tag{39,6}$$

Wir sehen, daß $a_- = 0$ und $a_+ = 0$ ein Moment nur in der z-Richtung
bedeuten. Durch die Wahl der komplexen Zahlenkoeffizienten a_+ und
a_- können wir aber jede Richtung des resultierenden magnetischen Moments, d. h. jeden „Polarisationszustand" der ψ-Welle (s. z. B. Lit.[24])
erreichen.

§ 40. Antisymmetrisierung mit Spinamplituden und Spininvarianten.

Bezeichnen wir mit φ das Produkt der Spinamplituden aller Elektronen, also zum Beispiel

$$\varphi = a_+\,b_+\,c_-\,d_+\ldots \tag{40,1}$$

dann können wir nach den Ausführungen von § 39 die antisymmetrisierte
Eigenfunktion im Vielelektronenproblem schreiben:

§ 40. Antisymmetrisierung mit Spinamplituden und Spininvarianten. 209

$$\Psi = \sum_P (P\varphi)\, \delta_P \,(P\psi) \tag{40,2}$$

worin P alle Permutationen der Spinamplituden a, b, c u. s. w. bei fest gehaltenen Indizes (d. h. Spinkoordinaten, $+ + -$ u. s. w.), bezw. alle Permutationen der Eigenfunktionen ψ_a, ψ_b, ψ_c u. s. w. in $\psi = \psi_a(1)\cdot\psi_b(2)\cdot\psi_c(3)\ldots$ bei festgehaltenen Argumenten 1, 2, 3 ... u. s. w. durchläuft.

Wir überzeugen uns noch einmal direkt von der Antisymmetrie, indem wir die Gültigkeit von $\Theta\Psi = -\Psi$ für eine beliebige Transposition d e r K o o r d i n a t e n Θ beweisen. Es gilt:

$$\Theta P\psi = \Theta \Pi^{-1}\psi = (T P^{-1})^{-1}\psi = P T^{-1}\psi = P T\psi \tag{40,3}$$

Die ersten beiden Gleichheiten folgen aus (39,5). Daß $P T^{-1}$ (Reihenfolge!) wirklich das Reziproke zu $T P^{-1}$ ist, folgt aus der allgemeinen Regel:

$$(A B^{-1})(B A^{-1}) = A(B^{-1}B)A^{-1} = A A^{-1} = 1 \,, \text{ also}$$
$$(A B^{-1})^{-1} = B A^{-1} \tag{40,4}$$

Schließlich ist jede Transposition gleich ihrem Reziproken, denn es gilt $T \cdot T = 1$. Gl. (40,3) zeigt, daß die Vertauschung zweier Koordinaten der Anwendung des Operators T v o n r e c h t s entspricht. Dies wird später (z. B. bei der Eigenfunktion (46,1)) gelegentlich zu beachten sein, vorläufig erscheint es nur von formaler Bedeutung. Es gilt also:

$$\Theta\,\Psi = \sum_P \delta_P \,(P T \varphi)(P T \psi) \tag{40,5}$$

Es ist $\delta_P = -\delta_{PT}$ für jedes P, da sich P und PT stets um eine Transposition unterscheiden. Wenn P gerade war, ist PT ungerade und umgekehrt. (40,5) läßt sich deshalb schreiben:

$$\Theta\,\Psi = -\sum_P \delta_{PT}\,(P T \varphi)(P T \psi) \tag{40,6}$$

Wenn P die ganze Gruppe einmal durchläuft, durchläuft auch $PT = Q$ die ganze Gruppe einmal, nur in anderer Reihenfolge der Summanden; also:

$$\Theta\,\Psi = -\sum_Q \delta_Q\,(Q\varphi)(Q\psi) \tag{40,7}$$

Aus der damit bewiesenen Antisymmetrie folgt unmittelbar das Verschwinden von Ψ, wenn 2 in Spinamplitude u n d Ortsfunktion identische Elektronen vorhanden sind.

Wir haben in (40,1) die Größe φ zunächst als Produkt sämtlicher einzelnen Spinamplituden geschrieben. Während wir in unserem Ψ ohne Einführung der Spinamplituden $n!$ Zahlenkoeffizienten hätten und entsprechend in der Störungsrechnung für n Elektronen ein Säkularproblem vom $n!$-ten Grade lösen müßten, haben wir hier durch spezielle Wahl der Koeffizienten von vornherein alle diejenigen Lösungen aus dem großen Säkularproblem herausgegriffen, die dem Pauliprinzip gehorchen. Außerdem ist dieses verkleinerte Säkularproblem schon in Teilprobleme zerlegt, deren jedes durch Angabe der $+$ und der $-$ Indizes gekennzeichnet ist, denn die Anzahlen der Indizes beider Sorte ändern sich ja nicht beim Permutieren. Der Überschuß der $+$ über die $-$ Indizes ergibt den resultierenden Spin in z-Richtung. Man sagt, das Störungsproblem ist nach der resultierenden Spinkomponente in z-Richtung ausreduziert. Für jeden Wert dieser Komponente ist ein eigenes Säkularproblem zu lösen, das mit den anderen nichts zu tun hat.

Wir wollen auf die Störungsrechnung, die dem Ansatz (40,1) entspricht, nicht näher eingehen, da wir die Ausreduktion zunächst — nach HEITLER und RUMER[15,21] — noch weiter ausführen wollen. Wir orientieren uns wieder am H_2-Problem. Hier lautet die Lösung mit abgesättigten Spins, die zur Bindung führte

$$\Psi' = \psi_a(1)\,\psi_b(2) + \psi_b(1)\,\psi_a(2) \qquad (40{,}8)$$

Um sie hinsichtlich des Spins zu vervollständigen, müssen wir als Zahlenfaktor eine antisymmetrische Kombination von Spinamplituden hinzufügen. Das ist nur in einer Weise möglich, nämlich:

$$\Psi_1 = \Big(a_+\,b_- - b_+\,a_-\Big)\Big(\psi_a(1)\,\psi_b(2) + \psi_b(1)\,\psi_a(2)\Big) \qquad (40{,}9)$$

Diese Lösung verschwindet für $a = b$ und ist antisymmetrisch. Die andere Lösung, welche Abstoßung gab, hieß

$$\Psi'' = \psi_a(1)\,\psi_b(2) - \psi_b(1)\,\psi_a(2) \qquad (40{,}10)$$

Hier gilt es, eine symmetrische Kombination von Spinamplituden hinzuzufügen. Das ist aber in drei verschiedenen Weisen möglich, nämlich durch $a_+\,b_+$, $a_-\,b_-$, $a_+\,b_- + b_+\,a_-$. Hierin äußert sich übrigens, daß der Zustand wegen dem Spin das statistische Gewicht 3 bekommen muß. Anschaulich deutet man das so, daß der resultierende Vektor von 2 Spinmomenten sich in positive z-Richtung $(a_+\,b_+)$, in negative z-Richtung $(a_-\,b_-)$, und senkrecht zur z-Richtung, also mit der z-Komponente 0, $(a_+\,b_- + b_+\,a_-)$ einstellen kann. Wir können hier, da diese 3 Spinzustände ohne Magnetfeld zusammenfallen, eine beliebige Linearkombination dieser 3 Koeffizienten als Spinfaktor zu (40,10) schreiben. Wir wollen — aus formalen Gründen, die nachher deutlich werden — in diesem Fall unter Einführung der neuen Zahlenkoeffizienten l_+ und l_- für φ schreiben:

$$\begin{aligned}
\varphi &= l_-{}^2\,a_+\,b_+ + l_+{}^2\,a_-\,b_- - l_-\,l_+(a_+\,b_- + b_+\,a_-) \\
&= (a_+\,l_- - l_+\,a_-)(b_+\,l_- - l_+\,b_-)
\end{aligned} \qquad (40{,}11)$$

was gerade eine solche symmetrische Linearkombination darstellt. Wir schreiben die Gesamtfunktion also im Falle paralleler Spins:

$$\Psi_2 = \Big(a_+\,l_- - l_+\,a_-\Big)\Big(b_+\,l_- - l_+\,b_-\Big)\Big(\psi_a(1)\,\psi_b(2) - \psi_b(1)\,\psi_a(2)\Big) \quad (40{,}12)$$

Sie gehorcht der Antisymmetrieforderung.

Gl. (40,2) würde mit einem als Produkt einfacher Spinamplituden geschriebenen φ im H_2-Fall zu den Ansätzen führen:

$$\Psi: \qquad \begin{aligned}
& a_+\,b_+\Big(\psi_a(1)\,\psi_b(2) - \psi_b(1)\,\psi_a(2)\Big) \\
& a_-\,b_-\Big(\psi_a(1)\,\psi_b(2) - \psi_b(1)\,\psi_a(2)\Big) \\
& a_+\,b_-\,\psi_a(1)\,\psi_b(2) - b_+\,a_-\,\psi_b(1)\,\psi_a(2) \\
& a_-\,b_+\,\psi_a(1)\,\psi_b(2) - b_-\,a_+\,\psi_b(1)\,\psi_a(2)
\end{aligned} \qquad (40{,}13)$$

Die letzten beiden Ausdrücke enthalten noch 2 unabhängige Zahlenkoeffizienten und würden jedes die Lösung eines Säkularproblems

§ 40. Antisymmetrisierung mit Spinamplituden und Spininvarianten. 211

2. Grades verlangen, wie es schon vor Einführung der Spinamplituden nötig war.

Wählen wir aber, was durch (40,9) und (40,12) nahegelegt wird, für φ schon eine geeignete Linearkombination der Spinamplituden, nämlich

$$\begin{aligned} \varphi_1 &= a_+ b_- - a_- b_+ \\ \varphi_2 &= (a_+ l_- - l_+ a_-)(b_+ l_- - l_+ b_-) \end{aligned} \qquad (40,14)$$

dann führt Gl. (40,2) zu (40,9) und (40,12), also Linearkombinationen von (40,13), die natürlich auch dem Pauliprinzip gehorchen, die aber jede nur noch e i n e n unbestimmten Zahlenfaktor φ_1 bzw. φ_2 enthalten. Wir bekommen für jedes Ψ die zugehörige Störungsenergie direkt aus einem Störungsproblem 1. Grades. Übergänge von Ψ_1 zu Ψ_2 sind durch keinerlei Permutationen von a und b zu erreichen.

Man nennt die Klammerausdrücke $a_+ b_- - b_+ a_-$ „Spininvarianten", wegen ihrer Eigenschaft, bei Drehungen des Koordinatensystems erhalten zu bleiben,[*]) und kürzt sie ab

$$a_+ b_- - b_+ a_- = [ab] = -[ba] \qquad (40,15)$$

Durch Einführung der Spinvarianten ist unser Störungsproblem so weit, wie überhaupt allgemein möglich, ausreduziert. Wir werden im nächsten Abschnitt sehen, welchen physikalischen Sinn diese Ausreduktion hat, d. h. welche Eigenschaft die in einer Linearkombination Ψ_1, bzw. Ψ_2 (auch im Falle beliebig vieler Elektronen) zusammen auftretenden Eigenfunktionen gemeinsam haben.

Die ganzen bisherigen Überlegungen haben natürlich nur einen Wert, wenn sie sich auf den Fall vieler Elektronen verallgemeinern lassen. Das ist in der Tat ohne weiteres möglich. Gl. (40,2) gibt stets eine dem Pauliprinzip mit Spin genügende Lösung des Vielelektronenproblems. Es handelt sich nur noch darum, φ aus den einzelnen Spinamplituden a_+, a_-; b_+, b_-; u. s. w. in geeigneter Weise zusammenzusetzen, z. B. in Bindungsfragen so, daß wir den Zustand tiefster Energie herausgreifen. Bei völliger Ausreduktion treten dann so wenig wie möglich voneinander verschiedene Zahlenkoeffizienten $P\varphi$ auf. Ihre Anzahl gibt den Grad des zu lösenden Säkularproblems. Nach den rechnerischen Resultaten in Kap. IV und der chemischen Erfahrung werden wir im allgemeinen den tiefsten Energiezustand bekommen, wenn so viele Spins als möglich sich paarweise zwischen verschiedenen Atomen absättigen. Es liegt nach den obigen Überlegungen nahe, auch hier jedes Paar von Elektronen a, b, die ihren Spin gegeneinander absättigen, einen Faktor $[ab] = a_+ b_- - b_+ a_-$ zur Spinamplitude φ beitragen zu lassen.

Notieren wir uns also ein Valenzbild für das untersuchte Gebilde und schreiben an die beiden Enden jedes Valenzstriches die Spinamplituden a und b, c und d u. s. w. der gepaarten Elektronen hin, dann ist für φ zu schreiben: $\varphi = [ab] \cdot [cd] \ldots$ Jedem so entstehenden Valenzbild entspricht eine Spininvariante φ. Die verschiedenen Koeffizienten $P\varphi$ entstehen aus φ durch Vertauschungen von a, b, c, d ..., entsprechen also, wenn anfangs alle Valenzen abgesättigt waren, allen möglichen Valenzbildern,

---

[*]) Wir gehen auf den Beweis dieser Behauptung, welcher aus den Transformationseigenschaften der Spinamplituden herzuleiten ist, nicht ein, da wir die Richtigkeit unserer Ansätze unabhängig hiervon verifizieren können. Der an den allgemeinen mathematischen Zusammenhängen interessierte Leser sei auf die Literatur[2-4, 16, 22] verwiesen.

die man einzig unter der Nebenbedingung, daß keine freien Valenzen übrig bleiben, zeichnen kann. Dabei kommen natürlich auch ungewohnte Bilder vor, in denen sehr entfernte Atome verknüpft und benachbarte nicht verknüpft sind.

Interessieren wir uns für Zustände mit 1, 2, 3 u. s. w. freien Valenzen, dann sind 1, 2, 3 u. s. w. Spinamplituden mit der „Leeramplitude" l zu verknüpfen. Auch jetzt bleibt bei allen Permutationen die Anzahl der freien Valenzen erhalten. Die Leeramplitude l muß für alle mit ihr gepaarten Elektronen identisch sein. Sonst kämen Valenzbilder vor, bei denen 2 verschiedene „Leeramplituden" sich untereinander absättigen und damit für die Paarung mit freien Valenzen unseres Atomsystems verloren gehen. Dadurch würden auch Zustände geringerer Multiplizität, d. h. mit einer geringeren Zahl von freien Valenzen im gleichen Säkularproblem mit berücksichtigt. Dies ergäbe zwar keine falschen Resultate, aber es wäre ein unnötiger Verzicht auf völlige Ausreduktion. Wenn alle Leeramplituden l von vornherein identisch genommen werden, können Paarungen $[ll]$ nicht vorkommen, denn dieser Klammerausdruck verschwindet. Die Identität aller Leeramplituden sorgt einfach für Parallelstellung aller unabgesättigten Spins.

Damit ist die Ausreduktion nach der Zahl der freien Spins (Valenzen) durchgeführt. In jedem Teilproblem der Störungsrechnung kommen nur Zustände mit gleich viel ungepaarten Spins (gleicher Multiplizität) vor. Es scheint zunächst, als sei die Zahl der verschiedenen Koeffizienten $P\varphi$ bei vorgegebener Multiplizität gleich der Zahl der Valenzbilder, die sich dazu zeichnen lassen.

In Wirklichkeit sind die Valenzbilder, bezw. die zugehörigen Spinvarianten, die sich bei vorgegebener Anzahl der freien Valenzen zeichnen lassen, nicht unabhängig voneinander, da die sehr wichtige Relation

$$[ab]\,[cd] = [ac]\,[bd] + [ad]\,[cb] \qquad (40,16)$$

besteht, welche man leicht durch Ausmultiplizieren der Klammerausdrücke verifiziert. In Figur 21 sind 3 solche Valenzbilder, wie sie etwa bei Behandlung einer Reaktion zwischen 4 einwertigen Atomen auftreten, gezeichnet.

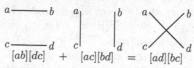

$$[ab][dc] \quad + \quad [ac][bd] \quad = \quad [ad][bc]$$

Fig. 21. Die Spinvarianten von 4 Elektronen im Singlettzustand.

Eine allgemeine, einfache Regel zur Auffindung der unabhängigen Spinvarianten ist von RUMER[25, 26] angegeben worden. Sie lautet: Man ordne alle Spinamplituden — ohne Rücksicht auf die räumliche Anordnung der Atome — auf einem Kreise an und zeichne alle möglichen „Valenzbilder", bei denen keine Überkreuzungen der Valenzstriche auftreten. Die so gefundenen Spinvarianten sind voneinander unabhängig und vollzählig. Ihre Anzahl gibt den Grad des zu lösenden Säkularproblems an.

Fig. 22 zeigt, wie man allgemein durch Anwendung von (40,16) Valenzen „entkreuzen" kann. Schreibt man in $\varphi = \ldots [ad]\,[bc]\ldots$, das also unter anderem die gekreuzten Valenzen $[ad]\,[bc]$ enthält, für diese $[ab]\,[dc] + [ac]\,[bd]$, dann ist φ in eine Summe von 2 Spinvarianten zerlegt, deren jede mindestens eine Überkreuzung weniger enthält als das ursprüngliche Bild. Denn das Auftreten von $[ab]\,[dc]$ statt $[ad]\,[bc]$

§ 41. Die Störungsrechnung mit Spininvarianten.   213

bedeutet ja, daß die Kreuzung horizontal durchgeschnitten (in Fig. 22
gestrichelt) und die Teile auf $[ab]$ und $[cd]$ zusammengezogen sind. Es
ist somit mindestens ein Schnittpunkt der betrachteten Valenzen verschwunden, da beim Zusammenziehen höchstens
noch weitere Schnittpunkte verschwinden, aber
nicht neue auftauchen können. Dasselbe gilt für
den anderen Summanden, den wir aus Figur 22
herstellen können, indem wir den Knoten vertikal
durchschneiden und die Teile auf $[ac]$ und $[bd]$
zusammenziehen. So kann man der Reihe nach
mit jedem gekreuzten Paar verfahren, bis alle
Kreuzungen verschwunden sind. Dann ist aber die
„gekreuzte" Spininvariante auf eine Linearkombination von „ungekreuzten" Spininvarianten zu-

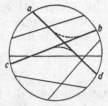

Fig. 22. Entkreuzung
von Spininvarianten.

rückgeführt, die als unabhängige Koeffizienten übrig bleiben (als Beispiel s. Fig. 25).

Eine weitere Reduktion des Säkularproblems ist nur dann noch möglich, wenn das betrachtete System von Elektronen, bezw. Eigenfunktionen (die übrigens keineswegs alle zu verschiedenen Atomen gehören
brauchen) irgend welche räumlichen Symmetrien aufweist. Beispiele
dafür werden wir später kennen lernen (s. auch Lit.[12,36,38,41]).

§ 41. Die Störungsrechnung mit Spininvarianten.

Nach den in § 40 getroffenen Vorbereitungen läßt sich nun das Säkularproblem fast direkt hinschreiben. Dabei ist allerdings zunächst stets
vorausgesetzt, daß keine anderen Entartungen als die durch Gleichheit
der Teilchen vorliegen. (Über Bahnentartung s. § 53.) Wir führen in die
Schrödingergleichung

$$[H - E]\ \Psi = 0 \qquad\qquad (41,1)$$

für Ψ als passende Linearkombination unsere dem Pauliprinzip gehor-
chende Näherung (40,2) ein. Gl. (41,1) lautet dann:

$$[H - E] \sum_P P\,\varphi\,\delta_P\,P\,\psi = 0 \qquad\qquad (41,2)$$

Zu den Störungsgleichungen gelangen wir von dieser — nur in nullter Näherung erfüllten — Gleichung bekanntlich, indem wir der Reihe
nach mit allen untereinander entarteten Funktionen nullter Näherung
multiplizieren und integrieren (s. § 13). Fassen wir sämtliche $P\,\varphi$ als
unabhängige Koeffizienten auf, dann wären die einzelnen $P\,\psi$ als unabhängige Funktionen zu behandeln und wir erhalten, da es $n!$ solche
$P\,\psi$ gibt, auch $n!$ Gleichungen für die $n!$ Koeffizienten $P\,\varphi$. Nun haben wir aber oben gerade Wert darauf gelegt, solche Ausdrücke für φ
zu finden, die beim Permutieren möglichst wenig neue Koeffizienten $P\,\varphi$
liefern, also möglichst abhängig voneinander sind. Wegen $[ab] = -[ba]$
sowie $[al]\,[bl] = [bl]\,[al]$ und $[ab]\,[cd] = [ac]\,[bd] + [ad]\,[cb]$ bestehen eine
ganze Reihe von linearen Relationen zwischen den Koeffizienten $P\,\varphi$.
Es bleiben deshalb nur soviel l i n e a r unabhängige Koeffizienten $P\,\varphi$
übrig, als sich verschiedene Valenzbilder ohne Kreuzungen zu dem Problem zeichnen lassen. Das sind für $n = 2s$ oder $= 2s - 1$ Elektronen,
deren Spins alle, bezw. bis auf einen, gegeneinander abgesättigt sind,
$(2s)!/s!\,(s + 1)!$ linear unabhängige Spininvarianten $P\,\varphi$, wie hier ohne

214   Kapitel VI.

Beweis notiert sei (s. Lit.[38,41]). Wir werden gleich zeigen, daß wir eben soviel Zahlenkoeffizienten zur Befriedigung unseres linearen Gleichungs-systems benötigen.*)

Wir betrachten also die $P\varphi$ als unabhängig verfügbare Zahlen und multiplizieren (41;2) der Reihe nach mit sämtlichen $P\psi^*$ und integrie-ren. Irgend ein herausgegriffenes Produkt der Ortseigenfunktionen sei $Q\psi$. Damit bekommen wir das Gleichungssystem (für jedes der $n! \, Q\psi$):

$$\sum_P P\varphi \, \delta_P \int Q\psi^* \, [H - E] \, P\psi \, \mathrm{d}\tau = 0 \qquad (41,3)$$

Jetzt ziehen wir die Invarianzeigenschaft von H, damit auch des Klam-merausdruckes $[H - E]$, gegenüber Permutation der Teilchen heran. Da-zu werden vorübergehend die I n d i z e s permutationen Q, P in die zugeordneten T e i l c h e n permutationen Γ, Π umgeschrieben. Nach (39,5) läßt sich so das Integral über $[H - E]$ schreiben:

$$\int Q\psi^* \, [H - E] \, P\psi \, \mathrm{d}\tau = \int \Gamma^{-1}\psi^* \, [H - E] \, \Pi^{-1}\psi \, \mathrm{d}\tau \qquad (41,4)$$

Nun taufen wir alle Integrationsvariablen um, indem wir auf den ganzen Integranden die Permutation Γ anwenden. So wird:

$$\int \Gamma^{-1}\psi^* \, [H - E] \, \Pi^{-1}\psi \, \mathrm{d}\tau = \int \psi^* \, [H - E] \, \Gamma \, \Pi^{-1}\psi \, \mathrm{d}\tau \qquad (41,5)$$

da $\Gamma \, [H - E] = H - E$ ist.

Gehen wir durch $\Gamma \, \Pi^{-1}\psi = (Q \, P^{-1})^{-1}\psi = P \, Q^{-1}\psi$ (s. Gl. 40,4) zu den Permutationsoperatoren, die auf die „Zellen" wirken, zurück, dann haben wir die wichtige Beziehung:

$$\int Q\psi^* \, [H - E] \, P\psi \, \mathrm{d}\tau = \int \psi^* \, [H - E] \, P \, Q^{-1}\psi \, \mathrm{d}\tau \qquad (41,6)$$

(Man beachte die Reihenfolge von P und Q^{-1} rechts!) Mit dieser Um-formung wird aus Gl. (41,3):

$$\sum_P P\varphi \, \delta_P \int \psi^* \, [H - E] \, P \, Q^{-1}\psi \, \mathrm{d}\tau = 0 \qquad (41,7)$$

Wir wollen nun $P \, Q^{-1} = R$ als Summationsbuchstaben einführen. Aus $P.Q^{-1} = R$ folgt $P = RQ$ und aus (41,7) wird:

$$\sum_R R(\delta_Q \, Q\varphi) \, \delta_R \int \psi^* \, [H - E] \, R\psi \, \mathrm{d}\tau = 0 \qquad (41,8)$$

---

*) Es taucht hier das Bedenken auf, daß die Anzahl unserer verfügbaren Zahlenkoeffizienten a_+, a_-, b_+, b_-, die einfach doppelt so groß als die Zahl der Elektronen ist, kleiner sein kann als die Zahl der unabhängigen Spin-invarianten, so daß im allgemeinen die Zahlen a_+, a_-, b_+, b_- ... nicht aus-reichen, um jedem der linear unabhängigen $P\varphi$ den aus dem Säkularproblem abgeleiteten Wert zu erteilen. Diese formale Schwierigkeit läßt sich leicht be-seitigen dadurch, daß man jedem Elektron mehrere Spinamplituden a', a'', a''' ... zuordnet und statt $P\varphi$ schreibt $P(\varphi' + \varphi'' + \varphi''' ...)$, worin die $P\varphi'$, $P\varphi''$, $P\varphi'''$ identisch aussehen, nur daß überall die ungestrichenen Spinamplituden durch die einfach, zweifach u. s. w. gestrichenen ersetzt sind. Damit ist die Zahl der verfügbaren Koeffizienten a, b, c ... beliebig vervielfacht, ohne daß sich an dem Gang sämtlicher Rechnungen das geringste ändert. Die Zahl der l i n e a r unab-hängigen Zahlenkoeffizienten $P\varphi'$ ist durch Einführung von $\varphi' + \varphi'' + \varphi''' ...$ statt φ natürlich nicht geändert worden.

§ 41. Die Störungsrechnung mit Spininvarianten.   215

Denn Summation über alle P bedeutet, daß auch $R = P Q^{-1}$ (bei festem Q) alle Operatoren, und zwar jeden gerade einmal, durchläuft. Für δ_{RQ} haben wir $\delta_R \cdot \delta_Q$ geschrieben. Die Berechtigung dazu folgt unmittelbar aus der Definition der δ-Größen (s. § 19). Schließlich können wir noch in (41,8) die Spininvariante $\delta_Q\, Q \varphi$, die ja wieder irgend eine der zusammengehörigen Spininvarianten ist, schreiben $\delta_Q\, Q \varphi = \varphi'$ und so aus (41,8) machen:

$$\sum_R R \varphi' \delta_R \int \psi^* [\, H - E\,]\, R \psi\, \mathrm{d}\tau = \sum_P P \varphi' \delta_P \int \Pi\, \psi^* [\, H - E\,]\, \psi\, \mathrm{d}\tau = 0 \tag{41,9}$$

Für die Summationsgröße R, die ja über a l l e Permutationen geht, ist zuletzt wieder P geschrieben. So hat Gl. (41,9) schließlich — bis auf die Schreibweise mit Π statt P, die stets möglich ist — dieselbe Form wie Gl. (41,3) für $Q = 1$, nur mit einem anderen Ausgangs-φ.

Sämtliche $n!$ Gleichungen lassen sich so durch Umformung der Integrale und Umordnung der Reihenfolge der Summanden auf die Form (41,9) bringen, die man erhält, wenn man von irgend einem der gewählten unabhängigen φ ausgehend, die Schrödingergleichung (41,2) für dieses φ mit ψ^* multipliziert. Bei $P = 1$ steht dann als Faktor das herausgegriffene φ. Wählt man die RUMERschen „ungekreuzten" φ als unabhängige, dann treten durch Anwendung der Permutationen P auch „gekreuzte" $P \varphi$ auf, die aber nach Gl. (40,16) in den ungekreuzten linear auszudrücken sind. Wir erhalten so gerade soviel unabhängige Gleichungen, als es linear unabhängige Spininvarianten $P \varphi$ als Koeffizienten gibt. Alle weiteren sind mit diesen identisch oder folgen, wenn bei $P = 1$ ein gekreuztes φ steht, durch Linearkombination aus diesen. Alle übrigen sind also automatisch erfüllt, wenn die herausgegriffenen, unabhängigen Gleichungen erfüllt sind.

Die zweite Form von Gl. (41,9) erlaubt es, für $[H - E]$ unter dem Integral $[u - \varepsilon]$ zu schreiben, wo u die Störungsfunktion zur Ausgangsverteilung der Elektronen und ε die Eigenwertstörung bedeutet. In dem linearen Gleichungssystem

$$\sum_P P \varphi\, \delta_P \int \Pi\, \psi^* [\, u - \varepsilon\,]\, \psi\, \mathrm{d}\tau = 0 \tag{41,10}$$

haben wir dann das allgemeine Säkularproblem der Störungsrechnung für ein beliebiges System aus vielen Elektronen vor uns. Zu jeder resultierenden freien Valenz, deren gesamte Wertigkeit dadurch gegeben ist, wie oft die „Leeramplitude" l in φ vorkommt, gehört ein Satz von linear unabhängigen $P \varphi$, deren Anzahl den Grad des zugehörigen Säkularproblems bestimmt.

Die Anwendung von Gl. (41,10) ist keineswegs auf das chemische Bindungsproblem beschränkt, sie gilt für jede Störungsrechnung 1. Näherung in einem beliebigen System von vielen Elektronen. Die zugehörigen „Valenzbilder" geben dann alle möglichen Arten der gegenseitigen Absättigung der Spins von 2 Elektronen an. Die Eigenfunktionen ψ_a, ψ_b etc. brauchen nicht, oder nicht alle, zu verschiedenen Atomen gehören, die Valenzen können sich auch innerhalb eines Atoms absättigen, indem sich die Spins von 2 Valenzelektronen innerhalb eines Atoms antiparallel stellen.

Wir werden in allen weiteren Rechnungen auf Gl. (41,10) immer wieder zurückgreifen.

§ 42. Der Spezialfall nur einfach besetzter Eigenfunktionen.

Die Gl. (41,10) gilt ganz allgemein für jedes System, in welchem keine andere als nur die Austauschentartung vorliegt. Über die Form der Eigenfunktionen nullter Näherung ψ wird nichts vorausgesetzt. Meistens ergibt sich von selbst der Produktansatz für ψ, er enthält dann als Faktoren lauter einzelne Eigenfunktionen, unter denen, im Einklang mit dem Pauliprinzip, auch paarweise identische Eigenfunktionen vorkommen können.

In der Chemie hat man es meist mit einem System von Atomen zu tun, von dem nur die Valenzelektronen in die Störungsrechnung des Vielelektronenproblems eingehen. Das Charakteristische für die Außenelektronen, denen die Valenz der Atome zuzuschreiben ist, besteht gerade darin, daß jedes Valenzelektron seine besondere Eigenfunktion hat. In einem solchen, nur aus Valenzelektronen bestehendem Vielelektronensystem kommen also nur einfach besetzte Eigenfunktionen vor. Dies sind zum Teil die aufeinander orthogonalen Valenzeigenfunktionen desselben Atoms, zum Teil die „fastorthogonalen" Eigenfunktionen der Valenzelektronen verschiedener Atome.

Die Rechnung würde sehr einfach, wenn man sämtliche vorkommenden Eigenfunktionen als orthogonal voraussetzen dürfte. Dann würde in Gl. (41,10) die Summe $\sum P\,\varphi\,\delta_P \int \Pi\,\psi^*\,\varepsilon\,\psi\,\mathrm{d}\tau$ auf ein einziges Glied, nämlich $\varphi\,.\,\varepsilon \int \psi^*\psi\,\mathrm{d}\tau$, zusammenschrumpfen.

Die Störungsenergie u hat die Form:

$$u = \sum_i u(i) + \sum_{i<k} \frac{1}{r_{ik}} \qquad (42,1)$$

worin $u(i)$ die Störungsenergie des i-ten Elektrons im Feld aller übrigen Rümpfe, und die Summe über $1/r_{ik}$ die Störung der Valenzelektronen untereinander bedeutet. Bei Orthogonalität der Eigenfunktionen wird deshalb in (41,10):

$$\sum_P P\,\varphi \int \Pi\,\psi^*u\,\psi\,\mathrm{d}\tau = \int \psi^*u\,\psi\,\mathrm{d}\tau - \sum_{i<k} T_{ik}\,\varphi \int \Theta_{ik}\,\psi^*\frac{1}{r_{ik}}\,\psi\,\mathrm{d}\tau \quad (42,2)$$

Das Austauschintegral über $1/r_{ik}$ ist normalerweise positiv, genau wie beim H_2 (s. § 25). Wenn nur dieser Teil des Austauschintegrals vorhanden wäre, bekäme man die tiefste Energie bei Parallelstellung der Spins, ähnlich wie im freien Atom. Das ergibt sich unmittelbar aus Gl. (25,8), wenn v positiv ist und $s = 0$ gesetzt wird. Dies Resultat ist den wirklichen Verhältnissen direkt entgegengesetzt, denn bis auf seltene Ausnahmen (O_2 s. § 28) ist die homöopolare Bindung mit Antiparallelstellung der Spins verknüpft, das Vorzeichen des Austauschintegrals muß also negativ sein. Genau wie beim H_2-Molekül (s. § 25) liegt die Ursache dieses negativen Vorzeichens darin, daß die Anteile $\int \Theta_{ik}\,\psi^*\,[\,u(i)+u(k)\,]\,\psi\,\mathrm{d}\tau$ in Wirklichkeit nicht verschwinden, sondern einen starken negativen Beitrag zum Austausch-Integral geben. Sie haben die Form:

$$\int \Theta_{12}\,\psi^*u(1)\,\psi\,\mathrm{d}\tau = \int \psi_a{}^*(2)\,\psi_b(2)\,\mathrm{d}\tau_2 \int \psi_a{}^*(1)\,u(1)\,\psi_b(1)\,\mathrm{d}\tau_1 \qquad (42,3)$$

würden also bei strenger Orthogonalität von ψ_a und ψ_b verschwinden. Daß sie aber in Wirklichkeit sogar alle anderen Integrale überwiegen,

§ 42. Der Spezialfall nur einfach besetzter Eigenfunktionen.   217

kommt davon, daß das „Übergangsintegral" $\int \psi_a{}^*(1)\, u(1)\, \psi_b(1)\, d\tau_1$ stets sehr groß ist, wodurch der verkleinernde Faktor $s = \int \psi_a{}^* \psi_b\, d\tau$ völlig aufgewogen wird. Dieser ist zwar stets kleiner als 1, aber keineswegs verschwindend klein gegen 1. Nur in diesem Fall wäre eine Ordnung sämtlicher Integrale nach Potenzen von s zulässig, unabhängig davon, welches Integral hinter s steht.

Es läßt sich jedoch eine sinnvolle Ordnung nach Potenzen von s vornehmen, indem man jeden einzelnen Integraltypus für sich nach Potenzen von s ordnet. Dazu ordnen wir in einem beliebigen System von vielen Atomen die Permutationen Π nach der Zahl der Elektronen, welche bei Anwendung von Π gleichzeitig ihren Platz ändern. Zuerst kommt dann die identische Permutation 1, bei der kein Elektron den Platz ändert, dann die Transpositionen Θ, dann die Dreierzyklen Π_3, bei denen 3 Elektronen zyklisch vertauscht werden, dann Permutationen Π_4, bei denen 4 Elektronen ihren Platz ändern u. s. w.

Die an einfachen Beispielen durchgeführten Rechnungen sowie die allgemeine Erfahrung der Spinabsättigung zeigt, daß die 3 Integraltypen

$$I_1 = \varepsilon \int \psi^* \psi \, d\tau \qquad I_2 = \int \psi^* u\, \psi\, d\tau \qquad I_3 = \int \Theta\, \psi^* u\, \psi\, d\tau \qquad (42,4)$$

von derselben Größenordnung sind. Sie stellen völlig verschiedene Typen von Integralen dar, die zunächst, ohne spezielle Durchrechnung, gar nicht miteinander zu vergleichen sind. Gehen wir aber jetzt zu höheren Permutationen über, dann wiederholen sich diese selben 3 Typen, nur multipliziert mit Potenzen von s. Schon bei den Transpositionen treten Glieder vom Typus $s^2 I_1$ und $s^2 I_2$ auf. Erst bei Dreierzyklen Π_3 treten auch Integrale von der Form $s\, I_3$ auf, erst mit Permutationen Π_4 erhält man Glieder von der Ordnung $s^2 I_3$. Führt man also eine Näherungsrechnung durch, die nach Potenzen von s fortschreitet, dann sind im ersten Schritt schon bei u die Transpositionen zu berücksichtigen, n i c h t   d a g e g e n   bei ε. Wenn man Glieder mit $s^2 I_1$, also $\varepsilon \int \Theta\, \psi^* \psi\, d\tau$ berücksichtigen will, dann muß man konsequenterweise gleichzeitig in den Integralen mit u bis zu Permutationen Π_4 gehen, bei denen 4 Elektronen ihre Plätze tauschen.

Man beschränkt sich üblicherweise auf die Transpositionen. Unsere Überlegung zeigt aber, daß es in einem Vielelektronensystem keineswegs eine Verbesserung, sondern eher eine Verschlechterung der Annäherung bedeutet, in dieser Näherung auch bei den Integralen mit ε bis zu den Transpositionen zu gehen.*) Nur im Spezialfall zweier Elektronen, wo gar keine höheren Permutationen möglich sind, ist es natürlich eine Verbesserung, Glieder mit $s^2 \varepsilon$ zu berücksichtigen. Je mehr Elektronen vorhanden sind, desto inkonsequenter wird aber dieser Näherungsschritt.

---

*) Eine diesbezügliche „Verbesserung" der üblichen Näherung wurde von INGLIS[44] gefordert, aber von VAN VLECK[53] auf Grund von Überlegungen, deren Kernpunkt mit unseren obigen Ausführungen übereinstimmt, zurückgewiesen. In einem einfachen Beispiel konnte VAN VLECK explizit bestätigen, daß die Streichung aller Glieder mit εs^2 in einem System von vielen Atomen mit je einem Valenzelektron eine weit bessere Näherung darstellt, als die Berücksichtigung dieser Glieder unter Vernachlässigung höherer Permutationen bei dem Integral mit u (s. auch EWALD und HÖNL[54]).

218   Kapitel VI.

In konsequenter erster Näherung bezüglich der Nichtorthogonalität schreiben wir nun für ein System mit nur einfach besetzten, „fastorthogonalen" Eigenfunktionen:

$$\varphi \varepsilon = \varphi \int \psi^* u \psi \, d\tau - \sum T \varphi \int \Theta \, \psi^* u \psi \, d\tau \qquad (42,5)$$

Die Summe geht über alle Transpositionen T der Spinamplituden a, b u. s. w., bezw. die zugeordneten Transpositionen Θ der Elektronen 1, 2 u. s. w.

Die einzelnen Integrale in (42,5) lassen sich noch etwas weiter ausführen. Das erste Integral, das wir im folgenden stets mit $\bar{u}$ abkürzen, bedeutet die Coulombsche Wechselwirkung zwischen den ungestörten Ladungswolken. Es enthält erstens Anteile der inneratomaren Wechselwirkung der Elektronen, nämlich die Coulombsche Abstoßung zwischen den Ladungswolken mehrerer Valenzelektronen desselben Atoms. Besonders aber enthält es die Summe der Coulombschen Anziehungen zwischen allen Atomen, die bei der gegenseitigen Durchdringung ihrer Ladungswolken deshalb auftreten, weil bei den praktisch vorkommenden Abständen die Anziehung zwischen Valenzelektronen des einen und Rumpfladung des anderen Atoms die Abstoßung zwischen den Valenzelektronen sowie zwischen den Rümpfen überwiegt (vergl. das Beispiel H_2 in § 25 sowie C_2 und CH in § 52).

Das einzelne Austauschintegral*), z. B. mit Θ_{12} aus der Summe in (42,5), läßt sich schreiben:

$$\int \Theta_{12} \, \psi^* u \psi \, d\tau = \int \psi_a{}^*(2) \, \psi_b{}^*(1) \, \bar{u}(12) \, \psi_a(1) \, \psi_b(2) \, d\tau = (AB) \qquad (42,6)$$

Darin bedeutet $\bar{u}(12)$ die über alle, außer den beiden von Θ_{12} betroffenen Elektronen, integrierte Störungsfunktion. Dadurch ist das Integral über sämtliche Koordinaten in ein Austauschintegral ähnlich wie beim H_2 übergeführt, nur enthält $\bar{u}(12)$ hier außer der Wechselwirkung der beiden betrachteten Elektronen miteinander und mit dem Rumpf des Partners das resultierende Potential sämtlicher übrigen „verschmierten" Ladungen der Valenzelektronen sowie der Rümpfe. Jedes A.-I. stellt also den Austausch zwischen den beiden herausgegriffenen Elektronen unter dem Einfluß ihrer Wechselwirkung, sowie des Feldes sämtlicher übrigen Ladungen dar. Praktisch vernachlässigt man meistens die Feldwirkung von „fremden" Atomen auf den Austausch der beiden betrachteten Elektronen, nimmt also an, daß das Austauschintegral (42,6) nur von den beiden Atomen abhängt, denen die betrachteten Valenzelektronen angehören. Die Elektronen können auch beide demselben Atom angehören, diese „inneratomaren" Austauschintegrale sind — bei gegebenen Eigenfunktionen — in guter Näherung unabhängig von der Gegenwart der übrigen Atome.

Für das A.-I. zwischen 2 Eigenfunktionen ψ_a und ψ_b werden wir im Folgenden oft die in (42,6) angegebene Abkürzung (AB) benutzen, entsprechend für andere Eigenfunktionen. Kürzen wir noch den Austauschanteil der Energie ab mit λ, also

$$\varepsilon = \int \psi^* u \psi \, d\tau + \lambda = \bar{u} + \lambda \qquad (42,7)$$

---

*) Wird im Folgenden häufig abgekürzt mit A.-I.

§ 43. Der Einfluß der Atomrümpfe auf die Bindung.   219

dann läßt sich (42,5) schreiben:

$$\lambda \varphi + \sum T_{ab}\, \varphi\,(AB) = 0 \qquad (42,8)$$

Dies ist die kürzeste und übersichtlichste Form des Säkularproblems. ε ist noch nicht ohne weiteres die chemische Energie, weil meist die inneratomare Wechselwirkung der Valenzelektronen in dem Säkularproblem mit enthalten ist. Die chemische Energie allein erhält man stets, wenn man einmal den tiefsten Eigenwert ε für die gegebene Konfiguration ausrechnet und davon den tiefsten Eigenwert des Säkularproblems bei unendlichem Abstand der Atome subtrahiert. Wir werden den Einfluß der inneratomaren Störungsenergie später (§ 49) ausführlich besprechen.

§ 43. Der Einfluß der Atomrümpfe auf die Bindung.

Die Atomrümpfe sind dadurch gekennzeichnet, daß in ihnen jede vorkommende Eigenfunktion zweifach besetzt ist. Wir müssen zu ihrer Erfassung auf die allgemeine Grundgleichung (41,10) zurückgreifen, denn aus dem Vorkommen identischer Ortsfunktionen in dem Produkt $\psi = \psi_a(1)\,\psi_b(2)\ldots$ folgt sofort, daß wir nun P in Gl. (41,10) nicht mehr auf Transpositionen beschränken dürfen. ψ enthalte z. B. die identischen Ortseigenfunktionen $\psi_u \equiv \psi_v$, $\psi_x \equiv \psi_y$ u. s. w. Eine bestimmte Transposition T' habe die Funktion ψ so verändert, daß die Koordinaten zweier v e r s c h i e d e n e r Funktionen (z. B. ψ_a und ψ_b oder ψ_a und ψ_u oder ψ_u und ψ_x) vertauscht sind. Dies ergibt ein gewöhnliches Austauschintegral. Auf die Ortseigenfunktion $T'\psi$ können wir nun aber noch T_{xy}, $T_{uv}\ldots$ oder irgend ein Produkt aus diesen Transpositionen anwenden, ohne daß sich die Ortsfunktion ändert. Sowohl bei der identischen Permutation 1, als vor sämtlichen Permutationen P', welche die Ortsfunktion ändern, ist also bei gleich bleibendem A.-I. zu summieren über alle $P\,\varphi\,\delta_P$, deren P sich als $T_{xy}\,P'$, $T_{xy}\,T_{uv}\,P'$, $T_{uv}\,P'$ u. s. w. darstellen läßt. Die Summanden lauten $P'\,\varphi\,\delta_{P'}$, $-T_{xy}\,P'\,\varphi\,\delta_{P'}$, $+T_{xy}\,T_{uv}\,P'\,\varphi\,\delta_{P'}$, $-T_{uv}\,P'\,\varphi\,\delta_{P'}$ u. s. f. (wegen $\delta_T = -1$) und die Summe läßt sich daher einfach schreiben $(1-T_{xy})\,(1-T_{uv})\ldots P'\,\varphi$. Durch Ausführung dieser Teilsummation wird aus (41,10):

$$\sum_{P'} (1-T_{xy})\,(1-T_{uv})\ldots P'\,\varphi\,\delta_{P'} \int \Pi'\,\psi^*\,[u-\varepsilon]\,\psi\,\mathrm{d}\tau = 0 \qquad (43,1)$$

worin die Summe über P', bezw. über Π' nur noch über $\Pi' = 1$ und alle Permutationen Π' geht, welche verschiedene Ortsfunktionen liefern.

Der von den Schalen herrührende Operatorfaktor vor P' hat offenbar bewirkt, daß die gesamte Spininvariante $(1-T_{xy})\,(1-T_{uv})\ldots P'\,\varphi$ auf alle Fälle antisymmetrisch in den zusammengehörigen Paarelektronen ist. Denn wenden wir auf diesen Ausdruck eine der Transpositionen T_{xy}, $T_{uv}\ldots$ an, dann wird aus einer der Klammern ihr Negatives, da $T_{xy}\,(1-T_{xy}) = T_{xy} - 1$ gilt. Gl. (43,1) läßt sich weiter vereinfachen: In derselben Näherung wie früher (s. Gl. (42,8)) beschränken wir uns bei allen Permutationen Π' bezw. P' auf die identische Permutation und die Transpositionen und schreiben statt (43,1):

220   Kapitel VI.

$$(1 - T_{uv})(1 - T_{xy}) \cdots \Big\{ \varphi(\overline{u} - \varepsilon)$$

$$- \sum T_{ab}\,\varphi(AB) - \sum T_{au}\,\varphi(AU) - \sum T_{ux}\,\varphi(UX) \Big\} = 0 \quad (43,2)$$

Darin haben wir die Summe über alle Austauschintegrale schon unterteilt in solche Austausche (AB), an denen keine Paarelektronen beteiligt sind, und solche (AU), an denen ein Paarelektron mitwirkt und schließlich solche (UX) zwischen zwei Elektronen, von denen jedes einen Partner in identischer Ortsfunktion hat, nämlich ψ_u den Partner ψ_v und ψ_x den Partner ψ_y. Es mögen im ganzen m solche Paare uv, xy u. s. w. vorhanden sein.

Es ist am bequemsten für φ eine Form anzusetzen, welche die Paarelektronen miteinander verknüpft enthält, also:

$$\varphi = \dots [a] \dots [b] \dots [uv] \dots [xy] \dots \qquad (43,3)$$

a und b dagegen können ganz beliebig vorkommen. Man sieht dann sofort, daß der in (43,2) links stehende Operator für $(\overline{u}-\varepsilon)$ sowie die erste Summe über alle Austausche vom Typus (AB) einfach den Zahlenfaktor 2^m liefert, denn $(1 - T_{uv})\,T_{ab}\,\varphi$ ergibt $2\,T_{ab}\,\varphi$.

In der zweiten Summe liefert jede Klammer $(1-T_{xy})$ u. s. w. ebenfalls den Faktor 2, außer der einen Klammer, die denselben Index enthält wie der Transpositionsoperator des betreffenden Summanden. Es ist z. B. nach (43,3) unter Benutzung von (40,16):

$$(1 - T_{uv})\,T_{au}\,[ac]\,[uv] = (1 - T_{uv})\,[uc]\,[av] = [uc]\,[av] - [vc]\,[au]$$
$$= [uv]\,[ac] \qquad (43,4)$$

und deshalb

$$(1 - T_{uv})\,T_{au}\,\varphi = \varphi \qquad (43,5)$$

Für jeden Summanden der Summe über alle (AU) gibt es eine solche Klammer in dem links stehenden Operator, alle übrigen Klammern zusammen geben jeweils den Zahlenfaktor 2^{m-1}. Eine analoge Überlegung für die letzte Summe liefert:

$$(1 - T_{uv})(1 - T_{xy})\,T_{ux}\,\varphi = 2\,\varphi \qquad (43,6)$$

Im ganzen wird also auch hier φ reproduziert, zusammen mit den $m - 2$ weiteren Klammern, die u und x nicht enthalten, wird der Zahlenfaktor wieder 2^{m-1}.

So wird aus (43,2)

$$2^m\varphi(\overline{u} - \varepsilon) - 2^m \sum T_{ab}\,\varphi(AB) - 2^{m-1}\varphi\sum(AU) - 2^{m-1}\varphi\sum(UX) = 0$$
$$(43,7)$$

worin die Summen jeweils über alle Austauschintegrale des betreffenden Typus zu erstrecken sind. Schließlich schreiben wir (43,7) in der Form:

$$\lambda\,\varphi + \sum_{\text{Valenz--Valenz}} T_{ab}\,\varphi(AB) = 0 \quad \text{mit} \quad \varepsilon = \lambda + \eta \quad \text{und}$$

$$\eta = \overline{u} - \frac{1}{2}\sum_{\text{Rumpf--Rumpf}}(AU) - \frac{1}{2}\sum_{\text{Valenz--Rumpf}}(UX) \qquad (43,8)$$

Die Form unseres Säkularproblems ist dieselbe geblieben wie früher in Gl. (42,7–8), nur daß η an Stelle von $\overline{u}$ getreten ist. Wir brauchen ja in

§ 43. Der Einfluß der Atomrümpfe auf die Bindung.   221

φ den von den Paarelektronen herrührenden Faktor gar nicht mehr mit hinzuschreiben, da ein Operator, der auf diese wirkt, nicht mehr vorkommt. Denn die Summe über (AB) geht nur noch über den Austausch der nicht gepaarten Elektronen (Valenzelektronen) miteinander.

Der ganze Effekt der abgeschlossenen Schalen besteht also darin, daß außer ihrer Coulombschen Wechselwirkung miteinander sowie mit den Valenzelektronen, die natürlich beide in $\bar{u}$ enthalten sind, die halbe Summe der lockernden Austauschintegrale der Rumpfelektronen miteinander sowie der Valenzelektronen mit den Rumpfelektronen hinzukommt. Daß für die Rumpf-Rumpf-Wechselwirkung die Abstoßung durch die Austauschintegrale die Coulombsche Anziehung, die in $\bar{u}$ steckt, überwiegt, geht aus dem Spezialfall der Edelgase hervor, für welche λ und alle (AU) in (43,8) gleich 0 zu setzen sind.

In diesen Resultaten, welche die konsequente Anwendung der Störungsrechnung des Vielelektronenproblems auf die Atomrümpfe ergab, können wir zunächst eine gewisse Bestätigung früherer Ansätze sehen. Daß der Austausch der abgeschlossenen Schalen additiv neben ihrer Coulombschen Wechselwirkung auftritt, erinnert an die statistische Behandlung edelgasähnlicher Gebilde nach THOMAS-FERMI. In den abstoßenden Austauschintegralen ist offenbar die Analogie zu sehen für das ebenfalls durch das Pauliprinzip verursachte Anwachsen der kinetischen Nullpunktsenergie bei Durchdringung der Ladungswolken in der Störungsrechnung nach LENZ und JENSEN (s. Gl. 6,5).

Die Analogie zur statistischen Behandlung der Rümpfe bleibt auch noch bestehen, wenn Valenzelektronen vorhanden sind. In dem „kombinierten Näherungsverfahren" (§ 8 und § 26) wurden wir ja dazu geführt, den gesamten aus dem Pauliprinzip folgenden Einfluß der Atomrümpfe auf sämtliche Valenzelektronen des betrachteten Molekülsystems als „Zusatzpotential" zur potentiellen Energie im Feld der Rümpfe zu erfassen. Wir können darin, daß die Austauschintegrale zwischen Valenzelektronen und fremden Rümpfen additiv neben der entsprechenden Coulombschen Wechselwirkung eingehen, eine gewisse Rechtfertigung für die Einführung unseres Zusatzpotentials sehen. Bei näherer Betrachtung bemerkt man jedoch einen Unterschied. Wenn wir in Gl. (43,8) die Austauscherscheinungen mit den Atomrümpfen vernachlässigen, dann ändert sich nur der Diagonalanteil η zur Gesamtenergie. Die Austauschintegrale (AB) der Valenzelektronen untereinander und damit λ bleiben unberührt. Wenn wir dagegen als Ersatz für den Austausch der Valenzelektronen mit dem Rumpf das Potentialfeld abändern, dann geht die abgeänderte Störungsfunktion u nicht nur in das Diagonalglied $\int \psi^* u \psi \, d\tau$ ein, sondern auch in die Austauschintegrale $\int \Theta \, \psi^* u \psi \, d\tau$. Diese Tatsache ist aber von grundsätzlicher Bedeutung. Denn während der Zusatz zu $\bar{u}$ in (43,8) stets mit demselben Vorzeichen auftritt, kann eine Abänderung des Beitrages der Austauschintegrale die Energie im einen oder im anderen Sinne beeinflußen.

Betrachten wir den einfachsten Fall eines Moleküls aus 2 homöopolar einwertigen Atomen (z. B. Li_2, K_2). Hier ergibt sich die Energie nach (43,8) zu $\varepsilon_1 = \eta + (AB)$, wenn wir $\varphi = [ab]$ setzen, also die Spins antiparallel stellen, und zu $\varepsilon_2 = \eta - (AB)$, wenn wir $\varphi = [al] \, [bl]$ setzen, was Parallelstellung der Spins bedeutet. Wenn der Einfluß der Atomrümpfe in Form der (die Bindung lockernden) Austauschintegrale in η steckt, werden die Energie des Singlettzustandes ε_1 und die des Triplettzustandes ε_2 durch die Rümpfe in gleicher Weise beeinflußt, beide Terme werden gehoben. Wenn wir dagegen den Einfluß der Rümpfe erfassen durch eine Abänderung des elektrostatischen Feldes, in dem sich die Elektronen befinden, dann ändert sich nicht nur η, sondern auch (AB). Wenn der Betrag von η kleiner wird (η ist negativ), dann wird normalerweise auch der Betrag von (AB) kleiner ((AB) ist normalerweise auch negativ). Wenn weiterhin (AB) gegen η überwiegt, dann resultiert durch den Rumpfeinfluß bei dieser Behandlung eine Hebung des Singlett- und eine Senkung des Tripletterms. In der Tat lieferte die Behandlung des K_2-Moleküls nach der kombinierten Störungsrechnung dieses Ergebnis[48]. Das scheint zunächst im Widerspruch zu stehen zur konsequenten Störungsrechnung des Vielelektronenproblems, nach der nur η durch den Rumpfeinfluß verändert wird, also die Terme ε_1 und ε_2 beide dieselbe Hebung erfahren.

Der Widerspruch verschwindet aber, wenn man die bei Ableitung von (43,8) vorgenommene Streichung höherer Permutationen verbietet. Dann treten auch in dem Säkularproblem für λ kompliziertere Permutationen auf, an denen Valenzelektronen und Rumpfelektronen beteiligt sind. Der Grad des Säkularproblems bleibt derselbe.

Eine im Falle des Li_2 unter konsequenter Berücksichtigung sämtlicher 720 Permutationen von JAMES[42] durchgeführte, ziemlich mühsame Rechnung ergibt in der Tat gleichfalls eine Hebung des Singlett- und eine Senkung des Tripletterms. Im übrigen zeigen sowohl die JAMESschen Resultate beim Li_2, wie die HELLMANNschen beim K_2, daß die Abstoßung zwischen den Valenzelektronen eines Atoms mit den Rümpfen der anderen Atome auf keinen Fall vernachläßigt werden darf. Dasselbe ergibt eine Rechnung von SCHUCHOWITZKI[49], der das Pauliprinzip zwischen Valenzelektron des einen und Rumpfelektronen des andern Atoms dadurch berücksichtigt, daß er die Valenzeigenfunktion zu den Rumpfeigenfunktionen des Partners orthogonalisiert. Die Abstoßung der Rümpfe untereinander spielt demgegenüber eine geringere Rolle. Aber auch diese läßt sich in ausreichender Näherung erfassen, indem man die Wechselwirkung Rumpf-Rumpf, die ohnehin sehr klein ist, auf Grund genäherter Dichteverteilungen ϱ_0 nach LENZ und JENSEN berechnet (s. Gl. 6,6) und zu η hinzufügt.

Als Resultat dieser Überlegungen können wir aussprechen, daß die summarische Berücksichtigung der Rümpfe durch geeignete Wahl des Potentialfeldes für die Valenzelektronen eine bessere Näherung darstellt, als die Austauschglieder zwischen Valenzelektronen und Rumpfelektronen in Gl. (43,8), bei denen höhere Permutationen vernachlässigt sind. Solche höheren Permutationen werden nach dem kombinierten Näherungsverfahren im wesentlichen mit erfaßt. Da bei dieser Methode außerdem der Formalismus der Rechnung bedeutend einfacher und durchsichtiger ist, werden wir sie unseren weiteren Überlegungen zugrundelegen. Das bedeutet, daß wir künftig für Bindungsprobleme stets Atommodelle benutzen, die nur aus Valenzelektronen, oder wenigstens nur den Elektronen der äußersten Schale bestehen. Der ganze Rumpfeinfluß steckt in der Störungsfunktion u, deren einzelne Anteile eventuell aus den Spektren der freien Atome entnommen werden können (s. § 23).

§ 44. Lösung des 4-Elektronenproblems.

223

§ 44. Lösung des 4-Elektronenproblems.

Wenn wir hier vom n-Elektronenproblem sprechen, dann meinen wir damit ein Problem, das n V a l e n z elektronen enthält. Nur diese bestimmen ja nach Gl. (43,8) den Grad der Säkulargleichung, ganz gleich, ob wir die Rümpfe in den Austauschintegralen von η oder im Zusatzpotential untergebracht denken.

Wir wenden (43,8) jetzt auf das 4-Elektronenproblem an. Hierunter fällt jedes Molekül mit 2 Valenzstrichen, sowie jede Reaktion, an der 2 Valenzstriche, also 4 Valenzelektronen beteiligt sind. Der einfachste Fall ist die Reaktion $H_2 + H_2 \longrightarrow H_2 + H_2$ zwischen 2 H_2-Molekülen, die man bei der Ortho-Paraumwandlung des Wasserstoffes experimentell untersuchen kann (s. § 57).

Die Eigenfunktionen der 4 Elektronen seien ψ_a, ψ_b, ψ_c, ψ_d, ihre Spinamplituden a, b, c, d. Wir haben im Falle der Absättigung aller Valenzen dann 3 Spininvarianten (Valenzbilder), von denen 2 unabhängig sind. Die 3 Valenzbilder und die zwischen ihnen bestehende Relation sind in Fig. 21 schon gegeben.

Die beiden unabhängigen φ kürzen wir mit I und II ab. Es ist

$$T_{ab}I = -I, \qquad T_{cd}I = -I, \qquad T_{ac}I = I + II,$$
$$T_{bd}I = I + II, \qquad T_{ad}I = -II, \qquad T_{bc}I = -II \qquad (44,1)$$

Die erste Gleichung (43,8) lautet also:

$$\lambda I = [(AB) + (CD)]I - [(AC) + (BD)][I + II] + [(AD) + (BC)]II$$

$$\text{oder} \quad I\left\{\lambda - (AB) - (CD) + (AC) + (BD)\right\}$$

$$+ II\left\{(AC) + (BD) - (AD) - (BC)\right\} = 0 \qquad (44,2)$$

Genau so könnten wir die zweite Gleichung für $\varphi = II$ gewinnen, wobei wieder die Resultate der 6 Transpositionen, angewandt auf II, auszurechnen wären und dieselben A.-I. als Koeffizienten auftreten. Bei diesem einfachen Problem macht das keine Schwierigkeiten. Man kann aber Rechenmühe sparen und die weiteren Gleichungen aus der ersten dadurch gewinnen, daß man auf die gesamte Gleichung (44,2) eine geeignete Permutation anwendet. Hier geht I in $-II$ über, wenn wir b und c vertauschen. II geht dann in $-I$ über; in den Austauschintegralen ist überall B mit C zu vertauschen. So wird aus (44,2)

$$II\left\{\lambda - (AC) - (BD) + (AB) + (CD)\right\}$$

$$+ I\left\{(AB) + (CD) - (AD) - (BC)\right\} = 0 \qquad (44,3)$$

Man rechnet aus den beiden Gleichungen (44,2) und (44,3) den Eigenwert λ leicht aus, zu:

$$\lambda = \pm\sqrt{\frac{1}{2}\left\{\left[(AB) + (CD) - (AC) - (BD)\right]^2\right.} \qquad (44,4)$$

$$\left. + \left[(AC) + (BD) - (AD) - (BC)\right]^2 + \left[(AD) + (BC) - (AB) - (CD)\right]^2\right\}$$

Um die Gesamtenergie zu bekommen, müssen wir zu λ noch η nach

224   Kapitel VI.

(43,8) hinzufügen, das im Fall von 4 H-Atomen aus den 6 Coulombschen
Wechselwirkungsgliedern für die 6 Atompaare besteht.

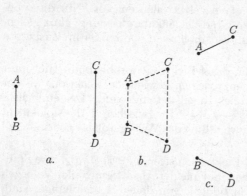

Fig. 23. Reaktion von 2 zweiatomigen
Molekülen.

Für die allgemeine Dis-
kussion genügt es, zunächst
λ zu betrachten. Der uns interessierende tiefere Eigenwert hat das negative Vorzeichen vor der Wurzel. Wir
betrachten die beiden Grenzfälle, daß einmal AB und CD
je ein Molekül darstellen und
die beiden Moleküle sich in
großem Abstand voneinan-
der befinden (s. Fig. 23), das
andere Mal AC und BD als
Moleküle in großem Abstand
vorliegen. Im ersten Fall ist
$(AB) + (CD)$ groß gegen alle
anderen Glieder und mit der bekannten Entwicklung der Wurzel und
Abbrechen der Reihe ergibt sich als Annäherung:

$$\lambda \cong (AB) + (CD) - \frac{1}{2} \Big((AC) + (BD) + (AD) + (BC) \Big) \qquad (44,5)$$

Die beiden ersten Glieder sind, wie zu erwarten, die Summe der Bindungsenergien beider Moleküle. Im zweiten Anteil mit $-1/2$ liegt ein
ganz neuer und fundamental wichtiger Effekt vor, der uns in allen bisherigen Näherungsrechnungen noch nicht begegnet ist, der aber für alle chemischen Reaktionsfragen von fundamentaler Bedeutung ist. Dies
Glied sagt, daß die beiden Moleküle sich abstoßen. (Van der Waals'sche
Kräfte und Coulombanziehung mildern diese Abstoßung oder heben sie
in größeren Entfernungen ganz auf, da A.-I. stets exponentiell, van der
Waals'sche Energien aber wie $1/R^6$ abklingen.)

Wir sehen, daß jedes für eine feste Bindung verbrauchte Elektron (a,
b, c, d) mit jedem anderen ein lockerndes A.-I. mit dem Faktor $1/2$ hat.
Diese Regel werden wir später (§ 46) in einen allgemeinen Zusammenhang stellen. Hier wollen wir fragen, was passiert, wenn die Moleküle
weiter angenähert werden, sodaß (AB) und (CD) nicht mehr groß gegen die anderen A.-I. sind. Bei starker Annäherung wird schließlich
$(AB) + (CD) = (AC) + (BD)$ und der Eigenwert $\lambda = (AB) + (CD) -$
$(AD) - (BC)$. Wir können aber auch noch die Umgebung der Kernkonfiguration, bei der $(AB) + (CD) = (AC) + (BD)$ ist, angenähert
erfassen, indem wir nach dieser Differenz entwickeln:

$$\lambda = \frac{1}{2} \Big[(AB) + (CD) + (AC) + (BD) \Big] - (AD) - (BC) \qquad (44,6)$$

Schließlich kann $(AC) + (BD)$ groß gegen alle anderen A.-I. werden. Für
diesen Fall kommt analog zu (44,5):

$$\lambda = (AC) + (BD) - \frac{1}{2} \Big[(AB) + (CD) + (AD) + (BC) \Big] \qquad (44,7)$$

Die Gültigkeitsgebiete der Näherungen (44,5–7) schließen sich aneinander an, (44,5–7) ist also ein übersichtlicher Ersatz für die strenge Formel (44,4). Aus (44,5) lesen wir ab, daß sich die beiden Moleküle AB

§ 44. Lösung des 4-Elektronenproblems.   225

und CD in großen Entfernungen abstoßen. Dabei bleibt zunächst die Valenz praktisch lokalisiert zwischen A und B, bezw. C und D. Unter ansteigender Energie kommen wir mit wachsender Annäherung der beiden Molekülschwerpunkte schließlich zu dem Gültigkeitsbereich der Formel (44,6). Dabei können, um bei vorgegebener Lage der beiden Molekülschwerpunkte ein Energieminimum zu erzielen, die Atompaare AB und CD ihren inneren Abstand und die Richtung ihrer Kernverbindungslinien noch ändern. Im Gültigkeitsbereich von (44,6) werden die Abstände A—D und B—C möglichst groß, die anderen möglichst klein sein müssen, wenn wir die Energie möglichst niedrig halten wollen. Das ist der Fall bei ebener Anordnung der Moleküle. Die Abstoßung A—D und B—C wird die Bindungen A—B und C—D auflockern, wenn wir immer noch nur die Schwerpunkte der Atompaare AB und CD festhalten. Um den genauen Energieverlauf bei Annäherung der Moleküle zu bekommen, ist zu jedem Schwerpunktsabstand die günstigste Lage von A, B, C und D aufzusuchen. Qualitativ sieht man ein, daß der geringste Widerstand gegen die Annäherung eintritt, wenn die Atome in einer Ebene liegen und die ursprünglichen Valenzen bei Annäherung der Molekülschwerpunkte sich etwas auflockern. Wenn schließlich $(AB) + (CD) = (AC) + (BD)$ geworden ist, verliert es seinen Sinn, von Molekülen AB und CD oder von Molekülen AC und BD zu sprechen. Der Bindungsanteil von λ ist — bis auf die Auflockerung der Bindungen zugunsten einer Verkleinerung der lockernden A.-I. — der Mittelwert der Bindungsenergie der beiden Molekülpaare AB, CD und AC, BD. Man sieht auch leicht aus (44,2–3), daß unter diesen Verhältnissen die Valenzbilder I und II gleich stark an der zugehörigen Eigenfunktion beteiligt sind. Würden wir den Molekülen AB und CD eine so große kinetische Energie geben, daß sie gerade bis zu dieser Kernkonfiguration sich nähern können, dann bestände gleiche Chance, daß sie als Moleküle AB und CD oder als Moleküle AC und BD wieder auseinander fliegen. Dieser Zustand ist indifferent gegenüber den beiden Möglichkeiten, durch Bindung je zweier Atompaare und Abstoßung der so gebildeten Moleküle in einen Zustand tieferer Energie überzugehen. Geben wir AB und CD etwas mehr kinetische Energie mit, dann kommen sie über die indifferente Lage hinweg bis zu Abständen A—C und B—D, bei denen annähernd die Voraussetzungen von (44,7) erfüllt sind. Hiernach werden die Atome, nachdem ihre kinetische Energie verbraucht ist, gemäß (44,7) einen Zustand tieferer Energie aufsuchen, d. h. als Moleküle AC und BD auseinander fliegen (vergl. § 57 und § 58).

Wir sehen, daß die Energie $\varepsilon = \lambda + \eta$, die man braucht, um die ursprünglichen Moleküle bis zum labilen Punkt: $(AB) + (CD) = (AC) + (BD)$ zusammenzuführen, nichts anderes ist als die Aktivierungsenergie der betrachteten Reaktion. Um sie zu berechnen, haben wir zunächst in (44,6) diejenige Kernfiguration und ihre Integrale anzusetzen, die bei der Forderung $(AB) + (CD) = (AC) + (BD)$ die geringste Energie liefert. Durch Berücksichtigung von η beim Aufsuchen der Konfiguration geringster Aktivierungsenergie kann diese etwas anders ausfallen, als oben aus λ allein abgeleitet wurde. Es stellt aber wohl meistens eine genügende Näherung dar, die Konfiguration durch λ zu bestimmen, aber dann bei Berechnung der zugehörigen Energie auch η zu berücksichtigen.

226   Kapitel VI.

Auch die Reaktion zwischen einem Atom C und dem Molekül AB, nämlich $AB + C \longrightarrow AC + B$, ist in dem obigen Schema schon enthalten. Dazu ist nur das Atom D ins Unendliche zu rücken oder mit anderen Worten, d mit der Leeramplitude zu identifizieren.

Aus (44,4) wird im Fall von 3 einwertigen Atomen:

$$\lambda = \pm \sqrt{\frac{1}{2}\left\{\left[(AB) - (AC)\right]^2 + \left[(AC) - (BC)\right]^2 + \left[(BC) - (AB)\right]^2\right\}} \tag{44,8}$$

und aus (44,5) — (44,7) wird:

$$\lambda \cong (AB) - \frac{1}{2}\left[(AC) + (BC)\right] \tag{44,9}$$

$$\lambda \cong \frac{1}{2}\left[(AB) + (AC)\right] - (BC) \tag{44,10}$$

$$\lambda \cong (AC) - \frac{1}{2}\left[(AB) + (BC)\right] \tag{44,11}$$

Hinter jeder Näherungsformel ist schematisch die Konfiguration angegeben, für welche sie gilt.

Man sieht sofort, daß die geringste Aktivierungswärme für die Reaktion $AB + C \longrightarrow AC + B$ auftritt, wenn die 3 Atome in einer geraden Linie liegen und C von der Seite her A angenähert wird. Die Höhe des Aktivierungsberges ist, abgesehen vom klassischen Anteil η, wieder durch die Differenz von (44,10) in der Lage „$(AB) = (AC)$ und (BC) klein", gegen (44,9) mit „(AC) und (BC) null" gegeben.

Würden wir die Reaktion anstatt über den geschilderten Weg etwa über eine Dreieckskonfiguration $(AB) = (AC) = (BC)$ führen, dann wäre nach (44,8) λ gleich 0; d. h. die Aktivierungsenergie wäre — bis auf den Diagonalanteil η — so groß wie die Dissoziationsenergie des Moleküls AB. Das ist wesentlich größer als wir für den Weg über die lineare Anordnung fanden. Daß die Aktivierungsenergie für jeden Weg, auf dem sich C dem Molekül AB annähern kann, sehr verschieden ist, entspricht dem sterischen Faktor, den die Chemiker in die Reaktionskinetik einführen mußten.

In § 57 kommen wir auf das Aktivierungsproblem zurück.

§ 45. Lösung des 6-Elektronenproblems.

Die Anwendung der bisher entwickelten Regeln auf ein System von 6 Valenzelektronen liefert prinzipiell nichts Neues. Die zugehörigen unabhängigen Spininvarianten sind in Fig. 24 notiert. Es treten die 15 Aus-

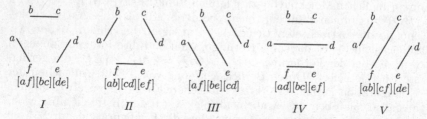

Fig. 24. Die unabhängigen Spininvarianten von 6 Elektronen im Singlettzustand.

§ 45. Lösung des 6-Elektronenproblems.   227

tauschintegrale auf: (AB), (AC), (AD), (AE), (AF), (BC), (BD), (BE), (BF), (CD), (CE), (CF), (DE), (DF), (EF).

Wir greifen etwa die Eigenwertgleichung für die Spininvariante II heraus. Es sind 15 Transpositionen zu bilden, um die Gleichung $\lambda II + \sum T_{ab} II\,(AB) = 0$ hinschreiben zu können. Es kommen höchstens einfache Überkreuzungen dabei vor, die nach (40,16) ohne weiteres aufgelöst werden können. Wir notieren:

$$
\begin{aligned}
&T_{ab}\,II = -\,II, \quad && T_{ac}\,II = -\,IV, \quad && T_{ad}\,II = II + IV, \\
&T_{ae}\,II = -\,III, \quad && T_{af}\,II = II + III, \quad && T_{bc}\,II = II + IV, \\
&T_{bd}\,II = -\,IV, \quad && T_{be}\,II = II + III, \quad && T_{bf}\,II = -\,III, \\
&T_{cd}\,II = -\,II, \quad && T_{ce}\,II = -\,V, \quad && T_{cf}\,II = II + V, \\
&T_{de}\,II = II + V, \quad && T_{df}\,II = -\,V, \quad && T_{ef}\,II = -\,II
\end{aligned}
\qquad (45,1)
$$

Ordnen wir gleich nach Spininvarianten, dann heißt die Eigenwertgleichung:

$$
\begin{aligned}
I \cdot 0 &+ II\,[\lambda - (AB) + (BC) + (AD) + (CF) + (ED) - (EF) \\
&+ (AF) + (BE) - (CD)] + III\,[(AF) + (BE) - (AE) - (BF)] \\
&+ IV\,[(AD) - (BD) + (BC) - (AC)] + V\,[(CF) - (CE) + (DE) \\
&- (DF)] = 0
\end{aligned}
\qquad (45,2)
$$

Um die weiteren 4 Gleichungen zu gewinnen, braucht man nicht jedesmal aufs neue die 15 Vertauschungen an I, III, IV, V vorzunehmen und die dabei entstehenden, teilweise recht komplizierten Valenzbilder mühsam zu entkreuzen. Man braucht nur die Spinamplituden im Valenzbild II und die zugehörigen A.-I. umzubenennen, um weitere Gleichungen zu erhalten. Die Eigenwertgleichung für III entsteht z. B. durch eine Umbenennung, die II in III überführt. Eine solche ist die Vertauschung von b und f. Gleichzeitig sind natürlich B und F überall zu vertauschen. Sehen wir zu, was dabei aus den übrigen Spininvarianten wird. Wir stellen gleich zusammen:

$$
\begin{aligned}
I &\rightarrow -V \\
II &\rightarrow -III \\
III &\rightarrow -II \\
IV &\rightarrow I + II + III + IV + V \\
V &\rightarrow -I
\end{aligned}
\qquad
\begin{aligned}
B &\rightarrow F \\
F &\rightarrow B
\end{aligned}
\qquad (45,3)
$$

Einige Mühe macht darin nur die Entkreuzung des aus IV durch Vertauschung von b und f hervorgehenden Valenzbildes $[ad]\,[fc]\,[eb]$. Wie man Schritt für Schritt vorzugehen hat, sieht man am leichtesten, wenn man stets die zugehörigen Bilder notiert (Fig. 25). Wir geben einen möglichen Gang der Entkreuzungen in Formeln an: $[ad]\,[fc]\,[eb] =$

$$
\begin{array}{ccc}
[ab]\,[de]\,[cf] & + & [ae]\,[bd]\,[cf] \\
V & & \diagdown \\
& & \\
[ac]\,[ef]\,[bd] & + & [af]\,[ce]\,[bd] \\
\diagup \quad \diagdown & & \diagup \quad \diagdown \\
[ab]\,[cd]\,[ef] \; + \; [ad]\,[bc]\,[ef] & + & [af]\,[cb]\,[ed] \; + \; [af]\,[cd]\,[be] \\
II \qquad\qquad IV & & I \qquad\qquad III
\end{array}
$$

$$
[ad]\,[fc]\,[eb] = I + II + III + IV + V
\qquad (45,4)
$$

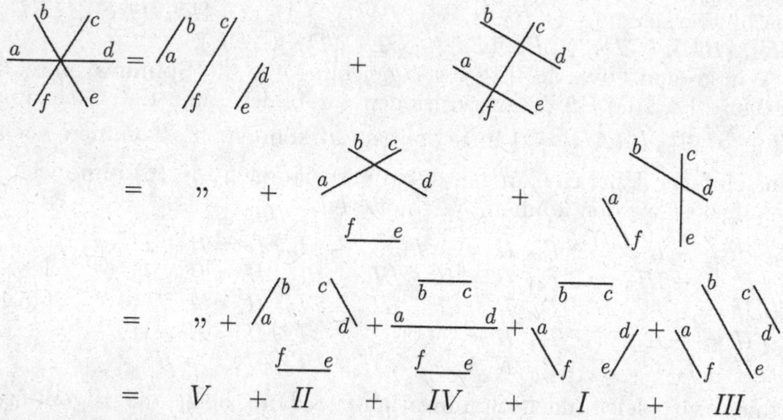

228   Kapitel VI.

$$= \quad V \quad + \quad II \quad + \quad IV \quad + \quad I \quad + \quad III$$

Fig. 25. Entkreuzung eines Valenzbildes nach Gl. (45,4).

Führen wir an (45,2) die Ersetzungen (45,4) aus und ordnen wieder, dann entsteht:

$$I\left[(AC) + (BC) + (DE) + (DF) - (AD) - (BD) - (CE) - (CF)\right]$$
$$+ II\left[(AB) + (AC) + (DF) + (EF) - (AD) - (AE) - (BF) - (CF)\right]$$
$$+ III\left[\lambda + (AB) + (BC) + (AC) + (DE) + (DF) + (EF) - (AF)\right.$$
$$- (BE) - (CD)] + IV\left[(AC) + (DF) - (AD) - (CF)\right] + V\left[(AC)\right.$$
$$+ (DF) - (AD) - (CF)] = 0 \tag{45,5}$$

Eine andere Vertauschung ist:

$$\begin{aligned}
I &\rightarrow -III \\
II &\rightarrow -IV \qquad\qquad\qquad D \rightarrow B \\
III &\rightarrow -I \qquad\qquad\qquad\quad\; B \rightarrow D \\
IV &\rightarrow -II \\
V &\rightarrow I + II + III + IV + V \\
(I &+ II + III + IV + V \rightarrow V) \tag{45,6}
\end{aligned}$$

Diese Ersetzung, auf (45,2) angewandt, ergibt:

$$I\left[(AF) - (BE) + (BF) + (CE) - (AE) - (CF) + (DE) - (DF)\right] +$$
$$II\left[(AB) - (AC) + (CE) - (CF) + (BF) - (BD) + (CD) - (BE)\right]$$
$$+ III\left[(BF) + (CE) - (CF) - (BE)\right] + IV\left[\lambda + (AB) - (BC)\right.$$
$$+ (CE) + (BF) - (AD) + (CD) + (AF) + (DE) - (EF)] + V\left[(BF)\right.$$
$$+ (CE) - (CF) - (BE)] = 0 \tag{45,7}$$

Wenden wir dieselbe Ersetzung (45,6) auf (45,5) an, dann resultiert:

$$I\left[\lambda + (AB) - (BC) + (BE) + (CD) - (AF) + (CF) + (AD) + (EF)\right.$$
$$- (DE)] + II\,.\,0 + III\left[(BE) + (CD) - (BD) - (CE)\right] + IV\left[(AD)\right.$$
$$- (AE) + (EF) - (DF)] + V\left[(AB) - (AC) + (CF) - (BF)\right] = 0 \tag{45,8}$$

Schließlich macht die Vertauschung (45,4) aus (45,8):

$$I\left[(BC) - (AC) + (AE) - (AD) + (BD) - (BF) + (AF) - (BE)\right]$$
$$+ II\left[(AE) + (BD) - (AD) - (CE) + (CD) - (BE) + (EF) - (DF)\right]$$
$$+ III\left[(BD) - (AD) + (AE) - (BE)\right] + IV\left[(AE) - (AD)\right.$$
$$+ (BD) - (BE)] + V\left[\lambda + (BC) - (AB) + (BD) + (AE) - (CF)\right.$$
$$+ (AF) + (CD) + (EF) - (DE)] = 0 \tag{45,9}$$

§ 46. Lokalisierg. der Valenzen bei fester zwischenat. Spinkopplung. 229

Die Gleichungen (45; 2, 5, 7, 8, 9) stellen die Säkulargleichungen des
6-Elektronenproblems im Singlettzustand, d. h. bei Absättigung aller
Spins, in der allgemeinsten Form dar.

5 Gleichungen sind durch Einführung der Spininvarianten also übrig
geblieben von den 6! = 720 Gleichungen, die infolge der Austauschentartung ursprünglich auftraten. Bei 8 Elektronen wird man schon auf
ein Säkularproblem 14-ten Grades geführt, bei 10 auf ein Problem 42-
ten Grades. Ohne Reduktion wäre das Säkularproblem in den beiden
Fällen vom Grade 40320, bezw. 3628800. In § 46 werden wir eine Näherungsmethode herleiten, die eine noch viel radikalere Vereinfachung darstellt, so daß wir für die meisten Fragen der Chemie mit den Lösungen
des 4-Elektronenproblems und des 6-Elektronenproblems auskommen.
Niedrigere Probleme sind noch als Spezialfall darin enthalten. Zunächst
das 5-Elektronenproblem im Dublettzustand, d. h. mit einer freien Valenz. Um dieses zu erhalten, braucht man nur eine Spinamplitude als
Leeramplitude aufzufassen und die zugehörigen Austauschintegrale 0 zu
setzen.

Eine beträchtliche Vereinfachung erfährt das Säkularproblem, wenn
wir es auf das 4-Elektronenproblem im Triplettzustand, d. h. mit 2 freien
Valenzen, spezialisieren. Hier müssen wir 2 Leeramplituden einführen.
Wir wollen $e = d = l$ setzen, wodurch erreicht wird, daß gleich 2 von
den Spininvarianten, nämlich I und V, verschwinden. In der Tat führt
$I = V = 0$ zu einer Lösung des Gleichungssystems, wenn alle A.-I. mit D
und mit E verschwinden. Auch in dem übrig bleibenden Säkularproblem
dritten Grades für II, III, IV sind alle A.-I. gleich 0 zu setzen, in denen
D oder E vorkommen. So entsteht aus (45; 2, 5, 7) für 4 Elektronen im
Triplettzustand das Gleichungssystem:

$$II\,[\lambda - (AB) + (AF) + (BC) + (CF)] + III\,[(AF) - (BF)]$$
$$+ IV\,[(BC) - (AC)] = 0$$
$$II\,[(AB) + (AC) - (BF) - (CF)] + III\,[\lambda + (AB) + (AC)$$
$$- (AF) + (BC)] + IV\,[(AC) - (FC)] = 0 \qquad (45,10)$$
$$II\,[(AB) - (AC) + (BF) - (CF)] + III\,[(BF) - (CF)]$$
$$+ IV\,[\lambda + (AB) + (AF) - (BC) + (BF)] = 0$$

Wir werden in Kap. VII öfters auf die hier abgeleiteten allgemeinen
Gleichungen zurückgreifen.

§ 46. Lokalisierung der Valenzen bei fester zwischenatomarer Spinkopplung.

Für ein chemisches Gebilde, in welchem n Valenzelektronen vorkommen, wäre nach den bisher entwickelten Methoden ein Säkular-
problem vom Grade $n! / \left(\frac{n}{2}\right)! \left(\frac{n}{2} + 1\right)!$ zu lösen. Das ist schon für die
einfachsten Moleküle der organischen Chemie praktisch kaum durch-
führbar.

Diese mathematische Sachlage steht in Widerspruch zu der empirisch
bekannten Einfachheit der Verhältnisse in der organischen Chemie. Bis
auf charakteristische Sonderfälle hat die anschauliche Vorstellung lokalisierter Valenzen kaum zu Widersprüchen geführt. Diese Erfahrung stützt
den rechnerischen Formalismus, den wir in Kap. IV der Behandlung

230   Kapitel VI.

komplizierter Moleküle zugrundelegten. Wir entschlossen uns damals, jeden Valenzstrich zu dem Produktansatz für die Gesamtlösung nullter Näherung einen Faktor von der Form $[\psi_a(1) + \psi_b(1)]\,[\psi_a(2) + \psi_b(2)]$ oder — unter Streichung der Ionenzustände, als Vereinfachung und Verbesserung — $\psi_a(1)\,\psi_b(2) + \psi_b(1)\,\psi_a(2) = (1 + T_{ab})\,\psi_a(1)\,\psi_b(2)$ beitragen zu lassen. Jeder so zwischen zwei Atomeigenfunktionen ψ_a und ψ_b lokalisierte Valenzstrich trug seinen Energieanteil additiv zur Gesamtenergie bei. Soweit Entartung der Atomeigenfunktionen vorlag, mußten wir ψ_a und ψ_b so wählen, daß ihr zugehöriges Übergangsintegral $\int u\,\psi_a\,\psi_b\,d\tau$ möglichst groß wurde.

Das Bedenken, das in Kap. IV übrig blieb, bestand darin, daß die so erhaltene einfache Produktlösung noch nicht dem Pauliprinzip gehorchte und deshalb auch für das einzelne Elektron nicht die richtige, dem Bau des Gesamtmoleküls entsprechende Symmetrie aufwies (s. § 29). Diesen Mangel können wir aber jetzt beheben, indem wir mit einer Produktlösung der beschriebenen, nach Kap. IV gewonnenen Form starten und auf diese die Permutationen anwenden. Gegenüber unserem allgemeinen Schema beim Vielelektronenproblem tritt dann die Einschränkung auf, daß wir nur Gesamteigenfunktionen zulassen, die symmetrisch sind in allen Paaren von Atomeigenfunktionen, die eine lokalisierte Valenz bilden.

Bezüglich des Einflusses der Rümpfe bleibt alles früher Gesagte gültig. Wir werden uns deshalb hier nur noch um die Valenzelektronen und ihre Wechselwirkung miteinander kümmern. Als Voraussetzung für die Lokalisierung einer Valenz gilt, daß das zugehörige Austauschintegral groß ist gegen alle A.-I. mit „fremden" Elektronen. Das scheint bei den Verbindungen, denen der Chemiker ein bestimmtes Valenzbild zulegt, der Fall zu sein und ist sicher gerade da nicht mehr der Fall, wo auch der Chemiker nicht mehr imstande ist, ein bestimmtes Valenzbild anzugeben, wie beim Benzolring oder in Zwischenstufen von Reaktionen. Hier sind meistens einige Valenzen nicht lokalisierbar, nur für diese müssen wir die komplizierte Störungsrechnung der vorigen Paragraphen beibehalten.

Sehen wir nun zu, wie unsere Störungsgleichungen modifiziert werden, wenn wir alle oder einen Teil der Valenzen lokalisieren. Wir dürfen nicht mehr die allgemeine antisymmetrische Eigenfunktion $\sum\limits_{P} P\varphi\,\delta_P\,P\psi$ ansetzen (mit $\psi = \psi_a(1)\,\psi_b(2)\ldots$), sondern müssen eine Linearkombination solcher Summen suchen, die in allen Paaren von Ortsfunktionen, die zu lokalisierten Valenzen gehören, symmetrisch ist. Um unsere Formeln nicht mit zu vielen Indizes zu belasten, greifen wir von allen lokalisierten Valenzen irgend zwei beliebige heraus. Diese mögen bestehen zwischen den Funktionen ψ_u und ψ_v einerseits, zwischen ψ_x und ψ_y andererseits. Dagegen seien ψ_a und ψ_b Repräsentanten beliebiger Funktionen, die n i c h t zu l o k a l i s i e r t e n Valenzen gehören. Wir nennen zur Abkürzung die an lokalisierten Valenzen beteiligten Elektronen „feste", die anderen „bewegliche" Elektronen. Bei den „festen" Elektronen unterscheiden wir miteinander „gepaarte" und „fremde" feste Elektronen.

Wir bilden aus Ausdrücken: $\sum P\varphi\,\delta_P\,P\psi$ zunächst eine Linearkombination, die in ψ_u und ψ_v symmetrisch ist. Außer der hingeschriebenen

§ 46. Lokalisierg. der Valenzen bei fester zwischenat. Spinkopplung. 231

Summe genügt auch $\sum P\,\varphi\,\delta_P\,T_{uv}\,P\,\psi$ dem Pauliprinzip. Es gehorcht

also auch die Summe $\sum P\,\varphi\,\delta_P\,(1+T_{uv})\,P\,\psi$ dem Pauliprinzip.*) Diese
Kombination hat aber die gewünschte Eigenschaft der Symmetrie in den
Ortsfunktionen ψ_u und ψ_v, denn sie bleibt ungeändert, wenn wir die
auf die Ortseigenfunktionen (nicht auf die Spinamplituden) wirkende
Transposition T_{uv} von links auf sie anwenden.

Mit der so gewonnenen Summe verfahren wir entsprechend, um sie
in den anderen zu lokalisierten Valenzen gehörigen Eigenfunktionen zu
symmetrisieren. Es entsteht schließlich die Summe:

$$\Psi = \sum_P P\,\varphi\,\delta_P\,(1+T_{uv})\,(1+T_{xy})\,\ldots\,P\,\psi \qquad (46{,}1)$$

Da alle T_{uv}, T_{xy} u. s. w. miteinander vertauschbar sind, ist die Reihenfolge der Klammern gleichgültig.

Die Ortseigenfunktion $(1+T_{uv})\,(1+T_{xy})\,P\,\psi$, die in (46,1) durch
Bildung einer Linearkombination antisymmetrisiert wird, hat die Eigenschaft, in bestimmten Paaren von Quantenzellen, nämlich uv, xy u. s. w.
symmetrisch zu sein. Dies erinnert uns an die frühere (§ 43) Behandlung der doppelt besetzten Atomzustände, wobei ja auch nichts weiter
vorausgesetzt wurde als die Symmetrie der Ortsfunktion in bestimmten Funktionenpaaren (die übrigens auch in § 43 mit uv, xy u. s. w.
bezeichnet sind). Nur setzten wir damals diese Symmetrie schon von
$P\,\psi$ voraus, während sie hier erst durch den davor stehenden Operator
$(1+T_{xy})\,(1+T_{uv})\,\ldots$ erzeugt wird.

Das Resultat der Rechnung von § 43 läßt sich unmittelbar auf das
vorliegende Problem übertragen. In der Tat bedeuten die symmetrischen
Funktionen, wie $(1+T_{uv})\,\psi_u(1)\,\psi_v(2)$, ja nichts anderes, als doppelt
besetzte Zweizentrenfunktionen. Dieses Näherungsverfahren entspricht
der Berücksichtigung nur des tiefsten Zweizentrenzustandes unter Vernachlässigung angeregter Zweizentrenzustände der Art $\psi_u(1)\,\psi_v(2)\,-$
$\psi_v(1)\,\psi_u(2)$. Der Abstand dieser angeregten Zustände vom Grundzustand ist von der Größenordnung des A.-I. zwischen ψ_u und ψ_v. Die
Vernachlässigung besteht also zu Recht, wenn die Störung durch alle
übrigen Elektronen, gemessen in A.-I. mit diesen, klein ist gegen diesen Abstand, d. h. gegen das A.-I. zwischen ψ_u und ψ_v. Dies ist die
mathematische Voraussetzung für unseren Näherungsansatz mit lokalisierten Valenzen. Ähnlich wie früher beim Auftreten doppelt besetzter
Atomfunktionen wählen wir auch hier φ gleich antisymmetrisch in den
Spinamplituden der gepaarten, d. h. doppelt besetzten Ortsfunktionen
und gelangen, genau wie in § 43, zu dem Gleichungssystem

$$\sum_{P'} (1-T_{uv})\,(1-T_{xy})\,\ldots\,P'\,\varphi\,\delta_{P'}$$
$$\times \int \psi^*\,[\,H-E\,]\,(1+T_{uv})\,(1+T_{xy})\,\ldots\,P'\,\psi\,\mathrm{d}\tau = 0 \qquad (46{,}2)$$

Wegen Fastorthogonalität der Eigenfunktionen ist P' in erster Näherung zu beschränken auf:

---

*) Man überzeugt sich davon unmittelbar durch Anwendung einer beliebigen Trans-
position T von rechts (vergl. Gl. 40,5–7).

232   Kapitel VI.

1. Die Identität
2. Die Transpositionen von freien Elektronen untereinander: T_{ab}
3. „   „   „   „   „   mit festen El.: T_{au}
4. „   „   „ festen   „   untereinander: T_{ux}

Da φ in x, y, bezw. u, v u. s. w. schon antisymmetrisch ist, bewirkt der
Operator $(1 - T_{xy})(1 - T_{uv}) \ldots$: den Faktor $2^m . \underline{1}$, bezw. $2^m . T_{ab}$ (m:
Anzahl der lokalisierten Valenzen), wenn $P = \underline{1}$ oder von der Art T_{ab} ist,
den Faktor $2^{m-1} . \underline{1}$, wenn P von der Art T_{ax} oder T_{ux} ist (s. § 43). Nach
Division der so aus (46,2) entstehenden Gleichung durch 2^m und nach
Streichung aller Integrale mit Produkten von Transpositionsoperatoren
T (wegen Fastorthogonalität) erhält man schließlich:

$$\varphi \left\{ \overline{u} - \varepsilon + \sum (UV) - \frac{1}{2} \sum (AU) - \frac{1}{2} \sum (XU) \right\} - \sum T_{ab} \, \varphi \, (AB) = 0$$

$$(46,3)$$

$\overline{u}$ bedeutet die gesamte Coulombsche Wechselwirkung. Indem wir
nach Gl. (43,8) η statt $\overline{u}$ schreiben, verallgemeinern wir (46,3) für den
Fall, daß Elektronen vorkommen, die innerhalb des Atoms schon gepaart
sind. Die gesamten Wirkungen der Atomrümpfe wird man allerdings
nach dem kombinierten Näherungsverfahren meist besser in das Poten-
tialfeld der Atome, also in $\overline{u}$ einschließen (s. § 43). Mit η statt $\overline{u}$ erhalten
wir aus (46,3) aber ganz allgemein:

$$\varepsilon = \lambda + \eta + \sum (UV) - \frac{1}{2} \sum (AU) - \frac{1}{2} \sum (UX) \quad \text{mit}$$

$$\lambda \varphi + \sum T_{ab} \, \varphi \, (AB) = 0$$

$$(46,4)$$

Diese Auffassung der lokalisierten Valenzen ist zuerst von SLATER[20]
in die Quantenchemie eingeführt worden. Die erreichte Vereinfachung
ist sehr beträchtlich. Denn jetzt kommen alle lokalisierten Valenzen nur
noch in der Diagonale neben η vor. Für den Grad des Säkularproblems
ist einzig die Anzahl „beweglicher" Elektronen oder die nicht lokalisierter
Valenzen maßgebend. Wir brauchen beim Ansatz der Spininvarianten
auf die lokalisierten Valenzen ebenso wenig Rücksicht zu nehmen wie
auf die im Atom gepaarten Elektronen. Es kommen zum Eigenwert λ,
der Austauschwechselwirkung der nicht lokalisierten Valenzelektronen
also hinzu: 1. Die klassische Coulombsche Wechselwirkung der gesamten Ladungswolken, vermindert durch Abstoßung der abgeschlossenen
Atomschalen. Bei Atomen mit Valenzelektronen ist η im allgemeinen
negativ. 2. Die Summe der A.-I. zwischen gepaarten Elektronen uv, xy
$\ldots$ Die A.-I. (UV), $(XY) \ldots$ sind negativ. 3. Das negative halbe Austauschintegral jedes „festen" Elektrons u mit jedem „fremden" „festen"
Elektron x. Die A.-I. (UX) sind meist negativ. 4. Das negative halbe Austauschintegral jedes „beweglichen" Elektrons mit jedem „festen"
Elektron. Die A.-I. (AU) sind meist negativ. In Gl. (44,5 und 9) haben
wir in einem Spezialfall diese Näherung schon einmal auf ganz anderem
Wege gewonnen. Dort wurden die Voraussetzungen dieser Annäherung
besonders deutlich.

Gl. (46,4) gibt zunächst wieder die Gesamtenergie des Systems einschließlich der inneratomaren Störungsenergie, die im gebundenen Atom

nicht dieselbe ist wie im freien Atom. Es ist also die Summe der inneratomaren Störungsenergien der freien Atome von ε noch abzuziehen, um
die chemische Energie allein zu erhalten.

Im fertigen Molekül kann man in sehr vielen Fällen alle Valenzen als
lokalisiert betrachten. Dann ist $\lambda = 0$ und der übrig bleibende Ausdruck
für ε in Gl. (46,4) gibt direkt die Energie. Von den in der organischen
Chemie bisher üblichen Ansätzen, nach denen gerne jeder Bindung eine Energie zugeordnet und die Gesamtenergie des Moleküls additiv aus
diesen zusammengesetzt wird, unterscheidet sich (46,4) dann noch in
dreierlei Hinsicht. Erstens ist der Anteil η, bezw. $\bar{u}$ nicht additiv pro
Valenzstrich, sondern pro Atompaar, ganz gleich ob die betreffenden
Atome durch Valenzstrich verknüpft sind oder nicht. Zweitens enthält
(46,4) in Form der Integrale (UX) u. s. w. eine Art „Abstoßung der
Valenzstriche untereinander". Diese ist wahrscheinlich die Ursache, daß
die Atome normalerweise keine langen Ketten oder Ringe bilden können.
Die Ausnahmestellung des C-Atoms liegt darin, daß hier eine starke Coulombsche Anziehung (enthalten in $\bar{u}$ oder η) diese Abstoßung zwischen
„fremden" Valenzen gerade kompensiert (s. Lit.[32] sowie § 52). Drittens
enthält (46,4) die Änderung der inneratomaren Energie bei der Verbin-
dungsbildung, die in der klassischen Chemie ebenfalls nicht beachtet
wird. Auch diese Frage wird im folgenden Kapitel (§ 49) quantitativ
besprochen werden.

§ 47. Der Grenzfall fester inneratomarer Spinkopplung.

In § 46 haben wir ein Näherungsverfahren kennen gelernt, das immer
dann am Platze ist, wenn die A.-I. zwischen je zwei Valenzelektronen verschiedener Atome groß sind gegen alle übrigen A.-I., insbesondere auch
gegen die inneratomaren A.- I. zwischen den Valenzelektronen desselben
Atoms. Diese Näherung versagt beim Auseinanderführen der Atome.
Denn hierbei wird schließlich eine Konfiguration erreicht werden, bei
der umgekehrt die inneratomaren A.-I., die ja vom Atomabstand unabhängig sind, groß sind gegen alle zwischenatomaren A.-I. Auch hier
ist der Abstand des ersten angeregten Atomzustandes mit veränderter
Spinorientierung gegenüber dem Grundzustand meist von der Größenordnung der A.-I. Wenn dieser Abstand groß ist gegen die Störungen
der Atome untereinander, d. h. die inneratomaren A.-I. groß gegen die
zwischenatomaren, dann sind die angeregten Atomzustände nicht mehr
als „fastentartet" zu betrachten und brauchen beim Ansatz der nullten
Näherung nicht mitgenommen zu werden.

Als Normalfall kann gelten, daß im Grundzustand des freien Atoms
alle Valenzelektronen gleichen Spin haben. Ähnlich wie wir in § 46 nur
Gesamtlösungen zuließen, bei denen stets die Spins von 2 zusammengehörigen Valenzelektronen verschiedener Atome antiparallel standen,
so lassen wir jetzt nur Gesamtlösungen zu, bei denen stets die Spins
sämtlicher Valenzelektronen desselben Atoms parallel bleiben. Der zugehörige Anteil der Ortseigenfunktion muß dann antisymmetrisch in
den Elektronen sein. Gleichheit der Spinstellungen für die Valenzelektronen je eines Atoms erreicht man einfach dadurch, daß man sämtlichen Valenzelektronen desselben Atoms die gleiche Spinamplitude gibt.
Diese Wahl bewirkt, daß alle Spinvarianten, in denen Valenzelektronen
desselben Atoms gegeneinander abgesättigt sind, verschwinden, da

234   Kapitel VI.

$[aa] \equiv 0$ ist. Dieselbe Spinamplitude a, b u. s. w. kommt also jetzt so oft in jeder Spininvarianten vor, als die Wertigkeit des betreffenden Atoms beträgt.

Für jedes Atom tritt nur eine Eigenfunktion auf, die von den Koordinaten sämtlicher Valenzelektronen des Atoms abhängt und in ihnen antisymmetrisch ist. Diese — übrigens als normiert vorausgesetzte — Eigenfunktion kann als strenge Lösung für das Atom betrachtet werden, so daß inneratomare S t ö r u n g s energien gar nicht auftreten. Wählt man eine Näherungslösung, dann tritt zwar eine inneratomare Störungsenergie auf, ihr Beitrag zur Gesamtenergie ist aber stets derselbe wie im freien Atom und kann deshalb gleich weggelassen werden, wenn man die chemische Energie ausrechnet.

Wir können die Indizes a, b u. s. w. jetzt zur Unterscheidung der Atome, nicht mehr der Eigenfunktionen der einzelnen Elektronen, benutzen. Es wird sich herausstellen, daß jetzt auch für jedes Atompaar mit den Eigenfunktionen a und b nur ein einziges A.-I. (AB) auftritt, ganz gleich wie groß die Zahl der Valenzelektronen ist. Hierin liegt die große Vereinfachung dieses Näherungsstandpunktes.

Bevor wir mit diesen Ansätzen in die Störungsrechnung eingehen, sehen wir uns noch die unter diesen Voraussetzungen entstehenden Spininvarianten und Valenzbilder an. Das einfachste Beispiel bieten 2 zweiwertige Atome A und B. Bei Absättigung aller Valenzen gegeneinander gibt es nur die eine Spininvariante $\varphi = [ab] . [ab]$. Entsprechend kommt bei zwei n-wertigen Atomen dieselbe Klammer n-mal vor. Ein 3-wertiges Atom A, an das 3 einwertige B, C, D gebunden sind, hat die Spininvariante $\varphi = [ab] . [ac] . [ad]$. Die Leeramplitude für den Fall freier Valenzen geht genau wie früher ein, also wie ein Atom entsprechender Wertigkeit, das sich im Unendlichen befindet. Die Valenzbilder erfahren gegen früher eine Vereinfachung dadurch, daß gleiche Spinamplituden in einen Punkt zusammengedrückt werden können. Sie nähern sich noch mehr den chemischen Bildern, denn jedes Atom erscheint jetzt als ein Punkt, von dem soviel Striche ausgehen, als seine Wertigkeit beträgt. Die Zahl der unabhängigen Spininvarianten ist wieder gleich der Zahl der ungekreuzten Valenzbilder, die sich bei gegenseitiger Absättigung aller Valenzen (einschließlich der Leeramplitude) zeichnen lassen. Als Beispiel sind in Fig. 26 die unabhängigen Spininvarianten für ein Molekül C=B—A=D aus zwei 3-wertigen und zwei 2-wertigen Atomen gezeichnet.*)

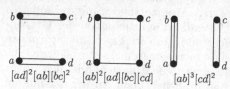

$[ad]^2[ab][bc]^2 \qquad [ab]^2[ad][bc][cd] \qquad [ab]^3[cd]^2$

Fig. 26. Die Spininvarianten nach HEITLER-RUMER für ein Molekül C=B—A=D.

Mit diesen Spininvarianten müssen wir in die allgemeine Formel (41,10) eingehen. Man überzeugt sich leicht, daß die Berücksichtigung der inneratomaren Permutationen infolge der Antisymmetrie der betreffenden Ortseigenfunktionen und der Identität der zugehörigen Spinamplituden nur einen Zahlenfaktor für die ganze Gleichung liefern würde. Wir können uns deshalb von vornherein auf solche Permutationen be-

---

*) Das N_2H_4 läßt sich auf diesen Fall zurückführen (s. Lit.[32]), erfordert also Lösung eines Säkularproblems 3. Grades.

§ 47. Der Grenzfall fester inneratomarer Spinkopplung.   235

schränken, welche die Elektronen verschiedener Atome miteinander vertauschen, und zwar in der üblichen Näherung auf Transpositionen. Auf diese Weise erhält man:

$$\varepsilon = \eta + \lambda \; ; \qquad \lambda\varphi + \sum_{a_i,b_k} T_{a_i,b_k}\,\varphi\,(A_i B_k) = 0 \qquad (47,1)$$

Der Diagonalanteil η ist derselbe wie früher. φ bedeutet die oben beschriebene Spininvariante. Die Indizes i und k sind den a und b hier angehängt, um vorübergehend die verschiedenen Valenzelektronen desselben Atoms zu unterscheiden. Sie sind vorübergehend auch an den — zahlenmäßig gleichen — Spinamplituden anzubringen. Denn es entsteht durch Vertauschung jedes Valenzelektrons i des Atoms A mit jedem k des Atoms B eine andere Ortsfunktion. In (47,1) ist deshalb über alle diese Transpositionen mit den zugehörigen A.-I. $(A_i B_k)$ zu summieren. Es zeigt sich allerdings, daß die $(A_i B_k)$ wegen der Antisymmetrie der Ortsfunktionen in den i einerseits, den k andererseits unabhängig von i und k sind, d. h. es ist gleichgültig, welches Elektron von A mit welchem von B austauscht. Das A.-I. ist:

$$(A_i B_k) = \qquad\qquad\qquad\qquad\qquad\qquad\qquad (47,2)$$
$$\int \Theta_{ik}\,\psi_a{}^*(..i..l..)\,\psi_b{}^*(..k..m..)\,u\,\psi_a(..i..l..)\,\psi_b(..k..m..)\,\mathrm{d}\tau$$

worin ψ_a die in $i..l..$ u. s. w. antisymmetrische Eigenfunktion der Valenzelektronen von A, ψ_b die entsprechende von B ist. Wegen der Invarianz von $\psi_a{}^*\psi_a$ und $\psi_b{}^*\psi_b$ gegen Permutation der zugehörigen Elektronen bedeutet es nur eine Umbenennung der Integrationsvariablen, wenn man in (47,2) Θ_{ik} durch Θ_{lk} oder Θ_{im} oder Θ_{lm} u. s. w. ersetzt. Die Indizes i, k an dem Austauschintegral (47,2) sind also überflüssig und wir schreiben (47,1):

$$\lambda\varphi + \sum_{a_i,b_k} T_{a_i,b_k}\,\varphi\,(AB) = 0 \qquad\qquad (47,3)$$

Schließlich läßt sich formal die Schreibweise noch etwas vereinfachen, wenn man definiert:

$$T_{ab}\,\varphi = \sum_{i,k} T_{a_i,b_k}\,\varphi \qquad\qquad\qquad (47,4)$$

Dann hat (47,3) die alte Form gewonnen (s. Gl. 43,8)

$$\lambda\varphi + \sum T_{ab}\,\varphi\,(AB) = 0 \; ; \qquad \varepsilon = \lambda + \eta \qquad (47,5)$$

Nur enthält jetzt φ jede Spinamplitude so oft, als der Wertigkeit des Atoms entspricht und $T_{ab}\,\varphi$ bedeutet, daß jedes dieser a_i mit jedem b_k einmal zu vertauschen und die Summe der so entstehenden Invarianten zu bilden ist. Bei Entkopplung aller Valenzelektronen kommen keine identischen a, b u. s. w. in φ vor, und (47,5) geht auch mit der erweiterten Definition von T_{ab} in die alte Formel (43,8) über.

Für ein Molekül aus zwei 3-wertigen Atomen ist $\varphi = [ab][ab][ab] = [ab]^3$. Es gibt 9 Vertauschungen a—b. Davon verschwinden aber die Invarianten, die durch Vertauschung von a und b aus verschiedenen Klammern entstehen, wegen $[aa] = [bb] = 0$. So bleiben nur 3 Invarianten

$$T_{ab}\,\varphi = [ba][ab][ab] + [ab][ba][ab] + [ab][ab][ba] = -3\,\varphi \qquad (47,6)$$

236   Kapitel VI.

Es ergibt sich aus (47,5) somit

$$\lambda = 3\,(AB) \tag{47,7}$$

für die Bindung von zwei dreiwertigen Atomen.

Im unabgesättigten Zustand treten starke Abstoßungskräfte auf. Wenn sämtliche drei Valenzen frei sind, wird mit $\varphi = [al]^3 [bl]^3$

$$T_{ab}\,\varphi = 9\,\varphi \qquad \text{und} \qquad \lambda = -\,9\,(AB) \tag{47,8}$$

was starke Valenzabstoßung bedeutet.

Als einfaches Beispiel betrachten wir noch ein Molekül aus einem dreiwertigen und drei einwertigen Atomen. Mit der Spininvariante $\varphi = [ab]\,[ac]\,[ad]$ wird hier

$$T_{ab}\,\varphi = (T_{a_1,b} + T_{a_2,b} + T_{a_3,b})\,[a_1 b]\,[a_2 c]\,[a_3 d] = -\,\varphi \tag{47,9}$$

da $[a_1 a_2]$ etc. verschwinden. Entsprechend wird $T_{ac}\,\varphi = -\varphi$, $T_{ad}\,\varphi = -\varphi$. Die weiteren drei Größen $T_{bc}\,\varphi$, $T_{bd}\,\varphi$, $T_{cd}\,\varphi$ sind gleich φ. Es wird also:

$$\lambda = (AB) + (AC) + (AD) - (BC) - (BD) - (CD) \tag{47,10}$$

Die angeführten einfachen Beispiele zeigen schon, wie man in komplizierteren Fällen vorgehen muß. Wegen der Identität einer Reihe von Spinamplituden werden die Säkularprobleme zwar einfacher als bei Entkopplung aller Valenzelektronen, aber doch bei weitem nicht so einfach wie im anderen Grenzfall fester zwischenatomarer Spinkopplung (Gl. 46,4). Auch liegen die Voraussetzungen dieser Annäherung im fertigen Molekül kaum jemals vor. So konnte HELLMANN[32] für die einfachsten Kohlenwasserstoffe und MARKOW[37] für das Benzol zeigen, daß keine Wahl der Integrale zwischen C–H und C–C möglich ist, welche die experimentellen Bindungsenergien mehrerer Moleküle nach Gl. (47,3) wiedergibt.

In keinem Fall liefert zudem der hier beschriebene — auf HEITLER und RUMER[15,21] sowie WEYL[16,22] zurückgehende — Näherungsstandpunkt die Richtungseigenschaften der Valenzen. Nur durch Berücksichtigung angeregter Atomeigenfunktionen, was Annäherung an den Fall völliger Entkopplung der Elektronen im Atom bedeutet, kommen die Richtungseigenschaften der Valenzen heraus. Dieser Weg ist in einer Arbeit von PÖSCHL[55] beschritten worden.

Immerhin bleibt das Verfahren eine gute Annäherung für Atome mit freien Valenzen in größeren Abständen. Dafür ist es aber sehr unbefriedigend, daß ein neues A.-I. auftritt, das scheinbar mit den im fertigen Molekül maßgebenden, verschiedenen A.-I. zwischen den einzelnen, entkoppelten Valenzelektronen nichts zu tun hat. Wir werden jetzt sehen, wie es sich dennoch auf diese A.-I. zurückführen läßt. Dazu nähern wir die normierten Eigenfunktionen ψ_a und ψ_b an durch:

$$\psi_a = \frac{1}{\sqrt{n!}} \sum \delta_P P \gamma \text{ mit } \gamma = \gamma_\alpha(1)\,\gamma_\beta(2)\ldots\gamma_\omega(n)$$

$$\psi_b = \frac{1}{\sqrt{m!}} \sum \delta_Q Q \chi \text{ mit } \chi = \chi_\alpha(n+1)\,\chi_\beta(n+2)\ldots\chi_\omega(n+m) \tag{47,11}$$

worin γ_α, γ_β u. s. w. die Eigenfunktionen der einzelnen Valenzelektronen des Atoms A und χ_α, χ_β u. s. w. diejenigen der Valenzelektronen von B

§ 47. Der Grenzfall fester inneratomarer Spinkopplung.   237

bedeuten. A habe n, B habe m Valenzelektronen. Die Faktoren $1/\sqrt{n!}$ bezw. $1/\sqrt{m!}$ treten aus Normierungsgründen auf.

Wir bilden $(AB) = \int (\Theta_{1,n+1} \psi_a^* \psi_b^*)\, u\, \psi_a\, \psi_b\, d\tau$

$$= \frac{1}{n!\,m!} \sum_{P,Q,R,S} \int (\Theta_{1,n+1}\, \delta_P\, P\, \gamma^*\, \delta_Q\, Q\, \chi^*)\, u\, \delta_R\, R\, \gamma\, \delta_S\, S\, \chi\, d\tau \quad (47,12)$$

Aus Orthogonalitätsgründen verschwinden alle Anteile, bei denen nicht $P = R$ und $Q = S$ ist. Alle $(\delta_P)^2$ und $(\delta_Q)^2$ sind $+1$. Somit wird aus (47,12):

$$(AB) = \frac{1}{n!\,m!} \sum_{P,Q} \int P\, \gamma_\alpha^*(n+1)\, \gamma_\beta^*(2) \ldots Q\, \chi_\alpha^*(1)\, \chi_\beta^*(n+2) \ldots$$

$$\ldots u\, P\, \gamma_\alpha(1)\, \gamma_\beta(2) \ldots Q\, \chi_\alpha(n+1)\, \chi_\beta(n+2) \ldots d\tau \quad (47,13)$$

Für $P = 1$, $Q = 1$ steht in (47,13) das Austauschintegral zwischen γ_α und χ_α, für das wir hier die Abkürzung $(\gamma_\alpha \chi_\alpha)$ gebrauchen wollen. Die Integration über alle anderen Koordinaten gibt wegen der Normiertheit der Funktionen den Faktor 1. Dasselbe gilt auch noch, wenn $\gamma_\alpha^*(n+1)$ $\chi_\alpha^*(1)\, \gamma_\alpha(1)\, \chi_\alpha(n+1)$ festgehalten wird und P alle $(n-1)!$ und Q alle $(m-1)!$ Permutationen durchläuft, welche die übrigen $(n-1)$ bezw. $(m-1)$ Eigenfunktionen beliebig untereinander vertauschen. Die Summe in (47,13) enthält also $(\gamma_\alpha \chi_\alpha)$ im ganzen $(n-1)!\,(m-1)!$ mal. Genau so oft treten die A.-I. $(\gamma_\beta \chi_\alpha)$, $(\gamma_\alpha \chi_\beta)$ u. s. w. auf. So wird aus (47,13)

$$(AB) = \frac{(n-1)!\,(m-1)!}{n!\,m!} \sum (\gamma_i \chi_k) = \frac{1}{n \cdot m} \sum (\gamma_i \chi_k) \quad (47,14)$$
$$\text{mit } i = \alpha,\, \beta \ldots \text{ und } k = \alpha,\, \beta \ldots$$

worin die Summe über alle $n \cdot m$ A.-I. irgend einer Valenzeigenfunktion von A: γ_i mit irgend einer Valenzeigenfunktion von B: χ_k geht.

Das Ergebnis läßt sich sehr einfach aussprechen: „Das bei der Näherungsmethode dieses Paragraphen auftretende A.-I. zwischen 2 mehrwertigen Atomen ist der Mittelwert aller $n \cdot m$ A.-I. zwischen je 2 Valenzelektronen der beiden Atome."

Die antisymmetrisierten Atomeigenfunktionen, von denen wir ausgingen, bleiben unverändert, wenn man das benutzte System der γ_i oder der χ_k einer beliebigen linearen Transformation unterwirft (s. Gl. 19,3–4). Bei der Ableitung von (47,14) wurde die Orthogonalität des Systems der γ_i sowie der χ_k vorausgesetzt. Der Ausdruck (47,14) ist daher invariant gegen eine beliebige unitäre Transformation der γ_i sowie der χ_k untereinander. Diese Invarianzeigenschaft der Summe (47,14) wird uns später auch außerhalb des hier besprochenen Näherungsstandpunktes sehr nützlich sein.

In dieser Invarianz spiegelt sich das Fehlen eines Richtungscharakters der Valenzen. Denn in Kap. IV sahen wir, daß das Auftreten von energetisch bevorzugten Richtungen im Raum die Existenz einer „günstigsten Linearkombination" der Atomeigenfunktionen voraussetzt. Das Beispiel des NH_3 in § 48 wird auch diesen Umstand, wie überhaupt den Inhalt der letzten drei Paragraphen, weiter verdeutlichen.

238

Kapitel VI.

Literatur zu Kapitel VI.

(S. auch die Lit. zu Kap. VII.)

Zusammenfassende Darstellungen.

1. W. HEITLER, Phys. Zs. **31** S. 185 1930 (Die ältere Quantentheorie des Vielelektronenproblems mit gruppentheoretischen Methoden).
2. M. BORN, Ergebnisse der exakten Naturwissenschaften Bd. 10 S. 387 1931 (Spininvarianten, Grenzfall fester inneratomarer Spinkopplung).
3. B. L. VAN DER WAERDEN, Die gruppentheoretische Methode in der Quantenmechanik. Berlin 1932.
4. W. HEITLER, Quantentheorie und homöopolare chemische Bindung. Handbuch der Radiologie Bd. VI, 2. Aufl. T. II. Leipzig 1934.

Originalarbeiten.

1927
5. W. PAULI, Zs. f. Phys. **43** S. 601 (Einführung der Spineigenfunktionen).
6. J. C. SLATER, Phys. Rev. **32** S. 349 (Wechselwirkung He–He).

1928
7. P. A. M. DIRAC, Proc. R. Soc. **117** S. 610 und **118** S. 351 (Aufstellung der relativistischen Wellengleichung mit Spin).
8. F. LONDON, Zs. f. Phys. **46** S. 455 (Elektronenpaartheorie der Valenz).
9. F. LONDON, Sommerfeld-Festschrift, Leipzig. S. 104 (Theorie der Aktivierungsenergie).

1929
10. J. C. SLATER, Phys. Rev. **34** S. 1293 (Antisymmetrisierung der Eigenfunktion mit Spin. Anwendung auf Spektren).
11. P. A. M. DIRAC, Proc. R. Soc. **123** S. 714 (Vektormodell für Austauschwechselwirkung).
12. H. BETHE, Ann. d. Phys. **3** S. 133 (Termaufspaltung in Kristallen. Ausreduktion des Störungsproblems nach Molekülsymmetrien).
13. F. BLOCH, Zs. f. Phys. **57** S. 545 (Antisymmetrisierung der Eigenfunktionen mit Spin. Anwendung auf Kristalle).

1930
14. M. BORN, Zs. f. Phys. **64** S. 729 (Anwendung der Slaterschen[10] Antisymmetrisierung auf das chemische Bindungsproblem).
15. W. HEITLER, G. RUMER, Göttinger Nachr. 1930 S. 277 (Ausreduktion des Vielelektronenproblems nach resultierendem Spin).
16. H. WEYL, Göttinger Nachr. 1930 S. 285 (Störungsrechnung mit Spininvarianten).
17. J. C. SLATER, Phys. Rev. **35** S. 509 (Austauschbindung in einwertigen Metallen).
18. G. GENTILE, Zs. f. Phys. **63** S. 795 (Wechselw. H–He und He–He).
19. M. DELBRÜCK, Ann. d. Phys. **5** S. 36 (Bindung Li_2 Kritik s. [42,48,49]).

1931
20. J. C. SLATER, Phys. Rev. **38** S. 1109 (Chemische Bindung mit entkoppelten Valenzelektronen. Antisymmetrisierung nach [10]. Lokalisierte Valenzen).
21. W. HEITLER, G. RUMER, Zs. f. Phys. **68** S. 12 (Fortsetzung von [15]).
22. H. WEYL, Göttinger Nachr. 1931 S. 33 (Fortsetzung von [16]).
23. J. H. BARTLETT, W. H. FURRY, Phys. Rev. **38** S. 1615 (Li_2 Kritik s. [42,48,49]).
24. E. FUES, H. HELLMANN, Phys. Zs. **31** S. 465 (Polarisierte Elektronenwellen).

1932
25. G. RUMER, Göttinger Nachr. 1932 S. 337 („Ungekreuzte" Spininvarianten).
26. G. RUMER, E. TELLER, H. WEYL, Göttinger Nachr. 1932 S. 499 (Ergänzung zu [25]).

Literatur zu Kapitel VI.   239

27. W. H. Furry, J. H. Bartlett, Phys. Rev. **39** S. 210 (Be$_2$ Kritik s. ^{42,48,49}).

28. E. Hutchinson, M. Muskat, Phys. Rev. **40** S. 340 (LiH. Kritik s. ^{42,48,49}).

1933

29. W. H. Furry, Phys. Rev. **43** S. 361 (Li$_2$ angeregt. Kritik s. ^{42,48,49}).

30. Cl. E. Ireland, Phys. Rev. **43** S. 329 (BeH. Kritik s. ^{42,48,49}).

31. N. Rosen, S. Ikehara, Phys. Rev. **43** S. 5 (Alkalimoleküle. Kritik s. ^{42,48,49}).

32. H. Hellmann, Zs. f. Phys. **82** S. 192 (Spinamplituden. Abgeschlossene Schalen, lokalisierte Valenzen).

33. H. S. Taylor, H. Eyring, A. Sherman, J. Chem. Phys. **1** S. 68 (8-Elektronenproblem).

34. H. Eyring, G. E. Kimball, J. Chem. Phys. **1** S. 239 (8-Elektronenproblem).

35. H. Eyring, A. Sherman, G. E. Kimball, J. Chem. Phys. **1** S. 586 (Reaktionen mit konjugierten Doppelbindungen, 6-Elektronenproblem).

36. H. Eyring, A. A. Frost, J. Turkevich, J. Chem. Phys. **1** S. 777 (6-Elektronenproblem bei Molekülsymmetrie).

37. M. Markow, J. Chem. Phys. **1** S. 784 (Benzol nach Heitler-Rumer-Weyl^{16,21}).

1934

38. F. Seitz, A. Sherman, J. Chem. Phys. **2** S. 11 (Ausreduktion des Bindungsproblems nach Molekülsymmetrien).

39. W. E. Bleick, J. E. Mayer, J. Chem. Phys. **2** S. 252 (Wechselwirkung zwischen 2 Ne-Atomen in konsequenter Rechnung).

40. A. E. Stearn, C. H. Lindsley, H. Eyring, J. Chem. Phys. **2** S. 410 (6-Elektronenproblem bei Molekülsymmetrie).

41. R. Serber, J. Chem. Phys. **2** S. 697 (Ausreduktion nach Molekülsymmetrien).

42. H. M. James, J. Chem. Phys. **2** S. 794 (Systematische Theorie für Li$_2$ mit Berücksichtigung des Rumpfeinflusses).

43. A. S. Coolidge, H. M. James, J. Chem. Phys. **2** S. 811 (Nichtorthogonalität bei Berechnung der Aktivierungsenergie).

44. D. R. Inglis, Phys. Rev. **46** S. 135 (Nichtorthogonalität in Systemen aus viel Atomen. Kritik s. ^{53}).

45. S. Schubin, S. Wonsowsky, Proc. R. Soc. **145** S. 159 (Theorie der Elektronen in Metallen unter Berücksichtigung der Ionenzustände).

1935

46. R. S. Bear, H. Eyring, J. Chem. Phys. **3** S. 98 (Entkreuzung von Spininvarianten).

47. S. Schubin, S. Wonsowsky, Phys. Zs. d. Sowjetunion **7** S. 292 (Theorie der Elektronen in Metallen unter Berücksichtigung der Ionenzustände).

48. H. Hellmann, Acta Physicochim. URSS **1** S. 913 (Rumpfeinflüsse nach dem kombinierten Näherungsverfahren. K$_2$ und KH).

49. A. A. Schuchowitzky, Acta Physicochim. URSS **2** S. 81 (Rumpfeinfluß bei der Bindung durch Orthogonalitätsforderung).

50. H. M. James, J. Chem. Phys. **3** S. 9 (Li$_2$+ mit Rumpfeinfluß).

1936

51. J. Hirschfelder, H. Eyring, N. Rosen, J. Chem. Phys. **4** S. 121 und S. 130 (Die Systeme H$_3$ und H$_3$+ in systematischer 1. Näherung).

52. J. K. Knipp, J. Chem. Phys. **4** S. 300 (LiH und LiH+ mit Rumpfeinfluß).

53. J. H. van Vleck, Phys. Rev. **49** S. 232 (Nichtorthogonalität in der Störungsrechnung eines Systems von vielen Atomen).

54. P. P. Ewald, H. Hönl, Ann. d. Phys. **25** S. 281 und **26** S. 673 (Die Elektronendichteverteilung in Diamant, insbes. Einfluß der Nichtorthogonalität).

55. G. Nordheim-Pöschl, Ann. d. Phys. **26** S. 258 und S. 281 (Theorie der C-H-Bindungen mit $s^2\,p^2\,{}^3P$- und $sp^3\,{}^5S$-Zuständen des C-Atoms).

56. R. Landshoff, Zs. f. Phys. **102** S. 201 (Energie des NaCl mit Rumpf-Austauschintegralen, Polarisations- und Dispersionskräften).

57. S. Schubin, S. Wonsowsky, Phys. Zs. d. Sowjetunion **10** S. 348 (Forts. von ^{45} und ^{47}).

Kapitel VII.

Die Theorie der chemischen Valenz als Vielelektronenproblem.

§ 48. Beispiele zum 6-Elektronenproblem (NH₃, NH, Benzol).

Bei der Anwendung der Gleichungen von § 45 auf spezielle Probleme bewirkt meist die vorliegende Symmetrie noch Vereinfachungen. Als Beispiel betrachten wir NH_3. Zur ersten Orientierung dienen uns die vom Einelektronenproblem aus angestellten Überlegungen von § 29, die dazu führten, als Valenzfunktionen der drei p-Elektronen die N-Eigenfunktionen ξ, η und ζ zu benutzen. Die drei H-Atome waren in erster Näherung in 3 gleichen, zueinander senkrechten Abständen vom N-Atom anzubringen. Dies Ergebnis wird im einzelnen durch eine strenge Rechnung natürlich noch modifiziert werden.

So lange wir allerdings an den drei p-Eigenfunktionen festhalten, können wir außer den Funktionen ξ, η, ζ selbst keine weiteren Linearkombinationen aus ihnen bilden, die erstens orthogonal sind und von denen zweitens jede einzelne Rotationssymmetrie um die Verbindungslinie des N-Kerns mit dem zugehörigen H-Kern besitzt. Drei σ-Bindungen, deren Richtungen eine beliebige Pyramide aufspannen, lassen sich zwar leicht angeben. Die drei entsprechenden Eigenfunktionen sind aber nicht orthogonal, außer in dem speziellen Fall, wo die drei Richtungen senkrecht zueinander stehen. Wir können jedoch Abweichungen der Kernverbindungslinien von den 3 rechtwinkligen Koordinatenrichtungen zulassen, ohne daß sich an der allgemeinen Störungsrechnung etwas ändert. Nur werden die Austauschintegrale andere, wenn wir die Konfiguration ändern unter Beibehaltung der Funktionen ξ, η, ζ. Würden wir aber nichtorthogonale Linearkombinationen aus ξ, η, ζ benutzen, dann wäre die ganze Störungsrechnung abzuändern, um durch Berücksichtigung höherer Permutationen der durch Abbiegung der Valenzen entstandenen Nichtorthogonalität Rechnung zu tragen.

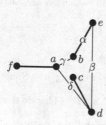

Fig. 27. Die Austauschintegrale des NH₃. a, b, c: Valenzfunktionen des N-Atoms, d, e, f: Eigenfunktionen der H-Atome.

Wir setzen also zunächst nichts weiter voraus, als die Pyramidensymmetrie des NH_3-Moleküls und damit der vorkommenden A.-I. Fassen wir etwa ψ_a, ψ_b, ψ_c als Valenzfunktionen des N-Atoms, ψ_d, ψ_e und ψ_f als die Eigenfunktionen der 3 H-Atome auf. Die Symmetrie des Moleküls bedeutet (vergl. Fig. 27):

$$(AB) = (AC) = (BC) = (\text{abgekürzt}) : \gamma$$
$$(AF) = (BE) = (CD) = (\text{abgekürzt}) : \alpha$$
$$(FE) = (DE) = (DF) = (\text{abgekürzt}) : \beta$$
$$(BF) = (CF) = (AE) = (CE) = (AD) = (BD) = (\text{abgekürzt}) : \delta$$

Hiermit wird aus den Gleichungen (45; 8, 2, 5, 7, 9) des vorigen Kapitels:

$$I(\lambda + \alpha + 2\delta) + III(2\alpha - 2\delta) = 0$$
$$II(\lambda + \alpha + 2\delta) + III(2\alpha - 2\delta) = 0$$
$$(I + II)(2\beta + 2\gamma - 4\delta) + III(\lambda - 3\alpha + 3\beta + 3\gamma)$$
$$+ (IV + V)(\beta + \gamma - 2\delta) = 0$$

§ 48. Beispiele zum 6-Elektronenproblem (NH₃, NH, Benzol).   241

$$III\,(-\alpha+\delta) + IV\,(\lambda+2\,\alpha+\delta) + V\,(-\alpha+\delta) = 0$$
$$III\,(-\alpha+\delta) + IV\,(-\alpha+\delta) + V\,(\lambda+2\,\alpha+\delta) = 0 \qquad (48,1)$$

Durch Subtraktion der beiden letzten Gleichungen folgt sofort der Eigenwert $\lambda_1 = -3\,\alpha$. Für die anderen Eigenwerte muß $IV = V$ sein. Entsprechend folgt aus den ersten beiden Gleichungen $\lambda_2 = -\alpha - 2\,\delta$, sonst ist $I = II$.

Aus den 3 mittleren Gleichungen wird mit $I = II$ und $IV = V$ nach leichter Umformung:

$$(2\,II + IV)\,(\lambda + \alpha + 2\,\delta) + III\,(3\,\alpha - 3\,\delta) = 0$$
$$(2\,II + IV)\,(2\,\beta + 2\,\gamma - 4\,\delta) + III\,(\lambda - 3\,\alpha + 3\,\beta + 3\,\gamma) = 0$$
$$III\,(5\,\alpha - 5\,\delta) + (2\,II - IV)\,(\lambda + \alpha + 2\,\delta) = 0 \qquad (48,2)$$

Eine Lösung ist $2\,II = -IV$, $III = 0$, $\lambda_3 = -\alpha - 2\,\delta$. Dieser fällt mit einem der schon ermittelten Eigenwerte zusammen. Der interessierende Eigenwert steckt in dem Eigenwertproblem 2-ten Grades für III und $2\,II + IV$, das schließlich übrig geblieben ist und das sich nicht weiter reduzieren läßt. Man erhält eine quadratische Gleichung für λ mit den letzten beiden Eigenwerten:

$$\lambda_{4,5} = \alpha - \frac{3}{2}\,\beta - \frac{3}{2}\,\gamma - \delta \pm \sqrt{(2\,\alpha - 2\,\delta)^2 + (3\,\delta - \frac{3}{2}\,\gamma - \frac{3}{2}\,\beta)^2} \qquad (48,3)$$

Um die gesamte Energie zu erhalten, müssen wir zunächst die Diagonalenergie η hinzufügen. Da die Wechselwirkung der Valenzelektronen des N-Atoms mit dem zugehörigen Rumpf bei der Bindung nicht geändert wird, können wir diesen Energieanteil von vornherein weglassen. Da in dieser Näherung die Ladungsverteilung des N-Atoms kugelsymmetrisch bleibt, brauchen wir für die Diagonalwechselwirkung der H-Atome mit dem N-Atom nur e i n e Funktion, die wir α' nennen wollen. α' ist also der Beitrag zu η' der Wechselwirkung eines H-Atoms mit dem ganzen N-Atom. α' setzt sich additiv zusammen aus der Coulombschen Anziehung der sich durchdringenden Ladungswolken von N-Atom und H-Atomen und der lockernden Wirkung der vier 1s- und 2s-Elektronen des N-Atoms. Ferner sei die Coulombsche Wechselwirkung zwischen 2 H-Atomen β', die zwischen 2 Valenzelektronen des N-Atoms γ'. So wird $\eta = 3\,\alpha' + 3\,\beta' + 3\,\gamma'$ und die Gesamtenergie im tiefsten Zustand:

$$\varepsilon = \lambda_5 + \eta = 3\,\alpha' + 3\,\beta' + 3\,\gamma' + \alpha - \frac{3}{2}\,\beta - \frac{3}{2}\,\gamma - \delta$$
$$- \sqrt{(2\,\alpha - 2\,\delta)^2 + (3\,\delta - \frac{3}{2}\,\gamma - \frac{3}{2}\,\beta)^2} \qquad (48,4)$$

Um schließlich die chemische Bindungsenergie allein zu bekommen, müssen wir von ε noch die gesamte Wechselwirkungsenergie der Valenzelektronen im freien Atom ε_0 abziehen.

Wenn wir die Energie des freien N-Atoms im Grundzustand berechnen wollen, dann taucht zunächst die Frage auf, ob dort überhaupt dieselben 3 Eigenfunktionen von den Valenzelektronen besetzt sind, wie im NH₃-Molekül. Glücklicherweise liegen aber beim N-Atom im p^3-Zustand die Verhältnisse besonders einfach dadurch, daß im Grundzustand die Spins aller 3 Valenzelektronen parallel stehen. Zur Berechnung der Energie des Grundzustandes ist also eine in den Ortskoordinaten antisymmetrische Linearkombination der 3 einzelnen Eigenfunktionen zu bilden. In Gl. (19,4) haben wir aber gesehen, daß sich eine antisymmetrische Linearkombination einfach reproduziert, wenn man an Stelle der ursprünglichen 3 irgend welche anderen 3 unabhängigen Linearkombinationen als Ausgangsfunktionen wählt. Es ist für die Berechnung der Störungsenergie der 3 Stickstoff-Elektronen im ^4S-Grundzustand also ganz gleichgültig, welche 3 aus ξ, η und ζ gebildeten unabhängigen Linearkombinationen wir für die einzelnen Elektronen benutzten. Wir dürfen also die 3 Valenzfunktionen des NH_3 auch im freien N-Atom beibehalten.

Die Spininvariante des N-Atoms im Grundzustand ist $\varphi = [al]\,[bl]\,[cl]$ und der Austauschanteil zur Energie

$$\lambda_0 = -3\,\gamma \qquad\qquad (48,5)$$

Der gefundene Eigenwert des freien N-Atoms ist natürlich auch unter den 5 Eigenwerten enthalten, die wir bekommen, wenn im NH_3-Molekül alle 3 H-Atome ins Unendliche rücken. Diese sind: $\lambda_1 = \lambda_2 = \lambda_3 = \lambda_4 = 0$; $\lambda_5 = -3\,\gamma$. Der letzte liegt im freien Atom im Grundzustand vor. Die anderen Eigenwerte λ_1 bis λ_4 gehören zu Dublett-Zuständen, bei denen 2 der Elektronen ihre Spins antiparallel gestellt haben.

Die innere Störungsenergie des freien N-Atoms wird somit

$$\varepsilon_0 = -3\,\gamma + 3\,\gamma' \qquad\qquad (48,6)$$

und so schließlich die chemische Bindungsenergie

$$\varepsilon - \varepsilon_0 = 3\,\alpha' + 3\,\beta' + \alpha - \frac{3}{2}\,\beta + \frac{3}{2}\,\gamma - \delta$$

$$- \sqrt{(2\,\alpha - 2\,\delta)^2 + (3\,\delta - \frac{3}{2}\,\gamma - \frac{3}{2}\,\beta)^2} \qquad (48,7)$$

Gl. (48,7) gibt uns also die gesamte Bindungsenergie bei Bildung eines NH_3-Moleküls aus den 4 Atomen im Grundzustand, als Funktion der inneratomaren Konstanten γ und der 5 konfigurationsabhängigen Integrale α, β, δ, α', β'.

Um den in § 46 behandelten Grenzfall fester zwischenatomarer Spinkopplung zu erhalten, entwickeln wir die Wurzel unter der Voraussetzung $\alpha \gg \beta$, γ, δ und erhalten:

$$\varepsilon - \varepsilon_0 \cong 3\,\alpha' + 3\,\beta' + 3\,\alpha - 3\,\delta - \frac{3}{2}\,\beta + \frac{3}{2}\,\gamma \qquad (48,8)$$

Um den Grenzfall fester inneratomarer Spinkopplung nach § 47 zu erhalten, der bei genügend großen Abständen der Atome stets vorliegt, ist anzunehmen: $\gamma \gg \alpha$, β, δ. Unter dieser Voraussetzung liefert die Entwicklung der Wurzel:

$$\varepsilon - \varepsilon_0 \cong 3\,\alpha' + 3\,\beta' + \alpha + 2\,\delta - 3\,\beta \qquad (48,9)$$

Diese Näherungsformeln (48,8) und (48,9) hätten wir nach den allgemeinen Gleichungen (46,4), bezw. (47,3) auch ohne den Umweg über das Säkularproblem direkt hinschreiben können. Im Falle fester zwischenatomarer Spinkopplung folgt aus (46,4)

$$\varepsilon - \varepsilon_0 = \eta + 3\,\alpha - \frac{3}{2}\,\beta - \frac{3}{2}\,\gamma - \frac{6}{2}\,\delta - \varepsilon_0$$

$$= 3\,\alpha' + 3\,\beta' + 3\,\alpha - 3\,\delta - \frac{3}{2}\,\beta + \frac{3}{2}\,\gamma \qquad (48,10)$$

§ 48. Beispiele zum 6-Elektronenproblem (NH₃, NH, Benzol).   243

worin für ε_0 Gl. (48,6) benutzt ist, sowie die Tatsache, daß der Coulombsche Anteil der inneratomaren Störungsenergie im freien N-Atom derselbe ist wie im NH₃. Gl. (48,10) ist mit Gl. (48,8) identisch.

Im Grenzfall fester inneratomarer Spinkopplung kann man die inneratomare Wechselwirkung gleich weglassen, da sie sich bei der Bindung nicht ändert. Nach Gl. (47,9) können wir unmittelbar hinschreiben

$$\lambda = 3\,(NH) - 3\,(HH) \qquad\qquad (48{,}11)$$

worin die Klammerausdrücke die entsprechenden A.-I. bedeuten. (HH) haben wir hier mit β abgekürzt, für (NH) liefert der Mittelwertsatz (47,14):

$$(NH) = \frac{1}{3}\,(\alpha + \delta + \delta) = \frac{1}{3}\,\alpha + \frac{2}{3}\,\delta \qquad\qquad (48{,}12)$$

Setzt man dies in (48,11) ein und fügt noch den Diagonalanteil $\eta = 3\,\alpha' + 3\,\beta'$ hinzu, dann erhält man wieder Gl. (48,9).

Gl. (48,9) enthält γ nicht mehr, wohl aber Gl. (48,8), die für den Grenzfall fester zwischenatomarer Spinkopplung gilt. Die Entkopplung der Spins innerhalb des Atoms erfordert hiernach eine Anregungs-Energie von $\frac{3}{2}\,\gamma$. (Daß γ positiv ist, folgt aus der Tatsache, daß im Grundzustand des freien N-Atoms die 3 Spins parallel stehen.)

Durch diese Herleitung aus der allgemeinen Gl. (48,7) werden die Voraussetzungen der beiden Näherungsstandpunkte besonders deutlich. Da α negativ ist und im fertigen Molekül normalerweise alle anderen Integrale überwiegt (s. Gl. 48,13), liefert Gl. (48,8) eine viel stärkere Bindung als Gl. (48,9). Das heißt, daß die zwischenatomare Wechselwirkung im fertigen Molekül stark genug ist, um die Valenzelektronen im Atom zu entkoppeln und damit die Voraussetzungen für Anwendung des Näherungsstandpunktes lokalisierter Valenzen zu schaffen.

Nur um eine größenordnungsmäßige Vorstellung zu geben, seien einige für ein rechtwinkliges Modell roh geschätzte Zahlen angeführt, die wir im einzelnen hier nicht begründen wollen. Es betragen etwa in e-Volt:

$$\alpha = -2{,}3; \qquad \alpha' = -1{,}5; \qquad \beta = -1{,}3; \qquad \beta' = -0{,}2;$$
$$\gamma = +0{,}9; \qquad \delta = +0{,}6 \qquad\qquad (48{,}13)$$

Es sei dem Leser überlassen, aus dem allgemeinen Gleichungssystem (45,10) die Bindungsenergie des NH-Radikals abzuleiten. Man erhält

$$\varepsilon - \varepsilon_0 = \alpha' - \frac{1}{2}\,\delta + \frac{3}{2}\,\gamma - \sqrt{\left(\alpha - \frac{1}{2}\,\gamma - \frac{1}{2}\,\delta\right)^2 + 2\,(\gamma - \delta)^2} \qquad (48{,}14)$$

worin in ganz roher Näherung die oben notierten Werte der Integrale benutzt werden können. Eine genauere Rechnung müßte in erster Linie berücksichtigen, daß beim NH₃ durch Spreizung der Valenzen die Beträge von $\alpha - \delta$, β, β' etwas kleiner werden, während α und δ beim NH ihren Wert behalten. Da beim NH₃ und NH bisher nicht genügend experimentelle Daten vorliegen, führen wir eine entsprechende Rechnung erst unten (§ 51) am Beispiel des H₂O und OH durch.

Das typische Beispiel einer auch im fertigen Molekül nicht lokalisierbaren Bindung bietet das Benzol. Orientieren wir uns wieder nach den Methoden des Kap. IV. In § 30 sahen wir, daß im C-Atom 3 σ-Bindungen in 3 in einer Ebene liegenden, um 120° gegeneinander versetzten Richtungen lokalisiert werden konnten. Eine davon bindet das H-Atom, je

244   Kapitel VII.

eine führt zu den benachbarten C-Atomen. Für diese Bindungen ist die Voraussetzung erfüllt, daß jeder 2-Zentrenzustand (Valenzstrich) mit den anderen nur schwach kombiniert, also A.-I. zwischen „fremden" Valenzelektronen klein sind. Der Beitrag dieser 3 Valenzen zur gesamten Bindungsenergie folgt aus Gl. (46,4).

Wir sahen in § 30, daß für das vierte Elektron die Valenzfunktion $\zeta = z\,f(r)$ übrig bleibt, wenn die Ebene des Benzolrings als x-y-Ebene genommen wird. Diese Funktion kombiniert mit der entsprechenden Funktion des linken Nachbarn genau so gut wie mit der des rechten Nachbarn, was nach der allgemeinen Symmetrie des Benzolrings schon zu erwarten ist. Der Diagonalanteil η zur Bindung besteht für diese 6 Elektronen aus der Coulombschen Anziehung, vermindert durch das halbe A.-I. mit jedem der in einem Zweizentrenzustand gepaarten Valenzelektronen, sowie aus der Coulombschen Abstoßung dieser 6 Elektronenwolken untereinander und der Anziehung durch die fremden Atomrümpfe. Es bleibt aber noch zu lösen das Säkularproblem für diese 6 Elektronen, das den Austauschanteil λ derselben zur gesamten Bindungsenergie

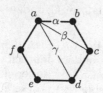

Fig. 28. Die Austauschintegrale der nichtlokalisierten Valenzen des Benzols.

liefert. Nur dieser Anteil fällt verschieden aus, wenn wir diese 3 Valenzen einmal unerlaubter Weise lokalisieren, das andere Mal alle 5 unabhängigen Valenzbilder, d. h. Spininvarianten des 6-Elektronenproblems zulassen (s. Fig. 24).

In den Gleichungen (45; 2, 5, 7, 8, 9) liegt das allgemeine Problem schon vor. Wir brauchen nur unter Beachtung der Benzol-Symmetrie zu spezialisieren. Die 6 gleichen und dem Betrage nach größten A.-I. seien (s. Fig. 28) $(AB) = (BC) = (CD) = (DE) = (EF) = (FA) = \alpha$. Zwischen nicht benachbarten C-Atomen gibt es die A.-I.

$(AE) = (EC) = (CA) = (BF) = (FD) = (DB) = \beta$ und $(AD) = (CF) = (BE) = \gamma$.

Damit wird aus (45; 8, 2, 5, 7, 9):

$$I(\lambda + 3\gamma) + (III + IV + V)(\alpha - 2\beta + \gamma) = 0$$
$$II(\lambda + 3\gamma) + (III + IV + V)(\alpha - 2\beta + \gamma) = 0$$
$$(I + II)(2\alpha - 2\gamma) + III(\lambda + 2\alpha + 2\beta - \gamma) + (IV + V)(2\beta - 2\gamma) = 0$$
$$(I + II)(2\alpha - 2\gamma) + IV(\lambda + 2\alpha + 2\beta - \gamma) + (III + V)(2\beta - 2\gamma) = 0$$
$$(I + II)(2\alpha - 2\gamma) + V(\lambda + 2\alpha + 2\beta - \gamma) + (III + IV)(2\beta - 2\gamma) = 0$$
$$\text{(48,15)}$$

Subtraktion der ersten beiden, der letzten beiden sowie der dritten und vierten Gleichung liefert der Reihe nach die Eigenwerte: $\lambda_1 = -3\gamma$; $\lambda_2 = -2\alpha - \gamma$; $\lambda_3 = -2\alpha - \gamma$, die keine Bindung ergeben. Sonst muß $I = II$ und $III = IV = V$ sein. Damit bleibt für die letzten beiden Eigenwerte, unter denen der gesuchte tiefste sein muß:

$$II(\lambda + 3\gamma) + III(3\alpha - 6\beta + 3\gamma) = 0$$
$$II(4\alpha - 4\gamma) + III(\lambda + 2\alpha + 6\beta - 5\gamma) = 0 \qquad \text{(48,16)}$$

Hieraus folgt:

$$\lambda_{4,5} = -\alpha - 3\beta + \gamma \pm \sqrt{(3\alpha - 3\beta)^2 + (2\alpha - 2\gamma)^2} \qquad \text{(48,17)}$$

worin das negative Vorzeichen wieder zu dem gesuchten, bindenden Eigenwert gehört.

§ 49. Berechnung der „Normal-Valenzzustände" der Atome. 245

β und γ sind klein gegen α. Deshalb können wir durch Entwicklung der Wurzel annähern*):

$$\lambda = \alpha\left(\sqrt{13} - 1\right) - \beta\left(3 + \frac{9}{\sqrt{13}}\right) + \gamma\left(1 - \frac{4}{\sqrt{13}}\right) = 2{,}60\,\alpha - 5{,}49\,\beta - 0{,}11\,\gamma$$

$$(48{,}18)$$

Natürlich ist λ kleiner als $3\,\alpha$, denn jede der 3 Bindungen kann durch die Nähe der andern nur gelockert werden. Hätten wir aber die Valenzen lokalisiert, dann wäre nach (46,4) herausgekommen:

$$\lambda = 3\,\alpha - 3 \cdot \frac{1}{2}\,\alpha - 6 \cdot \frac{1}{2}\,\beta - 3 \cdot \frac{1}{2}\,\gamma = 1{,}5\,\alpha - 3\,\beta - 1{,}5\,\gamma \qquad (48{,}19)$$

Dies ist keineswegs ein Widerspruch gegen das additive Schema der Bindungsenergien bei lokalisierten Valenzen, denn dies kommt, wie wir in § 52 sehen werden, erst dadurch zustande, daß die Coulombsche Anziehung die Austauschabstoßung zwischen „fremden" Elektronen kompensiert. Hier betrachten wir nur den Austauschanteil λ.

Durch die unberechtigte Lokalisierung ist also, da β und γ klein sind gegen α, die Bindungsenergie zu klein heraus gekommen, was nach den allgemeinen Prinzipien von Kap. IV, § 32, zu erwarten war. Wir finden hier eine direkte Bestätigung für die Regel, daß durch Resonanz zwischen mehreren Valenztypen die Bindung verfestigt wird. Die „Resonanzenergie" ist einfach die Differenz von (48,18) und (48,19).

§ 49. Berechnung der „Normal-Valenzzustände" der Atome.

In den vorigen Paragraphen wurden wir zwingend dazu geführt, die inneratomaren Wechselwirkungsenergien der Valenzelektronen in die Bilanz der chemischen Bindungsenergien einzubeziehen. Es ergab sich im Beispiel des NH_3 zwar die inneratomare Kopplung der Valenzelektronen schwach im Vergleich zu den chemischen Energien, dennoch ist die Entkopplungsenergie nicht so gering, daß man sie einfach streichen kann. In manchen Fällen, wie z. B. beim 4-wertigen C-Atom, erfährt dieses beim Eingehen der chemischen Bindung nicht nur eine Entkopplung der Spins seiner Valenzelektronen, sondern auch eine Umbesetzung der Ortseigenfunktionen der einzelnen Elektronen. Wir sprachen im Kap. IV in diesem Falle von „Fastentartung" der verschiedenen Funktionen. Wir werden unten ausführlicher sehen, daß gerade in solchen Fällen eine sehr beträchtliche Energie (beim C-Atom $7 - 8$ e-Volt) dazu gehört, diesen Atomzustand vom Grundzustand aus herzustellen. Trotzdem entschließt sich das Atom zu diesem Umbau, weil die dadurch gewonnene Bindungsenergie größer ist, als die für die Abänderung des Atomzustandes notwendige Energie.

Man nennt den Zustand eines Atoms der im fertigen Molekül schließlich vorliegt, „Valenzzustand". Man kann die Berechnung chemischer Bindungsenergien dann in 2 Schritte zerlegen: 1. die Anregung der freien Atome aus ihrem normalen Grundzustand heraus in die Valenzzustände. 2. Absättigung der Valenzen gegeneinander.

Zur Beschreibung eines Valenzzustandes gehört vor allem die Angabe der Besetzung der im Atom zur Verfügung stehenden Eigenfunktionen, bezw. ihrer Linearkombinationen, mit Elektronen, ganz analog,

---

*) Es ist zu beachten, daß α, β, γ negative Größen sind.

246   Kapitel VII.

wie man beim freien Atom die Elektronenverteilung auf die einzelnen
Eigenfunktionen angibt. Als innere Wechselwirkungsenergie der Valenzelektronen in diesem Zustand tritt dann auf: die Summe aus Cou-
lombscher Wechselwirkung der so bestimmten Atomfunktionen und ihrem Austausch. Um den letzteren Energieanteil festzulegen, nehmen
wir an, daß die Valenzelektronen im Molekül zu lokalisierten Valenzen verbraucht werden. Dann tritt innerhalb des Atoms zwischen je
zwei Elektronen in verschiedenen Zuständen das halbe Austauschintegral mit negativem Vorzeichen auf. Dabei kann jedes der betrachteten Elektronen entweder zu einem Paar innerhalb des Atoms gehören
oder als Valenzelektron mit dem Valenzelektron eines anderen Atoms
gepaart sein.

Hiermit ist die Energie des Valenzzustandes definiert. Während man
beim freien Atom außer der Verteilung der Elektronen auf die verschiedenen Eigenfunktionen das resultierende Bahnimpulsmoment und den
resultierenden Spin des ganzen Atoms angibt, ist für den Valenzzustand
eine solche Charakterisierung weder möglich noch notwendig. Denn bei
Aufhebung der Kugelsymmetrie des freien Atoms durch Bindung anderer
Atome können wir weder dem resultierenden Bahnimpulsmoment noch
dem resultierenden Spinmoment einen festen Wert mehr zuschreiben.

Wie gewinnen wir nun die Energie des Valenzzustandes aus den
Spektren? Er kommt natürlich nicht direkt unter den Spektraltermen
des freien Atoms vor, denn diese sind alle durch Angabe des resultierenden Bahnmoments und des resultierenden Spinmoments charakterisiert (s. § 17). Die Zurückführung der Valenzzustände eines Atoms
auf seine Spektralterme gelingt auf dem Weg über die inneren Wechselwirkungsintegrale. Wir beschränken uns auf Atome mit s- und p-Va-
lenzelektronen, die auch praktisch bei weitem die wichtigsten sind.
Unsere Aufgabe ist also, die innere Wechselwirkungsenergie der Valenzelektronen eines Atoms für einige verschiedene Spektralterme in den
Austauschintegralen und den Coulombschen Wechselwirkungen auszudrücken und dann aus dem Abstand der Terme die Größe dieser Integrale zu gewinnen. Mit Hilfe der so gewonnenen Integrale läßt sich
dann die innere Energie des Valenzzustandes leicht hinschreiben und
somit auch die Energiedifferenz des Valenzzustandes gegen den Atom-
Grundzustand angeben.

Zur Konstruktion der Valenzzustände hat es sich bisher als zweck-
mäßig erwiesen, die Funktionen $\varphi, \xi, \eta, \zeta$ zu benutzen. φ entspricht den
s-Elektronen, ist also kugelsymmetrisch, ξ, η und ζ entsprechen den drei
miteinander entarteten p-Funktionen, welche die Gestalt

$$\begin{aligned}
\xi &= x f(r) = \sin\vartheta \, \cos\varphi \, r \cdot f(r) \\
\eta &= y f(r) = \sin\vartheta \, \sin\varphi \, r \cdot f(r) \\
\zeta &= z f(r) = \qquad \cos\vartheta \, r \cdot f(r)
\end{aligned} \qquad (49,1)$$

haben. ξ, η und ζ sind in jeder Rechnung sehr bequem, weil man den
mit ihnen gebildeten Integralen die Symmetrien sofort ansieht, die aus
der Gleichberechtigung der drei Raumrichtungen folgen. Zur Klassifikation der Spektralterme ist es aber unumgänglich notwendig, solche
Eigenfunktionen zu benutzen, die bestimmten Impulskomponenten in
der z-Richtung entsprechen.

Wir werden deshalb in der Störungsrechnung für die optischen Terme
des freien Atoms nicht ξ, η und ζ benutzen, sondern

§ 49. Berechnung der „Normal-Valenzzustände" der Atome.   247

$$1/\sqrt{2}\,(\xi + i\,\eta) = 1/\sqrt{2}\,\sin\vartheta\,\mathrm{e}^{i\varphi}\,r\,f(r) = \chi_+(r\,\vartheta\,\varphi)$$
$$1/\sqrt{2}\,(\xi - i\,\eta) = 1/\sqrt{2}\,\sin\vartheta\,\mathrm{e}^{-i\varphi}\,r\,f(r) = \chi_-(r\,\vartheta\,\varphi) \qquad (49,2)$$
$$\zeta = \cos\vartheta\,r\,f(r) = \chi_0(r\,\vartheta\,\varphi)$$

ζ entspricht schon der Impulskomponente 0 in z-Richtung, aus ξ und η haben wir die beiden Linearkombinationen mit $\mathrm{e}^{+i\varphi}$ und $\mathrm{e}^{-i\varphi}$ gebildet, welche Impulskomponenten $+1$ und -1 in der z-Richtung entsprechen. Die 3 in (49,2) notierten Eigenfunktionen entsprechen also gerade den 3 Einquantelungen -1, 0, $+1$ des Bahnimpulsvektors vom Betrage 1 in die gewählte Vorzugsrichtung. Der Faktor $1/\sqrt{2}$ ist aus Normierungsgründen hinzugefügt; wenn ξ, η und ζ auf 1 normiert werden, so sind automatisch auch die χ normiert.

In den folgenden Rechnungen werden Coulombsche Wechselwirkungen dieser Eigenfunktionen mit sich selbst und untereinander, sowie Austauschintegrale derselben untereinander vorkommen. Wir bezeichnen alle Coulombschen Wechselwirkungen mit C, alle Austauschintegrale mit A. Durch 2 Indizes charakterisieren wir in jedem Fall die beiden Eigenfunktionen, um die es sich handelt. Notieren wir einige Beispiele:

$$C_{xx} = \iint \xi^2(1)\,u(1,2)\,\xi^2(2)\,\mathrm{d}\tau_1\,\mathrm{d}\tau_2$$

$$C_{xs} = \iint \xi^2(1)\,u(1,2)\,\varphi^2(2)\,\mathrm{d}\tau_1\,\mathrm{d}\tau_2$$

$$A_{xy} = \iint \xi(1)\,\eta(1)\,u(1,2)\,\xi(2)\,\eta(2)\,\mathrm{d}\tau_1\,\mathrm{d}\tau_2 \qquad (49,3)$$

$$C_{0-} = \iint |\chi_0(1)|^2\,u(1,2)\,|\chi_-(2)|^2\,\mathrm{d}\tau_1\,\mathrm{d}\tau_2$$

$$A_{+-} = \iint \chi_+(1)\,\chi_-{}^*(1)\,u(1,2)\,\chi_+{}^*(2)\,\chi_-(2)\,\mathrm{d}\tau_1\,\mathrm{d}\tau_2$$

Hiernach versteht man ohne weiteres andere Indizierungen. Den Integralen mit den Indizes x, y, z, s sieht man eine Reihe von Beziehungen, die aus Symmetriegründen folgen, unmittelbar an. Es gilt nämlich

$$C_{xx} = C_{yy} = C_{zz}, \quad C_{xy} = C_{yz} = C_{xz}, \quad C_{xs} = C_{ys} = C_{zs}$$
$$A_{xy} = A_{yz} = A_{xz}, \quad A_{xs} = A_{ys} = A_{zs} \qquad (49,4)$$

Es existiert noch eine Beziehung, die nicht so unmittelbar abzulesen ist. Wir finden sie, wenn wir jetzt zur Umrechnung der mit x, y indizierten zu den mit $+$, $-$ indizierten Integralen übergehen. Wir notieren zuerst:

$$A_{xy} = \iint u(12)\,r_1{}^2\,r_2{}^2\,f^2(r_1)\,f^2(r_2)\,\sin^2\vartheta_1\,\sin^2\vartheta_2$$
$$\cdot \sin\varphi_1\,\cos\varphi_1\,\sin\varphi_2\,\cos\varphi_2\,\mathrm{d}\tau_1\,\mathrm{d}\tau_2 \qquad (49,5)$$

was nach Umschreiben des sin und cos in e-Funktionen übergeht in:

$$A_{xy} = \frac{1}{16}\iint u(12)\,r_1{}^2\,r_2{}^2\,f^2(r_1)\,f^2(r_2)\,\sin^2\vartheta_1\,\sin^2\vartheta_2$$
$$\cdot \left[\mathrm{e}^{2\,i\,(\varphi_1-\varphi_2)} + \mathrm{e}^{-2\,i\,(\varphi_1-\varphi_2)} - \mathrm{e}^{2\,i\,(\varphi_1+\varphi_2)} - \mathrm{e}^{-2\,i\,(\varphi_1+\varphi_2)}\right]\,\mathrm{d}\tau_1\,\mathrm{d}\tau_2$$
$$(49,6)$$

Man sieht nun leicht, daß die Integrale über die letzten beiden e-Funktionen verschwinden. Denn das ganze Integral ist invariant gegen

Ersetzung aller φ durch $\varphi - \varphi_0$, wo φ_0 eine beliebige Konstante ist. Der vor der eckigen Klammer stehende Teil des Integranden ist aber für sich invariant gegen eine solche Drehung um die z-Achse. Es hängt nur $u(12)$ infolge des Anteils $1/r_{12}$ von φ ab, aber in der Form $\varphi_1 - \varphi_2$, die in der Tat invariant gegen den Nullpunkt der Winkel φ ist. Das Integral mit $e^{2i(\varphi_1 + \varphi_2)}$ wird also einfach mit $e^{-4i\varphi_0}$ multipliziert bei Drehung um die z-Achse. Andererseits muß es dabei unverändert bleiben, da die Ersetzung aller φ durch $\varphi - \varphi_0$ ja nur eine Änderung der Integrationsvariablen bedeutet, der Integrationsbereich ist nach wie vor ein voller Umlauf der Winkel φ. Mit $e^{-4i\varphi_0}$ multipliziert werden und dabei sich selbst gleich bleiben bei beliebiger Wahl von φ_0 kann eine Größe aber nur, wenn sie 0 ist. Die Integrale mit $(\varphi_1 + \varphi_2)$ und entsprechend mit $-(\varphi_1 + \varphi_2)$ verschwinden also wegen der Rotationssymmetrie von u um die z-Achse.

Da das ganze Integral außerdem invariant ist gegen Vertauschung von φ_1 und φ_2, sind die übrig bleibenden Integrale mit $(\varphi_1 - \varphi_2)$ und $-(\varphi_1 - \varphi_2)$ identisch. Sie verschwinden nicht, weil hier auch die e-Funktion invariant gegen Drehung um die z-Achse ist. Es wird so aus (49,6):

$$A_{xy} = \frac{1}{8} \iint u(12) \, r_1{}^2 \, r_2{}^2 \, f^2(r_1) \, f^2(r_2) \, \sin^2 \vartheta_1 \, \sin^2 \vartheta_2 \, e^{2i(\varphi_1 - \varphi_2)} \, \mathrm{d}\tau_1 \, \mathrm{d}\tau_2$$

was nach (49,2) und (49,3) gleich $\frac{1}{2} A_{+-}$ ist. Also $\qquad$ (49,7)

$$A_{+-} = 2 A_{xy} \qquad (49,8)$$

Hätten wir in das Integral A_{+-} (s. Gl. (49,3)) einfach $\chi_+ = \frac{1}{\sqrt{2}} (\xi + i\eta)$ und $\chi_- = \frac{1}{\sqrt{2}} (\xi - i\eta)$ nach Gl. (49,2) eingeführt und ausmultipliziert, dann wäre gekommen:

$$A_{+-} = \frac{1}{4} (C_{xx} + C_{yy} - 2 C_{xy} + 4 A_{xy}) = \frac{1}{2} C_{xx} - \frac{1}{2} C_{xy} + A_{xy} \quad (49,9)$$

Der Vergleich von (49,9) mit (49,8) liefert die noch fehlende Beziehung zwischen den mit x und y indizierten Größen:

$$C_{xx} = C_{xy} + 2 A_{xy} \qquad (49,10)$$

Mit Gl. (49,4) und (49,10) liegen damit alle Relationen zwischen den mit x, y, s indizierten Größen vor. Die Umrechnung auf die mit $+$, $-$, 0, s indizierten Integrale erfolgt einfach durch Ersetzung der χ-Funktionen unter den Integralen durch ξ, η, ζ nach Gl. (49,2) und Benutzung der Relationen (49,4) und (49,10). Wir stellen die Relationen zusammen:

$$C_{++} = C_{+-} = C_{xy} + A_{xy}, \; C_{00} = C_{xy} + 2 A_{xy}, \; C_{+0} = C_{-0} = C_{xy},$$
$$C_{+s} = C_{-s} = C_{0s} = C_{xs} \qquad (49,11)$$
$$A_{+0} = A_{-0} = A_{xy}, \; A_{+-} = 2 A_{xy}, \; A_{+s} = A_{-s} = A_{0s} = A_{xs}$$

Wenn wir nun die Energien der Atomterme durch eine Störungsrechnung mit den Eigenfunktionen φ, χ_+, χ_-, χ_0 in den A und C berechnen, dann sind die gewünschten Konstanten auf gemessene Termdifferenzen zurückgeführt und es ist auch die Energie des aus φ, ξ, η, ζ zusammengesetzten Valenzzustandes bestimmt.

Bekanntlich ist der Zustand der Valenzelektronen eines Atoms z. B. durch die Angabe p^3, welche besagt, daß 3 Elektronen in den 3 mit-

§ 49. Berechnung der „Normal-Valenzzustände" der Atome.   249

einander entarteten Eigenfunktionen des p-Zustandes sitzen, nur in nullter Näherung charakterisiert. Wir stellen in Form der Tabelle 26 zusammen, welche Eigenfunktionen in nullter Näherung zur gleichen Energie gehören. Wir haben über der linken Hälfte der Tabelle die 3 untereinander entarteten Eigenfunktionen 0: χ_0, +: χ_+, −: χ_- notiert. Die Punkte in den Kästen geben an, welche verschiedenen Möglichkeiten der Besetzung existieren. So bedeuten z. B. 2 Punkte unter 0 und einer unter +, daß die Besetzung $\chi_0(1)\,\chi_0(2)\,\chi_+(3)$ vorliegt. Jede solche Funktion ist natürlich noch zu antisymmetrisieren, sie dient eben als Ausgangsfunktion der normalen Störungsrechnung im Vielelektronenproblem.

In der rechten Hälfte der Tabelle 26 sind zunächst die zu jeder Besetzung gehörigen resultierenden Bahnmomente in der z-Richtung: M angegeben. Sie entstehen durch einfache Addition, wobei jedes Elektron im Zustand χ_+ den Beitrag +1, in χ_- den Beitrag −1 und in χ_0 den Beitrag 0 liefert. Die Tabelle zeigt, daß schon ohne die Austauschentartung 7-fache Entartung dieses Systems von 3 Elektronen vorliegt, wir können 7 verschiedene Eigenfunktionen bilden, die in nullter Näherung zur gleichen Energie gehören. Wir sehen aber auch, daß das entsprechende Säkularproblem schon ausreduziert ist nach der resultierenden Impulskomponente in z-Richtung. Wegen der Kugelsymmetrie der ganzen Energiefunktion, also auch der Störungsenergie, verschwinden nämlich alle Matrixelemente, die Übergängen zwischen Zuständen mit verschiedenen M entsprechen. Man sieht das leicht, indem man auf das Integral die Ersetzung $\varphi \longrightarrow \varphi - \varphi_0$ anwendet und genau so weiter folgert, wie wir es oben im Anschluß an Gl. (49,6) taten.

Mit Hilfe des Vektormodells ist es nun möglich, von der so getroffenen Ordnung nach Impulskomponenten in z-Richtung zu den resultierenden Gesamtimpulsen überzugehen. Bei einem Betrag 2 des gesamten Impulsvektors sind z. B. die z-Komponenten $M = -2, -1, 0, +1, +2$ möglich. Wir haben deshalb die entsprechenden M-Werte in Tabelle 26 durch

Tab. 26.

Termschema für drei p-Elektronen.

0	+	−	M Dublett	M Quartett
··	·		+1 ⌉	
··		·	−1 ⟩── ^2P	
·	·	·	0 ⌋	0 ── ^4S
·	··		+2 ⌉	
··		·	+1 ⏐	
	·	··	−1 ⟩── ^2D	
·		··	−2 ⌋	

Linien verbunden und an diese das Symbol ^2D eingeschrieben. Analog für den ^2P-Term und den ^4S-Term. D i e b e i d e n g l e i c h e n M-W e r t e b e i $M = +1$ s o w i e b e i $M = -1$ h a b e n w i r i n

250   Kapitel VII.

w i l l k ü r l i c h e r   W e i s e   j e w e i l s   a u f P - T e r m   u n d D -
T e r m   v e r t e i l t.

Bisher haben wir uns um die Austauschentartung und den Spin noch
nicht gekümmert. Wir benutzen dazu einfach die in den vorhergehenden
Paragraphen entwickelte Methode der Spininvarianten. Aus Tab. 26 liest
man sofort ab, welche Multiplizitäten im Einklang mit dem Pauliprinzip
in den verschiedenen Fällen möglich sind. Im ^4S-Zustand stehen alle 3
Spins parallel. Das liefert also einen Quartett S-Term. Bei $M = 0$
können auch 2 Elektronen ihre Spins antiparallel stellen, wir werden
jedoch gleich sehen, daß die Dublett-Zustände mit $M = 0$ zum P-Term
und D-Term gehören.

Wenn eine Zelle doppelt besetzt ist, wird ihr resultierender Spin 0.
In allen anderen Fällen außer bei $M = 0$ ist deshalb nur der resultierende Spin $1/2$ möglich, wir haben Dubletterme vor uns. Im ganzen spaltet
der p^3-Zustand in 3 verschiedene Spektralterme ^2P, ^2D, ^4S auf. Aus
der Kugelsymmetrie des Problems folgt, daß zu jedem durch den Betrag
des resultierenden Moments gekennzeichneten Term ^2P, ^2D, ^4S eine bestimmte Energie gehört, ganz unabhängig davon, wie die Richtung des
Vektors im Raum ist. Es muß deshalb der zum ^2D-Term gehörige Eigenwert enthalten sein in den Teilproblemen $M = \pm 2, \pm 1, 0$; entsprechend
der Eigenwert des ^2P-Terms in $M = \pm 1, 0$ und der des ^4S-Terms nur
in $M = 0$. Da außer für $M = 0$ alle Eigenwerte bei gegebener Multiplizität einfach sind, der Dubletterm für $M = 0$ zweifach, sind sämtliche
Eigenwerte für die 3 Terme gerade verbraucht.

Den Eigenwert des D-Terms bekommen wir also sofort durch die
Störungsrechnung für $M = +2$ oder $M = -2$. Für $M = +1$ oder
$M = -1$ haben wir noch 2-fache Bahnentartung, wir bekommen deshalb auch 2 verschiedene Eigenwerte dieses Säkularproblems 2. Grades.
(Der Austausch liefert hier bei gegebener Multiplizität keine weitere
Entartung.) Von diesen beiden Eigenwerten muß einer dem ^2D-Term
und einer dem ^2P-Term entsprechen. Schließlich treten bei $M = 0$ im
Dublett-Zustand 2 Eigenwerte auf. Das wissen wir aus der allgemeinen
Theorie (s. § 44) des Problems von 3 bis 4 Elektronen in verschiedenen Eigenfunktionen. Diese beiden Eigenwerte müssen wieder zum ^2P-
und zum ^2D-Term gehören. Wir sehen, daß für einen ^2S-Term kein
Eigenwert übrig bleibt.

In diesem einfachen Fall bekommen wir schon alle 3 Eigenwerte,
wenn wir den Quartetterm und die beiden Dubletterme des Zustandes
mit $M = 0$ berechnen. Für den Quartetterm läßt sich sofort hinschreiben*):
$$^4S = C_{+-} + 2\,C_{+0} - A_{+-} - 2\,A_{+0} = 3\,C_{xy} - 3\,A_{xy} \qquad (49{,}12)$$
wobei wir von Gl. (49,11) Gebrauch gemacht haben.

Aus den allgemeinen Formeln des 3-Elektronenproblems (Gl. 44,8)
erhält man die beiden Eigenwerte des Dublettzustandes mit $M = 0$
sofort, indem man $(AB) = (AC) = A_{0+}$, $(BC) = A_{+-}$ setzt:
$$\varepsilon_{1,2} = C_{+-} + 2\,C_{+0} \pm (A_{+0} - A_{+-}) = 3\,C_{xy} + A_{xy} \mp A_{xy} \qquad (49{,}13)$$
Um zu entscheiden, welcher der beiden Eigenwerte zum ^2P- und welcher
zum ^2D-Term gehört, müssen wir allerdings doch noch einen anderen
Zustand zuziehen.

---

*) Wo Termsymbole in Gleichungen vorkommen, sollen sie stets die Energie des
betreffenden Terms bedeuten.

§ 49. Berechnung der „Normal-Valenzzustände" der Atome. 251

Wir betrachten dazu den Zustand $M = 2$. Für diesen kann man sofort hinschreiben:

$$^2D = C_{++} + 2\,C_{+0} - A_{+0} = 3\,C_{xy} \qquad (49,14)$$

also mit Gl. (49,13):

$$^2P = 3\,C_{xy} + 2\,A_{xy} \qquad (49,15)$$

Den Valenzzustand wollen wir mit V_3 bezeichnen. Der Index 3 bedeutet, daß 3 Elektronen mit den Valenzelektronen anderer Atome gepaart sind. Die Energie des Valenzzustandes besteht nach Gl. (46,4) aus der Coulombenergie plus Summe der halben A.-I. mit negativem Vorzeichen, also

$$V_3 = 3\,C_{xy} - \frac{3}{2}\,A_{xy} \qquad (49,16)$$

Wir stellen die 4 Energien noch einmal zusammen:

$$
\begin{aligned}
^4S &= 3\,C_{xy} - 3\,A_{xy} & ^2P - {}^4S &= 5\,A_{xy} & (&= 3{,}56\ e\text{-Volt}) \\
^2P &= 3\,C_{xy} + 2\,A_{xy} & ^2P - {}^2D &= 2\,A_{xy} & (&= 1{,}19\ e\text{-Volt}) \\
^2D &= 3\,C_{xy} & ^2D - {}^4S &= 3\,A_{xy} & (&= 2{,}37\ e\text{-Volt}) \quad (49,17) \\
V_3 &= 3\,C_{xy} - \frac{3}{2}\,A_{xy} & V_3 - {}^4S &= \frac{3}{2}\,A_{xy} & (&\cong 1{,}33\ e\text{-Volt})
\end{aligned}
$$

Wir haben gleich die uns interessierenden Termdifferenzen gebildet und die empirischen Werte derselben für das Stickstoffatom angegeben. Es ergibt sich damit eine gewisse Kontrolle der Genauigkeit der Rechnung, denn wir besitzen 2 unabhängig bestimmte experimentelle Daten für A_{xy}. Die Übereinstimmung ist hier nicht sehr gut. Das kommt daher, daß wir Störungsrechnung 1. Näherung getrieben haben. Damit haben wir die Voraussetzung hineingesteckt, daß Polarisations- und Dispersionskräfte keine Rolle spielen oder zumindest für alle betrachteten Zustände konstant bleiben.*)

In der unten angegebenen Tabelle 31 von MULLIKEN[39] ist für A_{xy} der Mittelwert 0,89 e-Volt benutzt. Das ergibt dann für die Anregungsenergie des Valenzzustandes $\frac{3}{2}\,A_{xy} = 1{,}33\ e$-Volt. Es verbleibt aber bei solchen Mittelwertsbildungen eine gewisse Unsicherheit.

Die Übertragung der hier entwickelten Rechenmethode auf andere Fälle ist jetzt sehr einfach. Wenn man sich einmal das Schema entsprechend Tab. 26 notiert hat, kann man die interessierenden Energien fast unmittelbar hinschreiben. Es sei noch erwähnt, daß die Heranziehung des Vektormodells für diese Rechnung eigentlich eine Benutzung gruppentheoretischer Sätze bedeutet. Diese Sätze finden im Vektormodell eine überaus anschauliche und bequeme Formulierung. Wenn man das

---

*) Eine Störungsrechnung, die in nächster Näherung die Verschiedenheit der Ausgangs-Eigenfunktionen in den verschiedenen Zuständen durch einen Abschirmungsparameter in Rechnung setzt, wurde von HELLMANN und MAMOTENKO[50] versucht. Die absolute Energie eines bestimmten Zustandes ergibt sich dann zu

$$\frac{\varepsilon}{n} = a + \frac{W}{n} + b\,\frac{W^2}{n^2}$$

worin a und b empirische Konstanten und n die Anzahl der betrachteten Valenzelektronen bedeuten. W ist die durch die obige Störungsrechnung abgeleitete Kombination der C- und A-Größen, die den betreffenden Term charakterisiert (also z. B. $W = 3\,C_{xy} - 3\,A_{xy}$ für den ^4S-Term). Für $b = 0$ kommt man zurück auf die oben gegebene 1. Näherung.

Vektormodell benutzt, muß man sich nur darüber klar sein, daß es sich dabei um eine bequeme Modellvorstellung zur Fixierung abstrakter und streng bewiesener mathematischer Sätze handelt. Der näher interessierte Leser sei auf die einschlägigen Darstellungen in der Literatur verwiesen (s. bes. [1-3] zu Kap. III). Die hier gegebene Rechenmethode wurde für dasselbe Problem zuerst von SLATER[5] eingeführt. Allerdings verzichtete SLATER auf die Ausreduktion nach resultierendem Spin und begnügte sich, auch hinsichtlich des Spinmoments nur nach der Komponente in z-Richtung auszureduzieren, genau wie in Bezug auf das Bahnmoment. Durch Benutzung der Spininvarianten wird die Rechnung etwas übersichtlicher*).

Wir betrachten jetzt 2·Elektronen im p-Zustand. Wieder lassen wir ihre Wechselwirkung mit dem ganzen Rumpf fort, da diese bei den verschiedenen Anordnungen der Elektronen konstant bleibt. Wir orientieren uns mit Hilfe der Tabelle 27.

Wir haben hier je einen ^1D, ^1S, ^3P-Zustand. Die Energie des ^1D-Zustandes können wir sofort aus $M = +1, -1, +2$ oder -2 gewinnen, da

Tab. 27.
Termschema für zwei p-Elektronen.

0	+	−	M Singlett	M Triplett
	·	·	$0 \longrightarrow {}^1S$	$0 \rceil$
·	·		$+1 \rceil$	$+1 \;\longrightarrow\; {}^3P$
·		·	$-1 \rfloor$	$-1 \rfloor$
··			$0 \longrightarrow {}^1D$	
	··		$+2 \rfloor$	
		··	$-2 \rfloor$	

diese Zustände einfach sind, d. h. außer ^1D sich keine anderen Singletts an ihnen beteiligen. Aus $M = +2$ lesen wir z. B. ab:

$$^1D = C_{++} = C_{xy} + A_{xy} \qquad (49{,}18)$$

In dem 2-fach entarteten Problem zu $M = 0$ müssen die beiden Eigenwerte ^1D und ^1S stecken. Ihre Summe bekommen wir nach Gl. (13,11), indem wir die Summe der Eigenwerte ausrechnen, die zu $+ -$ einerseits und zu 0 0 andererseits gehören. Das ergibt:

$$^1D + {}^1S = C_{+-} + A_{+-} + C_{00} = 2\,C_{xy} + 5\,A_{xy} \qquad (49{,}19)$$

Da wir ^1D schon kennen, erhalten wir durch Subtraktion sofort

$$^1S = C_{xy} + 4\,A_{xy} \qquad (49{,}20)$$

Schließlich können wir den Tripletterm aus $M = +1$ sofort hinschreiben

$$^3P = C_{+0} - A_{+0} = C_{xy} - A_{xy} \qquad (49{,}21)$$

---

*) Bezüglich noch anderer Rechenmethoden s. die Literatur [1,29,30,32] am Ende dieses Kapitels.

§ 49. Berechnung der „Normal-Valenzzustände" der Atome.   253

Der betrachtete Fall liegt z. B. beim C-Atom im Grundzustand vor. Die Energie des Valenzzustandes ist:

$$V_2 = -\frac{1}{2} A_{xy} + C_{xy} \tag{49,22}$$

also seine Anregungsenergie vom ^3P-Grundzustand aus:

$$V_2 - {}^3P = \frac{1}{2} A_{xy} \tag{49,23}$$

Ganz ähnlich dem Fall von 2 p-Elektronen liegen die Verhältnisse bei 4 p-Elektronen, also 2 Lücken in der abgeschlossenen Schale. Die zugehörige Termtabelle ist in Tab. 28 wiedergegeben.

Wir lesen z. B. aus $M = 2$ ab:

$$^1D = C_{00} + C_{++} + 4\,C_{+0} - 2\,A_{+0} = 6\,C_{xy} + A_{xy} \tag{49,24}$$

Tab. 28.
Termschema für vier p-Elektronen.

0	+	−	M Singlett	M Triplett
..	.	.	0 ——— ^1S	0
.	..	.	+1	+1 —— ^3P
.	.	..	−1	−1
	..	..	0 ——— ^1D	
..	..		+2	
..		..	−2	

Dasselbe erhält man natürlich aus $M = 1$. Aus $M = 0$ findet man:

$$^1D + {}^1S = C_{++} + C_{--} + 4\,C_{+-} - 2\,A_{+-} + C_{00} + 2\,C_{+0} + 2\,C_{-0}$$
$$+ C_{+-} - A_{+0} - A_{-0} + A_{+-} = 12\,C_{xy} + 5\,A_{xy} \tag{49,25}$$

Nach Subtraktion von ^1D erhält man

$$^1S = 6\,C_{xy} + 4\,A_{xy} \tag{49,26}$$

Schließlich kommt, z. B. aus $M = 0$:

$$^3P = C_{00} + 2\,C_{+0} + 2\,C_{-0} + C_{+-} - A_{+0} - A_{-0} - A_{+-} = 6\,C_{xy} - A_{xy} \tag{49,27}$$

Die Energie des Valenzzustandes ist:

$$V_2 = C_{xx} + 5\,C_{xy} - 2\,A_{xy} - \frac{1}{2} A_{xy} = 6\,C_{xy} - \frac{1}{2} A_{xy} \tag{49,28}$$

Schließlich wird die Anregungsenergie des Valenzzustandes

$$V_2 - {}^3P = 6\,C_{xy} - \frac{1}{2} A_{xy} - 6\,C_{xy} + A_{xy} = \frac{1}{2} A_{xy} \tag{49,29}$$

Die Formeln für Termdifferenzen bei vier p-Elektronen sind also dieselben wie bei zwei p-Elektronen. (Vergl. Gl. 49,23.)

Bisher handelte es sich immer um verhältnismäßig kleine Anregungsenergien. Die Verhältnisse werden ganz anders, wenn wir jetzt zu solchen Fällen übergehen, in denen zur Herstellung des Valenzzustandes nicht nur eine Entkopplung der Spins, sondern außerdem eine Umbesetzung der einzelnen miteinander „fastentarteten" Ortsfunktionen notwendig ist.

Das C-Atom besitzt, wie wir schon in Kap. IV sahen, eine q-Valenz. Das bedeutet, daß aus den s- und p-Zuständen 4 geeignete Linearkombinationen zu bilden sind und jede derselben mit einem Elektron besetzt wird. Um die Energie eines solchen Valenzzustandes berechnen zu können, muß außer den sämtlichen Coulombschen Wechselwirkungen und Austauschintegralen zwischen den verschiedenen Funktionen auch die Energie bekannt sein, um ein Elektron aus dem s-Zustand in den p-Zustand überzuführen. Wenn wir aber, wie bisher, die Spektren zuziehen, dann genügt es, nur die relativen Energien aller bei der Besetzung sp^3 möglichen Termzustände sowie der zugehörigen Valenzzustände auszurechnen. Wir haben im vorigen Paragraphen die relative Lage aller $s^2 p^2$-Terme schon berechnet, es genügt dann, wenn wir aus den Spektren den Abstand irgend eines zu der Besetzung $s^2 p^2$ gehörigen Terms von irgend einem sp^3-Term kennen, um auch alle einzelnen Energien der sp^3-Zustände auf den Grundzustand des C-Atoms beziehen zu können.

Unsere eigentliche Aufgabe besteht somit in der Berechnung der relativen Energien aller sp^3-Terme. Dabei gehen wir formal genau so vor wie im vorigen Paragraphen. Tab. 29 gibt wieder das Besetzungsschema für die verschiedenen Terme.

Tab. 29.
Termschema für 4 Elektronen im Zustand sp^3.

s	0	$+$	$-$	M Singlett	M Triplett	M Quintett
·	··	·		$+1$ ⎤	$+1$ ⎤	
·	··		·	-1 ⊦ ^1P	-1 ⊦ ^3P	
·	·	·	·	0 ⎦	0 ⎦ ^3S	0 —— ^5S
·	·	··		$+2$ ⎤	$+2$ ⎤	
·		··	·	$+1$ ⊦ ^1D	$+1$ ⊦ ^3D	
·			··	-2 ⎦	-2 ⎦	
·	·		··	-1	-1	

Wir skizzieren kurz den Gang der Rechnung. Am leichtesten erhält man:

$$^5S = 3\,C_{sx} - 3\,A_{sx} + 3\,C_{xy} - 3\,A_{xy} \qquad (49,30)$$

Ebenfalls direkt hinschreiben kann man, z. B. aus $M = 2$, den Wert:

$$^3D = C_{++} + 2\,C_{+0} + 2\,C_{+s} + C_{+0} - A_{+0} - A_{+s} - A_{0s}$$
$$= 3\,C_{sx} - 2\,A_{sx} + 3\,C_{xy} \qquad (49,31)$$

Aus den beiden Eigenfunktionen mit $M = 1$ gewinnt man

$$^3D + {}^3P = 2\,(3\,C_{xs} - 2\,A_{xs}) + C_{++} + 2\,C_{+-} + C_{00} + 2\,C_{+0} - A_{+-} - A_{+0}$$
$$= 2\,(3\,C_{xs} - 2\,A_{xs}) + 6\,C_{xy} + 2\,A_{xy} \qquad (49,32)$$

und dann mit (49,31)

$$^3P = 3\,C_{xs} - 2\,A_{xs} + 3\,C_{xy} + 2\,A_{xy} \qquad (49,33)$$

§ 50. Die wirklichen Valenzzustände der q-Valenz.   255

Der Triplettzustand mit $M = 0$ wird von 3 Termen gleichzeitig beansprucht. Das zugehörige Säkularproblem muß also 3 Wurzeln besitzen. Das ist tatsächlich der Fall. Wir haben das Problem von 4 Elektronen in verschiedenen Ortseigenfunktionen und im Triplettzustand in § 45 allgemein gelöst. Unter Berücksichtigung der hier vorliegenden speziellen Symmetrieverhältnisse könnten wir nach Gl. (45,10) leicht die 3 Lösungen erhalten. Wir benötigen aber hier nur ihre Summe und diese bekommen wir als Diagonalsumme der Determinante zu Gl. (45,10) ohne weitere Rechnung. Es wird:

$$^3D + {}^3P + {}^3S = 3 \cdot 3\,C_{sx} + 3\,(C_{+-} + C_{+0} + C_{-0}) - A_{s0} - A_{s+} - A_{s-}$$
$$- A_{+0} - A_{-0} - A_{+-} = 9\,C_{sx} + 9\,C_{xy} - 3\,A_{sx} - A_{xy}$$
$$(49{,}34)$$

Hieraus folgt mit Hilfe von Gl. (49,32):

$$^3S = 3\,C_{xs} + 3\,C_{xy} + A_{xs} - 3\,A_{xy} \qquad (49{,}35)$$

Schließlich wird für die Singlettzustände:

aus $M = 2$:

$$^1D = 3\,C_{0x} + C_{++} + 2\,C_{+0} + A_{s0} - A_{+0} - A_{+s} = 3\,C_{sx} + 3\,C_{xy} \qquad (49{,}36)$$

aus $M = 1$:

$$^1D + {}^1P = 3\,C_{sx} + C_{00} + 2\,C_{+0} + A_{+s} - A_{+0} - A_{s0} + 3\,C_{sx} + C_{++}$$
$$+ 2\,C_{+-} + A_{s-} - A_{s+} - A_{+-} = 6\,C_{sx} + 6\,C_{xy} + 2\,A_{xy}$$
$$(49{,}37)$$

und aus beiden schließlich

$$^1P = 3\,C_{sx} + 3\,C_{xy} + 2\,A_{xy} \qquad (49{,}38)$$

Wählen wir als „Normal-Valenzzustand" den, bei welchem die 4 Eigenfunktionen ξ, η, ζ und φ je einmal besetzt sind, dann wird dessen Energie

$$V_4 = 3\,C_{xs} + 3\,C_{xy} - \frac{3}{2}\,A_{xs} - \frac{3}{2}\,A_{xy}$$
$$= {}^3D + \frac{1}{2}\,A_{xs} - \frac{3}{2}\,A_{xy} \qquad (49{,}39)$$
$$= {}^5S + \frac{3}{2}\,A_{xs} + \frac{3}{2}\,A_{xy}$$

Formeln und Zahlenwerte für eine Reihe von Valenzzuständen sind in Tab. 30 – 31 am Schluß des folgenden Paragraphen gegeben. Wir müssen zunächst noch einige Verfeinerungen besprechen, die bei der q-Valenz an dem „Normal-Valenzzustand" anzubringen sind, um die wirkliche inneratomare Energie im gebundenen Atom zu erhalten.

§ 50. Die wirklichen Valenzzustände der q-Valenz.

Die im vorigen Paragraphen gegebene Behandlung der q-Valenz bedarf noch einiger Ergänzungen. Denn wir haben dort als Valenzzustand den Zustand ξ, η, ζ, φ bezeichnet. Beim C-Atom ist aber der wirkliche Valenzzustand gekennzeichnet durch 4 orthogonale Linearkombinationen aus ξ, η, ζ und φ. Die innere Energie des C-Atoms, bestehend aus der Summe der Coulombschen Wechselwirkungen vermindert um die halbe Summe der Austauschintegrale aller 4 Zustände, hängt von der Wahl dieser Linearkombinationen ab.

Während wir im Falle der p-Valenz stets nur einen ganz bestimmten Satz von Linearkombinationen bilden konnten, welche erstens σ-Bindungen bildeten und zweitens aufeinander orthogonal waren, gibt es im Fall der q-Valenz eine ganze Reihe solcher Möglichkeiten. Nennen wir – im Anschluß an VAN VLECK[33] – 4 Linearkombinationen von ξ, η und ζ: σ_1 bis σ_4. Jede davon legt eine Achse im Raum fest, nämlich diejenige Achse, um welche die betreffende Linearkombination σ_n Rotationssymmetrie besitzt. Diese Achse entspricht der Valenzrichtung, in der ein Atom mit s-Valenz die festeste Bindung erfährt. Wenn wir die x-Achse eines rechtwinkligen Koordinatensystems mit einer solchen Richtung zusammenfallen lassen, hat die zugehörige Funktion die Form $\xi = x\, f(r)$. Die Bindung in dieser Richtung ist natürlich stets eine σ-Bindung. Unsere 4 unabhängigen Linearkombinationen lauten also:

$$\psi_n = a_n\, \varphi + b_n\, \sigma_n \tag{50,1}$$

worin a_n und b_n Zahlenkoeffizienten bedeuten. φ ist die kugelsymmetrische s-Eigenfunktion. Man sieht sofort, daß man die 4 Richtungen der σ_n nicht beliebig vorgeben kann. Denn man muß mit Hilfe der 8 verfügbaren Zahlenkoeffizienten a_1, a_2, a_3, a_4, b_1, b_2, b_3, b_4 vier Normierungsbedingungen und 6 Orthogonalitätsforderungen, also 10 Gleichungen befriedigen. Das ist nur für spezielle Wahl der Richtungen σ_n möglich. Es bleibt aber dennoch eine unendlich große Auswahl von Möglichkeiten für die 4 Valenzrichtungen. Die praktisch wichtigsten werden wir unten kennen lernen. Zu jedem dieser Fälle gehört auch eine andere innere Wechselwirkungsenergie des C-Atoms, d. h. eine etwas andere Lage des Valenzzustandes. Wir können eine allgemeine Formel für die innere Wechselwirkungsenergie als Funktion der a_n, b_n in (50,1) leicht gewinnen. Die gesamte Störungsenergie ist

$$\varepsilon = \sum_{n<m} \left(C_{nm} - \tfrac{1}{2} A_{nm} \right) \tag{50,2}$$

C_{nm} bedeutet das Coulombsche Integral, A_{nm} das Austauschintegral zwischen den beiden Elektronen im n-ten und m-ten Zustand ψ_n, bezw. ψ_m. Um die Berechnung von ε etwas zu erleichtern, können wir wieder den in Gl. (19,4) ausgedrückten Satz benutzen, daß die Gesamtenergie eines Zustandes mit lauter parallelen Spins der Elektronen ungeändert bleibt, wenn man statt der ursprünglichen Eigenfunktionen Linearkombinationen derselben einführt. Wenn alle verglichenen Linearkombinationen orthogonal sind, gilt also stets:

$$\sum_{n<m} \left(C_{nm} - A_{nm} \right) = \text{const.} \tag{50,3}$$

Darin bedeutet „const", daß die Größe sich nicht ändert, wenn man in (50,1) neue Koeffizienten a_n und b_n einführt, unter Wahrung von Orthogonalität und Normiertheit. In diesem Sinne wollen wir auch in der folgenden Rechnung die Abkürzung „const" gebrauchen. Diese soll alle Glieder aufnehmen, die von der Art der Linearkombinationen, also von der Richtung der Valenzen unabhängig sind. Mit Hilfe von (50,3) läßt sich (50,2) nunmehr schreiben:

$$\varepsilon = \tfrac{1}{2} \sum_{n<m} C_{nm} + \text{const.} \tag{50,4}$$

§ 50. Die wirklichen Valenzzustände der q-Valenz.   257

C_{nm} läßt sich auf unsere oben benutzten Integraltypen zurückführen.

$$C_{nm} = \iint \left[a_n{}^2\, \varphi^2(1) + b_n{}^2\, \sigma_n{}^2(1) + 2\, a_n\, b_n\, \varphi(1)\, \sigma_n(1) \right] u(12)$$

$$\times \left[a_m{}^2\, \varphi^2(2) + b_m{}^2\, \sigma_m{}^2(2) + 2\, a_m\, b_m\, \varphi(2)\, \sigma_m(2) \right] d\tau_1\, d\tau_2 \quad (50{,}5)$$

Es gilt:

$$\iint \varphi^2(1)\, u(12)\, \varphi^2(2)\, d\tau_1\, d\tau_2 = C_{ss}\,; \quad \iint \varphi^2(1)\, u(12)\, \sigma_m{}^2(2)\, d\tau_1\, d\tau_2 = C_{sx}$$
$$(50{,}6)$$

Zur Ausführung der Integrale mit σ_n und σ_m führen wir stets ein Koordinatensystem ein, dessen x-Achse in Richtung von σ_n liegt, so daß wir $\sigma_n = \xi = x\, f(r)$ schreiben können. Dann ist $\sigma_m = \xi \cos{(nm)} + \eta \sin{(nm)}$. Da ξ und η proportional x und y sind, transformieren sie sich wie Vektoren. (nm) steht für den Winkel zwischen den durch n und m gekennzeichneten Richtungen. Alle Integrale, in denen ξ und η in ungeraden Potenzen stecken, verschwinden wegen der Kugelsymmetrie von φ und u. Man erhält somit:

$$\iint \varphi^2(1)\, u(12)\, \varphi(2)\, \sigma_n(2)\, d\tau_1\, d\tau_2 = \iint \sigma_n{}^2(1)\, u(12)\, \varphi(2)\, \sigma_m(2)\, d\tau_1\, d\tau_2 = 0$$
$$(50{,}7)$$

$$\iint \sigma_n{}^2(1)\, u(12)\, \sigma_m{}^2(2)\, d\tau_1\, d\tau_2$$
$$= \iint \xi^2(1)\, u(12) \left[\xi(2) \cos{(nm)} + \eta(2) \sin{(nm)} \right]^2 d\tau_1\, d\tau_2$$
$$= C_{xx} \cos^2{(nm)} + C_{xy} \sin^2{(nm)} \qquad\qquad (50{,}8)$$

$$\iint \varphi(1)\, \sigma_n(1)\, u(12)\, \varphi(2)\, \sigma_m(2)\, d\tau_1\, d\tau_2$$
$$= \iint \varphi(1)\, \xi(1)\, u(12)\, \varphi(2) \left[\xi(2) \cos{(nm)} + \eta(2) \sin{(nm)} \right] d\tau_1\, d\tau_2$$
$$= A_{xs} \cos{(nm)} \qquad\qquad (50{,}9)$$

Es resultiert hiernach:

$$C_{nm} = a_n{}^2\, a_m{}^2\, C_{ss} + (a_n{}^2\, b_m{}^2 + b_n{}^2\, a_m{}^2)\, C_{sx} + 4\, a_n\, b_m\, a_m\, b_n\, A_{sx}$$
$$\times \cos{(nm)} + b_n{}^2\, b_m{}^2 \left[C_{xx} \cos^2{(nm)} + C_{xy} \sin^2{(nm)} \right] \quad (50{,}10)$$

Jetzt sind die Orthogonalitäts- und Normierungsbedingungen zuzuziehen:

$$a_n{}^2 + b_n{}^2 = 1\,, \quad a_n\, a_m + b_n\, b_m \cos{(nm)} = 0\,, \quad \sum_{n=1}^{4} a_n{}^2 = 1 \quad (50{,}11)$$

Man eliminiert hiermit aus (50,10) zunächst $\cos{(nm)}$ und $\sin{(nm)}$, dann die b_n und erhält:

$$C_{nm} = a_n{}^2\, a_m{}^2\, (C_{ss} - 2\, C_{sx} + C_{xx} - 4\, A_{sx}) + (a_n{}^2 + a_m{}^2)$$
$$\times (C_{sx} - C_{xy}) + C_{xy} \qquad\qquad (50{,}12)$$

Jetzt summieren wir und nehmen dabei die Relation $\sum a_n{}^2 = 1$ zur Hilfe, welche aus Gl. (13,20) aus Kap. II folgt. Es gilt deshalb

258   Kapitel VII.

$$\sum_{n<m}(a_n{}^2+a_m{}^2)=3 \qquad \sum_{n<m}a_n{}^2a_m{}^2=\frac{1}{2}\left(1-\sum_{n=1}^{4}a_n{}^4\right) \qquad (50,13)$$

also:

$$\varepsilon=\frac{1}{2}\sum_{n<m}C_{nm}+\text{const}=\frac{1}{4}\left(1-\sum_{n=1}^{4}a_n{}^4\right)(C_{ss}+C_{xx}-2\,C_{sx}-4\,A_{sx})+\text{const}$$

$$(50,14)$$

(Ein Anteil $3/2(C_{sx}+C_{xy})$ ist in die Konstante aufgenommen.) Für
den oben berechneten „Valenzzustand", φ, ξ, η, ζ ist $a_1=1$, $a_2=$
$a_3=a_4=0$, also $\sum a_n{}^4=1$. Es bleibt in (50,14) nur die Konstante
übrig. Sie bedeutet daher die in § 49 berechnete Energie des Normal-
Valenzzustandes, die wir hier mit ε_n bezeichnen wollen.

Leider läßt sich aus den Spektren nur A_{sx} entnehmen (s. Tab. 31,
$A_{sx}=2{,}18$ e-Volt). $C_{ss}+C_{xx}-2\,C_{sx}$ ist von vornherein nicht allzu groß
zu erwarten. Wir haben es da mit Coulombschen Wechselwirkungen von
ineinandersteckenden Ladungsverteilungen φ^2 und ξ^2 zu tun. Man kann
wohl annehmen, daß der Mittelwert der Wechselwirkungen von φ^2 mit
sich selbst (C_{ss}) und ξ^2 mit sich selbst (C_{xx}) annähernd so groß ist wie
die gegenseitige Wechselwirkung zwischen φ^2 und ξ^2 (C_{sx}). Die Integrale
sind mit angenäherten Eigenfunktionen von BEARDSLEY[11] berechnet
worden und ergeben sich in e-Volt:

$$C_{ss}=17{,}82\,,\quad C_{sx}=16{,}08\,,\quad C_{xx}=15{,}90\,,\quad C_{ss}+C_{xx}-2\,C_{sx}=1{,}56$$

ganz im Einklang mit unserer Erwartung. $(50,15)$

Wir können also für das C-Atom schreiben :

$$\varepsilon-\varepsilon_n=-\left(1-\sum_{n=1}^{4}a_n{}^4\right)(-0{,}39+2{,}18)=-1{,}79\left(1-\sum_{n=1}^{4}a_n{}^4\right)e\text{-Volt}$$

$$(50,16)$$

Ausschlaggebend ist das Integral A_{sx}. Um für andere Atome eine vor-
läufige, rohe Schätzung zu haben, wird man vermuten, daß der Ausdruck
$C_{ss}+C_{xx}-2\,C_{sx}$ stets klein ist gegen $4\,A_{sx}$ und ihn in erster Näherung
ganz vernachlässigen. In nächster Näherung kann man versuchsweise
annehmen, daß er stets den gleichen Bruchteil von A_{sx} ausmacht, indem
man schreibt

$$\varepsilon-\varepsilon_n=-\left(1-\sum_{n=1}^{4}a_n{}^4\right)0{,}82A_{xs} \qquad (50,17)$$

Damit ist für eine beliebige q-Valenz die innere Energie des Valenzzustandes mit Hilfe der $a_n{}^4$ und des spektroskopisch bestimmten A_{xs} auf
den „Normal-Valenzzustand" φ, ξ, η, ζ (s. Tab. 31) zurückgeführt.

Wir sahen in Kap. IV, § 30, daß für Tetraedervalenzen $a_1=a_2=$
$a_3=a_4=1/2$ ist. Damit wird sein Energieunterschied gegen den
Normal-Valenzzustand $1{,}34$ e-Volt. Durch die Mischung der Eigenfunktionen zur Herstellung der Tetraedervalenzen fällt also die innere Energie
des C-Atoms von $8{,}42$ auf $7{,}08$ e-Volt ab, was eine beträchtliche Stabili-
sierung des tetraedersymmetrischen Valenzzustandes bedeutet, und zwar
bisher noch ganz unabhängig von der Winkelabhängigkeit der Wechselwirkung der Bindungspartner mit dem C-Atom, die wir erst in § 52
gesondert betrachten werden.

§ 50. Die wirklichen Valenzzustände der q-Valenz.   259

Interessant ist noch der Valenzzustand des C-Atoms, der mehr oder weniger genau dann vorliegt, wenn 2 σ-Bindungen und eine $\sigma\,\pi$-Doppelbindung vom C-Atom ausgehen. Wir formulierten in § 30 als allgemeine Regel und werden in § 52 dieses Kapitels darauf zurückkommen, daß in diesem Fall die drei σ-Bindungen in einer Ebene liegen und Winkel von 120° bilden, während durch die senkrecht zu dieser Ebene stehende Valenz*) eine π-Bindung zustandekommt. Aus den in Gl. (30,2) angegebenen Linearkombinationen liest man ab: $a_1{}^4 = a_2{}^4 = a_3{}^4 = 1/9$, $a_4 = 0$ und hiermit aus (50,16)

$$\varepsilon - \varepsilon_n = -\frac{2}{3} \cdot 1{,}79 = -1{,}19 \; e\text{-Volt} \qquad (50{,}18)$$

Beim Lösen einer Doppelbindung und Übergang zu 4 Einfachbindungen in Tetraederform sinkt also – abgesehen von allen Wechselwirkungen mit den übrigen Atomen – die innere Energie des C-Atoms um $1{,}34 - 1{,}19 = 0{,}15 \; e$-Volt ab.

Für die Dreifachbindung und eine Einfachbindung, wie sie z. B. im C_2H_2 vorliegt, kann man ξ und η für zwei π-Bindungen benutzen, ζ und φ oder eine Linearkombination derselben für die beiden nach entgegengesetzten Richtungen vom C-Atom ausgehenden σ-Bindungen. Würde man ζ und φ unvermischt benutzen, dann läge der oben als „Normalzustand" bezeichnete Valenzzustand ξ, η, ζ, φ vor, dessen Energie $8{,}42 \; e$-Volt über dem Grundzustand des C-Atoms liegt. Behandeln wir aber die beiden σ-Bindungen als gleichwertig, was ja durch alle bisherigen Erfahrungen nahegelegt wird, dann müssen wir ξ, η, $\frac{1}{\sqrt{2}}\,(\zeta + \varphi)$ und $\frac{1}{\sqrt{2}}\,(\zeta - \varphi)$ benutzen. Damit ist $a_1{}^4 = a_2{}^4 = 0$, $a_3{}^4 = a_4{}^4 = 1/4$, also

$$\varepsilon - \varepsilon_n = -\left(1 - \frac{2}{4}\right) 1{,}79 = -0{,}90 \; e\text{-Volt} \qquad (50{,}19)$$

Durch die Mischung ist hier die innere Energie des C-Atoms um $0{,}90 \; e$-Volt abgefallen, was einen merklichen Gewinn an Bindungsenergie bedeutet. Der Zustand liegt aber immer noch $0{,}44 \; e$-Volt über dem Tetraeder-Zustand.

Natürlich handelt es sich hier stets nur um einen Teil der gesamten Änderung der Bindungsenergie, die bei verschiedenen Mischungen der Ausgangsfunktionen auftritt. Ausschlaggebend sind die Wechselwirkungsintegrale mit den Bindungspartnern, deren Abhängigkeit von der Mischung der Valenzfunktionen wir bisher noch garnicht betrachtet haben.

Die in diesem Paragraphen betrachtete q-Valenz ist keineswegs auf das C-Atom beschränkt. Eine q^2-Valenz vermuten wir schon in § 28 beim Beryllium. Eine q^4-Valenz liegt beim Silicium vor. Vielleicht spielt auch beim N-Atom schon die Mischung der s-p-Eigenfunktionen zu einer q^3-Valenz eine Rolle.

Tabelle 30 gibt die Energiedifferenzen der Spektralterme sowie des Normal-Valenzzustandes für eine Reihe von Konfigurationen. Die Term-

---

*) Wenn wir von einer Richtung der Valenz sprechen, dann bedeutet das, daß in dieser Richtung eine σ-Bindung eingegangen werden kann. Senkrecht zu dieser Richtung kommt eine π-Bindung zustande. Wenn wir also in Form der 4 Linearkombinationen dem einzelnen C-Atom Valenzrichtungen zuordnen, dann müssen wir sagen, daß 2 „parallel stehende p-Valenzen" eine π-Bindung geben.

Tab. 30. Atomterme und Valenzzustände.

$sp\ ^3P$	$=$	$(sp)\ ^3P$	$+$	$0\ A_{xs}$	$+$	$0\ A_{xy}$
„ $\ ^1P$	$=$	„ „	$+$	2 „	$+$	0 „
„ $\ V_2$	$=$	„ „	$+$	$\frac{1}{2}$ „	$+$	0 „
$s^2p^2\ ^3P$	$=$	$s^2p^2\ ^3P$	$+$	0 „	$+$	0 „
„ $\ ^1D$	$=$	„ „	$+$	0 „	$+$	2 „
„ $\ ^1S$	$=$	„ „	$+$	0 „	$+$	5 „
$s^2xy\ V_2$	$=$	„ „	$+$	0 „	$+$	$\frac{1}{2}$ „
$sp^2\ ^4P$	$=$	$sp^2\ ^2D$	$-$	1 „	$-$	2 „
„ $\ ^2P$	$=$	„ „	$+$	2 „	$-$	2 „
„ $\ ^2D$	$=$	„ „	$+$	0 „	$+$	0 „
„ $\ ^2S$	$=$	„ „	$+$	0 „	$+$	3 „
$sxy\ V_3$	$=$	„ „	$+$	0 „	$-$	$\frac{3}{2}$ „
$sp^3\ ^5S$	$=$	$sp^3\ ^3D$	$-$	1 „	$-$	3 „
„ $\ ^3S$	$=$	„ „	$+$	3 „	$-$	3 „
„ $\ ^3D$	$=$	„ „	$+$	0 „	$+$	0 „
„ $\ ^1D$	$=$	„ „	$+$	2 „	$+$	0 „
„ $\ ^3P$	$=$	„ „	$+$	0 „	$+$	2 „
„ $\ ^1P$	$=$	„ „	$+$	2 „	$+$	2 „
$sxyz\ V_4$	$=$	„ „	$+$	$\frac{1}{2}$ „	$-$	$\frac{3}{2}$ „
$s^2p^3\ ^4S$	$=$	$s^2p^3\ ^4S$	$+$	0 „	$+$	0 „
„ $\ ^2D$	$=$	„ „	$+$	0 „	$+$	3 „
„ $\ ^2P$	$=$	„ „	$+$	0 „	$+$	5 „
$s^2xyz\ V_3$	$=$	„ „	$+$	0 „	$+$	$\frac{3}{2}$ „
$sp^4\ ^4P$	$=$	$sp^4\ ^2D$	$-$	1 „	$-$	2 „
„ $\ ^2P$	$=$	„ „	$+$	2 „	$-$	2 „
„ $\ ^2D$	$=$	„ „	$+$	0 „	$+$	0 „
„ $\ ^2S$	$'=$	„ „	$+$	0 „	$+$	3 „
$sx^2yz\ V_3$	$=$	„ „	$+$	0 „	$-$	$\frac{3}{2}$ „
$s^2p^4\ ^3P$	$=$	$s^2p^4\ ^3P$	$+$	0 „	$+$	0 „
„ $\ ^1D$	$=$	„ „	$+$	0 „	$+$	2 „
„ $\ ^1S$	$=$	„ „	$+$	0 „	$+$	5 „
$s^2x^2yz\ V_2$	$=$	„ „	$+$	0 „	$+$	$\frac{1}{2}$ „
$sp^5\ ^3P$	$=$	$sp^5\ ^3P$	$+$	0 „	$+$	0 „
„ $\ ^1P$	$=$	„ „	$+$	2 „	$+$	0 „
$sx^2y^2z\ V_2$	$=$	„ „	$+$	$\frac{1}{2}$ „	$+$	0 „

symbole bedeuten in der Tabelle die Energiewerte der betreffenden Terme. Tab. 31 gibt die hiernach von MULLIKEN[39] aus spektroskopischen Daten berechneten Anregungsenergien der Valenzzustände und die entsprechenden Werte von A_{xs} und A_{xy} wieder.*) Die in Klammern gesetz-

---

*) In der Literatur findet man die Bezeichnungen: statt A_{xs}: G_1 oder $^1/_3\,G^1$, statt A_{xy}: $^1/_3\,G_2$ oder $^1/_3\,F_2$ oder $^1/_{75}\,G^2$.

§ 50. Die wirklichen Valenzzustände der q-Valenz.   261

ten Werte für die Anregungsenergien sind durch Extrapolation geschätzt.
Obgleich je nach Art der Mittelwertbildung noch ziemliche Differenzen

Tab. 31. Anregungsenergien von Valenzzuständen
(nach MULLIKEN[39*]).

Atom		Energie des Valenz-zustandes	A_{xs}	A_{xy}
$sp\ V_2$	Li⁻	(0,97)		
	Be	3,35	1,27	
	B⁺	5,70	2,24	
$s^2xy\ V_2$	B⁻	(0,28)		
	C	0,49		0,98
	N⁺	0,66		1,32
	O⁺⁺	0,89		1,78
$sxy\ V_3$	Be⁻	(2,55)		
	B	5,35		0,37
	C⁺	8,15		0,73
	N⁺⁺	10,88		1,06
	O⁺⁺⁺	13,63		1,36
$sxyz\ V_4$	B⁻	(4,66)		
	C	8,42	2,18	0,56
	N⁺	11,59	3,37	0,99
	O⁺⁺	15,09	4,19	1,24
	F⁺⁺⁺	18,51	5,04	1,52
$s^2xyz\ V_3$	C⁻	(0,79)		
	N	1,33		0,89
	O⁺	1,85		1,23
	F⁺⁺	2,35		1,57
$sx^2yz\ V_3$	C⁻	(8,84)		
	N	13,86		0,73
	O⁺	18,88		1,08
	F⁺⁺	23,84		1,41
$s^2x^2yz\ V_2$	N⁻	(0,38)		
	O	0,67		1,34
	F⁺	0,95		1,90
$sx^2y^2z\ V_2$	N⁻	(11,54)		
	O	17,08	3,73	
	F⁺	22,70	4,66	

*) Die Werte für den $sxyz\ V_4$-Zustand des C-Atoms wurden von VAN VLECK[33]
genommen. Alle Energien sind in e-Volt angegeben.

auftreten können, geben wir trotzdem nach MULLIKEN die zweite Dezimale an, da für relative Vergleiche gelegentlich die Genauigkeit so hoch
einzuschätzen sein dürfte.*)

Die Kenntnis der A_{xs}-Werte, zusammen mit Formel (50,17), erlaubt auch die genauere Bestimmung der verschiedenen q^4-Valenzzu-
stände.

Diese ganze Näherungsrechnung enthält deshalb noch einen wesentlichen Mangel, weil wir nur die Entartung zwischen Zuständen mit gleicher Besetzung der Eigenfunktionen berücksichtigt haben. In Wirklichkeit tritt aber noch eine Resonanz zwischen Zuständen mit verschiedener Besetzung auf. So liegt im C-Atom ein Gemisch des 4-wertigen
sp^3-Zustandes mit s^2p^2- und p^4-Zuständen vor. Wir wissen (s. § 32),
daß durch solche Resonanz zwischen Valenzzuständen die Energie nur
absinken kann.

Die Verhältnisse bei CH, CH_2, CH_3, CH_4 sind von VOGE[49] untersucht worden. Er findet, daß die inneratomare Energie des C-Atoms
im CH_4 durch Beteiligung dieser Zustände um 2,5 e-Volt absinkt, allerdings steigt gleichzeitig die zwischenatomare Energie durch Beimischung
der ungünstigeren Valenzfunktionen um 1,3 e-Volt an, so daß der Gewinn an Bindungsenergie im ganzen nur 1,2 e-Volt beträgt. Immerhin
zeigt die VOGEsche Rechnung, daß dem gegebenen Schema der „Valenzzustände", wie überhaupt dem ganzen Schema der lokalisierten Valenzen, keine absolute quantitative Bedeutung zukommt. Dadurch, daß
man das rohe Schema halbempirisch ausfüllt, kompensiert man all diese
Fehler zum Teil. Eine grundsätzliche Beseitigung der oben genannten
Mängel hätte nur Sinn, wenn man gleichzeitig sowohl die Nichtorthogonalität der Eigenfunktionen berücksichtigte als auch die Polarisations-
und Dispersionskräfte in Rechnung stellte.

Mit den hier besprochenen und tabellierten Fällen ist das periodische System bei weitem nicht erschöpft. Bei höheren Atomen spielen
oft außer den s- und p-Zuständen auch d-Zustände eine Rolle, deren
Eigenfunktion quadratischen Ausdrücken in x, y und z proportional
sind. Wir wollen hierauf nicht eingehen (s. Lit.[6,7,12,30]), da uns das
wichtigste Gebiet der Valenzchemie, nämlich die organische Chemie, auf
Grund der bisherigen Ausführungen zugänglich ist und da sich alle bisher erzielten quantitativen Erfolge auf die einfachen Atome mit s- oder
p-Valenzelektronen beziehen.

§ 51. Quantitative Behandlung lokalisierter p-Valenzen.

Nachdem uns orientierende Betrachtungen die Brauchbarkeit des
SLATERschen Näherungsstandpunktes der lokalisierten Valenzen gezeigt
haben und nachdem uns die Anregungsenergie des Atoms, um es in den
entsprechenden Valenzzustand zu versetzen, bekannt ist, können wir der
Hauptfrage nach der Bindungsenergie und ihrer Abhängigkeit von der
Konfiguration des Moleküls näher treten. Damit wird das schon in Kap.
IV mehr qualitativ entwickelte HUNDsche Schema seinen Ausbau und
seine qualitative Vervollständigung finden. Einzelheiten, die wir in Kap.
IV noch nicht theoretisch erklären konnten, wie z. B. Abweichungen der

---

*) Betreffs einer genaueren Interpolation der verschiedenen Terme vergl. etwa die
Fußnote S. 251.

§ 51. Quantitative Behandlung lokalisierter p-Valenzen.   263

Kernverbindungslinien vom theoretischen Valenzgerüst, finden jetzt ihre Erklärung.

Der einfachste praktische Fall ist das H_2O-Molekül. Wir wissen schon aus § 29, daß uns beim O-Atom 3 orthogonale Valenzeigenfunktionen ξ, η, ζ zur Verfügung stehen, von denen eine schon im Atom doppelt besetzt ist und die beiden anderen in 2 senkrecht zueinander stehenden Richtungen σ-Valenzen absättigen können. Obgleich es keine Schwierigkeiten macht, die strenge Lösung des 4-Elektronenproblems H_2O hinzuschreiben, wollen wir uns — nach VAN VLECK und CROSS[22] — gleich der Näherungsformeln der lokalisierten Valenzen bedienen, da es uns ja darauf ankommt, die Brauchbarkeit dieses Schemas am experimentellen Material zu prüfen.

Wir nennen die 3 Valenzfunktionen des O-Atoms vorübergehend ψ_a, ψ_b, ψ_c, die der beiden H-Atome ψ_d und ψ_e. Die gesamte Coulombsche Wechselwirkung eines H-Atoms mit dem O-Atom, einschließlich der Wirkung der Rumpfelektronen, heiße C_{OH}, die Coulombsche Wechselwirkung zwischen 2 H-Atomen C_{HH}. Die Anregungsenergie des Valenzzustandes des O-Atoms sei V. Dann wird nach Gl. (46,4) die Gesamtenergie bei lokalisierten Valenzen:

$$\varepsilon = 2\,C_{OH} + C_{HH} + V + (AD) + (BE) - \tfrac{1}{2}\,(AE) - \tfrac{1}{2}\,(BD) - (CD)$$

$$- (CE) - \tfrac{1}{2}\,(ED) \tag{51,1}$$

Die Klammersymbole haben die übliche Bedeutung. Diese lassen sich hier aber noch weiter zerlegen.

Die dünnen Linien in Fig. 29 bedeuten die Koordinatenachsen x und y, zu denen die Eigenfunktionen ξ und η gehören, ζ gehört zur z-Achse, senkrecht zur Zeichenebene und ist identisch mit der doppelt besetzten Funktion ψ_c. ψ_c besitzt Rotationssymmetrie um die z-Achse. Deshalb ist das Austauschintegral

$$(CD) = (CE) = \iint \zeta(1)\,\psi_d(1)\,u(12)\,\zeta(2)\,\psi_d(2)\,d\tau_1\,d\tau_2$$

unabhängig von ϑ. In der HUNDschen Theorie (§ 29) verschwand das analoge Integral $\int \zeta(1)\,u(1)\,\psi_d(1)\,d\tau_1$ wegen der Rotationssymmetrie von u um die Verbindungslinie c—d. Hier verschwinden zwar auch alle Integrale über diejenigen Summanden von $u(12)$, die nur von den Koordinaten des ersten oder des zweiten Elektrons allein abhängen, wegen der strengen Orthogonalität von ζ und ψ_d. Es bleibt aber das Integral über den Anteil $1/r_{12}$ von $u(12)$:

$$N_{\pi\pi} = \iint \zeta(1)\,\psi_d(1)\,1/r_{12}\,\zeta(2)\,\psi_d(2)\,d\tau_1\,d\tau_2{}^*) \tag{51,2}$$

Es ist klein gegen das normale Austauschintegral

$$N_{\sigma\sigma} = \iint \xi'(1)\,\psi_d(1)\,u(12)\,\xi'(2)\,\psi_d(2)\,d\tau_1\,d\tau_2 \,, \tag{51,3}$$

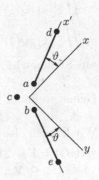

Fig. 29. Valenzschema des H_2O, a, b, c: p-Eigenfunktionen des O-Atoms, d, e: Eigenfunktionen der H-Atome.

---

*) In der Literatur werden alle Austauschintegrale N meist mit dem umgekehrten Vorzeichen definiert.

264   Kapitel VII.

welches nach der HUNDschen Theorie allein von 0 verschieden wäre. Daß $N_{\pi\pi}$ klein sein wird, erkennt man schon daran, daß es die Coulombsche Wechselwirkung einer Ladungsverteilung $\varrho = \zeta\,\psi_d$ mit sich selbst bedeutet, wobei ϱ teils positiv, teils negativ ist. Durch den Vorzeichenwechsel kompensiert sich die Wechselwirkung zum großen Teil. Durchgerechnete Spezialfälle zeigen, daß $N_{\pi\pi}$, ähnlich wie die inneratomaren Austauschintegrale über $1/r_{12}$, positiv ist. $N_{\sigma\sigma}$ dagegen, in welchem die negativen Anteile von $u(12)$ den Ausschlag geben, ist negativ und bedeutend größer als $N_{\pi\pi}$.

Auf diese beiden Integrale können wir alle Austauschintegrale zwischen O und H in Gl. (51,1) zurückführen. So wird z. B. aus

$$(AD) = \iint \xi(1)\,\psi_d(1)\,u(12)\,\xi(2)\,\psi_d(2)\,\mathrm{d}\tau_1\,\mathrm{d}\tau_2$$

durch Einführung gestrichener Integrationsvariablen vermittels $x = x'\cos\vartheta + y'\sin\vartheta$:

$$(AD) = \iint \big(\xi'(1)\,\cos\vartheta + \eta'(1)\sin\vartheta\big)\,\psi_d(1)\,u(12)$$
$$\times\,\big[\,\xi'(2)\,\cos\vartheta + \eta'(2)\sin\vartheta\,\big]\,\psi_d(2)\,\mathrm{d}\tau_1\,\mathrm{d}\tau_2 \qquad (51,4)$$

ξ' und η' sind jetzt auf die Kernverbindungslinie a—d und eine dazu senkrechte Richtung als Achsen bezogen. Beim Ausmultiplizieren von (51,4) ist zu beachten, daß Integrale vom Typus:

$$\iint \xi'(1)\,\psi_d(1)\,u(12)\,\eta'(2)\,\psi_d(2)\,\mathrm{d}\tau_1\,\mathrm{d}\tau_2$$
$$= \iint \xi'(1)\,\psi_d(1)\,\frac{1}{r_{12}}\,\eta'(2)\,\psi_d(2)\,\mathrm{d}\tau_1\,\mathrm{d}\tau_2$$

aus Symmetriegründen verschwinden. So wird schließlich

$$(AD) = (BE) = N_{\sigma\sigma}\,\cos^2\vartheta + N_{\pi\pi}\,\sin^2\vartheta \qquad (51,5)$$

Genau so findet man

$$(BD) = (AE) = N_{\sigma\sigma}\,\sin^2\vartheta + N_{\pi\pi}\,\cos^2\vartheta \qquad (51,6)$$

Wir können also (51,1) schließlich schreiben

$$\varepsilon(\mathrm{H_2O}) = V + 2\,C_{\mathrm{OH}} + 2\,N_{\sigma\sigma}\,\cos^2\vartheta + 2\,N_{\pi\pi}\,\sin^2\vartheta - N_{\sigma\sigma}\,\sin^2\vartheta$$
$$- N_{\pi\pi}\,\cos^2\vartheta - 2\,N_{\pi\pi} + M$$
$$= V + 2\,C_{\mathrm{OH}} + 2\,N_{\sigma\sigma} - 3\,(N_{\sigma\sigma} - N_{\pi\pi})\,\sin^2\vartheta - 3\,N_{\pi\pi} + M \qquad (51,7)$$

$$\text{mit } M = -\frac{1}{2}\,(ED) + C_{\mathrm{HH}} \qquad (51,8)$$

M bedeutet die Wechselwirkung zwischen den H-Atomen, welche als bekannt anzunehmen ist. M ist positiv, liefert also Abstoßung zwischen den beiden H-Atomen. Diese Abstoßung ist die Ursache der Spreizung der OH-Richtungen im $\mathrm{H_2O}$ aus der rechtwinkligen Lage hinaus. Ohne den Anteil M hätte die Energie, da $N_{\sigma\sigma} - N_{\pi\pi}$ negativ ist, ihr Minimum bei $\vartheta = 0$. Hier ermöglicht uns die Kenntnis von M und $N_{\sigma\sigma} - N_{\pi\pi}$ aus Gl. (51,7) die wirkliche Gleichgewichtslage auszurechnen. Die benutzte Lokalisierung der Valenzen gilt allerdings nur für kleine ϑ. Würde die Abbiegung zu groß, dann würde das Austauschintegral $N_{\sigma\sigma}\,\cos^2\vartheta + N_{\pi\pi}\,\sin^2\vartheta$ so klein, daß eine Lokalisierung der Valenzen nicht mehr gerechtfertigt wäre.

Um einen Anhaltspunkt für den Wert der auftretenden Integrale zu bekommen, ziehen wir das spektroskopisch untersuchte OH-Radikal zum

§ 51. Quantitative Behandlung lokalisierter p-Valenzen.   265

Vergleich heran. Hier benötigen wir eine Eigenfunktion ξ für die Bindung des H-Atoms. Von den beiden auf ξ orthogonalen Eigenfunktionen η und ζ ist die eine mit zwei Elektronen, die andere mit einem Elektron besetzt. Der Valenzzustand des O ist deshalb derselbe wie im H$_2$O. Die Gesamtenergie wird:

$$\varepsilon(\mathrm{OH}) = V + C_{\mathrm{OH}} + N_{\sigma\sigma} - \frac{3}{2}\,N_{\pi\pi} \qquad (51,9)$$

Schließlich können wir noch den gemessenen Gleichgewichtswinkel ϑ_0 des H$_2$O als empirisches Datum heranziehen. In der Gleichgewichtslage muß $\frac{\partial\varepsilon}{\partial\vartheta} = 0$ sein und das gibt:

$$3\,(N_{\sigma\sigma} - N_{\pi\pi})\,\sin 2\,\vartheta_0 = \frac{\partial M}{\partial\vartheta_0} \qquad (51,10)$$

M ist eine Funktion des H—H-Abstandes und dieser als Funktion von ϑ ist

$$s = 2\,r_0\,\sin\left(\vartheta + \pi/4\right) \qquad (51,11)$$

worin r_0 den Gleichgewichtsabstand OH im H$_2$O-Molekül bedeutet. Es gilt deshalb

$$\frac{\partial M}{\partial\vartheta} = \frac{\partial M}{\partial s}\,\frac{\partial s}{\partial\vartheta} = \frac{\partial M}{\partial s}\cdot 2\,r_0\,\cos\left(\vartheta + \pi/4\right) \qquad (51,12)$$

und die Gleichgewichtsbedingung für den Winkel wird:

$$3\,(N_{\sigma\sigma} - N_{\pi\pi})\,\sin 2\,\vartheta_0 = 2\,r_0\,\cos\left(\vartheta + \pi/4\right)\frac{\partial M}{\partial s} \qquad (51,13)$$

In (51,7) und (51,9) ist $V = 0{,}67$ Volt aus den Spektren bekannt (s. Tab. 31). Die Funktion $M(s)$ kann man mit Hilfe der H-Eigenfunktionen berechnen. Man pflegt an die aus der Erfahrung bekannte Potentialkurve für die gesamte Wechselwirkung zwischen 2 H-Atomen im Bindungszustand anzuschließen (s. hierzu Kap. VIII, § 55). So erhält man allerdings zunächst $(ED) + C_{\mathrm{HH}}$. Hier benötigen wir aber $C_{\mathrm{HH}} - 1/2\,(ED)$. C_{HH} beträgt im Gleichgewicht nach SUGIURA (s. § 25) etwa 12 % des theoretischen Wertes von (ED). Übernimmt man dieses Verhältnis und teilt die empirisch gefundene Funktion $C_{\mathrm{HH}} + (ED)$ so auf, daß man identischen Funktionsverlauf für beide Teile annimmt und C_{HH} stets gleich $0{,}12\,(ED)$ setzt, dann wird

$$M = -\,0{,}32\left[C_{\mathrm{HH}} + (ED)\right] \qquad (51,14)$$

Die Zahlenwerte, die wir im folgenden angeben, sind von VAN VLECK und CROSS[22] mit Hilfe einer Funktion

$$M = 1{,}5\left(2\,\mathrm{e}^{-1{,}85\,(s-0{,}75)} - \mathrm{e}^{-2\cdot 1{,}85\,(s-0{,}75)}\right)\,e\text{-Volt} \qquad (51,15)$$

berechnet worden (s in Å).[*]

Es bleiben dann in den 3 Gleichungen noch die 3 unbekannten Funktionen C_{OH}, $N_{\pi\pi}$, $N_{\sigma\sigma}$, die sich auf unbekannte Konstanten reduzieren, wenn man annimmt, daß die Abstände r_0 in OH und im H$_2$O nicht merklich verschieden sind. Aus den empirischen Daten über $\varepsilon(\mathrm{HO})$, $\varepsilon(\mathrm{H_2O})$ und ϑ_0 lassen sich also C_{OH}, $N_{\pi\pi}$ und $N_{\sigma\sigma}$ bestimmen. Als Kontrolle für die erhaltenen Werte läßt sich dann z. B. $\dfrac{\partial^2\varepsilon(\mathrm{H_2O})}{\partial\varphi^2}$ und damit

---

[*] Die oben gegebene theoretische Begründung dieser Funktion ist nicht frei von Einwänden. Diese werden von VAN VLECK und CROSS[22] besprochen. Vergl. auch Lit.[55] zu Kap. V.

die Schwingungsfrequenz der Winkelschwingung der beiden H-Atome im H_2O gegen einander ausrechnen und mit der Erfahrung vergleichen.

Wir folgen VAN VLECK und CROSS auf einen etwas anderen Weg. Diese Autoren benutzten für $N_{\sigma\sigma}$ und $N_{\pi\pi}$ Werte, die aus einer Analyse des OH-Spektrums von VAN VLECK und STEHN gewonnen sind, nämlich $N_{\sigma\sigma} = -2,0$ e-Volt, $N_{\pi\pi} = +0,6$ e-Volt. Diese Werte stimmen gut überein mit den von COOLIDGE[13] unter Benutzung angenäherter Eigenfunktionen direkt berechneten Werten $N_{\sigma\sigma} = -2,3$ e-Volt, $N_{\pi\pi} = +0,6$ e-Volt. Hiermit ergibt sich nach (51,10) ein Gleichgewichtswinkel $\vartheta_0 = 5°$ an Stelle des experimentellen von 7,5°. Aus der spektroskopisch bestimmten Bindungsenergie von OH, $\varepsilon(OH) = -4,4$ e-Volt, findet man dann nach (51,9) $C_{OH} = -2,17$ e-Volt und schließlich $\varepsilon(H_2O) = 0,67 - 4,34 - 4,0 + 0,06 - 1,8 + 0,63 = -8,8$ e-Volt.*)

Der experimentelle Wert beträgt 9,5 e-Volt. Daß $\varepsilon(H_2O)$ sich theoretisch gerade doppelt so groß ergibt als $\varepsilon(OH)$ liegt daran, daß die Abstoßungsenergie zwischen den H-Atomen zufällig gerade so groß ist wie die Anregungsenergie V des O-Atomes. Das hinzukommende zweite H-Atom braucht diese Anregungsenergie V nicht mehr zu leisten, dafür aber muß es die Abstoßung des anderen H-Atoms überwinden.

Eine ältere Arbeit von COOLIDGE[13] über das H_2O ergab bei konsequenter Durchführung der Störungsrechnung mit allen höheren Permutationen nur 5,7 e-Volt für die Bindungsenergie des H_2O. Dies Resultat zeigt, daß ein Beitrag von einigen e-Volt zur Bindungsenergie von Energiestörungen zweiter Ordnung herrühren muß, die bei COOLIDGE nicht erfaßt werden konnten. Die Annäherung durch lokalisierte Valenzen gibt nicht mehr als 0,1 e-Volt Fehler gegenüber der strengen Rechnung.

Die durch Gl. (51,7) gegebene Winkelabhängigkeit der Valenzrichtungen läßt eine weitere Prüfung durch Bildung der zweiten Differentialquotienten der Energie, und damit der Eigenfrequenzen des H_2O-Moleküls zu. Diese finden VAN VLECK und CROSS zu 3520 cm^{-1}, 3560 cm^{-1} und 1660 cm^{-1}. Die ersten beiden entsprechen im wesentlichen OH-Schwingungen in Richtung der Kernverbindungslinie und fallen deshalb nahe zusammen mit der bekannten Frequenz des einzelnen OH-Radikals von 3660 cm^{-1}. Die entsprechenden experimentellen H_2O-Frequenzen sind 3600 cm^{-1} und 3756 cm^{-1}. Der Frequenz 1660 cm^{-1} entspricht die im Spektrum gefundene Frequenz 1595 cm^{-1}, welche von Winkelschwingungen der beiden OH-Richtungen gegeneinander herrührt. Die relativ gute Übereinstimmung ist eine gewisse Stütze für den oben benutzten Wert von $N_{\sigma\sigma} - N_{\pi\pi}$.

Wenn man versucht, die analoge Rechnung für das NH_3-Molekül durchzuführen, dann stößt man auf Schwierigkeiten. Hier besitzt man aus dem Experiment sogar den gesamten Energieverlauf bei Bewegung des N-Atoms von einer Gleichgewichtslage links der Ebene der 3 H-Atome durch diese Ebene hindurch bis zur symmetrischen Gleichgewichtslage rechts der H-H-H-Ebene (s. Kap. VIII, § 55). Die Energie, um eine ebene Anordnung des NH_3 herzustellen, ist nach Fig. 36 nur 0,26 e-Volt. Eine Störungsrechnung, die von ξ, η, ζ als Eigenfunktionen ausgeht, würde zu hohe Werte für die ebene Anordnung liefern. Dabei

---

*) VAN VLECK und CROSS setzen $\varepsilon(OH) = -4,9$ e-Volt und erhalten so $\varepsilon(H_2O) = -9,8$ e-Volt.

§ 51. Quantitative Behandlung lokalisierter p-Valenzen.   267

ist dann auf Lokalisierung der Valenzen zu verzichten (vergl. § 48), da die einzelnen A.-I. klein werden können. Wenn man nicht extrem starke Beteiligung von Coulombschen Bindungsenergien sowie von Polarisations- und Dispersionsenergien zulassen will, muß man q-Valenzen, also Beteiligung von sp^4-Valenzzuständen annehmen. Wie Tab. 31 zeigt, ist dazu eine sehr beträchtliche Anregungsenergie erforderlich, was wiederum zu Schwierigkeiten führt. Die Frage nach dem wirklichen Bindungstyp des NH_3 hat bisher keine abschließende Antwort erfahren.

Wir wollen deshalb auch auf das Hydrazin nicht eingehen, dessen sterischen Bau PENNEY und SUTHERLAND[25,37] unter Annahme einer q-Valenz untersuchten. Da der geringe Energieunterschied der pyramidenförmigen und der ebenen Anordnung des NH_3 dem HEITLER-RUMERschen Näherungsstandpunkt für Energiefragen eine gewisse Berechtigung erteilt, scheint es nicht nutzlos, die Energieberechnung der N–H-Moleküle im Rahmen dieser Näherung zu versuchen. Diese Rechnung wurde von HELLMANN[19] ausgeführt und ergab z. B. die theoretische Erklärung für die große Aktivierungsenergie des Zerfalls $N_2H_4 \longrightarrow N_2 + 2H_2$.

In diesem Abschnitt ist schließlich noch das H_2O_2-Molekül zu erwähnen, das man zunächst geneigt sein wird, unter die reinen p-Valenzen einzuordnen. Man wird dann zu einem Modell von der Art der Fig. 30a geführt. In der Näherung der HUNDschen Theorie (Kap. IV) müssen H_1-O_1-O_2 und H_2-O_2-O_1 rechte Winkel darstellen.

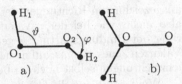

Fig. 30. H_2O_2-Modelle.

Der Winkel φ, welcher die Verdrehung der beiden Ebenen $H_1O_1O_2$ und $H_2O_2O_1$ gegeneinander mißt, ist in dieser Näherung noch ganz beliebig. Es besteht völlig freie Drehbarkeit. Berücksichtigt man aber die Wechselwirkung der nicht miteinander gepaarten Valenzen der beiden O-Atome, dann stellt sich heraus, daß $\varphi = \frac{\pi}{2}$ zum Minimum der Energie führt. Die Ebenen H_1-O_1-O_2 und H_2-O_2-O_1 ständen demnach senkrecht zueinander. Berücksichtigt man schließlich die Wechselwirkung der H-Atome miteinander und mit den fremden O-Atomen, dann werden die Valenzen noch etwas auseinander gebogen, PENNEY und SUTHERLAND[25,37] finden für ϑ wie für φ einen Wert von etwa 100°. Sie erhalten mit diesem Modell auch annähernd das richtige Dipolmoment des H_2O_2, wenn das Moment jeder OH-Bindung aus dem des H_2O entnommen und jedesmal die OH-Dipole vektoriell zusammengesetzt werden.

Dieses H_2O_2-Modell ist aber vom Standpunkt des Chemikers her Bedenken ausgesetzt, da es die starke Neigung des H_2O_2, unter Abspaltung von O in H_2O überzugehen, gar nicht verstehen läßt. Deshalb würde man vom chemischen Standpunkt aus das in Fig. 30b gezeichnete Modell bevorzugen. PENNEY und SUTHERLAND verwerfen es, weil nur schwache Polarisations- und Ionenkräfte für die O–O-Bindung zur Verfügung ständen.

Erinnern wir uns aber an das in § 28 besprochene CO-Modell, bei dem durch Übergang eines O-Elektrons zum C-Atom eine homöopolare 3-fach-Bindung ermöglicht wurde, dann werden wir auch hier die Möglichkeit des Überganges eines Valenzelektrons vom zentralen zum

äußeren O-Atom nicht von der Hand weisen. Auf diese Weise hätten
wir in der Mitte ein 3-wertiges O^+ und außen ein einwertiges O^-. Das
Dipolmoment kann bei diesem Modell noch alle möglichen Werte haben.
Wir sahen ja beim CO in § 28, daß ein solches Bindungsschema noch
nichts über das resultierende Dipolmoment auszusagen braucht, da über
die prozentuale Beteiligung der beiden Bindungspartner an jedem Valenzstrich noch nichts gesagt ist. Experimentelle Erfahrungen sprechen
für die Existenz von 2 Formen des H_2O_2, von denen die eine nur bei
tiefen Temperaturen stabil ist (s. dazu Lit. [18,25]).

§ 52. Quantitative Behandlung lokalisierter q-Valenzen.

Die im vorigen Paragraphen gebrauchte Methode der Behandlung
gerichteter Valenzen bedarf bei der q-Valenz einer Ergänzung. Denn
während bei der p-Valenz durch die Orthogonalitätsforderung die Valenzfunktionen — bis auf die Orientierung des ganzen Atoms im Raum
— schon eindeutig festgelegt waren, ergibt sich hier noch eine große (kon-
tinuierliche) Fülle von Möglichkeiten der gegenseitigen Orientierung der
ausgezeichneten Richtungen der Valenzfunktionen. Hier handelt es sich
also nicht, wie bei der p-Valenz, nur darum, die günstigste Orientierung der Bindungspartner gegenüber den fertig gegebenen gerichteten
Valenzen eines Atoms aufzusuchen, sondern es sind zunächst die Valenzrichtungen selbst noch zu bestimmen.

Wir formulieren die Gesamtenergie eines beliebigen organischen Moleküls bei Lokalisierung der Valenz. Zunächst sind sämtliche beteiligten
Atome in ihren „Valenzzustand" zu heben. Die entsprechenden Energien
nennen wir V_A. Nachdem wir die Summe $\sum V_A$ über alle Atome hingeschrieben haben, sind im weiteren nur noch zwischenatomare Energien
zu berücksichtigen. Von diesen sind am einfachsten die Anteile η (s.
Gl. 46,4), enthaltend die Coulombschen Anziehungen zwischen jedem
Atompaar, vermindert um den lockernden Einfluß der Rumpfelektronen, sei es als Austauschintegrale, sei es in Form des „Zusatzpotentials"
des kombinierten Näherungsverfahrens (s. § 43). Dieser Anteil, den wir
als $\sum C_{AB}$ schreiben wollen, ist additiv pro Atompaar. Zwischen 2
Atomen, die nicht untereinander durch einen Valenzstrich verbunden
sind, tritt die negative halbe Summe aller Austauschintegrale jedes Valenzelektrons des ersten Atoms mit jedem Valenzelektron des zweiten
Atoms auf. Wir nennen sie $-\frac{1}{2}D_{AB}$. Diese Summe $-\frac{1}{2}D_{AB}$ zusammen mit C_{AB} gibt gerade die Wechselwirkung, die zwischen den
beiden Atomen bestehen würde, wenn man sie als Edelgase betrachtet
(s. Lit. [41]). Dadurch wird übrigens nahegelegt, solange es nicht auf
genaue Kenntnis dieser Glieder ankommt, sie statistisch (s. § 6) abzuschätzen.

Betrachten wir jetzt schließlich zwei durch einen oder mehrere Valenzstriche verbundene Atome. Als Beispiel wählen wir ein 4-wertiges
Atom A mit dem Orthogonalsystem von Valenzeigenfunktionen: ψ_p,
ψ_q, ψ_r, ψ_s und ein ein-wertiges Atom B mit der Valenzfunktion ψ_t, die
mit ψ_s einen Valenzstrich bildet. Die gesamte Austauschwechselwirkung
zwischen diesen beiden ist nach Gl. (46,4) dann:

§ 52. Quantitative Behandlung lokalisierter q-Valenzen.   269

$$(ST) - \frac{1}{2}(PT) - \frac{1}{2}(QT) - \frac{1}{2}(RT) \qquad\qquad (52,1)$$

$$= \frac{3}{2}(ST) - \frac{1}{2}\left[(PT) + (QT) + (RT) + (ST)\right] = \frac{3}{2}(ST) - \frac{1}{2}D_{AB}$$

Wir haben so eine Schreibweise erreicht, bei der der oben eingeführte edelgasartige Energieanteil D_{AB} auch zwischen 2 durch Valenzstrich verbundenen Atomen auftritt. Man sieht leicht, daß dies auch für mehrwertige Bindungen gilt, wir können stets den Anteil D_{AB} erreichen, wenn wir jedes bindende Austauschintegral, das einem Valenzstrich entspricht, mit 3/2 multiplizieren.

Die Gesamtenergie eines beliebigen Moleküls ergibt sich so schließlich

$$\varepsilon = \sum_{A,B}\left(C_{AB} - \frac{1}{2}D_{AB}\right) + \sum_{A}V_A + \frac{3}{2}\sum_{i}A_i \qquad (52,2)$$

Die Indizes A und B kennzeichnen die einzelnen Atome, i die Valenzstriche. Die letzte Summe geht also über alle Austauschintegrale A_i, die den einzelnen, lokalisierten Valenzen entsprechen. Bei Vorhandensein mehrerer Valenzbilder, bzw. nicht lokalisierter Valenzen, ist zu (52,2) noch die „Resonanzenergie" (s. § 32 und § 48) hinzuzufügen.

Gl. (52,2) ist sehr übersichtlich, um die Abhängigkeit der Energie von der sterischen Anordnung, also u. a. auch von der speziellen Wahl der 4 Valenzfunktionen des C-Atoms zu untersuchen. Die Coulombsche Wechselwirkung C_{AB} hängt nur von der resultierenden Ladungsverteilung der beiden Atome A und B ab. Diese ändert sich aber nicht, wie in Kap. II, Gl. (13,21) bewiesen ist, wenn man von einem Orthogonalsystem von Valenzeigenfunktionen zu einem anderen übergeht. Sie ist außerdem für die meisten vorkommenden Atome und ihre Valenzzustände auch im gebundenen Atom annähernd kugelsymmetrisch und hängt deshalb nur vom Abstand der beiden Atome ab. Dasselbe gilt für D_{AB}. Die Invarianz der Summe aller Austausche der Valenzfunktionen eines Atoms mit den Valenzfunktionen eines anderen Atoms gegenüber allen orthogonalen Transformationen der Valenzfunktionen wurde oben im Anschluß an Gl. (47,14) schon festgestellt.

Wir können also schließlich $C_{AB} - \frac{1}{2}D_{AB}$ in ein Glied W_{AB} zusammenfassen, das in erster Näherung nur vom Abstand der beiden Atome abhängt und die gesamte Wechselwirkung zwischen diesen bedeutet, wenn man sie als Edelgase auffaßt. Wir schreiben so statt (52,2):

$$\varepsilon = \sum_{A,B}W_{AB} + \sum_{A}V_A + \frac{3}{2}\sum_{i}A_i \qquad (52,3)$$

Zu W_{AB} können wir schließlich auch die Dipolkräfte, Polarisations- und Dispersionskräfte hinzufügen, wodurch allerdings eine gewisse Richtungsabhängigkeit in W_{AB} hineinkommt. Aber von diesen Kräften 2. Ordnung abgesehen, stecken alle Richtungs-Eigenschaften der Bindung in den letzten beiden Summen. Die Abhängigkeit der Energien V_A von der räumlichen Anordnung der Valenzen wurde in § 50 untersucht, wir gehen jetzt zur Untersuchung der letzten Summe über.

Zur Berechnung von A_n im CH_4 legen wir die x-Achse des Koordinaten-Systems in die Kernverbindungslinie des C-Atoms mit dem n-ten Partner. Dann wird das betreffende σ_n zu ξ und es gilt

$$A_n = \iint \Big(a_n\,\varphi(1)+b_n\,\xi(1)\Big)\,\chi(1)\,u(1,2)\,\Big(a_n\,\varphi(2)+b_n\,\xi(2)\Big)\,\chi(2)\,d\tau_1\,d\tau_2$$

$$(52,4)$$

χ bedeutet darin die s-Eigenfunktion des Partners. Wir bedienen uns der Abkürzungen:

$$\iint \varphi(1)\,\chi(1)\,u(1,2)\,\varphi(2)\,\chi(2)\,d\tau_1\,d\tau_2 \;\; = \;\; N_{ss},$$

$$\iint \xi(1)\,\chi(1)\,u(1,2)\,\xi(2)\,\chi(2)\,d\tau_1\,d\tau_2 \;\; = \;\; N_{\sigma\sigma}, \qquad (52,5)$$

$$\iint \varphi(1)\,\chi(1)\,u(1,2)\,\xi(2)\,\chi(2)\,d\tau_1\,d\tau_2 \;\; = \;\; N_{s\sigma}$$

Neu ist uns darin der Typus $N_{s\sigma}$, welcher kein gewöhnliches Austausch-Integral darstellt, sondern einen Austausch der Elektronen 1 und 2 unter gleichzeitigem Wechsel der Besetzung im C-Atom, indem die ξ-Funktion an Stelle der φ-Funktion tritt oder umgekehrt. Ohne Rechnung können wir schon sagen, daß das Vorzeichen von $N_{s\sigma}$ dasselbe sein wird wie von N_{ss}, da in dem Zwischengebiet zwischen beiden Atomen, welches den Hauptbeitrag zum Integral liefert, ξ stets positiv ist, genau wie φ. Wir erhalten aus (52,4) und (52,5):

$$A_n = a_n{}^2\,N_{ss} + b_n{}^2\,N_{\sigma\sigma} + 2\,a_n\,b_n\,N_{s\sigma} \qquad (52,6)$$

Genau dieselben Ausdrücke bekommt man für die anderen 3 Atome, nur mit anderen Werten der a und b. Die ganze Winkelabhängigkeit der zwischenatomaren Energie steckt dann in der Wahl der a und b. VAN VLECK[33] hat gezeigt, daß im Falle von 4 gleichen Atomen, die mit dem C-Atom gebunden sind, die Tetraederanordnung das Minimum für die Summe $\sum A_i$ in Gl. (52,3) liefert.

Nehmen wir nun noch die gegenseitige Abstoßung der vier H-Atome im CH_4 hinzu, die in den W_{AB} von Gl. (52,3) steckt, dann sehen wir, daß 3 Gründe die Tetraedersymmetrie begünstigen: 1. die inneratomare Wechselwirkung der Valenzelektronen des C-Atoms in V_C, 2. die Wechselwirkung der H-Atome mit dem C-Atom, $\sum A_i$, 3. die Wechselwirkung der H-Atome untereinander, 6 W_{HH}.

Wenn der Anteil 1. allein vorhanden wäre, müßten vier σ-Bindungen des C-Atoms stets Tetraedersymmetrie aufweisen. Das ist aber wegen 2. und 3. nicht allgemein erfüllt. Jedoch zeigen die vorliegenden experimentellen Daten, daß auch bei 4 ungleichen Bindungspartnern die Anordnung stets der Tetraederform außerordentlich nahe kommt[47]. Das A.-I. (52,6) wird im Tetraederfall mit $a_n = \frac{1}{2}$, $b_n = \frac{\sqrt{3}}{2}$:

$$A_n = \frac{1}{4}\,N_{ss} + \frac{3}{4}\,N_{\sigma\sigma} + \frac{\sqrt{3}}{2}\,N_{s\sigma} \qquad (52,7)$$

worin die N-Werte für verschiedene Bindungspartner im allgemeinen verschieden sind.

Für 4 gleiche Atome wird

$$\frac{3}{2}\sum_{i=1}^{4} A_i = 6\,A_n = \frac{3}{2}\,N_{ss} + \frac{9}{2}\,N_{\sigma\sigma} + 3\,\sqrt{3}\,N_{s\sigma} \qquad (52,8)$$

Die Summe der Austauschintegrale eines H-Atoms mit allen C-Eigenfunktionen, also die Größe D_{CH} in Gl. (52,2), läßt sich am einfachsten

§ 52. Quantitative Behandlung lokalisierter q-Valenzen.   271

berechnen, indem man das Orthogonalsystem φ, ξ, η, ζ benutzt. Man kann dann sofort hinschreiben:

$$D_{CH} = N_{ss} + N_{\sigma\sigma} + 2\,N_{\pi\pi} \tag{52,9}$$

worin $N_{\pi\pi}$ den Austausch des H-Atoms mit einer senkrecht zur Kernverbindungslinie weisenden Valenzeigenfunktion des C-Atoms bedeutet (s. Gl. 51,2).

Die Energie des CH_4-Moleküls wird hiernach schließlich

$$\varepsilon = V_C + 4\,C_{CH} - 2\,D_{CH} + 6\,W_{HH} + 6\,A_n$$

$$= V_C + 4\,C_{CH} + 6\,M - \tfrac{1}{2}\,N_{ss} + \tfrac{5}{2}\,N_{\sigma\sigma} + 3\,\sqrt{3}\,N_{s\sigma} - 4\,N_{\pi\pi} \tag{52,10}$$

worin wir noch M für W_{HH} geschrieben haben, um an die Bezeichnungen von Gl. (51,15) anzuschließen. V_C ist nach S. 258 bekannt, nämlich $V_C = 7{,}1$ Volt. Die Coulomb-schen Wechselwirkungen lassen sich leicht berechnen unter der Voraussetzung, daß der Rumpfeinfluß, also die Wirkung der 2 innersten Elektronen des C-Atoms, in genügender Näherung erfaßt wird, wenn man sie mit dem Kern zusammenfallen läßt. Näherungsweise auf Grund der HARTREE-Lösungen des C-Atoms berechnete Kurven für C-C und H-C sind in Fig. 31 wiedergegeben.*) Da die Dichteverteilungen der Figur beide auf 1 normiert sind, sind im Fall C-H die Energien der Kurve noch mit 4 zu multiplizieren, was im Minimum $C_{CH} = -1{,}6$ e-Volt ergibt. Da wir aber auch Polarisations- und Dispersionskräfte in C_{CH} unterbringen wollen, gibt Fig. 31 höchstens eine größenordnungsmäßige Orientierung.

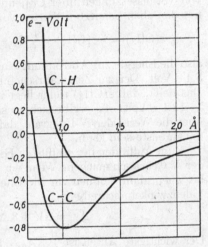

Fig. 31. Die Kurven der Coulomb-schen Wechselwirkung für C-H und C-C. (Ladungen auf 1 normiert).

M ergibt sich unter Benutzung des empirischen C–H-Abstandes 1,09 Å aus Gl. (51,15) zu $+0{,}42$ e-Volt.

Zur Bestimmung der N-Integrale hat PENNEY[46] das Raman-Spektrum des CH_4 zugezogen. Die Zurückführung der A.-I. auf empirische Schwingungsfrequenzen erfolgt ganz analog, wie im oben (§ 51) behandelten Beispiel des H_2O. Unter Zuziehung der analogen Integrale, die rein theoretisch von COOLIDGE[13] für H_2O berechnet wurden, gibt PENNEY als plausibelste Werte (in e-Volt):

$$N_{\pi\pi} = +0{,}6 \qquad N_{\sigma\sigma} = -2{,}2 \qquad N_{s\sigma} = -2{,}1 \qquad N_{ss} = -2{,}0$$
$$(+0{,}6) \qquad (-2{,}3) \qquad (-1{,}0) \qquad (-2{,}0) \tag{52,11}$$

Die eingeklammerten Werte wurden früher ohne Zuziehung des Schwingungsspektrums von CH_4 von VAN VLECK[33] geschätzt.

Wir wollen die empirisch gegebene Bindungsenergie des CH_4 benutzen, um die Größe C_{CH} in Gl. (52,10) festzulegen. Auf diese Weise

---

*) Ich bin für Überlassung dieser Kurven aus einer bisher unpublizierten Arbeit Cand. chem. M. MAMOTENKO zu Dank verpflichtet.

272   Kapitel VII.

geht auch die kinetische Nullpunktsenergie der Kerne (s. § 55), die in der Energiebilanz bisher nicht berücksichtigt ist, formal in C_{CH} mit ein. Mit dem empirischen Wert $\varepsilon = -17{,}0$ e-Volt folgt:

$$-17{,}0 = 7{,}1 + 4\,C_{CH} + 2{,}5 + 1{,}0 - 5{,}5 - 10{,}9 - 2{,}4$$

und daraus $C_{CH} = -2{,}2$ e-Volt. Das ist ein sehr plausibler Wert, wenn man bedenkt, daß zu dem aus Fig. 31 entnommenen Wert von $-1{,}6$ e-Volt insbesondere noch die Wirkungen der Dispersionskräfte bei diesen kurzen Abständen hinzukommen (vergl. § 35).

Wir sind nun in der Lage, die Energien der verschiedenen CH_3-Modelle zu vergleichen. Wenn das CH_3 einfach durch Entfernung eines H-Atoms vom CH_4 entstände, könnten wir bei Kenntnis von M und der Gesamtenergie des CH_4 seine Energie sofort angeben, ganz unabhängig von Voraussetzungen über C_{CH} und die verschiedenen N. Man erhält mit den oben benutzten Werten von V, M und $\varepsilon(CH_4)$:

$$\varepsilon(CH_3) = \frac{3}{4}\,\varepsilon(CH_4) + \frac{1}{4}\,V_C - \frac{3}{2}\,M = -11{,}61 \text{ e-Volt} \qquad (52{,}12)$$

also die Energie zur Abtrennung eines H-Atoms vom CH_4: $17{,}0 - 11{,}6 = 5{,}4$ e-Volt. Der zur Zeit wahrscheinlichste Wert liegt um $4{,}9$ e-Volt.[46,49] Das heißt, daß $\varepsilon(CH_3)$ tiefer liegt als $-11{,}6$ e-Volt, nämlich etwa bei $-12{,}1$ e-Volt. Es ergibt sich so schon ohne irgendwelche Annahmen über die Werte der N-Integrale, daß die Pyramidenform des CH_3 nicht die stabilste sein kann.

Zum Auffinden der stabilsten Form müssen wir nun von den Werten der N Gebrauch machen. Wenn wir auf die Tetraederform als Nullpunkt beziehen, dann können wir die Energie irgendeiner Form, mit anderen Valenzwinkeln schreiben:

$$\Delta\varepsilon = \Delta V + 3\,\Delta W + 3 \cdot \frac{3}{2}\,\Delta A_n \qquad (52{,}13)$$

Der wichtigste Anteil ist $\frac{9}{2}\,\Delta A_n$. Für die drei rechtwinkligen Valenzfunktionen ξ, η, ζ wird

$$\Delta A_n = N_{\sigma\sigma} - \left(\frac{1}{4}\,N_{ss} + \frac{3}{4}\,N_{\sigma\sigma} + \frac{\sqrt{3}}{2}\,N_{s\sigma}\right) = \frac{1}{4}\left(N_{\sigma\sigma} - N_{ss}\right) - \frac{\sqrt{3}}{2}\,N_{s\sigma}$$
$$(52{,}14)$$

Das ergibt mit den obigen Zahlenwerten $\Delta A_n = +1{,}77$ e-Volt. Wir sehen schon aus ΔA_n, daß das rechtwinklige Modell ohne Mischung der Eigenfunktionen sehr schlecht ist. Zu (52,14) kommt noch, daß ΔM und ΔV ziemlich beträchtlich positiv sind, ΔM deshalb, weil die H-H-Abstände kleiner sind als im Tetraedermodell, und ΔV nach den Ergebnissen des § 50 für die inneratomare Wechselwirkung im C-Atom ($\Delta V = +1{,}34$ e-Volt).

Die Mischung der s-p-Eigenfunktionen ist sehr wesentlich. Nächst der Tetraederanordnung kommt die ebene, symmetrische Dreiecksanordnung in Frage, mit einer freien Valenz senkrecht zur Ebene der H-Atome. ΔV beträgt nach Gl. (50,16) nur $+0{,}15$ e-Volt. ΔM ist aber negativ und ergibt sich zu $-0{,}07$ Volt. Den Ausschlag gibt aber wieder ΔA_n. Für eine Valenzfunktion der ebenen σ-Bindung ist nach Kap. IV, Gl. (30,2):

$$a_n{}^2 = \frac{1}{3}, \quad b_n{}^2 = \frac{2}{3}, \quad 2\,a_n b_n = \frac{2}{3}\sqrt{2}$$

§ 52. Quantitative Behandlung lokalisierter q-Valenzen.   273

Das zugehörige Austauschintegral wird nach (52,6)

$$A_n = \frac{1}{3} \left(N_{ss} + 2\,N_{\sigma\sigma} + 2\,\sqrt{2}\,N_{s\sigma} \right) \qquad (52,15)$$

Hiermit und nach (52,7) ist also

$$\Delta A_n = \frac{1}{12} \left(N_{ss} - N_{\sigma\sigma} \right) + \frac{4\,\sqrt{2} - 3\,\sqrt{3}}{6}\, N_{s\sigma} \qquad (52,16)$$

Einsetzen der Zahlenwerte führt zu $\Delta A_n = -0{,}14$ e-Volt, also schließlich nach (52,13) zu $\Delta\varepsilon = 0{,}15 - 0{,}21 - 0{,}63 = -0{,}69$ e-Volt. Die ebene Dreiecksanordnung ist danach um 0,69 e-Volt stabiler als das Modell mit Beibehaltung der Tetraederwinkel für die 3 H-Bindungen. Statt 5,4 erhalten wir dann 4,7 e-Volt für die Energie zur Abtrennung eines H-Atoms von CH_4. Das ist mit den vorliegenden experimentellen Daten in Übereinstimmung.

Wir haben so — nach PENNEY[46] — gezeigt, daß die drei σ-Bindungen des freien Methyls die ebene Dreiecksanordnung bevorzugen. Das ist deshalb besonders interessant, weil diese Anordnung der 3 σ-Bindungen nahezu erhalten bleibt, wenn wir an 2 Methyl-Radikalen je ein H-Atom entfernen und die hierdurch frei gewordenen Valenzen gegeneinander absättigen. Die andere freie Valenz senkrecht zur Ebene dieser 3 symmetrischen σ-Bindungen gibt dann eine π-Bindung zwischen den C-Atomen. Wir haben dann das Äthylenmodell mit der $\sigma\,\pi$-Doppelbindung vor uns. Ähnlich haben wir im Benzol ebene Dreieckssymmetrie zwischen den 3 σ-Bindungen eines C-Atoms. Es scheint dies eine allgemeine Eigenschaft des C-Atoms zu sein, daß es bei mehreren von ihm ausgehenden σ-Bindungen die symmetrischste Anordnung derselben anstrebt.

Wir verstehen auch qualitativ die verhältnismäßig lange Lebensdauer, die für freie CH_3-Radikale im Gasstrom beobachtet wurde. Schließlich wird die Existenz stabiler freier Radikale — nach HÜCKEL[20,24,40] — dadurch verständlich, daß hier die freie p-Valenz des zentralen C-Atoms noch mit den stets vorhandenen Doppelbindungen in Resonanz treten kann, wobei sie unter Verfestigung der Bindungen über das ganze Radikal verteilt wird.

Die oben bei CH_4 und CH_3 angewandten Methoden lassen sich ohne weiteres auf andere Moleküle übertragen. Die Ersetzung der 4 H-Atome durch andere, verschiedene Atome bringt nichts Neues, außer einer sehr kleinen Deformation der Valenzwinkel.

Auch das C_2H_6 gibt nichts wesentlich Neues. Dagegen ist das C_2H_4 grundsätzlich interessant, weil hier zum ersten Mal eine Doppelbindung auftritt. Das Äthylen ist von PENNEY[26,28] mit den oben beschriebenen Methoden quantitativ diskutiert worden. Seine Resultate wurden in § 30 schon erwähnt. Sie bestätigen das oben besprochene Modell.

Die entsprechende Rechnung wurde von PENNEY[27] auch für die lokalisierten Valenzen des Benzols durchgeführt. Der Austauschanteil der nicht lokalisierten Bindungen ist nach Gl. (48,18) einzusetzen. Es zeigt sich in der Tat, daß die Neigung der 3 σ-Valenzen zur ebenen Dreieckssymmetrie die Ursache der Bevorzugung des Sechserrings vor allen anderen Ringen ist, und nicht etwa die Resonanzenergie zwischen den nicht lokalisierten Valenzelektronen. Die letztere wäre z. B. beim Viererring günstiger. Der Achterring ergibt sich nach der Theorie nur etwas ungünstiger als der Sechserring, sowohl hinsichtlich der Austauschresonanz als hinsichtlich der Winkelabhängigkeit der lokalisierten Valenzen.

274   Kapitel VII.

Dieser ist in der Tat experimentell festgestellt (Cyklooktotetraen), aber wenig stabil.

Obgleich diese Rechnungen noch eine ganze Reihe unsicherer Schätzungen enthalten, zeigen sie doch, daß das Schema der lokalisierten Valenzen auch quantitative Aussage ermöglicht. Es lohnt deshalb der Versuch, auf der Basis von Gl. (52,3) das bisher benutzte Schema der Bindungsenergien in der organischen Chemie zu revidieren. Dabei ergibt sich auch eine Erklärung für die Ausnahmestellung des C-Atoms, die eng mit dem Schema seiner Bindungsenergien zusammenhängt.

Zu dem älteren Valenzschema der organischen Chemie kommen wir von Gl. (52,3) zurück, wenn wir $\sum V_A$ und $\sum W_{AB}$ gleich 0 setzen oder wenigstens von $\sum W_{AB}$ nur die Anteile beibehalten, die sich auf durch Valenzstrich verbundene Atome beziehen. Dann bleibt für ε einfach eine Summe von Energien pro Valenzstrich. Man versteht aber dann noch in keiner Weise, weshalb man nicht für andere mehrwertige Atome genau so gut lange Ketten oder Ringe zusammensetzen kann, wie für das C-Atom.

Dies wird aber sofort verständlich (s. Lit.[19]), wenn wir den Anteil $\sum W_{AB}$ betrachten. Dieser bedeutet normalerweise Abstoßung zwischen A und B. Das gilt besonders dann, wenn auch noch eine merkliche Wirkung von abgeschlossenen Atomschalen hinzukommt und die Coulombsche Anziehung mehr oder weniger kompensiert. Wenn zwischen den Atomen $A B$ ein Valenzstrich besteht, überwiegt trotzdem die Bindungsenergie $-\frac{3}{2} A_i$ gegenüber der Abstoßung W_{AB}. Zwischen allen nicht unmittelbar durch Valenzstrich verbundenen Atomen bleibt aber die beträchtliche Abstoßung W_{AB}, und diese ist es, die bei dem Versuch, komplizierte Gebilde aufzubauen, diese schnell instabil macht, wie z. B. bei den Siliziumwasserstoffen.

Die Ausnahmestellung des Kohlenstoffes im periodischen System besteht darin, daß W_{AB} keine merkliche Abstoßung bewirkt, wenn beide Atome A und B oder wenigstens eins von ihnen C-Atome sind. Das kommt daher, daß sich dann die starke Coulombsche Anziehung C_{AB} voll auswirken kann, ohne durch abgeschlossene Atomschalen gestört zu werden. Denn die beiden sehr dicht am Kern sitzenden $1s$-Elektronen des C-Atoms spielen kaum eine Rolle.

Unabhängig von allen Details stellen wir fest, daß das C-Atom dasjenige Atom im periodischen System ist, das von allen mehrwertigen Atomen das größte Verhältnis zwischen Zahl der Valenzelektronen und Ordnungszahl aufweist, nämlich 4 : 6, was von keinem anderen Atom — außer dem einwertigen H-Atom — erreicht wird.

Wenn wir nun nach (52,3) das System der Bindungsenergien in der organischen Chemie neu ordnen wollen, dann muß uns für jedes Atompaar $A–B$ eine Funktion W_{AB} bekannt sein, die praktisch nur vom Abstand der beiden Atome abhängt und die vom Valenzschema völlig unabhängig ist. Dazu kommt dann die Energie $\frac{3}{2} A_i$ pro Valenzstrich und die Größen V. Diese beiden Anteile sind von der Art des Valenzzustandes abhängig. Die V-Konstanten des Kohlenstoffatoms können wir nach § 50 für die 3 wichtigsten Valenzzustände: Tetraeder, Dreieck, Gerade in die Energiebilanzen einsetzen. Ähnlich für andere Atome. Etwas schwieriger ist für eine bestimmte Bindung die Abhängigkeit der

A_i von den Valenzwinkeln. Wir haben ihre Änderung für den Übergang von der Tetraeder- zur Dreiecksanordnung von C–H-Bindungen oben berechnet. Bei feineren Energiebetrachtungen dürfen solche Unterschiede keineswegs vernachlässigt werden.

Auf Grund der Formel (52,3) hat SERBER[44] versucht, die Energien der Kohlenwasserstoffverbindungen zu ordnen. Er macht dabei die Annahme, daß die W-Größen zwischen allen nicht durch Valenzstrich verbundenen Paaren C–C und C–H praktisch gleich 0 gesetzt werden können. Zwischen 2 benachbarten H-Atomen dagegen behält er sie bei, W ist hier die M-Funktion von Gl. (51,15). Zwischen benachbarten und durch Valenzstrich verbundenen Atomen kann W_{AB} mit $\frac{3}{2} A_i$ zusammengefaßt werden. Die Änderung der V-Werte sowie der C–H-Austauschintegrale mit dem Bindungstyp werden in Rechnung gesetzt. Für die 3-wertige C–C-Bindung sowie im Benzol und anderen zyklischen Verbindungen wird ein Teil der Valenzen nicht als lokalisiert betrachtet, sondern ihr Austauschanteil zur Bindung streng ausgerechnet. Die wichtigsten Energiegrößen werden aus den experimentellen Bindungsenergien des CH_4, C_2H_6 und C_2H_4 gewonnen. Dabei wird auch die Nullpunktsenergie der Kerne berücksichtigt, welche bewirkt, daß die gemessenen Bildungswärmen stets um diese Nullpunktsenergie kleiner sind, als dem Minimum der Potentialkurven für fixiert gedachte Kerne entspricht. Nach den bisherigen spektroskopischen Erfahrungen über die Nullpunktsenergie komplizierter Moleküle scheint es, daß man in genügender Näherung von jeder C–H-Bindung einen Beitrag von 0,3 Volt, von jeder C–C-Bindung von 0,1 Volt zur Nullpunktsenergie annehmen kann. Diese Beträge kann man einfach in den Wert der betreffenden Austauschintegrale aufnehmen.

SERBER[44] erreicht so vorzügliche Übereinstimmung mit den Erfahrungswerten für eine ganze Reihe von Kohlenwasserstoffen. Das ist deshalb interessant, weil dies verfeinerte Schema zu dem additiven Schema, das nach PAULING und SHERMAN (§ 32) für lokalisierte Valenzen gelten sollte, in ziemlichem Widerspruch steht. Es steckt eben bisher noch eine zu große Willkür in der Ausnutzung der vorliegenden Daten, als daß man durch Vergleich mit dem Experiment eine klare Entscheidung treffen könnte. Man kann aber vermuten, daß sich das Valenzschema der Gl. (52,3) bei subtileren Fragen, wie z. B. der „Valenzbeanspruchung", der „sterischen Hinderung" und ähnlichen (s. Lit.[2]) den gröberen Schemata wirklich überlegen erweisen wird. Eine umfassendere Neuordnung der Bindungsenergien in der organischen Chemie auf Grund des Schemas der Gl. (52,3) ist bisher nicht versucht worden.

§ 53. Systematische Störungsrechnung mit Bahnentartungen.

In der bisherigen Störungsrechnung des chemischen Bindungsproblems haben wir stets vorausgesetzt, daß jedenfalls von dem Moment an, wo wir die Störungsformeln für Vielelektronensysteme anwenden, keine andere Entartung als die Austauschentartung mehr vorliegt. Das bedeutete, daß das Produkt von einzelnen Eigenfunktionen, welches antisymmetrisiert wurde, innerhalb der ganzen Störungsrechnung stets dasselbe blieb. Die in der antisymmetrischen Linearkombination, der „nullten Näherung", auftretenden einzelnen Funktionen unterschieden sich nur durch Umnumerierung der Elektronen. Dies soll nicht heißen, daß wir uns um die Bahnentartung gar nicht gekümmert haben, sie spielte sogar beim Aufsuchen der günstigsten „Valenzfunktion" eine wichtige Rolle. Nur gingen sie nicht in die eigentliche Störungsrechnung ein, sondern die „günstigsten Linearkombinationen" wurden durch zusätzliche Überlegungen bestimmt.

Nur für die Termberechnung des freien Atoms haben wir in § 49 schon einmal eine strenge Berücksichtigung von Bahnentartungen durchgeführt, die allerdings in diesem speziellen Fall durch das Vektormodell, also durch implizite Benutzung gruppentheoretischer Sätze sehr vereinfacht wurde.

Die systematische Berücksichtigung der Bahnentartungen erfordert eine Erweiterung der Störungsrechnung. Die Entartung drückt sich darin aus, daß wir verschiedene Möglichkeiten haben, die nullte Näherung als Produkt einzelner Funktionen zu bilden. Wenn z. B. in einem 3-atomigen Molekül das erste Atom n, das zweite m und das dritte l miteinander entartete Eigenfunktionen besitzt, dann lassen sich aus ihnen $n \cdot m \cdot l$ verschiedene Produkte bilden, die als Ausgangsfunktionen bei der Antisymmetrisierung dienen können. Nennen wir eins dieser Produkte

$$\psi_i = \psi_{ai}(1)\,\psi_{bi}(2)\,\psi_{ci}(3)\ldots \tag{53,1}$$

dann lautet die allgemeine nullte Näherung

$$\psi = \sum_i c_i\,\psi_i = \sum_{i=1}^{k} c_i\,\psi_{ai}(1)\,\psi_{bi}(2)\,\psi_{ci}(3)\ldots \tag{53,2}$$

worin i von 1 bis $k = n \cdot m \cdot l$ geht. Diese ist noch, wie stets, zu antisymmetrisieren:

$$\Psi = \sum_P \delta_P\,P\varphi\,P\psi = \sum_P \delta_P\,P\varphi\,P \sum_i c_i\,\psi_i \tag{53,3}$$

Das Produkt der Spininvarianten φ können wir für alle ψ_i gemeinsam als einen Faktor schreiben, da die Elektronenzahl sowie die Zahl der freien Valenzen für alle ψ_i dieselbe ist. Der Ansatz enthält also von vornherein die Regel, daß ψ_i mit verschiedenem resultierenden Spin nicht miteinander kombinieren. Die Ausgangszuordnung der Elektronen zu den mit a, b, c u. s. w. bezeichneten Orts-Quantenzellen — unter denen auch paarweise identische sein können — wird man aus Zweckmäßigkeitsgründen so treffen, daß bei denselben ψ_{ai} in den verschiedenen Produkten ψ_i auch gleiche Elektronennummern stehen.

Die Zahl der verfügbaren Zahlenkoeffizienten, die früher so groß war wie die Zahl der linear unabhängigen $P\varphi$, ist jetzt ver-k-facht, wenn k die Anzahl der verschiedenen ψ_i (im obigen Beispiel $n \cdot m \cdot l$) bedeutet. Die Koeffizienten des Störungsproblems sind $P\,\varphi\,c_i$. Auch der Grad des zugehörigen Säkularproblems hat sich ver-k-facht.

Schreiben wir die Schrödingergleichung mit der Eigenfunktion nullter Näherung hin:

$$[H - E] \sum_P \delta_P\,P\varphi \sum_i c_i\,P\psi_i = 0 \tag{53,4}$$

Dann brauchen wir genau wie früher (s. § 41) nur mit der unpermutierten Eigenfunktion zu multiplizieren und integrieren. Aber hier gibt es k

§ 53. Systematische Störungsrechnung mit Bahnentartungen.   277

verschiedene unpermutierte Ausgangsfunktionen ψ_i. Unser Gleichungssystem lautet also:

$$\sum_{P,i} P\varphi \, \delta_P \, c_i \int \psi_j^* \, [H - E] \, P\psi_i \, \mathrm{d}\tau = 0 \qquad (53,5)$$

für jedes i und jedes linear unabhängige φ.

Dies ist die allgemeinste Form einer Störungsrechnung mit Bahn- und Austauschentartung.

Wir vergleichen diese systematische Methode mit unserer bisher benutzten Rechenweise beim Vorliegen von verschiedenen miteinander entarteten Atomfunktionen.

Zu dieser kommen wir zurück, wenn wir an Stelle der Summe von Produkten

$$\psi = \sum_i c_i \, \psi_{ai} \, \psi_{bi} \, \psi_{ci} \dots \qquad (53,6)$$

ein Produkt von Summen ansetzen:

$$\psi = \left(\sum_{\nu=1}^{n} c_\nu \, \psi_{a\nu} \right) \left(\sum_{\nu=1}^{m} c_\nu{}' \, \psi_{b\nu} \right) \left(\sum_{\nu=1}^{l} c_\nu{}'' \, \psi_{c\nu} \right) \dots \qquad (53,7)$$

worin die Summen die „richtigen Linearkombinationen" aus den miteinander entarteten Eigenfunktionen $\psi_{a\nu}$ der einzelnen Atome darstellen. Die hier explizit als Summe hingeschriebenen Klammerausdrücke sind einfach die früheren ψ_a u. s. w., und die Festlegung der richtigen Linearkombinationen geschah nach dem Gesichtspunkt, eine möglichst tiefe Energie zu erhalten. Wir hätten die Bestimmung der c_ν auch streng nach dem Variationsprinzip durchführen können, indem wir mit den bisher entwickelten Methoden die Energie des Systems als Funktion der Austauschintegrale berechnen. Diese Austauschintegrale enthalten noch die c_ν, $c_\nu{}'$ u. s. w. als Parameter, durch geeignete Wahl derselben ist der gefundene Eigenwert des Säkularproblems noch zu minimisieren.

Wir haben früher gezeigt (§ 13), daß auch das übliche lineare Gleichungssystem von der Art (53,5) aus der Minimumsforderung für die Gesamtenergie durch Wahl der Koeffizienten folgt. Die neu entwickelte Gleichung (53,5) und das bisher benutzte Verfahren (53,7) unterscheiden sich unter diesem Gesichtspunkt nur durch die Anzahl der Parameter. Wenn wir die Summe aller Produkte ansetzen, bekommen wir $n \cdot m \cdot l - 1$ verfügbare Parameter, wenn das erste Atom n, das zweite m, das dritte l u. s. w. miteinander entartete Eigenfunktionen enthält. 1 müssen wir subtrahieren, da stets die Normierungsbedingung besteht. Beim Ansatz des Produktes von geeigneten, normierten Linearkombinationen erhalten wir nur $(n-1) + (m-1) + (l-1) \dots$ verfügbare Koeffizienten, also stets eine ungünstigere Annäherung an die wirkliche Energie. Dafür ist aber die Ausrechnung bei Beschränkung auf diese bisher benutzte, näherungsweise Erfassung der Bahnentartungen ganz bedeutend einfacher. Dennoch ist bei manchen Problemen, wie z. B. dem O_2-Molekül, eine strenge Behandlung der Bahnentartung unerläßlich.

Wir können Gl. (53,5) in genau derselben Weise wie früher weiter vereinfachen. Für den Einfluß der Atomrümpfe gelten auch hier alle

Überlegungen von § 43. Wir wollen uns also um die Rumpfelektronen nicht weiter kümmern.

Im Gegensatz zu früher stehen bei $P = 1$ jetzt nicht nur „Diagonalanteile", sondern auch die ganzen Übergangsmatrixelemente ohne Elektronenaustausch:

$$\int \psi_j{}^* \, [H-E] \, \psi_i \, \mathrm{d}\tau$$

Analog stehen bei $P = T$ (Transposition) außer den gewöhnlichen Austauschintegralen neue Integrale, die Übergängen von ψ_j zu ψ_i unter gleichzeitiger Vertauschung von Elektronen entsprechen. Die Beschränkung auf Transpositionen ist genau wie früher gestattet, wenn unter den Valenzeigenfunktionen keine doppelt besetzten Zustände, also keine innerhalb des Atoms gepaarten Elektronen mehr vorkommen. In diesem Fall wird aus (53,5)

$$\varphi \sum_i c_i \int \psi_j{}^* \, [H-E] \, \psi_i \, \mathrm{d}\tau - \sum_{T,i} T\varphi \, c_i \int \psi_j{}^* \, [H-E] \, T\psi_i \, \mathrm{d}\tau = 0 \quad (53{,}8)$$

Wenn das System der ψ_i, ψ_j orthogonal ist, vereinfacht sich das Gleichungssystem noch bedeutend. Es ist bequem, die Integrale umzuschreiben

$$\int \psi_j{}^* \, [H-E] \, T\psi_i \, \mathrm{d}\tau = \int T\psi_i \, [H-E] \, \psi_j{}^* \mathrm{d}\tau = \int T\psi_i \, [u-\varepsilon] \, \psi_j{}^* \mathrm{d}\tau \quad (53{,}9)$$

worin u jetzt die ψ_j entsprechende Störungsfunktion bedeutet. Wie in § 42 müssen wir Glieder $\varepsilon \int T \, \psi_i \psi_j{}^* \, \mathrm{d}\tau$ konsequenterweise vernachlässigen und erhalten schließlich

$$\varphi \left[c_j \left(\int \psi_j \, u \, \psi_j{}^* \, \mathrm{d}\tau - \varepsilon \right) + \sum_{i \neq j} c_i \int \psi_i \, u \, \psi_j{}^* \, \mathrm{d}\tau \right]$$
$$- \sum_T \sum_i T \varphi \, c_i \int T\psi_i \, u \, \psi_j{}^* \, \mathrm{d}\tau = 0 \qquad (53{,}10)$$

worin noch eine ganze Anzahl von Gliedern mit $i \neq j$ in der letzten Summe aus Orthogonalitätsgründen verschwindet.

Die Verhältnisse werden etwas komplizierter, wenn die verschiedenen ψ_i auch in verschiedener Weise oder sogar in verschiedener Anzahl doppelt besetzte Atomfunktionen enthalten. Man muß dann für jedes Integral $\int \psi_j{}^* \, [H-E] \, P\psi_i \, \mathrm{d}\tau$ unter Berücksichtigung der Identität einiger und der Fastorthogonalität der übrigen Funktionen alle Permutationen P aufsuchen, bei denen das Austauschintegral merklich von 0 verschieden ist. Einzelheiten des Vorgehens lassen sich nur von Fall zu Fall entscheiden. Man muß jedenfalls auf das allgemeine Gleichungssystem (53,5) zurückgreifen.

Wir betrachten den einfachsten Fall der Bahnentartung ausführlich, nämlich 2 Atome mit je einem p-Valenzelektron. Dies wird uns auch gleich ein Beispiel dafür liefern, wie durch Symmetrieverhältnisse sich der Grad des Säkularproblems stark erniedrigt.

Die Eigenfunktionen seien ζ_a, ζ_b, $\xi_a + \mathrm{i}\,\eta_a$, $\xi_b + \mathrm{i}\,\eta_b$ und $\xi_a - \mathrm{i}\,\eta_a$, $\xi_b - \mathrm{i}\,\eta_b$. ζ ist rotationssymmetrisch um die Kernverbindungslinie, die beim 2-atomigen Molekül auch Symmetrieachse des ganzen Systems ist. $\xi + \mathrm{i}\,\eta$ und $\xi - \mathrm{i}\,\eta$ können wir in der Form $\xi_a + \mathrm{i}\,\eta_a = w_a \, \mathrm{e}^{\mathrm{i}\varphi}$ und $\xi_a - \mathrm{i}\,\eta_a = w_a \, \mathrm{e}^{-\mathrm{i}\varphi}$ schreiben, entsprechend $\xi_b \pm \mathrm{i}\,\eta_b$. Bei dieser Wahl

§ 53. Systematische Störungsrechnung mit Bahnentartungen.   279

der Eigenfunktion wissen wir sofort, daß nur Gesamteigenfunktionen des Systems mit gleichem resultierenden Bahnmoment um die Symmetrieachse miteinander kombinieren. Denn die Störungsenergie u ist rotationssymmetrisch und daraus folgt, daß nur solche u_{nm} von 0 verschieden sind, bei denen ψ_n und ψ_m dasselbe resultierende Moment haben (vergl. § 49). Das ursprüngliche Säkularproblem 9. Grades, entsprechend den 9 verschiedenen Produkten:

$$\zeta_a(1)\,\zeta_b(2),\ \ \zeta_a(1)\,w_b(2)\,\mathrm{e}^{\pm\mathrm{i}\,\varphi_2},\ \ \zeta_b(1)\,w_a(2)\,\mathrm{e}^{\pm\mathrm{i}\,\varphi_2},\ \ w_a(1)\,w_b(2)\,\mathrm{e}^{\pm\mathrm{i}\,\varphi_1\pm\mathrm{i}\,\varphi_2}$$

zerfällt dadurch in die Teilprobleme der Tab. 32. Es bleibt also ein

Tab. 32.

Ausreduktion des Säkularproblems für 2 Atome mit p-Elektronen.

$M = 0$	$M = +1$	$M = -1$
$\zeta_a(1)\,\zeta_b(2)$ $w_a(1)\,w_b(2)\,\mathrm{e}^{\mathrm{i}(\varphi_1-\varphi_2)}$ $w_a(1)\,w_b(2)\,\mathrm{e}^{-\mathrm{i}(\varphi_1-\varphi_2)}$	$\zeta_a(1)\,w_b(2)\,\mathrm{e}^{\mathrm{i}\,\varphi_2}$ $\zeta_b(1)\,w_a(2)\,\mathrm{e}^{\mathrm{i}\,\varphi_2}$	$\zeta_a(1)\,w_b(2)\,\mathrm{e}^{-\mathrm{i}\,\varphi_2}$ $\zeta_b(1)\,w_a(2)\,\mathrm{e}^{-\mathrm{i}\,\varphi_2}$
${}^1\Sigma^+,{}^3\Sigma^+,{}^1\Sigma^+,{}^3\Sigma^+,{}^1\Sigma^-,{}^3\Sigma^-$	${}^1\Pi,{}^3\Pi,{}^1\Pi,{}^3\Pi$	${}^1\Pi,{}^3\Pi,{}^1\Pi,{}^3\Pi$

$M = +2$	$M = -2$
$w_a(1)\,w_b(2)\,\mathrm{e}^{\mathrm{i}(\varphi_1+\varphi_2)}$	$w_a(1)\,w_b(2)\,\mathrm{e}^{-\mathrm{i}(\varphi_1+\varphi_2)}$
${}^1\Delta,{}^3\Delta$	${}^1\Delta,{}^3\Delta$

Problem 3. Grades für $M = 0$, zwei 2. Grades für $M = +1$ und $M = -1$ und zwei 1. Grades für $M = +2$ und $M = -2$. Wir haben in der Tabelle gleich die zugehörigen spektroskopischen Terme angegeben. Die sechs Σ-Terme werden gleich ausführlich erläutert. Es gibt zwei verschiedene ${}^1\Pi$- und zwei ${}^3\Pi$-Terme. Bei $M = -1$ und bei $M = -2$ wiederholen sich genau die Terme von $M = +1$ bzw. $M = +2$. Im ganzen erhalten wir so 12 verschiedene Molekülterme. 6 davon sind noch doppelt, entsprechend der Einquantelung von M in positive oder negative Achsenrichtungen. In der Tat ist unser Problem bei Berücksichtigung des Austausches 18-fach entartet.

Das Problem mit $M = 0$ läßt sich noch weiter zerlegen. Wir betrachten dazu das Verhalten von u bei Spiegelung des Systems an der y-Ebene. Diese Spiegelung erfolgt durch Vorzeichenumkehr von φ. u ist dieser Operation gegenüber invariant. Wenn ψ_m ebenfalls invariant ist, müssen auch alle ψ_n, mit denen es kombiniert, invariant sein. Von den Funktionen bei $M = 0$ kombinieren also $\zeta_a(1)\,\zeta_b(2)$ und $w_a(1)\,w_b(2)\,(\mathrm{e}^{\mathrm{i}(\varphi_1-\varphi_2)} + \mathrm{e}^{-\mathrm{i}(\varphi_1-\varphi_2)}) = 2\,w_a(1)\,w_b(2)\,\cos{(\varphi_1 - \varphi_2)}$ miteinander. Beide sind, da zu $M = 0$ gehörig, natürlich invariant gegen Drehung, also gegen Ersetzung von φ_1 durch $\varphi_1 - \varphi_0$ und φ_2 durch $\varphi_2 - \varphi_0$. Außerdem sind beide aber invariant gegen Vorzeichenumkehr aller φ. Als dritte unabhängige Funktion in $M = 0$ bleibt dann

$$w_a(1)\,w_b(2)\,(\mathrm{e}^{\mathrm{i}(\varphi_1-\varphi_2)} - \mathrm{e}^{-\mathrm{i}(\varphi_1-\varphi_2)}) = 2\,\mathrm{i}\,w_a(1)\,w_b(2)\,\sin{(\varphi_1 - \varphi_2)}$$

Diese ist wohl noch invariant gegen Drehung, aber nicht mehr gegen

Kapitel VII.

Spiegelung, sondern kehrt dabei ihr Vorzeichen um. Sie kombiniert deshalb mit den anderen beiden nicht. Damit ist das Problem 3. Grades für $M = 0$ nach der Spiegelungssymmetrie völlig ausreduziert und hat ein Problem 2. Grades und eins 1. Grades ergeben.

Wir wollen die Störungsrechnung für den Fall $M = 0$ durchführen. Es ist bequem in den ξ, η, ζ zu rechnen, anstatt in den ζ, w. Es gilt:

$$w_a(1)\, w_b(2)\, \cos(\varphi_1 - \varphi_2) = \xi_a(1)\, \xi_b(2) + \eta_a(1)\, \eta_b(2)$$
$$w_a(1)\, w_b(2)\, \sin(\varphi_1 - \varphi_2) = \eta_a(1)\, \xi_b(2) - \xi_a(1)\, \eta_b(2)$$

Wir haben so schließlich ein Eigenwertproblem 2. Grades für

$$\psi = c_1\, \zeta_a(1)\, \zeta_b(2) + c_2\, \left[\xi_a(1)\, \xi_b(2) + \eta_a(1)\, \eta_b(2)\right] \qquad (53,11)$$

und eins 1. Grades für

$$\psi = \xi_a(1)\, \eta_b(2) - \eta_a(1)\, \xi_b(2) \qquad (53,12)$$

Das gibt 3 Σ-Terme des Moleküls. Zwei davon gehören zu Eigenfunktionen, die invariant sind gegen Spiegelung an der y-Ebene. Man nennt solche Terme in der Spektroskopie Σ^+. Einer gehört zu einer Eigenfunktion, die bei Spiegelung ihr Vorzeichen umkehrt. Man bezeichnet einen solchen Term mit Σ^-.

Unsere bisher gepflogene Behandlung einer σ-Bindung, d. h. des Zustandekommens eines Σ-Terms des Moleküls, berücksichtigte nur $\psi = \zeta_a(1)\, \zeta_b(2)$, eine Kombination, die streng überhaupt nicht unter den 3 konsequenten Linearkombinationen (53,11) und (53,12) enthalten ist, denn c_2 in (53,11) ist normalerweise nicht gleich 0.

Um die Austauschentartung, bezw. den Spin, haben wir uns hier noch nicht gekümmert. Dieser tritt in der Störungsrechnung (53,8) in Erscheinung, wenn wir die Spinfunktion φ festsetzen. Bei $\varphi = [ab]$ haben wir die Antiparallelstellung der Spins, also einen Singlett-Zustand, bei $\varphi = [al][bl]$ Parallelstellung und einen Triplettzustand vor uns.

Je nach der Wahl von φ müssen wir also an unsere Termsymbole oben links noch den Index 1 oder 3 anbringen. Das bewirkt Verdoppelung der Term-Anzahl.

Wir beginnen mit dem Säkularproblem 2. Grades, welches für den Singlettzustand $\varphi = [ab]$ nach (53,8) zu schreiben ist:

$$c_1 \left\{ \iint \zeta_a(1)\, \zeta_b(2)\, [H - E]\, \zeta_a(1)\, \zeta_b(2)\, d\tau_1\, d\tau_2 \right.$$
$$\left. + \iint \zeta_a(1)\, \zeta_b(2)\, [H - E]\, \zeta_b(1)\, \zeta_a(2)\, d\tau_1\, d\tau_2 \right\}$$
$$+ c_2 \left\{ \iint \zeta_a(1)\, \zeta_b(2)\, [H - E]\, \Big(\xi_a(1)\, \xi_b(2) + \eta_a(1)\, \eta_b(2)\Big)\, d\tau_1\, d\tau_2 \right.$$
$$\left. + \iint \zeta_a(1)\, \zeta_b(2)\, [H - E]\, \Big(\xi_b(1)\, \xi_a(2) + \eta_b(1)\, \eta_a(2)\Big)\, d\tau_1\, d\tau_2 \right\} = 0$$

$$c_1 \left\{ \iint \xi_a(1)\, \xi_b(2)\, [H - E]\, \zeta_a(1)\, \zeta_b(2)\, d\tau_1\, d\tau_2 \right.$$
$$\left. + \iint \xi_a(1)\, \xi_b(2)\, [H - E]\, \zeta_b(1)\, \zeta_a(2)\, d\tau_1\, d\tau_2 \right\}$$
$$+ c_2 \left\{ \iint \xi_a(1)\, \xi_b(2)\, [H - E]\, \Big(\xi_a(1)\, \xi_b(2) + \eta_a(1)\, \eta_b(2)\Big)\, d\tau_1\, d\tau_2 \right.$$
$$\left. + \iint \xi_a(1)\, \xi_b(2)\, [H - E]\, \Big(\xi_b(1)\, \xi_a(2) + \eta_b(1)\, \eta_a(2)\Big)\, d\tau_1\, d\tau_2 \right\} = 0$$

$$(53,13)$$

§ 53. Systematische Störungsrechnung mit Bahnentartungen.   281

Wie stets ist für $H - E$ unter dem Integral $u - \varepsilon$ zu setzen. Wir stellen die auftretenden Integrale zusammen und kürzen sie ab:

$$\iint \zeta_a{}^2(1)\, u(12)\, \zeta_b{}^2(2)\, d\tau_1 d\tau_2 - \varepsilon = K_{zz,zz} - \varepsilon$$

$$\iint \zeta_a(1)\, \zeta_b(1)\, u(12)\, \zeta_a(2)\, \zeta_b(2)\, d\tau_1 d\tau_2 - \varepsilon \iint \zeta_a(1)\, \zeta_b(1)\, \zeta_a(2)\, \zeta_b(2)\, d\tau_1 d\tau_2$$
$$= N_{zz,zz} - \varepsilon S_{zz,zz}$$

$$\iint \zeta_a(1)\, \xi_a(1)\, u(12)\, \zeta_b(2)\, \xi_b(2)\, d\tau_1 d\tau_2 = K_{xz,xz} = K_{yz,yz}$$

$$\iint \zeta_a(1)\, \xi_b(1)\, u(12)\, \zeta_a(2)\, \zeta_b(2)\, d\tau_1 d\tau_2 = N_{zx,xz} = N_{xz,zx} = N_{zy,yz} = N_{yz,zy}$$

$$\iint \xi_a{}^2(1)\, u(12)\, \xi_b{}^2(2)\, d\tau_1 d\tau_2 - \varepsilon = K_{xx,xx} - \varepsilon = K_{yy,yy} - \varepsilon$$

$$\iint \xi_a(1)\, \xi_b(1)\, u(12)\, \xi_a(2)\, \xi_b(2)\, d\tau_1 d\tau_2 - \varepsilon \iint \xi_a(1)\, \xi_b(1)\, \xi_a(2)\, \xi_b(2)\, d\tau_1 d\tau_2$$
$$= N_{xx,xx} - \varepsilon S_{xx,xx} = N_{yy,yy} - \varepsilon S_{yy,yy}$$

$$\iint \xi_a(1)\, \eta_a(1)\, u(12)\, \xi_b(2)\, \eta_b(2)\, d\tau_1 d\tau_2 = K_{xy,xy} = K_{yx,yx}$$

$$\iint \xi_a(1)\, \eta_b(1)\, u(12)\, \xi_b(2)\, \eta_a(2)\, d\tau_1 d\tau_2 = N_{xy,yx} = N_{yx,xy} \qquad (53{,}14)$$

Alle K-Integrale bedeuten eine Coulombsche Wechselwirkung einer Ladungsverteilung des Atoms a mit einer des Atoms b, alle N sind Austauschintegrale und bedeuten die Wechselwirkung von „Übergangsladungen" zwischen a und b miteinander und mit den Kernen. $S_{zz,zz}$ und $S_{xx,xx}$ sind die Nichtorthogonalitätsintegrale.

Mit den Abkürzungen (53,14) wird aus (53,13):

$$c_1(K_{zz,zz} - \varepsilon + N_{zz,zz} - \varepsilon S_{zz,zz}) + c_2(2K_{xz,xz} + 2N_{zx,xz}) = 0$$
$$c_1(K_{xz,xz} + N_{zx,xz}) + c_2(K_{xx,xx} - \varepsilon + K_{xy,xy} + N_{xx,xx} - \varepsilon S_{xx,xx} + N_{xy,yx}) = 0$$
$$(53{,}15)$$

Wir bekommen unsere alte Lösung für die σ-Bindung im Grenzfall, wenn $K_{xz,xz}$ und $N_{zx,xz}$ verschwindend klein werden. Dann ist:

$$\varepsilon_1(^1\Sigma^+) \cong \frac{K_{zz,zz} + N_{zz,zz}}{1 + S_{zz,zz}}$$

$$\varepsilon_2(^1\Sigma^+) \cong \frac{K_{xx,xx} + K_{xy,xy} + N_{xx,xx} + N_{xy,yx}}{1 + S_{xx,xx}} \qquad (53{,}16)$$

ε_1 ist die frühere Lösung, ε_2 ist ein neuer $^1\Sigma^+$-Term, der sich nicht auf das HUNDsche Schema zurückführen läßt, weil die zugehörige Eigenfunktion (der Faktor von c_2 in (53,11)) nicht aus dem Produkt zweier Einelektronenlösungen des Zweizentrenproblems durch Streichung der Ionenzustände hervorgeht. Die Bahnentartung ist hier wesentlich. Durch $K_{xz,xz}$ und $N_{zx,xz}$ werden beide Zustände gekoppelt und die Energien ε_1 und ε_2 auseinandergedrängt, was man durch Auflösung der Gleichung (53,15) nach ε leicht ausrechnen kann.

Die entsprechenden Tripletterme ($^3\Sigma^+$) erhalten wir sofort, wenn wir in (53,15), bzw. (53,16) die Vorzeichen aller Austauschintegrale umkehren, also näherungsweise:

$$\varepsilon_1(^3\Sigma^+) \cong \frac{K_{zz,zz} - N_{zz,zz}}{1 - S_{zz,zz}}$$

$$\varepsilon_2(^3\Sigma^+) \cong \frac{K_{xx,xx} + K_{xy,xy} - N_{xx,xx} - N_{xy,yx}}{1 - S_{xx,xx}} \qquad (53{,}17)$$

282   Kapitel VII.

Wir wollen auch den Σ^--Term noch ausrechnen. Hier lautet das Säkularproblem 1. Grades für den Singletterm:

$$\iint \xi_a(1)\,\eta_b(2)\,[H-E]\left(\xi_a(1)\,\eta_b(2) - \eta_a(1)\,\xi_b(2)\right) d\tau_1\,d\tau_2$$

$$+ \iint \xi_a(1)\,\eta_b(2)\,[H-E]\left(\xi_b(1)\,\eta_a(2) - \eta_b(1)\,\xi_a(2)\right) d\tau_1\,d\tau_2 = 0 \quad (53,18)$$

Neu treten darin auf folgende Integrale

$$\iint \xi_a^2(1)\,u(12)\,\eta_b^2(2)\,d\tau_1\,d\tau_2 - \varepsilon = K_{xx,yy} - \varepsilon = K_{yy,xx} - \varepsilon$$

$$\iint \xi_a(1)\,\xi_b(1)\,u(12)\,\eta_a(2)\,\eta_b(2)\,d\tau_1\,d\tau_2 - \varepsilon \iint \xi_a(1)\,\xi_b(1)\,\eta_a(2)\,\eta_b(2)\,d\tau_1\,d\tau_2$$
$$= N_{xx,yy} - \varepsilon S_{xx,yy} = N_{yy,xx} - \varepsilon S_{yy,xx}$$

$$\iint \xi_a(1)\,\eta_b(1)\,u(12)\,\xi_a(2)\,\eta_b(2)\,d\tau_1\,d\tau_2 = N_{xy,xy} = N_{yx,yx} \quad (53,19)$$

Nach Einführung der Abkürzungen gewinnen wir aus (53,18):

$$\varepsilon(^1\Sigma^-) = \frac{K_{xx,yy} - K_{xy,xy} + N_{xx,yy} - N_{xy,xy}}{1 + S_{xx,yy}} \quad (53,20)$$

Der Triplettterm geht wieder durch Umkehr des Vorzeichens der N-Integrale aus $\varepsilon(^1\Sigma^-)$ hervor:

$$\varepsilon(^3\Sigma^-) = \frac{K_{xx,yy} - K_{xy,xy} - N_{xx,yy} + N_{xy,xy}}{1 - S_{xx,yy}} \quad (53,21)$$

Im ganzen haben wir also in (53; 16, 17, 20, 21) 6 verschiedene Σ-Terme erhalten, und zwar 3 Triplett- und 3 Singletterme. Welcher von diesen der tiefste ist, also zur σ-Bindung von 2 Atomen mit p-Valenzen führt, läßt sich nur durch Auswertung der Integrale im Einzelfall entscheiden.

Qualitativ gelten unsere Überlegungen auch für den Fall von 5 p-Valenzelektronen, der z. B. im Cl_2 vorliegt. Wir haben dieselben Terme des Atoms, dieselbe Entartung und dasselbe Zustandekommen der Molekülterme. Auch hier kann ja das eine, nicht gepaarte Elektron in ζ, η, ξ sitzen, die 4 gepaarten müssen dann jeweils die beiden übrigen Eigenfunktionen ausfüllen. Die Rechnung würde ganz analog verlaufen, nur bekämen alle Integrale eine andere Bedeutung. Die Erfahrung zeigt, daß der Term $\varepsilon_1(^1\Sigma^+)$ normalerweise der tiefste ist. Dieser entspricht ja auch gerade unserem früheren Schema.

Jetzt betrachten wir ein Atom mit zwei p-Valenzelektronen und denken uns ein Elektronenpaar in der festesten Bindung mit der Energie $\varepsilon_1(^1\Sigma^+)$ lokalisiert, wodurch die Eigenfunktion ζ verbraucht sei. Nur für die beiden übrig bleibenden p-Elektronen führen wir dann die obige Störungsrechnung durch. Für diese beiden Elektronen stehen uns nur noch die Funktionen ξ und η zur Verfügung. Wir erhalten die 4 möglichen Energien

$$\varepsilon_2(^1\Sigma^+) \text{ nach Gl. (53,16)} \qquad \varepsilon_2(^3\Sigma^+) \text{ nach Gl. (53,17)}$$
$$\varepsilon(^1\Sigma^-) \text{ nach Gl. (53,20)} \qquad \varepsilon(^3\Sigma^-) \text{ nach Gl. (53,21)} \qquad (53,22)$$

Die Wechselwirkung mit den Atomrümpfen sowie mit der lokalisierten Valenz ist dabei nicht mit hingeschrieben.

An Stelle eines Atoms mit p^2-Valenz nehmen wir eins mit p^4-Valenz, das demselben Formalismus unterliegt, nur mit anderen Werten der Austauschintegrale in (53,22). Hier zeigt die Erfahrung beim O_2, daß der $^3\Sigma^-$-Zustand der tiefste ist. Beim O_2 ist also die Differenz $N_{xx,yy}-N_{xy,xy}$ positiv. In Wirklichkeit treten aber wegen der Anwesenheit des Paares in jedem Atom kompliziertere Ausdrücke an Stelle von $N_{xx,yy}$ und $N_{xy,xy}$. Wir sehen nur soviel, daß wir es wegen der Entartung der ξ und η-Eigenfunktionen hier mit einer Differenz von Integralen zu tun haben, über deren Vorzeichen wir theoretisch bisher nichts aussagen können. Der Vergleich von $\varepsilon(^3\Sigma^-)$ und $\varepsilon(^1\Sigma^-)$ mit $\varepsilon_1(^3\Sigma^+)$ und $\varepsilon_1(^1\Sigma^+)$ zeigt, daß wir formal auch für O_2 die üblichen Formeln verwenden können, nach denen sich die Wechselwirkung zwischen 2 Atomen aus einem Coulomb- und einem Austauschglied zusammensetzt. Nur bekommt das Austauschintegral zwischen den beiden Elektronen, welche die zwei Bindungen besorgen, entgegengesetztes Vorzeichen als normal.

Die durchgeführten Rechnungen geben wegen Unkenntnis der Austauschintegrale keine quantitativen Aufschlüsse. Immerhin zeigen sie den Weg, auf welchem die elementare Deutung des Grundzustandes des O-Atoms, die wir in Kap. IV, § 28 besprochen haben, quantitativ weiter zu führen ist.

Für angeregte H_2-Zustände ist die beschriebene Störungsrechnung von BARTLETT[9] durchgeführt worden. Dort wurden auch sämtliche Integrale ausgewertet.

Literatur zu Kapitel VII.

Zusammenfassende Darstellungen.

1. J. H. VAN VLECK, A. SHERMAN, Rev. Mod. Phys. **7** S. 167. 1935 (Bericht über den Stand der Theorie der homöopolaren Bindung).
2. K. FREUDENBERG, Stereochemie. Wien 1933.
3. R. F. BACHER, S. GOUDSMIT, Atomic Energy States. New York 1932 (Tabellen der spektroskopischen Terme der Elemente).
4. E. U. CONDON, G. H. SHORTLEY, The Theory of Atomic Spectra. Cambridge 1935.

Originalarbeiten.
(Man vergleiche auch das Literaturverzeichnis zu Kap. VI.)

1929

5. J. C. SLATER, Phys. Rev. **34** S. 1293 (Theorie komplexer Atomspektren).

1930

6. E. U. CONDON, Phys. Rev. **36** S. 1121 (Theorie komplexer Spektren nach [5]).

1931

7. E. U. CONDON, G. H. SHORTLEY, Phys. Rev. **37** S. 1025 (Fortsetzung von [6]).
8. E. HÜCKEL, Zs. f. Phys. **70** S. 204 und **72** S. 310 (Das Benzolproblem).
9. J. H. BARTLETT, Phys. Rev. **37** S. 507 (Systematische Theorie der Bahnentartung bei angeregten H_2-Zuständen).

1932

10. M. H. JOHNSON, Phys. Rev. **39** S. 197 (Komplexe Spektren unter Berücksichtigung der Spin-Bahn-Wechselwirkung).
11. N. F. BEARDSLEY, Phys. Rev. **39** S. 913 (Auswertung der Aust.-Integrale zur Theorie der komplexen Spektren).
12. C. W. UFFORD, G. H. SHORTLEY, Phys. Rev. **42** S. 167 (Fortsetzung von [7]).
13. A. S. COOLIDGE, Phys. Rev. **42** S. 189 (Theorie des H_2O unter Berücksichtigung höherer Permutationen. Integrale im Dreizentren-Problem).

284   Kapitel VII.

14. E. Hückel, Zs. f. Phys. **76** S. 628 (Nichtlokalisierte Bindungen in der organ. Chemie).
15. W. Heitler, A. A. Schuchowitzky, Phys. Zs. der Sowjetunion **3** S. 241 (Bindungs- und Aktivierungsenergie einfacher Kohlenwasserstoffe vom Näherungsstandpunkt fester inneratomarer Spinkopplung. S. auch [19]).
16. H. J. Woods, Trans. Far. Soc. **28** S. 877 (Quantitative Rechnungen zu CH_4).
17. H. Eyring, A. Sherman, J. Am. Chem. Soc. **54** S. 3191 (Theorie der aktivierten Adsorption).
18. K. H. Geib, P. Harteck, Chem. Ber. **65** S. 1551 (2 Modifikationen H_2O_2, experimentell).

1933
19. H. Hellmann, Zs. f. Phys. **82** S. 192 (Stickstoffwasserstoffe und Kohlenwasserstoffe vom Standpunkt fester inneratomarer Spinkopplung. Die Ausnahmestellung des C-Atoms).
20. E. Hückel, Zs. f. Phys. **83** S. 632 (Aromatische und ungesättigte Verbindungen. Energieresonanz als Einelektronenproblem).
21. J. H. van Vleck, J. Chem. Phys. **1** S. 177 und S. 219 (Diskussion der verschiedenen Näherungsstandpunkte in der organ. Chemie).
22. P. C. Cross, J. H. van Vleck, J. Chem. Phys. **1** S. 350 und S. 357 (Quantitative Theorie des H_2O bei lokalisierten Valenzen. Deutung seiner Ramanfrequenzen).
23. L. Pauling, G. W. Wheland, J. Chem. Phys. **1** S. 362 (Quantentheorie der nicht lokalisierten Valenzen in der organischen Chemie).

1934
24. E. Hückel, Trans. Far. Soc. **30** S. 40 (Freie Radikale. Kurze Wiederg. von [20]).
25. W. G. Penney, G. B. B. M. Sutherland, Trans. Far. Soc. **30** S. 898 (Notiz über Struktur von H_2O_2 und N_2H_4).
26. W. G. Penney, Proc. R. Soc. **144** S. 166 (Theorie des sterischen Baus von CH_4 und C_2H_4).
27. W. G. Penney, Proc. R. Soc. **146** S. 223 (Theorie des Benzolrings).
28. W. G. Penney, Proc. Phys. Soc. (London) **46** S. 333 (Austauschintegrale und Verdrillungsfrequenzen beim Äthylen).
29. J. H. van Vleck, Phys. Rev. **45** S. 405 (Das Diracsche Vektormodell zur Berechnung der Austauschenergie in komplexen Spektren).
30. R. Serber, Phys. Rev. **45** S. 461 (Das Diracsche Vektormodell zur Energieberechnung in komplexen Spektren).
31. L. G. Bonner, Phys. Rev. **46** S. 458 (Ergänzung zu [22]).
32. R. A. Merril, Phys. Rev. **46** S. 487 (Theorie komplexer Spektren mit fester Spin-Bahn-Wechselwirkung) .
33. J. H. van Vleck, J. Chem. Phys. **2** S. 20 und S. 297 (Die Valenzzustände des C-Atoms, quantitative Theorie der lokalisierten Valenz. CH_4).
34. G. W. Wheland, J. Chem. Phys. **2** S. 474 (Ungesättigte und aromatische Moleküle).
35. L. Pauling, G. W. Wheland, J. Chem. Phys. **2** S. 482 (Fortsetzung von [23]).
36. J. Sherman, J. Chem. Phys. **2** S. 488 (Säkularproblem 42. Grades für Naphthalin).
37. W. G. Penney, G. B. B. M. Sutherland, J. Chem. Phys. **2** S. 492 (Ergänzg. zu [25]).
38. C. T. Zahn, J. Chem. Phys. **2** S. 671 (Bemerkung zum additiven Energieschema der organ. Chemie).
39. R. S. Mulliken, J. Chem. Phys. **2** S. 782 (Tabellen der Valenzzustände. Elektronegativität).
40. E. Hückel, International Conference on Physics, London 1934. Papers and Discussions vol. II. S. 9. Cambridge 1935 (Zusammenfassender Bericht über Theorie der aromatischen und ungesättigten Moleküle. Ausführliche Anwendung des Näherungsstandpunktes nicht lokalisierter, einzelner Elektronen).
41. H. Hellmann, C. R. Acad. Sci. URSS **4** S. 444 (Abtrennung eines edelgasähnlichen Anteils der Wechselwirkung zweier Atome mit Valenzelektronen).

1935
42. A. Sherman, C. E. Sun, H. Eyring, J. Chem. Phys. **3** S. 49 (Die Reaktion $H_2 + C_6H_6$ als 8-Elektronenproblem).

§ 54. Die Grundgleichungen bei adiabat. Verlauf der Kernbewegung. 285

43. V. DEITZ, J. Chem. Phys. **3** S. 58 und S. 436 (Zum additiven Energieschema der organischen Chemie).
44. R. SERBER, J. Chem. Phys. **3** S. 81 (Prüfung des Energieschemas der lokalisierten Valenzen an den Kohlenwasserstoffen).
45. R. S. MULLIKEN, J. Chem. Phys. **3** S. 375 (Diskussion der verschiedenen Näherungsmethoden in der Theorie der Valenz).
46. W. G. PENNEY, Trans. Far. Soc. **31** S. 734 (Entnahme der Austauschintegrale von CH_4 aus seinem Schwingungsspektrum. Theorie des CH_4 und CH_3).
47. L. E. SUTTON, L. O. BROCKWAY, J. Am. Chem. Soc. **57** S. 473 (Experimentelle Bestimmung der sterischen Struktur von $CHCl_3$, CH_2Cl_2 und CCl_4).
48. J. H. VAN VLECK, J. Chem. Phys. **3** S. 807 (Valenzbetätigung und magnetische Suszeptibilität bei komplexen Salzen).

1936
49. H. H. VOGE, J. Chem. Phys. **4** S. 581 (Systematische Theorie des CH_4 unter Berücksichtigung sämtlicher Zustände: s^2p^2, sp^3, p^4 des C-Atoms. Kritische Besprechung der Theorie der „Valenzzustände").

1937
50. H. HELLMANN, M. MAMOTENKO. Arbeit erscheint in Acta Physicochim. URSS. (Genaue Berechnung der Valenzzustände aus den Spektren).*)
51. E. HÜCKEL, Zs. phys. Chemie (B) **35** S. 163 (Kritische Diskussion der Theorien der Substitutionsreaktionen an Benzolen).

Kapitel VIII.

Die Wechselwirkung von bewegten Atomen und Molekülen.

§ 54. Die Grundgleichungen bei adiabatischem Verlauf der Kernbewegung.

In allen bisherigen Überlegungen haben wir die Koordinaten der Atomkerne als gegebene äußere Parameter betrachtet. In diesem Kapitel stellen wir die Frage nach dem quantenmechanischen Zustand des Systems einschließlich der Kernbewegung.

Die auf die einzelnen Kerne wirkenden Kräfte folgen aus unseren bisherigen Resultaten. Wenn uns nämlich die Gesamtenergie $\overline{H}$ eines Systems als Funktion der Kernparameter ξ**) bekannt ist, dann ergibt sich die auf die Kerne wirkende Kraft: $K_i =$

$$- \frac{\partial \overline{H}}{\partial \xi_i} = - \int \frac{\partial \psi^*}{\partial \xi_i} H \psi \, dx - \int \psi^* H \frac{\partial \psi}{\partial \xi_i} \, dx - \int \psi^* \frac{\partial H}{\partial \xi_i} \psi \, dx \quad (54,1)$$

Nun ist die Gleichgewichtsenergie $\overline{H}_{min}$ ein Extremum gegenüber allen denkbaren Variationen von ψ^* und ψ, also auch gegenüber der Variation des Parameters ξ_i. Wenn wir also der Elektronenwolke Zeit lassen, in jeder Kernkonfiguration die zugehörige Gleichgewichtsverteilung, d. h. Eigenfunktion der Energie, aufzusuchen, dann verschwinden infolge der Extremumseigenschaft dieser Eigenfunktionen ψ die ersten beiden Integrale in Gl. (54,1). In dem Operator $H = T + U$ hängt nur die potentielle Energie U von den Parametern ξ_i ab, denn der Operator T der

---

*) Anm. d. Hrsg.: Erschienen in Acta Physicochim. URSS **7** (1937) 127.

**) Wir bezeichnen in diesem ganzen Kapitel die Kernkoordinaten mit ξ_i, die Elektronenkoordinaten mit x_i. Für die entsprechenden Volumenelemente schreiben wir kurz $d\xi$ und dx.

286   Kapitel VIII.

kinetischen Energie der Elektronen enthält nur die Ableitungen nach den Elektronenkoordinaten. So folgt aus (54,1)

$$-\frac{\partial \overline{H}}{\partial \xi_i} = -\overline{\frac{\partial H}{\partial \xi_i}} = -\overline{\frac{\partial U}{\partial \xi_i}} = -\int |\psi|^2 \frac{\partial U}{\partial \xi_i}\, dx \qquad (54,2)$$

Das Integral stellt nichts anderes dar als die mit der Ladung des i-ten Kerns multiplizierte elektrische Feldstärke in x-Richtung, die am Orte des i-ten Kerns von allen übrigen Kernen sowie der gesamten verschmierten Elektronenladung erzeugt wird. Gerade dieses Resultat war auch anschaulich zu erwarten, denn die einzigen Kräfte, welche auf einen herausgegriffenen, festgehaltenen Kern von dem ganzen übrigen System ausgeübt werden können, sind die elektrostatischen.

Die Eigenwerte des Gesamtsystems als Funktion der Kernparameter geben also gleich das Kraftfeld, in welchem sich die Kerne bewegen, allerdings stets unter der Voraussetzung eines so langsamen Ablaufs dieser Bewegung, daß die Elektronenwolke an jedem Punkt Zeit hat, ihre Gleichgewichtsverteilung (genauer gesagt, minimisierende Eigenfunktion) einzunehmen. Die Grenzen dieser Voraussetzung werden wir unten noch besprechen und in § 59 ganz ausführlich untersuchen. Man nennt eine solche „unendlich langsame" Parameteränderung, die durch lauter Gleichgewichtszustände hindurch führt, genau wie in der Thermodynamik, „adiabatisch".

Zu jeder Konfiguration der Kerne gehört nicht nur e i n Elektronenterm, sondern ein ganzes Orthogonalsystem von Termen. Ändern wir die Kernparameter stetig ab, dann wird sich auch die Lage der Terme stetig ändern. Denken wir nun noch jede Entartung des Systems aufgehoben, was durch ein beliebig kleines äußeres Feld stets erreichbar ist, dann können für keine Wahl der Parameter 2 Eigenwerte des Systems zusammenfallen. Im Zusammenhang mit der stetigen Abhängigkeit der Eigenwerte von den Parametern bedeutet dies, daß sich die Energiehyperflächen nirgends überschneiden. Im Falle zweier Parameter gibt uns also eine Schar von übereinanderliegenden, sich nirgends schneidenden oder berührenden Flächen das Termsystem für alle Konfigurationen.

Dieses bei Aufhebung jeder Entartung allgemein geltende „Kreuzungsverbot" der Terme wird noch deutlicher im einfachsten Fall eines einzigen Parameters. Hier besagt es, daß sich die zu verschiedenen Quantenzuständen gehörigen Energiekurven niemals schneiden dürfen, wenn man den Parameter genügend langsam ändert. Um die Vorstellungen zu fixieren, betrachten wir ein System von zwei Atomen, dessen Entartung darin besteht, daß eins der Elektronen sich entweder beim Atom A oder beim Atom B befinden kann. Dieser Fall liegt bei jedem unsymmetrischen zweiatomigen Molekül, wie z. B. dem HCl, vor. In einem Zustand befindet sich das Elektron beim H-Atom (Atomzustand), im anderen Fall beim Cl-Atom (Ionenzustand). Dies Problem haben wir in Kap. IV, § 27, schon untersucht, die Lösungen liegen in Gl. (27,5–6) fertig vor. u_{aa} und u_{bb} mögen auch den Beitrag sämtlicher übrigen Elektronen zur Störungsenergie enthalten. Wenn wir zunächst die Entartung nicht beachten wollen, müssen wir $|u_{ab}|^2 = 0$ setzen und erhalten die beiden Lösungen

$$\psi = \psi_a \qquad \text{und} \qquad \psi = \psi_b$$
$$\text{mit } \varepsilon = u_{aa}(R) \qquad\qquad \text{mit } \varepsilon = u_{bb}(R) \qquad (54,3)$$

§ 54. Die Grundgleichungen bei adiabat. Verlauf der Kernbewegung. 287

u_{aa} sei der Atomterm, u_{bb} der Ionenterm. Ein möglicher Verlauf der Terme ist in Fig. 32 wiedergegeben. Darin ist angenommen, daß in der Nähe des Gleichgewichtsabstandes der Ionenterm und in sehr großen Abständen der Atomterm tiefer liegt. Es muß dann bei irgend einem mittleren Abstand eine Überkreuzung der beiden Terme stattfinden. Man sieht, daß die Entartung am Schnittpunkt nur aufgehoben wird, wenn hier die Übergangswahrscheinlichkeit $|u_{ab}|^2$ von 0 verschieden ist. Es genügt dazu aber ein beliebig kleiner Wert von $|u_{ab}|^2$. Betrachten wir die Lösungen (27,6) unter Voraussetzung eines sehr kleinen, aber endlichen u_{ab}. Im Schnittpunkt selbst ist $u_{aa} = u_{bb}$, daher

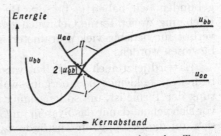

Fig. 32. Das Kreuzungsverbot der Terme.

$$\frac{c_b}{c_a} = \mp \frac{|u_{ab}|}{u_{ab}} \quad \text{also} \quad |c_a|^2 = |c_b|^2 \tag{54,4}$$

Es sind demnach ψ_a und ψ_b in beiden Lösungen genau gleich stark beteiligt. Wie Gl. (27,5) zeigt, spaltet die Energie am Schnittpunkt in der Weise auf, daß ein Term um $|u_{ab}|$ nach oben, der andere um $|u_{ab}|$ nach unten rückt.

Für Gebiete außerhalb des Schnittpunktes läßt sich (27,6) bei genügend kleinem $|u_{ab}|^2$ annähern:

$$\frac{c_b}{c_a} = \frac{u_{bb} - u_{aa} \mp \left(|u_{bb} - u_{aa}| + \frac{2|u_{ab}|^2}{|u_{bb} - u_{aa}|} \right)}{2\,u_{ab}} \tag{54,5}$$

In dem Gebiet rechts des Schnittpunktes, wo $u_{bb} > u_{aa}$ ist, werden die beiden Lösungen

$$I: \quad \frac{c_b}{c_a} = \frac{-|u_{ab}|^2}{u_{ab}(u_{bb} - u_{aa})} \quad \text{also} \quad c_b \cong 0$$

$$II: \quad \frac{c_b}{c_a} = \frac{u_{bb} - u_{aa} + \frac{|u_{ab}|^2}{u_{bb} - u_{aa}}}{u_{ab}} \quad \text{also} \quad c_a \cong 0 \tag{54,6}$$

Im Gebiet links des Schnittpunktes, wo $u_{aa} > u_{bb}$ ist, wird dagegen

$$I: \quad \frac{c_b}{c_a} = \frac{u_{bb} - u_{aa} - \frac{|u_{ab}|^2}{u_{aa} - u_{bb}}}{u_{ab}} \quad \text{also} \quad c_a \cong 0$$

$$II: \quad \frac{c_b}{c_a} = \frac{|u_{ab}|^2}{u_{ab}(u_{aa} - u_{bb})} \quad \text{also} \quad c_b \cong 0 \tag{54,7}$$

Durch Berücksichtigung der endlichen Übergangswahrscheinlichkeit, also auch durch Aufhebung der Entartung, ist so tatsächlich die Kreuzung vermieden. An Stelle der sich kreuzenden Kurven u_{aa} und u_{bb} sind 2 sich ausweichende Kurven I und II entstanden. I fällt rechts vom

288   Kapitel VIII.

Schnittpunkt nahezu mit u_{aa} und links vom Schnittpunkt nahezu mit u_{bb} zusammen, umgekehrt für II.

Diese Überlegung ist keineswegs an das gewählte spezielle Beispiel gebunden, wir haben ja bei der Rechnung nur von der Tatsache der Kreuzung zweier Terme Gebrauch gemacht. Das allgemeine Kreuzungs-verbot für beliebig viele Parameter ist von NEUMANN und WIGNER[17] bewiesen worden.

Es wird jetzt auch deutlicher, was praktisch eigentlich „adiabatisch" bedeutet. Je kleiner die Übergangswahrscheinlichkeit, d. h. die Aufspal-tung der Terme ist, um so langsamer muß die Änderung der Parameter vor sich gehen, damit das System im Gebiet des Schnittpunktes Zeit hat, sich auf die gekoppelten Zustände $\psi_a \pm \psi_b$ einzuschwingen. Wenn der Punkt zu schnell passiert wird und die Übergangswahrscheinlichkeit zu klein ist, findet Überschneidung der Terme statt, die Bewegung erfolgt nicht mehr adiabatisch. Wir kommen in § 59 ausführlich auf diesen Fall zurück.

Die einfache Betrachtung von sich kreuzenden Potentialkurven legt auch schon eine rohe Abschätzung von Aktivierungsenergien nahe, deren Genauigkeit für manche Zwecke ausreicht.

Als einfachstes Beispiel betrachten wir nach OGG und POLANYI[50] eine Reaktion von dem Typus $Z^- + XY \longrightarrow ZX + Y^-$. Wir denken uns dieselbe so ausgeführt, daß die Atome Z und X in bestimmtem Abstand festgehalten werden und dann nur der $X—Y$-Abstand vari-iert wird. Dann geht der Abstand $X—Y$ als einziger Parameter in das Problem ein und wir können qualitativ unsere oben angestellten Überle-gungen unmittelbar auf dieses System von 3 Atomen anwenden. Als die beiden miteinander entarteten Zustände ψ_a und ψ_b betrachten wir den Zustand, der einer lokalisierten homöopolaren Bindung XY entspricht, und den anderen, welcher der Bindung ZX entspricht. Die erste Ener-giekurve ist im wesentlichen die bekannte Morse-Funktion (s. § 55) des Moleküls XY, welche durch Anwesenheit des Z-Ions in konstantem Ab-stand von X ein wenig vertikal verschoben ist. Die zweite Energiekurve entspricht der Wechselwirkung des Ions Y^- mit dem fertigen Molekül ZX, als Funktion des Ionenabstandes. Sie setzt sich aus Polarisations- und Dispersionskräften sowie der in kürzeren Abständen einsetzenden Ab-stoßungsfunktion infolge des Ionenra-dius zusammen. In Figur 33 sind diese beiden Energiekurven für einen bestimmten Abstand ZX, der etwas größer als der Gleichgewichtsabstand des freien ZX-Moleküls ist, aufge-zeichnet. Streng genommen müssen wir den Abstand $Z—X$ wählen, bei dem der Schnittpunkt der beiden Kur-ven möglichst dicht über dem Energie-niveau des Ausgangszustandes liegt. Man findet ihn durch etwas Aus-probieren. Das wirkliche Ausgangsniveau des Zustandes $Z^- + XY$ liegt etwas tiefer als das Minimum der Kurve c. Man bekommt es, wenn beim Gleichgewichtsabstand $X—Y$ das Ion Z^- ins Unendliche gerückt wird. Das Ausgangsniveau ist als e in der Figur angedeutet. Ähnlich liegt

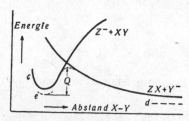

Fig. 33. Aktivierungsenergie einer Ionenreaktion nach OGG und PO-LANYI[50].

§ 54. Die Grundgleichungen bei adiabat. Verlauf der Kernbewegung. 289

der Endzustand $ZX + Y^-$ bei etwas anderem, nämlich kleinerem $Z-X$, als der Kurve zugrundegelegt. Dem Gleichgewichtsabstand $Z-X$, bei $X-Y = \infty$, entspricht das Niveau d in der Figur.

Wenn nun die Übergangswahrscheinlichkeit $|u_{ab}|^2$ zwischen beiden Kurven nicht allzu groß ist, dann wird sich als Energiekurve für die adiabatische Änderung des $X-Y$-Abstandes bei konstantem $Z-X$ etwa die gestrichelte Kurve einstellen. Als Aktivierungsenergie der Reaktion $Z^- + XY \longrightarrow ZX + Y^-$ erscheint dann die als Pfeil eingezeichnete Energiegröße, welche näherungsweise mit dem Abstand des Schnittpunktes beider Kurven vom Ausgangsniveau übereinstimmt. So läßt sich bei Kenntnis der einzelnen Wechselwirkungsfunktionen u_{aa} und u_{bb} die Aktivierungsenergie abschätzen. Dies Verfahren wurde von POLANYI und seinen Mitarbeitern mit gutem Erfolg auf Reaktionsprobleme in Lösungen angewandt[50,52], wobei noch eine Reihe von Verfeinerungen angebracht wurden, auf die wir hier nicht eingehen wollen.

Theoretisch bleiben aber gewisse Bedenken gegen eine quantitative Auswertung dieser Betrachtungsweise. Da u_{ab} nicht bekannt ist, muß die Übergangswahrscheinlichkeit zwischen beiden Kurven als so klein vorausgesetzt werden, daß der Gipfel des Aktivierungsberges in Fig. 33 noch nahezu mit dem Schnittpunkt zusammenfällt. Andererseits aber muß u_{ab} doch so groß sein, daß die praktisch vorkommenden Stoßgeschwindigkeiten der Moleküle noch als „unendlich langsam" betrachtet werden können im Vergleich zur Geschwindigkeit des Übergangs zwischen beiden Zuständen. Immerhin gehen diese Ansätze über klassische Vorstellungen schon hinaus und erlauben gewisse Gesetzmäßigkeiten des experimentellen Materials in ein übersichtliches Schema einzuordnen (s. die oben zitierten Arbeiten).

Wir vollziehen jetzt für den Grenzfall rein adiabatischen Ablaufs aller Kernbewegungen den Schritt, der uns von der klassischen Vorstellung lokalisierter, punktförmiger Kerne zur wellenmechanischen Behandlung der Kernbewegung führt. Die Schrödingergleichung des Systems von Kernen und Elektronen lautet (in atomaren Einheiten):

$$\left[-\frac{1}{2} \sum \frac{1}{M_i} \frac{\partial^2}{\partial \xi_i^2} - \frac{1}{2} \sum \frac{\partial^2}{\partial x_i^2} + U(x,\xi) - E \right] \Psi(x,\xi) = 0 \quad (54,8)$$

Wir betrachten das Elektronenproblem bei festgehaltenen Kernen als gelöst. Für diese Lösungen $\psi(x,\xi)$, welche die ξ_i als Parameter enthalten, gilt:

$$\left[-\frac{1}{2} \sum \frac{\partial^2}{\partial x_i^2} + U(x,\xi) - E_e(\xi) \right] \psi(x,\xi) = 0 \quad (54,9)$$

worin $E_e(\xi)$ der — ebenfalls noch von den Parametern abhängige — Eigenwert ist. Es liegt nahe, unter Benutzung dieses $\psi(x,\xi)$ für Ψ in Gl. (54,8) anzusetzen:

$$\Psi(x,\xi) = \psi(x,\xi) \cdot \chi(\xi) \quad (54,10)$$

Geht man hiermit in (54,8) ein und berücksichtigt (54,9) dann kommt:

$$E_e(\xi) \cdot \psi \chi - \frac{1}{2} \chi \sum \frac{1}{M_i} \frac{\partial^2 \psi}{\partial \xi_i^2} - \frac{1}{2} \psi \sum \frac{1}{M_i} \frac{\partial^2 \chi}{\partial \xi_i^2} - \sum \frac{1}{M_i} \frac{\partial \chi}{\partial \xi_i} \frac{\partial \psi}{\partial \xi_i} - E \psi \chi = 0$$
$$(54,11)$$

Damit ist die Differentialgleichung keineswegs separiert. Zu einer Diff.-Gl. für $\chi(\xi)$ können wir nur gelangen, wenn wir über alle x_i, die in

290   Kapitel VIII.

Form der Funktion $\psi(x)$ noch vorkommen, wegmitteln. Multiplizieren wir dazu (54,11) mit ψ^* und integrieren über alle x_i, dann entsteht

$$\left[-\frac{1}{2} \sum \frac{1}{M_i} \frac{\partial^2}{\partial \xi_i^2} - \frac{1}{2} \sum \frac{1}{M_i} \int \psi^* \frac{\partial^2 \psi}{\partial \xi_i^2}\,\mathrm{d}x + E_e(\xi) - E \right] \chi(\xi) = 0$$

(54,12)

Es ist ·davon Gebrauch gemacht, daß wegen der Erhaltung der Normierung von ψ bei Variation der ξ_i gilt:

$$\int \psi^* \frac{\partial \psi}{\partial \xi_i}\,\mathrm{d}x = 0 \tag{54,13}$$

Bis auf das zweite Glied liegt in Gl. (54,12) gerade die erwartete Schrödingergleichung für die Bewegung der Kerne im Potentialfeld $E_e(\xi)$ vor. Das zweite Glied gibt noch einen zusätzlichen Anteil zu diesem Feld, der allerdings in den meisten Fällen außerordentlich klein ist, da der große Nenner M_i neben der zweiten Ableitung des nur schwach von den ξ_i abhängigen ψ steht.

Unsere Begründung von (54,12) stützt sich bisher nur auf Plausibilitätsbetrachtungen, denn wir können nicht angeben, welcher Fehler dadurch entstanden ist, daß an Stelle der Differential-Gleichung nur die über einen Teil der Koordinaten integrierte Diff.-Gl. befriedigt wird. Erst in § 59 weisen wir Gl. (54,12) als erste Stufe eines konsequenten Näherungsverfahrens nach, das sich schrittweise fortsetzen läßt. Es wird sich dann bestätigen, daß (54,12) den adiabatischen Grenzfall darstellt. Dieser liegt bei der Mehrzahl der Anwendungen in genügender Näherung vor und soll deshalb in den folgenden Paragraphen zunächst zugrundegelegt werden.

§ 55. Der anharmonische Oszillator.

Den wichtigsten und einfachsten Fall eines stationären Kernzustandes haben wir im 2-atomigen Molekül vor uns. Als potentielle Energiefunktion für die Schrödingergleichung des Kernabstandes geht die Wechselwirkung der beiden Atome ein, die sich z. B. näherungsweise aus einer Störungsrechnung für das Elektronensystem der beiden Atome ergibt. Für ein stabiles, homöopolar gebundenes Molekül wird diese Funktion stets den folgenden allgemeinen Verlauf aufweisen. In sehr großen Abständen wirkt nur die Anziehung der Dispersionskräfte. Bei mittleren Abständen kommt dazu zunächst die Austauschanziehung, dann die klassische Anziehung der sich durchdringenden Ladungswolken. Die Energie fällt bei weiterer Annäherung zunächst ab. In kleineren Abständen macht sich mehr und mehr die Wirkung von Abstoßungskräften bemerkbar, die besonders von den edelgasähnlichen Rümpfen herrühren und sehr plötzlich einsetzen. Die gesamte Energiefunktion erreicht deshalb ein Minimum und steigt bei kürzeren Abständen ziemlich steil wieder an. Das Minimum gibt die Gleichgewichtslage der Kerne. Die zugehörige Energie entspräche der Dissoziationsenergie bei klassischer Behandlung der Kerne.

Wenn wir nun die zu diesem Potentialverlauf gehörige Eigenfunktion des Kernabstandes aufsuchen, dann wird einerseits die Lokalisierung der Kerne verloren gehen, andererseits wird sich eine Nullpunktsenergie der Kerne einstellen. Denn auch für Kerne gilt die Heisenberg-Relation

§ 55. Der anharmonische Oszillator.   291

$\Delta q \cdot \Delta p = h$, welche den Kernen einen umso größeren Impulsbereich, also auch eine umso größere Nullpunktsenergie aufzwingt, je schärfer ihr Abstand q fixiert ist. Um diese Nullpunktsenergie der Kerne vermindert sich dann auch die Dissoziationsenergie des Moleküls gegenüber dem Minimumswert der Potentialkurve.

Um das zu dieser Potentialfunktion gehörige wellenmechanische Problem lösen zu können, müssen wir den Verlauf etwas schematisieren. Wenn man sich nur für den tiefsten Zustand der Kerne interessiert genügt es häufig, das Minimum der Kurve durch eine Parabel anzunähern. Der gesamte Verlauf und höher angeregte Terme können aber durch eine Parabel niemals beschrieben werden, denn diese entspricht keiner endlichen Dissoziationsenergie. Aber auch schon bei den tiefsten Termen äußert sich bei genauerer Untersuchung die stets vorhandene Unsymmetrie der Potentialkurve, die durch das viel steilere Ansteigen nach kleinen als nach großen Kernabständen verursacht wird (vergl. Fig. 34). Wir haben es in Wirklichkeit stets mit einem anharmonischen Oszillator zu tun.

Glücklicherweise gibt es einen einfachen Potentialansatz, der die gewünschte Eigenschaft der Anharmonizität und der endlichen Dissoziationsenergie hat und für den strenge Lösungen möglich sind. Es ist dies die von MORSE[18] für diesen Zweck angegebene Funktion:

$$U(r) = D \left(e^{-2a(r-r_0)} - 2 e^{-a(r-r_0)} \right) \tag{55,1}$$

In ihr bedeutet r_0 den Gleichgewichtsabstand der Atome. Der zu r_0 gehörige Wert des Potentials ist $-D$. Der Parameter a erlaubt noch die Krümmung der Kurve bei $r = r_0$ vorzugeben. Es ist nämlich

$$\left(\frac{\mathrm{d}^2 U}{\mathrm{d}r^2} \right)_{r_0} = 2a^2 D \tag{55,2}$$

Der gesamte Verlauf von $U(r)$ entspricht recht gut den bei homöopolarer Bindung wirklich auftretenden Kurven. Bei $r = 0$ wird U allerdings nicht unendlich, sondern nimmt nur einen sehr hohen endlichen Wert an, der in praktischen Fällen 100- bis 10000-mal größer ist als D. Da die sehr kleinen Atomabstände in der Nähe von $r = 0$ in keinem praktischen Problem eine Rolle spielen, können wir die Annäherung auch in dem Gebiet $r = 0$ bis $r = r_0$ als ausreichend betrachten. Zu größeren r hin tritt zunächst ein Wendepunkt bei $r - r_0 = a^{-1} \ln 2$ auf. Erst hinter diesem Wendepunkt hat man es mit einem raschen exponentiellen Abfall zu tun, der in genügend großen Abständen durch $U = -2De^{-a(r-r_0)}$ angenähert wiedergegeben wird. Wie man auch aus Fig. 34 sieht, erfolgt wegen dem Wendepunkt der Abfall fast bis zum doppelten Gleichgewichtsabstand beinah linear. Es ist wichtig, hierauf hinzuweisen, weil unter Berufung auf den exponentiellen Abfall häufig diese Wechselwirkungsenergien zwischen Atomen schon in solchen Abständen vernachlässigt werden, wo dies noch gar nicht berechtigt ist. Der exponentielle Abfall in größeren Abständen entspricht der reinen Austauschwechselwirkung (vergl. z. B. § 24). Die in Wirklichkeit stets vorhandenen Dispersionskräfte, die in großen Abständen einen Energieanteil proportional $-r^{-6}$ liefern (s. § 36), werden also nur sehr roh erfaßt.

Wir suchen jetzt die wellenmechanische Eigenfunktion für ein System aus 2 Kernen, zwischen denen die Morse-Funktion als Potentialfunktion auftritt. Bei formalem Ansatz der Schrödingergleichung für

292   Kapitel VIII.

dieses System aus 2 Partikeln, haben wir zunächst 6 Variable und die
Schrödingergleichung lautet:

$$\left[-\frac{1}{2M_1}\Delta_1 - \frac{1}{2M_2}\Delta_2 + U(1,2) - E \right]\chi(1,2) = 0 \qquad (55,3)$$

Die Schwerpunktsbewegung des ganzen Moleküls läßt sich sofort abseparieren durch Einführung der Schwerpunktskoordinaten:

$$\begin{aligned} M_1\,\xi_1 + M_2\,\xi_2 &= (M_1 + M_2)\,\xi_1' \\ \xi_1 - \xi_2 &= \xi_2' \end{aligned} \qquad (55,4)$$

entsprechend für die beiden anderen Koordinatenrichtungen. Es wird in
den neuen Koordinaten ξ_1' und ξ_2' aus (55,3):

$$\left[-\frac{1}{2(M_1 + M_2)}\Delta_1' - \frac{1}{2}\left(\frac{1}{M_1} + \frac{1}{M_2}\right)\Delta_2' + U(2') - E \right]\chi(1',2') = 0$$

$$(55,5)$$

Da U von den mit $1'$ indizierten Koordinaten nicht abhängt, läßt sich
$\chi(1',2')$ als Produkt $\chi_1(1').\chi_2(2')$ ansetzen. Der erste Teil stellt eine
ebene Welle mit beliebig vorzugebener Energie und beliebiger Impuls-
richtung dar. Dieser Teil interessiert uns nicht, er besagt einfach, daß das
Molekül als Ganzes eine beliebige gleichförmige Translationsbewegung
im Raum ausführen kann. Es bleibt nach Abseparation der Schwerpunktsbewegung das Problem in 3 Koordinaten:

$$\left[-\frac{1}{2M'}\Delta_2' + U(2') - E_2 \right]\chi_2(2') = 0 \qquad (55,6)$$

M' bedeutet darin die reduzierte Masse:

$$M' = \frac{M_1 \cdot M_2}{M_1 + M_2} \qquad (55,7)$$

Die Koordinaten sind die 3 Projektionen des Kernabstandes auf 3 rechtwinklige Koordinatenachsen.

Da U nur vom Betrage des Abstandes der Kerne abhängt, führen
wir Kugelkoordinaten r, ϑ, φ ein und erhalten in bekannter Weise:

$$\left[-\frac{1}{2M'}\left(\frac{\partial^2}{\partial r^2} + \frac{1}{r^2\sin^2\vartheta}\frac{\partial^2}{\partial\varphi^2} + \frac{1}{r^2\sin\vartheta}\frac{\partial}{\partial\vartheta}\sin\vartheta\frac{\partial}{\partial\vartheta}\right) + U(r) - E \right]r\chi = 0$$

$$(55,8)$$

worin die Indizes nunmehr fortgelassen sind. Genau wie beim H-Atom (s.
§ 16) erscheint wegen der Rotationssymmetrie das Problem der Winkel
ϑ und φ sofort absepariert. Genau wie in § 16 ergibt sich für den r-
abhängigen Teil $\chi(r)$ der Eigenfunktion:

$$\left[\frac{1}{2M'}\left(\frac{l(l+1)}{r^2} - \frac{\partial^2}{\partial r^2}\right) + U(r) - E \right]r\chi(r) = 0 \qquad (55,9)$$

In (55,9) tritt neben dem Potential des Oszillators $U(r)$ noch das von
der Rotation des ganzen Moleküls um seinen Schwerpunkt herrührende
Glied $\dfrac{1}{2M'}\dfrac{l(l+1)}{r^2}$ auf. Dies besagt, daß außer der elastischen Kraft

$-\partial U/\partial r$ auch noch die Zentrifugalkraft $\dfrac{1}{M'}\dfrac{l(l+1)}{r^3}$ zwischen den beiden
Kernen wirkt, die ebenfalls von r abhängt und deshalb die Eigenfunktion
des Kernabstandes $\chi(r)$ mitbestimmt. Nur in dem Spezialfall $l = 0$ führt
(55,9) streng auf den Oszillator im Potential $U(r)$.

§ 55. Der anharmonische Oszillator.   293

Glücklicherweise erlaubt aber wieder die große Masse der Kerne eine einfache Annäherung. Diese bewirkt nämlich, wie wir sehen werden, daß der Abstand r der Kerne nahezu scharf bestimmt ist, jedenfalls solange nicht zu hoch angeregte Schwingungszustände vorliegen. Im Grundzustand hat die Verteilungsfunktion für r ein sehr scharfes Maximum bei dem klassischen r. Außerdem erfolgt die Rotation des Moleküls unter normalen Verhältnissen langsam gegenüber der Oszillation, so daß in jeder Rotationslage über alle Schwingungsabstände r gemittelt wird. Dieser Umstand gibt uns auch dann die Berechtigung, in dem von der Rotation herrührenden Energieanteil $\frac{1}{2M'}\frac{l(l+1)}{r^2}$ für r den mittleren Wert r_0 zu setzen, wenn der Schwingungsbereich von r ziemlich groß ist.

Genauer ist der Mittelwert $\overline{r^{-2}}$ zu bilden, was einen kleinen Unterschied gegen $(\overline{r})^{-2}$ ergibt. Außerdem bewirkt die Unsymmetrie der Potentialkurve, besonders bei hoch angeregten Zuständen, daß der Mittelwert von r größer als der Gleichgewichtsabstand wird. Für unsere Zwecke brauchen wir auf diese Feinheiten nicht einzugehen.*)

Die Rotationszustände eines symmetrischen zweiatomigen Moleküls zerfallen in „gerade" und „ungerade" Zustände, entsprechend den „geraden" Kugelfunktionen, die bei Vertauschung der beiden Kerne unverändert bleiben, und den „ungeraden" Kugelfunktionen, die dabei ihr Vorzeichen umkehren.*) Beim H_2-Molekül führt dies zur Zerfällung in den Parawasserstoff (in den Kernen symmetrische Ortseigenfunktionen, Antiparallelstellung der Kernspins) und den Orthowasserstoff (in den Kernen antisymmetrische Ortseigenfunktionen, Parallelstellung der Kernspins). Wir gehen hier nicht näher darauf ein, sondern verweisen auf die Spezialliteratur [5].

Für die Energie der Oszillationsbewegung bleibt jetzt schließlich das Problem des linearen Oszillators:

$$\left[-\frac{1}{2M'}\frac{\partial^2}{\partial r^2}+U(r)\right]r\chi(r) = E_s\, r\chi(r) \qquad (55{,}10)$$

wobei sich die Gesamtenergie des Moleküls — bei ruhendem Schwerpunkt — näherungsweise additiv zusammensetzt:

$$E_{\text{ges}} = E_s + E_{\text{R}}\,, \qquad E_{\text{R}} = \frac{l(l+1)}{2M'\,r_0{}^2} \qquad (55{,}11)$$

Zur Lösung von (55,10) mit U nach (55,1) liegt es nahe, die unabhängige Variable $e^{-a(r-r_0)} = z$ einzuführen. Die Funktion $r\chi(r)$ schreiben wir jetzt als $v(z)$. Die einfache Umrechnung auf die neue Variable ergibt:

$$\left[\frac{d^2}{dz^2} + \frac{1}{z}\frac{d}{dz} + \frac{2M'}{a^2}\left(\frac{E_s}{z^2} + \frac{2D}{z} - D\right)\right]v(z) = 0 \qquad (55{,}12)$$

Dieser Typus einer Differentialgleichung ist uns schon bekannt. Er trat auch beim H-Atom in Kap. III, § 16, auf. Ein Unterschied liegt darin, daß die erste Ableitung hier nur mit $1/z$ und nicht mit $2/z$ behaftet auftritt, und daß der Eigenwert als Faktor von $1/z^2$, anstatt wie früher als konstantes Glied eingeht. Die Lösung von (55,12) verläuft aber ganz analog wie früher. Eine Reihenentwicklung bei $z = 0$, welche mit z^m

---

*) Der Leser findet eine ausführliche Darstellung in den Lehr- und Handbüchern der Molekülspektren, z. B. [2-4].

294   Kapitel VIII.

beginnt, führt zu $m = a^{-1}\sqrt{-2\,M'\,E_s}$. Durch Streichung der Glieder
mit $1/z$ und $1/z^2$ findet man den Verlauf der Funktion bei sehr großen
z zu $e^{-\eta z}$ mit $\eta = a^{-1}\sqrt{2\,M'\,D}$. Mit den Abkürzungen m und η lautet
unsere Differentialgleichung:

$$\frac{d^2v}{dz^2} + \frac{1}{z}\frac{dv}{dz} + \left(-\frac{m^2}{z^2} + 2\frac{\eta^2}{z} - \eta^2\right)v = 0 \qquad (55{,}13)$$

Für v setzen wir an:

$$v = x^m\,e^{-\frac{x}{2}}\,g(x) \quad\text{mit}\quad x = 2\,\eta\,z \qquad (55{,}14)$$

und erhalten für $g(x)$ die Differentialgleichung:

$$g'' - \left(1 - \frac{2\,m+1}{x}\right)g' - \frac{m+\nicefrac{1}{2}-\eta}{x}\cdot g = 0 \qquad (55{,}15)$$

Diese ist identisch mit der in Kap. III, § 16 aufgestellten Differential-
Gleichung (16,17). Wir brauchen nur die Konstanten $\alpha = m + \frac{1}{2} - \eta$
und $\beta = 2\,m+1$ zu setzen. Die Lösung von (55,15) ist dann die entartete
hypergeometrische Reihe (16,18). Damit v endlich bleibt, muß die Reihe
abbrechen, also gelten

$$\alpha = m + \frac{1}{2} - \eta = -n \quad\text{mit}\quad n = 1, 2, 3, 4, \ldots \qquad (55{,}16)$$

Einsetzen der obigen Werte für m und η und Auflösung der entstehenden
Gleichung nach dem Eigenwert E_s ergibt:

$$E_s = -D + \sqrt{\frac{2\,D}{M'}}\,a\left(n + \frac{1}{2}\right) - \frac{a^2}{2\,M'}\left(n + \frac{1}{2}\right)^2 \quad\text{(alle Größen in at. Einh!)}$$
$$(55{,}17)$$

Man sieht, daß auch im tiefsten Quantenzustand $n = 0$ die Energie
der Kerne nicht mit dem Minimumswert D der Potentialkurve zusammenfällt, sondern darüber liegt. $E_s(n = 0)$ gibt uns die Nullpunktsenergie der Kerne. Wenn das Glied mit $n + \frac{1}{2}$ allein vorhanden wäre,
hätten wir den harmonischen Oszillator vor uns, der ja durch Äquidi-
stanz seiner Terme gekennzeichnet ist. Das Glied mit $(n + \frac{1}{2})^2$, das
Anharmonizitätsglied, bewirkt aber, daß die Termabstände bei größeren n immer enger werden. n läuft soweit, bis E_s null wird, bezw. der
nächsten ganzen Zahl darunter. Es liegt also eine endliche Anzahl diskreter Terme vor. Die Grundlösung für $n = 0$ hat die Form

$$v(z) \sim z^m\,e^{-\eta z}, \qquad r\chi \sim e^{-m\,a\,(r-r_0)}\cdot e^{-\eta\,\cdot\,e^{-a\,(r-r_0)}} \qquad (55{,}18)$$

In Fig. 34 geben wir eine von FINKELNBURG[2] mitgeteilte, von GRE-
GORY berechnete Zeichnung wieder, welche den Verlauf einer Morse-
Funktion, die Eigenwerte und die zugehörige Dichteverteilung $|r\chi|^2$ dar-
stellt. Man sieht, daß der Abstand der Eigenwerte nach oben hin immer
kleiner wird. In den Eigenfunktionen wird bei der angeregten Funktion zu $n = 10^*$) die Unsymmetrie des Schwingungsvorganges schon sehr
deutlich. Die Schnittpunkte der horizontalen Linien und der Potential-

---

*) In der Figur ist unsere Quantenzahl n mit v bezeichnet.

§ 55. Der anharmonische Oszillator.   295

kurve geben den Umkehr-
punkt der klassischen Bahn
an, denn hier ist die Ge-
samtenergie gerade gleich
der potentiellen, die kinetische Energie also null. Ein
klassischer Oszillator hält
sich relativ am längsten
an diesen Umkehrpunkten
seiner Bahn auf. Dem ent-
spricht es, daß die wellenmechanischen Wahrschein-
lichkeitsverteilungen auch
gerade für diese Punkte der
Bahn die größten Werte
aufweisen. Der periodische
Verlauf von $|r\chi|^2$ ist aber
ganz unklassisch und ei-
ne typische Wellenerschei-
nung.

Wir wollen Gl. (55,17)
für die Energie noch et-
was umschreiben, indem
wir an Stelle von a und
M' die klassische Eigenfrequenz ν des harmonischen
Oszillators einführen, welcher der Krümmung im Mi-
nimum der Potentialkurve
entspricht. Für ν gilt bekanntlich:

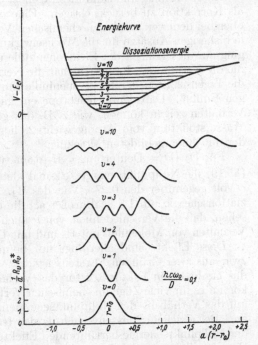

Fig. 34.   Terme und zugehörige Dichteve-
teilungen des anharmonischen Oszillators
(nach FINKELNBURG, GREGORY. Entnommen
aus Hand- und Jahrbuch der chemischen
Physik, Bd. 9, Abschnitt II, Leipzig).

$$\nu = \frac{1}{2\pi}\sqrt{\left(\frac{\partial^2 U}{\partial r^2}\right)_0 \Big/ M'} \quad \text{also mit } U \text{ nach Gl. (55,1)} \quad \nu = \frac{a}{2\pi}\sqrt{\frac{2D}{M'}} \tag{55,19}$$

Durch Einführung dieser Eigenfrequenz ν und Übergang zu gewöhnlichen Einheiten wird aus (55,17)

$$E_s = -D + h\nu\left(n+\frac{1}{2}\right)\cdot\left[1 - \frac{h\nu\left(n+\frac{1}{2}\right)'}{4D}\right] \tag{55,20}$$

Das Glied vor der eckigen Klammer ist die bekannte Energie des harmonischen Oszillators. Dies bleibt allein übrig, wenn die Schwingungsener-
gie $h\nu\left(n+\frac{1}{2}\right)$ klein gegen die 4-fache Dissoziationsenergie ist. Für $n=0$
kann man die Anharmonizitätskorrektion meist neben 1 vernachlässigen
und behält dann die Nullpunktsenergie $\frac{1}{2}h\nu$. Um diesen Betrag wird
die Dissoziationsenergie des Moleküls gegenüber D verkleinert. Bei H_2,
wo ν wegen der kleinen Masse verhältnismäßig hoch liegt, hat $\frac{1}{2}h\nu$ den
Wert 0,27 e-Volt, gegenüber einem D von 4,73 e-Volt. Die wirkliche
Dissoziationsenergie ist also 4,46 e-Volt.

296   Kapitel VIII.

Bei Reaktions- und Bindungsfragen ist diese Nullpunktsenergie meist als Korrektion zu berücksichtigen. Eine entscheidende Rolle spielt sie aber bei dem verschiedenen chemischen Verhalten von Isotopen. In alle bisherigen Ansätze für die Wechselwirkungsenergie zwischen Atomen ging nur die Struktur der Elektronenhülle und die Kernladung ein, aber nie die Kernmasse. In der Tat hat die Kernmasse auf die Struktur und die Eigenschaften der Elektronenhülle nur einen verschwindend geringen Einfluß. Daß dennoch Isotope ein ganz verschiedenes chemisches Verhalten zeigen können, wie z. B. das gewöhnliche und das schwere Wasserstoffatom vom Atomgewicht 2, liegt an der Nullpunktsenergie der mit ihnen gebildeten Moleküle.

Für D_2 (D = Deuterium = H-Atom vom Atomgewicht 2) ist nach (55,19) die Nullpunktsenergie $\sqrt{2}$-mal kleiner als für H_2, also nur 0,19 e-Volt gegenüber den 0,27 e-Volt des H_2. Damit ist auch seine Dissoziationsenergie um 1,8 kcal größer als die des H_2. Wir werden in § 57 sehen, daß die Verschiedenheit von ν auch das verschiedene chemische Verhalten von Molekülen mit H- und mit D-Atomen erklärt.

Diese Effekte sind allerdings nur beim H-Atom beträchtlich, und zwar aus zwei Gründen. Erstens ist der Massenunterschied 50 % und das ergibt einen Faktor $\sqrt{2}$ für das Verhältnis der Frequenzen. Nun kommt es für viele Züge im chemischen Verhalten der Isotope aber nicht auf das Verhältnis der Nullpunktsenergien, sondern auf ihre Differenz an. Bei gleichem Massenverhältnis der Isotope sind deshalb alle von der Nullpunktsenergie herrührenden Effekte um so größer, je größer ihr Betrag selbst ist. Dieser ist aber wieder proportional $(M')^{-1/2}$, also beim H-Atom am größten. M' bedeutet die reduzierte Masse und ist beim H_2 gleich der halben Masse des H-Atoms. Wenn man ein H-Atom mit einem sehr schweren Atom verbindet, wird M' nahezu gleich der Masse des H-Atoms (s. Gl. 55,7). Also auch in den Verbindungen des Wasserstoffatoms sind ähnlich starke Effekte der Nullpunktsenergie zu erwarten, wie beim H_2, D_2 und HD. Über die Chemie des schweren Wassers existiert schon eine Spezialliteratur[5,6], auf die der näherinteressierte Leser verwiesen sei.

Die oben abgeleiteten Lösungen des anharmonischen Oszillators haben für uns noch eine sehr wesentliche allgemeine Bedeutung. Sie erlauben nämlich die Wechselwirkungsenergie zwischen 2 Atomen, die ein 2-atomiges Molekül oder Radikal miteinander bilden können, in guter Annäherung aus den Molekülspektren zu entnehmen. Der Gleichgewichtsabstand geht in die Termwerte der Rotationsniveaus ein und kann aus ihnen entnommen werden.*) Die Konstanten D und a in (55,1) werden durch die Termwerte des Schwingungsspektrums festgelegt. Allerdings ist die Genauigkeit sehr gering, wenn man D einfach durch das Anharmonizitätsglied, bezw. Extrapolation der Terme nach (55,20) bestimmt. Für alle chemischen Anwendungen der Morse-Kurve benutzt man für D möglichst einen direkt gemessenen Wert und entnimmt nur die Konstante a aus der Frequenz ν. Mit diesem D wird die Anharmonizität im Grundzustand dann nicht genau wieder gegeben, dafür aber die gesamte Dissoziationsenergie.

---

*) Eine andere wichtige Methode zur Bestimmung von Abständen in Molekülen ist die der Röntgen- oder Elektroneninterferenzen. Näheres über das ganze Gebiet s. z. B. Lit. [1,4].

Auf die Methoden zur Bestimmung von D soll hier nicht eingegangen werden. Die genauesten sind ebenfalls spektroskopische. In den Lehrbüchern über Molekülspektren [3] findet man Tabellen für die zur Zeit bekannten D-Werte zusammengestellt. Eine ganze Anzahl von ihnen ist in unserer Tab. 33 enthalten.

Tab. 33. Die Konstanten der Morse-Kurven für zweiatomige Moleküle (berechnet auf Grund der SPONERschen[3] Tabellen).

Molekül	D (in e-Volt)	r_0 (in Å)	a (in Å^{-1})
H_2^+	2,773	1,070	1,29
H_2	4,718	0,749	1,90
LiH	2,56	1,6	1,12
NaH	2,31	1,88	1,03
KH	1,97	2,24	0,94
CuH	3,3	1,460	1,44
AgH	(2,4)	1,614	1,54
AuH	(4,0)	1,53	1,56
BeH	(2,5)	1,340	1,68
CdH^+	2,0	1,664	1,70
CdH	0,76	1,754	2,22
HgH	0,46	1,729	2,88
AlH	3,16	1,643	1,26
CH	(3,7)	1,12	1,94
NH	(4,4)	1,08	1,92
OH	4,7	0,964	2,27
HCl	4,6	1,272	1,87
CN	6,8	1,169	2,74
N_2^+	6,4	1,113	3,12
N_2	7,50	1,094	3,09
CO	(9,7)	1,13	2,48
NO	5,4	1,146	3,04
C_2	(5,6)	1,31	2,26
P_2	5,057	1,88	1,85
O_2^+	6,5	1,14	2,82
O_2	5,19	1,204	2,66
SO	5,122	1,489	2,20
S_2	4,50	1,603	1,86
J_2	1,548	2,660	1,86
Cl_2	2,503	1,983	2,02
Br_2	1,981	2,28	1,97
JCl	2,167	2,315	1,86
Li_2	1,16	2,67	0,83
Na_2	0,77	3,07	0,83
K_2	0,52	3,91	0,77

Nur die Berechnung von a aus den tabellenmäßig gegebenen ν-Werten sei noch kurz notiert: Aus (55,19) ergibt sich:

$$a = 2\pi\nu\sqrt{\frac{M'}{2D}} \qquad\qquad (55,21)$$

298   Kapitel VIII.

Praktisch wird meistens D in e-Volt, ν in cm^{-1} angegeben. Die reduzierte Masse wollen wir in Einheiten von 10^{-24} g rechnen (H = 1,661). Mißt man schließlich a in reziproken Angström, dann gilt

$$a \,(\text{in Å}^{-1}) = 1{,}057 \cdot 10^{-3} \, \nu \,(\text{in cm}^{-1}) \cdot \sqrt{\frac{M' \,(\text{in } 10^{-24} \text{ g})}{D \,(\text{in } e\text{-Volt})}} \qquad (55{,}22)$$

D bedeutet darin das Minimum der Potentialkurve. Es geht aus der Dissoziationsenergie D_0 hervor, wenn man noch $0{,}617 \cdot 10^{-4} \, \nu$ e-Volt zu D_0 addiert, worin ν die Energie des Schwingungsgrundterms in cm^{-1} bedeutet. Die Korrektion ist meist klein.

Damit ist für 2-atomige Moleküle die Morse-Funktion völlig festgelegt und auf empirische Daten für den Gleichgewichtsabstand r_0, die Dissoziationsenergie D_0 und Grundfrequenz ν zurückgeführt.

In Tab. 33 sind für die wichtigsten 2-atomigen Moleküle die zur Zeit bekannten Werte zusammengestellt. Aus den empirischen Daten ist r_0, D und a berechnet, also in jedem Fall die Morse-Funktion vollständig gegeben. Die größte Unsicherheit liegt bei den meisten Molekülen noch in den D-Werten. Wo diese nur durch Extrapolation geschätzt sind, haben wir die Werte eingeklammert.

Die bisher zugrundegelegte Morse-Funktion ist keineswegs die einzige Funktion eines anharmonischen Oszillators, die man streng beherrscht.*) Andere Funktionen und ihr Termsystem sind von ROSEN und MORSE[31]

$$U = A_1 \, \mathrm{tgh}\, a \,(r - r_0) - A_2 \, \mathrm{sech}^2 \, a \,(r - r_0) \qquad (55{,}23)$$

und von PÖSCHL und TELLER[34]

$$U = A_3 \, \mathrm{cosech}^2 \, a \,(r - r_0) - A_4 \, \mathrm{sech}^2 \, a \,(r - r_0) \qquad (55{,}24)$$

angegeben worden. LOTMAR[55] hat die verschiedenen Funktionen verglichen und findet durch Vergleich mit einigen exakt bestimmten Kurven, daß meist die Kurve von ROSEN und MORSE den wirklichen Verlauf besser wiedergibt, weil die MORSE-Kurve in allen untersuchten Fällen — außer dem Fall des H_2 — eine etwas zu große Asymmetrie aufweist. Um einen Eindruck von der Güte der verschiedenen Approximationen zu vermitteln, geben wir

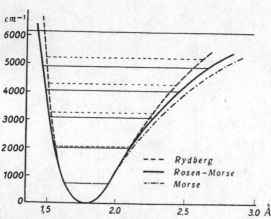

Fig. 35. Die wirkliche Potentialkurve für CdH (- - -), verglichen mit den Näherungsformeln von MORSE und ROSEN-MORSE (nach LOTMAR[55]).

die aus der Arbeit von LOTMAR entnommene Kurve Fig. 35 für das

*) Bezüglich einer allgemeinen Systematik der eindimensionalen Potentialfunktionen, für welche die Schrödingergleichung in einfacher Weise lösbar ist, s. MANNING[57].

§ 55. Der anharmonische Oszillator.   299

CdH wieder. Die gestrichelte Kurve zeigt den von RYDBERG aus dem Spektrum ermittelten wahrscheinlichsten Verlauf, die ausgezogene eine ROSEN-MORSE-Kurve, die strichpunktierte eine MORSE-Kurve.

Für Bindungsfragen lohnt es kaum, die Verbesserung mit Hilfe der komplizierteren Funktionen durchzuführen, da sie in ganz großen Abständen wegen ihres exponentiellen Abfalls genau so versagen, wie die Morse-Funktion selbst. Keine dieser Kurven vermag die weitreichenden $1/r^6$-Energien wiederzugeben.

Die Anwendung der in diesem Kapitel entwickelten Überlegungen ist zunächst auf zweiatomige Moleküle beschränkt. Nur unter weitgehend vereinfachenden Annahmen ist es möglich, in zusammengesetzten Molekülen den einzelnen Bindungen (Valenzstrichen) je eine Eigenfrequenz und eine Morse-Funktion zuzuordnen. Das ist dann möglich, wenn die den Valenzstrichen entsprechenden Bindungskräfte groß sind gegen alle übrigen Zentral-Kräfte zwischen den verschiedenen Atomen und gegen die Kräfte welche sich einer Winkeländerung zwischen den Valenzstrichen widersetzen. Das ist praktisch häufig in genügender Näherung der Fall. In nächster Näherung kann man, wie zuerst MECKE[2,4] eingeführt hat, außer diesen Valenz- oder ν-Schwingungen die Deformations- oder δ-Schwingungen berücksichtigen, die meistens eine Größenordnung kleiner sind als die ν-Schwingungen und durch eine Biegungssteifigkeit der Valenzrichtungen gedeutet werden. Diese geht hauptsächlich auf die Richtungsabhängigkeit der Austauschintegrale zurück (s. Kap. VII, § 51–52). Bei einem solchen Ansatz gehen aber auch die Zentralkräfte zwischen nicht durch Valenzstrich verbundenen Atomen sowie Dipolkräfte, Polarisations- und Dispersionskräfte teilweise in die gefundenen empirischen Werte für die „elastischen" Konstanten des Moleküls ein. Dieses sogenannte „Valenzkraftsystem" hat auch den Vorteil einer anschaulichen Charakterisierung der Schwingungen in der Strukturfonnel des Moleküls. Jede ν-Schwingung entspricht Oszillationen in Richtung der Valenzstriche, bei jeder δ-Schwingung kann die Bewegung des Atoms in den beiden zu einem Valenzstrich senkrechten Richtungen erfolgen. Ansätze zu einer Ausnutzung solcher Daten für die Bestimmung der innermolekularen Wechselwirkungen haben wir in § 51 und § 52 kennengelernt.

An Stelle der Abstandsbestimmung bei 2-atomigen Molekülen muß bei mehratomigen Molekülen die vollständige Strukturbestimmung treten. Auch hierzu trägt die Bestimmung der Trägheitsmomente aus den Spektren bei, ferner die Messung des Ramaneffektes mit polarisiertem Licht, des Kerreffektes, der Dipolmomente und besonders Röntgen- und Elektroneninterferenzen am Kristall und am freien Molekül. Auch hier müssen wir uns mit dem Hinweis auf die entsprechende Lehrbuchliteratur [1,4] begnügen.

In mancher Hinsicht interessant ist noch der lineare Potentialverlauf, der entsteht, wenn man 2 Mulden zu einer Doppelmulde zusammenfügt (s. Fig. 36). Ein solcher Potentialverlauf liegt vor im NH_3-Molekül für Schwingungen des N-Atoms gegen die Ebene der 3 H-Atome. Die beiden Potentialminima entsprechen den beiden Gleichgewichtslagen des N-Atoms links und rechts der H_3-Ebene.

Die theoretische Sachlage entspricht völlig der des $H_2{}^+$-Ions. Das Elektron erfülle dort zunächst eine Potentialmulde (vergl. § 24). Bei

300   Kapitel VIII.

Annäherung der zweiten Mulde unter Absinken des trennenden Energieberges macht es mehr und mehr von der zweiten Mulde Gebrauch. Hierbei entstehen an Stelle der ursprünglichen zwei neue Terme, von denen der eine tiefer liegt, der andere höher liegt als der Ausgangsterm.

Genau dieselbe Erscheinung tritt jetzt auf, wenn wir die Übergangsmöglichkeit von dem Oszillationsquantenzustand der einen Mulde zu dem der anderen Mulde betrachten. Die ursprünglichen, ohne Berücksichtigung der zweiten Mulde berechneten Terme spalten etwas auf, und zwar um so stärker, je größer von dem betreffenden Term die Übergangswahrscheinlichkeit zur anderen Mulde ist. Die Berechnung der Aufspaltung ist zuerst von MORSE und STUECKELBERG gegeben worden. Wir geben hier die Resultate einer neueren Arbeit von MANNING[45] (daselbst die vorhergehenden Arbeiten) wieder. Dieser wählte als angenäherte Potentialfunktion in der Umgebung der Minima, für welche die Schrödingergleichung exakt lösbar ist:

$$U = - A_1 \operatorname{sech}^2 \frac{r}{a} + A_2 \operatorname{sech}^4 \frac{r}{a} \qquad (55{,}25)$$

und bestimmte die Konstanten so, daß die beobachteten Aufspaltungen von 4 Schwingungstermen des NH_3 und ND_3 möglichst gut mit der Erfahrung übereinstimmen. Er erhielt

$$A_1 = 13{,}52 \qquad A_2 = 8{,}20 \qquad a = 0{,}832 \qquad (55{,}26)$$

wenn man r in Å mißt und U in e-Volt erhalten will.

Die entsprechende Funktion $U(r)$ sowie die Lage der Terme sind in Fig. 36 wiedergegeben.

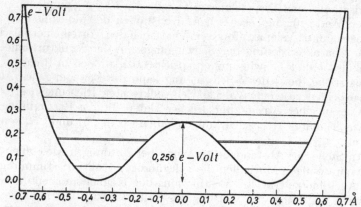

Fig. 36. Der Potentialverlauf bei Verschiebung des N-Atoms gegen die Ebene der H-Atome im NH_3. (Nach MANNING[45]).

Aus der Termaufspaltung $\Delta\varepsilon = 0{,}67$ cm^{-1} für den Grundterm (in der Figur nicht erkennbar) und 32 cm^{-1} für den ersten angeregten Term findet man nach Gl. (24,17) eine Übergangszeit von $2{,}5 \cdot 10^{-11}$ sec, bezw. $5{,}2 \cdot 10^{-13}$ sec für den Fall, daß eine der beiden Konfigurationen zur Zeit $t = 0$ festgestellt wurde. Im stationären Zustand mit scharfer Energie sind aber N-Atom sowie die H-Atome gleichmäßig „verschmiert" auf die beiden Lagen links und rechts des Molekülschwerpunktes.

Man könnte zunächst erwarten, daß ein solches NH_3-Modell, analog wie das $H_2{}^+$, kein Dipolmoment aufweisen dürfte, da das N-Atom völlig

§ 56. Laufende Wellen in Potentialfeldern.   301

gleichmäßig links und rechts der H-Atome liegt. Dies Paradoxon klärt sich wohl dadurch auf, daß die Übergangsgeschwindigkeit zwischen den beiden Zuständen immer noch klein ist gegen die Geschwindigkeit der Rotationsbewegung der Moleküle. Eine genauere Berechnung des Einflusses dieser Entartung auf die Dielektrizitätskonstante bei verschiedenen Temperaturen liegt bisher nicht vor.

Abgesehen von ihrem Interesse für die Rolle von „Tunneleffekten" der Kernbewegung ist Fig. 36 sehr wertvoll für die Theorie der N-H-Wechselwirkung (vergl. § 51) und auch in dieser Hinsicht bisher noch wenig ausgenutzt. Haben wir hier doch den seltenen Fall einer experimentell gegebenen Wechselwirkungsfunktion für einen ziemlich großen Bereich von Konfigurationen eines Moleküls mit gerichteten Bindungen.

§ 56. Laufende Wellen in Potentialfeldern.

Von laufenden Wellen untersuchen wir den eindimensionalen Fall, bei dem also das Potentialfeld nur von einer Koordinate abhängt. Alle praktischen Anwendungen beschränken sich bisher fast ausschließlich auf diesen Spezialfall.

Gl. (54,12) hat dann die Form:

$$\left[-\frac{1}{2M}\frac{\mathrm{d}^2}{\mathrm{d}\xi^2} + U(\xi) - E \right] \chi(\xi) = 0 \qquad (56,1)$$

Für $U = \mathrm{const}$ resultieren ebene Wellen als Lösung. Auch für streckenweise konstantes und dann sprunghaft variables U sind noch strenge Lösungen möglich. In Fig. 37 ist eine solche „Potentialschwelle" wiedergegeben. Die in den verschiedenen Gebieten geltenden Lösungen sind durch die Randbedingungen

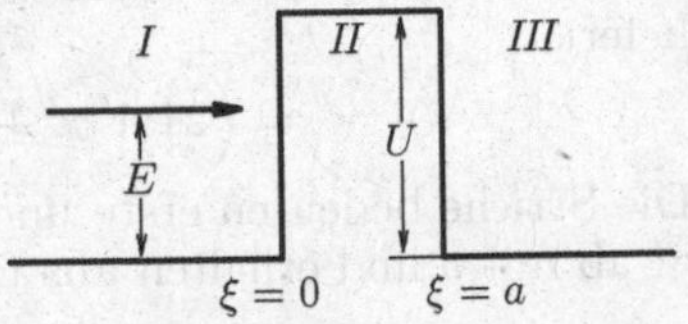

Fig. 37. Rechteckige Potentialschwelle.

$$\chi_I(0) = \chi_{II}(0), \qquad \left(\frac{\partial\chi_I}{\partial\xi}\right)_0 = \left(\frac{\partial\chi_{II}}{\partial\xi}\right)_0$$

$$\chi_{II}(a) = \chi_{III}(a), \qquad \left(\frac{\partial\chi_{II}}{\partial\xi}\right)_a = \left(\frac{\partial\chi_{III}}{\partial\xi}\right)_a \qquad (56,2)$$

aneinander anzuschließen (s. Fig. 37). Praktisch wichtig ist der Fall einer auf die Schwelle auftreffenden ebenen Welle, die zum Teil reflektiert wird, zum Teil hindurchgeht. Ähnlich wie in der Optik treten hierbei Interferenzerscheinungen auf, die von der Dicke der Schwelle abhängen. Besonders interessant ist der Fall, in dem die Schwelle höher ist, als die kinetische Energie der auftretenden Welle. Klassisch wäre in diesem Fall ein Durchtritt durch die Schwelle unmöglich. Wellenmechanisch findet man in Analogie zur optischen Erscheinung der Totalreflexion ein Eindringen der Welle unter exponentiellem Intensitätsabfall und einen Austritt dieser geschwächten Welle an der anderen Seite.

Wir wollen die ganz elementare Rechnung hier nicht wiedergeben. Man hat einfach links und innerhalb der Schwelle hin- und zurücklaufende Wellen, rechts nur eine auslaufende Welle anzusetzen und ihre Amplituden aus (56,2) zu bestimmen. Es ergibt sich für die Durchlässigkeit der Schwelle, d. h. für die Intensität der durchgehenden Wellen im Verhältnis zur Intensität der auffallenden Welle:

$$D = \frac{16 \frac{E}{U} \left(1 - \frac{E}{U}\right) e^{-4\pi \frac{a}{\lambda'}}}{1 + e^{-8\pi \frac{a}{\lambda'}} - 2 \left[1 - 8 \frac{E}{U}\left(1 - \frac{E}{U}\right)\right] e^{-4\pi \frac{a}{\lambda'}}} \tag{56,3}$$

$$\text{mit } \lambda' = \frac{h}{\sqrt{2M(U-E)}} \quad \text{(in gew. Einh.)}$$

was für $U \gg E$ und $a \gg \lambda'$ übergeht in

$$D \cong 16 \frac{E}{U} e^{-4\pi \frac{a}{\lambda'}} \tag{56,4}$$

Für die komplizierten Potentialfelder, die praktisch vorliegen, ist nur in Ausnahmefällen (s. z. B. Gl. 56,17) eine strenge Lösung von (56,1) möglich. Meist ist eine Näherungslösung völlig ausreichend, die wir jetzt ableiten wollen und die uns gleichzeitig zu dem Grenzfall klassischer Behandlung der Kernbewegung zurückführt.

Wir setzen in Gl. (56,1) für χ an:

$$\chi = A(\xi) e^{i\gamma(\xi)} \tag{56,5}$$

worin A und γ reelle Größen sein sollen. Zweimalige Differentiation liefert:

$$\chi'' = \left(2i A'\gamma' + i A\gamma'' + A'' - A(\gamma')^2\right) e^{i\gamma} \tag{56,6}$$

Die Striche bedeuten erste und zweite Ableitungen nach ξ. Wir kürzen γ' ab mit p und erhalten aus (56,1):

$$-\frac{1}{2M}\left(2i \frac{A'}{A} p + i p' + \frac{A''}{A} - p^2\right) + U = E \tag{56,7}$$

Bei reellem p müssen die mit i behafteten Glieder für sich verschwinden. Dies liefert:

$$\frac{A'}{A} = -\frac{1}{2}\frac{p'}{p}, \quad A = \text{const} \cdot p^{-1/2}, \quad \frac{A''}{A} = \frac{3}{4}\left(\frac{p'}{p}\right)^2 - \frac{1}{2}\frac{p''}{p} \tag{56,8}$$

und es bleibt schließlich die Differentialgleichung für p

$$\frac{p^2}{2M} = E - U + \frac{1}{2M}\left[\frac{3}{4}\left(\frac{p'}{p}\right)^2 - \frac{1}{2}\frac{p''}{p}\right] \tag{56,9}$$

Wenn U sich nicht allzu rasch mit ξ ändert, können wir die Glieder mit p' und p'' vernachlässigen und aus der übrig bleibenden Gleichung p bestimmen zu:

$$p = \sqrt{2M(E-U)} \tag{56,10}$$

p ist also in dieser Näherung der klassische Impuls. Unsere Lösung

$$\chi = \text{const} \cdot p^{-1/2} e^{i\int p\, d\xi} \tag{56,11}$$

entspricht mit p nach (56,10) gerade der bekannten geometrischen Nähe- rung bei optischen Problemen, die immer dann zulässig ist, wenn die In-

§ 56. Laufende Wellen in Potentialfeldern.   303

homogenitäten des Brechungsindex so schwach sind, daß man auf dem
Wege von einer Wellenlänge praktisch konstanten Brechungsindex hat.
Wir können die Gültigkeitsgrenzen für die „geometrische" Näherung for-
mulieren durch

$$\frac{3}{4}\left(\frac{p'}{p}\right)^2 - \frac{1}{2}\frac{p''}{p} \ll p^2 \qquad (56{,}12)$$

oder, wenn wir für p die nullte Näherung einsetzen und noch mit
$h^2/4\pi^2$ multiplizieren, um zu gewöhnlichen Einheiten überzugehen
(s. Tab. 8):

$$\frac{h^2}{4\pi^2}\left[\frac{5}{16}\left(\frac{U'}{E-U}\right)^2 + \frac{1}{4}\frac{U''}{E-U}\right] \ll 2M(E-U) \qquad (56{,}13)$$

Diese Gleichung erlaubt uns in jedem Fall zu kontrollieren, ob die vor-
genommenen Streichungen als Annäherungen berechtigt waren. Wenn
dies der Fall ist, dann läßt sich die Annäherung verbessern, indem man
zur Berechnung der kleinen Glieder mit p' und p'' die vorhergehende
Näherung für p benutzt.

Durch unsere Festlegung von $A(p)$ haben wir erreicht, daß in jedem
Näherungsschritt die Kontinuitätsgleichung erfüllt ist, die in unserem
Fall besagt, daß die Stromstärke in ξ-Richtung (Teilchenzahl, die pro
sec. durch einen Querschnitt hindurchtritt) konstant ist.

Solange wir p mit dem klassischen Impuls identifizieren, stimmen die
wellenmechanischen Aussagen über Dichte und Stromstärke völlig mit
den klassischen Aussagen für einen Strahl von Partikeln überein. Auch
klassisch ist die Teilchendichte dem an dem betreffenden Ort herrschenden Impuls umgekehrt proportional und wird der Impuls als Funktion
des Ortes durch Gl. (56,10) bestimmt.

Die Bedingung (56,13) zeigt, daß für Kerne wegen ihres großen M
die Berechtigung zur klassischen Annäherung stets viel eher vorliegt, als
für Elektronen. Denn bei gleichem E und U ist für die Kerne die rechte
Seite stets mehr als 1000-mal größer als für Elektronen. Hierin liegt
letzten Endes die Begründung dafür, daß wir in den vorhergehenden
Kapiteln mit gutem Erfolg die Kerne stets als klassische, lokalisierte
Massenpunkte behandeln konnten.

Im mehrdimensionalen Fall läßt sich die Kontinuitätsgleichung
nicht so leicht erfüllen wie im eindimensionalen Fall. Auch wenn p
komplex wird, verliert die Abtrennung der Amplitude A ihren Sinn.
Man wählt deshalb an Stelle des Ansatzes (56,5) häufig einfach den
Ansatz $e^{i\gamma}$ mit komplexem γ. Das sukzessive Näherungsverfahren konvergiert dann aber weniger schnell, z. B. erscheint (56,11) erst im 2.
Näherungsschritt.

In vielen Fällen reicht die praktische Brauchbarkeit der geometrischen Näherung sogar weiter als man nach (56,13) erwarten sollte. Wir
betrachten nach BELL[54] das Beispiel einer parabolischen Potentialschwelle (s. Fig. 38), die auch den praktischen Verhältnissen bedeutend näher
kommt als die oben untersuchte rechteckige Schwelle.

Die Parabel P in Fig. 38 hat die Gleichung:

$$U(\xi) = U_0\left(1 - \frac{\xi^2}{a^2}\right) \qquad (56{,}14)$$

Ihre Höhe ist U_0, die Breite ihrer Basis $2a$. Uns interessiert der Fall
einer auffallenden Welle, welche außen die Energie $E < U_0$ hat. Die

304   Kapitel VIII.

geometrische Näherung versagt eigentlich dort, wo $p(\xi) = 0$ wird. Und
das ist gerade für den vorausgesetzten Fall $E < U_0$ stets an irgend einem

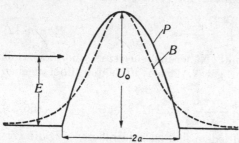

Punkt zwischen $\xi = -a$ u.
$\xi = 0$ der Fall. Nach Überschreitung dieses Punktes
wird dann p imaginär.

Wir nehmen nun eine
rohe Näherung vor. Für alle reellen Werte von p betrachten wir die Stromin-
tensität der einfallenden
Welle als konstant, ver-
nachlässigen also die Ab-
hängigkeit $A(\xi)$. Wellenmechanisch erfolgt außerdem
teilweise Reflexion an der
Potentialinhomogenität, wir
werden deshalb stets eine kleine Verminderung der Stromintensität infolge Umkehr eines Teils der auftretenden Partikel haben, auch in dem Gebiet, wo die kinetische Energie größer ist als das Potential. Dieser Refle-
xionseffekt ist gering, seine Streichung wird unsere folgenden Überlegungen größenordnungsmäßig nicht beeinträchtigen. Die Willkür im Ansatz
des ganzen Potentialverlaufs erlaubt doch höchstens einen größenordnungsmäßigen Vergleich der Absolutwerte solcher „Tunneleffekte" mit
der Erfahrung. Wir müssen bei dieser Näherung die Durchlässigkeit der
Schwelle für alle Teilchen mit einer Energie größer als U_0 gleich 1 setzen.
Der bedenklichste Punkt der Annäherung, die wir vornehmen wollen,
besteht darin, daß wir die geometrische Näherung schon im Punkt $p = 0$
benutzen.

Unter diesen Voraussetzungen lautet dann die Lösung im klassisch
verbotenen Gebiet:

$$\chi = e^{-\sqrt{2M}\int\limits_{-a\sqrt{1-E/U_0}}^{\xi}\sqrt{U_0(1-\xi^2/a^2)-E}\,d\xi} \tag{56,15}$$

Das Integral im Exponenten ist leicht auszuführen. Am anderen Ende
des verbotenen Gebiets ist $\xi = a\sqrt{1-E/U_0}$. Die Intensität jenseits der
Schwelle wird demnach, wenn sie vorher 1 war:

$$D = \left|\chi\left(\xi = a\sqrt{1-E/U_0}\right)\right|^2 = e^{-a\pi\sqrt{\frac{2M}{U_0}}(U_0-E)} \tag{56,16}$$

Dieser Ausdruck gibt somit die Durchlässigkeit D der parabolischen
Schwelle von der Höhe U_0 und der Breite $2a$ als Funktion der Energie E der einfallenden Teilchen an. Für $E > U_0$ ist die Durchlässigkeit
gleich 1 zu setzen.

Die Abhängigkeit der Durchlässigkeit D von $U_0 - E$ ist genau dieselbe wie bei der Boltzmannfunktion, nur tritt natürlich an Stelle von kT
ein anderer Faktor auf, der die Temperatur nicht enthält. Man kann die
Analogie zur Boltzmannverteilung noch weiter verfolgen. Während klassisch die Partikel des durch χ beschriebenen Stromes an jedem Punkt
die scharf definierte kinetische Energie $(E - U_0)$ hätten, ist dies in der
Quantenmechanik nicht mehr der Fall. Scharf definiert ist nur die für

Fig. 38. Die ECKARTsche Potentialschwelle B
und die parabolische Potentialschwelle P
(nach BELL[54]).

§ 56. Laufende Wellen in Potentialfeldern.   305

alle ξ konstante gesamte Energie, kinetische und potentielle Energie einzeln sind aber nur als Mittelwerte für das ganze System definiert, ihren Werten als Funktion des Orts kommt keine wirkliche Bedeutung zu. Man kann die Wahrscheinlichkeitsverteilung für die kinetische Energie angeben und bekommt als Resultat, daß auch kinetische Energien vorkommen, welche größer sind als U_0. Die Überschreitung der Schwelle erfolgt offenbar von solchen Teilen der gesamten Ladungswolke, deren kinetische Energie dies ermöglicht. Man darf aber auch dieses Bild, wie alle wellenmechanischen Modelle, nicht zu wörtlich nehmen. Diese Energieverteilung gilt ja auch für ein einzelnes Partikel und in diesem Fall können wir es wegen der Unteilbarkeit des Partikels nicht verstehen, wie Teile von diesem auf Kosten der Energie des zurückbleibenden Teils eine kinetische Energie bekommen können, die sie zum Überschreiten der Schwelle befähigt. Wenn wir eine Messung machen, treffen wir ja auch das ganze Partikel entweder vor oder hinter der Schwelle (oder auch am Schwellengebiet) an. Aber dann kommt die Energiestörung infolge der Messung für die Energiedifferenz auf.

Die einfache Formel (56,16), welche die Durchtrittswahrscheinlichkeit durch die Schwelle bei fester Gesamtenergie E angibt, bedarf noch einer Rechtfertigung, da die Ableitung teils nicht streng war. Insbesondere ist es zweifelhaft, ob bei $p(\xi) = 0$ die geometrische Näherung einigermaßen brauchbar ist. Um hierüber ein Urteil zu vermitteln, geben wir die Tabelle 34 wieder, welche von BELL[54] berechnet wurde.

Tab. 34. Durchlässigkeiten der Potentialschwellen
Fig. 38 (nach BELL[54]). $2a = 10^{-8}$ cm,
$U_0 = 1{,}0 \cdot 10^{-12}$ erg, Masse $m = 1{,}66 \cdot 10^{-16}$ g.

Energie der auffallenden Teilchen, E	Durchlässigkeiten		
	Parabel genähert	ECKART-Kurve genähert	ECKART-Kurve streng
$0{,}1 \cdot 10^{-12}$ erg	$1{,}7 \cdot 10^{-11}$	$4{,}4 \cdot 10^{-11}$	$3{,}7 \cdot 10^{-11}$
$0{,}2$,, ,,	$3{,}0 \cdot 10^{-10}$	$4{,}2 \cdot 10^{-9}$	$3{,}5 \cdot 10^{-9}$
$0{,}3$,, ,,	$4{,}2 \cdot 10^{-8}$	$1{,}4 \cdot 10^{-7}$	$1{,}2 \cdot 10^{-7}$
$0{,}5$,, ,,	$3{,}5 \cdot 10^{-6}$	$3{,}2 \cdot 10^{-5}$	$2{,}6 \cdot 10^{-5}$
$0{,}7$,, ,,	$8{,}0 \cdot 10^{-4}$	$3{,}5 \cdot 10^{-3}$	$2{,}8 \cdot 10^{-3}$
$0{,}8$,, ,,	$4{,}0 \cdot 10^{-3}$	$2{,}7 \cdot 10^{-2}$	$2{,}1 \cdot 10^{-2}$
$0{,}9$,, ,,	$6{,}0 \cdot 10^{-2}$	$1{,}6 \cdot 10^{-1}$	$1{,}2 \cdot 10^{-1}$
$0{,}95$,, ,,	$2{,}5 \cdot 10^{-1}$	$4{,}2 \cdot 10^{-1}$	$2{,}7 \cdot 10^{-1}$
$1{,}0$,, ,,	1	1	$0{,}45$
$1{,}1$,, ,,	1	1	$0{,}85$
$1{,}2$,, ,,	1	1	$0{,}96$
$1{,}3$,, ,,	1	1	$0{,}99$

In Spalte 2 sind durch numerische Ausführung der Integration für die Kurve B in Fig. 38 die Durchlässigkeiten nach dem oben beschriebenen Näherungsverfahren berechnet worden. Die Potentialfunktion der Kurve B lautet

306   Kapitel VIII.

$$U(\xi) = U_0 \, \text{sech}^2 \left(\frac{\pi \xi}{2a} \right) \tag{56,17}$$

Für dieses $U(\xi)$ sind von ECKART[19] strenge Lösungen gegeben worden, die zum Vergleich in Spalte 3 verzeichnet sind. Die Übereinstimmung ist vollständig befriedigend. Die Differenzen gehen völlig unter in der stets vorhandenen Unsicherheit hinsichtlich des Verlaufs der Potentialkurve. In Spalte 1 sind die Durchlässigkeiten nach Formel (56,16) für die parabolische Kurve P angegeben. Sie unterscheiden sich natürlich stärker von den beiden für die Kurve B, und zwar sind sie kleiner, weil die Parabel gerade in dem oberen Teil, der den größten Einfluß auf D hat, merklich breiter ist als die ECKARTsche Funktion. Immerhin ist größenordnungsmäßig die Durchlässigkeit auch noch dieselbe geblieben, was man erwarten muß, wenn solche Rechnungen mit willkürlicher Form der Kurve überhaupt einen praktischen Wert haben sollen. Bei der Bewertung der Übereinstimmung muß man auch bedenken, daß D den sehr großen Wertebereich von 1 bis 10^{-11} durchläuft.

Wir können nun auf Grund der einfachen Formel für die Durchlässigkeit der parabolischen Schwelle:

$$
\begin{aligned}
D &= e^{-\beta(1-E/U_0)} \quad \text{für } E \leq U_0 \\
&= 1 \qquad\qquad\quad \text{für } E \geq U_0
\end{aligned}
\quad \text{mit } \beta
\begin{cases}
= a\pi\sqrt{2MU_0} & \text{(in at. Einh.)} \\
= \dfrac{2a\pi^2}{h}\sqrt{2MU_0} & \text{(in gew. Einh.)}
\end{cases}
$$

$$\tag{56,18}$$

auch ihre Durchlässigkeit für einen auffallenden Strom von Partikeln mit Maxwellscher Energieverteilung angeben. Als Verteilungsfunktion der Energie nehmen wir — mit BELL — die Funktion $(kT)^{-1} \cdot e^{-E/kT} \, dE$. Das ist eigentlich nur korrekt, wenn zwei Freiheitsgrade vorliegen. Bei einem einzigen Translationsfreiheitsgrad wäre noch $E^{-1/2}$ als Faktor zu schreiben. In Anbetracht der übrigen Ungenauigkeiten dieser ganzen Rechnung können wir aber einen solchen schwach veränderlichen Faktor vor der e-Funktion ruhig durch eine Konstante ersetzen, um die Resultate übersichtlicher zu machen. Die Durchlässigkeit der Schwelle für diesen Partikelstrom ist:

$$\overline{D} = \frac{1}{kT} \int_0^{\infty} D(E)\, e^{-E/kT} \, dE$$

$$= \frac{1}{kT} \int_0^{U_0} e^{-\beta(1-E/U_0)-E/kT} \, dE + \frac{1}{kT} \int_{U_0}^{\infty} e^{-E/kT} \, dE \tag{56,19}$$

Die elementare Integration liefert:

$$\overline{D} = \frac{\beta}{\beta-\alpha}\, e^{-\alpha} - \frac{\alpha}{\beta-\alpha}\, e^{-\beta} \quad \text{mit } \alpha = \frac{U_0}{kT} \text{ und } \beta = \frac{2\pi^2 a}{h}\sqrt{2MU_0}$$

$$\tag{56,20}$$

Bei Zimmertemperatur und darüber ist stets β groß gegen α, es spielt also praktisch nur das erste Glied eine Rolle. Der Quanteneffekt äußert sich dann darin, daß der Faktor im Verhältnis $1 : (1 - \alpha/\beta)$ vergrößert wird. Dieser Einfluß des Tunneleffektes ist meist belanglos. Bei leichten Gasen und sehr tiefen Temperaturen kann das Glied mit $e^{-\beta}$ von Bedeutung werden.

Bei chemischen Reaktionen haben wir es meist mit dem Überschreiten eines Energieberges zu tun (s. Fig. 39). Obgleich hier die Verhält-

§ 57. Theorie der Aktivierungsenergie.   307

nisse komplizierter liegen als in dem eindimensionalen Fall, so kann man
doch qualitativ aus ihm folgern, daß der Tunneleffekt normalerweise eine geringe Rolle spielt und deshalb die übliche, klassische Annahme,
daß nur Teilchen mit genügender Energie die Schwelle überschreiten
können, eine brauchbare Annäherung darstellt, zumal es sich meist nur
um eine größenordnungsmäßige Festlegung der Reaktionsgeschwindigkeit handelt. FARKAS und WIGNER[60] fanden, daß der Tunneleffekt für
die Geschwindigkeit der Reaktion $H_2 + H$ bei 283° abs. einen Faktor
1,52 und bei 373° abs. einen Faktor 1,30 liefert.

Man muß jedoch im Auge behalten, daß eventuell kompliziertere
Schwellen mit ganz spezifischer Abhängigkeit der Durchlässigkeit von der
Energie E auftreten können, bei denen der wellenmechanische Durch-
trittseffekt den klassischen auch bei normalen Temperaturen überwiegen
könnte (s. dazu HELLMANN und SYRKIN[53]). Es ist denkbar, daß solche
Tunneleffekte bei Reaktionen mit anormal kleinen sterischen Faktoren
eine Rolle spielen.

In der allgemeinen Theorie der Reaktionen in § 57 und § 58 werden wir von Tunneleffekten absehen und die Kernbewegung zunächst
klassisch und adiabatisch behandeln.

§ 57. Theorie der Aktivierungsenergie.

Im Prinzip wurde die Theorie der Aktivierungsenergie nach LON-
DON[16] in § 44 schon gegeben. Hier sollen die Verhältnisse zunächst am
einfachsten Beispiel der Reaktion zwischen einem H_2-Molekül und einem
H-Atom quantitativ besprochen werden. Experimentell spielt diese Reaktion bei der Umwandlung zwischen Ortho- und Parawasserstoff eine
wichtige Rolle. Sie kann dann geschrieben werden:

$$H + pH_2 \; \rightleftarrows \; oH_2 + H \qquad (57,1)$$
$$\uparrow \qquad \uparrow\downarrow \qquad \uparrow\uparrow \qquad \downarrow$$

Die Pfeile deuten die gegenseitige Spinorientierung der Atomkerne an
(vergl. § 55). Aus Gl. (44,10) folgt unmittelbar, daß der geringste Potentialberg bei linearer Anordnung der 3 Moleküle zu überwinden ist,
weil dann die Abstoßung zwischen den äußeren Molekülen am kleinsten
ist. Wir finden daher den Maximalwert von λ, der auf dem günstigsten
Reaktionsweg auftritt, wenn wir λ nach Gl. (44,8) als Funktion der beiden Abstände A—C und A—B in linearer Anordnung ausrechnen. Dies
gibt zwar nur den Austauschanteil der Energie, aber dieser ist qualitativ
für den allgemeinen Verlauf der Reaktion entscheidend.

EYRING und POLANYI[20] berechneten λ als Funktion dieser beiden
Abstände, indem sie die gesamte Dissoziationsenergie zweier H-Atome
als Austauschenergie deuteten. In Fig. 39 ist ihr Resultat wiedergegeben. Natürlich gilt die ganze Figur nur für lineare Anordnungen der
beiden Atome; Abszisse und Ordinate geben die Abstände der beiden
Außenatome vom Zentralatom. Die gezeichneten Kurven sind Höhenlinien im „Energiegebirge", die angeschriebenen Zahlen geben die zugehörigen Energiewerte.

Für sehr kleine x und sehr kleine y sind die Niveaulinien nicht mehr
gezeichnet. Das Gebirge müßte hier unendlich hoch werden. An der
Dichte der Linien sieht man die Steilheit des Energieanstieges (vergl. die
Kurven in Fig. 11, § 25). Zu größeren Abständen x und y hin verläuft

308   Kapitel VIII.

der Energieanstieg viel flacher und endet bei x und $y = \infty$ auf einem
Hochplateau von der Größe der Dissoziationsenergie. Die Talsohlen bei
$x = 0{,}75$ Å und $y = 0{,}75$ Å bedeuten die Gleichgewichtslagen, welche
Bildung der Moleküle AB, bezw. AC und Entfernung des dritten Atoms

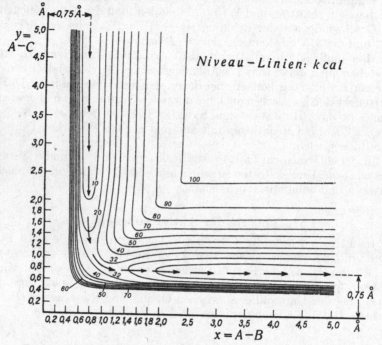

Fig. 39. Das Potentialgebirge der Reaktion $H_2 + H$. (Nach EYRING
und POLANYI[20]).

ins Unendliche entsprechen. Dieses Niveau ist als Nullniveau gerechnet. Die Pfeile zeigen den Reaktionsweg geringster Aktivierungsenergie
an. Er führt, in Übereinstimmung mit unseren früheren Überlegungen
im Anschluß an die Formel (44,8), über einen Paß bei $x = y$, dessen
Höhe die Aktivierungsenergie angibt. Das Abweichen dieses Weges von
der Horizontalen, bezw. Vertikalen kennzeichnet die Auflockerung des
Moleküls bei Annäherung des anderen Atoms. Im labilen Punkt ist
$x = y = 0{,}91$ Å und die Energie 30 kcal. Dies wäre in erster Näherung
die Aktivierungsenergie.

Bei nur geringer Abänderung des Gesamtbildes verändert sich aber
Aussehen und Höhe des Sattelgebietes sehr merklich, wenn man die Coulombsche Anziehung der Ladungswolken berücksichtigt. Wenn wir nicht
mehr die gesamte Bindungsenergie dem Austauschintegral zuschieben,
ist zunächst dieser Anteil kleiner, sind also die sämtlichen Höhen und
Tiefen im Energiegebirge geringer. Nun ist aber λ nicht mehr identisch
mit der Gesamtenergie, sondern einer Figur 39 ist noch die „Coulombsche Grube" zu überlagern. Dieser Anteil gibt in dem praktisch interessierenden Gebiet stets negative Beiträge zur Energie.

§ 57. Theorie der Aktivierungsenergie. 309

Quantitativ ist daher der Figur 39 noch keine Bedeutung beizumessen. Der Coulombsche Anteil wurde von EYRING und POLANYI aus den Rechnungen von Sugiura (s. § 25) entnommen und beträgt dann 8 % der Gesamtenergie. So erhielten EYRING und POLANYI 19 kcal für die Höhe des Aktivierungsberges, während der experimentelle Wert 7,8 kcal beträgt. Entnimmt man aber nur das V e r h ä l t n i s der Coulomb- zur Austauschenergie aus der Theorie, dann muß der Coulombanteil 12 % betragen (vergl. Gl. 51,15). In den Grenzen der Unsicherheit dieses Verhältnisses kann man leicht völlige Übereinstimmung mit dem Experiment erreichen.

Fig. 40 zeigt das Aussehen des Sattelgebietes bei Berücksichtigung der Coulombschen Kräfte mit 10 %. An Stelle des Sattels ist eine flache

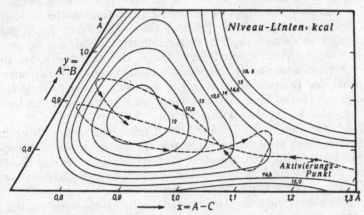

Fig. 40. Das Sattelgebiet des Potentialgebirges der Reaktion H_2 + H, mit Coulombgrube. Die gestrichelte Linie gibt einen möglichen Stoßverlauf. (Nach HIRSCHFELDER, EYRING und TOPLEY[59]).

Mulde getreten, so daß der eigentliche Aktivierungspunkt vorher liegt. In Fig. 40 sind schiefwinklige Koordinaten gewählt[20,59,60], weil dann die Bewegung des Bildpunktes im Energiegebirge genau mit der Bewegung eines Massenpunktes übereinstimmt, der reibungslos in einem solchen Gebirge abgleitet. Die gestrichelt eingezeichnete Bahn zeigt, daß das Überschreiten des Aktivierungspunktes noch nicht unbedingt Eintritt der Reaktion bedeutet. In der Grube kann der Punkt auch wieder umkehren. Bei der Willkür einiger Voraussetzungen dieser Rechnung ist es aber zweifelhaft, ob der flachen Mulde überhaupt Realität zuzuschreiben ist.

Mit 20 % Coulombenergie erhielten HIRSCHFELDER, EYRING und TOPLEY[59] nach den Methoden des § 58 fast völlige Übereinstimmung der theoretischen mit den gemessenen Reaktionsgeschwindigkeiten in einem weiten Temperaturbereich, und zwar sowohl für die gewöhnlichen H-Atome als bei Beteiligung von D-Atomen (Atomgewicht 2).

Außer der Willkür der Energieaufteilung bestehen noch viel schwerere theoretische Bedenken, die wir bisher verschwiegen haben. Wir müssen uns erinnern, daß die Formel (44,8) unter der Voraussetzung abgeleitet wurde, daß höhere Permutationen wegen der Fastorthogonalität der Funktionen vernachlässigt werden können. Dabei ist $\int \psi_a \psi_b \, d\tau$ in

310   Kapitel VIII.

Wirklichkeit in der Gegend des Aktivierungspunktes etwa $1/2$. Bei konsequenter Rechnung erhielten COOLIDGE und JAMES[43] für den Aktivierungspunkt die Gesamtenergie $-39,7$ kcal. Da in derselben Näherung die Dissoziationsenergie des H_2 66 kcal beträgt, ergibt sich bei konsequenter Berücksichtigung aller Permutationen der Wert 26,3 kcal für die Aktivierungsenergie, während der experimentelle 7,8 kcal beträgt. Die Übereinstimmung hat sich also sehr verschlechtert.

Wie HIRSCHFELDER, EYRING und ROSEN[61] zeigten, verbessert sich die Sachlage auch durch Ausführung der nächsten Näherungen nicht. Mit einem Abschirmungsparameter und mit Berücksichtigung der Ionenzustände erhielten sie 25,15 kcal, dagegen nur mit Ionenzuständen, also in schlechterer Annäherung für die Absolutwerte der Energien, das zufällig gute Resultat von 13,36 kcal für die Aktivierungsenergie. Es scheint demnach, daß Dispersions- und Polarisationskräfte (s. Kap. V) auch hier eine entscheidende Rolle spielen. Der Wert dieser ganzen Rechnung liegt deshalb mehr in dem qualitativen Bild, das sie uns von dem Prozeß der Aktivierung liefert. Darin, daß sich überhaupt durch vernünftige Ansätze für die auftretenden Funktionen die Erfahrungswerte sowohl der Dissoziationsenergie als der Aktivierungsenergie richtig wiedergeben lassen, kann man eine empirische Bestätigung des benutzten rechnerischen Formalismus erblicken.

Das bisher dargelegte Schema erfährt noch eine weitere Korrektion aus ganz anderen Gründen. Solange wir die Kerne klassisch betrachten und die Temperatur niedrig halten, müßten die Kerne zweier H-Atome in der Gleichgewichtslage ruhen, das Molekül also wirklich die Energie einnehmen, die dem Minimum entspricht.

In § 55 haben wir aber gesehen, daß die Kerne in einem solchen Potentialfeld eine Nullpunktsenergie haben, und zwar eine um so größere, je stärker die Krümmung der Potentialkurve ist. Das Ausgangsniveau liegt deshalb um 0,27 e-Volt $= 6,2$ kcal über der Talsohle in Fig. 39. Die gesamte Nullpunktsenergie des Aktivierungskomplexes ist allerdings von derselben Größenordnung, nämlich etwa 7,1 kcal[59]. Im Vergleich zu dem geringen Wert der Aktivierungsenergie ist die Nullpunktsenergie wesentlich.

Die Änderung der Aktivierungsenergie ist durch die Differenz der Nullpunktsenergie des freien H_2-Moleküls und der H_3-Konfiguration im Aktivierungszustand gegeben. Die Schwingungsfrequenzen spielen aber auch für den sterischen Faktor eine wichtige Rolle, wie wir in § 58 sehen werden. Qualitativ versteht man so das verschiedene Verhalten von Isotopen (vergl. § 55) infolge ihrer verschiedenen Schwingungsfrequenzen.

Zur Berechnung der Nullpunktsenergie im Aktivierungssattel ist die Kenntnis des Energiegebirges nach Fig. 39, 40 nicht ausreichend, da aus ihr nur die longitudinale Schwingungsfrequenz abzulesen ist, die in Fig. 39 einer Bewegung des Bildpunktes am Sattel auf der 45°-Linie senkrecht zum „Reaktionsweg" entspricht. Der H_3-Komplex führt aber auch noch eine Deformationsschwingung aus, die aus der linearen Anordnung herausführt.

Bei allen feineren Fragen genügt die Angabe nur der Aktivierungsenergie keineswegs, man muß vielmehr wirklich den Absolutwert der Reaktionsgeschwindigkeit als Funktion der Temperatur ausrechnen. Die

§ 57. Theorie der Aktivierungsenergie.   311

allgemeinen Methoden hierzu sollen in § 58 besprochen und auf die Reaktion $H_2 + H$ angewandt werden.

Die nächst einfache Reaktion nach der oben betrachteten ist die Reaktion

$$oH_2 + oH_2 \rightleftarrows pH_2 + pH_2 \qquad (57,2)$$
$$\uparrow\uparrow \qquad \downarrow\downarrow \qquad \uparrow\downarrow \qquad \uparrow\downarrow$$

und wir können die Theorie benutzen, um zu entscheiden, ob die homogene Reaktion der Umwandlung vom reinen Parawasserstoff in das Gleichgewichtsgemisch bei Zimmertemperatur auf dem Wege über Reaktion der Moleküle erfolgt oder über die bei Zimmertemperatur schon dissoziierten H-Atome nach dem oben behandelten Schema.

Bei Berechnung der Aktivierungsenergie komplizierter Gebilde ist es praktisch nicht möglich, das ganze vieldimensionale „Energiegebirge" zu untersuchen. Schon bei der Reaktion zwischen 2 H_2-Molekülen beschränken wir uns nach Gl. (44,6) auf den labilen Punkt für λ bei: $(AB) + (CD) = (AC) + (BD)$, wobei wir eine eventuell vorhandene geringe Verlagerung durch den Einfluß der Coulombglieder außer Acht lassen. Hier ergibt sich für $H_2 + H_2$ ein Abstand der Atome von 1,2 Å bei quadratischer Anordnung und eine Aktivierungsenergie von 96 kcal, wenn — nach EYRING[21], der diese Rechnung durchführte — 10 % der gesamten Bindungsenergie zweier H-Atome auf die Coulombsche Wechselwirkung geschoben werden.

Vergleichen wir diesen Fall mit dem Reaktionsablauf

$$oH_2 + H_2 \longrightarrow 2H + oH_2 \longrightarrow 2H + pH_2 \qquad (57,3)$$

Diese verläuft in 2 Stufen. Die Geschwindigkeit der Ortho-Paraumwandlung ist direkt proportional der Zahl der vorhandenen H-Atome. Die Zahl der dissoziierten H_2-Moleküle ist proportional $e^{-D_0/kT}$, wenn D_0 die Dissoziationsenergie des H_2 bedeutet. Die Geschwindigkeit der Ortho-Paraumwandlung ist also proportional mit $e^{-1/2 D_0/kT} \cdot e^{-W/kT}$, wenn W die Aktivierungswärme der Reaktion $H + H_2 \longrightarrow H_2 + H$ ist. Man sieht, daß für die zusammengesetzte Reaktion über die Atome die Energie $\frac{1}{2}D + W$ die Rolle der Aktivierungswärme spielt. Mit $D = 103$ kcal und $W = 13$ kcal (bei 10 % Coulombenergie) erhält EYRING[21] für diesen Reaktionsweg eine gesamte Aktivierungswärme von 64 kcal, gegenüber den 96 kcal für die direkte Reaktion zweier Moleküle. Tatsächlich zeigt auch die Erfahrung, daß die Reaktion praktisch vollständig über die Atome verläuft. Man sieht an dem Beispiel, wie die Theorie solche Fragen sehr gut entscheiden kann, auch wenn die Absolutwerte für die Aktivierungswärmen rein theoretisch nur sehr ungenau angegeben werden können.

Die formale Übertragung dieser Überlegungen auf andere Reaktionen vom Typus AB + C = AC + B oder AB + CD = AC + BD macht keine Schwierigkeiten. Die gesamte Wechselwirkung $\lambda + \eta$ läßt sich meistens aus den Schwingungsspektren der entsprechenden 2-atomigen Moleküle entnehmen. Eine große Willkür bleibt aber durch die Notwendigkeit, diese Gesamtwechselwirkung aufzuteilen in Austauschglied (λ) und Diagonalglied (η).

Eine neue Schwierigkeit tritt auf, wenn wir es nicht mehr mit s-, sondern mit p-Valenzen zu tun haben. In irgend einer Form spielt dann immer eine Bahnentartung mit und es werden sich im Ablauf

312   Kapitel VIII.

der Reaktion die Valenzeigenfunktionen der Atome selbst ändern, indem sich in jeder Konfiguration der Atome die energetisch günstigste Linearkombination einstellt. Wir können zwar so näherungsweise die Gesamtfunktion anstatt als Summe von Produkten der entarteten Eigenfunktionen, als Produkt von Summen ansetzen, die aus den miteinander entarteten Eigenfunktionen der einzelnen Atome gebildet werden (s. § 53) und dadurch die einfache Formel (44,4) beibehalten. Man benötigt im allgemeinen Fall aber die Kenntnis mehrerer Austauschintegrale pro Atompaar und erhält für jeden Zwischenzustand des Reaktionsablaufs eine komplizierte Winkelabhängigkeit der verschiedenen Wechselwirkungsanteile und keineswegs einfache Zentralkräfte, wie zwischen lauter H-Atomen.

Nach all diesen Bedenken ist es überraschend, daß EYRING und seine Mitarbeiter für Reaktionen, an denen gerichtete Valenzen beteiligt sind, durch einfache Übertragung der bei H-Atomen benutzten Rechenweise recht gute Übereinstimmung mit der Erfahrung erzielen konnten [21,33,39,58,62].

Das Aufsuchen der „Aktivierungskonfiguration" für 2 zweiatomige Moleküle wird durch die Näherungsformel (44,6) sehr erleichtert, die gerade in der Umgebung des Aktivierungssattels meist eine genügende Näherung darstellen dürfte. Denn sie setzt voraus, daß der Mittelwert der Austauschenergien der Ausgangsmoleküle nicht allzu verschieden von dem Mittelwert der Austauschenergien der Endmoleküle ist. Fügen wir zu (44,6) noch die Summe der 6 Coulombschen Energien, bezw. Diagonalanteile η: (ab), (cd), (ac), (bd), (ad), (bc) hinzu (s. Fig. 41), dann kommt aus (44,6):

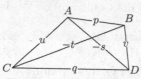

Fig. 41. Der Reaktionskomplex von 4 Atomen.

$$\varepsilon = \lambda + \eta = p + q + u + v - s - t \quad \text{mit}$$

$$p = \frac{1}{2}\,(AB) + (ab)\,, \qquad q = \frac{1}{2}\,(CD) + (cd)\,,$$

$$u = \frac{1}{2}\,(AC) + (ac)\,, \qquad v = \frac{1}{2}\,(BD) + (bd)\,,$$

$$s = \quad (AD) - (ad)\,, \qquad t = \quad (BC) - (bc) \qquad (57,4)$$

p, q, u, v, s, t sind normalerweise negativ und werden stärker negativ bei Verkleinerung der entsprechenden Abstände der Aktivierungskonfiguration. Wir haben deshalb Anziehung zwischen $A - B$, $B - D$, $C - D$, $A - C$ und Abstoßung zwischen $A - D$, $B - C$. Daraus folgt sofort die ebene Konfiguration. Denn nehmen wir an, daß das Atom A in Fig. 41 nicht in der Ebene des Dreiecks $B - D - C$ liegt, dann können wir s, und damit die Gesamtenergie verkleinern, indem wir das Dreieck $C - B - A$ soweit um die Achse $B - C$ drehen, bis es mit $B - D - C$ in einer Ebene liegt. Man braucht also nur noch ebene Konfigurationen zu untersuchen, bei denen $p + q + u + v$ möglichst groß und $s + t$ möglichst klein sind. Wenn man sich 6 Maßstäbe mit Skalen p, q, u, v, s, t herstellt, läßt sich durch Zusammenfügen derselben nach Fig. 41 leicht mechanisch die günstigste Konfiguration ermitteln. Ein solches Gerät wurde von ALTAR und EYRING[62] bei der Untersuchung der Reaktion $H_2 + JCl$ benutzt.

§ 58. Absolutwerte der Geschwindigkeitskonstanten von Reaktionen. 313

Schließlich läßt sich dies Rechenschema sogar auf Reaktionen komplizierter Moleküle übertragen, wenn man alle Valenzen außer den zwei an der Reaktion beteiligten als lokalisiert betrachtet. Auf ähnliche Weise ist von SHERMAN und EYRING[33] eine theoretische Beschreibung der Katalyse der Ortho-Paraumwandlung durch Kohle versucht worden. Sie betrachten dabei die aktivierte Adsorption eines H_2-Moleküls als Bildung zweier CH-Bindungen und finden, daß der energetisch günstigste Weg der Ortho-Paraumwandlung so läuft, daß die oH_2-Moleküle in Form von C—H-Bindungen adsorbiert und dann als pH_2-Moleküle wieder desorbiert werden. Die Experimente sprechen dafür, daß die Umwandlung bei hohen Temperaturen wirklich auf diesem Wege abläuft [5].

§ 58. Die Absolutwerte der Geschwindigkeitskonstanten von Reaktionen bei klassischer Behandlung der Kernbewegung.

In § 57 haben wir uns um die Frage nach dem Absolutwert der Geschwindigkeitskonstanten der betrachteten Reaktionen gar nicht gekümmert. Wir fanden einen „günstigsten" Reaktionsweg im Energiegebirge und nahmen an, daß die Reaktion in der Mehrzahl aller Fälle diesen Weg wirklich einschlägt. Wir haben aber die Frage gar nicht berührt, welche Bahnen bei dynamischer Behandlung der Kernbewegung, d. h. bei Berücksichtigung der Massenträgheitskräfte der Kerne wirklich möglich sind. Man kann sich die Verhältnisse im Fall der 3 H-Atome einfach veranschaulichen, wenn man den Bildpunkt, der in Fig. 40 die momentane Konfiguration des Systems angibt — natürlich immer bei linearer Anordnung der 3 H-Atome — als einen Massenpunkt betrachtet, der in dem gezeichneten Energiegebirge abrollt. Seine wirkliche Bahn hängt ganz ab von Richtung und Größe der ihm erteilten Anfangsgeschwindigkeit und dem Ort, von dem er losgelassen wird. Zu jeder Anfangsbedingung gehört eine andere Bahn. Wir sehen, daß keineswegs alle Bahnen des Bildpunktes, die ausreichende kinetische Energie mitbekommen, auch wirklich den Sattelpunkt treffen und ihn überschreiten müssen. Also selbst dann, wenn die günstigste sterische Anordnung, nämlich die lineare vorliegt, führen nicht alle Stöße mit ausreichender Energie unbedingt zur Reaktion. Es kommt außer auf die richtige räumliche Konfiguration im Moment des Stoßes, die den üblichen sterischen Faktor verursacht, auch darauf an, daß die Energie in bestimmter geeigneter Weise auf die verschiedenen Impulskomponenten aufgeteilt ist.

Die Untersuchung der einzelnen Stoßabläufe ist schon bei der einfachsten Reaktion recht kompliziert. Glücklicherweise kommt aber hier die klassische thermodynamische Statistik zur Hilfe. Wir interessieren uns ja gar nicht für den einzelnen Stoßprozeß, sondern nur für die Statistik aller möglichen Stoßprozesse. Solange wir die Bewegung der Kerne im vorgegebenen Feld des vieldimensionalen Energiegebirges klassisch behandeln, können wir auf dieses System von Massenpunkten einfach die bekannten Sätze der klassischen Statistik anwenden, um über die Häufigkeit der verschiedenen Orts- und Impulskonfigurationen Auskunft zu erhalten. Dieser Weg ist zuerst für den Fall dreier H-Atome von PELZER und WIGNER[29] eingeschlagen worden. Wir schließen im folgenden unsere Überlegungen teilweise an EYRING[44] sowie EVANS und POLANYI[51] an, die die Methode später allgemeiner formuliert haben.

314   Kapitel VIII.

Wir betrachten zuerst ein System, in welchem Gleichgewicht zwischen dem Ausgangsprodukt und dem Endprodukt der Reaktion herrscht, und wollen ausrechnen, wieviel Bildpunkte pro Zeiteinheit den Sattelpunkt in einer Richtung überschreiten. Dazu vergegenwärtigen wir uns zunächst die allgemeine Struktur des Potentialgebirges am Sattelpunkt. Dieser ist auch bei beliebig vielen Dimensionen so definiert, daß die potentielle Energie bei jeder Änderung der inneren Koordinaten des reagierenden Komplexes ansteigt, außer einer einzigen Änderung, nämlich der in Richtung des Reaktionsweges, bei welchem die Energie nach beiden Seiten abfällt. Durch Einführung geeigneter Koordinaten läßt sich erreichen, daß dieser „Zwischenzustand" in allen Dimensionen, bis auf die eine, welche dem Reaktionsweg entspricht, wie ein stabiles Molekül behandelt werden kann. Diese eine ausgezeichnete Koordinate nennen wir q^* und den zugehörigen Impuls p^*, die entsprechende Masse m^*. Diese stellen alle drei verallgemeinerte Größen dar und sind nicht mit den Werten für irgend einen einzelnen Massenpunkt des Systems identisch. In Fig. 39 z. B. entspricht ja der Reaktionsweg einer ganz bestimmten gleichzeitigen Änderung beider Koordinaten.

Wir wollen nun die Anzahl der Ausgangsmoleküle berechnen, die sich im statistischen Gleichgewicht in einem Streifen am Sattel von der Dicke 1 des Koordinatenraums mit beliebigen Impulsen befinden. Dieser Bruchteil ist:

$$\varrho_{12}{}^* = \frac{\tau^*\int \cdots \int e^{-E/kT} \, \Pi_i \frac{1}{h} \, dp_i \, dq_i}{\tau_{12}\int \cdots \int e^{-E/kT} \, \Pi_i \frac{1}{h} \, dp_i \, dq_i} \tag{58,1}$$

Oben steht das Zustandsintegral des Zwischenzustandes, welches außer für q^* über den ganzen Bereich aller Koordinaten und Impulse zu erstrecken ist. Für q^* geht die Integration nur von $-\frac{1}{2}$ bis $+\frac{1}{2}$*). Der Nullpunkt des Koordinatensystems liegt im Sattelpunkt. Im Nenner steht das Zustandsintegral für die Ausgangsmoleküle, es geht über alle inneren Freiheitsgrade der beiden Molekülsorten sowie über alle Konfigurationen der Molekülschwerpunkte. E ist die gesamte Energie als Funktion aller Koordinaten. Mit τ^* und τ_{12} haben wir die in dieser Weise charakterisierten Phasenräume bezeichnet. p_i und q_i sind die allgemeinen Impulse und Koordinaten, $h^{-1} dp_i \, dq_i$ ist die Anzahl von Phasenzellen zwischen p_i und $p_i + dp_i$ sowie q_i und $q_i + dq_i$. Falls die Zustände diskret sind, ist bekanntlich das Integral in (58,1) durch die Summe $\sum g_n e^{-E_n/kT}$ zu ersetzen, worin g_n eine kleine ganze Zahl bedeutet, die das statistische Gewicht des n-ten Zustandes (den Grad seiner Entartung) angibt. Uns interessiert die Anzahl der Bildpunkte, die pro Zeiteinheit den Sattel überschreiten. Wir erhalten sie ganz analog wie bei einer Flüssigkeitsströmung, indem wir die Anzahl der Phasenpunkte für eine Schicht von der Dicke 1 in der Strömungsrichtung, mit der Geschwindigkeit v^* multiplizieren. Hier ist für v^* die mittlere thermische Geschwindigkeit in einer Richtung

---

*) Die Längeneinheit in der q^*-Richtung können wir beliebig klein wählen, sodaß E bei der Integration über q^* als konstant betrachtet werden kann.

§ 58. Absolutwerte der Geschwindigkeitskonstanten von Reaktionen. 315

$$\overline{v^*} = \frac{1}{m^*} \frac{\displaystyle\int_0^\infty p^* \, e^{-\frac{p^{*2}}{2\,m^*\,kT}} \, dp^*}{\displaystyle\int_{-\infty}^{+\infty} e^{-\frac{p^{*2}}{2\,m^*\,kT}} \, dp^*} = \frac{kT}{(2\pi\,m^*\,kT)^{1/2}} \tag{58,2}$$

zu setzen. Der Bruchteil der Ausgangsmoleküle, die pro sec den Grat überschreiten, ergibt sich also zu $\varrho_{12}^* \, v^*$. Auf genau dieselbe Weise berechnet man den Bruchteil der Molekülpaare im Endzustand, die pro sec in umgekehrter Richtung den Grat überschreiten, zu $\varrho_{34}^* \, v^*$. Gleichgewicht ist dann, wenn das Verhältnis der Molekülzahlen in Ausgangs- und Endzustand gerade dem reziproken Verhältnis der Ausdrücke $\varrho^* \, v^*$ gleich ist, also

$$\frac{\varrho_{34}^* \, \overline{v^*}}{\varrho_{12}^* \, \overline{v^*}} = \frac{\displaystyle\int_{\tau_{12}}\cdots\int e^{-E/kT} \, \Pi_i \frac{1}{h} \, dp_i \, dq_i}{\displaystyle\int_{\tau_{34}}\cdots\int e^{-E/kT} \, \Pi_i \frac{1}{h} \, dp_i \, dq_i} \tag{58,3}$$

Das ist einfach die Gleichgewichtsbedingung zwischen den Ausgangs- und den Endmolekülen der Reaktion, die man auch direkt hätte hinschreiben können.

Uns interessiert jedoch die Geschwindigkeit des Reaktionsablaufs in einer Richtung. Wir machen 2 wesentliche Annahmen, wodurch auch gleich die Grenzen für die Anwendbarkeit dieser Rechenweise gezogen werden. Die erste Annahme ist aus der klassischen Kinetik geläufig. Sie besagt, daß die Geschwindigkeit, mit der die Reaktion in einer Richtung abläuft, nicht davon abhängt, wieviel von der Endsubstanz vorhanden ist. Wir nehmen also an, daß die im Gleichgewicht vorhandenen Reaktionsgeschwindigkeiten auch dann vorliegen, wenn kein Gleichgewicht vorhanden ist. Von Einzelfällen abgesehen, dürfte diese Bedingung praktisch stets erfüllt sein.

Einschneidender ist die zweite Voraussetzung. In dieser fordern wir, daß jeder Bildpunkt, der den Grat passiert hat, auch wirklich in das andere Tal gelangt, also zu dem Endprodukt der Reaktion führt. Dies ist für die einfachen Verhältnisse der Fig. 39 offenbar erfüllt, braucht aber, wie schon Fig. 40 zeigt, keineswegs immer erfüllt zu sein. Wenn die Bahn gegen einen zweiten Potentialberg führt, der auf dem Wege liegt, kann an diesem eine Reflexion erfolgen und die Reaktion rückgängig gemacht werden, bevor sie vollendet ist. Die oben aus (58,1) richtig abgeleitete Gleichgewichtsbedingung (58,3) erlaubt uns noch keineswegs, die $\varrho^* \overline{v^*}$ mit den Reaktionsgeschwindigkeiten zu identifizieren, wie es zunächst scheint. Gl. (58,1) besagt nur, daß im Gleichgewicht des ganzen Systems der Ausgangszustand und der Endzustand nicht nur miteinander, sondern auch mit jedem beliebigen Zwischenzustand im Gleichgewicht sind. Ohne diese Voraussetzung, daß jedes Molekül, das den Aktivierungssattel passiert hat, auch wirklich reagiert, werden die Verhältnisse sehr unübersichtlich und erfordern eine in die Einzelheiten gehende Kenntnis der Form der Energiefunktion. Man muß aber bedenken, daß man Absolutwerte der Geschwindigkeitskonstanten doch meist nur größenordnungsmäßig richtig bekommt. Es würde deshalb selbst eine beträchtliche Rückreflexion die praktische Brauchbarkeit dieser Ansätze noch nicht ernstlich beeinträchtigen.

Mit dem Vorbehalt einer späteren Korrektion für kompliziertere Moleküle setzen wir also jetzt den pro Zeiteinheit reagierenden Teil N unserer Ausgangsmoleküle an:

$$\frac{\mathrm{d}N}{\mathrm{d}t} = \varrho_{12}{}^* \, \overline{v^*} = \frac{kT}{(2\pi \, m^* \, kT)^{1/2}} \frac{1}{h} \int\limits_{-\infty}^{+\infty} \mathrm{e}^{-\frac{p^{*2}}{2\,m^*\,kT}} \, \mathrm{d}p^* \, \frac{((F^*))}{(F_{12})}$$

$$= \frac{kT}{h} \frac{((F^*))}{(F_{12})} \tag{58,4}$$

Darin bedeutet $((F^*))$ das Zustandsintegral des Zwischenzustandes über alle Koordinaten außer q^* und p^*. (F_{12}) ist das Zustandsintegral des Ausgangszustandes. Die Teilintegration p^* hat zusammen mit v^* den Faktor kT/h ergeben, welcher die schwer bestimmbare Größe m^* nicht mehr enthält.

Es ist zweckmäßig, auch $((F^*))$ und (F_{12}) noch etwas weiter auszuführen. (F_{12}) ergibt einfach das Produkt der Zustandssummen der ersten und der zweiten Molekülsorte, wenn wir E in diesem Integral näherungsweise als Summe der Energie der beiden Molekülsorten schreiben, also $E = E_1 + E_2$ setzen. Hier ist die Vernachlässigung der Wechselwirkung dieser Moleküle gestattet, da wir im Gaszustand voraussetzen können, daß Zustände, in denen 2 Moleküle sich im Bereich ihrer Wechselwirkungskräfte befinden, prozentual wenig beitragen. Außer dieser Zerlegung von (F_{12}) in $(F_1) \cdot (F_2)$ führen wir die Teilintegrationen über die Schwerpunktskoordinaten in (F_1), (F_2) und $((F^*))$ durch. Der Anteil dieser Koordinaten an E, bezw. E_1 und E_2 ist stets $p^2/2m$, worin p den Impuls und m die Masse bedeutet. Das Teilintegral ist

$$\frac{1}{h^3} \int 4\pi \, p^2 \, \mathrm{e}^{-\frac{p^2}{2\,m\,kT}} \, \mathrm{d}p \cdot \mathrm{d}x \, \mathrm{d}y \, \mathrm{d}z = \frac{(2\pi \, m \, kT)^{3/2}}{h^3} \cdot V \tag{58,5}$$

worin V das Volumen des Gefässes bedeutet. Indem wir für V^{-1} jeweils die betreffende Molekülkonzentration einsetzen und für m in (58,5) m_1, m_2 und $m_1 + m_2$ schreiben, bekommen wir statt (58,4):

$$\frac{\mathrm{d}N}{\mathrm{d}t} = \frac{kT}{h} \frac{[2\pi(m_1 + m_2)kT]^{3/2} \cdot h^3}{(2\pi \, m_1 \, kT)^{3/2} \, (2\pi \, m_2 \, kT)^{3/2}} \frac{(F^*)}{F_1 \cdot F_2} \cdot n_1 \cdot n_2 \tag{58,6}$$

$\mathrm{d}N/\mathrm{d}t$ ist die Zahl der pro sec und cm^3 reagierenden Moleküle, n_1 und n_2 sind die Dichten der Ausgangsmoleküle. F_1 und F_2 sind die Zustandsintegrale bei festgehaltenem Schwerpunkt der Moleküle, (F^*) desgleichen, nur fehlt hier außerdem die Integration über die Koordinaten des Reaktionsweges.

Wir haben im Zähler im Ganzen über 4 Freiheitsgrade integriert, im Nenner aber über 6. Es sind 2 Translationsfreiheitsgrade des Ausgangszustandes in Rotationsfreiheitsgrade übergegangen, nämlich in die beiden Rotationsfreiheitsgrade um 2 Achsen senkrecht zur Verbindungs-

§ 58. Absolutwerte der Geschwindigkeitskonstanten von Reaktionen.   317

linie der Molekülschwerpunkte. Es empfiehlt sich, auch den Beitrag dieser beiden Freiheitsgrade zu (F^*) explizit auszuführen. Das Trägheitsmoment ist wohl stets groß genug und die Energieterme liegen infolge dessen dicht genug, daß man mindestens diese beiden Freiheitsgrade der Rotationsbewegung klassisch behandeln kann. Im Fall der 3 H-Atome existiert außer diesen beiden gar kein weiterer Rotationsfreiheitsgrad. Für das gestreckte Molekül mit 2 Rotations-Freiheitsgraden lautet die Zustandssumme des Rotators:

$$F_{2\,\mathrm{rot}} = \sum_n (2n + 1)\,e^{-\frac{h^2 n(n+1)}{8\pi^2\,\Theta\,kT}} \cong \frac{8\pi^2}{h^2}\,\Theta\,kT \qquad (58{,}7)$$

und diese geht, wenn $h^2/8\pi^2\,\Theta$ sehr klein gegen kT ist, über in den klassischen Ausdruck, der in (58,7) als Näherung hingeschrieben ist. Wenn 3 Rotationsfreiheitsgrade angeregt sind, dann führt die klassische Behandlung zu dem Wert

$$F_{3\,\mathrm{rot}} = \frac{8\pi^2}{h^3}\,(8\pi^3\,A\,B\,C)^{1/2}(kT)^{3/2} \qquad (58{,}8)$$

für das 3-fache Zustandsintegral. Hierin bedeuten A, B und C die 3 verschiedenen Hauptträgheitsmomente des reagierenden Komplexes. Wenn eine Hauptträgheitsachse in die Verbindungslinie der Molekülschwerpunkte fällt, können wir mit $\Theta = \sqrt{AB}$ formal schreiben

$$F_{3\,\mathrm{rot}} = \frac{8\pi^2}{h^2}\,\Theta\,kT\,\frac{(8\pi^3\,C\,kT)^{1/2}}{h} = F_{2\,\mathrm{rot}}\,\frac{(8\pi^3\,C\,kT)^{1/2}}{h} \qquad (58{,}9)$$

So erscheint rein formal das Zustandsintegral über 2 Freiheitsgrade abgetrennt, nur ist Θ hier einfach durch das geometrische Mittel der beiden Trägheitsmomente um 2 Achsen senkrecht zur Verbindungslinie der Schwerpunkte zu ersetzen. Dem dritten Rotationsfreiheitsgrad ist dann das Zustandsintegral $(8\pi^3\,C\,kT)^{1/2}/h$ zuzuschreiben. Wir werden gleich sehen, daß diese Abtrennung von 2 Rotationsfreiheitsgraden uns erlaubt, die Verbindung zu der bekannten elementaren Formel für die Stoßausbeute zu ziehen. Um an diesen Grenzfall anzuschließen, können wir auf jeden Fall einen Faktor $\Theta\,kT \cdot 8\pi^2/h^2$ aus (F^*) herausziehen und den Beitrag des dritten Rotationsfreiheitsgrades zum Zustandsintegral einfach definieren als Verhältnis $F_{3\,\mathrm{rot}} : F_{2\,\mathrm{rot}}$.

Indem wir in dieser Weise die beiden stets vorhandenen Rotationsfreiheitsgrade aus (F^*) herausnehmen, welche Drehung um 2 Achsen durch den Schwerpunkt des ganzen Komplexes senkrecht zur Verbindungslinie der beiden Molekülschwerpunkte entsprechen, und das übrig bleibende Zustandsintegral mit F^* bezeichnen, wird dann aus (58,6):

$$\frac{dN}{dt} = \frac{kT\,[2\pi(m_1 + m_2)kT]^{3/2}\,8\pi^2\,\Theta\,kT}{m_1{}^{3/2}m_2{}^{3/2}(2\pi\,kT)^3}\,\frac{F^*}{F_1 \cdot F_2}\cdot n_1 \cdot n_2 \qquad (58{,}10)$$

Für Θ setzen wir statt des geometrischen näherungsweise das arithmetische Mittel von A und B. Dieses ist

$$\Theta \cong \frac{m_1 \cdot m_2}{m_1 + m_2}\,d^2 + \overline{\Theta_1} + \overline{\Theta_2} \qquad (58{,}11)$$

Das erste Glied: reduzierte Masse mal Quadrat des Schwerpunktabstandes wäre das Trägheitsmoment, wenn die Massen der beiden reagierenden Moleküle in ihren Schwerpunkten konzentriert wären. Θ_1 und Θ_2

318   Kapitel VIII.

kommen nach bekannten Regeln der elementaren Mechanik bei endlicher Ausdehnung der Massenverteilung jedes Moleküls noch hinzu, $\overline{\Theta_1}$ und $\overline{\Theta_2}$ bedeuten Mittelwerte für das Trägheitsmoment des ersten, bezw. zweiten Moleküls um Achsen durch seinen Schwerpunkt, die senkrecht stehen auf der Verbindungslinie der beiden Molekülschwerpunkte. Schließlich wollen wir noch als Nullpunkt der Energie E in F^* den tiefsten Quantenzustand des Zwischenzustandes wählen. Er liege um den Betrag W über dem Grundniveau des Ausgangszustandes der Reaktion, also der Summe der inneren Energien der beiden reagierenden Moleküle im Grundzustand. Dann ist $F^* = F' \, e^{-W/kT}$, worin F' das Zustandsintegral über die nach Abzug von 4 Translations- und 2 Rotationsfreiheitsgraden verbleibenden Freiheitsgrade des Stoßkomplexes ist. F_1 und F_2 gehen über alle Freiheitsgrade der freien Moleküle bei festgehaltenen Schwerpunkten derselben. Der Nullpunkt für E ist jeweils der Grundzustand des Gebildes. W unterscheidet sich also von der Höhe des Sattelpunktes im Potentialgebirge noch um die Differenz der Nullpunktsenergien der Kerne im Ausgangszustand und im Zwischenzustand. Aus (58,10) wird so:

$$\frac{dN}{dt} = 2\,(2\pi\,kT)^{1/2} \left[\left(\frac{m_1 \cdot m_2}{m_1 + m_2}\right)^{1/2} d^2 + (\overline{\Theta_1} + \overline{\Theta_2}) \left(\frac{m_1 \cdot m_2}{m_1 + m_2}\right)^{3/2} \right]$$
$$\times \, e^{-W/kT} \times \frac{F'}{F_1 \cdot F_2} \cdot n_1 \cdot n_2 \qquad (58,12)$$

Die 3 Faktoren lassen eine einfache Deutung zu. Der erste geht für $\Theta_1 = \Theta_2 = 0$ und $d = r_1 + r_2$ mit r_1 und r_2 als „Molekülradien" über in die bekannte klassische Formel für die Stoßzahl zwischen 2 Molekülen der Masse m_1 und m_2 bei der Temperatur T. Der Stoßabstand d zwischen den Mittelpunkten der stoßenden Moleküle, wie man ihn z. B. aus der inneren Reibung des Gases entnimmt, ist aber beträchtlich größer als der Abstand der Schwerpunkte im aktivierten Zustand. Dafür steht aber bei uns das Glied mit $(\overline{\Theta_1} + \overline{\Theta_2})$, welches die Stoßzahl wieder vergrößert. Im Durchschnitt dürfte eine angenäherte Kompensation dieser beiden Effekte stattfinden. Selbst bei komplizierten Molekülen, bei denen man meist mit einer größenordnungsmäßigen Annäherung für dN/dt zufrieden sein kann, entsteht kein merklicher Fehler, wenn wir den Ausdruck vor der e-Funktion in (58,12) einfach mit der in üblicher Weise berechneten Stoßzahl identifizieren.

Das Glied $e^{-W/kT}$ stellt den bekannten Boltzmannfaktor dar. W bedeutet die Aktivierungswärme. Der dann noch übrig bleibende Faktor $\dfrac{F'}{F_1 \cdot F_2}$ ist als „sterischer Faktor" anzusehen. Dieser reicht wesentlich über die primitiven älteren Ansätze hinaus, ihm gilt hauptsächlich unser Interesse.

Am Beispiel der 3 H-Atome läßt sich die anschauliche Bedeutung dieses „sterischen Faktors" in seinen Grundzügen verstehen. Da hier der Zwischenzustand ein gestreckter ist, der keinen Rotationsfreiheitsgrad um die Verbindungslinie besitzt, gilt die Abtrennung der 2 Rotationsfreiheitsgrade exakt. $\overline{\Theta_1}$ ist null. Es gilt $m_1 = m$, $m_2 = 2\,m$ und $\overline{\Theta_2} = m\,l^2/2$, worin l den Abstand von 2 benachbarten H-Atomen, m die H-Masse bedeutet. Die eckige Klammer in (58,12) wird damit: $(3/2\,m)^{1/2} \cdot 3\,l^2$. Es spielt also der Ausdruck $3\,l^2$ die Rolle, die sonst

§ 58. Absolutwerte der Geschwindigkeitskonstanten von Reaktionen.   319

$(r_1 + r_2)^2$ spielt, mit r_1 und r_2 als „Molekülradien". Nach Fig. 39 ist $l = 0,91$ Å, also der „Stoßabstand" $l\sqrt{3} = 1,58$ Å. Der aus der inneren Reibung ermittelte Moleküldurchmesser des H_2-Moleküls ist 2,47 Å. Da hier ein Stoßpartner kein H_2-Molekül, sondern ein H-Atom ist, würde man für $r_1 + r_2$ einen kleineren Wert als 2,47 ansetzen, der aber doch oberhalb unseres Wertes 1,58 Å bleibt. Die elementar berechnete Stoßzahl würde daher etwas größere Werte liefern als die strenge Theorie.

Zur Bestimmung des sterischen Faktors müssen wir die Zustandsintegrale F betrachten. Das Einzelatom hat außer den schon berücksichtigten 3 Translationsfreiheitsgraden keine weiteren, F_1 ist also gleich 1 zu setzen. Das H_2-Molekül hat bei festgehaltenem Schwerpunkt 2 Rotationsfreiheitsgrade und einen Oszillationsfreiheitsgrad. Der Beitrag der beiden Rotationsfreiheitsgrade ist uns nach (58,7) schon bekannt. Θ ist darin das Trägheitsmoment des freien H_2-Moleküls. Den Schwingungsfreiheitsgrad dürfen wir hier, wie auch in den meisten Fällen, nicht mehr klassisch behandeln, weil die Abstände der diskreten Schwingungsterme nicht klein sind gegen kT. An Stelle des Zustandsintegrals tritt deshalb die Zustandssumme. Diese lautet für einen harmonischen Oszillator, wenn wir bedenken, daß die Nullpunktsenergie schon in der Aktivierungsenergie W einbegriffen ist:

$$\sum_{n=0}^{\infty} e^{-n\frac{h\nu_0}{kT}} = \frac{1}{1 - e^{-h\nu_0/kT}} \tag{58,13}$$

Dies geht nur, wenn $h\nu_0$ klein gegen kT ist, in den klassischen Ausdruck $kT/h\nu_0$ über. So wird schließlich

$$F_1 \cdot F_2 = \frac{8\pi^2\,\Theta\,kT}{h^2} \cdot \frac{1}{1 - e^{-h\nu_0/kT}} \tag{58,14}$$

Bei Berechnung von F' wissen wir, daß nach Erledigung der 4 Translations- und der 2 Rotationsfreiheitsgrade nur noch 3 Oszillationsfreiheitsgrade vorhanden sind. Wir benutzen Normalkoordinaten, so daß sich die potentielle Energie näherungsweise als Summe von 3 quadratischen Ausdrücken in diesen schreiben läßt und die Zustandssumme F' in das Produkt von 3 Zustandssummen zerfällt. Für größere Abstände vom Sattelpunkt versagt diese Entwicklung, hier sorgt aber der Boltzmannfaktor dafür, daß der Fehler im Potentialverlauf keinen Einfluß gewinnt, Wenn die 3 Eigenfrequenzen ν_1, ν_2 und ν_3 sind, wird

$$F' = \frac{1}{1 - e^{-h\nu_1/kT}} \cdot \frac{1}{1 - e^{-h\nu_2/kT}} \cdot \frac{1}{1 - e^{-h\nu_3/kT}} \tag{58,15}$$

und schließlich der gesamte sterische Faktor

$$\frac{F'}{F_1 \cdot F_2} = \frac{h^2}{8\pi^2\,\Theta\,kT\,\left(1 - e^{-h\nu_1/kT}\right)\left(1 - e^{-h\nu_2/kT}\right)} \cdot \frac{1 - e^{-h\nu_0/kT}}{1 - e^{-h\nu_3/kT}} \tag{58,16}$$

Von den 3 Frequenzen des aktivierten Komplexes entspricht eine, sagen wir ν_3 einer linearen Schwingung. Wir sehen aus Fig. 39, daß im Sattelgebiet der Bildpunkt des Systems senkrecht zur Richtung des Reaktionsweges eine Oszillation ausführen kann. Diese entspricht einer gekoppelten Schwingung der 3 Massen in Richtung ihrer Verbindungs-

320   Kapitel VIII.

linie. Bei Trennung der 3 H-Atome geht diese Frequenz in die Eigen-schwingung ν_0 über. Deshalb haben wir diese beiden Zustandssummen in (58,16) untereinander geschrieben. Mit Sicherheit können wir sagen, daß ν_3 kleiner ist als ν_0, dieser Faktor ist daher größer als 1.

Die übrigen beiden Frequenzen müssen Biegungßchwingungen ent-sprechen, bei denen die gestreckte Anordnung deformiert wird. Bei Trennung von H_2 und H gehen diese beiden Schwingungsfreiheitsgra-de in die beiden Rotationsfreiheitsgrade des H_2-Moleküls über. Dieser Quotient in (58,16) entspricht gerade dem klassischen sterischen Fak-tor. Denn je höher die Eigenfrequenz dieser Biegungsschwingungen ist, um so steiler steigt die potentielle Energie beim Herausgehen aus der günstigsten, linearen Anordnung nach beiden Seiten an, um so enger ist also der Winkelbereich, unter dem noch erfolgreiche Stöße vorkommen können. Dieser sterische Faktor ist übrigens auch bei klassischer Be-handlung nicht temperaturunabhängig, sondern proportional T. Denn je größer die mittlere Energie der stoßenden Moleküle ist, um so größer ist auch die mittlere Überschreitung der Aktivierungsenergie A, und die-ser letzteren ist der wirksame Winkelbereich proportional.

Wenn $h\nu_1$ und $h\nu_2$ klein gegen kT sind, wird

$$\frac{h^2}{8\pi^2\,\Theta\,kT\left(1 - e^{-h\nu_1/kT}\right)\left(1 - e^{-h\nu_2/kT}\right)} \cong \frac{kT}{8\pi^2\,\Theta\,\nu_1\,\nu_2} \qquad (58,17)$$

also ebenfalls proportional kT.

Wir haben zwar an das Beispiel $H + H_2$ angeknüpft, die Überle-gungen aber möglichst allgemein gehalten. Es scheint demnach, daß bei einfachen bimolekularen Reaktionen der sterische Faktor gegenüber der elementaren Rechnung vergrößert wird. In der Tat fanden PEL-ZER und WIGNER[29] bei numerischer Durchführung dieser Rechnung für die Reaktion $H_2 + H$ den sterischen Faktor in völliger Übereinstimmung mit dem Experiment. Die rein geometrische Betrachtung liefert dage-gen denselben etwa 5-mal zu klein. Die Ursache des Unterschieds liegt, ganz im Einklang mit unseren allgemeinen qualitativen Betrachtungen, hauptsächlich in der Verkleinerung der Frequenz ν_0 auf ν_3, also der Auf-lockerung des Reaktionskomplexes.

Es sei erwähnt, daß EVANS und POLANYI[51] versucht haben, für die Reaktion komplizierter Moleküle das Zustandsintegral des Zwischenzu-standes aus Erfahrungsdaten zu schätzen. Sie erklären sterische Fak-toren bis zu etwa 10^{-6} auf diesem klassischen Wege. Noch kleinere Faktoren bis 10^{-8}, die in manchen Fällen beobachtet werden, entziehen sich wohl der klassischen Erklärung. Wir werden — außer dem schon besprochenen „Tunneleffekt" (s. § 56) — im folgenden Paragraphen noch typisch wellenmechanische Effekte kennenlernen, die zu anormal kleinen sterischen Faktoren Anlaß geben können.

Ein näheres Eingehen auf die vielen Arbeiten zur Theorie des „Zwi-schenzustandes", welche im Laufe der Zeit den oben genannten Arbeiten gefolgt sind, würde über den Rahmen des Buches hinausgehen.

§ 59. Systematische Störungsrechnung für beliebige Kernbewegung.

Bisher haben wir stets den adiabatischen Grenzfall für die Bewegung der Kerne vorausgesetzt. Wir können schon bei klassischer Behand-

§ 59. Systematische Störungsrechnung für beliebige Kernbewegung. 321

lung der Kernbewegung über diesen hinausgehen, wenn wir die Kernkoordinaten als zeitveränderliche Parameter in der Potentialfunktion der
Schrödingergleichung der Elektronen betrachten und dann die Störungsrechnung von § 15 anwenden. Diese Näherung wurde von HELLMANN
und SYRKIN[53] durchgeführt, wir gehen hier jedoch gleich zur wellenmechanischen Behandlung der Kerne über.

Es liegt nahe, den Ansatz der Gl. (54,10) so zu erweitern, daß man für
jeden Wert der Kernkoordinaten ξ_i die Gesamteigenfunktion $\Psi(x, \xi, t)$
nach dem zugehörigen Orthogonalsystem der Koordinaten x_i entwickelt.
Dies enthält natürlich die ξ_i als Parameter, zudem werden die Entwicklungskoeffizienten außer von der Zeit auch von den ξ abhängen. Wir
schreiben demnach (in at. E.):

$$\left[H\left(x, \xi, \frac{\partial}{\partial x}\right) + T\left(\frac{\partial}{\partial \xi}\right)\right] \sum_n \Phi_n(\xi, t)\,\psi_n(x, \xi)$$
$$= i \sum_n \frac{\partial \Phi_n(\xi, t)}{\partial t} \cdot \psi_n(x, \xi) \tag{59,1}$$

worin H zur Abkürzung für den gesamten Hamilton-Operator bei ruhen-
den Kernen und T für den Operator der kinetischen Energie der Kerne
geschrieben ist. Also:

$$H = -\frac{1}{2}\sum_i \frac{\partial^2}{\partial x_i^2} + U(x, \xi)\,; \qquad T = -\frac{1}{2}\sum_i \frac{1}{M_i}\frac{\partial^2}{\partial \xi_i^2} \tag{59,2}$$

Die Φ_n stellen kein Orthogonalsystem von Eigenfunktionen dar, sie bedeuten zunächst nur die Entwicklungskoeffizienten von $\Psi(x, \xi, t)$ nach
dem Orthogonal-System der $\psi_n(x, \xi)$, das für jeden Wert der Parameter
ξ_i ein verschiedenes ist. Die Wahl dieses Systems der ψ_n soll vorläufig
völlig offen bleiben, wodurch wir ebenfalls über Gl. (54,10) entscheidend
hinausgehen. Wir werden unten sehen, daß es zweckmäßig ist, ganz verschiedene Systeme ψ_n zu wählen, je nachdem ob der Bewegungsablauf
annähernd adiabatisch ist, oder in bestimmter Weise davon abweicht.
Den nicht adiabatischen Verlauf nennen wir der Kürze halber „diabatisch".

Wir können genau wie in § 54 die Gl. (59,1) mit ψ_m^* multiplizieren
und über alle x_i integrieren. Beachten wir:

$$T\,\Phi_n\psi_n = \psi_n\,T\,\Phi_n + \Phi_n\,T\,\psi_n - \sum_i \frac{1}{M_i}\frac{\partial \Phi_n}{\partial \xi_i}\frac{\partial \psi_n}{\partial \xi_i} \tag{59,3}$$

sowie die schon oben angemerkte Erhaltung der Normierung (Gl. 54,13),
dann wird nach Multiplikation mit ψ_m^* und Integration über alle x_i aus
(59,1):

$$\sum_{n \neq m}\left[(H+T)_{mn} - \sum_i \frac{1}{M_i}\left(\frac{\partial}{\partial \xi_i}\right)_{mn}\frac{\partial}{\partial \xi_i}\right]\Phi_n(\xi, t) + \left[(H+T)_{mm} + T\right]\Phi_m$$

$$= i\,\frac{\partial \Phi_m}{\partial t} \tag{59,4}$$

Dies ist ein System von gekoppelten Diff.-Gleichungen für die Φ_m. Die
mit m, n indizierten Größen sind die mit den Elektroneneigenfunktio-

322   ~   Kapitel VIII.

nen $\psi_m{}^*$ und ψ_n gebildeten Matrixelemente. Sie hängen noch von den Kernkoordinaten ξ_i ab.

Vernachlässigen wir alle Übergangselemente, streichen also die Summe in (59,4), dann erhalten wir

$$\left[(H+T)_{mm} + T \right] \Phi_m(\xi,t) = \mathrm{i} \, \frac{\partial \Phi_m(\xi,t)}{\partial t} \qquad (59,5)$$

Das ist die Schrödingergleichung für ein System von Kernen, die sich in dem Potentialfeld $(H+T)_{mm}$ bewegen (vergl. Gl. 54,12). Φ_m braucht keineswegs eine Eigenfunktion zu einer bestimmten Energie zu sein. Gl. (59,5) hat ein ganzes Spektrum von Lösungen, die wir im folgenden durch griechische Indizes unterscheiden wollen. Der lateinische Index an Φ bedeutet ja nur, daß es den Koeffizienten der n-ten Elektroneneigenfunktion darstellt. Wir gelangen von (59,4) aus zur nächsten Näherung, wenn wir für Φ_n ansetzen:

$$\Phi_n(\xi,t) = \sum_\nu c_{n\nu}(t) \, \mathrm{e}^{-\mathrm{i} E_{n\nu} t} \, \chi_{n\nu}(\xi) \qquad (59,6)$$

worin die $c_{n\nu}(t)$ langsam zeitveränderliche Zahlenkoeffizienten darstellen. $E_{n\nu}$ ist der ν-te Eigenwert der zum Elektronenzustand n gehörigen Kern-Differential-Gleichung (59,5).

$\chi_{n\nu}(\xi)$ befriedigt also die Differential-Gleichung:

$$\left[(H+T)_{nn} + T \right] \chi_{n\nu} = E_{n\nu} \, \chi_{n\nu} \qquad (59,7)$$

Damit wird aus (59,4):

$$\sum_{n \neq m} \left[(H+T)_{mn} - \sum_i \frac{1}{M_i} \left(\frac{\partial}{\partial \xi_i} \right)_{mn} \frac{\partial}{\partial \xi_i} \right] \sum_\nu c_{n\nu} \, \mathrm{e}^{-\mathrm{i} E_{n\nu} t} \, \chi_{n\nu}$$

$$= \mathrm{i} \sum_\nu \frac{\partial c_{m\nu}}{\partial t} \, \mathrm{e}^{-\mathrm{i} E_{m\nu} t} \, \chi_{m\nu} \qquad (59,8)$$

Um die einzelnen $c_{m\nu}(t)$ zu erhalten, können wir jetzt schließlich (59,8) der Reihe nach mit einem der $\chi_{m\nu}$ multiplizieren und über alle Kernkoordinaten integrieren. Das herausgegriffene $\chi_{m\nu}$ sei $\chi_{m\mu}$. Rechts bleibt wegen der Orthonormierung der $\chi_{m\nu}$ nach Multiplikation und Integration nur der Koeffizient von $\chi_{m\mu}$ übrig. Links wird durch diesen Prozeß aus der eckigen Klammer, die ja eine Funktion der Kernkoordinaten darstellt,[*] das entsprechende Matrixelement. Indem wir diesen Prozeß in üblicher Weise durch Indizierung kennzeichnen, schreiben wir das Resultat der Multiplikation und Integration:

$$\sum_{n \neq m} \sum_\nu c_{n\nu}(t) \left[(H+T)_{mn} - \sum_i \frac{1}{M_i} \left(\frac{\partial}{\partial \xi_i} \right)_{mn} \frac{\partial}{\partial \xi_i} \right]_{m\mu, n\nu} \mathrm{e}^{-\mathrm{i}(E_{n\nu} - E_{m\mu})t}$$

$$= \mathrm{i} \, \frac{\partial c_{m\mu}}{\partial t} \qquad (59,9)$$

---

[*] Und zwar eine Operatorfunktion L von der Form $L = a(\xi) + \sum_i b_i(\xi) \dfrac{\partial}{\partial \xi_i}$. Das Matrixelement $\left(\dfrac{\partial}{\partial \xi_i} \right)_{mn}$ ist eine gewöhnliche Funktion der Parameter ξ_i.

§ 59. Systematische Störungsrechnung für beliebige Kernbewegung.   323

worin $\left[\quad\right]_{m\mu,n\nu} = \int \chi_{m\mu}{}^*(\xi) \left[\quad\right] \chi_{n\nu}(\xi)\,\mathrm{d}\xi$ bedeutet.

Bisher gilt alles noch völlig streng. Es ist sogar noch ganz gleichgültig, welches Eigenfunktionensystem ψ_n der Elektronen wir für jede Kernkonfiguration ξ wählen, um $\Psi(x,\xi,t)$ nach ihm zu entwickeln. Um aber nun in möglichst einfacher Weise Störungsrechnung treiben zu können, gilt es in jedem Fall ein solches Orthogonalsystem ψ_n zu suchen, bei dem die ganze linke Seite von Gl. (59,9) möglichst klein wird. Im Grenzfall einer verschwindenden linken Seite bleiben alle $c_{m\mu}$ zeitlich konstant und sind nur die ungekoppelten Gleichungen (59,5) zu lösen.

Das Übergangsmatrixelement, welches die Kopplung besorgt, enthält ein Glied, welches dem Operator $\dfrac{\partial}{\partial \xi_i}$ angewandt auf $\chi_{n\nu}(\xi)$ proportional ist. Dieser Operator, angewandt auf seine zugehörige Eigenfunktion, entspricht dem i-ten Impuls der Kerne. Wenn die entsprechende Geschwindigkeitskomponente der Kernbewegung null ist, dann heißt das wellenmechanisch, daß $\partial \chi_{n\nu}/\partial \xi_i$ verschwindet. Es entspricht offenbar dem adiabatischen Grenzfall, wenn alle $\partial \chi_{n\nu}/\partial \xi_i$ null sind. Dann verschwindet die Summe in der eckigen Klammer, ganz unabhängig davon, wie groß die mit den Elektronenfunktionen gebildeten Matrixelemente

$$\left(\frac{\partial}{\partial \xi_i}\right)_{mn} = \int \psi_m{}^*(x,\xi)\,\frac{\partial}{\partial \xi_i}\,\psi_n(x,\xi)\,\mathrm{d}x \qquad (59,10)$$

sind, also unabhängig davon, wie stark die Elektronenfunktionen ψ_n von den Kernparametern ξ_i abhängen.

Setzen wir diesen adiabatischen Grenzfall voraus, dann handelt es sich nur darum, das System der ψ_n so zu wählen, daß $(H+T)_{mn}$ möglichst klein wird. Wählen wir für ψ_n strenge Lösungen der Schrödingergleichung der Elektronen mit den Kernen als Parametern (s. Gl. 54,9), dann ist $H\,\psi_n = \text{const.}\,\psi_n$ und H_{mn} verschwindet für $m \neq n$. In diesem Fall bleibt von der ganzen Klammer in Gl. (59,9) nur das Glied

$$(T_{mn})_{m\mu,n\nu} = -\frac{1}{2}\int \mathrm{d}\xi\,\chi_{m\mu}{}^*\,\chi_{n\nu}\int \psi_m{}^*(x,\xi)\sum_i \frac{1}{M_i}\frac{\partial^2}{\partial \xi_i{}^2}\psi_n(x,\xi)\,\mathrm{d}x$$

$$(59,11)$$

übrig, welches außerordentlich klein ist. Wenn man es ganz vernachlässigt, dann finden keine Übergänge von diesen „Adiabaten-Flächen" (Energiehyperflächen $H_{nn}(\xi)$) statt. Dasselbe gilt auch noch, wenn man keine strengen Lösungen ψ_n benutzt, sondern nur „richtige Linearkombinationen", die sich durch die üblichen Störungsrechnungen erster Näherung für das Elektronensystem bei festgehaltenen Kernen ergeben. Denn die Aufgabe dieser Störungsrechnung ist es ja gerade, H_{mn} für $m \neq n$ zum Verschwinden zu bringen (s. § 13).

Etwas überraschend ist zunächst, daß selbst für $\partial \chi_{n\nu}/\partial \xi_i = 0$ und $H_{mn} = 0$ (für $m \neq n$) noch Übergänge stattfinden infolge des Matrixelementes T_{mn}. Dies hängt mit der Unvollkommenheit der halbklassischen Vorstellungen zusammen, welche wir bezüglich der Kernbewegung bisher zugrundegelegt haben. Aus der Konstanz von $\chi_{n\nu}$ bezüglich ξ_i folgt zwar das Verschwinden des Erwartungswertes des Impulses:

$$\iint \psi^*(x,\xi)\,\chi^*(\xi)\,\frac{\partial}{\partial \xi_i}\,\chi(\xi)\,\psi(x,\xi)\,\mathrm{d}x\,\mathrm{d}\xi$$

$$= \int \mathrm{d}\xi\,|\chi|^2 \int \psi^*\,\frac{\partial}{\partial \xi_i}\,\psi\,\mathrm{d}x = 0 \qquad\qquad (59{,}12)$$

wegen Erhaltung der Normierung von ψ. Es folgt aber nicht das Verschwinden des mittleren Impuls-Quadrates:

$$- \iint \psi^*(x,\xi)\,\chi^*(\xi)\,\frac{\partial^2}{\partial \xi_i{}^2}\,\chi(\xi)\,\psi(x,\xi)\,\mathrm{d}x\,\mathrm{d}\xi$$

$$= - \int \mathrm{d}\xi\,|\chi|^2 \int \psi^*\,\frac{\partial^2}{\partial \xi_i{}^2}\,\psi\,\mathrm{d}x \qquad\qquad (59{,}13)$$

Dadurch, daß ξ_i als Parameter in den Elektronenfunktionen auftritt, bleibt demnach noch eine Bewegung der Kerne übrig, auch wenn $\partial\chi/\partial\xi_i$ verschwindet.

Wir nennen die Energieflächen $H_{nn}(\xi)$, für welche $H_{nm}(\xi)$ bei $n \neq m$ verschwindet, kurz „Adiabatenflächen". Der adiabatische Verlauf ist dann dadurch gekennzeichnet, daß bei der Bewegung keine Quantensprünge von einer Adiabatenfläche zur anderen stattfinden. Es genügt in diesem Fall die Lösung der Gleichungen (59,5), die wir ja auch in den vorhergehenden Paragraphen stets zugrundegelegt haben.

Abweichungen vom adiabatischen Verlauf treten in Erscheinung, sobald die $\partial\chi/\partial\xi_i$ nicht mehr gleich 0 gesetzt werden können. Bei gegebenen $\psi_n(x,\xi)$ wird dann das entsprechende Glied in der eckigen Klammer von (59,4) um so größer, je größer $\partial\chi/\partial\xi_i$ ist, also je größer die Geschwindigkeit der Kernbewegung wird. Die Abweichungen vom adiabatischen Grenzfall äußern sich in Quantensprüngen des Systems von der ursprünglichen Adiabatenfläche zu anderen Adiabatenflächen. Je stärker diese werden, um so mehr weicht die Bewegung von der adiabatischen ab, um so unvollkommener wird auch jedes Näherungsverfahren, das von den Adiabatenflächen als nullter Näherung ausgeht.

Es gibt Fälle, in denen $\left(\dfrac{\partial}{\partial \xi_i}\right)_{mn}$ so groß ist, daß selbst bei den kleinsten vorkommenden Kerngeschwindigkeiten — gemessen durch $\dfrac{\partial\chi}{\partial\xi_i}$ — die Übergänge von einer Adiabatenfläche n zu einer bestimmten anderen Adiabatenfläche m fast mit Sicherheit eintreten. In diesem Fall ist es zweckmäßig, von einer anderen nullten Näherung auszugehen. Wählen wir nämlich unser Funktionssystem ψ_n so, daß $\left(\dfrac{\partial}{\partial \xi_i}\right)_{mn}$ nahezu verschwindet, dann kann $\dfrac{\partial\chi}{\partial\xi_i}$ sehr groß werden, ohne daß dadurch Übergänge zwischen diesen neuen Energieflächen stattfinden. Wir nennen diese Energieflächen kurz „Diabatenflächen". Mit den zugehörigen ψ_n ist aber jetzt normalerweise H_{mn} auch für $m \neq n$ von 0 verschieden. Die Übergänge zwischen den Diabatenflächen werden daher im wesentlichen durch H_{mn} bewirkt. Die Diabatenflächen stellen deshalb einen guten Ausgangspunkt der Störungsrechnung dar, wenn die Übergangswahrscheinlichkeit zwischen diesen äußerst klein ist. Das ist besonders dann der Fall, wenn „Übergangsverbote" existieren, d. h. ψ_m und ψ_n aus Symmetriegründen nicht miteinander kombinieren. Der typische Fall ei-

§ 59. Systematische Störungsrechnung für beliebige Kernbewegung.   325

nes Übergangsverbotes liegt z. B. vor, wenn der resultierende Spin des Systems in m und n verschieden ist und magnetische Kräfte in H keine Rolle spielen.

Wenn es so gelingt, sei es in Gestalt der Adiabatenflächen, sei es in Gestalt der Diabatenflächen, ein System von Elektronentermen H_{nn} und Eigenfunktionen ψ_n zu finden, für welche die linke Seite in Gl. (59,9) sehr klein ist, dann kann man die übliche Näherungsrechnung treiben. Uns interessiert speziell der Fall, daß $\chi_{n\nu}$ und $\chi_{m\mu}$, oder wenigstens eins von ihnen, dem kontinuierlichen Spektrum angehören, also laufende Wellen darstellen. Dieser Fall liegt bei den chemischen Reaktionen stets vor.

Auf Gl. (59,9) lassen sich dann die Resultate des § 15 unmittelbar übertragen. Es finden demnach nur Übergänge zwischen Zuständen mit $E_{n\nu} = E_{m\mu}$, also unter Wahrung des Energiesatzes statt. Die auf die Zeiteinheit bezogene Übergangswahrscheinlichkeit $w(m\mu, n\nu)$ aus dem ν-ten Kernzustand der n-ten Energiefläche zu dem μ-ten Kernzustand der m-ten Energiefläche ergibt sich nach Gl. (15,18) und Gl. (59,9) allgemein zu:

$$w(m\mu, n\nu) = \text{const.} \left| \left[(H + T)_{mn} - \sum_i \frac{1}{M_i} \left(\frac{\partial}{\partial \xi_i} \right)_{mn} \frac{\partial}{\partial \xi_i} \right]_{m\mu, n\nu} \right|^2$$

(59,14)

Die Wahl der nullten Näherungen ψ_m, ψ_n — natürlich mit den zugehörigen $\chi_{m\mu}$ und $\chi_{n\nu}$ — steht nach wie vor offen.

Als einfaches Beispiel mag wieder das in § 54 besprochene System aus 2 Atomen dienen, in welchem eine Entartung dadurch auftritt, daß eins der Valenzelektronen sich entweder beim Atom a oder beim Atom b aufhalten kann. Wenn es bei a ist, seien beide Atome neutral und wir haben einen „Atomzustand" vor uns, wenn es bei b ist, liegt ein „Ionenzustand" des Systems vor. Die entsprechenden „Energieflächen" sind hier einfach die beiden sich schneidenden Kurven a und b in Fig. 32. Wie man schon aus der Tatsache des Überschneidens erkennt, stellen sie „Diabatenkurven" dar. Die „Adiabatenkurven", die durch Verschwinden von H_{mn} für $m \neq n$ gekennzeichnet sind, wurden in dem Beispiel durch Störungsrechnung bestimmt (§ 27). Sie sind in Fig. 32 als I und II eingezeichnet. Wenn zu a und b die Funktionen ψ_a und ψ_b als Ausgangssystem gehören, dann entsprechen I und II die beiden Funktionen

$$\begin{aligned} \psi_I &= c_{Ia}\,\psi_a + c_{Ib}\,\psi_b \\ \psi_{II} &= c_{IIa}\,\psi_a + c_{IIb}\,\psi_b \end{aligned}$$

(59,15)

Während ψ_a und ψ_b vom Kernparameter unabhängig sind — was wir oben gerade für die günstigsten Diabatenlösungen verlangten — hängen ψ_I und ψ_{II} infolge der c von den Kernlagen ab, und zwar besonders stark in der Gegend des Schnittpunktes der Kurven a und b, wo ψ_I mehr oder weniger plötzlich von ψ_a zu ψ_b, und ψ_{II} von ψ_b zu ψ_a hinüberwechselt.

Trotzdem bleibt das System auf der Kurve I, wenn es anfangs auf I war und die Bewegung der Kerne adiabatisch erfolgt. Denn $H_{II\,I}$ in Gl. (59,14) ist streng null, $T_{II\,I}$ verschwindend klein und $\partial\chi/\partial\xi$ bei adiabatischer Bewegung so klein, daß selbst ein großes $\left(\dfrac{\partial}{\partial \xi} \right)_{II\,I}$ am Schnittpunkt keine Übergänge von I zu II verursachen kann.

326   Kapitel VIII.

Man sieht nun, daß wachsende Geschwindigkeit der Kerne, also wachsendes $\partial\chi/\partial\xi$, auch wachsende Übergangswahrscheinlichkeit von einer Adiabatenfläche zur anderen bedingt, besonders in der Nähe des früheren Schnittpunktes der Kurven, wo $\left(\dfrac{\partial}{\partial\xi}\right)_{II\,I}$ sehr groß ist. Wenn schließlich der Übergang von I zu II fast mit Sicherheit stattfindet, haben wir die Bewegung auf der Diabatenkurve a vor uns. In diesem Fall geht man besser von vornherein von den sich kreuzenden Diabatenkurven a und b aus. Die Übergänge von a nach b messen jetzt die Abweichung vom „völlig diabatischen" Verlauf. Sie werden nur durch $(H+T)_{ba} \cong u_{ba}$ (s. Gl. 27,4) bedingt, weil ψ_a und ψ_b vom Parameter ξ (früher mit R bezeichnet) garnicht abhängen, $\partial\chi/\partial\xi$ also verschwindet. Wenn u_{ba} ganz verschwindet, also ein „Übergangsverbot" zwischen a und b besteht, erfolgt die Bewegung völlig diabatisch unter Kreuzung der Terme.

Eine solche Überkreuzung von Termen spielt bei der Dissoziation von Atomen eine Rolle. Qualitativ läßt sich die Betrachtung des eindimensionalen Beispiels auch auf Reaktionsprobleme übertragen. Wir brauchen unter dem Parameter nur die Länge des zurückgelegten „Reaktionsweges" verstehen, die sich ja auch im beliebig vieldimensionalen Energiegebirge als eine der unabhängigen Koordinaten einführen läßt. Die Höhe des Schnittpunktes in Fig. 32 über dem Ausgangsniveau der unteren Kurve bedeutet dann die Aktivierungsenergie. Normalerweise verläuft die Reaktion ganz auf der unteren Kurve. Wenn sich die beiden Kurven aber sehr nahe kommen, kann unter Umständen die Übergangswahrscheinlichkeit von I zu II sehr groß werden. Ein solcher Übergang bedeutet, daß trotz ausreichender Aktivierungsenergie die Reaktion nicht zustande kommt. Die Abweichung vom adiabatischen Verlauf äußert sich deshalb im sterischen Faktor der Reaktion. Das gilt allerdings nicht streng, weil auch der Übergangseffekt temperaturabhängig ist. Wenn die Übergänge von I zu II in der Mehrzahl der Fälle eintreten, dann geht man von den Diabatenkurven a und b aus. In diesem Fall kennzeichnet ein Übergang von a zu b gerade den Eintritt der Reaktion.

Es lassen sich einige orientierende Überlegungen über den Einfluß der Kerne auf die Übergänge eines Systems von einer Energiefläche zur anderen anstellen. Das ganze Matrixelement der Elektronenübergangswahrscheinlichkeit kürzen wir ab:

$$(H+T)_{mn} - \sum_i \frac{1}{M_i}\left(\frac{\partial}{\partial\xi_i}\right)_{mn}\frac{\partial}{\partial\xi_i} = L\left(\xi, \frac{\partial}{\partial\xi}\right) \qquad (59,16)$$

Der Kürze halber indizieren wir den Ausgangszustand des betrachteten Überganges mit 0, den Endzustand mit 1 und schreiben:

$$w(1,0) = \text{const.}\ |K_{10}|^2 \qquad (59,17)$$

$$\text{mit}\ \ K_{10} = \int \chi_1{}^*(\xi)\, L\left(\xi, \frac{\partial}{\partial\xi}\right)\chi_0(\xi)\,\mathrm{d}\xi \qquad (59,18)$$

Für die Kerneigenfunktion χ_0 benutzen wir geometrische Näherungen (s. Gl. 56,11). Wenn p_k die klassischen Impulse als Funktion des Ortes sind, dann lautet die geometrische Näherung

$$\chi_0 \cong \mathrm{e}^{\mathrm{i}\sum\int p_k\,\mathrm{d}\xi_k} \qquad (59,19)$$

§ 59. Systematische Störungsrechnung für beliebige Kernbewegung. 327

Darin ist die schwach ortsveränderliche Amplitude fortgelassen, fernerhin der in § 56 betrachtete eindimensionale Fall in naheliegender Weise auf beliebig viele Dimensionen erweitert. Die Summe geht über alle Impulskomponenten sämtlicher Kernkoordinaten. An Stelle von $L\left(\xi, \frac{\partial}{\partial \xi}\right) \chi_0$ tritt in dieser Näherung $L(\xi, p)\,\chi_0$, worin p für alle Impulskomponenten des Ausgangszustandes steht. Nennen wir die Impulskomponenten des Endzustandes q, dann wird aus (59,18)

$$K_{10} = \int e^{i \sum \int (p_k - q_k)\,d\xi_k} L(\xi, p)\, d\xi \qquad (59{,}20)$$

Wir erkennen aus (59,20) schon einen wichtigen Unterschied der Übergänge zwischen Adiabatenflächen und Diabatenflächen. Es werden stets diejenigen Übergänge bevorzugt stattfinden, bei denen sich die Kernimpulse möglichst wenig ändern. Wenn der Übergang zwischen 2 adiabatischen, also sich nicht schneidenden Energieflächen erfolgt, muß sich die kinetische Energie der Kerne notwendig ändern. Denn das Nichtschneiden der Potentialflächen H_{00} und H_{11} bedeutet doch, daß die Summe aus potentieller Energie aller Ladungen miteinander und kinetischer Energie der Elektronen eine Änderung erfährt. Da die Gesamtenergie des Systems während des Übergangprozesses konstant bleibt, muß die kinetische Energie der Kerne für die Energiedifferenz zwischen H_{00} und H_{11} aufkommen. Bei einem solchen Sprung zwischen sich nicht kreuzenden Energieflächen können daher in keinem einzigen Punkt des Integrationsgebietes alle Kernimpulse erhalten bleiben, die Exponentialfunktion im Integral (59,20) oszilliert und verkleinert dadurch die Übergangswahrscheinlichkeit von einer Adiabatenfläche zur anderen. Nur wenn sich 2 Adiabatenflächen sehr nahe kommen, wird die beim Sprung notwendige Änderung der Kernenergie sehr klein. Gerade dort, wo der Schnittpunkt der Diabatenflächen lag (vergl. Fig. 32) und wo die Elektronenübergangswahrscheinlichkeit zwischen den Adiabatenflächen ihren größten Wert hat, kann dann auch die Exponentialfunktion in (59,20) unter Wahrung des Energiesatzes nahezu gleich 1 werden. Von allen mit dem Energiesatz verträglichen Übergängen erfolgen dann überwiegend diejenigen, die unter Erhaltung aller Kernimpulse verlaufen. Allgemein kann man sagen, daß nur dann Übergänge mit merklicher Wahrscheinlichkeit auftreten, wenn an der Stelle der Kernbahn, wo die Elektronenübergangswahrscheinlichkeit $L\left(\xi, \frac{\partial}{\partial \xi}\right)$ groß ist,
der Bewegungszustand der Kerne beim Übergang auf die neue Energiefläche möglichst ungeändert bleibt, oder allgemeiner mathematisch gesprochen, wenn in (59,18) L dort groß ist, wo $\chi_1^* \chi_0$ groß ist. In der Spektroskopie ist diese Regel als FRANCK-CONDONsches Prinzip[8, 12, 13] bekannt.

Wenn diese Übergangswahrscheinlichkeit zwischen 2 Adiabatenflächen so groß wird, daß nahezu mit Sicherheit der Übergang erfolgt, ist es besser, von den Diabatenflächen als nullten Näherungen auszugehen. Wie sich L in den beiden Fällen unterscheidet, ist oben schon besprochen. Hier interessiert uns wieder der Kerneffekt, also die Integration über ξ nach Gl. (59,20). Da sich die Diabatenflächen schneiden, sind im Schnittpunkt Kernsprünge unter Erhaltung aller Impulse mit dem Energiesatz verträglich und nur diese werden deshalb praktisch allein

328   Kapitel VIII.

auftreten. Wenn die Elektronenübergangswahrscheinlichkeit L nur in
unmittelbarer Nähe des Schnittes der Diabatenflächen merklich ist, kann
die Exponentialfunktion in (59,20) näherungsweise gleich 1 gesetzt werden. Sofern aber L in einem breiteren Gebiet von Null verschieden ist,
kommt die Verschiedenheit von p und q in (59,20) zur Geltung und der
Kernübergang verkleinert merklich die gesamte Übergangswahrscheinlichkeit. Denn wenn auch im Schnittpunkt selbst alle p erhalten bleiben,
so ändert sich doch das Potentialfeld $H_{nn}(\xi)$, in dem die Kerne laufen,
und deshalb sind die Impulse in der Umgebung des Schnittpunktes auf
beiden Flächen verschieden.

Zusammenfassend formulieren wir also für Stoß- und Reaktionsprobleme: Übergänge von bewegten Atomen auf eine neue Energiefläche
finden statt, wenn 1. die Elektronenübergangswahrscheinlichkeit groß
ist, 2. die mit dem Elektronenübergang verbundenen Änderungen des
auf die Kerne wirkenden Potentialfeldes und des Kraftfeldes möglichst
klein sind.

Eine konsequente Behandlung nicht adiabatischer Stoßprozesse wurde von MORSE und STUECKELBERG[24,28] sowie von LONDON[23] gegeben. STUECKELBERG[28] wie LONDON[23] gingen von zwei Adiabatenflächen aus und lösten das entstehende System von zwei gekoppelten
Kernwellen für beliebig große Übergangswahrscheinlichkeit. Fast gleichzeitig gaben PELZER und WIGNER[29] das allgemeine Gleichungssystem
für adiabatische Ausgangslösungen und zeigten, daß bei der Reaktion
$H_2 + H$ Übergänge zu anderen Adiabatenflächen praktisch keine Rolle
spielen. Unabhängig gab LANDAU[26] konsequente Lösungen für den Stoß
zweier Atome, unter besonderer Berücksichtigung der mit dem Elektro-
nensprung verbundenen Kernübergänge. Die oben gegebene allgemeine
Darstellung, welche den adiabatischen und den diabatischen Grenzfall
gleichzeitig enthält, wurde später von HELLMANN und SYRKIN[53] gegeben und auf die Frage des anormal kleinen sterischen Faktors bei Reaktionen angewandt. Dieser wurde hier durch die Annahme eines überwiegend diabatischen Ablaufs der Reaktion infolge starker mit ihr ver-
bundener Elektronenumlagerungen gedeutet. Der Gedanke eines nicht
adiabatischen Stoßverlaufs infolge von „Übergangsverboten" zwischen
zwei sich kreuzenden Termen wurde schon von PELZER und WIGNER[29]
sowie von ROSENKEWITSCH[27,40] diskutiert. Der Leser findet in den auf-
gezählten Arbeiten noch Beispiele und rechnerische Einzelheiten, auf
die wir hier nicht eingegangen sind, weil die Theorie nicht adiabatischer
Stöße bisher in keinem Fall bis zur quantitativen Prüfung an wirklichen
Reaktionen durchgeführt ist.

Literatur zu Kapitel VIII.

Zusammenfassende Darstellungen.

1. H. A. STUART, Molekülstruktur. Bestimmung von Molekülstrukturen mit physikalischen Methoden. Berlin 1934.
2. A. EUCKEN, K. L. WOLF, Hand- und Jahrbuch der chemischen Physik, Bd. 9,
   II. Molekül- und Kristallgitterspektren. Leipzig 1934.
3. H. SPONER, Molekülspektren und ihre Anwendung auf chemische Probleme. Tabellen, Berlin 1935, Text, Berlin 1936.
4. K. FREUDENBERG, Stereochemie. Wien 1933.

Literatur zu Kapitel VIII. 329

5. A. FARKAS, Orthohydrogen, Parahydrogen and heavy Hydrogen. Cambridge 1935.
6. H. MARK, Das schwere Wasser. Wien 1934.

Originalarbeiten.

1926

7. E. FUES, Ann. d. Phys. **80** S. 367 (Wellenmechanik 2-atomiger Moleküle).
8. J. FRANCK, Zs. phys. Chemie **120** S. 144 (Das Francksche Prinzip).
9. G. WENTZEL, Zs. f. Phys. **38** S. 518 (Geometrische Näherung).
10. L. BRILLOUIN, Comptes Rendus **183** S. 24 (Geometrische Näherung).
11. H. A. KRAMERS, Zs. f. Phys. **39** S. 828 (Geometrische Näherung).
12. E. U. CONDON, Phys. Rev. **28** S. 1182 (Theorie des Prinzips von Franck[8]).

1927

13. E. U. CONDON, Proc. Nat. Acad. Amer. **13** S. 462 (Fortsetzung von [12]).
14. M. BORN, R. OPPENHEIMER, Ann. d. Phys. **84** S. 457 (Ableitung der genäherten Schrödingergleichung für die Kerne).
15. F. HUND, Zs. f. Phys. **42** S. 93 (Aufstellung des Kreuzungsverbots der Terme).

1928

16. F. LONDON, Sommerfeld-Festschrift. Leipzig. S. 104 (Theorie der Aktivierungsenergie).

1929

17. J. V. NEUMANN, E. WIGNER, Phys. Zs. **30** S. 467 (Beweis des Kreuzungsverbotes [15]).
18. P. M. MORSE, Phys. Rev. **34** S. 57 (Anharmonischer Oszillator mit Morse-Funktion).

1930

19. C. ECKART, Phys. Rev. **35** S. 1303 (Strenge Lösungen für Tunneleffekt an stetiger Potentialschwelle).

1931

20. H. EYRING, M. POLANYI, Zs. f. phys. Chemie (B) **12** S. 279 (Energiegebirge der Reaktion $H_2 + H$).
21. H. EYRING, J. Am. Chem. Soc. **53** S. 2537 (Aktivierungsenergie von Reaktionen zwischen Halogenen und Wasserstoff. Eine Berichtigung s. [58]).
22. O. K. RICE, Phys. Rev. **37** S. 1187 und S. 1551 und **38** S. 1943 (Zur Theorie der Reaktionen).
23. F. LONDON, Zs. f. Phys. **74** S. 143 (Quantentheorie der Kernbewegung bei Reaktionen).
24. P. M. MORSE, E. C. G. STUECKELBERG, Ann. d. Phys. **9** S. 579 (Atomstöße bei wellenmechanischer Behandlung der Kernbewegung).
25. S. ROGINSKY, L. ROSENKEWITSCH, Zs. f. phys. Chemie (B) **15** S. 103 (Bemerkungen zur Quantentheorie der Geschwindigkeitskonstanten von Reaktionen).

1932

26. L. LANDAU, Phys. Zs. d. Sowjetunion **1** S. 88 und **2** S. 46 (Die Energieübertragung bei Stößen bei wellenmechanischer Behandlung der Kerne).
27. L. ROSENKEWITSCH, Phys. Zs. d. Sowjetunion **1** S. 425 (Zur Theorie nicht adiabatisch verlaufender Reaktionen, Anwendung von [26]).
28. E. C. G. STUECKELBERG, Helv. Phys. Acta **5** S. 369 (Fortsetzung von [24]).
29. H. PELZER, E. WIGNER, Zs. f. phys. Chemie (B) **15** S. 445 (Systematische Theorie der Reaktionen vom adiabatischen Grenzfall aus. Systematische Theorie des sterischen Faktors. Anwendung auf die Reaktion $H_2 + H$).
30. J. L. DUNHAM, Phys. Rev. **41** S. 713 (Klarstellung mathematischer Fragen zur geometrischen Näherung).
31. N. ROSEN, P. M. MORSE, Phys. Rev. **42** S. 210 (Neue strenge Lösungen (vergl. [18]) für den anharmonischen Oszillator).
32. G. E. KIMBALL, H. EYRING, J. Am. Chem. Soc. **54** S. 3876 (Aktivierungsenergie bei Reaktionen mit 5 Valenzelektronen).

330 Kapitel VIII.

33. A. SHERMAN, H. EYRING, J. Am. Chem. Soc. **54** S. 2661 (Quantentheorie der Ortho-Paraumwandlung an Kohle).

1933
34. G. PÖSCHL, E. TELLER, Zs. f. Phys. **83** S. 143 (Potentialansätze für den anharmonischen Oszillator. Berichtigung hierzu s. [42]).
35. H. EYRING, Proc. Nat. Acad. Am. **19** S. 78 (Nullpunktsenergie und elektrolytische Trennung von Isotopen).
36. N. ROSEN, J. Chem. Phys. **1** S. 319 (Zerfall kurzlebiger Moleküle).
37. H. EYRING, A. SHERMAN, J. Chem. Phys. **1** S. 345 (Nullpunktsenergie und Trennung von Isotopen).
38. O. K. RICE, J. Chem. Phys. **1** S. 375 (Prädissoziation und Schneiden der Potentialkurven).
39. H. EYRING, A. SHERMAN, G. E. KIMBALL, J. Chem. Phys. **1** S. 586 (Aktivierungsenergie bei Reaktionen mit 6 Valenzelektronen).
40. L. ROSENKEWITSCH, Phys. Zs. d. Sowjetunion **3** S. 236 (Fortsetzung von [27]).
41. E. WIGNER, Zs. f. phys. Chemie (B) **19** S. 203 (Tunneleffekt, insbesondere bei der Reaktion $H_2 + H$).

1934
42. P. M. DAVIDSON, Zs. f. Phys. **87** S. 364 (Berichtigung zu [34]).
43. A. S. COOLIDGE, H. M. JAMES, J. Chem. Phys. **2** S. 811 (Konsequente Theorie der Reaktion $H_2 + H$. Kritik der üblichen Näherung nach Eyring-Polanyi [20])

1935
44. H. EYRING, J. Chem. Phys. **3** S. 107 (Theorie des Zwischenzustandes zur Berechnung von Reaktionsgeschwindigkeiten, vergl. [29]).
45. M. F. MANNING, J. Chem. Phys. **3** S. 136 (Strenge Lösungen für die Doppelmulde. Anwendung auf Termaufspaltung des NH_3. Hier ältere Literatur).
46. O. K. RICE, J. Chem. Phys. **3** S. 386 (Stoß zweier Atome. Diff.-Gl. der Kernbewegung).
47. L. S. KASSEL, J. Chem. Phys. **3** S. 399 (Bemerkung zur Nullpunktsenergie von Reaktionskomplexen in der Theorie des „Zwischenzustandes").
48. A. E. STEARN, H. EYRING, J. Chem. Phys. **3** S. 778 (Zerfall von N_2O als nichtadiabatische Reaktion).
49. H. EYRING, H. GERSHINOWITZ, C. E. SUN, J. Chem. Phys. **3** S. 786 (Zwischenzustandstheorie der Reaktion von 3 H-Atomen).
50. R. A. OGG, M. POLANYI, Trans. Far. Soc. **31** S. 604 (Aktivierungsenergie von Ionenreaktionen).
51. M. G. EVANS, M. POLANYI, Trans. Far. Soc. **31** S. 875 (Theorie des „Zwischenzustandes").
52. J. HORIUTI, M. POLANYI, Acta Physicochim. URSS **2** S. 505 (Theorie der Protonenübertragung nach [50]. Anwendung auf elektrol. Dissoziation und Abscheidung, auf Wasserstoffionenkatalyse).
53. H. HELLMANN, J. K. SYRKIN, Acta Physicochim. URSS **2** S. 433 (Adiabatische und diabatische Reaktionen. Anormal kleine sterische Faktoren).
54. R. P. BELL, Proc. R. Soc. **148** S. 241 (Temperaturabhängigkeit des Tunneleffektes. Anwendung auf die Reaktion $H_2 + H$. Vergl. [41,60]).
55. W. LOTMAR, Zs. f. Phys. **93** S. 528 (Vergleich der verschiedenen Approximationen für den Potentialverlauf zweiatomiger Moleküle).
56. E. A. HYLLERAAS, Zs. f. Phys. **96** S. 643 und S. 661 (Genaue Methode zur Bestimmung des Potentialverlaufs zweiatomiger Moleküle aus ihren Spektren).
57. M. F. MANNING, Phys. Rev. **48** S. 161 (Systematik der Potentialfunktionen der eindimensionalen Schrödingergl., für die Lösungen in Form einfacher Reihen möglich sind).

1936
58. A. WHEELER, B. TOPLEY, H. EYRING, J. Chem. Phys. **4** S. 178 (Die absoluten Reaktionsgeschwindigkeiten zwischen Wasserstoff- und Halogenmolekülen. Berichtigung zu [21]).
59. J. HIRSCHFELDER, H. EYRING, B. TOPLEY, J. Chem. Phys. **4** S. 170 (Stellungnahme zur Kritik [43]. Berechnung der Geschwindigkeitskonstanten für Reaktionen mit H- und D-Atomen).

60. L. Farkas, E. Wigner, Trans. Far. Soc. **32** S. 708 (Berechnung der Geschwindigkeitskonstanten für Reaktionen mit H- und D-Atomen).
61. J. Hirschfelder, H. Eyring, N. Rosen, J. Chem. Phys. **4** S. 121 und S. 130 (Systematische, vollständige Störungsrechnung für die Systeme H_3 und H_3^+ bei symmetrischer Anordnung der Atome).
62. W. Altar, H. Eyring, J. Chem. Phys. **4** S. 661 (Vereinfachte Rechenmethodik für Reaktionen mit 4 Atomen. Anwendung auf $H_2 + JCl$).
63. A. Sherman, O. T. Quimby, R. O. Sutherland, J. Chem. Phys. **4** S. 732 (Die Aktivierungsenergie der verschiedenen Reaktionen zwischen Äthylen und Halogenmolekülen).

Mathematischer Anhang.

§ 60. Koordinatensysteme.

Die hier folgende Zusammenstellung von Formeln bezweckt eine Entlastung des vorhergehenden Textes von allen formalen mathematischen Zwischenrechnungen. Sie soll aber darüber hinaus eine kleine Formelsammlung darstellen, die jedem, der selbst auf dem Gebiete der Quantenchemie arbeitet, das zeitraubende Ausrechnen oder Zusammensuchen elementarer Formeln in der Originalliteratur erspart.

Cartesische Koordinaten x, y, z

$$\nabla^2\psi = \frac{\partial^2\psi}{\partial x^2} + \frac{\partial^2\psi}{\partial y^2} + \frac{\partial^2\psi}{\partial z^2}$$

$$(\nabla\psi)^2 = \left(\frac{\partial\psi}{\partial x}\right)^2 + \left(\frac{\partial\psi}{\partial y}\right)^2 + \left(\frac{\partial\psi}{\partial z}\right)^2 \tag{60,1}$$

Es gilt $\int \psi \nabla^2\psi \, d\tau = -\int (\nabla\psi)^2 d\tau$ allgemein, unter der Voraussetzung, daß ψ an den Rändern genügend stark verschwindet.

Zylinderkoordinaten $x = r\cos\varphi, \quad y = r\sin\varphi, \quad z$

$$\nabla^2\psi = \frac{\partial^2\psi}{\partial r^2} + \frac{1}{r}\frac{\partial\psi}{\partial r} + \frac{1}{r^2}\frac{\partial^2\psi}{\partial\varphi^2} + \frac{\partial^2\psi}{\partial z^2}$$

$$(\nabla\psi)^2 = \left(\frac{\partial\psi}{\partial r}\right)^2 + \frac{1}{r^2}\left(\frac{\partial\psi}{\partial\varphi}\right)^2 + \left(\frac{\partial\psi}{\partial z}\right)^2 \tag{60,2}$$

$$\int F\, d\tau = \int\limits_{-\infty}^{+\infty} dz \int\limits_{0}^{\infty} dr\, r \int\limits_{0}^{2\pi} F\, d\varphi$$

Kugelkoordinaten $x = r\sin\vartheta\cos\varphi, \; y = r\sin\vartheta\sin\varphi, \; z = r\cos\vartheta$

$$\nabla^2\psi = \frac{1}{r}\frac{\partial^2}{\partial r^2} r\psi + \frac{1}{r^2\sin^2\vartheta}\frac{\partial^2\psi}{\partial\varphi^2} + \frac{1}{r^2\sin\vartheta}\frac{\partial}{\partial\vartheta}\sin\vartheta\frac{\partial\psi}{\partial\vartheta}$$

$$(\nabla\psi)^2 = \left(\frac{\partial\psi}{\partial r}\right)^2 + \frac{1}{r^2\sin^2\vartheta}\left(\frac{\partial\psi}{\partial\varphi}\right)^2 + \frac{1}{r^2}\left(\frac{\partial\psi}{\partial\vartheta}\right)^2 \tag{60,3}$$

$$\int F\, d\tau = \int\limits_{0}^{\infty} dr\, r^2 \int\limits_{-1}^{+1} d\cos\vartheta \int\limits_{0}^{2\pi} F\, d\varphi$$

332   Anhang.

Parabolische Koordinaten

$$x = \sqrt{u\,v}\,\cos\varphi\,, \quad y = \sqrt{u\,v}\,\sin\varphi\,, \quad z = \tfrac{1}{2}\,(u-v)$$

$$u = r+z\,, \quad v = r-z\,, \quad r = \sqrt{x^2+y^2+z^2} = \tfrac{1}{2}\,(u+v)$$

$$\nabla^2\psi = \frac{4}{u+v}\left[\frac{\partial}{\partial u}\,u\,\frac{\partial\psi}{\partial u} + \frac{\partial}{\partial v}\,v\,\frac{\partial\psi}{\partial v}\right] + \frac{1}{uv}\,\frac{\partial^2\psi}{\partial\varphi^2}$$

$$(\nabla\psi)^2 = \frac{4u}{u+v}\left(\frac{\partial\psi}{\partial u}\right)^2 + \frac{4v}{u+v}\left(\frac{\partial\psi}{\partial v}\right)^2 + \frac{1}{uv}\left(\frac{\partial\psi}{\partial\varphi}\right)^2 \tag{60,4}$$

$$\int F\,\mathrm{d}\tau = \frac{1}{4}\int\limits_0^\infty \mathrm{d}u \int\limits_0^\infty \mathrm{d}v\,(u+v)\int\limits_0^{2\pi} F\,\mathrm{d}\varphi$$

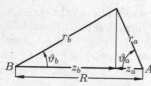

Fig. 42. Koordinaten im Zweizentrenproblem.

Zwei-Zentrenkoordinaten

Man kommt im Zwei-Zentrenproblem oft zu einfachen Ausdrücken, wenn man von Kugelkoordinaten r_a, ϑ_a, φ, bezw. r_b, ϑ_b, φ (s. Fig. 42) ausgeht und an Stelle des Winkels ϑ_a den Abstand r_b, bezw. statt ϑ_b den Abstand r_a einführt. Es gilt

$$r_a{}^2 = R^2 + r_b{}^2 - 2\,R\,r_b\,\cos\vartheta_b$$

$$\int F\,\mathrm{d}\tau = \int\limits_0^\infty \mathrm{d}r_a \int\limits_{R-r_a}^{R+r_a} \mathrm{d}r_b\,\frac{r_a r_b}{R}\int\limits_0^{2\pi} F\,\mathrm{d}\varphi - \int\limits_R^\infty \mathrm{d}r_a \int\limits_{R-r_a}^{r_a-R} \mathrm{d}r_b\,\frac{r_a r_b}{R}\int\limits_0^{2\pi} F\,\mathrm{d}\varphi \tag{60,5}$$

Elliptische Koordinaten (s. Fig. 42)

$$x = \frac{R}{2}\,\cos\varphi\,\sqrt{(\mu^2-1)(1-\nu^2)}$$

$$y = \frac{R}{2}\,\sin\varphi\,\sqrt{(\mu^2-1)(1-\nu^2)}$$

$$z_a = \frac{R}{2}\,(\mu\nu+1)\,, \quad z_b = \frac{R}{2}\,(1-\mu\nu)$$

$$\mu = \frac{r_a+r_b}{R}\,, \quad \nu = \frac{r_a-r_b}{R}\,, \quad \varphi$$

$$\nabla^2\psi = \frac{4}{R^2(\mu^2-\nu^2)}\left\{\frac{\partial}{\partial\mu}(\mu^2-1)\frac{\partial\psi}{\partial\mu} + \frac{\partial}{\partial\nu}(1-\nu^2)\frac{\partial\psi}{\partial\nu} + \frac{(\mu^2-1)(1-\nu^2)}{\mu^2-\nu^2}\frac{\partial^2\psi}{\partial\varphi^2}\right\}$$

$$(\nabla\psi)^2 = \frac{4}{R^2}\frac{\mu^2-1}{\mu^2-\nu^2}\left(\frac{\partial\psi}{\partial\mu}\right)^2 + \frac{4}{R^2}\frac{1-\nu^2}{\mu^2-\nu^2}\left(\frac{\partial\psi}{\partial\nu}\right)^2 + \frac{4}{R^2}\frac{1}{(\mu^2-1)(1-\nu^2)}\left(\frac{\partial\psi}{\partial\varphi}\right)^2$$

$$\int F\,\mathrm{d}\tau = \frac{R^3}{8}\int\limits_1^\infty \mathrm{d}\mu \int\limits_{-1}^{+1} \mathrm{d}\nu\,(\mu^2-\nu^2)\int\limits_0^{2\pi} F\,\mathrm{d}\varphi \tag{60,6}$$

HYLLERAASsche Koordinaten

Diese sind speziell geeignet für das Problem von 2 Teilchen im kugelsymmetrischen Potentialfeld, wenn man sich nur für kugelsymmetrische

§ 61. Die grundlegenden Integrale mit der Exponentialfunktion.   333

Zustände des Systems interessiert, das resultierende Bahnmoment also null ist. Unter dieser Voraussetzung kommt man mit 3, anstatt mit 6 unabhängigen Koordinaten aus. HYLLERAAS[7] wählt die Koordinaten (s. Fig. 43)

$$s = r_1 + r_2 \qquad t = r_1 - r_2 \qquad u = r_{12}$$

In diesen Koordinaten, also stets mit der genannten Beschränkung auf kugelsymmetrische Zustände, gilt:

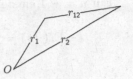

Fig. 43. HYLLERAASsche Koordinaten.

$$(\nabla_1{}^2 + \nabla_2{}^2)\psi = 2\left(\frac{\partial^2\psi}{\partial s^2} + \frac{\partial^2\psi}{\partial t^2} + \frac{\partial^2\psi}{\partial u^2}\right) + \frac{8s}{s^2-t^2}\frac{\partial\psi}{\partial s} - \frac{8t}{s^2-t^2}\frac{\partial\psi}{\partial t} + \frac{4}{u}\frac{\partial\psi}{\partial u}$$

$$+ 4\frac{s}{u}\frac{u^2-t^2}{s^2-t^2}\frac{\partial^2\psi}{\partial s\,\partial u} + 4\frac{t}{u}\frac{s^2-u^2}{s^2-t^2}\frac{\partial^2\psi}{\partial t\,\partial u}$$

$$(\nabla_1\psi)^2 + (\nabla_2\psi)^2 = 2\left[\left(\frac{\partial\psi}{\partial s}\right)^2 + \left(\frac{\partial\psi}{\partial t}\right)^2 + \left(\frac{\partial\psi}{\partial u}\right)^2\right]$$

$$+ \frac{4}{u\,(s^2-t^2)}\left[s\,(u^2-t^2)\frac{\partial\psi}{\partial s}\frac{\partial\psi}{\partial u} + t\,(s^2-u^2)\frac{\partial\psi}{\partial t}\frac{\partial\psi}{\partial u}\right] \qquad (60,7)$$

$$\iint F\,d\tau_1\,d\tau_2 = \pi^2 \int\limits_0^\infty ds \int\limits_0^s du\,u \int\limits_{-u}^{+u} (s^2 - t^2)\,F(s,t,u)\,dt$$

§ 61. Die grundlegenden Integrale mit der Exponentialfunktion.

Fast alle Rechnungen, in denen überhaupt eine analytische Auswertung von Wechselwirkungs-Integralen möglich ist oder sich in leidlicher Annäherung erzwingen läßt, führen letzten Endes auf Integrale mit der Exponentialfunktion. Wir notieren:

$$\int\limits_0^\infty z^n e^{-xz}\,dz = x^{-n-1}\,\Gamma(n+1)\,, \text{ für ganze positive } n: = \frac{n!}{x^{n+1}} \qquad (61,1)$$

$\Gamma(n+1)$ liegt tabelliert vor[8]. Es gilt:

$$\Gamma(n+1) = n\,\Gamma(n)\,, \qquad \Gamma(1) = \Gamma(2) = 1\,;$$

$$\Gamma\left(\tfrac{1}{2}\right) = \sqrt{\pi}\,, \qquad \Gamma\left(\tfrac{3}{2}\right) = \tfrac{1}{2}\sqrt{\pi}\,, \qquad \Gamma\left(-\tfrac{1}{2}\right) = -2\sqrt{\pi}$$

$$\int\limits_1^\infty z^n e^{-xz}\,dz = \frac{n!\,e^{-x}}{x^{n+1}}\sum_{\nu=0}^{n}\frac{x^\nu}{\nu!} = A_n(x)$$

$$\int\limits_c^\infty z^n e^{-xz}\,dz = c^{n+1}\,A_n(cx)$$

für positive ganzzahlige n.

$$\int\limits_{-1}^1 z^n e^{-xz}\,dz = (-1)^{n+1}\,A_n(-x) - A_n(x)$$

Rekursionsformel: $A_n(x) = \dfrac{1}{x}\left[e^{-x} + n\,A_{n-1}(x)\right]$ \qquad (61,2)

334   Anhang.

Für $n = -1$ entsteht das Exponentialintegral

$$- \operatorname{Ei}(-x) = \int_1^\infty \frac{1}{z} e^{-xz} \, dz = \int_x^\infty \frac{1}{z} e^{-z} \, dz \qquad \text{und}$$

$$- \operatorname{Ei}(x) = \int_{-1}^\infty \frac{1}{z} e^{-xz} \, dz = \int_{-x}^\infty \frac{1}{z} e^{-z} \, dz \qquad *)$$

(61,3)

das ebenfalls in Tabellenform vorliegt[8]. Einige Werte desselben sind in unserer Tab. 35 wiedergegeben. $\operatorname{Ei}(x)$ läßt sich entwickeln, für kleine x:

Tab. 35. Die e-Funktion und das Exponentialintegral.

x	e^{-x}	$\operatorname{Ei}(x)$	e^x	$-\operatorname{Ei}(-x)$
0,5	$6{,}0653 \ 10^{-1}$	$4{,}5422 \ 10^{-1}$	1,6487	$5{,}5977 \ 10^{-1}$
1,0	3,6788 „	1,8951	2,7183	2,1938 „
1,5	2,2313 „	3,3013	4,4817	1,0002 „
2,0	1,3534 „	4,9542	7,3891	$4{,}8901 \ 10^{-2}$
2,5	$8{,}2085 \ 10^{-2}$	7,0738	1,2182 10	2,4915 „
3,0	4,9787 „	9,9338	2,0086 „	1,3048 „
3,5	3,0197 „	1,3925 10	3,3115 „	$6{,}9701 \ 10^{-3}$
4,0	1,8316 „	1,9631 „	5,4598 „	3,7794 „
4,5	1,1109 „	2,7934 „	9,0017 „	2,0734 „
5,0	$6{,}7380 \ 10^{-3}$	4,0185 „	$1{,}4841 \ 10^2$	1,1483 „
6,0	2,4787 „	8,5990 „	4,0343 „	$3{,}6008 \ 10^{-4}$
7,0	$9{,}1188 \ 10^{-4}$	$1{,}9150 \ 10^2$	$1{,}0966 \ 10^3$	1,1548 „
8,0	3,3546 „	4,4038 „	2,9810 „	$3{,}7666 \ 10^{-5}$
9,0	1,2341 „	$1{,}0379 \ 10^3$	8,1031 „	1,2447 „
10,0	$4{,}5400 \ 10^{-5}$	2,4922 „	$2{,}2026 \ 10^4$	$4{,}1570 \ 10^{-6}$
12,0	$6{,}1442 \ 10^{-6}$	$1{,}4960 \ 10^4$	$1{,}6275 \ 10^5$	$4{,}7511 \ 10^{-7}$
14,0	$8{,}3153 \ 10^{-7}$	9,3193 „	$1{,}2026 \ 10^6$	$5{,}5657 \ 10^{-8}$

$$\operatorname{Ei}(x) = C + \ln|x| + x + \frac{1}{2}\frac{x^2}{2!} + \frac{1}{3}\frac{x^3}{3!} + \frac{1}{4}\frac{x^4}{4!} + \dots \qquad (61,4)$$

(C ist die „Eulersche Konstante" $C = 0{,}577216\dots$)
und für große x in die semikonvergente Reihe (die dort abzubrechen ist, wo die Glieder beginnen wieder größer zu werden, also bei $n > x$):

$$\operatorname{Ei}(x) = \frac{1}{x} e^x \left(1 + \frac{1}{x} + \frac{2!}{x^2} + \frac{3!}{x^3} + \dots + \frac{n!}{x^n} \right) \qquad (61,5)$$

Häufig stößt man auf das Integral:

$$F_n(x) = \int_1^\infty z^n \frac{1}{2} \ln\frac{z+1}{z-1} e^{-xz} \, dz \qquad (61,6)$$

---

*) Das in unserer Formelsammlung auftretende Exponentialintegral ist genauer definiert durch $\lim_{\varepsilon \to 0} \frac{1}{2}\left[\operatorname{Ei}(x + i\varepsilon) + \operatorname{Ei}(x - i\varepsilon) \right]$. x ist bei uns stets positiv oder negativ reell.

§ 62. Integrale im Einzentrenproblem.

335

Man bedient sich hier zweckmäßig einer Rekursionsformel:

$$F_n(x) = F_{n-2}(x) + \frac{1}{x}\left[n\,F_{n-1}(x) - (n-2)\,F_{n-3}(x) - A_{n-2}(x) \right] \quad (61,7)$$

Als Ausgangspunkt dieser Rekursionsformel dienen

$$F_0(x) = \frac{1}{2}\left[(\ln 2\,x + C)\,\frac{1}{x}\,e^{-x} - \mathrm{Ei}\,(-2\,x)\,\frac{1}{x}\,e^{x} \right]$$

$$F_1(x) = \frac{1}{2}\left[(\ln 2\,x + C)\left(\frac{1}{x} + \frac{1}{x^2}\right)e^{-x} - \mathrm{Ei}\,(-2\,x)\left(-\frac{1}{x} + \frac{1}{x^2}\right)e^{x} \right] \quad (61,8)$$

Ei ist das oben definierte Exponentialintegral und. C die Eulersche Konstante.

Für $A_n(x)$ und $F_n(x)$ sind von ROSEN[15] Tabellen angegeben worden.

§ 62. Integrale im Einzentrenproblem.

Wir geben einige mit wasserstoffähnlichen Eigenfunktionen gebildete Mittelwerte an. Ein solcher Mittelwert ist definiert

$$\overline{L} = \int |\psi_{nl}|^2\,L\,\mathrm{d}\tau \qquad (62,1)$$

worin ψ_{nl} die zur Hauptquantenzahl n und zur Impulsquantenzahl l gehörige normierte H-Eigenfunktion zur Kernladung Z bedeutet. Es ist:

$$\overline{r} = \frac{1}{2Z}\left[3\,n^2 - l(l+1) \right]$$

$$\overline{r^2} = \frac{n^2}{2\,Z^2}\left[5\,n^2 + 1 - 3\,l(l+1) \right]$$

$$\overline{r^{-1}} = \frac{Z}{n^2}$$

$$\overline{r^{-2}} = \frac{Z^2}{n^3\left(l + \frac{1}{2}\right)}$$

$$(62,2)$$

Integrale, welche die Wechselwirkung von 2 Ladungswolken bedeuten, haben die Form:

$$G = \iint \frac{1}{r_{12}}\,\varrho(1)\,\varrho(2)\,\mathrm{d}\tau_1\,\mathrm{d}\tau_2 \qquad (62,3)$$

Meist braucht man die 6-fache Integration nicht wirklich auszuführen. Man bestimmt einfacher das zu $\varrho(1)$ oder $\varrho(2)$ gehörige Potentialfeld V_1 oder V_2, und schreibt dann:

$$G = \int V_2(1)\,\varrho(1)\,\mathrm{d}\tau_1 = \int V_1(2)\,\varrho(2)\,\mathrm{d}\tau_2 \qquad (62,4)$$

worin V_2 mit $\varrho(2)$, bezw. V_1 mit ϱ_1 durch die Poissonsche Gleichung zusammenhängt:

$$\Delta V = -4\,\pi\,\varrho \qquad (62,5)$$

Die direkte Lösung dieser Gleichung, etwa durch Reihenansatz, ist häufig einfacher als die Integration.

336   Anhang.

Man erhält z. B.:

$$\iint e^{-u r_1 - v r_2} \frac{1}{r_1 r_2} \frac{1}{r_{12}} \, d\tau_1 \, d\tau_2 = 16 \pi^2 \frac{1}{uv(u+v)} \tag{62,6}$$

Hieraus folgen durch Differentiation nach u und v sofort alle weiteren Integrale, die aus dem obigen durch Hinzufügung beliebiger positiver Potenzen von r_1 und r_2 entstehen. So z. B.:

$$\iint e^{-u r_1 - v r_2} \frac{1}{r_{12}} \, d\tau_1 \, d\tau_2 = 16 \pi^2 \frac{\partial^2}{\partial u \, \partial v} \frac{1}{uv(u+v)} = \frac{32 \pi^2}{u^2 v^2 (u+v)} \left[1 + \frac{uv}{(u+v)^2} \right] \tag{62,7}$$

Bei der Störungsrechnung nach RITZ-HYLLERAAS[7] treten auch andere Potenzen von r_{12} unter dem Integral auf. Man führt solche Integrale am besten in den HYLLERAASschen[7] Koordinaten aus. Man findet

$$\iint e^{-u r_1 - v r_2} \frac{r_{12}}{r_1 r_2} \, d\tau_1 \, d\tau_2 = 32 \pi^2 \frac{u^2 + v^2 + uv}{(u+v) u^3 v^3} \tag{62,8}$$

Hieraus kommen durch Differentiation nach u und v weitere Integrale, so u. a.:

$$\iint e^{-u r_1 - v r_2} r_{12} \, d\tau_1 \, d\tau_2 = 64 \pi^2 \left[\frac{3}{u^4 v^3} + \frac{2}{u^2 v^5} - \frac{2}{(u+v)^2 v^5} - \frac{1}{(u+v)^3 v^4} \right] \tag{62,9}$$

Ähnlich ergibt sich:

$$\iint e^{-u r_1 - v r_2} \frac{r_{12}^2}{r_1 r_2} \, d\tau_1 \, d\tau_2 = 32 \pi^2 \frac{3}{u^2 v^2} \left(\frac{1}{u^2} + \frac{1}{v^2} \right) \tag{62,10}$$

und daraus weiter durch Differentiation:

$$\iint e^{-u r_1 - v r_2} r_{12}^2 \, d\tau_1 \, d\tau_2 = 32 \pi^2 \frac{24}{u^3 v^3} \left(\frac{1}{u^2} + \frac{1}{v^2} \right) \tag{62,11}$$

Schließlich erhält man

$$\iint e^{-u r_1 - v r_2} \frac{1}{r_1 r_2} \frac{1}{r_{12}^2} \, d\tau_1 \, d\tau_2 = \frac{16 \pi^2}{u^2 - v^2} \ln \frac{u}{v} \tag{62,12}$$

und daraus durch Differentiation nach u und v:

$$\iint e^{-u r_1 - v r_2} \frac{1}{r_{12}^2} \, d\tau_1 \, d\tau_2 = \frac{32 \pi^2}{(u^2 - v^2)^2} \left[\frac{u^2 + v^2}{uv} - \frac{4uv \ln u/v}{u^2 - v^2} \right] \tag{62,13}$$

Entsprechend folgen weitere Integrale mit beliebigen positiven Potenzen von r_1 und r_2. Für $u = v$ gewinnt man durch Grenzübergang aus (62,12):

$$\iint e^{-u(r_1 + r_2)} \frac{1}{r_1 r_2} \frac{1}{r_{12}^2} \, d\tau_1 \, d\tau_2 = \frac{8 \pi^2}{u^2} \tag{62,14}$$

und aus (62,13):

$$\iint e^{-u(r_1 + r_2)} \frac{1}{r_{12}^2} \, d\tau_1 \, d\tau_2 = \frac{32 \pi^2}{3 u^4} \tag{62,15}$$

Falls die auftretenden Eigenfunktionen winkelabhängig sind, entwickelt man r_{12} unter dem Integral nach Kugelfunktionen (vgl. Gl. 16,5):

$$\frac{1}{r_{12}} = \sum_l \sum_{m=-l}^{m=+l} \frac{(l - |m|)!}{(l + |m|)!} \, e^{i m(\varphi_1 - \varphi_2)} \cdot P_l^{|m|}(\cos \vartheta_1) \, P_l^{|m|}(\cos \vartheta_2) \cdot R_l(r_1, r_2)$$

§ 63. Zwei-Zentrenintegrale bei einem Elektron.   337

$$\text{worin}\quad R_l(r_1, r_2) = \begin{cases} \dfrac{r_1{}^l}{r_2{}^{l+1}} & \text{wenn } r_2 > r_1 \\[2ex] \dfrac{r_2{}^l}{r_1{}^{l+1}} & \text{wenn } r_1 > r_2 \end{cases} \tag{62,16}$$

Von BEARDSLEY[16] sind die wichtigsten Coulombschen und Austauschintegrale zwischen wasserstoffähnlichen Eigenfunktionen angegeben worden.

Falls $r_{12}{}^2$ auftritt, schreibt man dafür:

$$r_{12}{}^2 = r_1{}^2 + r_2{}^2 - 2 r_1 r_2 \Big[\cos\vartheta_1 \cos\vartheta_2 + \sin\vartheta_1 \sin\vartheta_2 \cos(\varphi_1 - \varphi_2) \Big] \tag{62,17}$$

Für r_{12} im Zähler schreibt man $r_{12}{}^2/r_{12}$, worin $r_{12}{}^2$ nach (62,17) und $1/r_{12}$ nach (62,16) einzusetzen ist. Alle Integrationen sind in Kugelkoordinaten r_1, ϑ_1, φ_1, r_2, ϑ_2, φ_2 auszuführen.

§ 63. Zwei-Zentrenintegrale bei einem Elektron.

Wir nennen die Eigenfunktion des einen Atoms ψ_a, die des anderen ψ_b. Man führt die Integrationen meist in elliptischen Koordinaten nach (60,6), seltener in den „Zweizentrenkoordinaten" (60,5) durch. Man benötigt dann die Integrale des § 61. Wir stellen die wichtigsten Resultate zusammen:

$$1.)\quad \psi_a = \sqrt{\frac{\alpha^3}{\pi}}\, e^{-\alpha r_a}, \quad \psi_b = \sqrt{\frac{\alpha^3}{\pi}}\, e^{-\alpha r_b}, \quad \alpha R = x$$

$$R \int \frac{1}{r_b}\, \psi_a{}^2 \, d\tau = 1 - e^{-2x}(1+x) \tag{63,1}$$

$$R^2 \int \frac{1}{r_b{}^2}\, \psi_a{}^2 \, d\tau = \left(x^2 + \frac{x}{2}\right) e^{-2x}\, \mathrm{Ei}\,(2x) + \left(x^2 - \frac{x}{2}\right) e^{2x}\, \mathrm{Ei}\,(-2x) \tag{63,2}$$

$$R^2 \int \frac{1}{r_a}\frac{1}{r_b}\, \psi_a{}^2 \, d\tau = x\left(1 - e^{-2x}\right) \tag{63,3}$$

$$\int \frac{r_a}{r_b}\, \psi_a{}^2 \, d\tau = \frac{3}{2}\left[\frac{1}{x} - \left(\frac{1}{x} + \frac{4}{3} + \frac{2}{3}x\right) e^{-2x}\right] \tag{63,4}$$

$$\int \psi_a \psi_b \, d\tau = \left(1 + x + \frac{1}{3}x^2\right) e^{-x} \tag{63,5}$$

$$R \int \frac{1}{r_a}\, \psi_a \psi_b \, d\tau = (x + x^2)\, e^{-x} \tag{63,6}$$

$$R^2 \int \frac{1}{r_a}\frac{1}{r_b}\, \psi_a \psi_b \, d\tau = 2 x^2\, e^{-x} \tag{63,7}$$

$$\int \frac{r_a}{r_b}\, \psi_a \psi_b \, d\tau = \left(1 + x + \frac{2}{3}x^2\right) e^{-x} \tag{63,8}$$

$$\frac{1}{R} \int r_a\, \psi_a \psi_b \, d\tau = \left(\frac{3}{2}\frac{1}{x} + \frac{3}{2} + \frac{2}{3}x + \frac{1}{6}x^2\right) e^{-x} \tag{63,9}$$

338   Anhang.

$$\frac{1}{R^2}\int r_a\, r_b\, \psi_a\, \psi_b\, \mathrm{d}\tau = \left(3\frac{1}{x^2}+3\frac{1}{x}+\frac{4}{3}+\frac{1}{3}\,x+\frac{1}{15}\,x^2\right)\mathrm{e}^{-x}\quad, \qquad (63,10)$$

$$2.)\ \ \varphi_a = \sqrt{\frac{\alpha^5}{3\pi}}\, r_a\, \mathrm{e}^{-\alpha r_a}\,, \quad \varphi_b = \sqrt{\frac{\alpha^5}{3\pi}}\, r_b\, \mathrm{e}^{-\alpha r_b}\,, \quad x = \alpha R$$

$$R\int \frac{1}{r_b}\, \varphi_a{}^2\, \mathrm{d}\tau = 1 - \left(1+\frac{3}{2}\,x+x^2+\frac{1}{3}\,x^3\right)\mathrm{e}^{-2x} \qquad (63,11)$$

$$R^2\int \frac{1}{r_b{}^2}\, \varphi_a{}^2\, \mathrm{d}\tau = -\frac{2}{3}\,x^2 + \frac{x}{4}\left[\left(1+2\,x+2\,x^2+\frac{4}{3}\,x^3\right)\mathrm{e}^{-2x}\,\mathrm{Ei}\,(2x)\right.$$
$$\left. - \left(1-2\,x+2\,x^2-\frac{4}{3}\,x^3\right)\mathrm{e}^{2x}\,\mathrm{Ei}\,(-2x)\right] \qquad (63,12)$$

$$\int \varphi_a\, \varphi_b\, \mathrm{d}\tau = \left(1+x+\frac{4}{9}\,x^2+\frac{1}{9}\,x^3+\frac{1}{45}\,x^4\right)\mathrm{e}^{-x} \qquad (63,13)$$

$$R\int \frac{1}{r_a}\, \varphi_a\, \varphi_b\, \mathrm{d}\tau = \frac{x}{2}\left(1+x+\frac{4}{9}\,x^2+\frac{1}{9}\,x^3\right)\mathrm{e}^{-x} \qquad (63,14)$$

$$R^2\int \frac{1}{r_a{}^2}\, \varphi_a\, \varphi_b\, \mathrm{d}\tau = \frac{x^2}{3}\left(1+x+\frac{2}{3}\,x^2\right)\mathrm{e}^{-x} \qquad (63,15)$$

$$3.)\ \ \chi_a = \sqrt{\frac{\alpha^3}{\pi}}\,(1-\alpha r_a)\,\mathrm{e}^{-\alpha r_a}\,, \quad \chi_b = \sqrt{\frac{\alpha^3}{\pi}}\,(1-\alpha r_b)\,\mathrm{e}^{-\alpha r_b}\,, \quad x = \alpha R$$

$$R\int \frac{1}{r_b}\, \chi_a{}^2\, \mathrm{d}\tau = 1 - \left(1+\frac{3}{2}\,x+x^2+x^3\right)\mathrm{e}^{-2x} \qquad (63,16)$$

$$\int \chi_a\, \chi_b\, \mathrm{d}\tau = \left(1+x+\frac{1}{3}\,x^2+\frac{1}{15}\,x^4\right)\mathrm{e}^{-x} \qquad (63,17)$$

$$R\int \frac{1}{r_a}\, \chi_a\, \chi_b\, \mathrm{d}\tau = x\left(\frac{1}{2}+\frac{1}{2}\,x-\frac{1}{3}\,x^2+\frac{1}{6}\,x^3\right)\mathrm{e}^{-x} \qquad (63,18)$$

$$4.)\ \ \zeta_a = \sqrt{\frac{\alpha^5}{\pi}}\, r_a\, \cos\vartheta_a\, \mathrm{e}^{-\alpha r_a}\,, \quad \zeta_b = \sqrt{\frac{\alpha^5}{\pi}}\, r_b\, \cos\vartheta_b\, \mathrm{e}^{-\alpha r_b}\,, \quad x = \alpha R$$

(z-Achse für beide Atome nach innen positiv!)

$$R\int \frac{1}{r_b}\, \zeta_a{}^2\, \mathrm{d}\tau = 1+3\frac{1}{x^2} - \left(3\frac{1}{x^2}+6\frac{1}{x}+7+\frac{11}{2}\,x+3\,x^2+x^3\right)\mathrm{e}^{-2x}$$
$$(63,19)$$

$$\int \zeta_a\, \zeta_b\, \mathrm{d}\tau = \left(-1-x-\frac{x^2}{5}+\frac{2}{15}\,x^3+\frac{1}{15}\,x^4\right)\mathrm{e}^{-x} \qquad (63,20)$$

$$R\int \frac{1}{r_a}\, \zeta_a\, \zeta_b\, \mathrm{d}\tau = \frac{x}{2}\left(-1-x+\frac{1}{3}\,x^3\right)\mathrm{e}^{-x} \qquad (63,21)$$

$$5.)\ \ \frac{1}{\sqrt{2}}(\xi_a \pm i\eta_a) = \sqrt{\frac{\alpha^5}{2\pi}}\, \sin\vartheta_a\, r_a\, \mathrm{e}^{\pm i\varphi}\, \mathrm{e}^{-\alpha r_a}\,,$$

$$\frac{1}{\sqrt{2}}(\xi_b \pm i\eta_b) = \sqrt{\frac{\alpha^5}{2\pi}}\, \sin\vartheta_b\, r_b\, \mathrm{e}^{\pm i\varphi}\, \mathrm{e}^{-\alpha r_b}\,, \quad x = \alpha R$$

§ 63. Zwei-Zentrenintegrale bei einem Elektron. 339

$$R \int \frac{1}{r_b} \xi_a{}^2 \, d\tau = R \int \frac{1}{r_b} \frac{1}{2} (\xi_a{}^2 + \eta_a{}^2) \, d\tau$$

$$= 1 - \frac{3}{2} \frac{1}{x^2} + \left(\frac{3}{2} \frac{1}{x^2} + 3 \frac{1}{x} + 2 + \frac{1}{2} x \right) e^{-2x} \tag{63,22}$$

$$\int \xi_a \, \eta_b \, d\tau = 0 \tag{63,23}$$

$$\int \xi_a \, \xi_b \, d\tau = \frac{1}{2} \int (\xi_a + i\eta_a)(\xi_b - i\eta_b) \, d\tau = \left(1 + x + \frac{2}{5} x^2 + \frac{1}{15} x^3 \right) e^{-x} \tag{63,24}$$

$$R \int \frac{1}{r_a} \xi_a \, \xi_b \, d\tau = R \int \frac{1}{r_a} \frac{1}{2} (\xi_a + i\eta_a)(\xi_b - i\eta_b) \, d\tau$$

$$= x \left(\frac{1}{2} + \frac{1}{2} x + \frac{1}{6} x^2 \right) e^{-x} \tag{63,25}$$

6.) ψ_a und ψ_b wie in 1.), ζ_a und ζ_b wie in 4.), $x = \alpha R$

$$\int \psi_a \, \zeta_a \, d\tau = 0 \tag{63,26}$$

$$\int \psi_a \, \zeta_b \, d\tau = \frac{1}{2} x \left(1 + x + \frac{x^2}{2} \right) e^{-x} \tag{63,27}$$

$$R \int \frac{1}{r_b} \psi_a \, \zeta_a \, d\tau = \frac{1}{x} - \left(\frac{1}{x} + 2 + 2x + x^2 \right) e^{-2x} \tag{63,28}$$

$$R \int \frac{1}{r_a} \psi_a \, \zeta_b \, d\tau = \frac{2}{3} x^2 (1 + x) e^{-x} \tag{63,29}$$

$$R \int \frac{1}{r_b} \psi_a \, \zeta_b \, d\tau = \frac{1}{3} x^2 (1 + x) e^{-x} \tag{63,30}$$

Für den Fall ungleicher Exponenten der beiden e-Funktionen notieren wir:

$$\int e^{-\alpha r_a - \beta r_b} \, d\tau = \frac{8\pi}{R(\alpha^2 - \beta^2)^3} \left\{ \left[4\alpha\beta + R\beta(\alpha^2 - \beta^2) \right] e^{-\alpha R} \right.$$

$$\left. - \left[4\alpha\beta + R\alpha(\beta^2 - \alpha^2) \right] e^{-\beta R} \right\} \tag{63,31}$$

$$\int \frac{1}{r_a} e^{-\alpha r_a - \beta r_b} \, d\tau = \frac{4\pi}{R(\alpha^2 - \beta^2)^2} \left\{ 2\beta e^{-\alpha R} - \left[2\beta - R(\alpha^2 - \beta^2) \right] e^{-\beta R} \right\} \tag{63,32}$$

$$\int \frac{r_a}{r_b} e^{-\alpha r_a - \beta r_b} \, d\tau = \frac{8\pi}{R(\alpha^2 - \beta^2)^3} \left\{ [3\alpha^2 + \beta^2] e^{-\beta R} \right.$$

$$\left. - \left[3\alpha^2 + \beta^2 + 2\alpha R(\alpha^2 - \beta^2) + \frac{1}{2} R^2 (\alpha^2 - \beta^2)^2 \right] e^{-\alpha R} \right\} \tag{63,33}$$

340   Anhang.

$$\int r_a \, e^{-\alpha r_a - \beta r_b} \, d\tau$$

$$= \frac{8\pi}{R(\alpha^2 - \beta^2)^4} \left\{ \left[20\,\alpha^2\beta + 4\beta^3 + 8\,\alpha\beta\,(\alpha^2 - \beta^2)R + \beta\,(\alpha^2 - \beta^2)^2 R^2 \right] e^{-\alpha R} \right.$$

$$\left. - \left[20\,\alpha^2\beta + 4\beta^3 - (3\alpha^2 + \beta^2)\,(\alpha^2 - \beta^2)\,R \right] e^{-\beta R} \right\} \qquad (63,34)$$

$$\int \frac{r_b}{r_a} \cos \vartheta_b \, e^{-\alpha r_a - \beta r_b} \, d\tau$$

$$= \frac{4\pi\beta}{R^2(\alpha^2 - \beta^2)^3} \left\{ \left[8 + 8R\beta - 4R^2(\alpha^2 - \beta^2) + \frac{(\alpha^2 - \beta^2)^2}{\beta} R^3 \right] e^{-\beta R} \right.$$

$$\left. - 8 \left[1 + \alpha R \right] e^{-\alpha R} \right\} \qquad (63,35)$$

$$\int \cos \vartheta_b \, e^{-\alpha r_a - \beta r_b} \, d\tau = \frac{8\pi\beta}{R^2(\alpha^2 - \beta^2)^3} \left\{ \left[4 + 4\alpha R + (\alpha^2 - \beta^2)R^2 \right] e^{-\alpha R} \right.$$

$$\left. - \left[4 + 4\beta R + (\beta^2 - \alpha^2)R^2 \right] e^{-\beta R} \right\} \qquad (63,36)$$

$$\int r_b \cos \vartheta_b \, e^{-\alpha r_a - \beta r_b} \, d\tau$$

$$= \frac{8\pi\alpha\beta}{R^2(\alpha^2 - \beta^2)^4} \left\{ \left[\frac{(\alpha^2 - \beta^2)^2}{\beta} R^3 - 8(\alpha^2 - \beta^2)R^2 + 24\beta R + 24 \right] e^{-\beta R} \right.$$

$$\left. - \left[4R^2(\alpha^2 - \beta^2) + 24\alpha R + 24 \right] e^{-\alpha R} \right\} \qquad (63,37)$$

Durch Differentiation nach den Parametern α und β gewinnt man noch viele weitere Integrale. So folgte (63,37) z. B. aus (63,35) durch Differentiation nach α.

§ 64. Wechselwirkung zwischen 2 Ladungen im 2-Zentrenproblem.

In der Störungsrechnung jedes 2-Zentrenproblems mit mehr als einem Elektron treten außer den im vorigen Paragraphen behandelten Integralen noch diejenigen Integrale auf, welche die Wechselwirkung von zwei ausgedehnten Ladungsverteilungen miteinander bedeuten. Sie haben die Form

$$I = \iint \varrho_i(1) \, \varrho_k(2) \, \frac{1}{r_{12}} \, d\tau_1 \, d\tau_2 \qquad (64,1)$$

ϱ_i und ϱ_k können darin Ladungsdichten um den Kern a und den Kern b sein, also $\varrho_i = \psi_a{}^2$, $\varrho_k = \psi_b{}^2$, oder „Übergangsladungen" von der Form $\varrho_i = \psi_a \psi_b$, $\varrho_k = \varphi_a \varphi_b$. Im ersten Fall haben wir es mit der Coulombschen Wechselwirkung der Ladungswolken der Atomelektronen zu tun, im zweiten Fall liegt ein „Austauschintegral" vor. Es kann aber auch ϱ_i eine gewöhnliche Ladungsverteilung und ϱ_k eine „Übergangsladung" bedeuten. Schließlich können an Stelle der Ladungen $\psi_a{}^2$ und $\psi_b{}^2$ stets auch inneratomare „Übergangsladungen" $\psi_{a1} \psi_{a2}$ auftreten, worin ψ_{a1} und ψ_{a2} verschiedene Eigenfunktionen zum gleichen Kern bedeuten.

§ 64. Wechselwirkung zwischen 2 Ladungen im 2-Zentrenproblem.   341

Die Auswertung des Integrals (64,1) ist einfach, wenn wenigstens eine der beiden Ladungsverteilungen Kugelsymmetrie besitzt. Man bestimmt dann durch Lösung der Poissonschen Gleichung das entsprechende Potential und braucht nur noch das Integral über die Koordinaten eines Elektrons auszuführen. Dies führt nur auf Integrale von der in § 63 besprochenen Art zurück.

Wir geben die Resultate der Integration für die Coulombsche Wechselwirkung einiger Ladungswolken. Dabei setzen wir gleich eine positive Punktladung von der Größe 1 in die Mitte jeder Ladungswolke, die ebenfalls auf 1 normiert ist, und geben die gesamte Wechselwirkung dieser für große Abstände neutralen Gebilde an, da praktisch gerade diese stets benötigt werden. Die Wechselwirkungen mit den Kernen wurden im vorigen Abschnitt gesondert notiert, so daß man im Bedarfsfall auch leicht die reine Wechselwirkung der Ladungswolken ohne Kerne zurückrechnen kann.

$$1.) \quad \varrho_a = \frac{\alpha^3}{\pi} e^{-2\alpha r_a}, \quad \varrho_b = \frac{\alpha^3}{\pi} e^{-2\alpha r_b}, \quad x = \alpha R$$

$$1 + R \iint \varrho_a \varrho_b \frac{1}{r_{12}} d\tau_1 d\tau_2 - R \int \frac{1}{r_b} \varrho_a d\tau - R \int \frac{1}{r_a} \varrho_b d\tau$$

$$= \left(1 + \frac{5}{8} x - \frac{3}{4} x^2 - \frac{1}{6} x^3\right) e^{-2x} \tag{64,2}$$

$$2.) \quad \varrho_a = \frac{\alpha^3}{\pi} e^{-2\alpha r_a}, \quad \varrho_b = \frac{\alpha^5}{3\pi} r_b^2 e^{-2\alpha r_b}, \quad x = \alpha R$$

$$1 + R \iint \frac{1}{r_{12}} \varrho_a \varrho_b \, d\tau_1 d\tau_2 - R \int \frac{1}{r_a} \varrho_b \, d\tau - R \int \frac{1}{r_b} \varrho_a \, d\tau$$

$$= \left(1 + \frac{15}{16} x - \frac{1}{8} x^2 - \frac{7}{48} x^3 - \frac{1}{8} x^4 - \frac{1}{60} x^5\right) e^{-2x} \tag{64,3}$$

$$3.) \quad \varrho_a = \frac{\alpha^5}{3\pi} r_a^2 e^{-2\alpha r_a}, \quad \varrho_b = \frac{\alpha^5}{3\pi} r_b^2 e^{-2\alpha r_b}, \quad x = \alpha R$$

$$1 + R \iint \frac{1}{r_{12}} \varrho_a \varrho_b \, d\tau_1 d\tau_2 - R \int \frac{1}{r_a} \varrho_b \, d\tau - R \int \frac{1}{r_b} \varrho_a \, d\tau$$

$$= \left(1 + \frac{349}{256} x + \frac{93}{128} x^2 + \frac{3}{64} x^3 - \frac{5}{24} x^4 - \frac{1}{20} x^5 - \frac{1}{120} x^6 - \frac{1}{1260} x^7\right) e^{-2x} \tag{64,4}$$

$$4.) \quad \varrho_a = \frac{\alpha^3}{\pi} e^{-2\alpha r_a}, \quad \varrho_b = \frac{\alpha^5}{\pi} r_b^2 \cos^2 \vartheta_b \, e^{-2\alpha r_b}, \quad x = \alpha R$$

$$1 + R \iint \frac{1}{r_{12}} \varrho_a \varrho_b \, d\tau_1 d\tau_2 - R \int \frac{1}{r_a} \varrho_b \, d\tau - R \int \frac{1}{r_b} \varrho_a \, d\tau$$

$$= \left(1 + \frac{15}{16} x - \frac{1}{8} x^2 - \frac{61}{240} x^3 - \frac{41}{120} x^4 - \frac{1}{20} x^5\right) e^{-2x} \tag{64,5}$$

$$5.) \quad \varrho_a = \frac{\alpha^5}{\pi} r_a^2 \cos^2 \vartheta_a \, e^{-2\alpha r_a}, \quad \varrho_b = \frac{\alpha^5}{\pi} r_b^2 \cos^2 \vartheta_b \, e^{-2\alpha r_b}, \quad x = \alpha R$$

342   Anhang.

$$1 + R \iint \frac{1}{r_{12}} \varrho_a \varrho_b \, d\tau_1 \, d\tau_2 - R \int \frac{1}{r_a} \varrho_b \, d\tau - R \int \frac{1}{r_b} \varrho_a \, d\tau$$

$$= 54 \frac{1}{x^4} - \left(54 \frac{1}{x^4} + 108 \frac{1}{x^3} + 108 \frac{1}{x^2} + 72 \frac{1}{x} + 35 + \frac{16651}{1280} x \right.$$

$$\left. + \frac{2571}{640} x^2 + \frac{10369}{6720} x^3 + \frac{893}{840} x^4 + \frac{19}{70} x^5 + \frac{141}{2520} x^6 + \frac{1}{140} x^7 \right) e^{-2x}$$

$$\text{(64,6)}$$

Es folgen jetzt einige Integrale, bei denen ϱ_i und ϱ_k inneratomare „Übergangsladungen" darstellen. In diesen Fällen geben wir die Wechselwirkung der Ladungswolken ohne Kerne an.

1.) $\varrho_a = \dfrac{\alpha^4}{\pi} r_a \cos \vartheta_a \, e^{-2\alpha r_a}$, $\varrho_b = \dfrac{\alpha^4}{\pi} r_b \cos \vartheta_b \, e^{-2\alpha r_b}$, $x = \alpha R$

$$R \iint \frac{1}{r_{12}} \varrho_a \varrho_b \, d\tau_1 \, d\tau_2 = 2 \frac{1}{x^2} - \left(2 \frac{1}{x^2} + 4 \frac{1}{x} + 4 + \frac{263}{96} x + \frac{71}{48} x^2 \right.$$

$$\left. + \frac{77}{120} x^3 + \frac{1}{5} x^4 + \frac{1}{30} x^5 \right) e^{-2x}$$

$$\text{(64,7)}$$

2.) $\varrho_a = \dfrac{\alpha^4}{\pi} r_a \cos \vartheta_a \, e^{-2\alpha r_a}$, $\varrho_b = \dfrac{\alpha^3}{\pi} e^{-2\alpha r_b}$, $x = \alpha R$

$$R \iint \frac{1}{r_{12}} \varrho_a \varrho_b \, d\tau_1 \, d\tau_2 = \frac{1}{x} - \left(\frac{1}{x} + 2 + 2x + \frac{59}{48} x^2 + \frac{11}{24} x^3 + \frac{1}{12} x^4 \right) e^{-2x}$$

$$\text{(64,8)}$$

3.) $\varrho_a = \dfrac{\alpha^4}{\pi} r_a \cos \vartheta_a \, e^{-2\alpha r_a}$, $\varrho_b = \dfrac{\alpha^5}{\pi} r_b^2 \cos^2 \vartheta_b \, e^{-2\alpha r_b}$, $x = \alpha R$

$$R \iint \frac{1}{r_{12}} \varrho_a \varrho_b \, d\tau_1 \, d\tau_2 = \frac{1}{x} + 9 \frac{1}{x^3} - \left(9 \frac{1}{x^3} + 18 \frac{1}{x^2} + 19 \frac{1}{x} + 14 + 8x \right.$$

$$\left. + \frac{3577}{960} x^2 + \frac{697}{480} x^3 + \frac{113}{240} x^4 + \frac{7}{60} x^5 + \frac{1}{60} x^6 \right) e^{-2x} \quad \text{(64,9)}$$

Schließlich notieren wir die beiden einfachsten Fälle der Wechselwirkung von 2 Ladungsverteilungen mit verschiedenen Exponenten in der e-Funktion.

1.) $\varrho_a = \dfrac{\alpha^3}{\pi} e^{-2\alpha r_a}$, $\varrho_b = \dfrac{\beta^3}{\pi} e^{-2\beta r_b}$, $v = \dfrac{\alpha}{\beta}$

$$1 + R \iint \frac{1}{r_{12}} \varrho_a \varrho_b \, d\tau_1 \, d\tau_2 - R \int \frac{1}{r_a} \varrho_b \, d\tau - R \int \frac{1}{r_b} \varrho_a \, d\tau$$

$$= \frac{1}{(1-v^2)^3} \left\{ \left[3v^4 - v^6 - \alpha R \left(2v^2 - 3v^4 + v^6 \right) \right] e^{-2\alpha R} \right.$$

$$\left. + \left[1 - 3v^2 + \beta R \left(1 - 3v^2 + 2v^4 \right) \right] e^{-2\beta R} \right\} \quad \text{(64,10)}$$

§ 64. Wechselwirkung zwischen 2 Ladungen im 2-Zentrenproblem. 343

2.) $\varrho_a = \dfrac{\alpha^3}{\pi}\, e^{-2\alpha r_a}, \qquad \varrho_b = \dfrac{\beta^5}{3\pi}\, r_b{}^2\, e^{-2\beta r_b}, \qquad v = \dfrac{\alpha}{\beta}$

$$1 + R \iint \frac{1}{r_{12}}\, \varrho_a\, \varrho_b\, d\tau_1\, d\tau_2 - R \int \frac{1}{r_a}\, \varrho_b\, d\tau - R \int \frac{1}{r_b}\, \varrho_a\, d\tau$$

$$= \frac{1}{(1-v^2)^5} \left\{ \left[14\,v^4 - 10\,v^6 - v^{10} - \alpha R\left(5\,v^2 - 11\,v^4 + 10\,v^6 - 5\,v^8 \right. \right. \right.$$

$$\left. \left. + v^{10} \right) \right] e^{-2\alpha R} + \left[1 - 5\,v^2 - 4\,v^4 + \frac{3}{2}\,\beta R\left(1 - 5\,v^2 + 3\,v^4 + v^6 \right) \right.$$

$$\left. + \beta^2 R^2 \left(1 - 5\,v^2 + 7\,v^4 - 3\,v^6 \right) + \frac{1}{3}\,\beta^3 R^3 \left(1 - 5\,v^2 + 9\,v^4 \right. \right.$$

$$\left. \left. \left. - 7\,v^6 + 2\,v^8 \right) \right] e^{-2\beta R} \right\} \tag{64,11}$$

Gelegentlich treten in der Störungsrechnung auch die Quadrate der elektrostatischen Wechselwirkungen unter dem Integral auf. Wir notieren ein solches Integral (nach EISENSCHITZ und LONDON[12]).

$$\varrho_a = \frac{\alpha^3}{\pi}\, e^{-2\alpha r_a}, \qquad \varrho_b = \frac{\alpha^3}{\pi}\, e^{-2\alpha r_b} \qquad (\alpha R = x)$$

$$R^2 \iint \frac{1}{r_{12}{}^2}\, \varrho_a(1)\, \varrho_b(2)\, d\tau_1\, d\tau_2$$

$$= -\frac{7}{12}\, x^2 + \left(\frac{5}{16}\, x + \frac{5}{8}\, x^2 + \frac{1}{2}\, x^3 + \frac{1}{6}\, x^4 \right) \mathrm{Ei}\,(2\,x)\, e^{-2\,x}$$

$$+ \left(-\frac{5}{16}\, x + \frac{5}{8}\, x^2 - \frac{1}{2}\, x^3 + \frac{1}{6}\, x^4 \right) \mathrm{Ei}\,(-2\,x)\, e^{2\,x} \tag{64,12}$$

Die schwierigsten unter allen auftretenden Integralen sind die eigentlichen Austauschintegrale, bei denen sowohl ϱ_i wie ϱ_k „Übergangsladungen" zwischen den beiden Atomen bedeuten. Sie lassen sich nicht mehr elementar ausführen, sondern werden nach dem Vorgehen von SUGIURA[10] gewonnen, der zuerst das Integral für zwei H-Atome berechnete, durch Entwicklung von $r_{12}{}^{-1}$ in eine Reihe nach elliptischen Koordinaten (nach NEUMANN[4]). Wir wollen hier die Berechnungsmethode dieser Integrale nicht wiedergeben, sondern begnügen uns mit Angabe des Resultates für den einfachsten Fall: $\varrho_i = \varrho_k = \dfrac{\alpha^3}{\pi}\, e^{-\alpha(r_a+r_b)}$. Es wird mit $x = \alpha R$:

$$R \iint \frac{1}{r_{12}}\, \varrho(1)\, \varrho(2)\, d\tau_1\, d\tau_2 = \left(\frac{5}{8}\, x - \frac{23}{20}\, x^2 - \frac{3}{5}\, x^3 - \frac{1}{15}\, x^4 \right) e^{-2\,x}$$

$$+ (C + \ln|x|) \left(\frac{6}{5} + \frac{12}{5}\, x + 2\,x^2 + \frac{4}{5}\, x^3 + \frac{2}{15}\, x^4 \right) e^{-2\,x}$$

$$+ \left(\frac{6}{5} - \frac{12}{5}\, x + 2\,x^2 - \frac{4}{5}\, x^3 + \frac{2}{15}\, x^4 \right) \mathrm{Ei}\,(-4\,x)\, e^{2\,x}$$

$$- \left(\frac{12}{5} - \frac{4}{5}\, x^2 + \frac{4}{15}\, x^4 \right) \mathrm{Ei}\,(-2\,x) \tag{64,13}$$

344 Anhang.

Hierin bedeutet C die Eulersche Konstante (s. Gl. 61,4), Ei das oben definierte (Gl. 61,3) und tabellierte (Tab. 35) Exponentialintegral.

Bei ungleichen Exponenten der Eigenfunktionen wird die Übergangsdichte des Austauschintegrals:

$$\varrho = \frac{\sqrt{\varepsilon^3}}{\pi}\, e^{-\varepsilon\, r_a - r_b} \qquad (\varepsilon < 1) \tag{64,14}$$

Die Lösung nach SUGIURA führt auf schwierige unendliche Reihen[15, 21]. HELLMANN[22] schlug eine rohe, aber einfache Schätzung vor:

$$\iint \frac{1}{r_{12}}\, \varrho(1)\, \varrho(2)\, d\tau_1\, d\tau_2 = \frac{5}{8}\, \frac{R + \frac{1}{2}\varepsilon}{R + 2} \iint \left(\frac{1}{r_{a1}} + \frac{1}{r_{b1}} \right) \varrho(1)\, \varrho(2)\, d\tau_1\, d\tau_2 \tag{64,15}$$

die dadurch gestützt wird, daß sie gerade in den praktisch interessierenden Abständen für die Grenzfälle $\varepsilon = 1$ und $\varepsilon = 0$ gute Resultate liefert. R kann zwischen etwa 2 und 12 at. E. liegen.

Auf weitere Austauschintegrale gehen wir nicht ein, da die recht umständlichen Formeln nur im Zusammenhang mit geeigneten Zahlentabellen von praktischem Wert sind. Die Wiedergabe derselben würde über den Rahmen des vorliegenden Buches hinausgehen. Die allgemeinen Formeln findet man besonders übersichtlich bei JAMES[21] und bei ROSEN[15]. Bei ROSEN[15] sind auch die erforderlichen Zahlentabellen mitgeteilt. Weitere Quellen sind im Literaturverzeichnis unten angegeben.

Literatur zum mathematischen Anhang

Zusammenfassende Darstellungen.

1. R. COURANT, D. HILBERT, Methoden der mathematischen Physik. Erster Band, 2. Aufl. Berlin 1931.
2. E. T. WHITTAKER, G. N. WATSON, A Course of Modern Analysis. 4. ed. Cambridge 1927.
3. E. MADELUNG, Die mathematischen Hilfsmittel des Physikers. Dritte Aufl. Berlin 1936.
4. C. NEUMANN, Vorlesungen über die Theorie des Potentials. Leipzig 1887.
5. N. NIELSEN, Theorie des Integrallogarithmus und verwandter Transzendenten. Leipzig 1906.
6. N. NIELSEN, Handbuch der Theorie der Gammafunktion. Leipzig 1906.
7. E. A. HYLLERAAS, Die Grundlagen der Quantenmechanik mit Anwendungen auf atomtheoretische Ein- und Mehrelektronenprobleme. Oslo 1932.
8. E. JAHNKE, F. EMDE, Funktionentafeln mit Formeln und Kurven. Zweite Aufl. Leipzig und Berlin 1933.
9. KEIICHI HAYASHI, Fünfstellige Funktionentafeln. Berlin 1930.

Originalarbeiten.

1927
10. Y. SUGIURA, Zs. f. Phys. **45** S. 484 (Potentialfeld und Selbstpotential einer elliptischen Ladungsverteilung. Austauschintegral H_2).

1929
11. E. C. KEMBLE, C. ZENER, Phys. Rev. **33** S. 512 (Bindung zwischen s- und p-Elektronen).

Literatur zum mathematischen Anhang.   345

1930

12. R. Eisenschitz, F. London, Zs. f. Phys. **60** S. 491 (Integrale mit dem Quadrat der Störungsenergie zwischen zwei Atomen).
13. H. R. Hassé, Proc. Cambr. Phil. Soc. **26** S. 542 (Einzentrenintegrale mit Potenzen von r_{12}).

1931

14. J. H. Bartlett, Phys. Rev. **37** S. 507 (Integrale zur Theorie der Bindung zwischen zwei p-Elektronen).
15. N. Rosen, Phys. Rev. **38** S. 255 und S. 2099 (Formeln und Tabellen für allgemeine Austauschintegrale im Zweizentrenproblem).

1932

16. N. F. Beardsley, Phys. Rev. **39** S. 913 (Die inneratomaren Störungsintegrale).
17. A. S. Coolidge, Phys. Rev. **42** S. 189 (3-Zentrenintegrale bei H_2O).

1933

18. N. Rosen, S. Ikehara, Phys. Rev. **43** S. 5 (Graphische Darstellung der Störungsintegrale für zwei gleiche Atome mit s-Valenzen).
19. H. M. James, A. S. Coolidge, J. Chem. Phys. **1** S. 825 (H_2 in großer Näherung).

1934

20. W. E. Bleick, J. E. Mayer, J. Chem. Phys. **2** S. 252 (Allgemeine Austauschintegrale zwischen gleichen Atomen).
21. H. M. James, J. Chem. Phys. **2** S. 794 (Austauschintegrale im Zwei-Zentrenproblem mit verschiedenen Eigenfunktionen).

1935

22. H. Hellmann, Acta Physicochimica URSS **1** S. 938 (Rohe Schätzung für Austauschintegrale im Zwei-Zentrenproblem mit verschiedenen Eigenfunktionen).

1936

23. J. Hirschfelder, H. Eyring, N. Rosen, J. Chem. Phys. **4** S. 121 und S. 130 (Alle Integrale für 3 H-Atome in symmetrischer geradliniger Anordnung).

Sachregister.

Sachregister.   347

Sachregister.   349

Dirk Andrae

Eine umfassende Würdigung von Hellmanns Werk ist bereits an anderer Stelle erfolgt [1–4], und eine kritische Kommentierung seines Lehrbuchs „Einführung in die Quantenchemie" unter Berücksichtigung der enormen Entwicklungen der letzten achtzig Jahre ist hier nicht beabsichtigt. Die Gesamtheit derartiger Kommentare, Anmerkungen und Erläuterungen könnte zwar sehr wohl einen Beitrag zu einer kurzgefassten „Geschichte der Quantenchemie" leisten, bliebe aber stets unvollständig, weil spätere Entwicklungen, von denen Hellmann nichts wissen konnte, kaum die ihnen angemessene Berücksichtigung fänden.

Die in Tabellenform veröffentlichten Berichtigungen zur Erstauflage (s. Abb. 3.1) wurden ebenso vollständig berücksichtigt wie eine Reihe weiterer Korrekturen, die sich durch aufmerksame Lektüre und durch Überprüfung sämtlicher Literaturverweise ergaben. Die in § 47 der Erstauflage fehlende Gleichungsnummer (47,10) wurde eingefügt, die zweite der in § 48 doppelt vergebenen Gleichungsnummern (48,14) wurde, zusammen mit allen nachfolgenden Gleichungsnummern dieses Abschnitts, um Eins erhöht. Alle Verweise auf die von dieser Änderung betroffenen Gleichungen wurden entsprechend geändert. Darüber hinaus wurden gegenüber der Erstauflage folgende Änderungen vorgenommen:

- Symbole für chemische Elemente, wie sie z. B. in chemischen Formeln auftreten, sind stets in normaler Schrift gesetzt (nicht in kursiver Schrift);
- die imaginäre Einheit i ($i^2 = -1$) wird vom Summationsindex i unterschieden;
- die Euler-Zahl e (z. B. e-Funktion e^x) wird von der Elementarladung e (z. B. e-Volt für Elektronenvolt) unterschieden;
- Differentiale sind stets mit einem d in normaler statt kursiver Schrift gesetzt (dx statt dx);
- bei Integralen stimmt die Zahl der Integralzeichen stets mit der Zahl der auftretenden Differentiale überein (so wird für ein Volumenintegral $\iiint \cdots dx\,dy\,dz$ statt $\int \cdots dx\,dy\,dz$ geschrieben);

© Springer-Verlag Berlin Heidelberg 2015
D. Andrae (Hrsg.), *Hans Hellmann: Einführung in die Quantenchemie*,
DOI 10.1007/978-3-662-45967-6_3

Berichtigungen

zu Hellmann, Einführung in die Quantenchemie.

Stelle	statt	muß heißen
S. 19, Z. 15 von unten	FALKENHAGEN	HÜCKEL
S. 25, Tab. 4, letzte Spalte	a_0/λ	$\dfrac{a_0}{\lambda Z^{1/3}}$
S. 44, rechte Seite von Gl. (9,12)	$\dfrac{1}{8\pi^2}\dfrac{e^2}{a_0{}^7}\dfrac{1}{r_0{}^2}\left(\beta-\dfrac{\gamma}{r_0}\right)$	$\dfrac{1}{8\pi^2}\dfrac{e^2}{r_0{}^2}\left(\beta-\gamma\dfrac{a_0}{r_0}\right)$
S. 75, Zähler von Gl. (14,23)	$(u^2)_{00}-u_{00}{}^2$	$[(u^2)_{00}-u_{00}{}^2]^2$
S. 75, Z. 7 nach Gl. (14,23)	$\bar{E}=-\dfrac{h^2}{8\pi^2 m}\sum_i\left[\left(\dfrac{\partial u}{\partial x_i}\right)^2\right]_{00}$	$\bar{E}=-\dfrac{h^2}{8\pi^2 m\,[(u^2)_{00}-u_{00}{}^2]}\sum_i\left[\left(\dfrac{\partial u}{\partial x_i}\right)^2\right]_{00}$
S. 84, Z. 2 von unten	$5{,}13\cdot10^4$ Volt/cm	$5{,}13\cdot10^9$ Volt/cm
S. 174, Z. 4 von unten	Unendlichkeitsstelle	Unstetigkeitsstelle

Abb. 3.1 Tabelle der Berichtigungen zur Erstauflage (aus dem Exemplar der Universitäts- und Stadtbibliothek Köln, Signatur Th1607).

- bei mehrzeiligen Formeln sind Rechenzeichen (z. B. +, −, ×, =) am Anfang einer neuen Zeile gesetzt, nicht jedoch auch noch am Ende der vorangegangenen Zeile.

Die folgenden Anmerkungen betreffen einige der Abbildungen.

Zu Fig. 5 (S. 103): In der von Hellmann zitierten Arbeit von Wigner [5] ist keine Formel für die „correlation energy" ε angegeben, sondern nur deren qualitativer Verlauf in einer Abbildung gezeigt. Der analytische Ausdruck, welcher die von Hellmann in Fig. 5 gezeichnete Kurve beschreibt, ist daher unbekannt. Die Kurve entspricht nicht dem erst später von Wigner [6] angegebenen Ausdruck (in at. Einh.)

$$-\varepsilon_W = \frac{1}{2}\frac{0{,}58}{r_s+5{,}1}.$$

Zur Rekonstruktion der Kurve in Fig. 5 wurden die drei Parameter a, b und k des Ausdrucks

$$-\varepsilon_H\,r_s = \frac{0{,}292\,k\,r_s}{k\,r_s+a\,\sqrt{r_s}+b}$$

an die aus der Originalabbildung abgelesenen Datenpunkte $(1{,}5;0{,}062)$, $(4{,}5;0{,}12)$, $(8{,}5;0{,}16)$ angepasst. Die so erhaltenen Parameterwerte sind $a = 0{,}530337$, $b = 2{,}85567$, $k = 0{,}623915$. Die Abb. 3.2 zeigt die beiden Funktionen $-\varepsilon_W\,r_s$ (gestrichelt) und $-\varepsilon_H\,r_s$ (durchgezogen) im Vergleich.

Zu Fig. 6 und Fig. 7 (S. 107): Bei der Diskussion des Grundzustands des Beryllium-Atoms hat Hellmann die Unterschiede zwischen den numerischen Hartree-Fock-Lösungen [7] und den Näherungslösungen [8] etwas größer dargestellt als sie nach Fock und Petrashen tatsächlich sind. Die jetzt auf S. 107 gezeigten, neu berechneten Abbildungen zeigen die Situation wie in den Abbildungen von Fock und Petrashen.

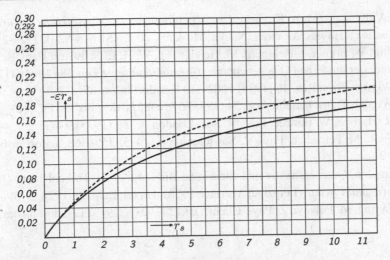

Abb. 3.2 Die beiden Funktionen $-\varepsilon_W\, r_s$ (gestrichelt) und $-\varepsilon_H\, r_s$ (durchgezogen).

Zu Fig. 10 (S. 127): Weder bei Hellmann noch in der Originalveröffentlichung von London [9] finden sich Angaben über den zur Erzeugung der Abbildung verwendeten Kern-Kern-Abstand R und die Dichte-Isowerte der gezeigten Höhenlinien. Diese Abbildung wurde daher aus der Erstauflage unverändert übernommen.

Viele der weiteren Abbildungen wurden ebenfalls unverändert aus der Erstauflage übernommen, denn in der Regel konnten nur die einfacheren, schematischen Abbildungen mit vertretbarem Aufwand neu gezeichnet werden.

Zu Fig. 39 (S. 308): In allen zur Prüfung herangezogenen Exemplaren der Erstauflage ist neben der Markierung „60" an einer Höhenlinie eine weitere, nahezu kreisrunde Markierung deutlich erkennbar, die in der entsprechenden Abbildung in der Originalarbeit von Eyring und Polanyi [10] jedoch fehlt. Diese „Markierung" wurde daher entfernt.

Literatur zu den Anmerkungen zur Neuauflage

[1]   (a) W. H. E. Schwarz, D. Andrae, S. Arnold, J. Heidberg, H. Hellmann jr., J. Hinze, A. Karachalios, M. A. Kovner, P. C. Schmidt, L. Zülicke: Hans G. A. Hellmann (1903–1938). I. Ein Pionier der Quantenchemie. *Bunsen-Magazin* **1** (1999) (1) 10–21; (b) W. H. E. Schwarz, A. Karachalios, S. Arnold, L. Zülicke, P. C. Schmidt, M. A. Kovner, J. Hinze, H. Hellmann jr., J. Heidberg, D. Andrae: Hans G. A. Hellmann (1903–1938). II. Ein deutscher Pionier der Quantenchemie in Moskau. *Bunsen-Magazin* **1** (1999) (2) 60–70.

[2]   M. A. Ковнер (M. A. Kovner): Ганс Гельман и рождение квантовой химии (Hans Hellmann und die Geburt der Quantenchemie). *Химия и Жизнь* (*Chemie und Leben*) (2000) (5) 58–61.

[3] M. A. Ковнер (M. A. Kovner): *Ганс Густавович Гельман* (*Hans Gustavovitsch Hellmann*). Наука, Москва (Nauka, Moskau), 2002, ISBN 5-02-022724-2.

[4] K. Jug, W. Ertmer, J. Heidberg, M. Heinemann, W. H. E. Schwarz: Hans Hellmann: Pionier der modernen Quantenchemie. *Chemie in unserer Zeit* **38** (2004) 412–421.

[5] E. Wigner, Phys. Rev. **46** (1934) 1002–1011, s. dort insbes. Fig. 7.

[6] E. Wigner, Trans. Faraday Soc. **34** (1938) 678–685, s. dort insbes. Gl. (1c).

[7] D. R. Hartree, W. Hartree, Proc. R. Soc. London A **150** (1935) 9–33.

[8] V. Fock, M. Petrashen, Phys. Z. Sowjetunion **8** (1935) 359–368, s. dort insbes. Fig. 1 & 2.

[9] F. London, Quantentheorie und chemische Bindung, in: H. Falkenhagen: *Quantentheorie und Chemie* (Leipziger Vorträge 1928), Hirzel, Leipzig, 1928, S. 59–84.

[10] H. Eyring, M. Polanyi, Z. Phys. Chem. (B) **12** (1931) 279–311, s. dort insbes. Fig. 5.

Verzeichnis der Veröffentlichungen von Hans Hellmann

4

Dirk Andrae

Über den deutschen Physiker und Pionier der Quantenchemie Hans Gustav Adolf Hellmann (* 14. Oktober 1903, Wilhelmshaven, † 29. Mai 1938, Moskau), sein wissenschaftliches Werk und sein tragisches Schicksal ist in den biografischen Notizen in diesem Buch und an anderer Stelle [1-4] ausführlich berichtet worden. Daher sollen dem Verzeichnis seiner Veröffentlichungen hier nur einige wenige knappe Hintergrundinformationen vorangestellt werden.

Das folgende Verzeichnis stellt eine aktualisierte Fassung einer im Jahr 1999 veröffentlichten Liste seiner Arbeiten [1] dar. Es enthält sämtliche Veröffentlichungen von Hans Hellmann, soweit sie heute bekannt sind (Stand: Ende 2014). Ebenfalls genannt sind einige Arbeiten seiner Mitarbeiter und Kollegen, bei welchen die Tatsache, dass Hans Hellmann eigentlich Mitautor war, (wahrscheinlich) aus politischen Gründen nicht erwähnt wurde oder werden konnte. Bei zwei solcher Arbeiten sind die Nummern in der Liste durch ein „C" ergänzt (15C, 16C). Jeder Eintrag der Liste gibt zunächst die bibliografischen Daten in der Originalsprache (Deutsch, Englisch, Russisch) wieder. Die Transliteration (tl.) kyrillischer Angaben in die lateinische Schrift ist nach ISO 9:1995 erfolgt, wodurch die Rückübertragbarkeit in die kyrillische Schrift gewährleistet ist.

Kiel und Stuttgart (1925–1929)

1. H. Hellmann, H. Zahn (Kiel – 14. September 1925): Eine neue Methode zur Bestimmung der Dielektrizitätskonstante gutleitender Elektrolytlösungen. *Physikalische Zeitschrift* **26** (1925) 680–682.
    Vortrag von H. Zahn beim III. Deutschen Physikertag, 10.–16. September 1925 in Danzig (heute Gdańsk).
2. H. Hellmann, H. Zahn (Kiel – 11. April 1926): Die Dielektrizitätskonstanten gut leitender Elektrolytlösungen. *Annalen der Physik (Leipzig)* **385** ([4. Folge] **80**) (1926) 191–214.

© Springer-Verlag Berlin Heidelberg 2015
D. Andrae (Hrsg.), *Hans Hellmann: Einführung in die Quantenchemie*,
DOI 10.1007/978-3-662-45967-6_4

3. H. Hellmann, H. Zahn (Kiel / Stuttgart – 12. August 1926): Über die Dielektrizitätskonstante verdünnter wäßriger Elektrolytlösungen. *Physikalische Zeitschrift* **27** (1926) 636–640.

4. H. Hellmann, H. Zahn (Kiel / Stuttgart – 28. August 1926): Die Dielektrizitätskonstanten gutleitender Elektrolytlösungen (Zweiter Teil). *Annalen der Physik (Leipzig)* **386** ([4. Folge] **81**) (1926) 711–756.

5. H. Hellmann, H. Zahn (Kiel / Stuttgart – 14. Dezember 1927): Über Dielektrizitätskonstanten von Elektrolytlösungen. Erwiderung auf den gleichnamigen Artikel von P. Walden, H. Ulich und O. Werner. *Zeitschrift für Physikalische Chemie, Stöchiometrie und Verwandtschaftslehre* **132** (1928) 399–400.

6. H. Hellmann, H. Zahn (Kiel / Stuttgart – 21. Mai 1928): Über Dielektrizitätskonstanten von Elektrolytlösungen (Erwiderung auf den gleichnamigen Artikel von P. Walden, H. Ulich und O. Werner). *Annalen der Physik (Leipzig)* **391** ([4. Folge] **86**) (1928) 687–716.

7. H. Hellmann, H. Zahn (Kiel – 1. Oktober 1928): Nachtrag zu unserer Arbeit: Über Dielektrizitätskonstanten von Elektrolytlösungen. *Annalen der Physik (Leipzig)* **392** ([4. Folge] **87**) (1928) 716.

8. H. Hellmann (Stuttgart – 3. April 1929): Analyse von Absorptionskurven für allseitige Inzidenz inhomogener Strahlung bei ebenen Grenzflächen. *Physikalische Zeitschrift* **30** (1929) 357–360.

9. H. Hellmann (Stuttgart – 7. Juli 1929): Über das Auftreten von Ionen beim Zerfall von Ozon und die Ionisation der Stratosphäre. *Annalen der Physik (Leipzig)* **394** ([5. Folge] **2**) (1929) 707–732.
    Sonderdrucke dieser Arbeit erschienen beim Verlag J. A. Barth, Leipzig, als Dissertation (II + 26 p., mit Lebenslauf), durchgeführt am Physikalischen Institut der Technischen Hochschule Stuttgart, vorgelegt am 6. April 1929, Tag der mündlichen Prüfung: 29. Mai 1929, Berichterstatter: Prof. Dr. Erich Regener, Mitberichterstatter: Prof. Dr. Richard Glocker. Regener gestattete seinen Doktoranden, ihre Dissertation alleine unter ihrem eigenen Namen zu veröffentlichen. Ursprünglich existierte eine ausführlichere Fassung der Dissertation [5].

Hannover (1930–1934)

10. E. Fues, H. Hellmann (Hannover – 22. März 1930): Über polarisierte Elektronenwellen. *Physikalische Zeitschrift* **31** (1930) 465–478.

11. H. Hellmann (Hannover – 24. März 1931): Über die Kristallinterferenzen des Spinelektrons. *Zeitschrift für Physik* **69** (1931) 495–506.

12. H. Hellmann (Hannover – 22. Juni 1931): Nachtrag zu meiner Arbeit „Über die Kristallinterferenzen des Spinelektrons". *Zeitschrift für Physik* **70** (1931) 695–698.

13.   H. Hellmann (Hannover – 1. März 1933): Zur Quantenmechanik der chemischen Valenz. *Zeitschrift für Physik* **82** (1933) 192–223.
Siehe auch Vortragszusammenfassung: H. Hellmann (Hannover – 5. Februar 1933): Zur Quantentheorie der Atombindung. *Verhandlungen der Deutschen Physikalischen Gesellschaft* [3] **14** (1933) (1) 13–14.

14.   H. Hellmann (Hannover – 20. Juli 1933): Zur Rolle der kinetischen Elektronenenergie für die zwischenatomaren Kräfte. *Zeitschrift für Physik* **85** (1933) 180–190.
Siehe auch Vortragstitel: H. Hellmann (Hannover – 15. Juli 1933): Zur Rolle der kinetischen Elektronenenergie bei der Wechselwirkung zwischen Atomen. *Verhandlungen der Deutschen Physikalischen Gesellschaft* [3] **14** (1933) (2) 27.

15.   H. Hellmann (Hannover – 24. Januar 1934): Eine Absolutmethode zur Messung der Dielektrizitätskonstanten von Elektrolytlösungen bei Hochfrequenz. *Annalen der Physik (Leipzig)* **411** ([5. Folge] **19**) (1934) 623–636.

15C. M. Röver (Hannover – 7. August 1934): Messung der Dielektrizitätskonstanten wäßriger Elektrolytlösungen bei Hochfrequenz. *Annalen der Physik (Leipzig)* **413** ([5. Folge] **21**) (1934) 320–344.
Zitat aus dieser Arbeit: „Es erscheint daher notwendig, Messungen nach einer Methode auszuführen, die sich in wesentlichen Punkten von den bisher angewandten Verfahren unterscheidet. Die vorliegende Arbeit stellt die Durchführung einer solchen neuartigen von H. Hellmann angegebenen Methode dar."

16.   H. Hellmann, W. Jost (Hannover – 13. Oktober 1934): Zum Verständnis der „chemischen Kräfte" nach der Quantenmechanik. *Zeitschrift für Elektrochemie und Angewandte Physikalische Chemie* **40** (1934) 806–814.
Der Chemiker Wilhelm Klemm schrieb im Zusammenhang mit der Diskussion der metallischen Bindung und des homogenen Elektronengases: „Dieser Satz bleibt solange unverständlich, als wir uns nicht ein Bild davon machen können, was eine Zelle des Phasenraumes ist; dies zwingt zu etwas ausführlicheren Darlegungen [1]).
[...]
[1]) Wir folgen hier den klaren und anschaulichen Darlegungen von Hellmann, H. und Jost, W., Z. Elektrochem. **40** (1934) 806." [6]

16C. W. Jost (Hannover – 1. August 1935): Zum Verständnis der „chemischen Kräfte" nach der Quantenmechanik. II. *Zeitschrift für Elektrochemie und Angewandte Physikalische Chemie* **41** (1935) 667–674.
Zitat aus dieser Arbeit: „Wie Teil I, so beabsichtigt auch dieser Bericht, einem weiteren Kreis von Chemikern die Ergebnisse der exakteren quantentheoretischen Behandlung verständlich zu machen; infolgedessen wird auch hier Vertrautheit mit der Wellenmechanik nicht vorausgesetzt und es wurde eine sehr viel elementarere Darstellungsart gewählt, als sie sonst bei diesen Problemen üblich ist. Wie in Teil I stützt sich die Darstellung weitgehend auf die Gedankengänge der Hellmannschen Arbeiten."

Moskau (1934–1937)

17.   Г. Гельман (tl.: G. Gel'man) / H. Hellmann (Moskau – 10. Juni 1934): О комбинированном приближенном расчете проблемы многих электронов / Über ein kombiniertes Störungsverfahren im Vielelektronenproblem. *Comptes Rendus (Doklady) de l'Académie des Sciences de l'URSS*, Nouvelle Série (*Доклады Академии Наук СССР*, Новая Серия) **4** (1934) 442–444 (russ.), 444–446 (dtsch.).

18.   H. Hellmann (Moskau – 11. Juli 1934): Über die Natur der chemischen Kräfte. *Acta Physicochimica U.R.S.S.* **1** (1934/1935) 333–353.

19.   H. Hellmann (Moskau – 26. November 1934): A New Approximation Method in the Problem of Many Electrons. *Journal of Chemical Physics* **3** (1935) 61.

20.   H. Hellmann (Moskau – 17. Dezember 1934): Ein kombiniertes Näherungsverfahren zur Energieberechnung im Vielelektronenproblem. *Acta Physicochimica U.R.S.S.* **1** (1934/1935) 913–940.

21.   H. Hellmann (Moskau – 5. April 1935): Zur quantenmechanischen Berechnung der Polarisierbarkeit und der Dispersionskräfte. *Acta Physicochimica U.R.S.S.* **2** (1935) 273–290.

22.   H. Hellmann, J. K. Syrkin (Moskau – 5. Mai 1935): Zur Frage der anormal kleinen sterischen Faktoren in der chemischen Kinetik. *Acta Physicochimica U.R.S.S.* **2** (1935) 433–466.

23.   H. Hellmann (Moskau – 1. Juli 1935): Bemerkung zur Polarisierung von Elektronenwellen durch Streuung. *Zeitschrift für Physik* **96** (1935) 247–250.

24.   Г. Г. Гельман, А. А. Жуховицкий (tl.: G. G. Gel'man, A. A. Žuhovickij; [ohne Ort] – [ohne Datum]): Основные вопросы химического взаимодействия в современной квантовой химии (Die grundlegenden Fragen der chemischen Umsetzungen in der heutigen Quantenchemie). *Успехи Химии (Fortschritte der Chemie (Moskau))* **4** (1935) 1149–1193.

25.   H. Hellmann (Moskau – 3. Dezember 1935): Ein kombiniertes Näherungsverfahren zur Energieberechnung im Vielelektronenproblem. II. *Acta Physicochimica U.R.S.S.* **4** (1936) 225–244.

26.   H. Hellmann (Moskau – 3. Februar 1936): Bemerkungen zu der Arbeit von E. L. Hill „The virial theorem and the theory of fusion". *Physikalische Zeitschrift der Sowjetunion* **9** (1936) 522–528.

27.   H. Hellmann, W. Kassatotschkin (Moskau – 15. März 1936): Metallic Binding According to the Combined Approximation Procedure. *Journal of Chemical Physics* **4** (1936) 324–325.

28.   H. Hellmann, W. Kassatotschkin (Moskau – 16. Mai 1936): Die metallische Bindung nach dem kombinierten Näherungsverfahren. *Acta Physicochimica U.R.S.S.* **5** (1936) 23–44.

29.   Г. Г. Гельман (tl.: G. G. Gel'man; [ohne Ort] – 22. Juli 1936): Применение метода Томаса-Ферми к проблеме химической связи (Die Anwendung der Thomas-Fermi-Methode auf das Problem der chemischen Bindung). *Успехи Химии (Fortschritte der Chemie (Moskau))* **5** (1936) 1373–1404.

30.   Г. Гельман (tl.: G. Gel'man; [ohne Ort] – [ohne Datum]): Природа материи в свете квантовой химии (Die Natur der Materie im Lichte der Quantenchemie). *Фронт Науки и Техники* (*Front der Wissenschaft und Technik*) **8** (1936) (6) 34–48, (7) 39-50.
Das deutsche Originalmanuskript (47 p.) ist erhalten.

31.   H. Hellmann (Moskau – September/Oktober 1936): Diskussionsbeiträge zu: F. London: The general theory of molecular forces. *Transactions of the Faraday Society* **33** (1937) 40–42, 278–279.

32.   H. Hellmann (Moskau – September/Oktober 1936): Diskussionsbeitrag zu: Samuel Glasstone: The structure of some molecular complexes in the liquid phase. *Transactions of the Faraday Society* **33** (1937) 208–209.

33.   Г. Гельман (tl.: G. Gel'man; Moskau – 23. Oktober 1936): *Квантовая Химия* (Физика в монографиях, под ред. акад. С. И. Вавилова, проф. И. Е. Тамма и проф. Э. В. Шпольского, Кн. 1), ОНТИ, Москва и Ленинград, 1937 г., 546 с., 12 руб [*Quantenchemie*, Physik in Einzeldarstellungen, hrsgg. von S. I. Vavilov, I. E. Tamm und E. V. Špol'skij, Bd. 1, ONTI, Moskau und Leningrad, 1937, 546 S., 12 RUB; vom deutschen Manuskript ins Russische übersetzt von J. Golovin, N. Tunickij und M. Kovner].
Buchbesprechung:
J. Syrkin: *Acta Physicochimica U.R.S.S.* **8** (1938) 138–140.
Neuauflage:
Г. Гельман: *Квантовая Химия*. Издательство «БИНОМ. Лаборатория знаний», Москва [Verlag BINOM, Moskau], 2012 г., 533 с. ISBN 978-5-94774-768-3

34.   H. Hellmann (Moskau – März 1937): *Einführung in die Quantenchemie*. F. Deuticke, Leipzig und Wien (1937), VIII + 350 S., 20 RM, geb. 25 RM.
Buchbesprechungen:
(a) J. Syrkin, *Acta Physicochimica U.R.S.S.* **8** (1938) 138–140; (b) O. Schmidt, *Zeitschrift für Elektrochemie und Angewandte Physikalische Chemie* **44** (1938) 284; (c) Clusius, *Angewandte Chemie* **54** (1941) 156.
Kriegsbeute-Nachdruck:
H. Hellmann: *Einführung in die Quantenchemie*. J. W. Edwards, Ann Arbor, Michigan (1944), VIII + 350 S., 8.80 USD.
Neuauflage:
H. Hellmann: *Einführung in die Quantenchemie*. Springer, Berlin u. Heidelberg (2015), VIII + 389 S., ISBN 978-3-662-45966-9.
„Das Buch kann in mancher Hinsicht auch heute noch bestehen: in seinem didaktischen Vorgehen, seinem wissenschaftlichen Gehalt, der Klarheit und Schärfe seiner Aussagen. [...] Insgesamt haben wir es [...] mit einer bedeutenden und bewundernswürdigen Leistung eines nach heutigen Maßstäben sehr jungen Wissenschaftlers zu tun. Er hatte damit den Versuch unternommen, den modernen, durch eigene Arbeiten wesentlich mitbestimmten Stand eines gerade erst ca. 7 Jahre alten

und doch bereits sehr breiten Gebietes zusammenfassend darzustellen, und zwar in einer solchen Qualität, dass wir noch mehr als ein halbes Jahrhundert später aus der Lektüre Nutzen ziehen können." [1(b)]

35. Г. Гельман (tl.: G. Gel'man; [ohne Ort] – 23. Januar 1937): Проблема валентности в современной органической химии (Valenzprobleme der heutigen organischen Chemie). *Промышленность Органической Химии* (*Die Industrie der Organischen Chemie*) **3** (1937) 259–266.

36. H. Hellmann, K. Majewski (Moskau – 11. April 1937): Zur Berechnung der Londonschen Dispersionskräfte bei geringen Atomabständen. *Acta Physicochimica U.R.S.S.* **6** (1937) 939–953.

37. H. Hellmann, M. Mamotenko (Moskau – 29. April 1937): Die Bestimmung von Elektronenaffinitäten und Valenzzuständen mit Hilfe neuer Interpolationsformeln in der Theorie komplexer Spektren. *Acta Physicochimica U.R.S.S.* **7** (1937) 127–147.

38. H. Hellmann, S. J. Pschejetzkij (Moskau – 26. Juni 1937): Zur Quantentheorie der Polarisierbarkeit von Atomen und Ionen im inhomogenen elektrischen Feld. *Acta Physicochimica U.R.S.S.* **7** (1937) 621–645.

39. М. Мамотенко, Г. Гельман (tl.: M. Mamotenko, G. Gel'man; Moskau – 7. Oktober 1937): Вычисление сродства атомов металлов к электрону (Berechnung der Affinität von Metallatomen zum Elektron). *Журнал Экспериментальной и Теоретической Физики* (*Journal für Experimentelle und Theoretische Physik*) **8** (1938) 24–30.

40. M. Mamotenko, H. Hellmann (Moskau – 11. Oktober 1937): Die Berechnung von Elektronenaffinitäten mit Hilfe neuer Extrapolationsformeln der optischen Terme. II. *Acta Physicochimica U.R.S.S.* **8** (1938) 1–8.

Moskau (nach 1937)

41. Н. Соколов (tl.: N. Sokolov; Moskau – 15. Januar 1938): Применение к атомам теории Томаса-Ферми с дополнением Вайцзекера (Anwendung der Thomas-Fermi-Methode mit Weizsäcker-Erweiterung im statistischen Atommodell). *Журнал Экспериментальной и Теоретической Физики* (*Journal für Experimentelle und Theoretische Physik*) **8** (1938) 365–376.

42. С. Я. Пшежецкий (tl.: S. Â. Pšežeckij; Moskau – 19. Januar 1938): Поляризуемость ионов в неоднородном поле и расчет энергии диссоциации ионных молекул (Die Polarisierung von Ionen in inhomogenen Feldern und die Berechnung der Dissoziationsenergie ionischer Moleküle). *Журнал Физической Химии* (*Journal für Physikalische Chemie (Moskau)*) **11** (1938) 793–800.

43. M. A. Kovner (Moskau – 20. März 1942): Quantum Theory of the Ammonia Molecule. *Comptes Rendus (Doklady) de l'Académie des Sciences de l'URSS*, Nouvelle Série, **35** (1942) 177–179.

Literatur zum Verzeichnis der Veröffentlichungen von Hans Hellmann

[1]   (a) W. H. E. Schwarz, D. Andrae, S. Arnold, J. Heidberg, H. Hellmann jr., J. Hinze, A. Karachalios, M. A. Kovner, P. C. Schmidt, L. Zülicke: Hans G. A. Hellmann (1903–1938). I. Ein Pionier der Quantenchemie. *Bunsen-Magazin* **1** (1999) (1) 10–21; (b) W. H. E. Schwarz, A. Karachalios, S. Arnold, L. Zülicke, P. C. Schmidt, M. A. Kovner, J. Hinze, H. Hellmann jr., J. Heidberg, D. Andrae: Hans G. A. Hellmann (1903–1938). II. Ein deutscher Pionier der Quantenchemie in Moskau. *Bunsen-Magazin* **1** (1999) (2) 60–70.

[2]   М. А. Ковнер (M. A. Kovner): Ганс Гельман и рождение квантовой химии (Hans Hellmann und die Geburt der Quantenchemie). *Химия и Жизнь* (*Chemie und Leben*) (2000) (5) 58–61.

[3]   М. А. Ковнер (M. A. Kovner): *Ганс Густавович Гельман* (*Hans Gustavovitsch Hellmann*). Наука, Москва (Nauka, Moskau), 2002, ISBN 5-02-022724-2.

[4]   K. Jug, W. Ertmer, J. Heidberg, M. Heinemann, W. H. E. Schwarz: Hans Hellmann: Pionier der modernen Quantenchemie. *Chemie in unserer Zeit* **38** (2004) 412–421.

[5]   R. Oberschelp (Hrsg.): Gesamtverzeichnis des deutschsprachigen Schrifttums. 1911–1965. Verlag Dokumentation, München, 1978, Bd. 55, S. 117.

[6]   W. Klemm: *Magnetochemie*. Akadem. Verlagsges. Leipzig, 1936, S. 136f. und Fußnote S. 137.